Die Bonus-Seite

Ihr Vorteil als Käufer dieses Buches

Auf der Bonus-Webseite zu diesem Buch finden Sie zusätzliche Informationen und Services. Dazu gehört auch ein kostenloser **Testzugang** zur Online-Fassung Ihres Buches. Und der besondere Vorteil: Wenn Sie Ihr **Online-Buch** auch weiterhin nutzen wollen, erhalten Sie den vollen Zugang zum **Vorzugspreis**.

So nutzen Sie Ihren Vorteil

Halten Sie den unten abgedruckten Zugangscode bereit und gehen Sie auf **www.sap-press.de**. Dort finden Sie den Kasten **Die Bonus-Seite für Buchkäufer**. Klicken Sie auf **Zur Bonus-Seite/ Buch registrieren**, und geben Sie Ihren **Zugangscode** ein. Schon stehen Ihnen die Bonus-Angebote zur Verfügung.

Ihr persönlicher
Zugangscode

jzxy-3bfs-9h5a-2i6g

Instandhaltung mit SAP®

 **PRESS**

SAP PRESS ist eine gemeinschaftliche Initiative von SAP und Galileo Press. Ziel ist es, Anwendern qualifiziertes SAP-Wissen zur Verfügung zu stellen. SAP PRESS vereint das fachliche Know-how der SAP und die verlegerische Kompetenz von Galileo Press. Die Bücher bieten Expertenwissen zu technischen wie auch zu betriebswirtschaftlichen SAP-Themen.

Mario Franz
Projektmanagement mit SAP Projektsystem
549 S., 2., aktualisierte Auflage 2009, geb.
69,90 Euro, ISBN 978-3-8362-1338-7

Tobias Götz
SAP-Logistikprozesse mit RFID und Barcodes
368 S., 2., aktualisierte und erweiterte Auflage 2010, geb.
79,90 Euro, ISBN 978-3-8362-1382-0

Sabine Toman, Anke Köppe, Jan Lukowsky
Immobilienmanagement mit SAP
520 S., 2010, geb.
69,90 Euro, ISBN 978-3-8362-1375-2

Jens Kappauf, Matthias Koch, Bernd Lauterbach
Discover Logistik mit SAP
672 S., 2010, Klappbroschur
ISBN 978-3-8362-1460-5

Volker Lehnert, Katharina Bonitz
SAP-Berechtigungswesen
688 S., 2010, geb.
69,90 Euro, ISBN 978-3-8362-1349-3

Aktuelle Angaben zum gesamten SAP PRESS-Programm finden Sie unter
www.sap-press.de.

Karl Liebstückel

Instandhaltung mit SAP®

Galileo Press

Bonn • Boston

Liebe Leserin, lieber Leser,

vielen Dank, dass Sie sich für ein Buch von SAP PRESS entschieden haben.

Wenn z.B. eine wichtige Anlage oder Maschine ausfällt, kann die gesamte Produktion zum Stillstand kommen. Die Verluste, die daraus entstehen, sind häufig immens. Die Instandhaltung ist somit maßgeblich daran beteiligt, die Wettbewerbsfähigkeit eines Unternehmens zu sichern. Ihre Aufgaben gehen dabei weit über reine Wartungstätigkeiten hinaus, denn sie ist in eine Vielzahl von komplexen Prozessen eingebunden.

Wie Sie die SAP-Instandhaltung in Ihrem Unternehmen einführen und für Ihre Prozesse nutzen können, erfahren Sie in diesem Buch. Dr. Karl Liebstückel, bringt Sie in dieser zweiten Auflage nicht nur auf den neuesten Wissensstand, sondern gibt Ihnen auch viele Tipps mit auf den Weg, die sich in jahrelanger Praxis bewährt haben: Er teilt mit Ihnen das Know-how, das er als SAP-Mitarbeiter, Berater, DSAG-Arbeitskreisleiter und Hochschulprofessor gewonnen hat. Ich bin mir sicher, dass Sie mit diesem Buch Ihr EAM-Projekt zum Erfolg führen werden!

Wir freuen uns stets über Lob, aber auch über kritische Anmerkungen, die uns helfen, unsere Bücher zu verbessern. Am Ende dieses Buches finden Sie daher eine Postkarte, mit der Sie uns Ihre Meinung mitteilen können. Als Dankeschön verlosen wir unter den Einsendern regelmäßig Gutscheine für SAP PRESS-Bücher.

Ihre Eva Tripp
Lektorat SAP PRESS

Galileo Press
Rheinwerkallee 4
53227 Bonn

eva.tripp@galileo-press.de
www.sap-press.de

Auf einen Blick

Der Name Galileo Press geht auf den italienischen Mathematiker und Philosophen Galileo Galilei (1564–1642) zurück. Er gilt als Gründungsfigur der neuzeitlichen Wissenschaft und wurde berühmt als Verfechter des modernen, heliozentrischen Weltbilds. Legendär ist sein Ausspruch *Eppur se muove* (Und sie bewegt sich doch). Das Emblem von Galileo Press ist der Jupiter, umkreist von den vier Galileischen Monden. Galilei entdeckte die nach ihm benannten Monde 1610.

Lektorat Eva Tripp
Korrektorat Monika Klarl, Köln
Einbandgestaltung Silke Braun
Titelbild Masterfile
Typografie und Layout Vera Brauner
Herstellung Lissy Hamann
Satz SatzPro, Krefeld
Druck und Bindung Bercker Graphischer Betrieb, Kevelaer

Gerne stehen wir Ihnen mit Rat und Tat zur Seite:
eva.tripp@galileo-press.de bei Fragen und Anmerkungen zum Inhalt des Buches
service@galileo-press.de für versandkostenfreie Bestellungen und Reklamationen
thomas.losch@galileo-press.de für Rezensionsexemplare

Bibliografische Information der Deutschen Nationalbibliothek
Die Deutsche Nationalbibliothek verzeichnet diese Publikation in der Deutschen National-bibliografie; detaillierte bibliografische Daten sind im Internet über *http://dnb.d-nb.de* abrufbar.

ISBN   978-3-8362-1557-2

© Galileo Press, Bonn 2010
2., aktualisierte Auflage 2010

Inhalt

Anhang 559

Geleitwort

Die sich stets weiterentwickelnde Technisierung der Fertigung, verbunden mit einer kontinuierlich zunehmenden Automatisierung der Produktionsprozesse, hat zur Folge, dass die Verfügbarkeit der Produktionsanlagen und deren Produktionsqualität einen zunehmend stärkeren Einfluss auf den Erfolg eines Unternehmens haben.

Die Instandhaltung der technischen Anlagen hat damit eine unmittelbare Wirkung auf die Wettbewerbssituation moderner Unternehmen und leistet einen wichtigen Beitrag zum Unternehmensergebnis. Dabei geht es nicht nur um die Sicherung der Produktionsbereitschaft und der Anlagenverfügbarkeit, sondern auch um weitere Aspekte, die mit dem Betrieb von technischen Anlagen verbunden sind, wie etwa Anlagensicherheit, Produktqualität oder Umweltschutz.

Moderne Instandhaltungsbetriebe sind somit weit mehr als ausschließlich Instandsetzungs- oder Wartungstrupps, denn sie betreiben ein umfassendes Anlagenmanagement, das in die Prozesse des gesamten Lebenslaufes von technischen Anlagen eingebunden ist, von der Beschaffungsphase über den laufenden Betrieb, die Anlagenumbauten und Modernisierungen bis hin zur Ersatzinvestition.

Auch die Anforderungen an die Instandhaltungsteams haben sich im Laufe der Zeit dahingehend geändert, dass ein zeitgemäßes Anlagenmanagement unabdingbar ist. Der zunehmende Anteil an komplexen Anlagensystemen, verbunden mit einem wachsenden Grad an elektronischen Komponenten und Baugruppen, verlangt neben den traditionellen Ausrichtungen vermehrt nach Spezialisten aus Bereichen wie Elektronik oder Informationstechnologie. In vielen Fällen sind externe Experten erforderlich, die als Dienstleister und Servicepartner gemeinsam mit den firmeneigenen Anlagentechnikern zusammenarbeiten und den technischen Anlagenpark betreuen.

Für ein Instandhaltungsmanagementsystem bedeutet diese Entwicklung, dass es sich sowohl den wechselnden Situationen im Anlagenmanagement stellen und Flexibilität bei der Anlagenstrukturierung bieten als auch die unterschiedlichen Arbeitsprozesse im Zusammenspiel interner und externer Instandhaltungsteams beherrschen muss.

Für SAP war das Thema Instandhaltung schon in frühen Jahren der Anwendungsentwicklung ein wichtiger Schwerpunkt. Dabei wurde von Beginn an darauf geachtet, Anlagenmanagement umfassend zu definieren und sich nicht nur auf die Abdeckung der Themenkreise Inspektion, Wartung und Instandsetzung zu beschränken. Auch Prozesse wie der Anlagenneubau oder die Modernisierung sowie die Kalibrierung von Messmitteln oder die Wiederaufarbeitung von Reserveteilen wurden als Teil einer umfassenden Lösung für das Anlagenmanagement mitberücksichtigt.

Instandhaltungsprozesse sind in den unterschiedlichen Branchen in verschiedenen Ausprägungen zu finden. Neben einer in vielen Branchen vorkommenden gemeinsamen Basis von Wartungs-, Inspektions- und Instandsetzungsabläufen gibt es auch firmenspezifische Besonderheiten und spezielle Anforderungen von einzelnen Industrien. Dies können besondere Genehmigungsverfahren sein (z. B. Freischaltverfahren der Energieerzeuger), komplexe Wartungsplanungstechniken (z. B. im Bereich der Flugzeugwartung) oder projektbasierte Anlageninstandhaltungen (Großrevisionen).

SAP hat mit dem *Enterprise Asset Management* ein flexibles Anlagenmanagement- und Instandhaltungssystem entwickelt, das in einer Vielzahl von Installationen in unterschiedlichsten Industrien weltweit seine Stärke bewiesen hat. Das Anlagenmanagement findet sich als fester Bestandteil in den Lösungsangeboten (*Solution Maps*) der unterschiedlichen anlagenintensiven Industrien.

Die »Ressource Anlage« ist konsequenterweise als Enterprise Asset Management (EAM) Bestandteil des umfassenden Gesamtsystems *Enterprise Resource Planning* (ERP).

Das vorliegende Buch stellt Ihnen die Einsatzmöglichkeiten des Anlagenmanagements innerhalb des SAP-Systems vor. Der Autor hat bei SAP von Beginn an als Verantwortlicher für die Beratung in einer Vielzahl von Kundenprojekten in unterschiedlichsten Branchen vielfältige Erfahrungen gesammelt und die Entwicklung der SAP-Lösung *Instandhaltung* beeinflusst und aktiv mitgestaltet. Deshalb bietet dieses Handbuch dem Leser viele nützliche Informationen aus erster Hand.

Ich wünsche Ihnen, dass Sie aus der Lektüre dieses Buches die für Sie wesentlichen Anregungen und Informationen aufnehmen und diese erfolgreich in Ihren eigenen Projekten umsetzen können.

Rolf Peter Westhues
Vice President, SAP AG

»Genius is one percent inspiration and
99 percent perspiration.«
(dt.: Genie ist 1 % Inspiration und 99 % Transpiration.)
Thomas Alva Edison

1 Über dieses Buch

Zwar langsam, aber doch stetig setzt sich in den Köpfen von Entschei- dungsträgern eine neue Sichtweise der Rolle der Instandhaltung innerhalb des Unternehmens durch: weg von der Instandhaltung als reinem *Kostentreiber* hin zur Erkenntnis, dass eine zielgerichtete und modern aufgestellte Instandhaltung zu einem *Erfolgsfaktor* und *Wettbewerbsvorteil* für das eigene Unternehmen werden kann – weg von einem *Kostenverursacher* hin zu einem *Maschinenverfügbarkeitssicherer* oder *Produktionsausstoßerhöher* oder *Anlagensicherheitsgewährleister* usw. Immerhin werden in vielen Branchen mehr als 40 % der Unternehmenskosten direkt oder indirekt durch die Instandhaltung beeinflusst.[1]

Instandhaltung nur Kosten- verursacher?

In den meisten anderen Unternehmensbereichen bereits zu einer Selbstverständlichkeit geworden, setzt sich in vielen Unternehmen für den Instandhaltungsbereich erst allmählich die Erkenntnis durch, dass der Weg vom Kostentreiber zum Erfolgsfaktor nur beschritten werden kann, wenn er durch eine moderne Kommunikations- und Informationstechnologie unterstützt und begleitet wird. Die gewählte IT-Lösung sollte idealerweise folgende Fähigkeiten haben:

Instandhaltung und IT

▶ Sie sollte in das heterogene Geflecht der Unternehmensprozesse eingebettet sein.

▶ Sie sollte flexibel alle instandhaltungsspezifischen Geschäftsprozesse unterstützen.

▶ Sie sollte auf zukünftige Herausforderungen des Unternehmens und des Marktes ausgerichtet sein.

---

1 Pressemitteilung des Forums Vision Instandhaltung (FVI) vom 24.08.2007.

▶ Sie sollte moderne Technologien wie Internet oder Mobile Geräte integrieren können.

▶ Sie sollte anwenderfreundlich sein.

Instandhaltung und SAP

Die Antwort von SAP auf diese Herausforderungen lautet: *Enterprise Asset Management* (EAM) in Release SAP ERP 6.0. Dieses Buch baut auf diesem aktuellen Releasestand auf.

Es vermittelt Ihnen nicht nur einen Überblick über den aktuellen Funktionsumfang, sondern auch über dessen völlig unterschiedliche Nutzungsmöglichkeiten,, und demzufolge muss jedes Unternehmen einen eigenen Lösungsweg finden; eine reine Beschreibung reicht hier nicht aus. Deshalb zeige ich Ihnen auf der Basis meiner mehr als 20-jährigen Erfahrung in der Instandhaltung mit SAP und auf der Basis der mehr als 70 Kundenprojekte auf, wie Sie in Ihrem Unternehmen diese Funktionen nutzen können, aber auch, wie Sie sie nicht nutzen sollten.

Praxis steht im Mittelpunkt

Sie werden anhand von Kundenbeispielen sehen, wie es andere Firmen gemacht haben. Ich werde Ihnen viele nützliche Praxistipps geben – egal, ob Sie noch vor der Einführung stehen oder ob Sie als Fortgeschrittener das System mit einem älteren Releasestand bereits einsetzen.

SAP benutzer-freundlich – geht das?

Es ist ein weit verbreitetes Vorurteil, dass SAP-Applikationen nicht gerade anwenderfreundlich seien. Dieses Vorurteil nicht zu einem Urteil werden zu lassen, ist mir schon immer ein besonderes Anliegen gewesen. Gerade in der Instandhaltung ist dieses Thema von großer Bedeutung. Deshalb stelle ich Ihnen in einem separaten Kapitel ein ganzes Bündel von Maßnahmen vor, wie Sie in Ihrem Unternehmen die Benutzerfreundlichkeit und damit die Benutzerakzeptanz steigern können.

Weitere Highlights

Darüber hinaus erwarten Sie weitere Highlights:

▶ Sie erhalten Hinweise bezüglich dessen, worauf Sie in Ihrem Projekt achten sollten und was Sie unterlassen sollten.

▶ Sie erhalten Customizing-Empfehlungen …

▶ … sowie Tipps und Tricks für den laufenden Betrieb.

▸ Die DVD zum Buch enthält mehr als 60 ausgewählte Geschäftsprozesse mit dem dazu notwendigen Customizing, die Sie sich live ansehen können.

▸ Die DVD enthält einen kompletten Workshop, den Sie für die hausinterne Schulung einsetzen können.

1.1 An wen das Buch sich wendet und an wen nicht

Ich werde in diesem Buch immer Sie ganz direkt ansprechen. Wen meine ich mit *Sie*? Was können Sie von diesem Buch erwarten?   **Wer sind Sie?**

▸ Sie sind ein *Projektleiter*, der das Projekt zur SAP-Instandhaltung verantwortet. In Ihrem eigentlichen beruflichen Tätigkeitsfeld sind Sie *Technischer Verantwortlicher, Instandhaltungsplaner, Werkstattmeister, IT-Mitarbeiter, Mitarbeiter der Organisationsabteilung* o. Ä. Sie bekommen viele Hinweise zum Projektmanagement, zur IT-Strategie usw.

▸ Sie sind ein *Projektmitarbeiter*, der die SAP-Instandhaltung ausprägen möchte. In Ihrem eigentlichen beruflichen Tätigkeitsfeld sind Sie deshalb Instandhaltungsplaner, Werkstattmeister, IT-Mitarbeiter, Betriebsingenieur, verantwortlicher Techniker, Gruppenleiter, Mitarbeiter der Organisationsabteilung o. Ä. Sie erhalten viele Hinweise zu Verfahren, Customizing-Einstellungen, Tipps usw.

▸ Sie sind ein *Manager*, der vor der Entscheidung steht, ob er die SAP-Instandhaltung einführen soll oder nicht. In Ihrem eigentlichen beruflichen Tätigkeitsfeld haben Sie deshalb die Funktion eines Technischer Leiters, eines Instandhaltungsleiters, eines Facility Managers, eines IT-Leiters, eines Organizational Managers o. Ä. inne. Sie bekommen Argumentationshilfen, wozu sich das SAP-System eignet und wozu nicht.

▸ Sie sind ein *Key-User*, der seinen Kollegen im Tagesgeschäft der Bearbeitung von Geschäftsprozessen weiterhelfen soll und deshalb etwas mehr über die Hintergründe des Systems wissen muss als sie. Sie werden in diesem Buch viele Hinweise finden, warum sich etwas so verhält, was Sie machen können und was Sie lassen sollten.

- Sie sind ein *Berater*. Egal, ob Sie in der Managementberatung tätig sind und strategische Hinweise benötigen oder ob Sie Fachberater sind und Applikationsinformationen suchen. Hier bekommen Sie sie.

- Sie interessieren sich ganz allgemein für die SAP-Instandhaltung. Sie bekommen einen Überblick, ein Grundverständnis und einige Details.

Wer sind Sie nicht?   Wen meine ich in diesem Buch nicht mit *Sie*? Was werden Sie in diesem Buch nicht finden?

- Sie sind ein *Entwickler*, der sich von dem Buch Hinweise zur Programmierung (z. B. von Schnittstellen oder Add-ons) erhofft. Sie werden in diesem Buch nicht fündig werden.

- Sie sind *Endanwender* und erhoffen sich von dem Buch eine Benutzerführung für Ihr SAP-System in Ihrem Unternehmen. Dann werden Sie hier nur ansatzweise fündig werden, denn die Ausprägung der Systeme ist zu vielschichtig, als dass in einem Buch alle denkbaren Variationen berücksichtigt werden könnten.

1.2   Was das Buch leisten kann und was nicht

Was das Buch jedoch nicht leisten kann: Es gibt *keine Programmierhinweise*, und es ist *keine Endbenutzerdokumentation*.[2]

Ich möchte mit diesem Buch folgenden Beitrag leisten:

- Ihnen ein Grundverständnis für die *Philosophie* von SAP im Bezug auf die Instandhaltung vermitteln

- Ihnen anhand des *Funktionsumfangs* die Möglichkeiten aufzeigen, die Ihnen das SAP-System bietet – aber auch die Grenzen, an die Sie mit dem vorhandenen Funktionsumfang stoßen

- Ihnen anhand von *Referenzprozessen* und typischen *Beispielen* (z. B. zur Anlagenstrukturierung) Verfahrensweisen aufzeigen, wie Sie Ihre Instandhaltung im SAP-System abbilden könnten

- Ihnen anhand von Customizing-Einstellungen Alternativen aufzeigen, wie Sie das SAP-System Ihren eigenen Bedürfnissen *anpassen* können

---

2   Wie übrigens auch die SAP-Dokumentation nicht.

- Ihnen Argumente zur *Entscheidungsfindung* an die Hand geben, ob Sie die SAP-Instandhaltung einführen möchten oder ob Sie es lieber lassen sollten

- Ihnen Hilfsmittel aufzeigen, wie Sie Ihr SAP-System *benutzerfreundlich* gestalten können

- Ihnen viele *Tipps und Tricks* für Ihre SAP-Instandhaltung geben

Die Erfahrungen aus meinen bisherigen Projekten haben aber auch eines gezeigt: Jedes Unternehmen entwickelt seine eigenen Vorstellungen, wie das System genutzt werden soll. Das heißt z. B., dass jedes Unternehmen seine technischen Anlagen anders abbildet, jedes Unternehmen seine Geschäftsprozesse individuell einrichtet, jedes Unternehmen andere anzubindende Systeme hat und vieles andere mehr. Nehmen Sie deshalb die Ausführungen in diesem Buch als Gedankenanstoß, als Idee, als Ausgangspunkt, um das System für sich auszuprägen und um so zu »Ihrer« Instandhaltung zu kommen.

1.3   Wie das Buch aufgebaut ist

Dieses Buch ist in zehn Kapitel gegliedert:

Kapitel 2, »Instandhaltung und SAP: Geht das?«, soll die betriebswirtschaftlichen Grundlagen schaffen und bei Ihnen ein Grundverständnis für das Engagement von SAP im Bereich der Instandhaltung wecken. Hierzu erläutere ich Ihnen unter anderem, wie sich die Instandhaltungsstrategien im Laufe der Zeit entwickelt haben, welche Entwicklungsstufen SAP im Bereich der Instandhaltung durchlaufen hat und wo SAP mittlerweile angekommen ist.

SAP und die Instandhaltung

Den Ausgangspunkt für sämtliche weiteren Überlegungen bilden in einem SAP-System die Organisationsstrukturen. Ich werde Ihnen in **Kapitel 3**, »Organisationsstrukturen«, die allgemeinen SAP-Organisationseinheiten erläutern. Darüber hinaus werde ich Ihnen aufzeigen, welche instandhaltungsspezifischen Organisationseinheiten für die weitere Vorgehensweise notwendig sind.

Organisationsstrukturen

Die Basis, um im SAP-System Geschäftsprozesse in der Instandhaltung abwickeln zu können, bildet eine anforderungsgerechte Anlagenstrukturierung. SAP bietet diverse Elemente zur Abbildung der eigenen Anlagenstruktur an, und Sie müssen wie jedes Unternehmen

Anlagenstrukturierung

zu einer Entscheidung kommen, welche Hilfsmittel für welchen Verwendungszweck wie eingesetzt werden sollen. Ich zeige Ihnen in **Kapitel 4**, »Anlagenstrukturierung«, Möglichkeiten und Grenzen auf; ich werde Ihnen Hilfestellungen geben und Empfehlungen aussprechen. Ich werde Ihnen auch Empfehlungen hinsichtlich dessen geben, welche Überlegungen Sie anstellen sollten, bevor Sie mit der eigentlichen Systemarbeit beginnen können.

Geschäftsprozesse

Kapitel 5, »Geschäftsprozesse«, bildet das Herzstück des Buches. Auch hier steht die Individualität der Geschäftsprozesse jedes Unternehmens als Kernaussage im Mittelpunkt: SAP bietet Hilfsmittel an, die Sie wie jedes andere Unternehmen individuell ausprägen werden. Anhand typischer Referenzprozesse werde ich Ihnen die Möglichkeiten und Grenzen aufzeigen. Auch hier erhalten Sie Empfehlungen, wie Sie das System für sich nutzen können und welche Vorarbeiten Sie leisten sollten, bevor die eigentliche Systemarbeit beginnt.

Die Integration mit anderen Fachbereichen

Ihre Instandhaltung steht in einer ständigen Interaktion und in der Folge in einem permanenten Datenaustausch mit den anderen Fachbereichen Ihres Unternehmens. Dies spiegelt sich im System in einer breiten und tiefen Integration der Instandhaltung mit den Applikationen wider, die in den anderen Fachbereichen zum Einsatz kommen. Dies können Applikationen aus SAP ERP, andere SAP-Systeme oder Fremdsysteme sein. In **Kapitel 6**, »Integration der Anwendungen anderer Fachbereiche«, zeige ich Ihnen die Möglichkeiten der Zusammenarbeit auf, analysiere mit Ihnen die Schnittstellen und gebe wieder entsprechende Empfehlungen und Hinweise.

Das Instandhaltungscontrolling

Controlling heißt nicht kontrollieren, sondern steuern. Controlling gibt es als *operatives Controlling* zur Steuerung der laufenden Geschäftsprozesse und als *analytisches Controlling* zur Vorbereitung von Entscheidungen. Deshalb zeige ich Ihnen in **Kapitel 7**, »Instandhaltungscontrolling«, zum einen die Möglichkeiten zur Budgetierung von Instandhaltungsmaßnahmen und zum anderen die Möglichkeiten und Grenzen der Hilfsmittel, die SAP für den analytischen Bereich zur Verfügung stellt, auf.

Moderne Technologien

Moderne Informations- und Kommunikationstechnologien wie Internet, Mobile und serviceorientierte Architekturen haben mittlerweile auch die Instandhaltung erreicht. In **Kapitel 8**, »Neue Informationstechnologien in der Instandhaltung«, werde ich Ihnen den jeweiligen Stand der Technik darstellen. Dabei werde ich insbesondere die Voraussetzungen, Möglichkeiten und Grenzen dieser Technologien bei ihrem Einsatz in der Instandhaltung aufzeigen. Ich werde einen Blick in die Zukunft wagen, was von diesen Technologien noch zu erwarten ist.

In **Kapitel 9**, »Das SAP-Projekt in der Instandhaltung«, werde ich Ihnen die Ergebnisse einer empirischen Studie vorstellen, worin bei anderen Unternehmen nach eigenen Aussagen die Erfolgsfaktoren und worin die Risikofaktoren ihrer SAP-Projekte bestanden haben. Danach werde ich Ihnen aufzeigen, wie Sie ein SAP-Projekt in der Instandhaltung methodisch angehen könnten und worauf in Ihrem Instandhaltungsprojekt zu achten ist.

Das Einführungsprojekt

In **Kapitel 10**, »Die Benutzerfreundlichkeit«, werde ich zunächst die Möglichkeiten vorstellen, die das SAP-System zur Verbesserung der Benutzerfreundlichkeit anbietet. Im Anschluss daran und als Abschluss des Buches werde ich Ihnen die Ergebnisse eines empirischen Labortests vorstellen: Im SAP-Labor der Fachhochschule Würzburg-Schweinfurt haben wir unter praxisnahen Bedingungen überprüft, wie lange die Bearbeitung von Geschäftsprozessen dauert, wenn alle Register zur Steigerung der Benutzerfreundlichkeit gezogen werden bzw. wenn solche Maßnahmen nicht ergriffen werden. Die Ergebnisse haben selbst mich überrascht.

Die Benutzerfreundlichkeit

Im **Anhang** finden Sie nützliche Zusatzinformationen wie tabellarische Übersichten, Literaturhinweise u. v. m.

Anhang

Um Ihnen die Arbeit mit diesem Buch zu erleichtern, habe ich besondere Informationen mit speziellen Symbolen hervorgehoben:

Spezielle Symbole im Buch

▸ **Achtung**
Kästen mit diesem Icon bieten Ihnen besonders wichtige Hinweise zu dem besprochenen Thema. Außerdem warne ich Sie vor möglichen Fehlerquellen oder Stolpersteinen.

[!]

▸ **Praxistipp**
In diesem Buch gebe ich Ihnen zahlreiche Tipps und Empfehlungen, die sich in meiner Berufspraxis bewährt haben. Sie finden sie in den Kästen mit diesem Icon.

[+]

▸ **Hinweis auf die DVD**
An vielen Stellen im Buch verweise ich auf die Buch-DVD, auf der Sie das Gelernte weiter vertiefen können. In den Kästen mit diesem Icon werden Sie auf die DVD verwiesen.

[◉]

1.4 Die DVD zum Buch

Die DVD zum Buch können Sie mit dem diesem Buch beigefügten Gutschein kostenfrei beim Verlag bestellen. Auf der DVD können Sie sich die Geschäftsprozesse und das Customizing quasi »live« am Bildschirm Ihres Computers ansehen. Nähere Informationen zur Buch-DVD finden Sie in Anhang B.

Ich wünsche Ihnen, dass Sie aus der Lektüre des Buches für Ihr eigenes Unternehmensumfeld zahlreiche Anregungen ziehen und Ideen entwickeln werden.

Und gemäß dem Zitat von Thomas Alva Edison – für mich das Zitat aller Zitate – wünsche ich Ihnen, dass Sie Energie, Geduld und Ausdauer aufbringen werden, diese Ideen in Ihrem Unternehmen umzusetzen.

Ihr **Karl Liebstückel**

Dieses Kapitel befasst sich zunächst mit der zunehmenden
Bedeutung und dem Wandel der Sichtweise auf die Instandhal-
tung, die sich auch in einer neuen Begriffsbildung ausdrückt.
Das Kapitel umreißt darüber hinaus das Umfeld, in dem die
SAP-Komponente Instandhaltung agiert.

2 Instandhaltung und SAP: Geht das?

Die Instandhaltung hat aus den im Folgenden aufgelisteten betriebswirtschaftlichen, volkswirtschaftlichen und technologischen Gründen in den letzten Jahren und Jahrzehnten an Bedeutung gewonnen:

► **Betriebswirtschaftliche Einflussgrößen**

  ▻ steigende Anschaffungswerte für technische Anlagen

  ▻ überproportionales Ansteigen der Schadensfolgekosten

  ▻ höheres und verändertes Anforderungsprofil an Instandhal-
    tungstätigkeiten

  ▻ termingenaue Zusammenarbeit mit Kunden und Lieferanten

  ▻ reduzierte Fertigungstiefe

► **Volkswirtschaftliche Einflussgrößen**

  ▻ zunehmender Anteil der Instandhaltungskosten am Bruttosozial-
    produkt

  ▻ stetiger Zuwachs der Erwerbstätigen im Instandhaltungsbereich

  ▻ verschärfte Umwelt- und Arbeitsschutzvorschriften

  ▻ Globalisierung der Produktmärkte

  ▻ Ausbau des Dienstleistungssektors

▶ **Technologische Einflussgrößen**

    ▶ erhöhte Innovationsgeschwindigkeit[1]

    ▶ zunehmende Automatisierung

    ▶ steigende Anlagenverkettung und -komplexität

Auf diese Einflussgrößen, die miteinander in Wechselwirkung stehen, und die damit verbundenen Veränderungen im Hinblick auf die Instandhaltung werde ich in diesem Kapitel näher eingehen. Darüber hinaus stelle ich Ihnen die Veränderungen der Instandhaltungskomponente im SAP-System über die Releases hinweg vor.

2.1 Instandhaltung heute: Neue Ziele braucht das Land

Kostentreiber?   Immer mehr Unternehmen kommen von der veralteten Ansicht ab, dass die Instandhaltung nur ein notwendiges Übel oder lediglich ein *Kostenverursacher* sei. Der ständig wachsende Druck im Wettbewerb um Qualität und Produktivität zwingt die Unternehmen zu einer Instandhaltung, die in der unternehmerischen Prioritätenliste der Zielsetzungen viel weiter oben angesiedelt ist als früher.

Zusammenarbeit mit Kunden und Lieferanten   Die Globalisierung der Märkte führt zunehmend zu einer engen *Zusammenarbeit* mit Kunden und Lieferanten. Die Fertigungstiefen werden immer geringer; in der Automobilindustrie ist z. B. in den letzten zehn Jahren die Fertigungstiefe auf gerade mal noch 26,7 % gefallen, in Einzelfällen sogar auf 15 %.[2] Damit wird die Abhängigkeit von der Anlagenverfügbarkeit in vorgelagerten Produktionsstufen umso größer.

Anlagen- verfügbarkeit   Konnte man früher in tief strukturierten Produktionsverfahren bei Störungen im Produktionsablauf noch hausintern gegensteuern, so ist dies bei globalisierten Produktionsabläufen gänzlich undenkbar. Somit treten heute die Ziele *Vermeidung von Störungen* und Erhöhung

---

1   Siehe hierzu auch Matyas, K.: Taschenbuch der Instandhaltungslogistik, 2. Auflage, München u. a.: Hanser Verlag 2005.

2   Institut für Wirtschaftsforschung (IFO): Pressemitteilung vom 21.11.2005. Ähnliches kommt auch im IKB-Report »Automobilindustrie – Neue Chancen, zunehmender Investitions- und Finanzierungsbedarf« aus dem Jahr 2003 zum Ausdruck.

bzw. Gewährleistung der *Anlagenverfügbarkeit* zunehmend in den Mittelpunkt der instandhalterischen Zielsetzungen.

Ein weiteres Ziel in der heutigen Instandhaltung ist die *Instandsetzungsvermeidung*. Diese kann durch die Änderung der Konstruktion einer Anlage oder Maschine erreicht werden. Ebenso ist ein Einbeziehen der Produktionsmitarbeiter in die Verantwortlichkeit (Stichwort: TPM[3]), möglichst keine ungeplanten Ausfälle zu bekommen, ein weiterer wichtiger Aspekt zur Instandsetzungsvermeidung. Maßnahmen zur *First Line Maintenance*[4] können den Prozess ebenfalls unterstützen.

Instandsetzungsvermeidung

Maschinen und technische Anlagen haben sich in den letzten Jahren in ihrem Aufbau und ihrer Technik enorm weiterentwickelt. Es wird immer schwieriger, den Zustand einzelner Bauteile oder Baugruppen zu erfassen, da an modernen Anlagen wesentlich mehr *Schwachstellen* zu finden sind, als es noch bei den ursprünglichen Maschinen der Fall war. Hinzu kommt, dass Konstrukteure nicht mehr zur Überdimensionierung neigen, sondern eher platzsparende und leichtere Anlagen entwickeln. Dadurch reagiert allerdings auch eine Vielzahl von Bauteilen sensibler auf Verschleißerscheinungen und Defekte.

Neue Konstruktionen

Maschinen und Anlagen sind heute viel stärker modular aufgebaut, d. h., die Instandhaltung verlagert sich weg von der kompletten Anlage hin zur *Komponenteninstandhaltung*, also die Instandhaltung wird sehr differenziert auf einzelne Bauteile einer kompletten Anlage angewandt.

Komponenteninstandhaltung

Weitere Ziele können sein:

Weitere Ziele

▸ Erhöhung und optimale Nutzung der Lebensdauer von Anlagen und Geräten

▸ Verbesserung der Qualität der Endprodukte

▸ Verbesserung der Betriebssicherheit

▸ Optimierung von Betriebsabläufen

▸ Vorausschauende Planung von Kosten

---

3 TPM: Total Productive Management oder Total Productive Manufacturing. Zu den acht TPM-Säulen gehören die autonome Instandhaltung (Inspektionen und Kleinreparaturen durch den Anlagenbediener) und die geplante Instandhaltung.

4 First Line Maintenance: Rufbereitschaften zur Störungsbeseitigung.

▸ Senkung der Wiederanlaufkosten

▸ Einhaltung von Gesetzesauflagen insbesondere von Umweltschutzvorschriften

▸ Einhaltung von Herstellervorschriften z. B. zum Erhalt von Gewährleistungsansprüchen

Je nach Branche, instandzuhaltenden Objekten, Unternehmensgröße, Unternehmensorganisation und anderen Einflussfaktoren können aber auch andere Zielsetzungen hinzukommen oder in den Mittelpunkt des Interesses treten. Sind Sie z. B. ein Instandhaltungsdienstleister, wird es hauptsächlich um *Kundenzufriedenheit* gehen. Oder betreiben Sie z. B. eine Immobilie, können Instandhaltungsmaßnahmen zur *Stärkung der Verhandlungsposition* bei Immobilienverkäufen beitragen. So sollte jedes Unternehmen klare Zielsetzungen für seine Instandhaltung entwickeln und diese an die Beteiligten (z. B. Mitarbeiter, Kunden) kommunizieren.

Die unweigerliche Konsequenz aus diesem Wandel der Instandhaltung waren dann ein neuer Instandhaltungsbegriff der national und international verantwortlichen Organisationen und eine Reaktion der Unternehmen auf diese Herausforderungen in Form veränderter Instandhaltungsstrategien.

2.2 Der neue Instandhaltungsbegriff

Im Juni 2003 wurde die DIN 31051 – *Grundlagen der Instandhaltung* – neu veröffentlicht, die die bisherige Version aus dem Jahre 1985 ersetzt. Die Überarbeitung war notwendig geworden, da mit der 2001 veröffentlichten EN-Norm 13306 neue Begriffe für die Instandhaltung erarbeitet worden waren. Die Instandhaltung wird nach der DIN 31051 (2003-06) nun in vier Grundmaßnahmen unterteilt[5] (siehe Abbildung 2.1).

Instandhaltung – Definition

Die *Instandhaltung* beinhaltet Kombinationen aller technischen und administrativen Maßnahmen sowie Maßnahmen des Managements während des Lebenszyklus eines technischen Objekts zur Erhaltung des funktionsfähigen Zustands oder der Rückführung in diesen Zustand, so dass es die *geforderte Funktion* erfüllen kann. Dies

---

5 Siehe hierzu DIN31051: 2003-06: Grundlagen der Instandhaltung, herausgegeben v. Deutschen Institut für Normung (DIN) 2003, Berlin/Wien/Zürich 2003.

umfasst im Einzelnen die vier Aufgaben Inspektion, Wartung, Instandsetzung und Verbesserung, die ich im Folgenden näher beschreibe.

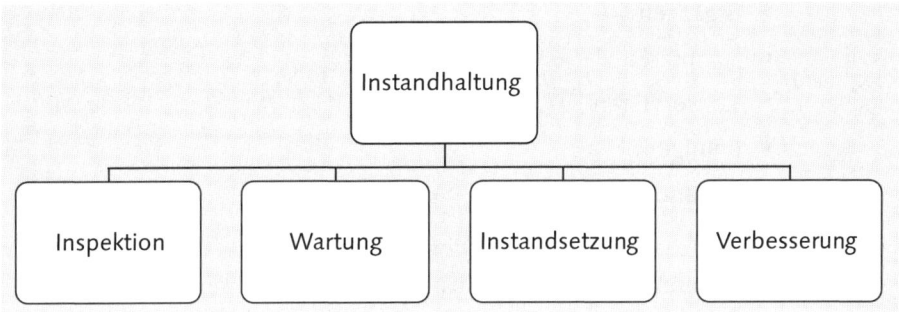

Abbildung 2.1 Der neue Instandhaltungsbegriff

Um eine hohe Verfügbarkeit und Betriebssicherheit der Maschinen, Anlagen und Ausrüstungen zu gewährleisten, sind regelmäßige *Inspektionen* zur Ermittlung des technischen Zustands und zur Fixierung erforderlicher Maßnahmen notwendig. Als *Inspektion* bezeichnet deshalb die neue DIN 31051 »alle Maßnahmen zur Feststellung und Beurteilung des Ist-Zustandes eines technischen Objektes einschließlich der Bestimmung der Ursachen der Abnutzung und dem Ableiten der notwendigen Konsequenzen für eine künftige Nutzung«[6]. Demgegenüber definierte die alte DIN 31051 die Inspektion lediglich als Maßnahmen zur Beurteilung und Feststellung des Ist-Zustands. Die Inspektion umfasst vor allem Maßnahmen wie das

Inspektion

▸ Prüfen

▸ Messen

▸ Beobachten

▸ Beurteilen

▸ Ableitung von Konsequenzen

Während die alte DIN 31051 *Wartung* als Maßnahmen zur Bewahrung des Soll-Zustands definierte, bezeichnet die neue DIN 31051 »alle Maßnahmen zur Verzögerung des Abbaus des vorhandenen Abnutzungsvorrats«[7]. Wartungsmaßnahmen beinhalten demzufolge vor allem Maßnahmen wie

Wartung

---

6 Ebenda.
7 Ebenda.

- Sichtprüfung
- Nachstellen
- Auswechseln
- Ergänzen
- Schmieren
- Konservieren
- Reinigen
- Funktionsprüfung

Um die geforderte Funktionstüchtigkeit und Verfügbarkeit von Maschinen, Anlagen und Ausrüstungen zu erhalten, sind regelmäßig auf Basis von Herstellervorschriften, Wartungsplänen und Kundenwünschen – unter Beachtung der wechselnden betriebsspezifischen Prozesse und Bedingungen – Wartungsmaßnahmen durchzuführen.

Instandsetzung Die alte DIN 31051 definierte als *Instandsetzung* alle Maßnahmen zur Wiederherstellung des Soll-Zustands. Demgegenüber definiert die neue DIN 31051 als Instandsetzung »alle Maßnahmen zur Rückführung eines technischen Objekts in den funktionsfähigen Zustand, mit Ausnahme von Verbesserungen«[8]. Durch Instandsetzungsmaßnahmen werden nicht funktionstüchtige Bauteile, Baugruppen usw. in Maschinen, Anlagen und Ausrüstungen sowohl unplanmäßig (Störbeseitigung) als auch planmäßig (geplante Stillstände) ausgetauscht – damit wird die volle Funktionalität wiederhergestellt. Instandsetzung umfasst demzufolge vor allem Tätigkeiten wie

- Austausch
- Wiederherstellung von Funktionen
- Beseitigung von Störungen

Verbesserung Neu in der DIN 31051 ist die *Verbesserung*. Diese wird definiert als »Kombination aller technischen und administrativen Maßnahmen sowie Maßnahmen des Managements zur Steigerung der Funktionssicherheit eines technischen Objekts, ohne die von ihr geforderte Funktion zu ändern«[9]. Die ständige Anlagenverbesserung dient der Erhöhung der Betriebs- und Funktionssicherheit von Maschinen, Anlagen und Ausrüstungen. Dabei werden ein entsprechendes Ver-

8 Ebenda.
9 Ebenda.

besserungspotenzial ermittelt, Lösungsvorschläge konzipiert und festgelegte Maßnahmen umgesetzt. Die Verbesserung umfasst vor allem Maßnahmen wie

- ▸ Beseitigung von Schwachstellen
- ▸ Verbesserung der Maschinen- und Anlagenkonstruktion
- ▸ Optimierung der Geschäftsprozesse
- ▸ Beschleunigung des Informationsaustauschs

Eine zusammenfassende Gegenüberstellung zeigt Tabelle 2.1.

	DIN 31051:1985-01	DIN 31051:2003-06
Inspektion	Maßnahmen zur Feststellung und Beurteilung des Ist-Zustands	Maßnahmen zur Feststellung und Beurteilung des Funktionszustands mit Bestimmung der Abnutzungsursachen und Ableitung der notwendigen Maßnahmen
Wartung	Maßnahmen zur Bewahrung des Soll-Zustands	Maßnahmen zur Verzögerung des Abbaus des vorhandenen Abnutzungsvorrats
Instandsetzung	Maßnahmen zur Wiederherstellung des Soll-Zustands	Maßnahmen zur Rückführung in den funktionsfähigen Zustand
Verbesserung		Maßnahmen zur Steigerung der Funktionssicherheit, ohne die festgelegte Funktion zu ändern

Tabelle 2.1 Die alte und die neue DIN 31051

2.3 Instandhaltungsstrategien im Wandel der Zeit

Aber nicht nur die verantwortlichen Organisationen haben auf veränderte Unternehmensbedingungen reagiert, auch die Unternehmen selbst haben neue Herausforderungen mit einer Änderung ihrer Instandhaltungsstrategie angenommen (siehe Abbildung 2.2).

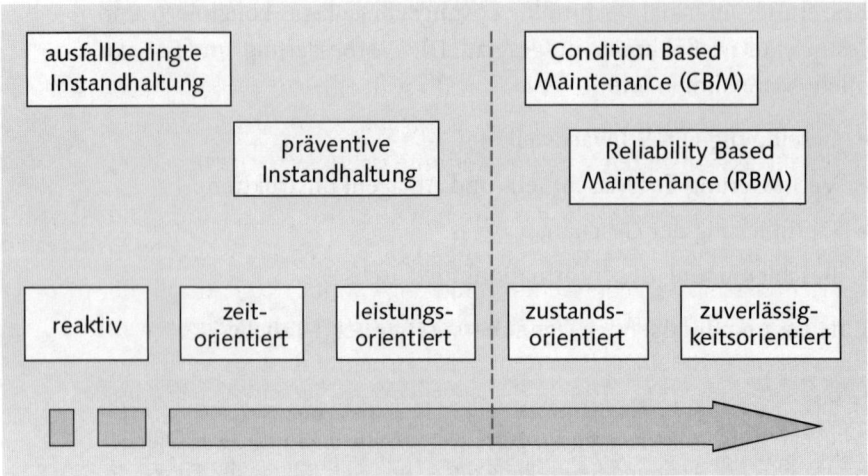

Abbildung 2.2 Strategien im Wandel der Zeit

Von der reaktiven zur präventiven Instandhaltung

Die neuen Herausforderungen des Marktes und der Technik zeigen sich in der Weiterentwicklung von Instandhaltungsstrategien und -konzepten. Die klassische *reaktive Instandhaltung*, die die Reparatur der Anlage nach Ausfall vorsieht, wurde durch die *präventive Instandhaltung* sukzessive abgelöst. Deren Schwerpunkt liegt auf der vorausschauenden Wartung und auf Inspektionsmaßnahmen. Spätestens mit der zunehmenden Verkettung von Anlagen musste eine Ablösung der »Feuerwehrstrategie« vollzogen werden, da der Ausfall einer Maschine den Stillstand der gesamten Fertigungslinie und damit sehr hohe Stillstandskosten zur Folge hätte.

Die präventive Instandhaltung kann zeit- (d. h. kalenderbasiert) oder leistungsabhängig (d. h. zählerbasiert) durchgeführt werden.

Zeitabhängig oder leistungsabhängig?

Warum ist diese Unterscheidung vor allem vor dem Hintergrund eines möglichen IT-Einsatzes so wichtig? Weil eine leistungsabhängige Instandhaltung viel mehr administrativen Aufwand erfordert als eine zeitbasierte.

Bei einer *zeitabhängigen Instandhaltung* definieren Sie lediglich die Wartungspläne mit festen oder aufeinander aufbauenden Zyklen. Das IPS-System kann damit alle Wartungstermine errechnen und erzeugt Ihnen zum errechneten Termin automatisch einen Auftrag.

Eine Voraussetzung für eine *leistungsabhängige Instandhaltung* ist aber zunächst ein Zähler (Kilometer, Betriebsstunden, Stückzahlen usw.), und sie funktioniert nur dann richtig, wenn in regelmäßigen

Abständen Zählerstände erfasst werden. Organisation, Planung, Aufnahme und Erfassung der Zählerstände verursachen einen nicht zu unterschätzenden administrativen Aufwand. Nur dann, wenn regelmäßig die aktuellen Zählerstände vorliegen, kann das IPS-System Ihnen die aktualisierten Wartungstermine richtig errechnen.

Im Hinblick auf die Anzahl der durchgeführten Instandhaltungsaufträge galt in vielen Unternehmen lange Zeit ein Verhältnis von 90:10 bei der Anzahl der Feuerwehraufträge im Vergleich zur Anzahl der geplanten Aufträge. Für viele Unternehmen mag diese Relation wohl noch immer gelten. Doch zahlreiche Unternehmen haben sich andererseits schon auf den Weg zu mehr Planung und besserer Planung gemacht und mögen deshalb bei einer Relation von 70:30 oder gar schon von 50:50 angekommen sein.

Wie sieht die Realität aus?

Bei *Condition Based Maintenance* (CBM), im Deutschen etwa *zustandsorientierte Instandhaltung*, werden Wartungstätigkeiten ausgeführt, wenn ein Messpunkt an einem technischen Objekt einen bestimmten Zustand erreicht hat. Voraussetzung ist also das regelmäßige Inspizieren einer Anlage inklusive der Erfassung von Inspektionsergebnissen oder das Vorhandensein von vorgelagerten Systemen, die permanent den Zustand einer Anlage überwachen und bei einem Ausnahmezustand (z. B. Über- oder Unterschreiten von vorher festgelegten Wertgrenzen) eine Meldung an das IPS-System auslösen. Als mögliche vorgelagerte Systeme kommen z. B. infrage:

Condition Based Maintenance

▸ mobile Datenerfassungssysteme

▸ Prozessleitsysteme (Process Control Systems, PCS)

▸ Gebäudeleitsysteme (Building Control Systems)

▸ SCADA-Systeme (Supervisory Control and Data Acquisition Systems)

Reliability Based Maintenance (RBM), im Deutschen etwa *zuverlässigkeitsorientierte Instandhaltung*, möchte diejenigen Instandhaltungsmaßnahmen, Bedienungsregeln und konstruktiven Anpassungen ermitteln, die für die gewünschte Zuverlässigkeit einer technischen Anlage notwendig sind. RBM ist eine Analysemethode, die Regeln für die Entscheidungen enthält. Sie basiert auf der Analyse der Funktionen einer Maschine. Daraus werden die möglichen Funktionsstörungen abgeleitet und deren Ursachen ermittelt. Für jede Störungsursache erfolgt dann eine Bewertung der Störungsauswirkungen. Diese

Reliability Based Maintenance

Sammlung von Informationen wird *Informationsarbeitsblatt* genannt und entspricht in wesentlichen Teilen einer FMEA (Fehlermöglichkeits- und Einflussanalyse). Für jede Störungsursache im Informationsarbeitsblatt wird anschließend mithilfe eines Entscheidungsdiagramms geprüft, ob eine zustandsbedingte, vorbeugende oder reaktive Maßnahme empfehlenswert ist. Wenn keine der Maßnahmen sinnvoll ist, werden Konstruktionsänderungen oder geänderte Bedienungsregeln betrachtet.

2.4 Die SAP-Instandhaltung im Wandel der Zeit

Von RM-INST ... Die Geschichte der SAP-Instandhaltung reicht bis ins Jahr 1986 zurück. In diesem Jahr wurde innerhalb des R/2-Systems mit dem RM-INST die erste Version der SAP-Instandhaltung auf den Markt gebracht. Weitere Releasestände von RM-INST erschienen 1988 (4.3) und 1991 (5.0).

... über R/3 PM ... 1994 kam dann die erste Version von R/3 PM (Plant Maintenance) auf den Markt. Die R/3-Releasestände durchlebten eine abwechslungsreiche Namensgebung: von R/3 über R/3 Enjoy und mySAP.com bis hin zu R/3 Enterprise. Konstant blieb bis zum mySAP.com-Release der Begriff für die Instandhaltung: PM. In Release R/3 Enterprise sprach SAP von einem Asset Lifecycle Management (ALM).

... hin zu SAP ERP EAM Als SAP 2005 das erste ERP-Release auf den Markt brachte, musste man sich wieder an einen neuen Begriff für die Instandhaltung gewöhnen: EAM (Enterprise Asset Management). Wechselvoll waren seitdem die Releasebezeichnungen: Hieß es zunächst mySAP ERP 2005, verschwand zuerst das *my*, und das Release wurde in SAP ERP 2005 umbenannt. Kurze Zeit später tauschte SAP die Jahreszahl gegen die fortlaufende Releasenummer, und seitdem heißt es SAP ERP 6.0. Abbildung 2.3 zeigt die Geschichte der SAP-Instandhaltung im Überblick.

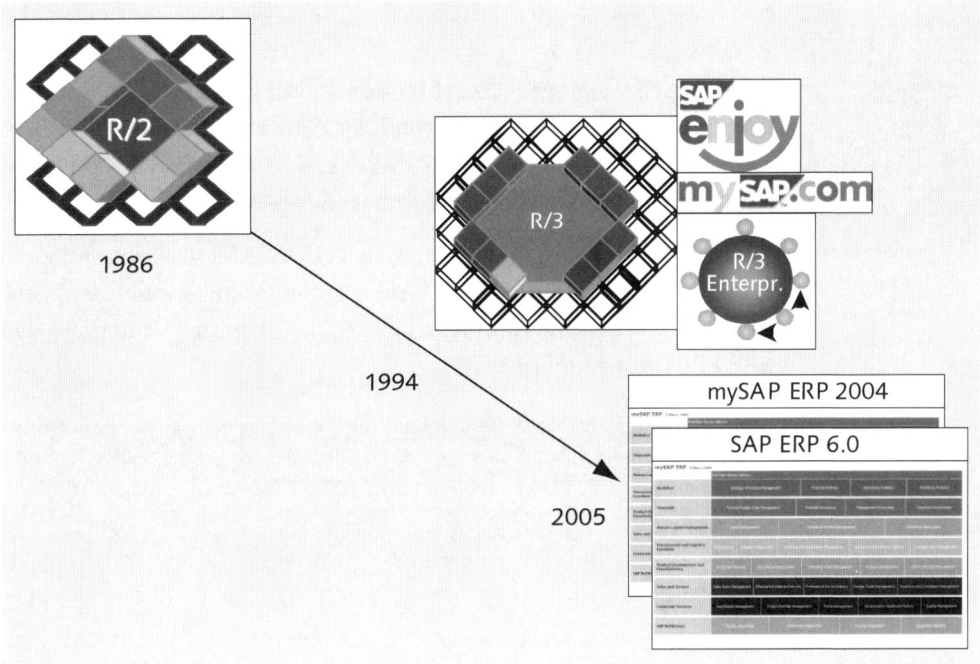

Abbildung 2.3 Die Geschichte der SAP-Instandhaltung

2.5 SAP ERP 6.0

SAP ERP 6.0 setzt sich zusammen aus SAP ERP ECC (Enterprise Core Component), allen SAP-Branchenlösungen, Zusatzkomponenten und als technologischer Basis SAP NetWeaver 7.0.

SAP ERP ECC ist keine *revolutionäre*, sondern eine *evolutionäre* Weiterentwicklung von R/3 und umfasst Lösungen für die folgenden Bereiche (siehe Abbildung 2.4):

SAP ERP ECC

- ▸ Finanzwesen (früher FI und CO, jetzt SAP Financials)
- ▸ Personalwesen (früher HR, jetzt SAP Human Capital Management)
- ▸ Einkauf und Lagerverwaltung (früher MM und WM, jetzt SAP Procurement and Logistics)
- ▸ Produktentwicklung und Produktionsplanung (früher PP und PDM, jetzt SAP Product Development and Manufacturing)

- ▸ Vertrieb und Service (früher SD und CS, jetzt SAP Sales and Service)

- ▸ generische Unternehmensfunktionen wie Gebäudemanagement, Projektsystem, Umwelt, Gesundheit, Sicherheit, Qualitätsmanagement, Reisemanagement (früher RE, PS, TM, EH&S, QM, jetzt zusammengefasst als SAP Corporate Services)

Zu Letzteren gehört folgerichtig auch SAP EAM. Die wesentlichen Integrationsaspekte von SAP EAM zu den Applikationen von SAP ERP ECC werden Ihnen in Abschnitt 6.2, »Integration innerhalb von SAP ERP«, vorgestellt.

End-User Service Delivery						
Analytics	Strategic Enterprise Management	Financial Analytics		Operations Analytics	Workforce Analytics	
Financials	Financial Supply Chain Management	Financial Accounting		Mgmt. Accounting	Corporate Governance	
Human Capital Management	Talent Management		Workforce Process Mgmt.		Workforce Deployment	
Procurement and Logistics Execution	Procurement		Inventory+Warehouse Management	Inbound+Outbound Logistics	Transportation Management	
Product Developmt. and Manufacturing	Production Planning	Manufacturing Execution		Product Development	Life-Cycle Data Mgmt.	
Sales and Service	Sales Order Management		Aftermarket Sales and Service		Professional-Service Delivery	
Corporate Services	Real Estate Mgmt.	Enterprise Asset Mgmt.	Project+Port-folio Mgmt.	Travel Mgmt.	Environmental Compliance Management	Quality Mgmt.	Global Trade Services

(rechts: SAP NetWeaver)

Abbildung 2.4 Solution Map von SAP ERP 6.0

Branchenlösungen
SAP bietet insgesamt 28 Branchenlösungen (z. B. SAP for Automotive, SAP for Utilities, SAP for Chemicals u. a.). Diese werden zusammen mit SAP ERP 6.0 ausgeliefert. Sie aktivieren dann eine oder mehrere der Branchenlösungen über das so genannte *Switch-Framework*. Ansonsten möchte ich dieses Thema hier nicht vertiefen, sondern Sie auf die umfangreiche Dokumentation und Literatur verweisen.

Business Suite
Neben SAP ERP bietet SAP im Rahmen der SAP Business Suite folgende Anwendungslösungen an:

- ▸ SAP CRM als Lösung für das Kundenbeziehungsmanagement bietet Funktionen für Vertrieb, Marketing und Service.

- ▸ SAP PLM als Lösung für den Produktlebenszyklus bietet Funktionen für den Produktentwicklungsprozess wie z. B. Ideenmanagement, CAD-Schnittstellen, Dokumentenmanagement usw.

- ▶ SAP SRM als Lösung für das Lieferantenbeziehungsmanagement bietet Funktionen für den elektronischen Einkauf wie z. B. Katalogmanagement, Self-Services für Lieferanten und Mitarbeiter usw.

- ▶ SAP SCM als Lösung für das Lieferkettenmanagement beinhaltet Funktionen für die Absatz-, Produktions- und Distributionsplanung.

SAP liefert seit SAP ERP 6.0 im Durchschnitt einmal pro Jahr so genannte *Enhancement Packages* aus. In der Vergangenheit wurden Weiterentwicklungen ausschließlich im Rahmen von neuen Releaseständen ausgeliefert, die bei Kunden nur im Rahmen von Migrationsprojekten zu bewältigen waren und damit sehr viel Aufwand verursacht haben. Im Gegensatz zu neuen Releaseständen sorgen Enhancement Packages für eine kontinuierliche, aber auch behutsame funktionale Weiterentwicklung des Systems, ohne dabei den Aufwand eines Migrationsprojektes zu verursachen.

Weiterentwicklung durch Enhancement Packages

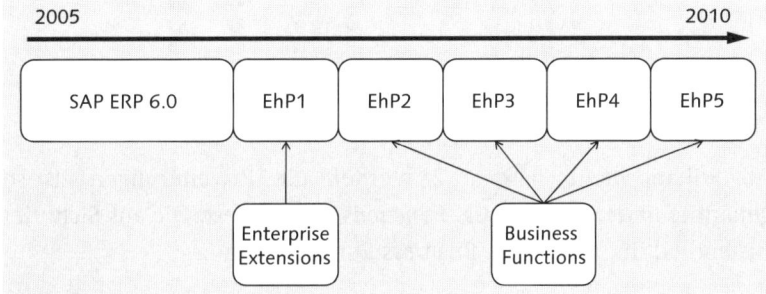

Abbildung 2.5 Enterprise Extensions und Business Functions

Zunächst wurden diese Weiterentwicklungen als so genannte *Enterprise Extensions* ausgeliefert. Die aus Sicht der Instandhaltung wichtige Extension ist EA-PLM. Sie aktivieren diese Extension über die Transaktion SFW5.

Enterprise Extensions und Business Functions

In SAP ERP ECC können Sie bestimmte Funktionen von EAM (z. B. Massenänderung von Meldungen und Aufträgen) nur nutzen, wenn Sie die so genannte *Enterprise Extension EA-PLM* aktiviert haben. Aktivieren Sie die ECC Extension EA-PLM mit der Transaktion SFW5, wenn Sie diese Instandhaltungsfunktionen nutzen möchten. Diese Aktivierung können Sie später allerdings nicht wieder zurücknehmen.

[+]

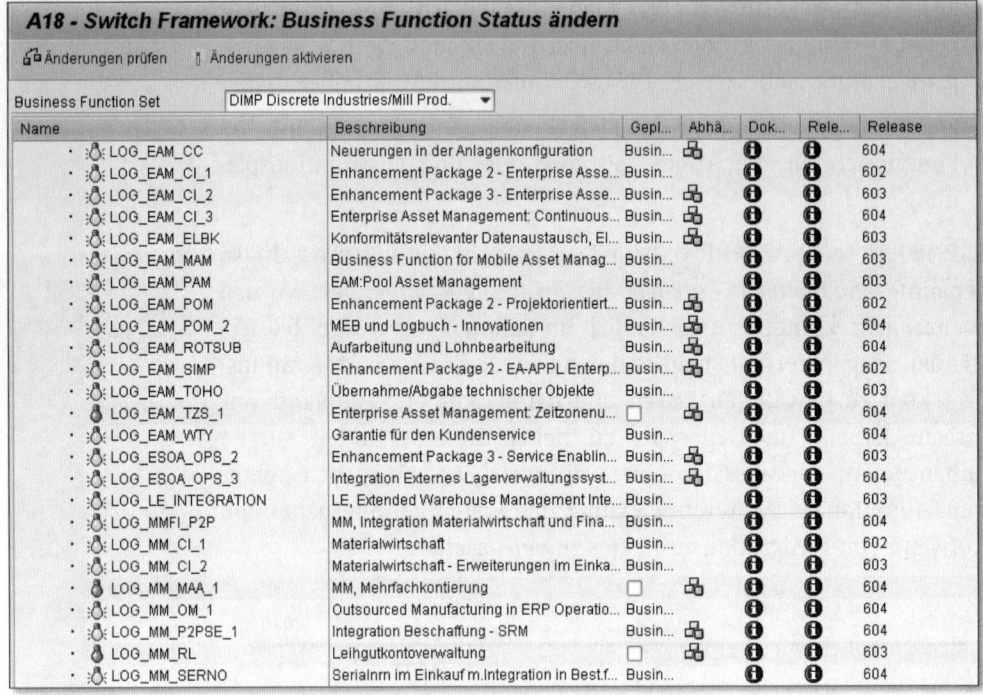

Abbildung 2.6 Transaktion SWF5 – Switch Framework

Ab Enhancement Package 2 wurden die Erweiterungen als so genannte *Enterprise Business Functions* ausgeliefert. Die aus Sicht der Instandhaltung wichtigen Business Functions sind:

▶ Enhancement Package 2

```
LOG_EAM_CI_1 (z.B. digitale Signatur der Arbeitsvorgänge)
LOG_EAM_POM (z.B. Maintenance Event Builder)
LOG_EAM_SIMP (z.B. einfache Auftragssicht)
```

▶ Enhancement Package 3

```
LOG_EAM_CI_2 (z.B. neue BAPIs und BAdIs für die
Instandhaltung)
```

▶ Enhancement Package 4

```
LOG_EAM_CI_3 (z.B. Rundgangsplanung)
LOG_EAM_POM_2 (z.B. Erweiterungen MEB)
LOG_EAM_ROTSUB (Aufarbeitung und Lohnbearbeitung)
LOG_MM_SERNO (Serialnummern in den Einkaufsbelegen)
```

[+]

In SAP ERP ECC können Sie bestimmte Funktionen von EAM (z. B. die Massenänderung von Equipments und Technischen Plätzen) nur nutzen, wenn Sie so genannte *Enterprise Business Functions* aktiviert haben. Aktivieren Sie die gewünschten Business Functions mit der Transaktion SFW5, wenn Sie diese Instandhaltungsfunktionen nutzen möchten. Diese Aktivierung können Sie später allerdings nicht wieder zurücknehmen.

Aus anderen SAP-Produkten werden Komponenten zusammen mit SAP ERP 6.0 ausgeliefert. Im Einzelnen sind dies:

▸ SAP Supplier Relationship Management
  (nur klassisches Self-Service-Procurement-Szenario)

▸ SAP E-Recruiting

▸ SAP Learning Solution

▸ SAP Financial Supply Chain Management

▸ Employee Self-Services/Manager Self-Services

▸ SAP cProjects Suite

▸ SAP Internet Sales Web Application Component

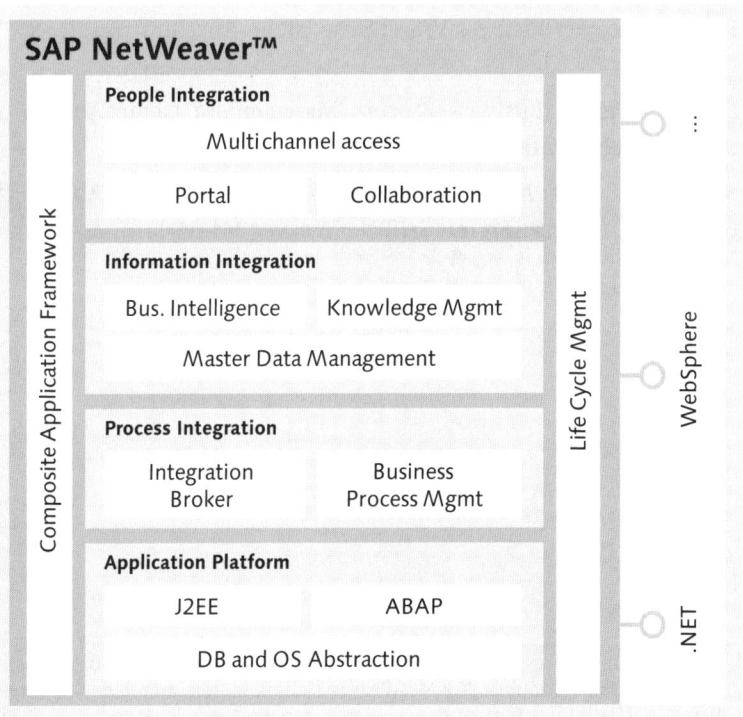

Abbildung 2.7 Die Integrationsebenen und Komponenten von SAP NetWeaver 7.0

SAP NetWeaver SAP NetWeaver ist die technologische Plattform für alle SAP-Applikationen (siehe Abbildung 2.5). Er wird zusammen mit SAP ERP 6.0 ausgeliefert. SAP NetWeaver fasst die Funktionalitäten vieler verschiedener SAP-Technologieprodukte zusammen und unterscheidet dabei drei wesentliche Integrationsschichten, die Prozessebene (*Process Integration*), die Informationsebene (*Information Integration*) und die Anwenderebene (*People Integration*). Die *Application Platform* stellt die gemeinsame Laufzeitumgebung dar.

Folgende Komponenten von SAP NetWeaver sind aus Sicht von SAP EAM besonders interessant und werden deshalb in ihren Nutzungsmöglichkeiten im Zusammenhang mit SAP EAM im weiteren Verlauf dieses Buches wieder aufgegriffen:

- ► SAP NetWeaver Multi Channel Access (siehe Abschnitt 8.2.3, »Mobile Asset Management«)

- ► SAP NetWeaver Portal (siehe Abschnitt 8.1.1, »SAP NetWeaver Portal und Rollen«)

- ► SAP NetWeaver Collaboration (siehe Abschnitt 8.1.6, »Collaboration Folders«)

- ► SAP NetWeaver Business Warehouse (siehe Abschnitt 7.2.4, »SAP NetWeaver BW«)

- ► SAP NetWeaver Business Process Management (siehe Abschnitt 8.3, »serviceorientierte Architektur (SOA)«)

- ► SAP NetWeaver Master Data Management[10] (siehe Abschnitt 6.3.1, »Die Integration mit SAP NetWeaver MDM«)

---

10 Literaturempfehlungen werde ich Ihnen in den jeweiligen Abschnitten geben. Um einen Überblick über SAP NetWeaver zu bekommen, empfehle ich Ihnen Karch, S.; Heilig, L.; Bernhardt, C.; Hardt, A.; Heidfeld, F.; Pfennig, R.: SAP NetWeaver, 2. Auflage, Bonn: SAP PRESS 2007.

*Dieses Kapitel informiert Sie über die Elemente, ohne die
eine Instandhaltungsabwicklung im SAP-System nicht auskommt: die allgemeinen Organisationseinheiten, die instandhaltungsspezifischen Organisationseinheiten und den Arbeitsplatz.*

3   Organisationsstrukturen

Die Festlegung der Organisationsstrukturen umfasst folgende Bereiche: zum einen die allgemeinen SAP-Organisationseinheiten (z. B.
Kostenrechnungskreis, Buchungskreis, Werk, Lagerort usw.), zum
anderen die Definition der instandhaltungsspezifischen Organisationseinheiten (z. B. Standort oder Betriebsbereich) und schließlich die
Definition der Instandhaltungsarbeitsplätze (wie z. B. Mechanik,
Elektrik, Mess- und Regeltechnik usw.).

3.1   SAP-Organisationseinheiten

Die Grundlage aller Stammdaten und Geschäftsprozesse in SAP ERP
sind die Organisationseinheiten.

Um eines vorwegzunehmen: In der Regel sind die allgemeinen Organisa-   **[+]**
tionseinheiten im SAP-System, wie z. B. Buchungskreis, Kostenrechnungskreis und Werk, bereits definiert, wenn Sie sich an die Einführung von SAP
EAM machen. Denn die Definition erfolgt bereits bei der Einführung anderer Applikationen (wie SAP CO, MM usw.). Nur dann, wenn SAP EAM in
der ersten Welle dabei ist oder wenn Sie aus einer reinen Instandhaltungs-
perspektive eigene Organisationseinheiten definieren, haben Sie Einfluss
auf die Ausgestaltung.

3.1.1   Das Werk aus Instandhaltungssicht

Die für die Instandhaltung wichtigste Organisationseinheit ist zwei-   Funktionen
felsfrei das *Werk*. Dieses erfüllt für die Instandhaltung mehrere Funk-   des Werks
tionen:

▶ Ein Werk ist für die *Planung der Instandhaltungsaktivitäten* verantwortlich. Man spricht in diesem Zusammenhang von einem *Planungswerk*. Ein Werk wird über die Customizing-Funktion UNTERNEHMENSSTRUKTUR • DEFINITION • INSTANDHALTUNG • PLANUNGSWERK PFLEGEN zu einem Planungswerk.

▶ Alle instandzuhaltenden *technischen Objekte* stehen physisch in einem Werk (Technischer Platz, Equipment, Serialnummer). Man spricht dabei von einem *Standortwerk*. Ein Werk wird zu einem Standortwerk, wenn Sie dort ein technisches Objekt anlegen. Die Zuordnung, welches Planungswerk für welches Standortwerk zuständig ist, nehmen Sie über die Customizing-Funktion UNTERNEHMENSSTRUKTUR • ZUORDNUNG • INSTANDHALTUNG • STANDORTWERK • INSTANDHALTUNGSPLANUNGSWERK ZUORDNEN vor.

▶ Ein Werk in Kombination mit einem Lagerort wird benötigt, um Ersatzteile zu lagern.

▶ Auch können manche technischen Objekte (Serialnummern) in einem Werk in Verbindung mit einem Lagerort eingelagert werden.

3.1.2 Instandhaltungsspezifische Organisationseinheiten

Standortwerk- oder planungswerkbezogen?

Im Zusammenhang mit dem Werk spielen weitere instandhaltungsspezifische Organisationseinheiten, die entweder standortwerk- oder planungswerkbezogen sind, eine Rolle (siehe Abbildung 3.1):

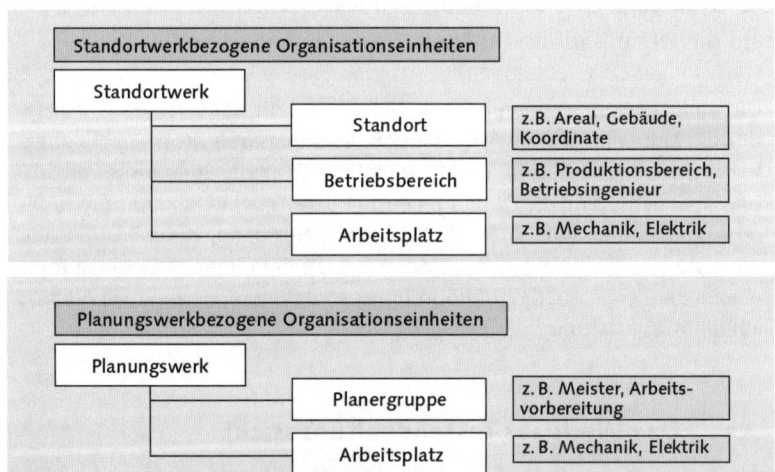

Abbildung 3.1 Standort- und Planungswerk

Die standortwerk- und planungswerkbezogenen Daten finden sich allesamt in technischen Objekten (Technischer Platz, Equipment) wieder und werden von dort in Meldung und Auftrag kopiert. Im Folgenden werden diese Daten näher erläutert.

Arbeitsplatz

Arbeitsplätze führen Instandhaltungsmaßnahmen durch oder sind dafür verantwortlich. Sie haben entweder einen Bezug zum Planungswerk oder zum Standortwerk (siehe Abschnitt 3.2, »Arbeitsplätze«).

Planergruppe

Eine Planergruppe ist für die Planung der Instandhaltungsmaßnahmen zuständig. Die Planergruppe hat ebenfalls einen Bezug zu einem Planungswerk. Sie pflegen Planergruppen mit der Customizing-Funktion INSTANDHALTUNG UND KUNDENSERVICE • STAMMDATEN IN INSTANDHALTUNG UND KUNDENSERVICE • TECHNISCHE OBJEKTE • ALLGEMEINE DATEN • PLANERGRUPPEN FESTLEGEN.

> Planergruppen richten Sie z. B. ein, wenn Sie eine Arbeitsvorbereitung **[+]** oder einzelne, namentlich benannte Instandhaltungsplaner abbilden möchten.

Standort

Als Standort verwenden Sie eine Kennzeichnung, wo sich das technische Objekt physisch befindet. Ein Standort wird immer mit Bezug zu einem Standortwerk definiert. Standorte pflegen Sie mit der Customizing-Funktion UNTERNEHMENSSTRUKTUR • DEFINITION • LOGISTIK ALLGEMEIN • STANDORT FESTLEGEN.

> In der Praxis haben sich als Standorte entweder Gebäudenummern (z. B. **[+]** F141, WDF21 o. Ä.) oder – falls vorhanden – die Werkskoordinaten (z. B. A01, K15) durchgesetzt.

Betriebsbereich

Als Betriebsbereich definieren Sie die Zuständigkeiten für den Betrieb der (Produktions-)Anlage. Betriebsbereiche pflegen Sie mit der Customizing-Funktion INSTANDHALTUNG UND KUNDENSERVICE •

STAMMDATEN IN INSTANDHALTUNG UND KUNDENSERVICE • TECHNISCHE OBJEKTE • ALLGEMEINE DATEN • BETRIEBSBEREICHE FESTLEGEN.

[+] In der Praxis haben sich als Betriebsbereiche entweder der für die Anlage zuständige Betriebsingenieur oder der zur Anlage gehörende Produktionsbereich durchgesetzt.

3.1.3 Weitere allgemeine Organisationseinheiten

Neben den instandhaltungsspezifischen Organisationseinheiten gibt es weitere allgemeine Organisationseinheiten, die auch für EAM relevant sind.

Buchungskreis

Das Werk ordnen Sie einem Buchungskreis zu (siehe Abbildung 3.2, Customizing-Funktion UNTERNEHMENSSTRUKTUR • ZUORDNUNG • LOGISTIK ALLGEMEIN • WERK • BUCHUNGSKREIS ZUORDNEN). Der Buchungskreis ist die kleinste organisatorische Einheit des *externen Rechnungswesens*, für die eine vollständige, in sich abgeschlossene Buchhaltung abgebildet werden kann (»Die Firma«). Dies beinhaltet die Erfassung aller buchungspflichtigen Ereignisse und die Erstellung von Bilanzen sowie Gewinn- und Verlustrechnungen.

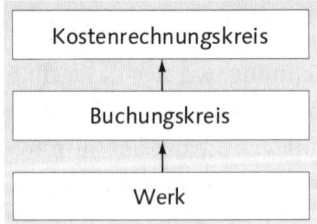

Abbildung 3.2 Allgemeine Organisationseinheiten

Mit der Zuordnung eines technischen Objekts zu einem Standortwerk ordnen Sie es im Hintergrund auch automatisch dessen Buchungskreis zu.

Kostenrechnungskreis

Der Kostenrechnungskreis ist eine organisatorische Einheit innerhalb eines Unternehmens, für die eine *in sich geschlossene Kostenrechnung* durchgeführt werden kann. Ein Kostenrechnungskreis kann einen oder mehrere Buchungskreise umfassen (Zuordnung über die Custo-mizing-Funktion UNTERNEHMENSSTRUKTUR • ZUORDNUNG • CONTROL-LING • BUCHUNGSKREIS • KOSTENRECHNUNGSKREIS ZUORDNEN).

Mit der Zuordnung eines technischen Objekts zu einem Standort-werk legen Sie nicht nur seinen Buchungskreis, sondern auch seinen Kostenrechnungskreis fest, ebenso wie Sie mit der Zuordnung eines Arbeitsplatzes zu einem Werk dessen Kostenrechnungskreis festle-gen.

Aus Sicht der Instandhaltung ist es immer von Vorteil, wenn der Kosten- **[+]** rechnungskreis des technischen Objekts und der Kostenrechnungskreis des Arbeitsplatzes identisch sind.

Sie fragen sich jetzt vielleicht, warum das so ist. Die Begründung lie-fert Ihnen der nächste Abschnitt.

3.1.4 Werksbezogene und werksübergreifende Instandhaltung

Bei den Geschäftsprozessen in der Instandhaltung ist zu differenzie-ren, ob die Planung und die Ausführung der Aufträge im selben Werk oder in unterschiedlichen Werken stattfinden.

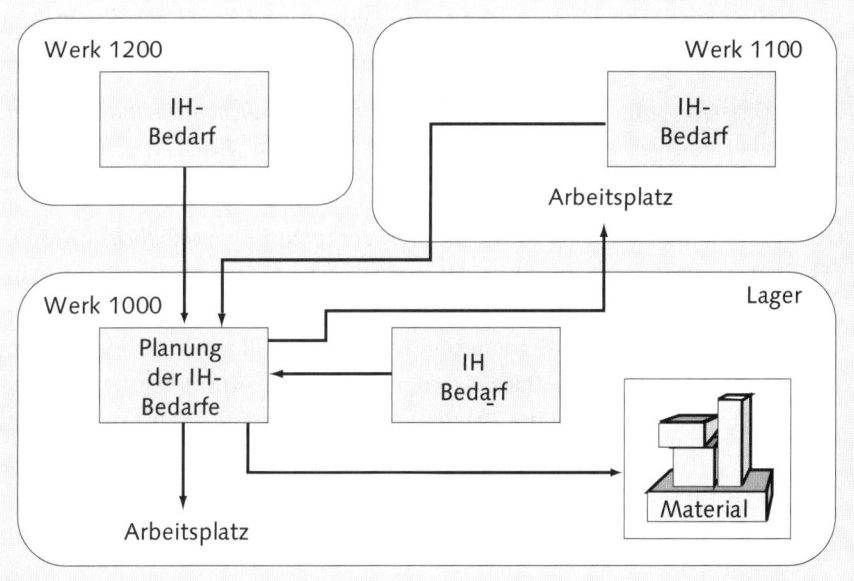

Abbildung 3.3 Werk und Instandhaltung

Werksbezogene Instandhaltung

Planung und
Ausführung in
einem Werk

In der Praxis trifft man am häufigsten auf die Situation, dass der Instandhaltungsbedarf im gleichen Werk geplant wird, wo er entsteht, dass also die Aufträge von Werkstätten aus dem gleichen Werk ausgeführt werden und dass auch das Ersatzteillager sich im gleichen Werk befindet. In Abbildung 3.3 wäre dies das Werk 1000. Hier gilt: Standortwerk = Planungswerk = Werk des Ersatzteillagers.

Werksübergreifende Instandhaltung

Bedarf und
Ausführung in
verschiedenen
Werken

Jedoch sind neben der werksbezogenen Instandhaltung noch andere Konstellationen anzutreffen:

▶ In einem Werk (hier z. B. 1200) entsteht ein Bedarf, da dort eine technische Anlage instandzuhalten ist (= Standortwerk), aber alle weiteren Funktionen (Planung, Auftragsausführung, Ersatzteillager) werden von einem anderen Werk (hier z. B. 1000) übernommen.

▶ Oder in einem Werk (hier z. B. 1100) entsteht ein Bedarf, und es werden weitere Teilfunktionen (Auftragsausführung) wahrgenommen; andere Teilfunktionen (Auftragsplanung, Ersatzteilbevorratung) finden in anderen Werken (hier z. B. 1000) statt.

Eine werksübergreifende Instandhaltung ist unproblematisch, wenn das Standortwerk des technischen Objekts und das Werk des ausführenden Arbeitsplatzes im *selben Buchungskreis* liegen.

Dasselbe gilt, wenn die Werke zu *unterschiedlichen Buchungskreisen*, aber zum *selben Kostenrechnungskreis* gehören. Auch hier handelt es sich um ein Standardszenario.

Unterschiedliche
Kosten-
rechnungskreise

Problematisch wird es, wenn die Werke zu *unterschiedlichen Kostenrechnungskreisen* gehören. Hier gibt es kein Standardszenario, sondern es entsteht eine Kunden-Lieferanten-Beziehung. Das Standortwerk (Kunde) müsste in diesem Fall also Bestellungen auslösen. Beim Werk des Arbeitsplatzes (Lieferant) wird ein Kundenauftrag ausgelöst, zu dem dann eine Faktura erstellt wird. Die Faktura wiederum wird beim Standortwerk als Eingangsrechnung erfasst. Insgesamt also ein sehr umständliches Verfahren. Wie können Sie dies vereinfachen?

Wenn Sie eine werksübergreifende Instandhaltung haben und sich die [+]
Werke in unterschiedlichen Kostenrechnungskreisen befinden, ist folgende Vorgehensweise empfehlenswert:

▶ Legen Sie im Arbeitsplatz-Werk eine Kostenstelle für das eigentliche Standortwerk an.

▶ Ordnen Sie alle technischen Objekte dem Arbeitsplatz-Werk als Standortwerk und dieser Kostenstelle zu.

▶ Wickeln Sie alle Instandhaltungsaufträge im Arbeitsplatz-Werk ab.

▶ Führen Sie manuell periodische Fakturen (z. B. monatlich) vom Arbeitsplatz-Werk zu Lasten des Kunden-Standortwerks und zu Gunsten der Kostenstelle durch.

Diese Vorgehensweise erspart Ihnen das Erstellen von Bestellungen und Kundenaufträgen, das Erstellen einzelner Fakturierungen und das Einbuchen einzelner Eingangsrechnungen.

3.2   Arbeitsplätze

Aus Sicht der Instandhaltung repräsentiert ein Arbeitsplatz entweder eine einzelne Person (»Techniker M. Huber«) oder eine Werkstatt, also eine Gruppe von Personen. Beispiele für Werkstätten wären vor allem:

Definition und Grundlagen

▶ Mechanik

▶ Elektrik

▶ Mess- und Regeltechnik

▶ Schlosserei

▶ Schweißerei

▶ Lackiererei

▶ Reinigungskolonne

Vermeiden Sie die Verwendung von Einzelpersonen als Arbeitsplatz. Sie [+]
verbauen sich u. U. Möglichkeiten der Kapazitätsplanung, und Sie haben einen enormen Pflegebedarf bei den Arbeitsplatzdaten. Verwenden Sie für personenscharfe Verantwortlichkeiten besser Partnerrollen (siehe Abschnitt 4.2.8, »Spezielle Funktionen«).

Wenn Sie Arbeitsplätze pro Person erfassen, beachten Sie bitte die jewei- [+]
ligen Landesgesetze.

In Deutschland etwa dürfen Sie dies nur tun, wenn Sie mit den Arbeitneh-mervertretern eine schriftliche Betriebsvereinbarung getroffen haben, aus der u. a. hervorgeht, dass die Informationen nicht für einen Leistungsver-gleich verwendet werden.

Arbeitsplätze werden in der Instandhaltung verwendet als

▸ verantwortlicher Arbeitsplatz im Stammsatz des Equipments und technischen Platzes

▸ verantwortlicher Arbeitsplatz in einer Wartungsposition

▸ verantwortlicher Arbeitsplatz im Kopf eines Arbeitsplans

▸ ausführender Arbeitsplatz in den Vorgängen eines Arbeitsplans

▸ verantwortlicher Arbeitsplatz in der Meldung

▸ verantwortlicher Arbeitsplatz im Auftragskopf

▸ ausführender Arbeitsplatz in den Vorgängen eines Auftrags

[+] Arbeitsplätze sind die einzigen Stammsätze, die Sie für die Nutzung von EAM wirklich anlegen müssen. Sie können die Geschäftsprozesse z. B. ohne technische Objekte (Technische Plätze, Equipment usw.) durchfüh-ren, aber nicht ohne Arbeitsplätze.

Arbeitsplatz anlegen

Arbeitsplätze pflegen Sie mit der Transaktion IR01. Dabei vergeben Sie eine Nummer des Arbeitsplatzes und ordnen ihn einem Werk zu.

[+] Der Arbeitsplatz wird im Rahmen der EAM-Abwicklung häufig einzugeben sein. Deshalb sollten Sie die Arbeitsplatznummern so kurz wie möglich halten (z. B. *M* für Mechanische Werkstatt, *E* für Elektrische Werkstatt).

Der Arbeitsplatz enthält Informationen, die für eine Abwicklung zwingend notwendig sind (siehe Abbildung 3.4).

Grunddaten

Arbeitsplätze enthalten Grunddaten. Diese pflegen Sie auf der Regis-terkarte GRUNDDATEN.

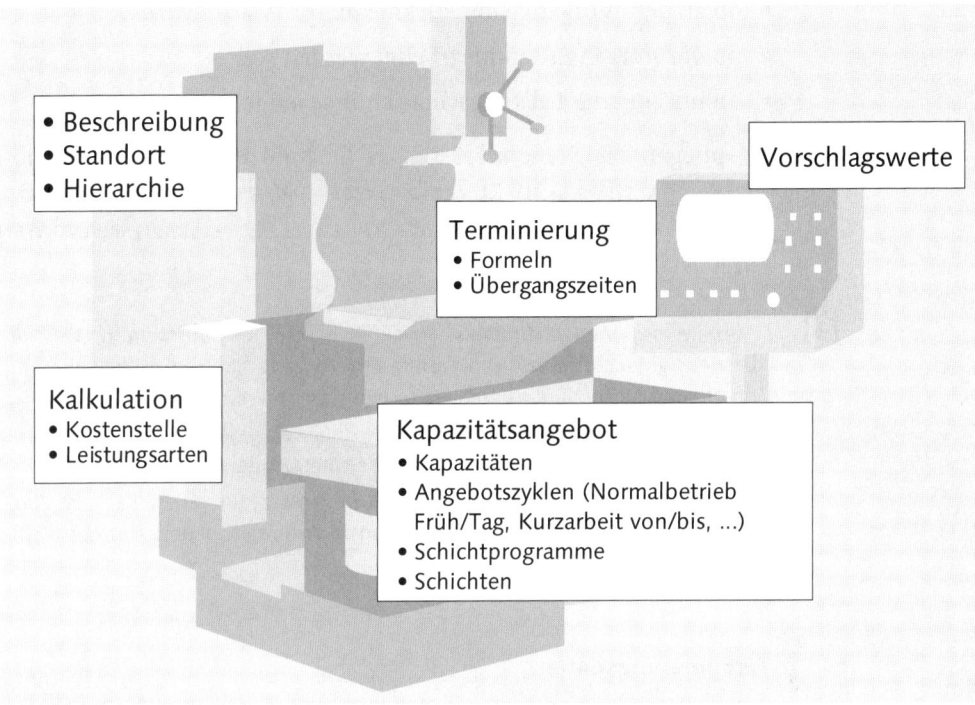

Abbildung 3.4 Inhalte eines Arbeitsplatzes

Achten Sie bei den Grunddaten eines Arbeitsplatzes darauf, dass Sie die **[+]**
Planverwendung entweder auf 004 (= Instandhaltungspläne) oder auf
009 (= alle Plantypen) setzen, damit der Arbeitsplatz in der EAM-Abwicklung verwendet werden darf. Ferner muss der Vorgabewertschlüssel auf
SAP0 stehen, damit später keine Vorgaben wie Rüstzeiten oder Maschi-
nenzeiten notwendig werden.

Vorschlagswerte

Arbeitsplätze enthalten Vorschlagswerte, die beim Anlegen von
Arbeitsplänen und Aufträgen in die Vorgänge kopiert oder referenziert werden. Referenziert bedeutet, dass die Daten im Arbeitsplan
nicht abgeändert werden können. Vorschlagswerte pflegen Sie auf
der Registerkarte Vorschlagswerte. Der wichtigste Vorschlagswert
ist der Steuerschlüssel. Darüber steuern Sie später im Auftrag

▸ ob der Vorgang in die Kalkulation einfließen soll

▸ ob der Vorgang terminiert werden soll

▸ ob der Vorgang Kapazitätsbedarfe erzeugen soll

▸ ob zu dem Vorgang eine Rückmeldung erwartet wird

▸ ob der Vorgang fremdbearbeitet werden soll

▸ ob im Vorgang Leistungsverzeichnisse aufgebaut werden

Sie pflegen die Steuerschlüssel im Customizing mit der Funktion INSTANDHALTUNG UND KUNDENSERVICE • WARTUNGSPLÄNE, ARBEITS-PLÄTZE, ARBEITSPLÄNE UND FHM • ARBEITSPLÄTZE • ARBEITSPLANDATEN • STEUERSCHLÜSSEL PFLEGEN.

[+]　Mithilfe des Steuerschlüssels können Sie sehr fein aussteuern, welche betriebswirtschaftlichen Funktionen ein Vorgang haben soll (kalkulieren, drucken, rückmelden, fremdzuvergeben, terminieren usw.)

Sie benötigen mindestens zwei Steuerschlüssel: einen für die Eigenbearbeitung und einen für die Fremdbearbeitung. Andere nach Bedarf.

Den Steuerschlüssel sollten Sie im Arbeitsplatz auf jeden Fall als Vorschlagswert hinterlegen, damit Sie ihn in Arbeitsplan und Auftrag nicht immer manuell eingeben müssen.

Terminierungsdaten

Arbeitsplätze enthalten Terminierungsdaten, die für die Durchlaufterminierung benötigt werden. Die Terminierungsdaten pflegen Sie auf der Registerkarte TERMINIERUNG (siehe Abbildung 3.5).

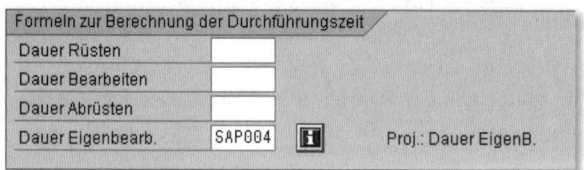

Abbildung 3.5 Terminierung

[+]　Wenn Sie später die Aufträge terminieren möchten, benötigt Ihr Arbeitsplatz zwingend eine Formel für Dauer Eigenbearbeitung. Diese muss auf das Feld DAUNO, also die Dauer aus dem Vorgang, zeigen. Im Standard ist dies die Formel SAP004.

Überprüfen bzw. definieren können Sie dies mit den Customizing-Funktionen PRODUKTION • GRUNDDATEN • ARBEITSPLATZ • KAPAZITÄTS-PLANUNG • FORMELDEFINITION ARBEITSPLATZ EINRICHTEN und FORMEL-PARAMETER ARBEITSPLATZ EINSTELLEN.

Kapazitätsangebot

Arbeitsplätze enthalten Kapazitätsangebotsdaten, die für die Kapazitätsplanung benötigt werden. Das Kapazitätsangebot gibt an, welche Leistung eine Kapazität je Arbeitstag erbringt. Eine Kapazität ist immer einem Arbeitsplatz zugeordnet und wird in der Instandhaltung in der Regel in Stunden pro Woche ausgedrückt. Die Kapazitätsdaten werden auf der Registerkarte KAPAZITÄTEN gepflegt (siehe Abbildung 3.6).

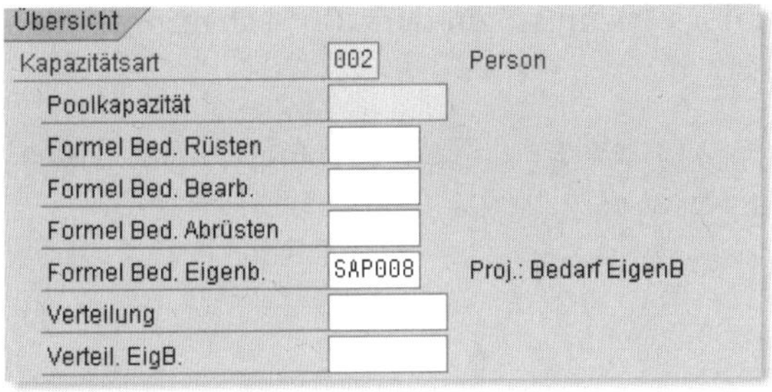

Abbildung 3.6 Kapazitäten

[+] Wenn Sie später für Ihren Arbeitsplatz eine Kapazitätsplanung durchführen möchten, benötigt Ihr Arbeitsplatz zwingend eine Formel für Bedarf Eigenbearbeitung. Diese muss auf das Feld ARBEI, also die Arbeit aus dem Vorgang, zeigen. Im Standard ist dies die Formel SAP008.

Überprüfen bzw. definieren können Sie dies mit den Customizing-Funktionen PRODUKTION • GRUNDDATEN • ARBEITSPLATZ • KAPAZITÄTSPLANUNG • FORMELDEFINITION ARBEITSPLATZ EINRICHTEN und FORMELPARAMETER ARBEITSPLATZ EINSTELLEN.

Das Kapazitätsangebot wird im Arbeitsplatz auf der Registerkarte KAPAZITÄTEN über den Button [Kapazität] gepflegt. Abbildung 3.7 zeigt, welche Angaben Sie zu einem Kapazitätsangebot machen können.

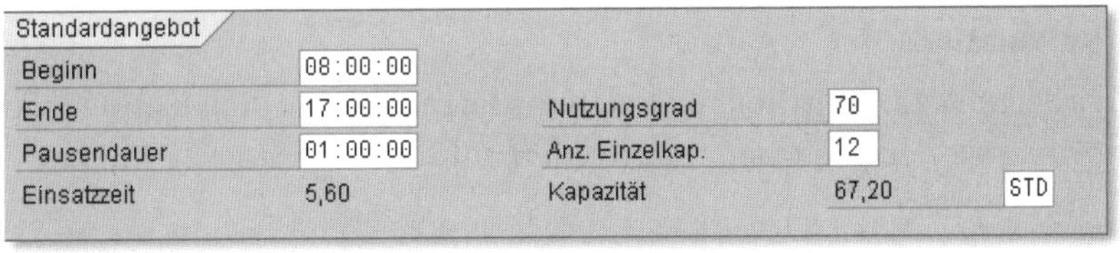

Abbildung 3.7 Kapazitätsangebot

Die meisten Angaben wie ARBEITSBEGINN, -ENDE, PAUSENDAUER, ANZAHL EINZELKAPAZITÄTEN (= Anzahl Handwerker) sind unkritisch und gut zu ermitteln.

Wenn Sie in unterschiedlichen Perioden mit unterschiedlichen Besetzungen arbeiten, können Sie so genannte *Intervalle* pflegen. Auch *Mehrschichtenmodelle* können Sie hinterlegen.

Kritisch ist der NUTZUNGSGRAD: Dieser gibt in % an, welcher Anteil von der Bruttokapazität den Handwerkern netto für geplante Aufträge zur Verfügung steht. Was muss von den 100 % abgezogen werden?

▶ persönlich bedingte Verteilzeiten (Toilette, ungeplante Pause, Betriebsversammlung usw.)

▶ Krankheit

▶ Urlaub

▶ ungeplante Aufträge

Letzteres ist in der Instandhaltung ein sehr kritischer Faktor und nur sehr ungenau zu schätzen.

[+] Ohne Berücksichtigung der ungeplanten Aufträge hat sich in der Praxis ein Nutzungsgrad von 65 bis 75 % herauskristallisiert.

Zur Berücksichtigung der ungeplanten Aufträge haben Sie zwei Möglichkeiten:

Entweder Sie berücksichtigen diese im Nutzungsgrad; dann reduziert sich der Nutzungsgrad entsprechend dem Anteil Ihrer ungeplanten Aufträge auf einen Wert von 30 bis 50 %.

Oder Sie halten über die Anzahl der im Kapazitätsangebot angegebenen Einzelkapazitäten (= Anzahl Handwerker) hinaus Personal vor, das Sie ausschließlich für ungeplante Aufträge einsetzen, so dass die im Kapazitätsangebot angegebenen Daten ausschließlich für geplante Aufträge zur Verfügung stehen.

Kalkulation

Arbeitsplätze enthalten Kalkulationsdaten, die die Kalkulation von Vorgängen ermöglichen. Sie werden auf der Registerkarte KALKULATION gepflegt.

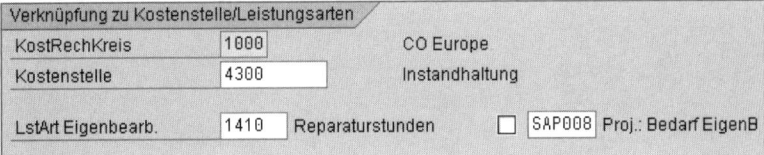

Abbildung 3.8 Kalkulation

Wenn Sie später für Ihren Arbeitsplatz eine Kalkulation durchführen **[+]**
möchten, benötigt Ihr Arbeitsplatz zwingend

▶ eine Kostenstelle

▶ eine Leistungsart

▶ eine Formel für Bedarf Eigenbearbeitung. Diese muss auf das Feld
ARBEI, also die Arbeit aus dem Vorgang, zeigen. Im Standard ist dies die
Formel SAP008.

Überprüfen bzw. definieren können Sie dies mit den Customizing-
Funktionen PRODUKTION • GRUNDDATEN • ARBEITSPLATZ • KALKULA-
TION • FORMELN ARBEITSPLATZ • FORMELDEFINITION ARBEITSPLATZ EIN-
RICHTEN und FORMELPARAMETER ARBEITSPLATZ EINSTELLEN.

Wie Sie den zugehörigen Verrechnungssatz im Controlling definieren, erfahren Sie in Abschnitt 6.2.5, »Controlling«.

Auf der DVD finden Sie unter GESCHÄFTSPROZESSE • GESCHÄFTSPROZESSE IN **[◉]**
DER INSTANDHALTUNG • 1. ORGANISATIONSSTRUKTUREN das Anlegen eines
Arbeitsplatzes und das Pflegen des Kapazitätsangebots.

Zusammenfassend habe ich Ihnen noch einmal die wichtigsten Aussagen **[◉]**
und alle Tipps und Tricks zusammengestellt, die ich Ihnen im Hinblick auf
das Thema *Organisationsstrukturen für die Instandhaltung* mit auf den Weg
geben möchte. Diese finden Sie als eigenes Dokument auf der DVD.

*In diesem Kapitel mache ich Sie mit den Strukturierungs-
hilfsmitteln von SAP EAM vertraut, zeige Ihnen, für welchen
Zweck Sie das jeweilige Hilfsmittel einsetzen können und für
welchen nicht, und gebe Ihnen zahlreiche Tipps, worauf Sie
dabei achten sollten.*

4 Anlagenstrukturierung

Die Basis, um mit SAP EAM die Geschäftsprozesse in der Instandhaltung abbilden und dann abwickeln zu können, bildet eine anforderungsgerechte Anlagenstrukturierung. Und wenn die Erfahrungen aus meinen bisherigen Projekten eines gezeigt haben, dann ist es dieses: Jedes Unternehmen hat seine eigenen Vorstellungen davon, wie es seine technischen Anlagen in SAP EAM abbilden möchte. Und jeder macht es daher anders; ich begegnete noch nicht zwei Unternehmen, die die gleichen Vorstellungen von ihren Anlagenstrukturierung entwickelt hätten. Im Detail heißt dies, dass jedes Unternehmen im Einführungsprojekt vor allem in Bezug auf folgende Fragen eigene Anforderungen entwickelt:

▸ Welche Strukturierungshilfsmittel sollen eingesetzt werden?

▸ Wie tief soll strukturiert werden?

▸ Ab welcher Strukturstufe soll welches Hilfsmittel zum Einsatz kommen?

▸ Welche Informationen sollen hinterlegt werden?

▸ Welche Funktionen sollen genutzt werden?

▸ In welchen Stufen sollen die Anlagen abgebildet werden?

Wenn Sie also vor der Einführung stehen und Ihre technischen Anlagen in SAP EAM abbilden möchten, sollten Sie sich, bevor Sie dies tun, unbedingt mit einigen Fragen auseinandersetzen und sie so gut, wie es Ihnen zu diesem Zeitpunkt möglich ist, für sich beantworten.

4.1 Was Sie tun sollten, bevor Sie Ihre Anlagen im SAP-System abbilden

Ich zeige Ihnen in diesem Abschnitt zunächst auf, welche Fragen im Vorfeld diskutiert werden sollten, und gebe Ihnen Hinweise zur Beantwortung der Fragen.

[+] Bei der Suche nach allen Antworten sollte der Grundsatz gelten: So viel wie nötig, aber so wenig wie möglich.

Dies bedeutet für Sie: Finden Sie heraus, welche betriebswirtschaftlichen und technischen Anforderungen Sie haben, und suchen Sie nach dem einfachsten Weg, wie Sie diese in SAP EAM abbilden können. Im weiteren Verlauf der Ausführungen werde ich Ihnen anhand vieler Beispiele aufzeigen, wie Sie diesen Grundsatz umsetzen können.

Frage 1: Welche Strukturierungshilfsmittel sollen überhaupt eingesetzt werden?

SAP EAM bietet Ihnen ein breites Spektrum an potenziellen Strukturierungshilfsmitteln an: Technische Plätze, Referenzplätze, Equipments, Objektverbindungen, Serialnummern, IH-Baugruppen, Materialien und verschiedene Arten von Stücklisten.

Technischer Platz
Technische Plätze repräsentieren eine komplexe, in der Regel mehrstufige Anlagenstruktur, wobei Sie jedes Element der Anlagenstruktur als Technischen Platz anlegen. Technische Plätze dienen also dazu, eine *vertikale* Anlagenstruktur aufzubauen. Sie stellen in der Regel funktionale Einheiten dar und haben eher einen immobilen Charakter. Beispielen sind Prozessanlagen in der Chemie und Pharmazie, Kraftwerke, Fließstraßen, Gebäude, Rohrleitungssysteme, Infrastruktur und Rechnernetzwerke.

Referenzplatz
Referenzplätze dienen ausschließlich als Vorlage, um daraus »echte« Technische Platzstrukturen generieren bzw. um später Daten auf »echte« Technische Plätze vererben zu können. Sie können nicht Gegenstand von Geschäftsprozessen (z. B. Störmeldung) sein.

Equipment
Equipments repräsentieren einzelne Aggregate (Inventare) und haben einen eher mobilen Charakter. Beispiele sind Maschinen, Pumpen, Motoren, Fertigungshilfsmittel, Fahrzeuge (Pkws, Lkws, Stapler, Flurförderzeuge) und IT-Inventare (PCs, Drucker, Monitore, Notebooks, Beamer).

Objektverbindungen bauen Sie zwischen verschiedenen technischen Objekten (Equipments oder Technische Plätze) auf. Solche Verbindungen gibt es z. B. zwischen Produktionseinheiten untereinander, zwischen Produktionsanlagen und Versorgungssystemen und zwischen Ver- und Entsorgungssystemen. Mit den Objektverbindungen bilden Sie ein so genanntes *Objektnetz* ab. Somit können Sie Ihre Anlagen *horizontal* strukturieren.

Objektverbindung

Ein *Material* repräsentiert im Gegensatz zum Equipment kein Einzelstück, sondern einen Objekttyp, also z. B. Typ »Pumpe normalsaugend 400 – 100« oder Typ »Drehstrom-Normmotor SM/I, 220/380V, 50Hz, 0.18kW«. Hinter einem Material verbirgt sich eine gewisse Anzahl des jeweiligen Typs. Materialien benötigen Sie für Ersatzteile, für lagerfähige Equipments und IH-Baugruppen.

Material

Eine IH-Baugruppe dient als Element, um einen Technischen Platz oder ein Equipment tiefer zu strukturieren. Beispiel: Ein Stapler könnte aus den IH-Baugruppen Hubgerüst, Chassis, Bremsanlage und Antriebsaggregat bestehen. Eine IH-Baugruppe können Sie einer Meldung oder einem Auftrag zur Spezifizierung des Schadensortes zuordnen.

IH-Baugruppe

Serialnummern legen Sie zu einer Materialnummer an, wobei es zu einer Materialnummer beliebig viele Serialnummern geben kann. Eine Serialnummer ist ein Einzelstück und entspricht somit einem Equipment. Die Serialnummernfunktion erlaubt es Ihnen, das Equipment auf Lager zu legen.

Serialnummer

Eine Equipmentstückliste beinhaltet in der Regel eine Liste von Ersatzteilen und ist einem Equipment direkt zugeordnet. Dies bedeutet, dass diese Stückliste nur von diesem einen Equipment verwendet werden kann.

Equipment-stückliste

Eine Technischer Platzstückliste beinhaltet in der Regel eine Liste von Ersatzteilen und ist einem Technischen Platz direkt zugeordnet. Das heißt, dass diese Stückliste nur von diesem einen Technischen Platz verwendet werden kann.

Technische Platzstückliste

Eine Materialstückliste beinhaltet ebenfalls eine Liste von Ersatzteilen, Sie können diese aber über eine so genannte *indirekte Zuordnung* für beliebig viele Equipments und/oder Technische Plätze verfügbar machen.

Materialstückliste

Sie könnten nun alle Hilfsmittel zum Einsatz bringen. Vermeiden Sie dies nach Möglichkeit, und beachten Sie folgenden Grundsatz:

[+] Setzen Sie so wenig verschiedene Strukturierungshilfsmittel wie möglich ein. Je mehr Strukturierungshilfsmittel Sie verwenden, desto schwerer fällt Ihnen im Einzelfall die Entscheidung, als was Sie ein spezielles Objekt definieren, und desto mehr Fehler werden Ihnen unterlaufen: Ist das ein Equipment? Oder vielleicht doch eine Baugruppe? Oder doch eher ein Material?

Wenn Sie diesem Grundsatz folgen, tun Sie sich nicht nur leichter bei der Definition und Erfassung Ihrer technischen Anlagen, es wird auch positive Auswirkungen haben auf die Abbildung und Durchführung Ihrer Geschäftsprozesse. Abschnitt 4.2, »SAP-Hilfsmittel zur Anlagenstrukturierung, und wie Sie sie einsetzen sollten«, macht Sie mit den Strukturierungshilfsmitteln vertraut und zeigt Ihnen, welche Möglichkeiten sie bieten und welche Funktionen sie haben. Ich werde Ihnen Hinweise geben, wofür Sie welches Hilfsmittel einsetzen könnten und – vor allem – wofür nicht. Entscheiden Sie dann, welche der angebotenen Hilfsmittel Ihnen sinnvoll erscheinen.

Frage 2: Wie tief soll strukturiert werden?

Wie viele Ebenen? Die Frage nach der Tiefe der Struktur heißt konkret: Wie viele Strukturebenen Ihrer technischen Anlagen bilden Sie in SAP EAM ab? Bevorzugen Sie eine feine Anlagenstruktur, und strukturieren Sie bis auf das letzte Ersatzteil? Oder bevorzugen Sie eine grobe Struktur und bilden nur die ersten drei bis vier Ebenen Ihrer technischen Anlagen ab? Auch hierauf muss jeder seine individuelle Antwort finden.

Ich kann Ihnen in diesem Buch leider keine generelle Antwort geben, sondern Sie nur auf die jeweiligen Vor- und Nachteile hinweisen (siehe Tabelle 4.1).

Feine Anlagenstruktur	Grobe Anlagenstruktur
▶ besseres Erkennen von Schwachstellen	▶ weniger Aufwand für Erfassung und Pflege der Anlagendaten
▶ besseres Erkennen von Kostentreibern	▶ weniger Wartungspläne

Tabelle 4.1 Feine vs. grobe Anlagenstruktur

Feine Anlagenstruktur	Grobe Anlagenstruktur
▶ exaktere Hinterlegung von Vorschlagswerten	▶ leichtere Zuordnung bei Meldungen und Aufträgen
	▶ weniger Meldungen und Aufträge

Tabelle 4.1 Feine vs. grobe Anlagenstruktur (Forts.)

Für eine möglichst feine Struktur spricht, dass Sie sich damit in die Lage versetzen, später möglichst genaue und gezielte Auswertungen durchzuführen, um z. B. Schwachstellen oder Kostentreiber ausfindig zu machen. Detaillierte Strukturen ermöglichen Ihnen andererseits die exakte Hinterlegung von Vorschlagswerten wie z. B. Kostenstellen, Adressen, Planergruppe oder verantwortlichem Arbeitsplatz. Exakte Vorschlagswerte erhöhen die Benutzerakzeptanz und beschleunigen die Geschäftsprozesse.

Feine Struktur

Dies erkaufen Sie sich jedoch mit einigen Nachteilen: Aufwand zur Erfassung und Pflege der Stammdaten, mehr Wartungspläne, ein höheres Auftragsvolumen, Probleme beim Zuordnen der Meldungen und Aufträge.

Für eine grobe Anlagenstruktur gilt das dann genau umgekehrt: Sie werden weniger Aufwand zur Erfassung und Pflege der Anlagendaten haben, Sie werden weniger Wartungspläne erfassen müssen, Sie werden sich wahrscheinlich leichter tun bei der Zuordnung Ihrer Meldungen und Aufträge, und Sie werden weniger Aufträge und Meldungen haben.

Grobe Struktur

Lassen Sie mich die Problematik des Mengengerüsts anhand eines Zahlenbeispiels verdeutlichen: Normalerweise ergibt sich von Ebene zu Ebene ein Multiplikator von 4 – 6, strukturiert man also einen Technischen Platz in eine untergeordnete Ebene, hängen dann durchschnittlich vier bis sechs Technische Plätze darunter.

Zahlenbeispiel

Was bedeutet das für Sie? Angenommen, Sie hätten 50 Anlagen und im Mittel fünf Positionen in der nächsten Strukturstufe. Tabelle 4.2 können Sie entnehmen, wie viele technische Objekte insgesamt Sie bei welcher Anzahl von Strukturstufen hätten – unabhängig davon, ob es sich um Equipments, Technische Plätze oder etwas anderes handelt.

Wenn Sie sich für ... Strukturstufen entscheiden würden, ...	... ergäbe das ... technische Objekte
1	50
2	300
3	1.500
4	7.500
5	37.500
6	187.500
7	937.500
8	4.687.500

Tabelle 4.2 Anzahl technischer Objekte

Die Anzahl der technischen Objekte wächst also nicht linear, sondern exponentiell in Abhängigkeit von der Anzahl der Strukturstufen. An diesem einfachen Beispiel wird deutlich, was exponentielles Wachstum in Zahlen ausgedrückt bedeutet.

[+] Was also tun? Aufgrund meiner Erfahrungen aus verschiedenen Projekten kann ich Ihnen folgende Empfehlung geben – und diese Strategie hat sich bei vielen Anwendern schon bewährt:

Bilden Sie zunächst Ihre Anlagen flächendeckend mit einer groben Struktur ab. Brechen Sie diese Struktur später gezielt (nicht flächendeckend!) dort herunter, wo es Ihnen notwendig erscheint. Zum Beispiel könnten Sie die Struktur an den Stellen verfeinern, an denen Ihnen die Aussagekraft der Schwachstellenanalyse zu gering erscheint oder an denen Sie kostenintensive Anlagen ausgemacht haben.

Die Vorgehensweise, von Anfang an flächendeckend tief zu strukturieren, birgt das Problem in sich, dass Sie möglicherweise wieder Strukturebenen zurücknehmen müssen. Dieses ist – wenn überhaupt möglich – mit sehr viel Aufwand und Nachteilen verbunden.

Frage 3: Nach welchen Kriterien sollen die Anlagen strukturiert sein?

Auch auf die Frage, nach welchen Kriterien die Anlagen strukturiert sein sollen, gibt es keine eindeutige Antwort. Es hängt von Ihren Anforderungen vor allem bezüglich Handhabbarkeit, Berichtswesen usw. ab. Grundsätzlich können Sie strukturieren nach:

- räumlichen Kriterien (z. B. Anlagen in Gebäude A, Gebäude B usw.)
- funktionalen Kriterien (z. B. alle Pumpen bekommen eine gemeinsame übergeordnete Struktur)
- produktions-, verfahrens- oder prozessorientierten Kriterien (z. B. Produktionsstraße C, chemische Anlage D, Energieversorgung E, Klimatechnik F usw.)

Frage 4: Ab welcher Strukturstufe soll welches Hilfsmittel zum Einsatz kommen?

Die in der Praxis am häufigsten anzutreffende Strukturierungsreihenfolge ist Technischer Platz → Equipment → Stückliste (siehe Abbildung 4.1).

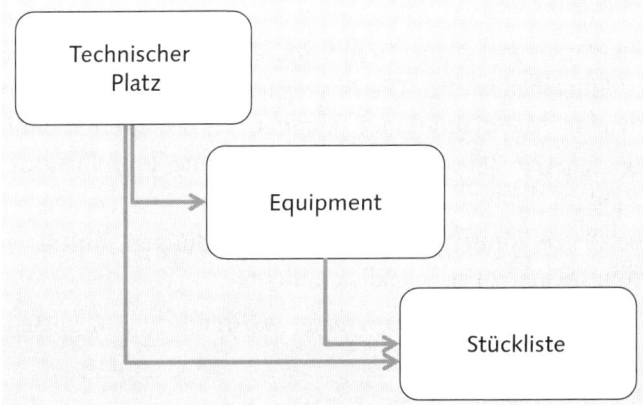

Abbildung 4.1 Strukturierungsreihenfolge

Die Frage, ab welcher Ebene welches Strukturierungshilfsmittel zum Einsatz kommt, lässt sich also in drei Teilfragen zerlegen:

Frage 4.1: Wo liegt die Grenze zwischen Technischem Platz und Equipment?
Die Antwort auf diese Frage ergibt sich daraus, welche Funktionen Sie im System abbilden möchten und ob Sie diese Funktionen besser mit Technischen Plätzen oder besser mit Equipments erfüllen. Waren anfangs Technische Plätze und Equipments funktional noch sehr verschieden, haben sich die Funktionen über die verschiedenen Releasestände hinweg immer mehr angenähert, so dass heute beide technischen Objekte über *nahezu dieselben Funktionen* verfügen. Geblieben sind drei wesentliche Unterschiede:

▸ Technische Plätze können *nicht gelagert* werden, während Equipments mithilfe der Serialnummer auf Lager gelegt werden können.

▸ Equipments repräsentieren *bewegliche Inventare*, d. h., sie werden im Laufe der Zeit in unterschiedlichen Anlagen eingebaut und können damit eine so genannte *Einsatzhistorie* dokumentieren.

▸ Spezielle *Fahrzeugdaten* können nur für Equipments gepflegt werden.

[+] Wenn Sie die Lagerfunktion und die Einsatzhistorie nicht benötigen, können Sie Ihre Anlagen komplett über Technische Plätze abbilden. In allen anderen Fällen gilt: Die Grenze zwischen technischem Platz und Equipment liegt dort, wo eine der beiden Funktionen eintritt.

Frage 4.2: Wo liegt die Grenze zwischen technischem Platz und Stückliste?
Auch diese Frage lässt sich mithilfe der jeweiligen Funktionen beantworten:

▸ Technische Plätze repräsentieren *individuelle Aggregate* und lassen somit eine Einzelhistorie zu. Die Positionen einer Stückliste werden durch eine Materialnummer gebildet, repräsentieren somit einen Aggregatstyp und erlauben deshalb keine Einzelhistorie, keine Kostenverfolgung usw.

▸ Technische Plätze können *Bezugsobjekt* in Meldungen, Aufträgen und Wartungsplänen sein, Stücklisten nicht.

▸ Technische Plätze sind *nicht lagerfähig*, während die Stücklistenpositionen lagerfähig sind.

[+] Die funktionalen Einheiten, für die eine Einzelhistorie notwendig ist, bilden Sie als Technische Plätze ab. Die Teile, die im Lager liegen und für die Sie keine einzelne Kostenverfolgung benötigen, bilden Sie als Materialnummer in der Stückliste ab.

Frage 4.3: Wo liegt die Grenze zwischen Equipment und Stückliste?
Da – wie Sie mittlerweile wissen – Equipments mithilfe der Serialnummer lagerfähig sind, bleibt als Funktionsunterschied zwischen Equipments und Stücklisten:

▸ Equipments repräsentieren *individuelle Inventare* und lassen somit eine Einzelhistorie und Kostenverfolgung zu. Die Positionen einer Stückliste werden durch eine Materialnummer gebildet, repräsentieren somit einen Aggregatstyp und erlauben deshalb keine Einzelhistorie.

▼ Wie lautet der Titel des Buches, das Sie bewerten möchten?

▼ Wegen welcher Inhalte haben Sie das Buch gekauft?

▼ Haben Sie in diesem Buch die Informationen gefunden, die Sie gesucht haben? Wenn nein, was haben Sie vermisst?

☐ Ja, ich habe die gewünschten Informationen gefunden.

☐ Teilweise, ich habe nicht alle Informationen gefunden.

☐ Nein, ich habe die gewünschten Informationen nicht gefunden. Vermisst habe ich:

▼ Welche Aussagen treffen am ehesten zu? (Mehrfachantworten möglich)

☐ Ich habe das Buch von vorne nach hinten gelesen.

☐ Ich habe nur einzelne Abschnitte gelesen.

☐ Ich verwende das Buch als Nachschlagewerk.

☐ Ich lese immer mal wieder in dem Buch.

▼ Wie suchen Sie Informationen in diesem Buch? (Mehrfachantworten möglich)

☐ Inhaltsverzeichnis

☐ Marginalien (Stichwörter am Seitenrand)

☐ Index/Stichwortverzeichnis

☐ Buchscanner (Volltextsuche auf der Galileo-Website)

☐ Durchblättern

▼ Wie beurteilen Sie die Qualität der Fachinformationen nach Schulnoten von 1 (sehr gut) bis 6 (ungenügend)?

☐ 1   ☐ 2   ☐ 3   ☐ 4   ☐ 5   ☐ 6

▼ Was hat Ihnen nicht gefallen?

▼ Was hat Ihnen an diesem Buch gefallen?

▼ Würden Sie das Buch weiterempfehlen?

☐ Ja   ☐ Nein

Falls nein, warum nicht?

▼ Was ist Ihre Haupttätigkeit im Unternehmen?
(z.B. Management, Berater, Entwickler, Key-User etc.)

▼ Welche Berufsbezeichnung steht auf Ihrer Visitenkarte?

▼ Haben Sie dieses Buch selbst gekauft?

☐ Ich habe das Buch selbst gekauft.

☐ Das Unternehmen hat das Buch gekauft.

Antwort

SAP PRESS
c/o Galileo Press
Rheinwerkallee 4
53227 Bonn

Absender

Firma

Abteilung

Position

Anrede   Frau ☐   Herr ☐

Vorname

Name

Straße, Nr.

PLZ, Ort

Telefon

E-Mail

Datum, Unterschrift

KATALOG & NEWSLETTER

Ja, bitte senden Sie mir kostenlos
den neuen **Katalog**. Für folgende
SAP-Themen interessiere ich mich
besonders: (Bitte Entsprechendes ankreuzen)

■ Programmierung
■ Administration
■ IT-Management
■ Business Intelligence
■ Logistik
■ Marketing und Vertrieb
■ Finanzen und Controlling
■ Personalwesen
■ Branchen und Mittelstand
■ Management und Strategie

❯ Ja, ich möchte den
SAP PRESS-Newsletter abonnieren.
Meine E-Mail-Adresse lautet:

www.sap-press.de

▶ Equipments können *Bezugsobjekt* in Meldungen, Aufträgen und Wartungsplänen sein, Stücklisten nicht.

> Die Inventare, für die eine Einzelhistorie notwendig ist, bilden Sie als Equipments ab. Die Inventare, bei denen dies nicht notwendig ist, bilden Sie als Materialnummer bzw. in der Stückliste ab.

[+]

Frage 5: Wie erfolgt die Nummernvergabe?

Bei IT-Systemen gibt es grundsätzlich zwei Arten der Nummernvergabe:

▶ **Interne Nummernvergabe**
Sie legen ein Nummernkreisintervall fest, und das System vergibt beim Anlegen die nächste freie Nummer.

▶ **Externe Nummernvergabe**
Sie vergeben beim Anlegen die Nummer des technischen Objekts.

Frage 5.1: Wie erfolgt die Nummernvergabe bei Technischen Plätzen?

Bei einem Technischen Platz vergeben Sie immer eine externe Nummer nach dem so genannten *Strukturkennzeichen*. Die Nummer des Technischen Platzes vergeben Sie manuell – nach Vorgabe durch das Strukturkennzeichen.

Strukturkennzeichen

Das Strukturkennzeichen definieren Sie im Customizing und legen darüber fest (siehe Abbildung 4.2):

▶ aus wie vielen Stufen die Anlagenstruktur bestehen soll

▶ wie viele Stellen die einzelnen Stufen in der Nummer haben

▶ nach welcher Regel die Nummer des Technischen Platzes aufgebaut ist (A: Alphazeichen, N: numerische Zeichen, X: alphanumerische Zeichen)

Strukturkennz.	ICE
Text	Eiscreme-Anlage

Struktur	
Editionsmaske	AAA-AX-XX-NN
HierarchieEbn	1 2 3 4

Abbildung 4.2 Strukturkennzeichen

Generische
Nummernvergabe
oder nicht?

Eine weit verbreitete Fehleinschätzung ist, das SAP-System würde nur generische Nummern zulassen. Also z. B.:

▶ 1. Stufe: ICE

▶ 2. Stufe: ICE-M1

▶ 3. Stufe: ICE-M1-01

Dies ist nicht korrekt: Das SAP-System lässt es auch zu, die Namensgenerik zu durchbrechen – also z. B.:

▶ 1. Stufe: ICE

▶ 2. Stufe: ICE-M1

▶ 3. Stufe: P1001

[+]

Wenn Sie also bereits andere Systeme (wie z. B. CAD oder DMS) im Einsatz haben, die diese Nummer verwenden, können Sie die bestehende Nummer auch in SAP EAM verwenden und nicht generische Nummern vergeben.

Überlegen Sie sich Ihre Nummerierung im Vorfeld genau, und stimmen Sie die Handhabbarkeit mit Anwendern und Fachleuten ab. Eine nachträgliche Änderung der Nummer des Technischen Platzes ist zwar unter bestimmten Voraussetzungen möglich (z. B. bei eingeschalteter alternativer Kennzeichnung), wird unter Umständen aber sehr aufwendig.

Vermeiden Sie die Verwendung von Organisationsabkürzungen in der Technischen Platznummer (z. B. Buchungskreis, Werk, Kostenstelle). Bei einer Umorganisation bestünde dann auf jeden Fall die Notwendigkeit, die Technischen Plätze umzubenennen.

Frage 5.2: Wie erfolgt die Nummernvergabe bei Equipments?

Bei Equipments haben Sie die Wahl, ob Sie die Nummer intern oder extern vergeben lassen wollen. Tabelle 4.3 gibt Ihnen einen Überblick über Vor- und Nachteile der jeweiligen Verfahren. Entscheiden Sie selbst, welches davon Ihnen für Ihr Unternehmen geeigneter erscheint.

Vorteile	Nachteile
▶ leichte Merkfähigkeit	▶ lange Vorbereitungszeit
▶ gute Aussagefähigkeit bei manueller Bearbeitung von Unterlagen	▶ Abstimmungsaufwand mit anderen Werken

Tabelle 4.3 Externe Equipmentnummer – Vor- und Nachteile

Vorteile	Nachteile
▸ leichte Synchronisation verschiedener Systeme ▸ Rückschlüsse anhand der Nummer	▸ Platzen der Schlüssel ▸ Zuordnung in Grenzfällen oft schwierig bzw. nicht möglich ▸ Nummer kann nicht geändert werden

Tabelle 4.3 Externe Equipmentnummer – Vor- und Nachteile (Forts.)

Frage 6: Welche Informationen sollen hinterlegt werden?

Die Stammsätze der technischen Objekte verfügen über ein vordefiniertes Kontingent an Daten. Dabei gibt es Daten

▸ die Sie auf Basis Ihrer Anforderungen hinterlegen wollen oder müssen

▸ die sinnvollerweise aufgrund der Abbildung im SAP-System hinterlegt werden sollten (z. B. die Kostenstelle)

Doch auch hier muss der Grundsatz gelten: so viel wie nötig, aber so wenig wie möglich. Ein Datenfriedhof, der nur um seiner selbst willen aufgebaut wird, der niemanden interessiert, den sich niemand ansieht, der nur Aufwand bei der Erfassung und bei der Pflege bedeutet, macht keinen Sinn.

Erfassen Sie nur Daten, die für Sie auch Informationen sind.   **[+]**

Darüber hinaus bietet SAP flexible Möglichkeiten, die Stammdaten zu konfigurieren:

▸ Sie können das Layout des Stammsatzes selbst definieren (Anzahl, Reihenfolge, Name und Inhalt der Registerkarten).

▸ Dies kann getrennt nach Objekttypen (Fahrzeuge, Anlagen, Pumpen, PC usw.) erfolgen.

▸ Die Möglichkeit der Feldauswahl erlaubt es Ihnen, wichtige von unwichtigen Informationen zu unterscheiden oder Felder, die nicht benötigt werden, auszublenden.

[+] Machen Sie regen Gebrauch von der Möglichkeit, das Aussehen der Stammdaten selbst festzulegen, und entwerfen Sie eigene Layouts für Ihre Stammdaten: Bringen Sie z. B. die wichtigsten Informationen auf die erste Registerkarte, und blenden Sie unwichtige Felder aus (siehe Abschnitt 4.2, »SAP-Hilfsmittel zur Anlagenstrukturierung, und wie Sie sie einsetzen sollten«).

Frage 7: Wie kommen die Stammdaten in das SAP-System?

Es gibt immer zwei Möglichkeiten, wie man Stammdaten in das SAP-System bringt: entweder manuell oder automatisch.

Wenn Sie von einem anderen Instandhaltungsplanungs- und -steuerungssystem (IPS-System) zu SAP EAM wechseln oder wenn die Anlagendaten in sonstiger elektronischer Form vorliegen, sollten Sie grundsätzlich versuchen, diese Daten automatisch in das SAP-System zu bringen. Hierzu bietet SAP als Standardtools entweder die Transaktion IBIP oder die Datenübernahme-Workbench (Transaktion LSMW) an.

Wenn die Daten nicht in elektronischer Form vorliegen, benötigen Sie einen Plan für die Datenerhebung. Details zu diesen Aspekten finden Sie in Abschnitt 9.3.2, »Business Blueprint«.

Frage 8: Können Datensätze einfach wieder gelöscht werden?

Einmal eingerichtete Technische Plätze oder Equipments können nur mithilfe der SAP-Archivierung aus dem System entfernt werden. Für das Löschen sind dann bestimmte Voraussetzungen zu erfüllen. Nicht benötigte Technische Plätze und Equipments sollten auf einen »Schrottplatz« umgehängt werden (siehe Abschnitt 4.2.1, »Technische Plätze und Referenzplätze«).

Frage 9: Welche der angebotenen Funktionen sollen genutzt werden?

Das SAP-System bietet Ihnen für die jeweiligen Strukturierungshilfsmittel eine Vielfalt an Funktionen an, die in dieser Breite und Tiefe in keinem anderen IPS-System anzutreffen ist. Die genaue Beschreibung der Funktionen erfolgt innerhalb des Abschnitts 4.2, »SAP-Hilfsmittel zur Anlagenstrukturierung, und wie Sie sie einsetzen sollten«, und einen tabellarischen Vergleich finden Sie in Anhang A.1.

Dies eröffnet Ihnen viele Möglichkeiten, birgt aber die Gefahr der Überfrachtung des Systems und der Überforderung der Anwender.

> Nehmen Sie die Liste aller Funktionen für die Stammdaten, und streichen Sie diejenigen – auf dem Papier und aus Ihrem Hinterkopf –, die Sie nicht nutzen wollen.

[+]

Frage 10: Welche Strategie soll bei der Stammdatenerfassung verfolgt werden?

Die zehnte und letzte Frage gilt der Strategie für die Stammdatenerfassung, also in welchen Schritten bzw. in welchem Umfang die Stammdaten in das System übernommen werden sollen: Alle Stammdaten aller Werke auf einmal? Oder für ein Werk komplett? Oder nur für einen Bereich?

Diese Frage kann nicht generell beantwortet werden. Hier muss jedes Unternehmen aufgrund seiner Rahmenbedingungen (Größe, Struktur, Kompetenzen, Organisation, Anlagentypen usw.) seinen eigenen Weg finden. Nähere Ausführungen und Hinweise zur Einführungsstrategie finden Sie in Abschnitt 9.1.1, »Die Einführungsstrategie«.

Nach diesen Vorarbeiten und Vorüberlegungen sollte Ihnen nun nichts mehr dabei im Wege stehen, sich an die Anlagenstrukturierung in SAP EAM selbst zu machen.

4.2 SAP-Hilfsmittel zur Anlagenstrukturierung, und wie Sie sie einsetzen sollten

Im Folgenden werde Ich Ihnen nun die technischen Objekte näher erläutern. Dabei werde ich die einzelnen Objektarten gegeneinander abgrenzen, den Funktionsumfang beschreiben und mögliche Einsatzgebiete umreißen.

4.2.1 Technische Plätze und Referenzplätze

Im letzten Abschnitt habe ich Ihnen schon die allgemeine Definition *Technischer Plätze* gegeben: Sie repräsentieren eine komplexe, in der Regel *mehrstufige* Anlagenstruktur und haben einen *immobilen* Charakter. Technische Plätze dienen also dazu, eine *vertikale* Anlagenstruktur aufzubauen.

Definition

Beispiele Beispiele aus der Praxis sind:

▸ Prozessanlagen in Chemie und Pharma und der Lebensmittelindustrie

▸ Kraftwerke wie Kohle-, Wasser- oder Kernkraftwerke

▸ Fließstraßen in der diskreten Fertigung

▸ komplexe Maschinen wie Automaten oder flexible Fertigungszellen

▸ Immobilien

▸ Strom-, Gas-, Wasser- und Wärmeversorgungsanlagen

▸ Rohrleitungssysteme

▸ Infrastruktureinrichtungen wie Straßen, Plätze, Gleise, Tunnel und Brücken

▸ Rechnernetzwerke

▸ komplexe Fahrzeuge wie z. B. Lokomotiven, ICE, Zugmaschinen

▸ Flugzeuge

Abbildung 4.3 zeigt Ihnen beispielhaft, wie eine prozessorientierte Anlagenstruktur aussehen könnte.

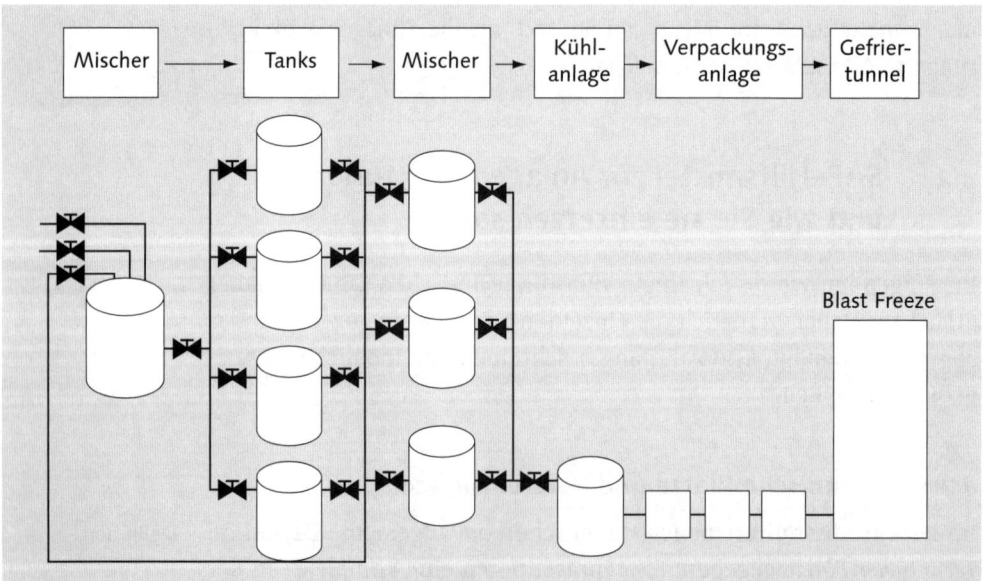

Abbildung 4.3 Eiscremeanlage

Für welche Positionen der Anlagenstruktur legen Sie nun im SAP-System einen Technischen Platz an? Sie legen einen Technischen Platz in SAP EAM an

Kriterien

▶ wenn Sie aus Instandhaltungssicht individuelle Daten verwalten möchten, technische Daten wie z. B. Leistungsdaten oder organisatorische Daten wie z. B. den Arbeitsplatz

▶ wenn Sie Meldungen, Aufträge oder Wartungspläne aufmachen möchten

▶ wenn Sie dokumentationspflichtig sind und Nachweise der durchgeführten Instandhaltungsmaßnahmen erbringen müssen

▶ wenn Sie technische Daten wie Schadensursachen, Messwerte oder Zählerstände sammeln und auswerten möchten

▶ wenn Sie einen Kostennachweis führen möchten

▶ wenn Sie verschiedene Sichten auf die Anlagen benötigen (z. B. eine Sicht für Elektrotechnik und eine Sicht für Mess- und Regeltechnik)

Die Anlage aus Abbildung 4.3 könnten Sie etwa, wie in Abbildung 4.4 dargestellt, in SAP EAM hinterlegen (aufgerufen über die Transaktion IH01).

Techn.Platz	ICE		Gültig ab	01.02.2007
Bezeichnung	Eiscreme-Anlage			
▽ ICE		Eiscreme-Anlage		
▽ ICE-M1		Mischer 1		
ICE-M1-01		Rohstoffzulauf 1		
ICE-M1-02		Rohstoffzulauf 2		
ICE-M1-03		Mischerablauf		
ICE-M1-04		Rücklauf Neumischung		
▽ ICE-TA		Tanks Halbfertigmaterial		
▷ ICE-TA-T1		Tank 1		
▷ ICE-TA-T2		Tank 2		
▷ ICE-TA-T3		Tank 3		
▷ ICE-TA-T4		Tank 4		
▽ ICE-M2		Mischer 2		
▷ ICE-M2-M1		Mischer 2/1 Halbfertigmaterial		
▷ ICE-M2-M2		Mischer 2/2 Halbfertigmaterial		
▷ ICE-M2-M3		Mischer 2/3 Halbfertigmaterial		
▽ ICE-FR		Rundgefrierer		
ICE-FR-01		Rohstoffzulauf 1		
ICE-FR-02		Portionierer 1		
ICE-FR-03		Portionierer 2		
▷ ICE-PK		Verpackung		
ICE-BF		Gefriertunnel		

Abbildung 4.4 Strukturdarstellung der Eiscremeanlage

Anlegen von Technischen Plätzen – Einzelerfassung

Wenn Sie nun einen einzelnen neuen Technischen Platz anlegen möchten, dann starten Sie die Transaktion IL01. Sie wählen das passende Strukturkennzeichen aus und vergeben die neue Nummer.

Die Nummer des Technischen Platzes kann maximal 30 Zeichen lang sein, bei eingeschalteter alternativer Kennzeichnung (siehe Abschnitt »Alternative Kennzeichnungen«) 40 Zeichen.

[+] Wenn Sie das System in mehreren Werken nutzen, ist es in der Regel empfehlenswert, als erste Ebene das Werk selbst als Technischen Platz anzulegen. Vermeiden Sie aber die Verwendung der SAP-Werksnummer.
Begründung: Die technische Platznummer vergeben Sie auf Mandantenebene, das System kann deshalb nicht gleichzeitig einen Technischen Platz ICE im Werk 01 und im Werk 02 verwalten. Es empfiehlt sich also, Technische Plätze 01 bzw. 02 für die Werke anzulegen und für die eigentliche Anlage Technische Platznummern 01-ICE und 02-ICE zu vergeben.

Bei allen weiteren Ebenen gilt: Aufgrund der vergebenen Nummer versucht das System, den neuen Technischen Platz in eine bestehende Anlagenstruktur einzuordnen.

[+] Wenn das System den neuen Technischen Platz nicht automatisch einem übergeordneten Technischen Platz zuordnen kann, geben Sie auf dem Einstiegsbild der Transaktion IL01 unbedingt *irgendeinen* übergeordneten Technischen Platz manuell ein, um Probleme bei der späteren Datenpflege zu vermeiden.

Abbildung 4.5 zeigt Ihnen das Einstiegsbild in die Einzelerfassung von Technischen Plätzen.

[+] Da es sehr schwierig ist – wenn nicht sogar unmöglich –, Stammdaten aus dem SAP-System zu löschen, sollten Sie einen »Schrottplatz« anlegen und alle nicht mehr benötigten Technischen Plätze dorthin umhängen.

Layout Das Layout eines Technischen Platzes könnte z. B. wie in Abbildung 4.6 aussehen.

Abbildung 4.5 Anlegen von Technischen Plätzen

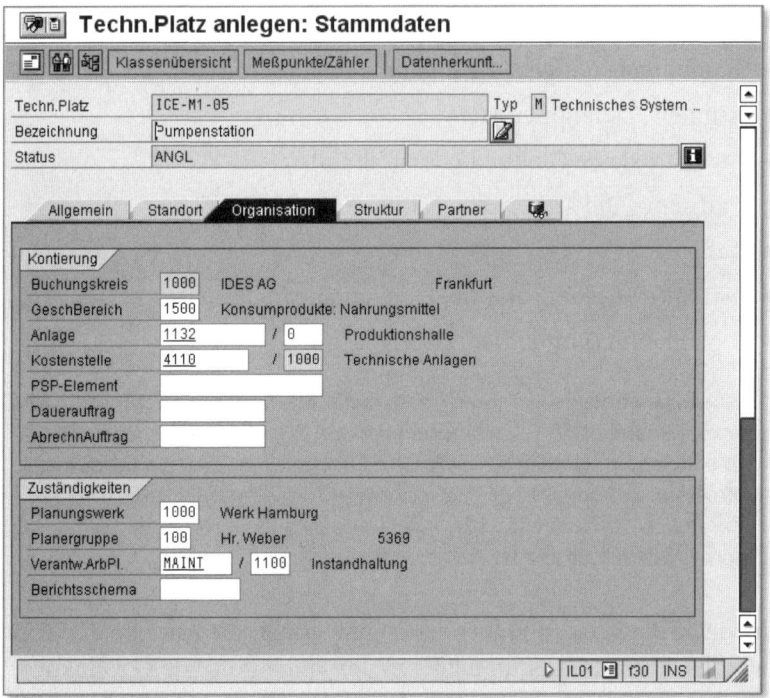

Abbildung 4.6 Stammsatz für einen Technischen Platz

[+] Das Layout der Stammsätze (Technischer Platz, Equipment, Serialnummer) ist relativ flexibel konfigurierbar. Mithilfe der Customizing-Funktion INSTANDHALTUNG UND KUNDENSERVICE • STAMMDATEN IN INSTANDHALTUNG UND KUNDENSERVICE • TECHNISCHE OBJEKTE • ALLGEMEINE DATEN • SICHTENPROFILE FÜR TECHNISCHE OBJEKTE EINSTELLEN können Sie mehrere Register definieren, und auf jedem Register können Sie bis zu vier Bildgruppen zuordnen.

Es stehen Ihnen folgende Bildgruppen zur Verfügung:

Customizing
- allgemeine Daten (z. B. Größe, Gewicht, Inventarnummer)
- Bezugsdaten (z. B. Lieferant, Anschaffungswert, -datum)
- Herstelldaten (z. B. Hersteller, Baujahr, -monat)
- Standortdaten (z. B. Standortwerk, Standort, Raum)
- Adresse (z. B. PLZ, Ort, Telefon, -fax)
- Kontierung (z. B. Kostenstelle, Anlage, Buchungskreis)
- Zuständigkeiten (z. B. Planergruppe, verantwortlicher Arbeitsplatz)
- Strukturierung (z. B. übergeordneter Technischer Platz, Position)
- Equipments (eingebaute Equipments)
- Kunden-/Lieferantendaten
- Standardklasse (Vollbild oder Teilbild)
- Partner (z. B. Partnerrolle, Name, Adresse)
- Langtext
- Garantie (Kundengarantie, Lieferantengarantie)
- Dokumente (Vollbild oder Teilbild)

[+] Die einzelnen Felder können Sie über die Bildsteuerung anpassen, d. h., Sie können unnötige Felder ausblenden oder wichtige Felder als Muss-Felder deklarieren. Nutzen Sie hierzu die Customizing-Funktion INSTANDHALTUNG UND KUNDENSERVICE • STAMMDATEN IN INSTANDHALTUNG UND KUNDENSERVICE • TECHNISCHE OBJEKTE • TECHNISCHE PLÄTZE • FELDAUSWAHL FÜR TECHNISCHE PLÄTZE FESTLEGEN.

Position
In vielen Anwendungsfällen ist es gewünscht, die Anzeige der Technischen Plätze und Equipments in der Reihenfolge des Produktionsprozesses anzuzeigen. Verwenden Sie nun ausschließlich numerische Nummern, können Sie dies durch die Nummernvergabe erreichen.

Verwenden Sie allerdings alphabetische oder alphanumerische Zeichen, sortiert SAP EAM die Technischen Plätze und Equipments alphabetisch durch und nicht in der Reihenfolge des Prozesses.

Wenn Sie sich z. B. die 2. Ebene der Eiscremeanlage (siehe Abbildung 4.3) ansehen, finden Sie dort die Reihenfolge M1 à TA à M2 à FR à PK à BF vor; dies erreichen Sie, indem Sie den Technischen Plätzen und Equipments aufsteigende Positionsnummern vergeben, in diesem Fall 10 à 20 à 30 à 40 à 50 à 60. Das Feld POSITION selbst ist vierstellig alphanumerisch.

> Verwenden Sie das Feld POSITION in der Bildgruppe STRUKTURIERUNG, um Ihre Technischen Plätze und Equipments zu ordnen. Achten Sie dabei auf einheitliche Konventionen, da z. B. der Wert 20 zwischen 2 und 3 einsortiert wird. Am besten verwenden Sie grundsätzlich vierstellige Positionsnummern (z. B. 0001 statt 1 oder 0030 statt 30).   **[+]**

Häufig verwechselt werden die beiden Felder ARBEITSPLATZ in der Bildgruppe STANDORTDATEN und VERANTWORTLICHER ARBEITSPLATZ in der Bildgruppe ZUSTÄNDIGKEITEN.

Arbeitsplatz und verantwortlicher Arbeitsplatz

Ordnen Sie dem technischen Platz einen ARBEITSPLATZ zu, wenn Sie möchten, dass später die geplanten Instandhaltungsaufträge in der Plantafel des Produktionsdisponenten (Transaktion CM21) erscheinen, um z. B. die Nichtverfügbarkeiten der Maschine sichtbar zu machen.

Ordnen Sie dem Technischen Platz einen verantwortlichen Arbeitsplatz zu, wenn Sie möchten, dass in der Instandhaltungsabwicklung dieser Arbeitsplatz in Meldung und/oder Auftrag als ausführende Instandhaltungswerkstatt vorgeschlagen werden soll.

> Der *Arbeitsplatz* repräsentiert den Technischen Platz als Ressource in der Produktion (Produktionsarbeitsplatz im PP). Der *verantwortliche Arbeitsplatz* entspricht einer Instandhaltungswerkstatt.   **[+]**

Im Feld BAUTYP wird eine Materialnummer eingetragen. Mit der Materialnummer werden alle gleichartigen Objekte zusammengefasst. Damit sind Sie dann z. B. in der Lage, auf gleiche Stücklisten und Anleitungen zuzugreifen. Näheres finden Sie in den Abschnitten 4.2.4, »Material und IH-Baugruppen«, 4.2.5, »Stücklisten«, und 5.2.5, »Abschluss«.

Bautyp

[+]   Sie verwenden das Feld BAUTYP, wenn Sie eine Verbindung zu einer Materialnummer, zur Stückliste dieses Materials oder zu Anleitungen herstellen möchten.

Anlegen von Technischen Plätzen – Sammelerfassung

Wenn Sie mehrere Technische Plätze auf einmal erfassen oder eine bereits angelegte technische Platzstruktur kopieren möchten, verwenden Sie die Transaktion IL04. Abbildung 4.7 zeigt Ihnen, wie Sie eine vorhandene Struktur ICE als Kopiervorlage auf eine Struktur IC2 kopieren können. Sie nutzen den Button ⎀ Kopiervorlage und bestimmen, welche Objekte von der Vorlage kopiert werden sollen.

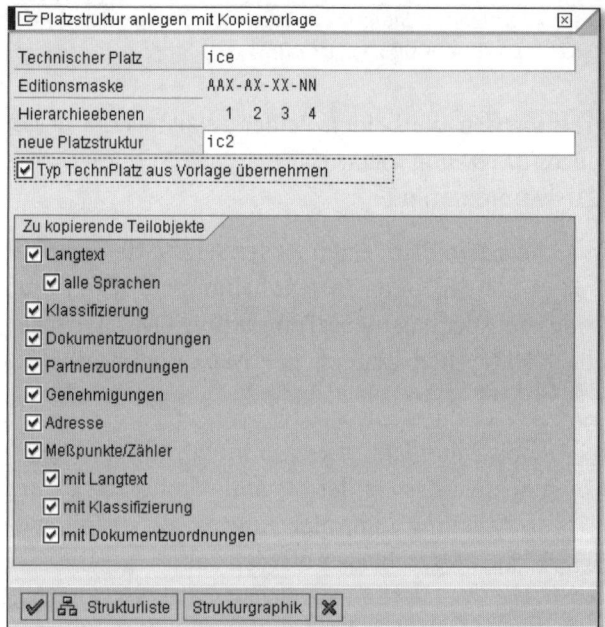

Abbildung 4.7 Technischen Platz kopieren

Das System generiert nun eine vollständig neue Technische Platzstruktur IC2 mit allen Technischen Plätzen und bringt Ihnen für eventuelle Korrekturen die komplette Liste vor dem Sichern zur Anzeige.

Referenzplätze

Technische Referenzplätze stellen keine tatsächlich existierenden Anlagen dar, sondern dienen einzig und allein als Vorlage für echte

Technische Plätze, d. h., Sie können aus Referenzstrukturen technische Platzstrukturen kopieren. Im Unterschied zu einer Kopie mit einer Technischen Platzstruktur als Vorlage werden Änderungen an der Referenzstruktur an die daraus hervorgegangenen Technischen Platzstrukturen weitergegeben.

Allerdings enthält der Referenzplatz weitaus weniger Informationen als ein Technischer Platz:

- Zuständigkeiten (z. B. Planergruppe, verantwortlicher Arbeitsplatz)
- Strukturierung (z. B. übergeordneter Referenzplatz, Position)
- Standardklasse
- Texte
- Dokumente

Alternative Kennzeichnungen

Alternative Kennzeichnungssysteme können für verschiedene Verwendungszwecke eingesetzt werden:

Sie können einer Technischen Platzstruktur bzw. jedem einzelnen Platz innerhalb der Struktur für unterschiedliche Sichtweisen (wie in Abbildung 4.8 z. B. eigene Nomenklatur vs. Kundennomenklatur) mehrere Nummern zuweisen.

Sichtweisen

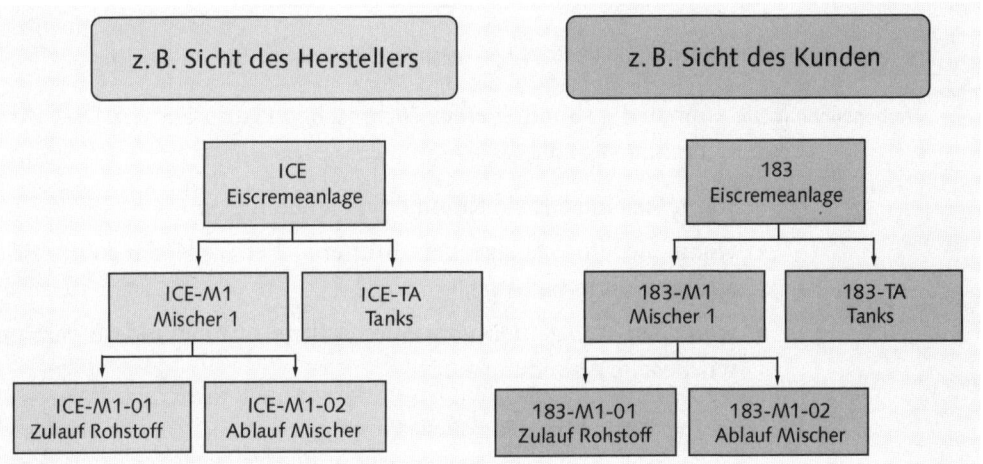

Abbildung 4.8 Alternative Kennzeichnung für komplette Anlagenstruktur

Primäre und sekundäre Strukturen

Sie können primäre und sekundäre technische Platzstrukturen (wie z. B. in Abbildung 4.9 eine primäre für die Energieversorgung und eine sekundäre für die Haustechnik) anlegen. Auf der untersten Ebene, also dort, wo es sich um denselben physischen Platz handelt, vergeben Sie mehrere Nummern. Dann erscheint der Technische Platz in mehreren Auflistungen (Transaktion IL05). In der Strukturdarstellung (Transaktion IH01) wird immer die primäre technische Platzstruktur dargestellt.

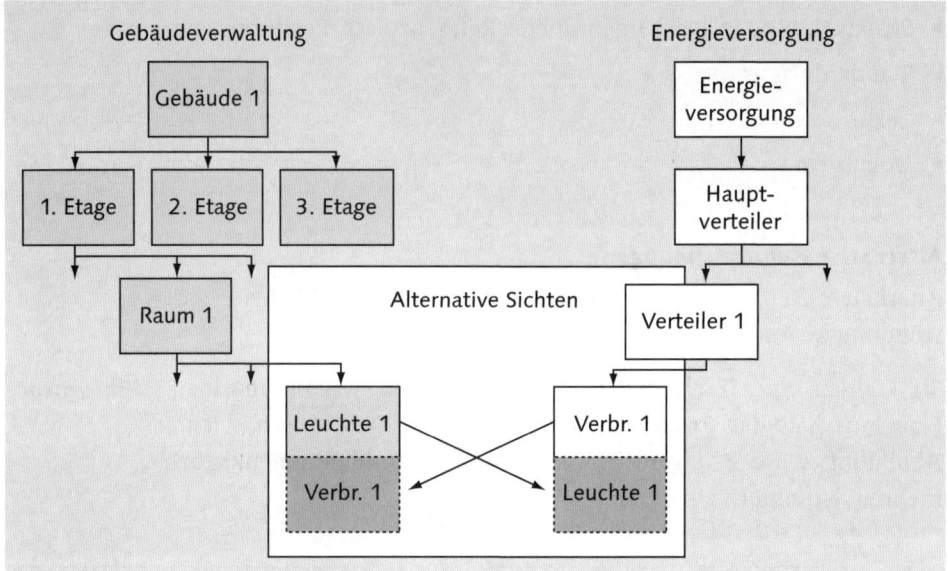

Abbildung 4.9 Alternative Kennzeichnung für einzelne Technische Plätze

Umbenennen

Sie können die Nummer eines Technischen Platzes ändern. Dies wird z. B. dann notwendig

▸ wenn Sie eine falsche Nummer vergeben haben

▸ wenn Sie eine Anlage verschrotten, aber Teile davon in eine andere Anlage verbauen

▸ wenn ein Anlagenteil von einer Anlage in eine andere verbaut wird (siehe Abbildung 4.10)

[+] Über die Customizing-Funktion Instandhaltung und Kundenservice • Stammdaten in Instandhaltung und Kundenservice • Technische Objekte • Technische Plätze • Alternative Kennzeichnung aktivieren schalten Sie die alternative Kennzeichnung ein und können dann die Nummer des Technischen Platzes ändern.

Die Aktivierung der alternativen Kennzeichnung kann nicht zurückgenommen werden. **[!]**

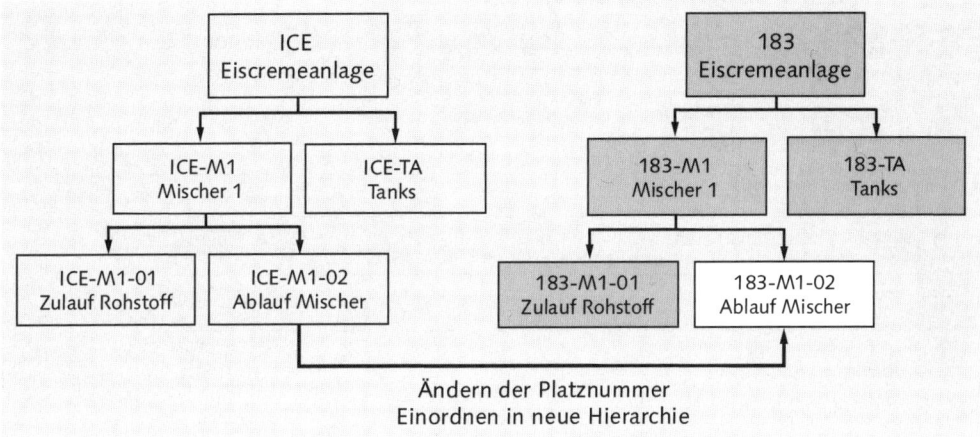

Abbildung 4.10 Alternative Kennzeichnung zur Änderung der TP-Nummer

Über die Customizing-Funktion Instandhaltung und Kundenservice • Stammdaten in Instandhaltung und Kundenservice • Technische Objekte • Technische Plätze • Kennzeichnungssysteme für Technische Plätze festlegen legen Sie die verschiedenen Sichten fest, die Sie auf Technische Plätze verwalten möchten.

Innerhalb eines Technischen Platzes können Sie nun über Zusätze • Alternative Kennzeichnungen • Übersicht die Nummer(n) des Technischen Platzes einsehen bzw. ändern (siehe Abbildung 4.11).

Auf der DVD finden Sie unter Geschäftsprozesse • Geschäftsprozesse in der Instandhaltung • 2. Technische Anlagenstrukturen • 2.1 Verwalten von Technischen Plätzen die Geschäftsprozesse zum Anlegen und Pflegen von Technischen Plätzen. **[O]**

Unter Geschäftsprozesse • Customizing in der Instandhaltung • 4. Stammdaten • 4.1 Technische Objekte finden Sie Customizing-Einstellungen zu den Technischen Plätzen.

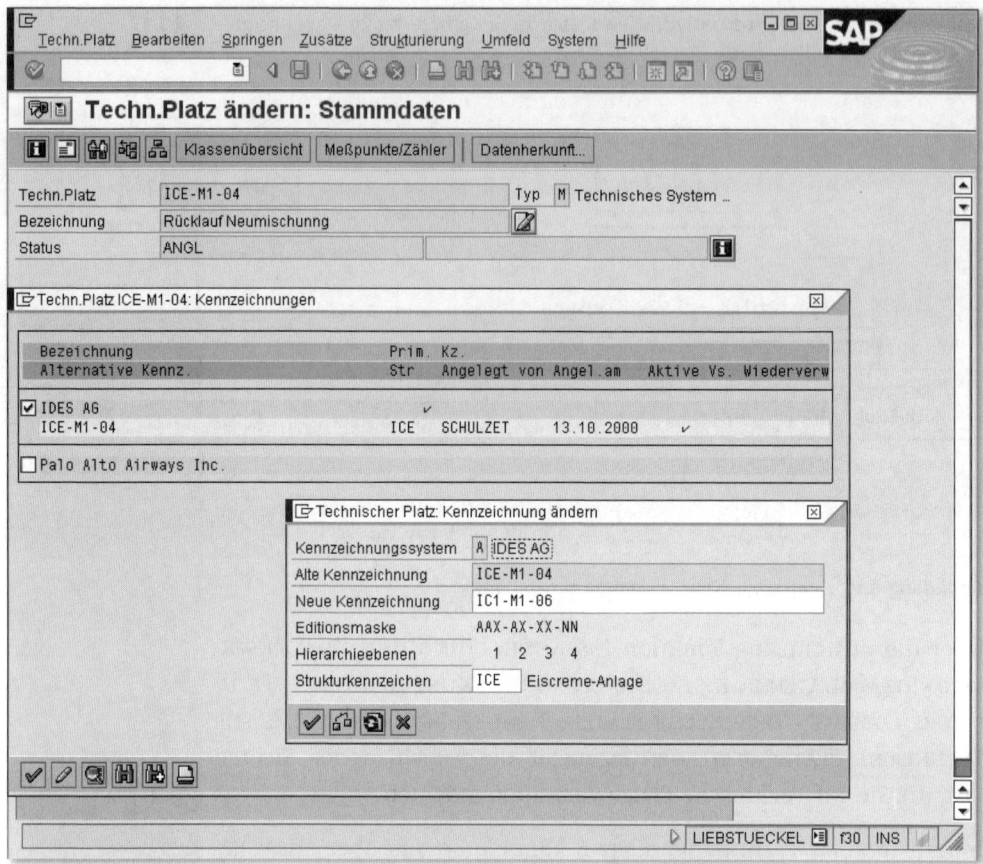

Abbildung 4.11 Technische Platznummer ändern

4.2.2 Equipments und Serialnummern

Definition und Beispiele

Equipments repräsentieren einzelne Aggregate (Inventare) und haben einen eher mobilen Charakter. Dies könnten z. B. sein:

▶ Maschinen

▶ Produktionsmittel (Pumpen, Motoren)

▶ Fertigungshilfsmittel (Werkzeuge)

▶ Prüf- und Messmittel (Waagen, Lehren)

▶ Fahrzeuge (Pkw, Lkw, Stapler; Flurförderzeug)

▶ IT-Inventare (PC, Drucker, Monitore, Notebooks, Beamer)

Für welche Geräte legen Sie nun im SAP-System einen Equipment-stammsatz an? Sie legen ein Equipment an

Kriterien

▶ wenn Sie die Geräte auf Technischen Plätzen einbauen und hierüber eine Einsatzhistorie nachweisen möchten

▶ wenn Sie die Geräte auf Lager legen möchten

▶ wenn Sie aus Instandhaltungssicht individuelle Daten verwalten möchten, technische Daten wie z. B. Leistungsdaten oder organisatorische Daten wie z. B. den Arbeitsplatz

▶ wenn Sie Meldungen, Aufträge oder Wartungspläne aufmachen möchten

▶ wenn Sie dokumentationspflichtig sind und Nachweise der durchgeführten Instandhaltungsmaßnahmen erbringen müssen

▶ wenn Sie technische Daten wie Schadensursachen, Messwerte oder Zählerstände sammeln und auswerten möchten

▶ wenn Sie einen Kostennachweis führen möchten

Ein Equipment ist genauso wie ein Technischer Platz konfigurierbar. Ein Equipmentstammsatz könnte demzufolge wie in Abbildung 4.12 aussehen.

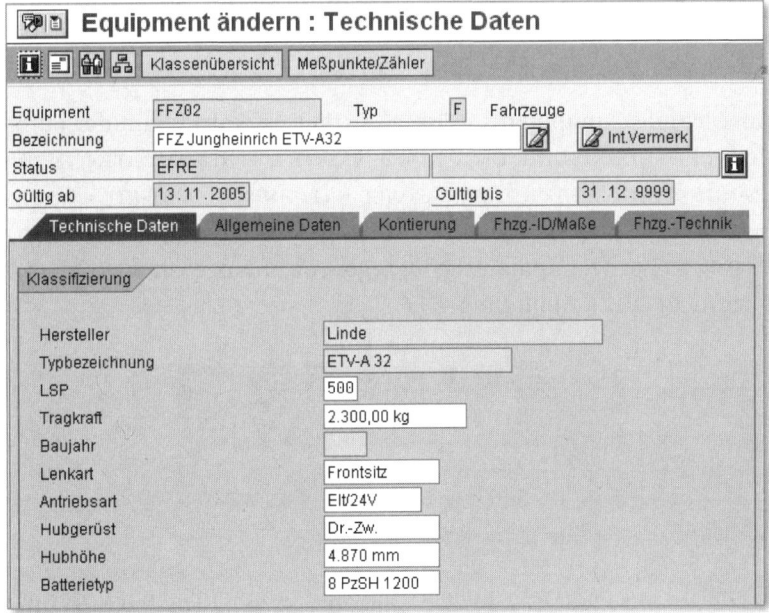

Abbildung 4.12 Equipmentstammsatz

Equipments auf Technischen Plätzen ein-/ausbauen

Auf der einen Seite gibt es Equipmenttypen, die von ihrer Konstruktion her so ausgelegt sind, dass sie auf Technischen Plätzen eingebaut werden; dies trifft z. B. auf Pumpen, Motoren u. a. zu. Bei anderen Equipmenttypen wie z. B. Fahrzeugen, Werkzeugen usw. ist dies nicht der Fall.

Auf der anderen Seite gibt es auch Technische Plätze, bei denen man verhindern möchte, dass dort ein Equipment eingebaut wird, z. B. wenn Sie das Werk als Technischen Platz angelegt haben.

Voraussetzungen Dementsprechend müssen bestimmte Voraussetzungen erfüllt sein, damit Sie ein Equipment auf einem Technischen Platz einbauen können.

Im Stammsatz des Technischen Platzes müssen Sie bei der Bildgruppe Strukturierung den Schalter EQUIPMENTEINBAU ERLAUBT setzen (siehe Abbildung 4.13).

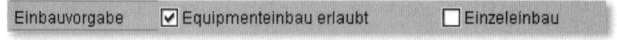

Abbildung 4.13 Einbauvorgabe am Technischen Platz

Wenn Sie darüber hinaus erreichen möchten, dass zu einem bestimmten Zeitpunkt nur ein Equipment eingebaut ist, aktivieren Sie zusätzlich den Schalter EINZELEINBAU.

Aus Sicht des Equipments müssen Sie im Customizing mit der Funktion INSTANDHALTUNG UND KUNDENSERVICE • STAMMDATEN IN INSTANDHALTUNG UND KUNDENSERVICE • TECHNISCHE OBJEKTE • EQUIPMENTS • EQUIPMENTEINSATZ • EINBAU AM TECHNISCHEN PLATZ DEFINIEREN pro Equipmenttyp festlegen, ob er eingebaut werden darf oder nicht (siehe Abbildung 4.14).

Typ	Bezeichnung des Equipmenttyps	RefTyp	Einbau am T. Platz
F	Fahrzeuge	M	☐
G	Maschinen	M	☑
H	Medizinische Geräte	M	☑
I	IT-Equipment	M	☑

Abbildung 4.14 Einbauvorgabe des Equipmenttyps

Equipmenteinbau Wenn diese Voraussetzungen erfüllt sind, können Sie entweder aus Sicht des Equipments (Transaktion IE02) oder aus Sicht des Technischen Platzes (Transaktion IL02) den Einbau vornehmen.

Wenn Sie darüber hinaus mit der Customizing-Funktion INSTANDHAL-TUNG UND KUNDENSERVICE • STAMMDATEN IN INSTANDHALTUNG UND KUNDENSERVICE • TECHNISCHE OBJEKTE • EQUIPMENTS • EQUIPMENT-EINSATZ • FORTSCHREIBUNG EINSATZHISTORIE die Einsatzhistorie pro Equipmenttyp aktiviert haben, wird automatisch die Historie fortgeschrieben, auf welchen Technischen Plätzen ein Equipment in welchen Zeitabschnitten eingebaut war. Diese Historie können Sie sich zum einen aus Sicht des Equipments über die Funktion EINSATZLISTE (Transaktion IE02/03) oder aus Sicht des Technischen Platzes über die mehrstufige Technische Platzliste (Transaktion IL07) ansehen. Abbildung 4.15 zeigt die Einsatzliste aus Sicht eines Equipments.

Einsatzhistorie

A	Gültig ab	Gültig bis	PlWk	Technischer Platz
	24.01.2007	31.12.9999	1000	K1-BR2-11
	26.10.2006	24.01.2007	1000	01-B
	18.05.2006	26.10.2006	1000	00-SLB
	11.11.2005	18.05.2006	1000	K1-HZA-D1/M
	19.05.2005	11.11.2005	1000	K1-B01-1
	04.04.2005	19.05.2005	1000	2034-100-PA
	09.02.2004	04.04.2005	1000	00-BR2
	14.04.1999	09.02.2004	1000	K1-B01-1
	14.04.1999	14.04.1999	1000	
	06.02.1998	14.04.1999	1000	K1-B02
	06.12.1994	06.02.1998	1000	K1-B01-1
	06.12.1994	06.12.1994	1000	
	06.12.1994	06.12.1994	1000	K1-BR2-11
	06.12.1994	06.12.1994	1000	
	05.12.1994	06.12.1994	1000	K1-B01-1
	24.11.1994	05.12.1994	1000	

Abbildung 4.15 Einsatzliste eines Equipments

Equipment im Lager ein-/auslagern

Wenn Sie die Funktion der Ein-/Auslagerung eines Equipments nutzen möchten, müssen einige Voraussetzungen erfüllt sein.

Voraussetzungen

Sie müssen den Equipmentstamm um das Material-/Serialnummernsegment erweitern. Dies tun Sie, indem Sie im Equipmentstamm über BEARBEITEN • SICHTENAUSWAHL das Segment SERIALNUMMER aktivieren und das Equipment einer Materialnummer zuordnen (siehe Abbildung 4.16).

Sie weisen dem Materialstamm im Segment ALLGEMEINE WERKS-/LAGERDATEN ein so genanntes SERIALNUMMERNPROFIL zu (siehe Abbildung 4.17).

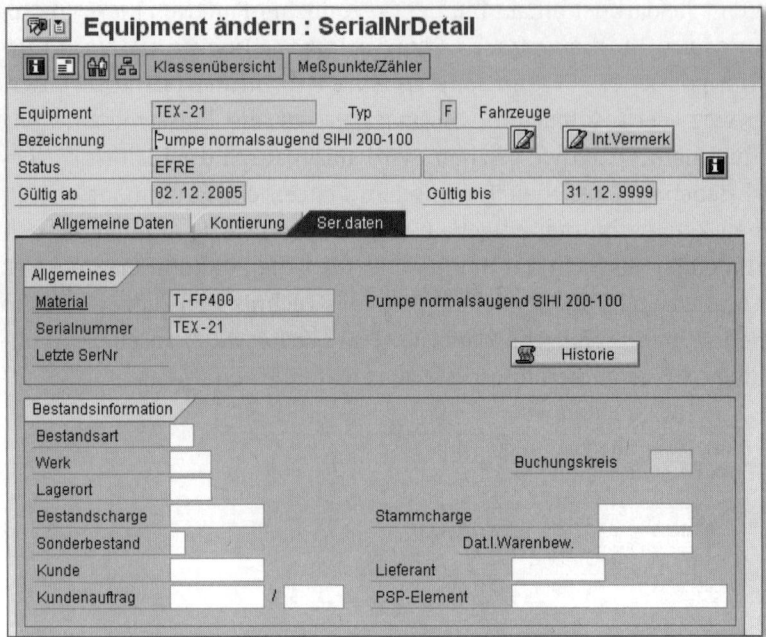

Abbildung 4.16 Equipment mit Serialdaten

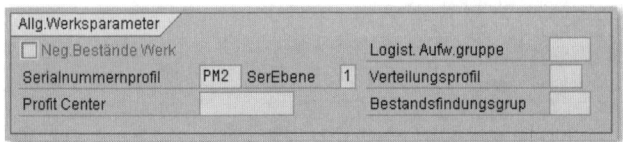

Abbildung 4.17 Serialnummernprofil im Materialstamm

Über den Schalter SerEbene legen Sie fest, ob die Serialnummer und die Equipmentnummer synchron gehalten werden sollen.

Das Serialnummernprofil pflegen Sie mit der Customizing-Funktion Instandhaltung und Kundenservice • Stammdaten in Instandhaltung und Kundenservice • Technische Objekte • Serialnummernverwaltung • Serialnummernprofile festlegen. Darin legen Sie u. a. fest, ob die Angabe einer Serialnummer bei Warenbewegungen Pflicht ist und ob nur bestehende Serialnummern bewegt werden dürfen oder ob bei der Ein-/Auslagerung auch neue Serialnummern angelegt werden können.

Ein-/Auslagern Wenn diese Voraussetzungen erfüllt sind, können Sie das Equipment bzw. die Material-/Serialnummer einlagern. Sie tun dies entweder mit den allgemeinen Transaktionen der Bestandsführung (z. B.

MIGO), oder Sie verwenden die Transaktion IE4N, eine spezielle Instandhaltungstransaktion (siehe Abbildung 4.18). Diese erlaubt zwei Vorgänge:

▶ eine Einlagerung mit gleichzeitigem Ausbau aus dem Technischen Platz

▶ eine Auslagerung mit gleichzeitigem Einbau auf einem Technischen Platz

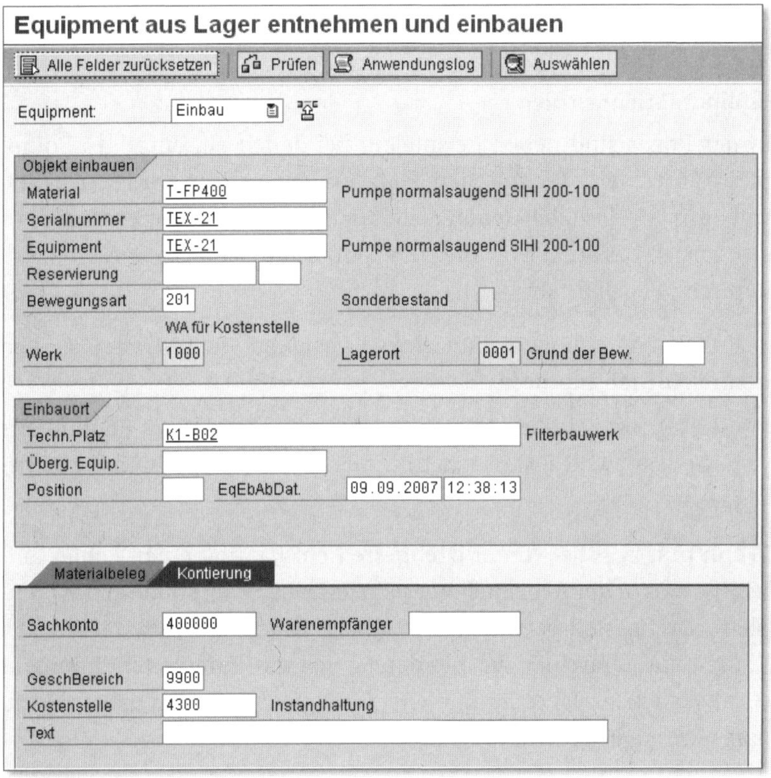

Equipment aus Lager entnehmen und einbauen

| 📇 Alle Felder zurücksetzen | 🔍 Prüfen | 📇 Anwendungslog | 🔍 Auswählen |

Equipment: Einbau

Objekt einbauen

Material	T-FP400	Pumpe normalsaugend SIHI 200-100
Serialnummer	TEX-21	
Equipment	TEX-21	Pumpe normalsaugend SIHI 200-100
Reservierung		
Bewegungsart	201	Sonderbestand
	WA für Kostenstelle	
Werk	1000	Lagerort	0001	Grund der Bew.

Einbauort

Techn.Platz	K1-B02	Filterbauwerk
Überg. Equip.		
Position		EqEbAbDat.	09.09.2007	12:38:13

| Materialbeleg | **Kontierung** |

Sachkonto	400000	Warenempfänger
GeschBereich	9900	
Kostenstelle	4300	Instandhaltung
Text		

Abbildung 4.18 Auslagerung eines Equipments mit Einbau

Die eingelagerten Equipments werden in der Bestandsführung ausgewiesen, z. B. die Transaktion MMBE (siehe Abbildung 4.19). **Bestandsübersicht**

Rufen Sie über UMFELD • EQUIPMENT/SERIALNR auf, sehen Sie die Liste der eingelagerten Equipments.

Material	T-FP400	Pumpe normalsaugend SIHI 200-100	
Materialart	HIBE	Hilfs-/Betriebsstoff	
Mengeneinheit	ST	Basismengeneinheit ST	

Man/Buk/Wrk/Lag/Charge L	Frei verwendbar	Qualitätsprüfung	Reserviert
Gesamt	21,000	0,000	1,000
1000 IDES AG	21,000	0,000	1,000
1000 Werk Hamburg	21,000	0,000	1,000
0001 Materiallager	21,000	0,000	0,000

Abbildung 4.19 Bestandsübersicht

Equipmenthierarchien

Definition In der Praxis sind neben Beispielen, bei denen ein einzelnes Equipment auf einem Technischen Platz ein-/ausgebaut wird, auch Beispiele anzutreffen, bei denen nicht ein einzelnes Equipment, sondern
ein ganzer Verbund von mehreren Equipments ausgetauscht wird.
Typische Beispiele sind:

▸ Rollengänge, die aus Equipments bestehen – z. B. Gestell, Rollen
und Antriebsmotoren

▸ (Trieb-)Drehgestelle von Schienenfahrzeugen, die aus Equipments
bestehen – z. B. Federung, Laufradsatz, Fahrmotor und Getriebe-
radsatz

Wenn nun z. B. bei einem Drehgestell ein Laufrad einen Fehler aufweist, wird in der Regel nicht das einzelne Laufrad, sondern das komplette Drehgestell getauscht. Für solche Konstellationen bieten sich
Equipmenthierarchien an, bei denen sich das komplette Equipment
(Drehgestell) aus Unterequipments (Fahrmotor, Laufrad usw.) zusammensetzt (siehe Abbildung 4.20).

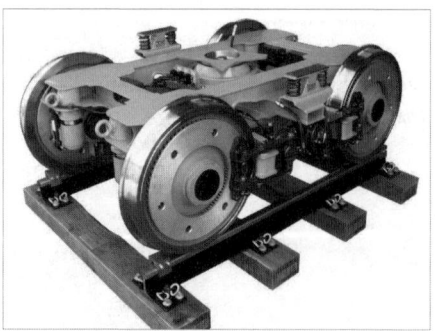

Abbildung 4.20 Drehgestell

Sie könnten dieses Drehgestell etwa, wie in Abbildung 4.21 dargestellt, als Equipmenthierarchie abbilden.

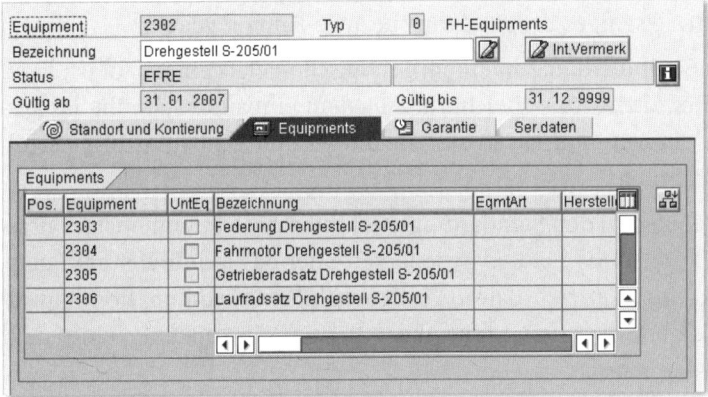

Abbildung 4.21 Equipmenthierarchie

[+] Wenn Sie immer einen kompletten Equipmentverbund betrachten, sollten Sie mit Equipmenthierarchien arbeiten.

Eine Auftrags- und Meldungshistorie wird nicht direkt zum übergeordneten Equipment fortgeschrieben. Sie sollten deshalb prüfen, ob Equipmenthierarchien Ihre Anforderungen an Reporting und Analysen erfüllen.

[○] Auf der DVD finden Sie unter GESCHÄFTSPROZESSE • GESCHÄFTSPROZESSE IN DER INSTANDHALTUNG • 2. TECHNISCHE ANLAGENSTRUKTUREN • 2.2 VERWALTEN VON EQUIPMENTS und 2.3 EQUIPMENTS AUF TECHNISCHEN PLÄTZEN EIN- UND AUSBAUEN die Geschäftsprozesse zum Anlegen und Pflegen von Equipments.

Unter GESCHÄFTSPROZESSE • CUSTOMIZING IN DER INSTANDHALTUNG • 4. STAMMDATEN • 4.1 TECHNISCHE OBJEKTE finden Sie Customizing-Einstellungen zu den Equipments.

Funktionsvergleich Equipment und Technischer Platz

In diesem Abschnitt fasse ich für Sie noch einmal die Unterschiede zwischen Equipment und Technischem Platz zusammen.

Mit dem Equipment können Sie folgende Aufgaben erfüllen:

Was kann das Equipment?

▶ Sie können ein Equipment serialisieren, indem Sie ihm ein Material und eine Serialnummer zuordnen. Dadurch wird die Bestandsführung für das Equipment möglich.

▶ Sie können Equipments auf Technischen Plätzen oder in andere Equipments einbauen.

▶ Ein Equipment kann ein Fahrzeug im Rahmen der Fahrzeugverwaltung sein; es besitzt dann spezielle Fahrzeugdaten.

▶ Ein Equipment, das in einem Technischen Platz eingebaut ist, kann die Einsatzhistorie speichern. Zu jedem Einbauort schreibt das System ein Zeitsegment, so dass Sie die gesamte Einbauhistorie verfolgen können.

▶ Zusätzlich zu den Standardregisterkarten des Equipmentstammsatzes können Sie bei Bedarf jederzeit über das Menü weitere Registerkarten (Vertriebsdaten, Fertigungshilfsmitteldaten, Konfigurationsdaten) aufrufen, ohne dass dies im Customizing eingestellt werden muss.

Worauf sollten Sie beim Equipment achten? Auf die folgenden Besonderheiten ist beim Equipment zu achten:

▶ Beim Anlegen von Strukturen finden Equipments ihren Platz in der Struktur nicht automatisch, sondern müssen je Stammsatz manuell zugeordnet werden.

▶ Die Equipmentnummer ist nach dem Anlegen nicht mehr änderbar.

▶ Bei Equipmenthierarchien können Sie keine Auswertungen auf Basis des übergeordneten Equipments machen.

Was kann der Technische Platz? Der Technische Platz hingegen kann folgende Aufgaben erfüllen:

▶ Die Kennzeichnung des Technischen Platzes ist nach dem Anlegen änderbar, sofern Sie die Funktion der alternativen Kennzeichnung nutzen.

▶ Weiter sind zusätzliche Kennzeichnungen für Technische Plätze möglich.

▶ Aufgrund des Strukturkennzeichens finden Technische Plätze beim Anlegen (nach dem Top-down-Prinzip) automatisch ihren Platz in der Struktur.

▶ Durch die streng hierarchische Struktur ist die Verdichtung von Daten (z. B. Kosten) auf jeder Hierarchieebene möglich.

▶ Ein Technischer Platz kann eine Immobilie im Rahmen der Applikation Immobilienverwaltung sein (Real Estate, RE-FX, nähere Angaben hierzu finden Sie in Abschnitt 6.2.6, »Immobilienmanagement«).

▸ Im Investitionsmanagement (Applikation IM) können Sie einen Technischen Platz hinterlegen. Damit können Aufträge automatisch einem Investmentprogramm zugeordnet werden (Details hierzu finden Sie in Abschnitt 7.3.3, »Bugetierung über IM-Programme«).

Auch beim Technischen Platz gilt es, einige Besonderheiten im Auge zu behalten:

▸ Sie müssen im Customizing mindestens ein Strukturkennzeichen anlegen. In der Regel sind es mehrere.

Worauf sollten Sie beim Technischen Platz achten?

▸ Technische Plätze können in Technische Plätze eingebaut werden oder als individuelle Objekte existieren.

▸ Ein Technischer Platz, der in einem anderen Technischen Platz eingebaut ist, kann die Historie seiner Einbauorte nicht speichern, er zeigt nur den aktuellen Einbauort.

▸ Beim Umbau von Technischen Platzstrukturen, die verschiedene Strukturkennzeichen haben, funktioniert die automatische Zuordnung nicht mehr. Wie beim Equipment müssen Sie dann den übergeordneten Technischen Platz manuell zuordnen.

4.2.3 Verbindungen und Netze

Der Vollständigkeit halber sei auch noch die Möglichkeit erwähnt, dass SAP EAM Funktionen zur Verfügung stellt, mit denen Sie Verbindungen abbilden können, die zwischen verschiedenen Technischen Objekten oder Systemen (Equipments oder Technische Plätze) bestehen. Solche Verbindungen gibt es

▸ zwischen Produktionseinheiten untereinander

▸ zwischen Produktionsanlagen und Versorgungssystemen

▸ zwischen Versorgungs- und Entsorgungssystemen

Mit den Objektverbindungen bilden Sie ein so genanntes *Objektnetz* ab. Somit können Sie Ihre Anlagen horizontal strukturieren.

Sie können nur Verbindungen zwischen zwei Equipments (Transaktion IN07) oder zwischen zwei Technischen Plätzen (Transaktion IN04, siehe Abbildung 4.22) definieren, wobei die Verbindung selbst wieder ein Equipment oder ein Technischer Platz sein kann, aber nicht muss. Eine Verbindung zwischen einem Equipment oder einem Technischen Platz ist nicht möglich.

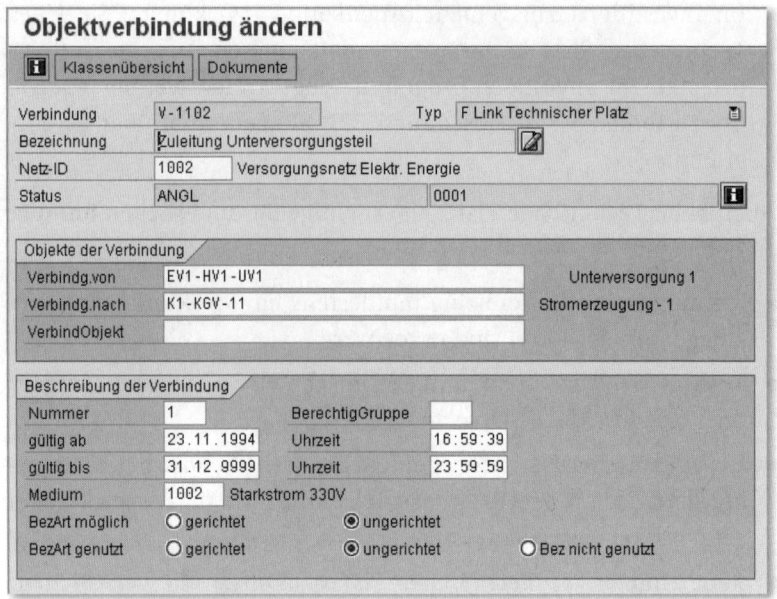

Abbildung 4.22 Objektverbindung

Ein Objektnetz bauen Sie auf, indem Sie mehrere einzelne logisch aufeinanderfolgende Objektverbindungen anlegen. Ein Objektnetz können Sie sich anzeigen lassen, indem Sie sich die Grafik zu einer Liste von Verbindungen Technischer Plätze (Transaktionen IN15/16) oder zu einer Liste von Equipmentverbindungen (Transaktionen IN18/19) ansehen (siehe Abbildung 4.23).

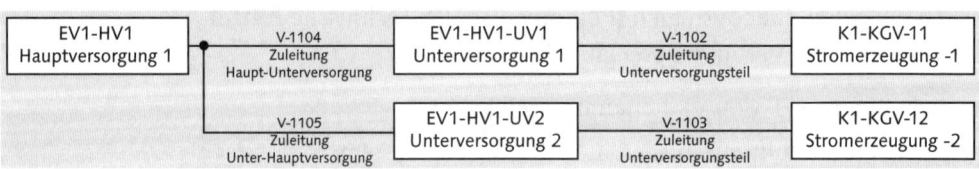

Abbildung 4.23 Objektnetz

[+]   In der Praxis spielt die Abbildung von Verbindungen und Netzen im SAP-System eine eher untergeordnete Rolle. Hierfür werden in der Regel geeignete, branchenspezifische Systeme eingesetzt (wie z. B. geografische Informationssysteme, Netzüberwachungssysteme, MSR-Systeme) und mit dem SAP-System gekoppelt (siehe Abschnitt 6.4, »Die Integration mit Non-SAP-Systemen«).

4.2.4 Material und IH-Baugruppen

Der Materialstamm enthält Informationen über die Materialien, die ein Unternehmen konstruiert, beschafft, fertigt, lagert und verkauft. Der Materialstamm integriert Daten aus den verschiedenen Bereichen eines Unternehmens. Im Gegensatz zu einem Equipment oder Technischen Platz beschreibt ein Materialstammsatz nicht ein Individuum, sondern gleichartige Artikel, d. h., hinter einem Materialstammsatz verbergen sich in der Regel mehrere gleichartige Ersatzteile, Baugruppen, Rohstoffe usw.

Definition Materialstammsätze in der Instandhaltung

Aus Sicht der Instandhaltung werden Materialstammsätze für mehrere Verwendungszwecke eingesetzt:

▸ Es gibt Materialstammsätze, die als Ersatzteile gekauft und gelagert werden.

▸ Es gibt Materialstammsätze, die als Equipments gekauft und als Material-/Serialnummer eingelagert werden.

▸ Es gibt Materialstammsätze, die als Bautyp lediglich eine Klammer um eine Gruppe von gleichartigen Equipments oder Technischen Plätzen bilden, um gemeinsame Funktionen ausführen zu können, wie z. B. die Verwaltung gemeinsamer Stücklisten oder Anleitungen.

▸ Es gibt Materialstammsätze, die als IH-Baugruppen zur Unterstrukturierung von Equipments oder Technischen Plätzen dienen.

▸ Es gibt Materialstammsätze, die die gleiche Funktion wie Ersatzteile erfüllen, aber nicht auf Lager gelegt werden, sondern als Nichtlagerteile in jedem Bedarfsfall neu beschafft werden, z. B. weil diese Teile zu teuer oder zu groß sind oder weil sie zu selten gebraucht werden.

▸ Es gibt Materialstammsätze, die als Betriebsmittel für Instandhaltungsmaßnahmen eingesetzt, aber nicht wie Ersatzteile verbaut werden, wie z. B. Werkzeuge oder Schutzkleidungen.

Der Materialstamm ist hierarchisch aufgebaut (siehe Abbildung 4.24) und ähnelt in seiner Struktur der Organisationsstruktur Ihres Unternehmens. Manche Materialdaten sind auf allen Organisationsebenen gültig, andere hingegen nur auf bestimmten Ebenen.

Struktur

▸ Auf Mandantenebene gilt: Allgemeine Materialdaten, die für das gesamte Unternehmen gelten, werden auf dieser Ebene gespei-

chert. Hierzu gehören u. a. die Warengruppe, die Basismengenein-
heit, die Materialkurztexte und Umrechnungsfaktoren für Alterna-
tivmengeneinheiten.

▶ Alle Daten, die in einem bestimmten Werk sowie in den zugehöri-
gen Lagerorten gültig sind, werden auf Werksebene gespeichert.
Hierzu gehören z. B. Buchhaltungs-, Einkaufs-, Dispositions- und
Prognosedaten.

▶ Alle Daten, die sich auf einen bestimmten Lagerort beziehen, sind
auf Lagerortebene gespeichert. Dabei geht es hauptsächlich um
Lagerortbestände.

Abbildung 4.24 Aufbau des Materialstamms

Materialnummer | Für jedes Material, das Ihr Unternehmen verwendet, müssen Sie
einen Materialstammsatz anlegen, der durch eine *Materialnummer*
eindeutig gekennzeichnet ist. Wie beim Equipment kann diese entweder extern oder intern vergeben werden.

Materialart | Materialien mit denselben Grundeigenschaften fassen Sie durch
Zuordnung zu einer gemeinsamen *Materialart* zusammen. Dies
ermöglicht Ihnen, verschiedene Materialien nach den Erfordernissen
Ihres Unternehmens einheitlich zu verwalten.

Durch die Materialart legen Sie fest

- welche Fachabteilungen den Materialstammsatz pflegen können (Einkauf, Produktion, Vertrieb, Buchhaltung usw.)
- ob die Materialnummer intern oder extern vergeben werden kann
- aus welchem Nummernkreisintervall die Materialnummer stammt
- welche Bildschirmbilder erscheinen und in welcher Reihenfolge
- welche fachbereichsspezifischen Daten zum Erfassen angeboten werden
- ob Mengen- und Wertveränderungen fortgeschrieben werden
- die Beschaffungsart eines Materials, d. h., ob das Material eigengefertigt oder fremdbezogen wird
- welche Konten bebucht werden, wenn ein Material ins Lager geht oder das Lager verlässt

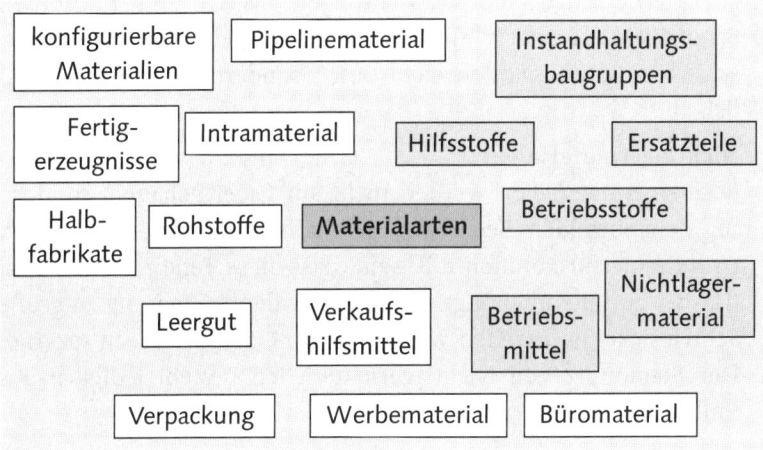

Abbildung 4.25 Überblick über die Materialarten

Einen Überblick über potenzielle Materialarten gibt Ihnen Abbildung 4.25. Aus Sicht der Instandhaltung haben folgende Materialarten praktische Relevanz (in der Abbildung dunkelgrau gekennzeichnet):

- **Hilfsstoffe**
  Hilfsstoffe sind dabei die Materialien, die in ein Endprodukt eingehen, aber nur einen unwesentlichen, kaum sichtbaren Anteil am Endprodukt ausmachen (z. B. Schrauben, Kleber, Schweißnaht).

▶ **Betriebsstoffe**
Betriebsstoffe gehen nicht in das Endprodukt ein, sondern werden für den Produktionsprozess benötigt (wie z. B. Schmierstoffe, Energie, Fette, Öle usw.).

▶ **Ersatzteile**
Ersatzteile dienen als Ersatz für defekte Teile. Sie können eingekauft und gelagert werden.

▶ **IH-Baugruppen**
IH-Baugruppen sind keine eigenständigen Objekte, sondern logische Elemente, die technische Objekte in der Instandhaltung in klarer definierte Einheiten unterteilen. Ein Gabelstapler kann z. B. ein technisches Objekt sein; Hubanlage, Schaltung, Chassis usw. können die dazugehörigen Instandhaltungsbaugruppen sein.

▶ **Betriebsmittel**
Betriebsmittel werden für Instandhaltungsmaßnahmen benötigt (z. B. Werkzeuge und Vorrichtungen, Mess- und Prüfmittel, Schutzkleidung und Schutzvorrichtungen), gehen aber im Unterschied zu Betriebsstoffen nicht unter, sondern nutzen sich lediglich ab.

▶ **Nichtlagermaterialien**
Nichtlagermaterialien werden nicht auf Lager gehalten, sondern für den einzelnen Bedarfsfall beschafft und sofort verbraucht. Gründe hierfür könnten z. B. sein, dass diese Teile zu teuer sind, dass sie zu selten benötigt werden oder deren Lagerung zu große Schwierigkeiten bereiten würde (zu groß, zu schwer, zu sperrig). Der Stammsatz von Nichtlagermaterialien besteht lediglich aus Einkaufsdaten.

[+] Welche Materialarten mit welchen Steuerungen Sie für Ihr Unternehmen benötigen, können Sie im Customizing mit der Funktion LOGISTIK ALLGEMEIN • MATERIALSTAMM • GRUNDEINSTELLUNGEN • MATERIALARTEN • EIGENSCHAFTEN DER MATERIALARTEN FESTLEGEN selbst bestimmen.

Fachbereiche, Sichten und Daten

Da mehrere Abteilungen eines Unternehmens mit einem Material arbeiten und jede Abteilung unterschiedliche Informationen zu dem Material verwendet, sind die Daten in einem Materialstammsatz nach Fachbereichen gegliedert (siehe Abbildung 4.26).

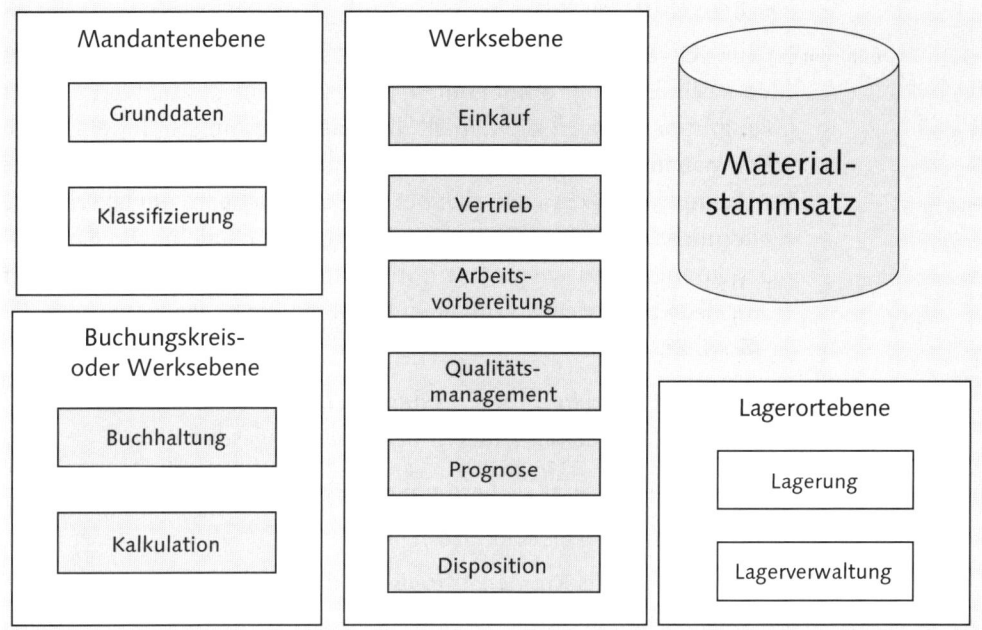

Abbildung 4.26 Materialsichten

Dabei befinden sich die Sichten Grunddaten und Klassifizierung auf Mandantenebene, d.h., sie gelten für alle Werke und Lagerorte.

Bei der Sicht Buchhaltung haben Sie die Wahl, ob Sie die Daten auf Buchungskreisebene für alle Werke, die einem Buchungskreis zugeordnet sind, gemeinsam oder auf Werksebene für jedes Werk getrennt verwalten möchten.

Die Sichten Einkauf, Disposition Vertrieb, Arbeitsvorbereitung, Qualitätsmanagement und Prognose liegen auf Werksebene, d.h., sie gelten für alle Lagerorte, die dem Werk zugeordnet sind.

Die Sichten Lager und Lagerverwaltung befinden sich auf Ebene der Lagerorte.

Auf eine weitere Detaillierung des Materialstamms soll an dieser Stelle verzichtet werden. Stattdessen verweise ich Sie auf geeignete Literatur[1].

---

1 Siehe z.B. Liebstückel, K.: Anwendungssysteme in Produktentstehung und Logistik, Modul: Beschaffung und Lagerhaltung, Stuttgart: AKAD-Verlag 2005. Oder Liebstückel, K.: Anwendungssysteme in Produktentstehung und Logistik. Modul: Produktion und Fertigung. Stuttgart: AKAD-Verlag 2005.

4.2.5 Stücklisten

Definition Grundsätzlich ist eine Stückliste ein vollständiges, formal aufgebautes Verzeichnis aller Komponenten, die zu einem Produkt oder einer Baugruppe gehören. Sie enthält die Materialnummern der einzelnen Komponenten sowie ihre Menge und die Mengeneinheit (siehe Abbildung 4.27). Es kann sich bei den Komponenten um lagerhaltige oder nichtlagerhaltige Teile oder Baugruppen handeln. Die Baugruppen können selbst wieder eine Stückliste besitzen und mithilfe einer Stückliste beschrieben sein. So entsteht eine so genannte *mehrstufige Stücklistenstruktur*.

Stücklisten werden im SAP-System nicht nur in der Instandhaltung, sondern auch noch in anderen Bereichen eingesetzt:

▸ in der Produktion als Fertigungsstücklisten

▸ im Controlling als Kalkulationsstücklisten

▸ im Vertrieb als Kundenauftragsstücklisten

Pos. Nummer	Bezeichnung	Material-Nummer	Menge	Mengen-einheit
❶	Spiralgehäuse	T-B00	1	ST
❷	Laufrad	100-200	1	ST
❸	Welle	100-300	1	ST
❹	Stützfuß	100-600	2	ST
❺	Druckdeckel	100-400	1	ST

Abbildung 4.27 Konstruktionszeichnung und abgeleitete Stückliste

Verwendung in der Instandhaltung In der Instandhaltung können Sie Stücklisten hauptsächlich für die beiden folgenden Verwendungszwecke einsetzen:

▸ **Strukturbeschreibung**
Mit der Stückliste beschreiben Sie die Struktur eines technischen Objekts oder eines Materials. Sie können mithilfe der Stückliste den Schadensort bzw. Durchführungsort von Instandhaltungs-maßnahmen an einem technischen Objekt näher lokalisieren.

▸ **Ersatzteilzuordnung**
Mit der Stückliste beschreiben Sie die Zuordnung von Ersatzteilen für ein technisches Objekt oder Material.

In der Praxis werden Instandhaltungsstücklisten hauptsächlich als Ersatz- **[+]**
teilstücklisten eingesetzt.

Aus Sicht der Instandhaltung sind drei verschiedene Typen von **Stücklistentypen**
Stücklisten zu unterscheiden (siehe Abbildung 4.28):

▶ **Equipmentstückliste**
Eine Equipmentstückliste legen Sie für genau ein Equipment an
(Transaktion IB01), und deshalb können Sie die Stückliste auch nur
im Zusammenhang mit diesem einen Equipment verwenden.

▶ **Technische Platzstückliste**
Dasselbe gilt analog für eine technische Platzstückliste (Transaktion IB11).

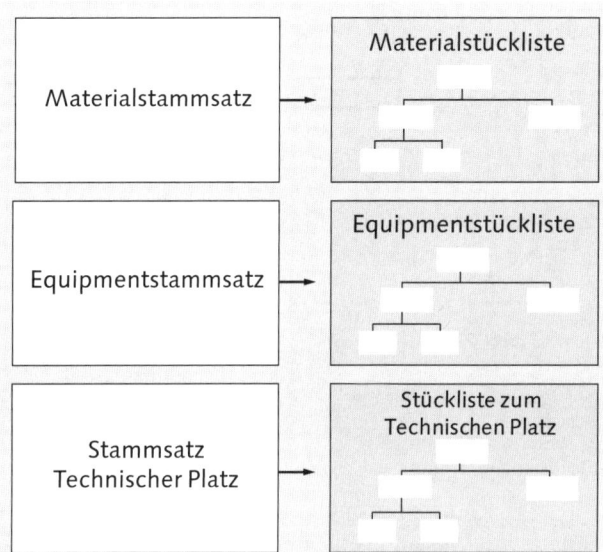

Abbildung 4.28 Stücklistentypen

▶ **Materialstückliste**
Eine Materialstückliste (Transaktion CS01) können Sie indirekt für
mehrere Equipments und/oder Technische Plätze verfügbar
machen. Hierzu verwenden Sie das Feld Bautyp im Stammsatz des
Equipments oder Technischen Platzes in der Bildgruppe Strukturierung. Das heißt, alle Equipments und Technischen Plätze, die
im Feld Bautyp eine Materialnummer eingetragen haben, haben
Zugriff auf die Materialstückliste (siehe Abbildung 4.29).

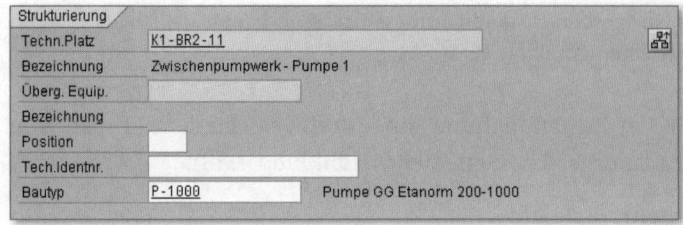

Abbildung 4.29 Bautyp

Dementsprechend werden diese beiden Zuordnungsverfahren als *direkte* und *indirekte Zuordnung* bezeichnet (siehe Abbildung 4.30).

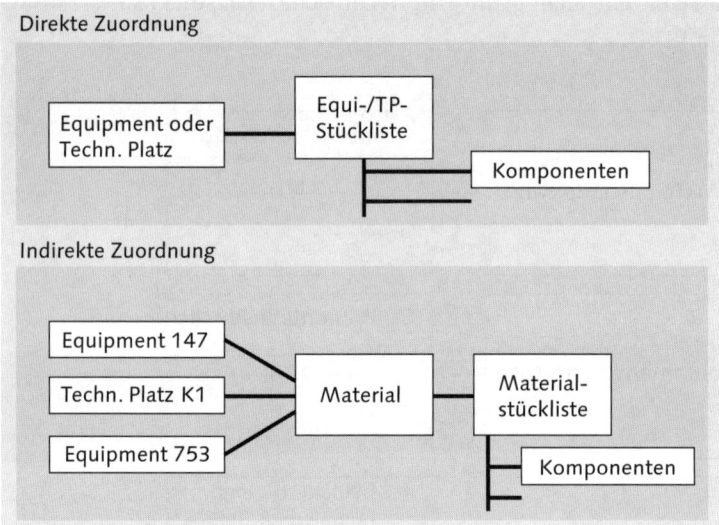

Abbildung 4.30 Stücklistenzuordnung

[+] Wenn Sie Stücklisten in der Instandhaltung einsetzen, beachten Sie Folgendes:

▸ Equipments und Technische Plätze können sowohl direkt als auch indirekt zugeordnete Stücklisten haben.

▸ Beide Arten werden in der Instandhaltungsabwicklung gleichzeitig aufgelöst.

▸ Wenn Sie Stücklisten einsetzen, sollten Sie so weit wie möglich Materialstücklisten anlegen und als Bautypen den Equipments und Technischen Plätzen zuordnen.

▸ Erfassen Sie die Teile, die für den betroffenen Typ von Equipments oder Technischen Plätzen gleich sind, als Materialstückliste. Erfassen Sie die Teile, in denen sich ein Equipment oder Technischer Platz vom Typ unterscheidet, als Equipment- oder Technische Platzstückliste.

Im oberen Teil der Abbildung 4.31 sehen Sie eine Strukturliste zu einem Equipment (Transaktion IH04) in Form einer mehrstufigen Ersatzteilstückliste, die durch den Bautyp P-1000 dem Equipment 2019 indirekt zugeordnet wurde. Die letzten drei Positionen sind Ersatzteile aus der direkt zugeordneten Equipmentstückliste.

[+] Die in anderen Anwendungen üblichen Stücklistentypen wie Variantenstücklisten oder Mehrfachstücklisten spielen in der Instandhaltung so gut wie keine Rolle.

▽ 2019	Elektr. Pumpe 001			
▽ P-1000	Pumpe GG Etanorm 200-1000		1 ST	
100-100	Gehäuse	L	1 ST	
401-400	Druckdeckel	L	1 ST	
DG-1000	Dichtgummi, 34*4	L	1 ST	
100-600	Stützfuß	L	2 ST	
KR117185	Distanzring	L	5 ST	
100-431	Netzteil 100 - 240 V	L	4 ST	
▽ 100-400	Steuerelektronik	N	1 ST	
100-430	Farbdisplay	L		1 ST
100-431	Netzteil 100 - 240 V	L		1 ST
▽ G-1000	Getriebe, Pumpe elektrisch	L		1 ST
GH-1000	Getriebegehäuse	N		1 ST
GS-1000	Planetenträger	N		2 ST
SG-1000	Sternrad, Getriebe	N		1 ST
ST-1000	Sternradträger, Getriebe	N		1 ST
▽ M-1000	Pumpenmotor, elektrisch 250kW	L		1 ST
MC-1000	Gehäuse, Pumpenmotor elektrisch 250kW	L		1 ST
ME-1000	Stromzuführung, drei phasen	L		1 ST
MR-1000	Rotor, E-Motor 250 kW	L		1 ST
MB-1000	Kohlebuersten, Elektromotor	L		4 ST
▽ WL-1000	Welle-Lager Baugruppe	N		1 ST
▷ IL-1000	Laufrad Typ 1B, elektrische Pumpe	L		1 ST
W-1000	Welle, Pumpe elektrisch	L		1 ST
SB-1000	Schrägkugellager	L		2 ST
WH-1000	Wellenschutzhülse	L		1 ST
KR117185	Distanzring	L		4 ST
A100-121	Gehäuse Pumpe normalsaugend	L	1 ST	
M-0506-13	Gleitringdichtung Baureihe T-2012	L	1 ST	
AZ2-330	Silikon-Öl	N	10 KG	

Abbildung 4.31 Stücklistenstruktur

Die spiegelbildliche Darstellung einer Stückliste ist der Verwendungsnachweis (Transaktion CS15): Dieser zeigt Ihnen, in welchen Stücklisten ein bestimmtes Ersatzteil oder eine bestimmte Baugruppe vorkommt.

Sie sehen in Abbildung 4.32, dass das Material 100 – 100 (Gehäuse) in Equipmentstücklisten (Stücklistentyp E), in Materialstücklisten (Stücklistentyp M) und in technische Platzstücklisten (Stücklistentyp T) vorkommt.

Materialverwendung

▽	🗗 🗐 🗐 🗐	▦ 🗗 🗗	🗗 🗐 🗗 🗐						

Material 100-100
Bezeichnung Gehäuse
Stichtag 25.01.2007

St	Werk	Komponentennummer	Pos.	EMng	ME	Equipment	Techn.Platz	StlTyp
1	1000	?0100000000000015701 1000	0010	1,000	ST		0619	T
1	1000	?0100000000000015695 1000	0010	1,000	ST		0615	T
1	1000	?0100000000000016268 1000	0010	1,000	ST		0699	T
1	1000	100-300	0010	1,000	ST			M
1	1000	P-1000	0010	1,000	ST			M
1	1000	P-1001	0010	1,000	ST			M
1	1000	T-FP400	0010	1,000	ST			M
1	1000	00000000000002027 1000	0010	1,000	ST	2027		E
1	1000	00000000000002058 1000	0010	1,000	ST	2058		E
1	1000	00000000000002060 1000	0010	1,000	ST	2060		E
1	1000	00000000000002067 1000	0010	2,000	ST	2067		E
1	1000	00000000000002088 1000	0010	1,000	ST	2088		E

Abbildung 4.32 Materialverwendung

[●] Auf der DVD finden Sie unter GESCHÄFTSPROZESSE • GESCHÄFTSPROZESSE IN DER INSTANDHALTUNG • 2. TECHNISCHE ANLAGENSTRUKTUREN • 2.4 VERWALTEN VON STÜCKLISTEN die Geschäftsprozesse zum Anlegen und Pflegen von Stücklisten.

4.2.6 Klassifizierung

Aufgaben Eine Klasse im SAP-System repräsentiert die Zusammenfassung ähnlicher Objekte, die durch gemeinsame Merkmale beschrieben werden. Aus Sicht der Instandhaltung hat ein Klassensystem mehrere Aufgaben:

▸ Sie können damit beliebige Objekte (z. B. Equipments, Technische Plätze, Material) mithilfe von Merkmalen über die Felder der Stammsätze hinaus *technisch beschreiben*.

▸ Sie können ähnliche Objekte nach technischen Gesichtspunkten in Klassen *gruppieren*.

▸ Das SAP-System bietet Ihnen an verschiedenen Stellen *Suchfunktionen*, um mithilfe der Klassen und Merkmale die Objekte leichter finden zu können.

Der Aufbau eines Klassensystems besteht aus drei Schritten:

Im ersten Schritt beschreiben Sie die Eigenschaften eines Objekts, die über Merkmale abgebildet werden (Transaktion CT04). Die Merkmale werden zentral im System angelegt. **Merkmale**

Im Merkmal definieren Sie z. B. (siehe Abbildung 4.33):

▶ die Ein- oder Mehrwertigkeit

▶ die Zulässigkeit von Intervallen

▶ den Datentyp (Charakter, Datum, numerisch)

▶ die Anzahl der Stellen

▶ eine Tabelle zulässiger Werte

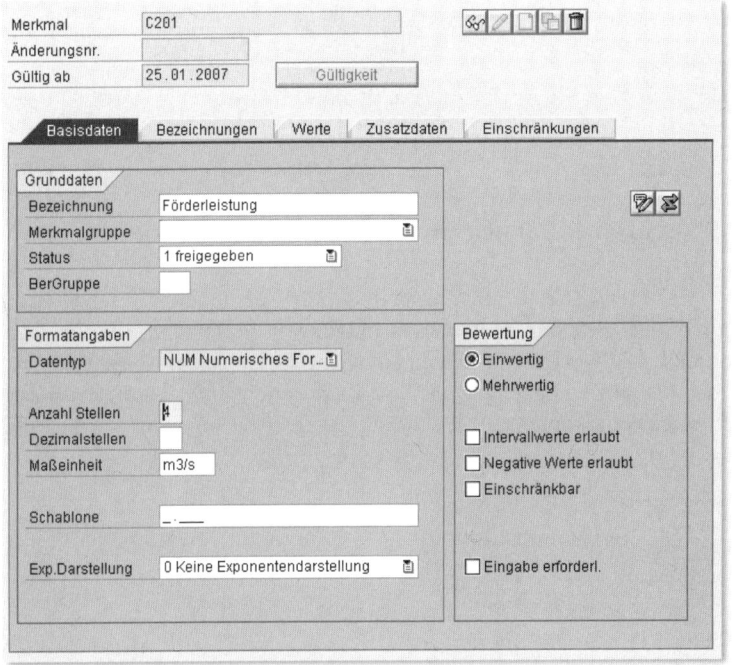

Abbildung 4.33 Merkmal

Im zweiten Schritt definieren Sie die Klassen (Transaktion CL02). Die zu klassifizierenden Objekte legen Sie in Klassen ab. Diese Klassen legen Sie an und weisen ihnen Merkmale zu (siehe Abbildung 4.34). **Klassen**

Die Klassenarten sind von SAP vorgegeben und definieren die Objektart, für die eine Klasse gelten soll (z. B. 001 Material, 002 Equipment, 003 Technischer Platz usw.).

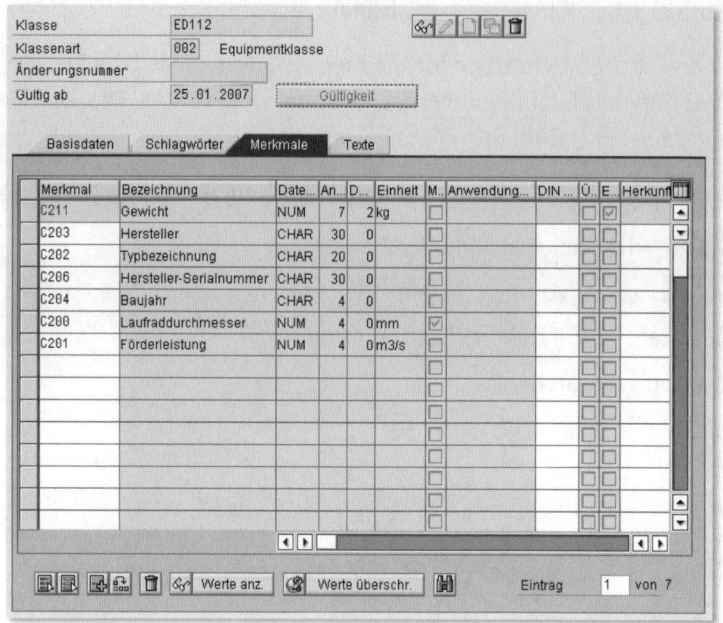

Abbildung 4.34 Klasse

Den Klassennamen können Sie frei alphanumerisch vergeben.

[+] Der Parameter GLEICHE KLASSIFIZIERUNG prüft, ob innerhalb der Klasse Objekte mit gleichen Merkmalsausprägungen vorhanden sind (siehe Abbildung 4.35). Setzen Sie diesen auf Nicht prüfen; ansonsten entstehen bei der Klassifizierung ungewollt lange Laufzeiten, bzw. Sie bekommen Performanceprobleme.

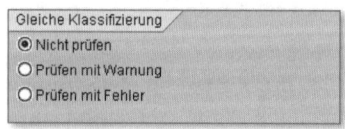

Abbildung 4.35 Klassifizierung prüfen

Die wichtigsten Elemente innerhalb einer Klasse sind die *Merkmale*, die die technischen Eigenschaften der Klasse definieren. In obigem Beispiel beinhaltet die Klasse ED112 (Wasserpumpen) technische Eigenschaften wie Laufraddurchmesser oder Förderleistung.

In den *Schlagwörtern* können Sie Objekte dieser Klasse spezifizieren. In obigem Beispiel könnten Sie diese Klasse einsetzen für Druckwasserpumpen, Abwasserpumpen oder Brauchwasserpumpen.

Die Klassifizierung bietet Ihnen vielfältige Möglichkeiten, die den Rahmen dieses Buches sprengen würden. Genannt seien hier z. B. die Merkmalsableitung über das Beziehungswissen, die Hinterlegung von kompletten Merkmalswerttabellen über die Variantenkonfiguration, die Merkmalswertübernahme aus dem jeweiligen technischen Platz bzw. Equipment oder die Hinterlegung von Wertetabellen.

> Mit einem wohl überlegten Klassensystem und einer überschaubaren Anzahl von Merkmalen (am besten sollten die Merkmale auf eine Seite passen) erhalten Sie eine hohe Akzeptanz bei Ihren Anwendern. Ihr SAP EAM wird zu einer Betriebsmitteldatenbank, und Nebenaufzeichnungen oder Parallelsysteme erübrigen sich.

[+]

Der Aufbau eines Klassen- und Merkmalssystems ist sehr aufwendig er erfordert sowohl organisatorischen Aufwand für die Erstellung eines Konzepts als auch systemseitigen Aufwand für die Erfassung der Daten. Diesen Aufwand können Sie erheblich reduzieren.

> Unter *http://www.eclass.de* finden Sie eine kostenlose Vorlage für ein ganzheitliches Klassensystem inklusive aller Merkmale und Schlagworte. eCl@ss ist ein hierarchisches System zur Gruppierung von Materialien, Produkten und Dienstleistungen entsprechend den produktspezifischen Eigenarten, die sich über Merkmale beschreiben lassen. eCl@ss umfasst momentan ca. 30.000 Klassen in vier hierarchischen Ebenen, ca. 7.000 Merkmale und ca. 52.000 Schlagworte. Dies ist wahrscheinlich weit mehr, als Sie je benötigen werden, aber es dürfte einfacher sein, aus einer Vorlage die notwendigen Elemente auszuwählen, als selbst von vorne anzufangen.

[+]

Darüber hinaus können Sie für die Klassifizierung und Merkmalsübernahme auch die entsprechenden Datenübernahmeprogramme der Klassifizierung verwenden. Diese stehen Ihnen in der Transaktion SXDA unter den Datenübernahmeobjekten 0130, 0140 und 0150 zur Verfügung.

An der Entwicklung von eCl@ss sind nicht nur namhafte Firmen und Verbände aus allen Branchen beteiligt (Audi, BASF, Cognis, DB, E.ON u. a.), sondern auch SAP selbst ist als ordentliches Mitglied im Lenkungsausschuss vertreten.

Klassifizierung

Der dritte Schritt ist dann das Zuordnen von Objekten, das eigentliche Klassifizieren: Nachdem Sie die für die Klassifizierung erforderlichen Klassen angelegt haben, können Sie die Objekte diesen Klassen zuordnen. Die Objekte werden mittels der in der Klasse enthaltenen Merkmale beschrieben.

Die Objekte ordnen Sie nun entweder über eine zentrale Transaktion CL20N zu, oder – und das ist der Normalfall – Sie klassifizieren die Objekte direkt im Stammsatz selbst: also z. B. über die Transaktion IE02 die Equipments (siehe Abbildung 4.36), über MM02 die Materialien oder über IL02 die Technischen Plätze.

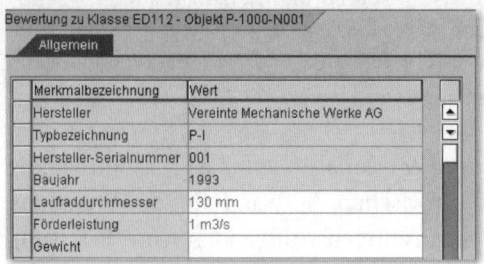

Abbildung 4.36 Klassifizierung eines Equipments

[+] Setzen Sie bei der Zuordnung einer Klasse zu einem Technischen Platz oder Equipment immer den Haken bei der Standardklasse. Nur so stellen Sie sicher, dass die klassenbezogenen Objektstatistiken des PM-IS fortgeschrieben werden.

Näheres zu PM-IS finden Sie in Abschnitt 7.2.3, »SAP ERP-Logistikinformationssystem«.

Suchfunktionen Das SAP-System stellt Ihnen an vielen Stellen Suchfunktionen zur Verfügung, um Objekte mit bestimmten technischen Ausprägungen wiederzufinden. Typische Fragestellungen, die Sie damit beantworten können, sind z. B.:

▸ Sie benötigen eine Liste aller Pumpen, die bestimmte Leistungsgrenzen überschreiten.

▸ Ihnen ist ein Motor ausgefallen, und Sie benötigen einen gleichwertigen Ersatz.

▸ An der Anlage hat ein Ersatzteil einen Defekt, das Originalersatzteil ist jedoch nicht mehr auf Lager, und Sie suchen eine Alternative.

▸ Weil das Zustellverfahren aus dem Lager geändert werden soll, benötigen Sie eine Aufstellung über die maximale Nutzlast aller Ihrer Flurförderzeuge.

Folgende Transaktionen können Sie für die Suchfunktionalität nutzen:

▶ die Transaktion CL30N, mit deren Hilfe Sie *innerhalb einer Klasse* Objekte nach Merkmalseingrenzungen suchen können

▶ die Transaktion CL20, mit deren Hilfe Sie *klassenübergreifend* durch die Einschränkung eines oder mehrerer Merkmale Objekte suchen können

▶ die Transaktion CL6B, mit deren Hilfe Sie sich ein komplettes *Objektverzeichnis* einer Klasse erstellen können

▶ die Transaktionen IE05 und IH08, mit denen Sie sich eine Liste von *Equipments* mit organisatorischen (z. B. Kostenstelle, Werk) und technischen Eingrenzungen (eine Klasse mit Merkmalsbewertungen) erstellen können (siehe Abbildung 4.37)

A	Equipment	Bezeichnung Objekt	PlWk	Kosten...	Laufraddu...	Förderleis...	Hersteller	Typb...	Hers...	Baujahr
	P-1000-N001	Elektr. Pumpe 001	1000	4110	267 mm	1 m3/s	Vereinte Mechanische Werke AG	P-I	001	1993
	P-1000-N002	Elektr. Pumpe 002	1000	4110	130 mm	1 m3/s	Vereinte Mechanische Werke AG	P-I	002	1993
	P-1000-N003	Elektr. Pumpe 003	1000	4110	130 mm	1 m3/s	Gerätefabrik Holst GmbH	P-II	003	1993
	P-1000-N004	Elektr. Pumpe 004	1000	4110	130 mm	1 m3/s	Gerätefabrik Holst GmbH	P-II	004	1993
	P-1000-N005	Elektr. Pumpe 005	1000	4110	130 mm	1 m3/s	Gerätefabrik Holst GmbH	P-I	005	1994
	P-1000-N006	Elektr. Pumpe 006	1000	4110	130 mm	1 m3/s	Solms&Söhne KG	P-III	006	1992
	P-1000-N007	Elektr. Pumpe 007	1000	4110	267 mm	23 m3/s	Vereinte Mechanische Werke AG	P-I	007	1993
	P-1000-N008	Elektr. Pumpe 008	1000		267 mm	5 m3/s	Gerätefabrik Holst GmbH	P-II	008	1993
	P-1000-N009	Elektr. Pumpe 009	1000	4110	267 mm	5 m3/s	Solms&Söhne KG	P-III	009	1992
	P-1000-N010	Elektr. Pumpe 010	1000	4110	750 mm	23 m3/s	Solms&Söhne KG	P-III	010	1991
	P-1000-N011	Elektr. Pumpe 011	1000	4110	750 mm	23 m3/s	Solms&Söhne KG	P-III	011	1992
	P-1000-N012	Elektr. Pumpe 012	1000	4110	750 mm	23 m3/s	Vereinte Mechanische Werke AG	P-I	012	1992
	P-2000-N002	Elektr. Pumpe 001	1000	4110	130 mm	1 m3/s	Vereinte Mechanische Werke AG	P-I		
	P-2000-N004	Elektr. Pumpe 004	1000	4110	130 mm	1 m3/s	Gerätefabrik Holst GmbH	P-II		
	P-2000-N005	Elektr. Pumpe 005	1000	4300	130 mm	1 m3/s	Gerätefabrik Holst GmbH	P-II		
	P-6000-N001	Pumpe GG Etanor...	1000	4110	130 mm		Vereinte Mechanische Werke AG	P-I		

Abbildung 4.37 Equipmentliste mit Merkmalsbewertungen

▶ die Transaktionen IL05 und IH06, die dasselbe für *Technische Plätze* leisten

▶ die Transaktion IQ08, die dasselbe für *Serialnummern* leistet

▶ die Transaktion IE20, mit deren Hilfe Sie ein *Ersatzequipment* suchen können, das über dieselben Leistungsdaten verfügt wie das Original

4.2.7 Produktstrukturbrowser

Eine Funktion möchte ich Ihnen nicht vorenthalten, die selbst erfahrenen Anwendern häufig unbekannt ist: den *Produktstrukturbrowser* (Transaktion CC04). Er ist ein allgemeines Werkzeug aus dem Pro-

Definition

duktdatenmanagement der Logistik, mit dem Sie komplexe Produktstrukturen aufbauen, verwalten und anzeigen können. Da Sie mithilfe des Produktstrukturbrowsers nicht nur Technische Plätze und Equipments, sondern so gut wie alle Objekte der Logistik verwalten können (Dokumente, Stücklisten, Arbeitspläne, Klassifizierungen usw.), ist er nicht nur in der Instandhaltung, sondern auch in der Konstruktion, Produktion usw. einsetzbar.

Aus Sicht der Instandhaltung ist der Produktstrukturbrowser (siehe Abbildung 4.38) in der Darstellungsweise der Strukturdarstellung (Transaktionen IH01, IH03) sehr ähnlich.

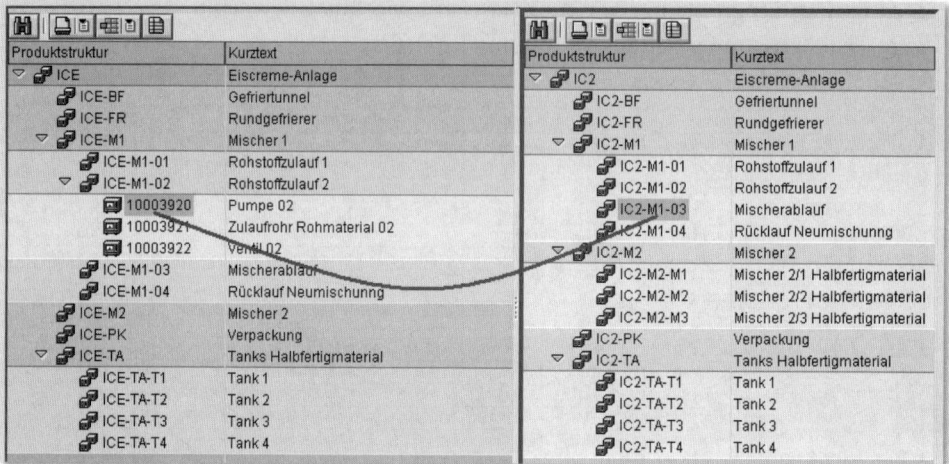

Abbildung 4.38 Der Produktstrukturbrowser

Unterschiede zur Strukturdarstellung

Jedoch weist er ein paar wesentliche Unterschiede auf:

▶ Sie können technische Objekte per Drag & Drop verschieben (z. B. ein Equipment auf einem anderen Technischen Platz einbauen).

▶ Sie können neue technische Objekte anlegen oder vorhandene technische Objekte in die Struktur einbauen.

▶ Sie können in der Struktur vorhandene Objekte verändern (z. B. einen Technischen Platz umnummerieren).

▶ Sie können sich nicht nur Technische Plätze, Equipments und Stücklisten anzeigen lassen, sondern auch Dokumente, Klassen und Merkmale.

▶ Sie können für technische Objekte Statusänderungen vornehmen (Löschvormerkung, inaktiv/aktiv).

▸ Sie können zu einem technischen Objekt eine Workflow-Aufgabe erzeugen und technische Objekte versenden.

> Der Produktstrukturbrowser ist ein geeignetes Hilfsmittel, um Objektstrukturen nicht nur anzeigen, sondern auch verändern zu können. Aber Achtung: Die Änderungen werden sofort auf der Datenbank verbucht.

[+]

> Auf der DVD finden Sie unter GESCHÄFTSPROZESSE • GESCHÄFTSPROZESSE IN DER INSTANDHALTUNG • 2. TECHNISCHE ANLAGENSTRUKTUREN • 2.5 PRODUKTSTRUKTURBROWSER die Geschäftsprozesse zum Umgang mit dem Produktstrukturbrowser.

[O]

4.2.8 Spezielle Funktionen

Im Folgenden möchte ich Ihnen noch einige weitere Funktionen vorstellen, die Ihnen bei den technischen Objekten zur Verfügung stehen. Beginnen wir mit der Datenweitergabe.

Datenweitergabe

Daten werden automatisch innerhalb von Strukturen oder objektübergreifend weitergegeben. Wenn Sie Ihre Anlagen mithilfe von Referenzplätzen, Technischen Plätzen und Equipments strukturieren, haben die hierarchischen Strukturen, die Sie anlegen, oftmals die gleichen Stammsatzdaten. Um die Pflege beim Anlegen und beim Änderungsdienst übersichtlicher und einfacher zu gestalten, steht Ihnen die Funktion der Datenweitergabe zur Verfügung. Mit ihrer Hilfe können Sie

Definition

▸ Daten an übergeordneten Objekten an hierarchisch tiefer liegende Objekte weitergeben lassen

▸ Daten objektübergreifend (Referenzplatz an Technischen Platz und Technischen Platz an Equipment) weitergeben

Dementsprechend spricht man von einer *hierarchischen* oder von einer *horizontalen* Datenweitergabe.

Wenn Sie innerhalb einer Objektstruktur (Referenzplatzstruktur, Technische Platzstruktur, Equipmenthierarchie) Daten verändern, wird diese Veränderung automatisch an die darunterliegenden Objekte weitergegeben (siehe Abbildung 4.39).

Hierarchische Datenweitergabe

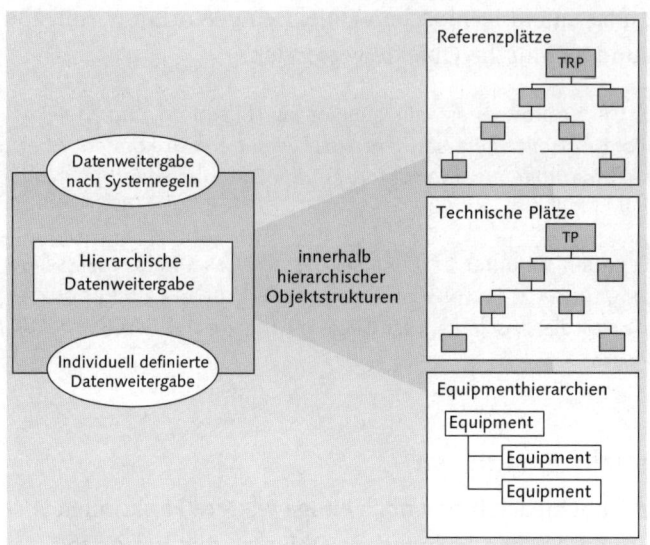

Abbildung 4.39 Hierarchische Datenweitergabe

Horizontale
Datenweitergabe

Bei der horizontalen Datenweitergabe (siehe Abbildung 4.40) werden die Daten zwischen zwei verschiedenen Objekttypen automatisch weitergegeben. Hierfür gibt es zwei Möglichkeiten:

▶ Sie ändern Daten an den Referenzplätzen. Dann werden diese Änderungen automatisch an alle technischen Plätze weitergegeben, die aus diesen Referenzplätzen hervorgegangen sind.

▶ Sie ändern Daten an technischen Plätzen, auf denen Equipments eingebaut sind. Dann werden die Datenänderungen automatisch an die Equipments weitergegeben.

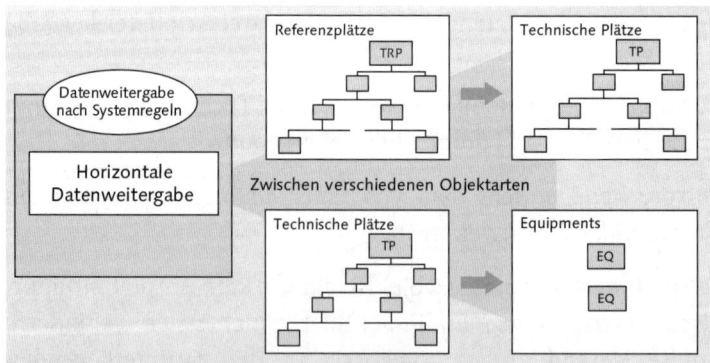

Abbildung 4.40 Horizontale Datenweitergabe

> Durch eine geschickte Strukturierung der Technischen Plätze und Equipments können umfangreiche Datenpflegearbeiten – z. B. Kostenstellenänderungen oder Änderungen in den Zuständigkeiten – vermieden werden.

[+]

Jedes Feld eines technischen Objekts besitzt einen Indikator (siehe Abbildung 4.41), ob dieses Feld seinen Inhalt vom übergeordneten Objekt oder vom Referenzplatz bezieht oder ob es individuell gepflegt ist.

Wie funktioniert die Daten-weitergabe?

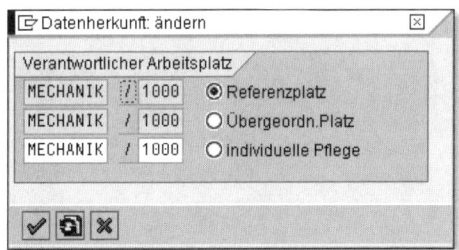

Abbildung 4.41 Datenherkunft

> Bei hierarchisch weitergegebenen Daten können Sie für jedes Feld zu jeder Zeit diesen Indikator manuell abändern. Bei horizontal weitergegebenen Daten können Sie dies nur zum Zeitpunkt der Datenweitergabe festlegen – also z. B. nur zu dem Zeitpunkt, zu dem das Equipment auf dem Technischen Platz eingebaut wird.

[+]

> Wenn Sie auf einer untergeordneten Ebene einmal ein Feld manuell pflegen, erhält es den Indikator INDIVIDUELLE PFLEGE. Die Konsequenz wird sein, dass bei einer Datenänderung auf der übergeordneten Ebene das Objekt selbst und auch seine untergeordneten Objekte unverändert bleiben.

[+]

Massenänderung von Equipments und Technischen Plätzen

Neben der Datenweitergabe können Sie auch Feldinhalte gezielt in mehreren Equipments oder Technischen Plätzen ändern. Nutzen Sie hierzu die jeweilige Liständerungstransaktion (IE05: Liständerung Equipments, IL05: Liständerung Technische Plätze) und markieren Sie die zu ändernden Stammsätze. Die eigentliche Massenänderungsfunktion erreichen Sie dann über SPRINGEN • MASSENÄNDERUNG DURCHFÜHREN. Es erscheint ein Popup-Fenster, in dem Sie die zu ändernden Felder und die neuen Feldinhalte angeben (siehe Abbildung 4.42).

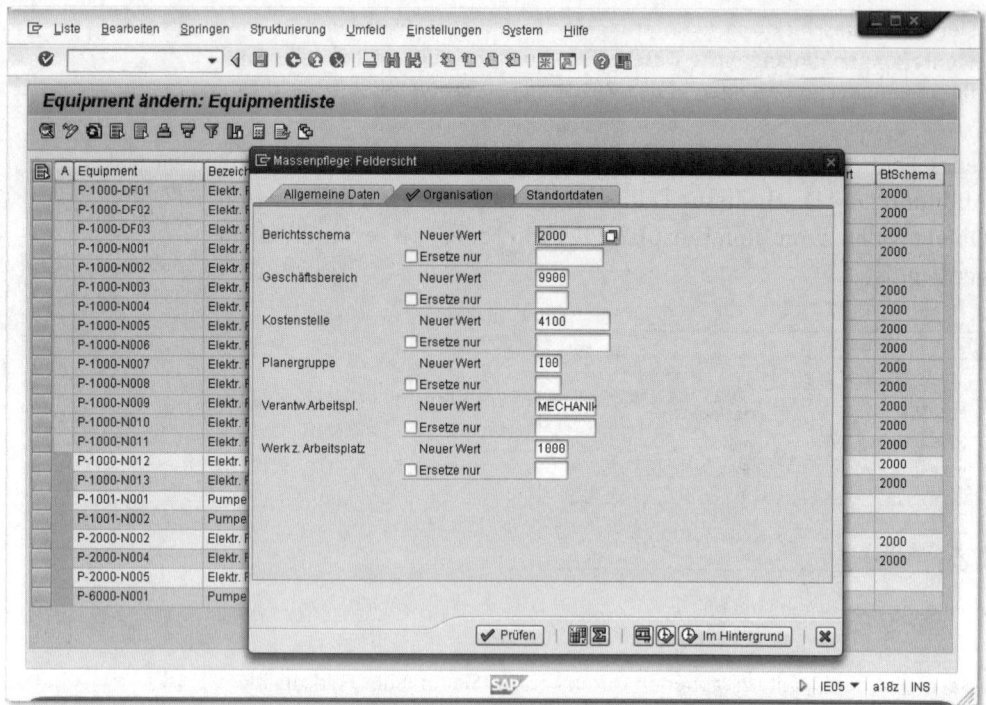

Abbildung 4.42 Massenänderung von technischen Objekten

Mit AUSFÜHREN bzw. AUSFÜHREN IM HINTERGRUND werden die Feld-inhalte in allen markierten Objekten durchgeführt. Die Vorausset-zung hierzu ist, dass der Vererbungsindikator auf INDIVIDUELL GEPFLEGT steht. Im Umkehrschluss heißt dies, dass ein Vererbungsin-dikator ÜBERGEORDNETER TECHNISCHER PLATZ oder ÜBERGEORDNETES EQUIPMENT richtigerweise Vorrang vor der Massenbearbeitungsfunk-tion hat.

Leider stehen Ihnen nicht alle Felder für die Massenbearbeitungs-funktion zur Verfügung. Felder wie beispielsweise BERECHTIGUNGS-GRUPPE, KOSTENSTELLE oder BETRIEBSBEREICH können Sie ändern; die Felder TECHNISCHE IDENTNUMMER, SORTIEREN oder BAUTYP hingegen nicht.

Business Function | Damit Sie die Massenänderung von Technischen Plätzen und Equip-ments nutzen können, muss die Business Function LOG_EAM_SIMP aktiviert sein.

Mit der Massenbearbeitungsfunktion können Sie einfach und schnell in mehreren technischen Objekten mehrere Feldinhalte gleichzeitig abändern. Beachten Sie jedoch, dass hierarchisch vererbte Feldinhalte nicht verändert werden und dass nicht alle Felder zur Verfügung stehen.

[+]

Messpunkte und Zähler

In den folgenden drei Fällen wäre es sinnvoll, Messbelege und Zählerstände zu erfassen:

Anwendungsfälle

▸ **Zustand eines technischen Objekts**
Entweder Sie möchten den Zustand eines technischen Objekts zu einem bestimmten Zeitpunkt dokumentieren. Die Dokumentation eines bestimmten Objektzustands ist überall dort wichtig, wo für den Gesetzgeber detaillierte Nachweise über den korrekten Zustand geführt werden müssen. Dies kann kritische Werte im Umweltschutz betreffen, gefährdete Arbeitsbereiche im Arbeitsschutz, Geräte in Kliniken sowie Emissions- und Immissionsmessungen an Objekten aller Art.

▸ **Leistungsabhängige Wartung**
Oder Sie möchten eine leistungsabhängige Wartung betreiben. Bei zählerstandsabhängiger Wartung werden Wartungstätigkeiten immer dann ausgeführt, wenn der Zähler an einem technischen Objekt einen bestimmten Stand erreicht hat (Näheres dazu in Abschnitt 5.8, »Der Geschäftsprozess vorbeugende Instandhaltung«).

▸ **Zustandsabhängige Wartung**
Oder Sie möchten eine zustandsabhängige Wartung betreiben. Bei zustandsabhängiger Wartung werden Wartungstätigkeiten immer dann ausgeführt, wenn bei einem der Messpunkte an einem technischen Objekt ein Schwellenwert über- oder unterschritten wird (Näheres in Abschnitt 5.9, Der »Geschäftsprozess zustandsorientierte Instandhaltung«).

Als *Messpunkte* werden in SAP EAM die Stellen bezeichnet, mit deren Hilfe der aktuelle Zustand einer Anlage beschrieben wird, wie z. B. Temperatur, Umdrehungszahl, Druckzustand, Verschmutzungsgrad, Viskosität. An Messpunkten können Sie Soll-Werte und Ober-/ Untergrenzen angeben. Abbildung 4.43 zeigt Ihnen einen Messpunkt für eine Stelle, an der es gilt, eine Innentemperatur zu messen.

Messpunkte

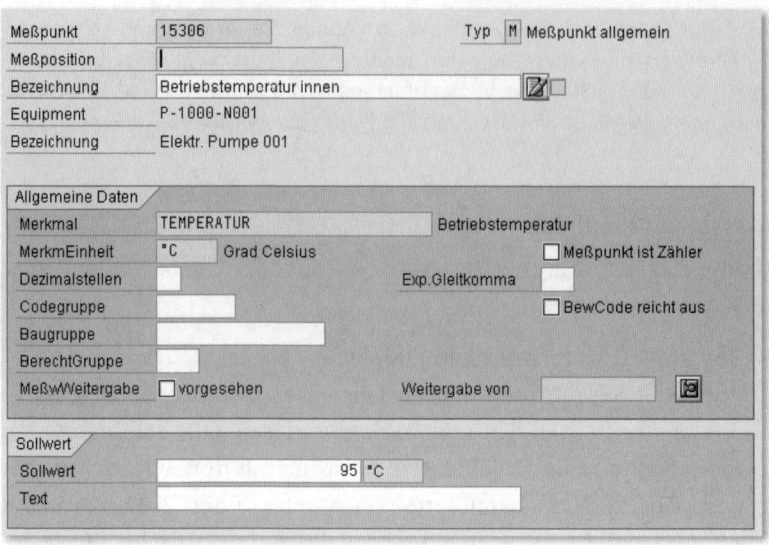

Abbildung 4.43 Messpunkt

Messwerte

An Messpunkten werden Messbelege erfasst, die *diskontinuierliche* Werte beinhalten, also z. B. um 10:25 Uhr einen Messbeleg zur Motor-innentemperatur mit 95 °C, um 11:05 Uhr mit 98 °C, um 12:10 Uhr mit 89 °C usw. Messpunkte befinden sich immer an technischen Objekten, d. h. an Equipments oder Technischen Plätzen. Abbildung 4.44 zeigt Ihnen, wie Messwerte schwanken können.

Zähler

Als Zähler werden im SAP-System die Stellen bezeichnet, mit deren Hilfe Sie die Abnutzung eines Objekts, einen Verbrauch oder den Abbau eines Nutzungsvorrats darstellen können, z. B. ein Kilometer-zähler, Betriebsstundenzähler, Stückzahlen, Tonnen Ausbringung usw. Abbildung 4.45 zeigt Ihnen, wie ein Zähler zur Messung von Betriebsstunden aussieht.

Zwei Werte spielen bei einem Zähler für eine leistungsabhängige Wartung eine besondere Rolle:

▶ Die ZÄHLERSPRUNGMARKE ist der erste auf dem Zäher nicht mehr darstellbare Wert. Bei einem vierstelligen Zähler wäre dies z. B. der Wert 10.000.

▶ Die GESCHÄTZTE JAHRESLEISTUNG wird benötigt, damit das System auf Basis des aktuellen Zählerstands eine Vorausberechnung des nächsten Wartungstermins durchführen kann.

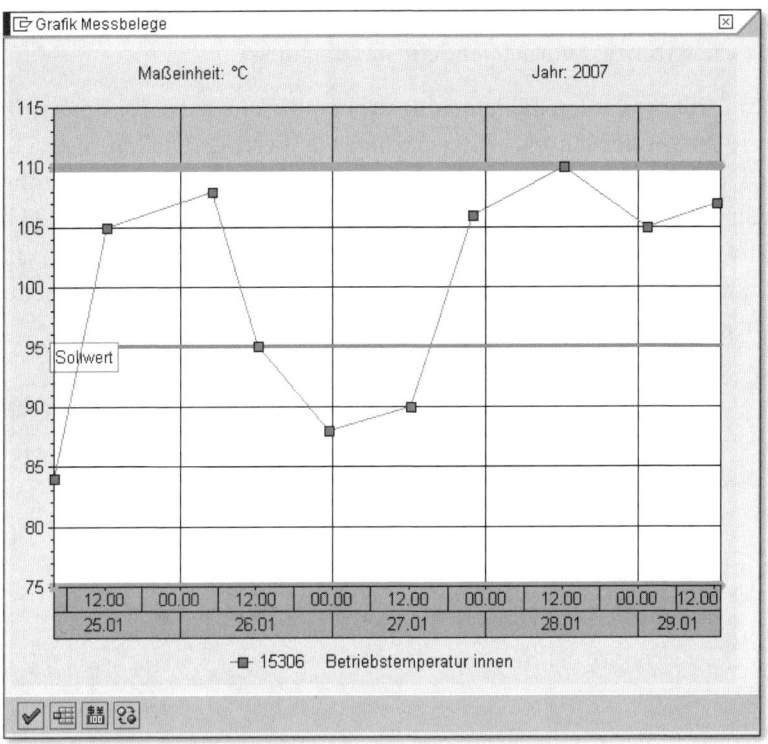

Abbildung 4.44 Messwerte im Verlauf einer Woche

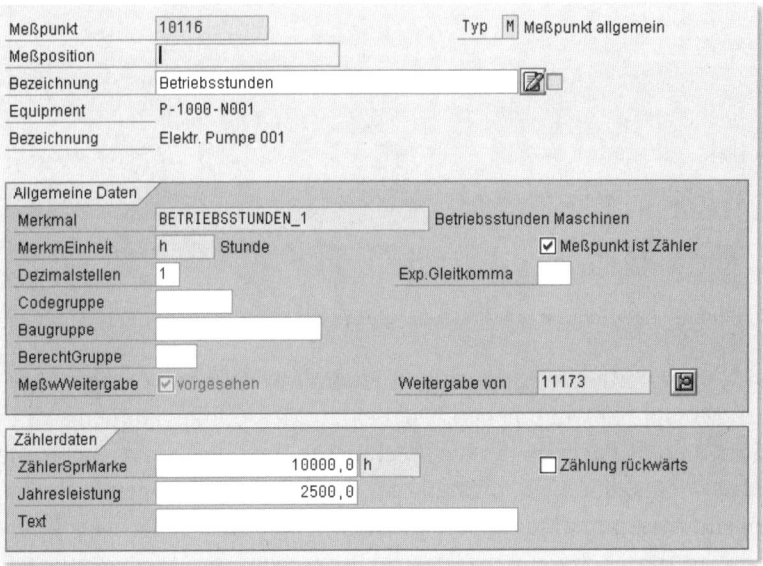

Abbildung 4.45 Zähler

Detaillierte Erläuterungen dazu finden Sie in Abschnitt 5.8, »Der Geschäftsprozess vorbeugende Instandhaltung«.

Zählerstände
An Zählern werden Zählerstände erfasst, die entweder *kontinuierlich wachsende* oder *kontinuierlich abnehmende* Werte beinhalten, also z. B. am Gabelstapler wird am 20.01. ein Betriebsstundenstand in Höhe von 1.250 h erfasst, am 25.01. sind es 1.274 h, am 01.02. dann 1.295 h usw. Zähler befinden sich immer an technischen Objekten, d. h. an Equipments oder Technischen Plätzen. Eine solche Zählerstandsentwicklung zeigt Abbildung 4.46.

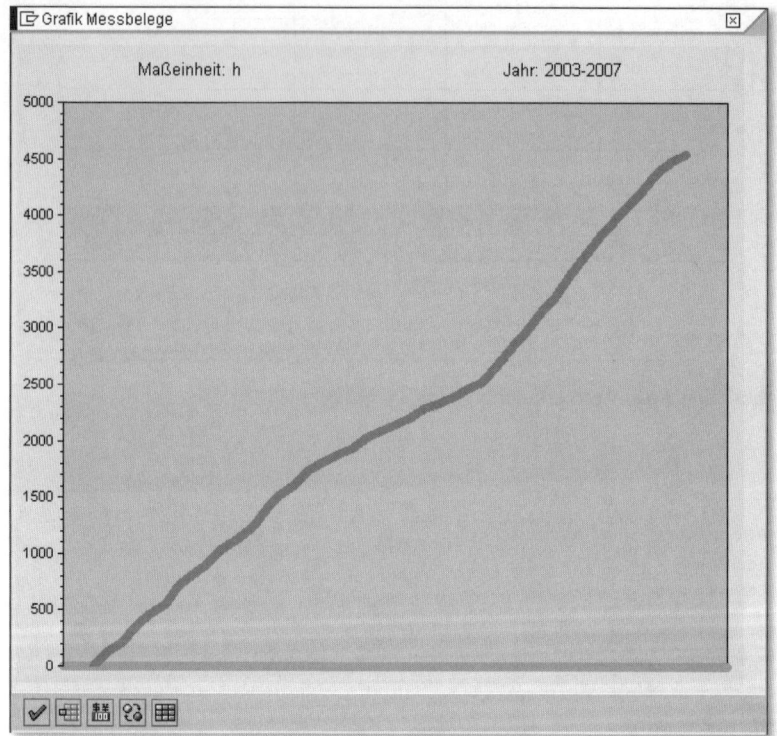

Abbildung 4.46 Zählerstandsentwicklung über vier Jahre

Messbeleg-weitergabe
Sie können Messbelege auch von einem Messpunkt zu einem anderen Messpunkt weitergeben. Die beiden Messpunkte können sich in derselben Anlagenhierarchie (technische Platzstruktur, eingebaute Equipments) befinden, müssen dies aber nicht: Sie können auch eine eigene Messpunkthierarchie aufbauen. Abbildung 4.47 zeigt Ihnen eine an der Technischen Platzstruktur orientierte Messbelegweitergabe.

Handelt es sich bei den Messbelegen um Messwerte, werden die absoluten Werte weitergegeben. Handelt es sich bei den Messbelegen um Zählerstände, werden die Zählerstandsdifferenzen weitergegeben.

[+]

Die Definition von Zählern und das regelmäßige Erfassen von Zählerständen bilden die Basis für eine leistungsabhängige, vorbeugende Instandhaltung. Die Definition von Messpunkten und das regelmäßige Erfassen von Messwerten bilden die Basis für eine zustandsabhängige Instandhaltung.

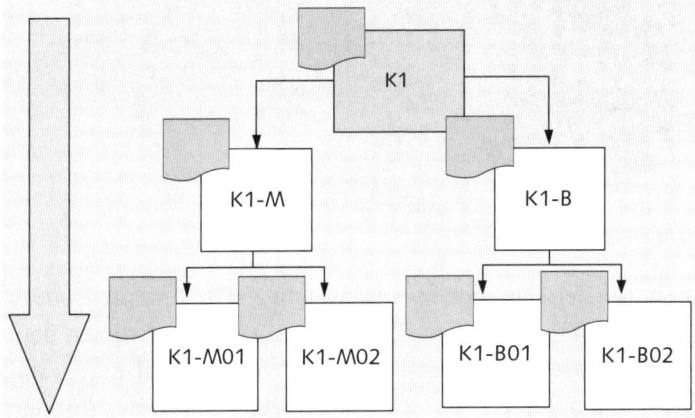

Abbildung 4.47 Messbelegweitergabe

Dokumente

In vielen Unternehmen ist es wünschenswert, die technischen Objekte mit Dokumenten zu verknüpfen, wie z. B.:

Beispiele

- Konstruktionszeichnungen
- Arbeitsanweisungen
- Checklisten
- Bilder
- Prüfanweisungen
- Explosionszeichnungen
- MSR-Schemata
- 3-D-Modelle (wie z. B. Abbildung 4.48)

Wenn Sie Ihre Objekte mit Dokumenten verknüpfen wollen, stehen Ihnen zwei Wege offen, dies zu tun: über Dokumentenstammsätze oder über Objektverknüpfungen.

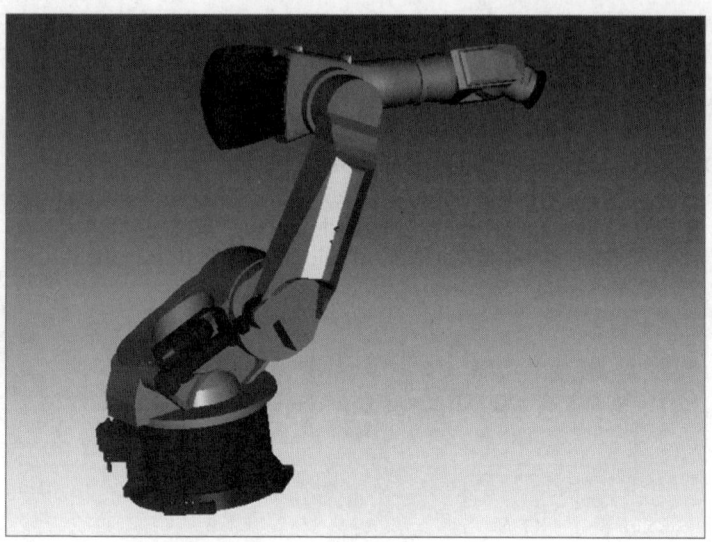

Abbildung 4.48 3-D-Modell

Dokumenten-
stammsätze

Sie können Ihre Zeichnungen im SAP-System als Dokumentenstammsätze verwalten (Transaktionen CV01N bis CV04N). Sie stellen dann
im Dokumentenstammsatz die Verlinkung zur Original her. Damit
Sie nun das Dokument einem technischen Objekt zuordnen können,
müssen Sie im Sichtenprofil (Customizing-Funktion INSTANDHAL-
TUNG UND KUNDENSERVICE • STAMMDATEN IN INSTANDHALTUNG UND
KUNDENSERVICE • TECHNISCHE OBJEKTE • ALLGEMEINE DATEN • SICHTEN-
PROFILE FÜR TECHNISCHE OBJEKTE EINSTELLEN), das Sie Ihrem Techni-
schen Platztyp oder Equipmenttyp zugeordnet haben, die Bildgruppe
VERKNÜPFTE DOKUMENTE (siehe Abbildung 4.49) einbetten oder die
Verknüpfung im Dokumentenstammsatz herstellen.

Verknüpfte Dokumente					
○ aktuelle Version					
● alle Versionen					
Art	Dokument	TID	Vs	Beschreibung	
DRM	⊕ TUR-001-00001	000	00	3D Direct Model	
DRW	P-1000	001	00	Gesamtzeichnung Pumpe	
DRW	R1000-1255	000	00	Robotic	

Abbildung 4.49 Verknüpfungen zu Dokumentenstammsätzen

Wenn Sie mit Dokumentenstammsätzen arbeiten, können Sie dasselbe
Dokument mehreren technischen Objekten zuordnen, bzw. ein technisches Objekt kann mehrere Dokumentenverknüpfungen besitzen.

Das SAP Easy Document Management ist eine einfache Möglichkeit, um Dokumente im SAP-System einzuchecken und sie den technischen Objekten zuzuordnen.

SAP Easy Document Management

Folgende Voraussetzungen müssen hierzu erfüllt sein:

▶ Sie haben das SAP Easy Document Management auf einer lokalen oder virtuellen Maschine installiert. Diese Installation legt Ihnen ein Starticon auf den Desktop und generiert zwei Ordner (*private Dokumente* und *öffentliche Dokumente*), die Sie sich mit Ihrem Explorer anzeigen lassen können.

▶ Sie haben das Customizing zum SAP Document Management[2] erfolgreich erledigt.

Um nun ein Dokument einem technischen Objekt zuzuordnen, gehen Sie wie folgt vor:

▶ Sie starten das SAP Document Management mit dem Icon DESKTOP und melden sich an dem System an, in dem die Dokumente verwaltet werden sollen (siehe Abbildung 4.50).

Abbildung 4.50 Anmeldung am SAP-System

---

2 Hierzu sei auf die einschlägige Literatur verwiesen: beispielsweise Heck: Geschäftsprozessorientiertes Dokumentenmanagement mit SAP, 2009.

▶ Es erscheinen nun die bereits angelegten Ordner und Dokumente (siehe Abbildung 4.51).

Dokumentbeschreibung	Dateiname	Statusbezeichnung	Art	Dokumentnummer	Version	Ablage
Laptop Technical Documents		Arbeitsanf.	Z99	10000000250	00	
Pumpendokumente		Arbeitsanf.	FOL	10000000273	00	
Robot Project RX		Arbeitsanf.	FOL	10000000197	00	
pumpe4300	pumpe4300.pdf	Arbeitsanf.	DWG	100000	00	DMS_C1_ST
Pumpenstation 1708	Pumpenstation 1708.pdf	Arbeitsanf.	DWG	100001	00	DMS_C1_ST
SEW R 63DT80N4BMG	SEW R 63DT80N4BMG.pdf	Arbeitsanf.	DWG	10000000279	00	DMS_C1_ST

Abbildung 4.51 Dokumentenverzeichnis im Explorer

▶ Sie ziehen nun mit Drag & Drop ein Dokument aus einem anderen Verzeichnis in ein Easy-DMS-Verzeichnis.

▶ Dabei öffnet sich ein Popup-Fenster, in dem Sie vom System unter anderem gefragt werden, welchem Objekt (Equipment, Technischer Platz) dieses Dokument zugeordnet werden soll. Sie können das Dokument allerdings auch gleich mehreren Objekten zuordnen (siehe Abbildung 4.52).

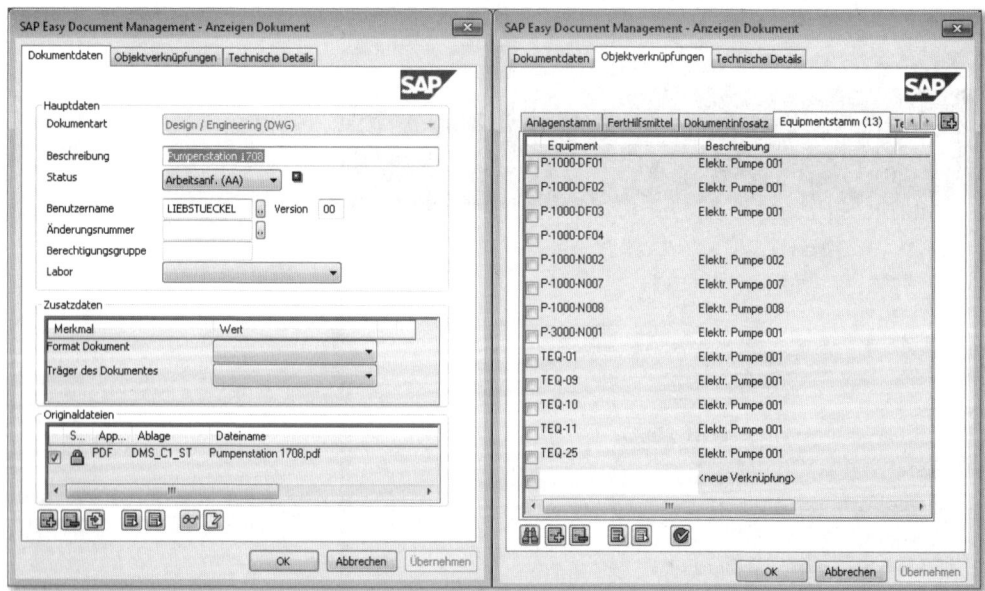

Abbildung 4.52 Dokumentdaten und Objektverknüpfungen

Im Hintergrund wird nun ein Dokumentenstammsatz angelegt, der sofort den ausgewählten Objekten zugeordnet wird. Sie sehen das neue Dokument im Stammsatz des technischen Objektes (siehe Abbildung 4.53).

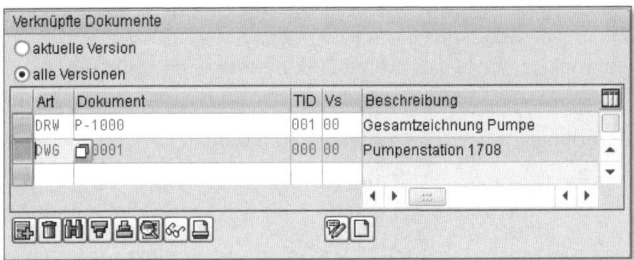

Abbildung 4.53 Verknüpfte Dokumente

> Das SAP Easy Document Management bietet Ihnen eine einfache Mög- **[+]**
> lichkeit, um Dokumentenstammsätze im SAP-System anzulegen und zu
> verwalten. Dabei können Sie die Dokumentenstammsätze direkt mehre-
> ren technischen Objekten zuordnen.

Neben den Dokumentenstammsätzen können Sie auch über die so **Objektdienst**
genannten *Objektdienste* Ihren technischen Objekten Dokumente
zuordnen. Die Objektdienste erreichen Sie über SYSTEM • OBJEKT-
DIENSTE oder über den Button [icon] (OBJEKTDIENSTE). In der dann
eingeblendeten Symbolleiste wählen Sie [icon] (ANLEGEN • ANLAGE).
Als Anlage können Sie nun Folgendes hinterlegen:

▸ PC-Dateien

▸ interne Notizen

▸ externe URL-Adressen

Es entsteht somit eine Anlagenliste (siehe Abbildung 4.54), von der
aus Sie jederzeit die Originale wieder aufrufen können.

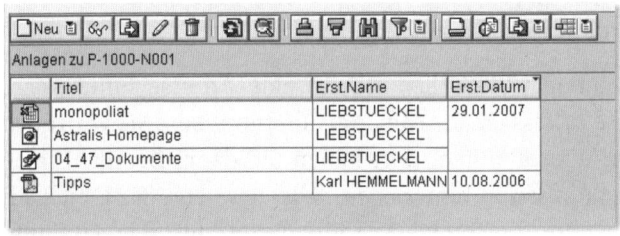

Abbildung 4.54 Anlagenliste

In der Praxis ist eine Entscheidung für Dokumentenstammsätze **Entscheidungs-**
und/oder Objektdienste oft nicht ganz einfach zu treffen. Tabelle 4.4 **kriterien**
stellt Ihnen die wichtigsten Gemeinsamkeiten und Unterschiede
zusammen.

Dokumentenstammsätze	Objektverknüpfungen
Dokumentenstammsätze notwendig	keine Dokumentenstammsätze notwendig
aufwendiges Handling	einfaches Handling
Original wird verlinkt	Original wird in SAP-Datenbank kopiert
N:M-Verknüpfung möglich (d. h. ein Objekt mit mehreren Dokumenten, ein Dokument zu mehreren Objekten)	1:M-Verknüpfung möglich (d. h. ein Objekt mit mehreren Dokumenten, aber nicht ein Dokument zu mehreren Objekten)

Tabelle 4.4 Unterschiede zwischen Dokumentenstammsatz und Objektdienst

[+] Je mehr N:M-Verknüpfungen Sie benötigen, desto eher lohnt sich für Sie der Aufwand der Dokumentenstammsatzpflege. Wenn Sie überwiegend 1:M-Verknüpfungen haben, ist für Sie die einfache Verfahrensweise der Objektverknüpfungen ratsam.

Adressverwaltung

Das SAP-System besitzt eine vereinheitlichte Adressverwaltung, an die auch die Objekte der Instandhaltung angeschlossen sind (siehe Abbildung 4.55):

▶ Technische Plätze

▶ Equipments

▶ Meldungen

▶ Aufträge

▶ Bestellanforderungen für Nichtlagermaterial

Wenn Sie in einem technischen Objekt eine Adresse hinterlegen, dann wird diese Adresse in die Meldung übernommen. Sie wird auch in den Auftrag übernommen; dort haben Sie dann die Wahl, eine eigene Auftragsadresse zu hinterlegen, falls diese von der Objektadresse abweicht. Im Customizing können Sie mit der Funktion INSTANDHALTUNG UND KUNDENSERVICE • INSTANDHALTUNGS- UND SERVICEABWICKLUNG • INSTANDHALTUNGS- UND SERVICEAUFTRÄGE • FUNKTIONEN UND EINSTELLUNGEN DER AUFTRAGSARTEN • ZUGRIFFSFOLGE FÜR DIE ERMITTLUNG VON ADRESSDATEN FESTLEGEN definieren, welche dieser Adressen als Anlieferadresse für Nichtlagermaterialien übernommen werden soll; Sie können aber auch hier pro Position eine eigene Anlieferadresse hinterlegen.

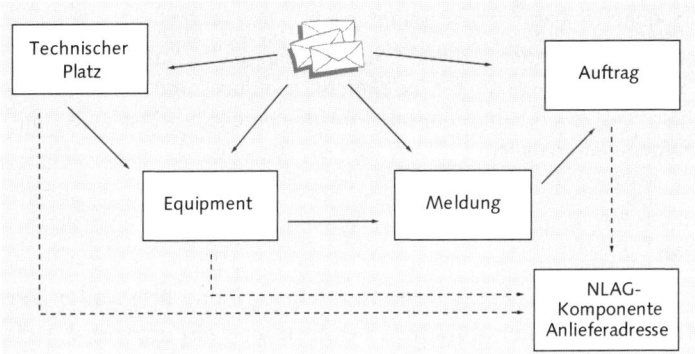

Abbildung 4.55 Zentrale Adressverwaltung

In Abbildung 4.56 sehen Sie ein Fenster mit einer gepflegten Adresse an einem Technischen Platz.

Adreßpflege: Ändern "Adresse zum IH-Objekt"		⊠

Name

Anrede	Firma
Name	Astralis GmbH

Suchbegriffe

Suchbegriff 1/2	Astralis

Straßenadresse

Straße/Hausnummer	Schwetzinger Str.	50
Postleitzahl/Ort	69190	Walldorf
Land	DE	Deutschland	Region
Zeitzone	CET	

Postfachadresse

Postfach	
Postleitzahl	
Firmenpostleitzahl	

Kommunikation

Sprache	DE Deutsch		Weitere Kommunikation...
Telefon	06227/6080	Nebenstelle	200
Mobiltelefon			
Fax	06227/60888	Nebenstelle	400
E-Mail	info@astralis.de		
Standardkomm.art			

Bemerkungen	

✔ | ☑ | 🖫 Vorschau | 🗗 🗗 Internat. Versionen | ✖

Abbildung 4.56 Adresse am technischen Objekt

[+] Wann sollten Sie die Adressverwaltung verwenden?

Wenn Sie eine typische Werksinstandhaltung betreiben und die postalischen Adressen der Objekte identisch mit der Werksadresse sind, brauchen Sie keine Objektadressen zu hinterlegen.

Wenn Ihre Objekte aber regional oder überregional verstreut sind (z. B. Energie-, Wasser-, Gasversorger, Telekommunikation, Infrastruktur), ist es empfehlenswert, Adressinformationen an die beteiligten Techniker und Fremdfirmen weiterzugeben.

Garantien

Definition

Eine Garantie ist eine Zusage des Herstellers, Lieferanten oder Verkäufers an einen Kunden, für einen bestimmten Zeitraum Serviceleistungen ganz oder teilweise ohne Berechnung zu gewähren. Eine Garantie bezieht sich immer auf ein technisches Objekt (Technischer Platz, Equipment, Serialnummer). Sie können folgende Garantien abdecken (siehe Abbildung 4.57):

▶ Hersteller- und Lieferantengarantie (Garantienehmer, inbound)

▶ Kundengarantie (Garantiegeber, outbound)

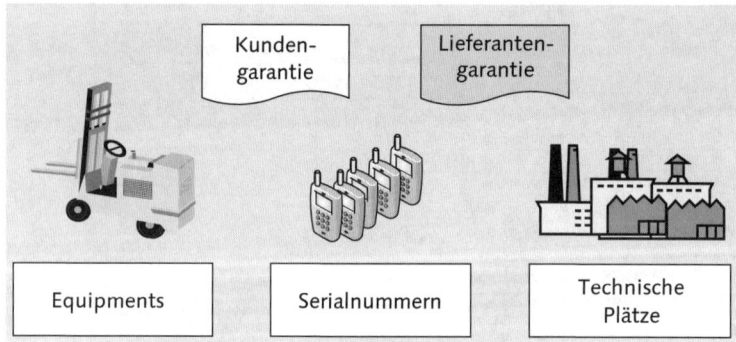

Abbildung 4.57 Garantien

Voraussetzung

Damit Sie nun für ein technisches Objekt Garantien verwalten können, müssen Sie im Sichtenprofil die Bildgruppe GARANTIEN zuordnen (Customizing-Funktion INSTANDHALTUNG UND KUNDENSERVICE • STAMMDATEN IN INSTANDHALTUNG UND KUNDENSERVICE • TECHNISCHE OBJEKTE • ALLGEMEINE DATEN • SICHTENPROFILE FÜR TECHNISCHE OBJEKTE EINSTELLEN.

Garantiezähler

Es gibt zeitabhängige und leistungsabhängige Garantiezähler (siehe Abbildung 4.58):

Garantiezähler	Vorschlag	Zeitabhängig
WARRANTY_KILOMETERS		
WARRANTY_TIME	X	X

Abbildung 4.58 Garantiezähler

▸ **Zeitabhängige Garantiezähler**
Wenn das Kennzeichen für Zeitabhängigkeit im Customizing gesetzt ist, ist der Garantiezähler zeitabhängig. In diesem Fall müssen Sie ein gleichnamiges Merkmal im Klassensystem anlegen, das eine Einheit der Dimension Zeit hat. Dadurch kann das System aus dem Garantiestartdatum ermitteln, ob zum Stichtag der Prüfung der Zähler noch gültig ist.

▸ **Leistungsabhängige Garantiezähler**
Wenn das Kennzeichen für Zeitabhängigkeit im Customizing nicht gesetzt ist, ist der Garantiezähler leistungsabhängig. In diesem Fall muss für diesen Garantiezähler ein Zähler am technischen Objekt vorhanden sein, und für diesen Zähler muss mindestens ein Zählerstand seit Garantiestart erfasst worden sein.

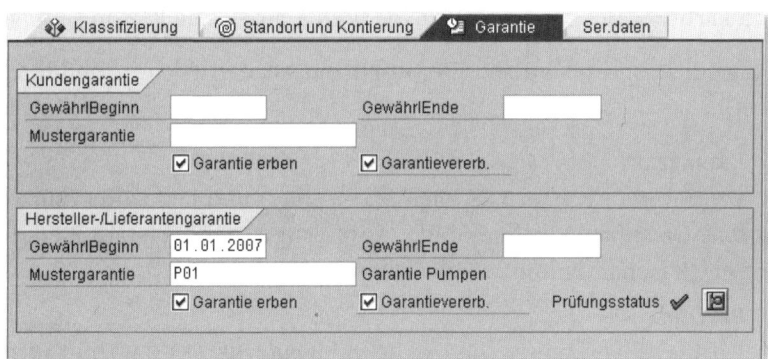

Abbildung 4.59 Garantie im technischen Objekt

Abbildung 4.59 zeigt Ihnen eine am technischen Objekt definierte Lieferantengarantie mit Bezug auf eine Mustergarantie. Der Prüfungsstatus zeigt, dass noch ein Garantieanspruch besteht.

[+] Sie können an einem technischen Objekt eine Garantie hinterlegen und auf deren Basis eine Garantieprüfung durchführen. Mithilfe der Garantieprüfung können Sie feststellen, ob für ein technisches Objekt noch Garantie besteht. Außerdem haben Sie die Möglichkeit, aufgrund der Garantievererbung die Garantiedaten der übergeordneten technischen Objekte zu sehen.

Partner

SAP kennt standardmäßig nur wenige Organisationseinheiten, die Sie einem technischen Objekt zuordnen können – im Wesentlichen sind dies die *Planergruppe* und der *verantwortliche Arbeitsplatz*. Mit der Definition von *Partnern* können Sie diese Zuständigkeiten und Verantwortlichkeiten deutlich ausweiten und näher spezifizieren.

Definition — Sie können einem technischen Objekt beliebig viele Partner zuordnen. Ein Partner (Geschäftspartner) ist entweder eine interne oder externe Organisationseinheit.

- **Interne Partner**
  Interne Partner können z. B. Abteilungen, Kostenstellen, Personen o. Ä. sein, die an der Abwicklung von Instandhaltungsmaßnahmen beteiligt sind.

- **Externe Partner**
  Externe Partner können z. B. Lieferanten, Hersteller, Servicefirmen sein, die im Zusammenhang mit dem technischen Objekt eine Rolle spielen.

Ein Partner kann eine natürliche oder eine juristische Person sein.

Folgende Begriffe müssen Sie auseinanderhalten (siehe Abbildung 4.60):

- **Partnerart**
  Die Partnerart ist von SAP fest vordefiniert und beinhaltet immer eine Datenbanktabelle (Kunde, Ansprechpartner, Lieferant, Benutzer, Personalnummer, Organisationseinheit, Stelle).

- **Partnerrolle**
  Partnerrollen können Sie im Customizing (INSTANDHALTUNG UND KUNDENSERVICE • STAMMDATEN IN INSTANDHALTUNG UND KUNDENSERVICE • GRUNDEINSTELLUNGEN • PARTNER • PARTNERSCHEMA UND PARTNERROLLE DEFINIEREN • INSTANDHALTUNG: PARTNER ÄNDERN • PARTNERROLLEN) mit Bezug auf eine Partnerart frei definieren. Zum Beispiel können Sie im Customizing Partnerrollen wie Hersteller, Anlagenlieferant und Servicefirma definieren und alle Rollen auf die Datenbanktabelle *Lieferant* verweisen lassen.

- **Partnerschema**
  Ein Partnerschema können Sie selbst im Customizing (ROLLEN IM SCHEMA) frei definieren. Es ist eine Gruppierung von Partnerrollen und gibt an, welche Partnerrollen erlaubt sind bzw. zwingend

angegeben sein müssen. Sie können also z. B. festlegen, dass zu einem Equipment immer der *Hersteller* und *Lieferant* angegeben werden müssen, aber die Angabe einer *Servicefirma* optional ist.

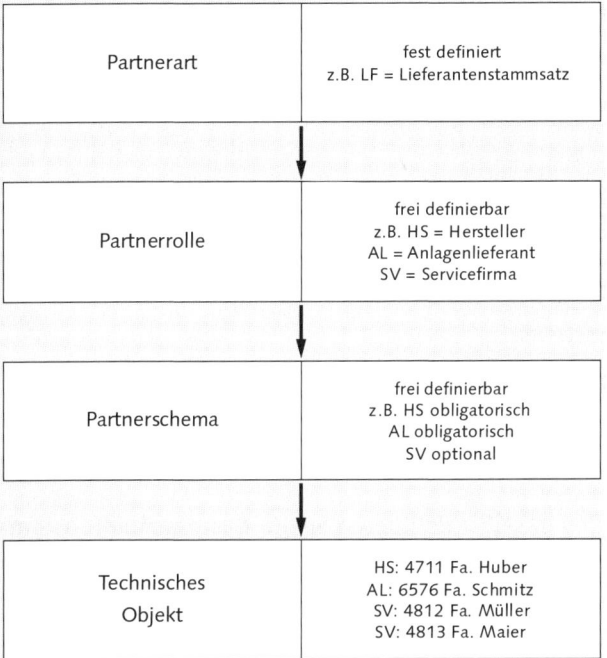

Abbildung 4.60 Partner

Die Zuordnung zum technischen Objekt erfolgt im Customizing über die Funktion INSTANDHALTUNG UND KUNDENSERVICE • STAMMDATEN IN INSTANDHALTUNG UND KUNDENSERVICE • TECHNISCHE OBJEKTE • EQUIPMENTS • PARTNERSCHEMA EQUIPMENTTYP ZUORDNEN bzw. • TECHNISCHE PLÄTZE • TYP TECHNISCHE PLÄTZE FESTLEGEN.

Abbildung 4.61 zeigt Ihnen potenzielle Rollen, die einem technischen Objekt zugeordnet sind.

Rolle	Partner	Name	A.	Adresse
AL Anlagenliefera…	2200	HTG Komponente GmbH		HTG Komponente GmbH, Hannover, 0511-123456, 0511-123789, …
HR Hersteller	111	KBB Schwarze Pumpe		KBB Schwarze Pumpe, Frankenthal/Pfalz, , , PUME
KO Koordinator	1205	Hubert Schwarz		Schwarz, 69181, Leimen, , Terassenweg 27, 06224/813050
SV Servicepartner	1102	Top Services GmbH		Top Services GmbH, Kaiserslautern, 067/49898-0, 5656438, SRV
SV Servicepartner	1103	ISG Innovative Services G…		ISG Innovative Services GmbH, München, 080/12342-0, , SRV

Abbildung 4.61 Partner im technischen Objekt

Genehmigung

Definition Für manche technischen Objekte gelten bestimmte Vorschriften oder Auflagen bei der Bedienung oder auch bei der Durchführung von Instandhaltungsarbeiten. Diese Vorschriften können Sie am technischen Objekt als Genehmigungen hinterlegen. Genehmigungen, die im Instandhaltungsumfeld eine Rolle spielen, sind z. B.:

- Feuererlaubnischeine
- Umweltschutzscheine
- Schweißgenehmigungen
- Führerscheine
- Brandschutzscheine
- Kesselbefahrscheine
- Freischaltscheine
- TÜV-Berechtigungsscheine
- Ex-geschützte Zonen

Customizing Die Genehmigungen selbst definieren Sie im Customizing (Customizing-Funktion INSTANDHALTUNG UND KUNDENSERVICE • STAMMDATEN IN INSTANDHALTUNG UND KUNDENSERVICE • GRUNDEINSTELLUNGEN • GENEHMIGUNGEN • GENEHMIGUNGSTYPEN DEFINIEREN). Dann können Sie sie dem technischen Objekt über SPRINGEN • GENEHMIGUNGEN zuordnen (siehe Abbildung 4.62).

Genehmig.	Text	Typ	AF	AA	D..	V..	L..	NÄ
A001	Verständigung Feuerwehr	A	2	2	☐	☐	☐	☐
A007	Umweltschutzschein	W			☐	☐	☐	☐
2000	Schweißen in EX Zone	S			☐	☐	☐	☐
A005	Kesselbefahrschein	W			☐	☐	☐	☐
					☐	☐	☐	☐

Abbildung 4.62 Genehmigungen

Bei der Zuordnung zum technischen Objekt definieren Sie auch, ob zum Zeitpunkt der Auftragsfreigabe (Spalte AF) oder zum Zeitpunkt des technischen Abschlusses (Spalte AA) eine Freigabe erteilt werden soll, erteilt werden muss oder nicht erteilt werden muss.

[+] Über Genehmigungen können Sie erreichen, dass ein Auftrag erst dann freigegeben oder technisch abgeschlossen werden kann, wenn Berechtigte ihre elektronische Unterschrift geleistet haben.

Systemstatus und Anwenderstatus

Die technischen Objekte sind an die allgemeine SAP-Statusverwaltung angeschlossen. Dabei ist zu unterscheiden zwischen Systemstatus und Anwenderstatus.

Systemstatus werden im Rahmen der allgemeinen Statusverwaltung vom System bei bestimmten betriebswirtschaftlichen Vorgängen intern und automatisch gesetzt. Typische Systemstatus bei technischen Objekten sind z. B.: Systemstatus

- ANGL – angelegt
- FREI – zur freien Verfügung
- INAK – inaktiv
- LÖVM – Löschvormerkung gesetzt
- EFRE – Equipment frei (= nicht eingebaut)
- EEGB – Equipment eingebaut
- EHEQ – Equipment in Hierarchie
- ELAG – eingelagert

Darüber hinaus ist in der Statusverwaltung definiert, welche *betriebswirtschaftlichen Vorgänge* Sie aufgrund dieses Status für das Objekt ausführen dürfen. Wenn Sie z. B. ein Equipment inaktiv setzen, dann informieren Sie die betriebswirtschaftlichen Vorgänge, welche noch erlaubt sind (grüne Ampel), bei welchen eine Warnmeldung erscheint (gelbe Ampel) und welche verboten sind (rote Ampel) (siehe Abbildung 4.63).

Da die Systemstatus nicht direkt von Ihnen geändert werden können, sondern vom System automatisch gesetzt werden, können Sie sie nur anzeigen.

Neben den vorgegebenen Systemstatus können Sie sich davon völlig unabhängig und ausschließlich nach Ihren eigenen Bedürfnissen so genannte *Anwenderstatus* definieren. Anwenderstatus

Damit Sie einem technischen Objekt einen Anwenderstatus zuordnen können, müssen Sie folgende Voraussetzungen erfüllen: Voraussetzungen

- Sie definieren ein Statusschema mit den benötigten Status.
- Sie ordnen das Statusschema dem Equipmenttyp bzw. dem Typ des Technischen Platzes zu.

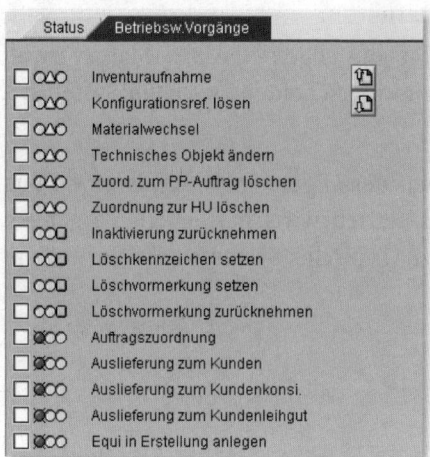

Abbildung 4.63 Betriebswirtschaftliche Vorgänge

Ein Statusschema mit den benötigten Status definieren Sie über die Customizing-Funktion INSTANDHALTUNG UND KUNDENSERVICE • STAMMDATEN IN INSTANDHALTUNG UND KUNDENSERVICE • GRUNDEIN-STELLUNGEN • ANWENDERSTATUS DEFINIEREN. Innerhalb des Status-schemas können Sie beliebig viele Status definieren (siehe Abbildung 4.64).

Statusschema ändern: Anwenderstatus

Objekttypen

| Statusschema | 00000003 Equipments |
| Pflegesprache | DE Deutsch |

Anwenderstatus

Ordn...	Status	Kurztext	LTex...	Initial...	Niedrig...	Höchst...	Posit...	Prior...	Ber.Schlü...
1	0001	Equipment im Testbetrieb	☐	☑	1	30	1	1	
2	0002	Equipment in Produktion	☐	☐	1	30	1	1	
3	0003	Equipment in Reparatur	☐	☐	1	30	1	1	
4	0004	Equipment in Planung	☐	☐	1	30	1	1	
			☐	☐					
			☐	☐					
			☐	☐					

Abbildung 4.64 Statusschema

Über die Funktion OBJEKTTYPEN definieren Sie ein Statusschema für bestimmte Objekttypen, in diesem Fall ordnen Sie es dem Objekttyp EQUIPMENT zu.

Sie können auch einen der Status als INITIAL kennzeichnen: Dann wird dieser Status beim Anlegen eines Objekts automatisch gesetzt.

Über die Funktion DETAILS definieren Sie, welche betriebswirtschaftlichen Vorgänge erlaubt sein sollen, ob eine Warnmeldung erscheinen soll oder welche betriebswirtschaftlichen Vorgänge verboten sein sollen.

Über die Customizing-Funktion INSTANDHALTUNG UND KUNDENSERVICE • STAMMDATEN IN INSTANDHALTUNG UND KUNDENSERVICE • TECHNISCHE OBJEKTE • EQUIPMENTS • ANWENDERSTATUSSCHEMA EQUIPMENTTYP ZUORDNEN bzw. • TECHNISCHE PLÄTZE • TYP TECHNISCHE PLÄTZE FESTLEGEN ordnen Sie Ihr Statusschema einem Equipmenttyp bzw. einem Technischen Platztyp zu.

> Mithilfe von Anwenderstatus können Sie detailliert aussteuern, welche betriebswirtschaftlichen Vorgänge an Ihren technischen Objekten erlaubt oder verboten sein sollen.

[+]

Wenn diese Voraussetzungen erfüllt sind, können Sie innerhalb der technischen Objekte über den Button ▤ in die Status verzweigen und dort den gewünschten Status setzen (siehe Abbildung 4.65).

Status zuordnen

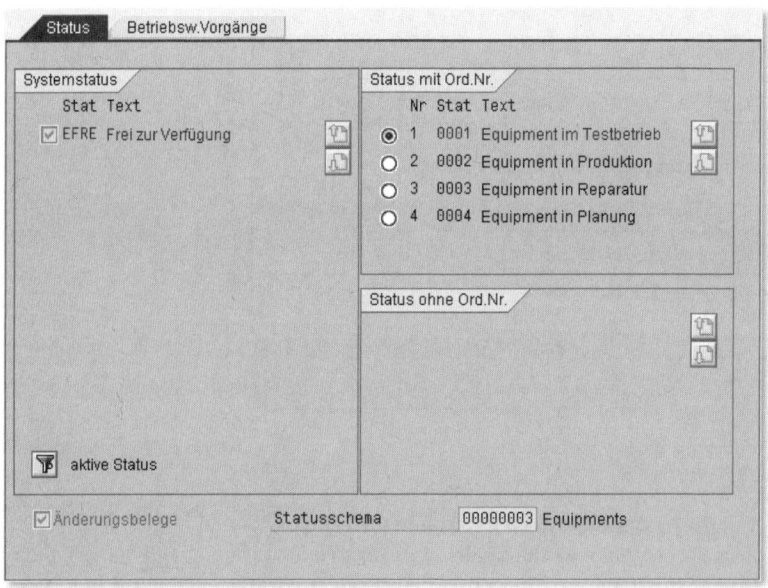

Abbildung 4.65 Anwenderstatus

Treffen nun mehrere Systemstatus und Anwenderstatus aufeinander, gilt im Bezug auf die Ermittlung der Zulässigkeit der betriebswirtschaftlichen Vorgänge folgende Reihenfolge:

Mehrere Status

▶ Wenn nur ein einziger der Status einen betriebswirtschaftlichen Vorgang verbietet, ist er verboten.

▶ Wenn kein Status den betriebswirtschaftlichen Vorgang verbietet, aber mindestens einer ihn mit Warnung zulässt, ist er mit Warnung zugelassen.

▶ Nur wenn alle Status den betriebswirtschaftlichen Vorgang erlauben, ist er erlaubt.

Dies können Sie mithilfe der so genannten *Vorgangsanalyse* überprüfen (siehe Abbildung 4.66).

[+] Sie können im Customizing die Anwenderstatus so einrichten, dass sie bei Veränderung eines Systemstatus automatisch gesetzt bzw. gelöscht werden. Auf diese Weise können Sie die erlaubten betriebswirtschaftlichen Vorgänge eines Systemstatus auf elegante Weise weiter einschränken, ohne dass der Anwender zusätzliche Datenpflege betreiben muss.

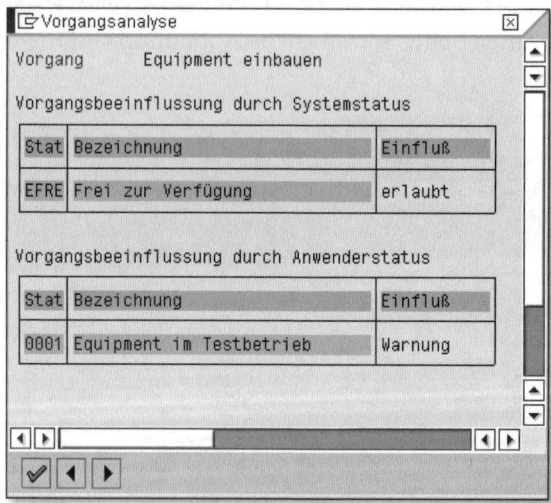

Abbildung 4.66 Vorgangsanalyse

[○] Wie zu jedem Kapitel habe ich Ihnen zusammenfassend noch einmal die wichtigsten Aussagen und alle Tipps und Tricks zusammengestellt, die ich Ihnen im Hinblick auf das Thema Anlagenstrukturierung mit auf den Weg geben möchte. Diese finden Sie als gesondertes Dokument auf der DVD.

Das folgende Kapitel bildet das Herzstück dieses Buches: Es zeigt Ihnen, wie Sie typische Geschäftsprozesse der Instandhaltung, wie geplante Instandsetzungsmaßnahmen oder vorbeugende Instandhaltung, im SAP-System abbilden und durchführen können. Aber gerade Geschäftsprozesse haben einen individuellen Charakter. Deshalb muss jedes Unternehmen seinen eigenen Weg finden, um diese abzubilden – dabei soll Ihnen dieses Kapitel Hilfestellungen geben.

5   Geschäftsprozesse

In diesem Kapitel geht es also um das Kerngeschäft der Instandhaltung: die Geschäftsprozesse. Nachdem ich nun schon viele Unternehmen von innen gesehen habe, kann ich guten Gewissens behaupten, dass jedes Unternehmen seine *eigene Vorstellung* darüber hat, wie die Geschäftsprozesse in der Instandhaltung auszusehen haben und wie sie im SAP-System abzubilden sind. In der Konsequenz bedeutet das für Sie, dass Sie sich – wie schon alle anderen Anwenderfirmen vorher – Gedanken darüber machen müssen, wie Sie Ihr Tagesgeschäft in SAP EAM abbilden können und wie Sie SAP EAM bei der Bewältigung der Aufgaben unterstützen soll. Kein Buch der Welt kann Ihnen diese Arbeit abnehmen – dennoch glaube ich, dass Ihnen dieses Kapitel dabei eine Hilfestellung sein wird.

Wie kommen Sie nun zu Ihren Geschäftsprozessen? Ich werde Ihnen im Folgenden anhand von Referenzprozessen die Nutzungsmöglichkeiten von SAP EAM aufzeigen und Ihnen dabei viele Hinweise geben, wie Sie es für Ihre eigenen Bedürfnisse anpassen können. Folgende Referenzprozesse habe ich für Sie ausgewählt:

Referenzprozesse

- ▶ Abwicklung von geplanten Instandsetzungsmaßnahmen
- ▶ Abwicklung von Sofortinstandsetzungsmaßnahmen wie Störungsbehebungen
- ▶ Erfassung bereits durchgeführter Instandhaltungstätigkeiten (Nacherfassung)

- Schichtnotizen und Schichtberichte
- Fremdvergabe von Instandhaltungsmaßnahmen
- Subcontracting, d. h. Lohnbearbeitung für Wartung und Instandsetzung
- Abwicklung von vorbeugenden Instandhaltungsmaßnahmen, und zwar zeitbasiert und leistungsbasiert
- Abwicklung einer zustandsorientierten Instandhaltung
- Abwicklung von Aufarbeitungsmaßnahmen
- Abwicklung von Prüf- und Messmittelkalibrierungen
- Durchführung von Instandhaltungsprojekten

Bevor wir uns diese Prozesse im Detail ansehen, möchte ich Ihnen einige Hinweise geben, was Sie tun sollten, bevor Sie die Prozesse in SAP EAM abbilden.

5.1 Was Sie tun sollten, bevor Sie Ihre Geschäftsprozesse im SAP-System abbilden

Wie bei der Anlagenstrukturierung sollte auch bei den Geschäftsprozessen bei der Suche nach allen Antworten der Grundsatz gelten:

[+] So viel wie nötig, aber so wenig wie möglich.

Sie werden schnell bemerken, dass SAP EAM sehr viele Funktionen kennt, die Sie innerhalb der Geschäftsprozesse nutzen könnten. Finden Sie heraus, welche betriebswirtschaftlichen und technischen Anforderungen Sie haben, und suchen Sie nach dem einfachsten Weg, um diese Anforderungen in SAP EAM abzubilden. Im weiteren Verlauf der Ausführungen werde ich Ihnen anhand zahlreicher Beispiele zeigen, wie Sie diesen Grundsatz umsetzen können.

Frage 1: Welche Funktionen sollen genutzt werden?

Im Anhang habe ich Ihnen eine Übersicht über die Funktionen von SAP EAM zur Abwicklung Ihrer Geschäftsprozesse zusammengestellt. Was sich im Detail hinter den Stichworten verbirgt, werde ich Ihnen im weiteren Verlauf des Kapitels näher erläutern. Dort habe ich drei Spalten zur Kennzeichnung der Priorität aufgenommen. Entscheiden Sie selbst, und beurteilen Sie die jeweiligen Funktionen nach ihrer Wichtigkeit in Ihrem Hause.

> Das SAP-System muss nicht und sollte auch nicht auf einmal mit voller Funktionalität eingeführt werden.

[+]

> Lösungen sollten den Anwendern zuerst da angeboten werden, wo der Schuh am meisten drückt. Empfehlenswert ist eine dreistufige Priorität:
> ▸ Priorität A: absolut notwendig, muss gleich in der ersten Phase realisiert werden
> ▸ Priorität B: könnte einen Zusatznutzen haben, eventuell in der ersten Phase mit einführen
> ▸ Priorität C: zunächst mal überflüssig
> Kümmern Sie sich in erster Linie um die Funktionen mit Priorität A.
> Haben Sie Mut zur Lücke: Streichen Sie die Funktionen mit Priorität C von der Liste und aus Ihren Gedanken.

[+]

Frage 2: Sollen Meldung und/oder Auftrag genutzt werden?

Sie können bzw. müssen sich entscheiden, ob Sie zur Unterstützung Ihrer Geschäftsprozesse nur die *Meldung*, nur den *Auftrag* oder beides einsetzen möchten. Die Beantwortung dieser Frage hängt hauptsächlich von den Funktionen und Informationen ab, die die einzelnen Objekte zu bieten haben und wie wichtig Ihnen diese Funktionen sind.

Meldung

Worin bestehen die grundsätzlichen Unterschiede zwischen einer Meldung und einem Auftrag?

Meldung vs. Auftrag

Eine Meldung dient der *Anforderung* und *Dokumentation* einer Instandhaltungsleistung, während ein Auftrag zur *Planung* und *Durchführung* einer Instandhaltungsmaßnahme genutzt wird.

Eine Meldung beinhaltet deshalb überwiegend *technische Informationen*, während ein Auftrag hauptsächlich *Abwicklungsinformationen* besitzt.

Eine Meldung hat so gut wie keine *Integrationspunkte* mit anderen SAP-Anwendungen und kennt deshalb z. B. keine Kosten, während der Auftrag als *hochintegratives Objekt* viele Verbindungen zu Applikationen wie Lager, Einkauf oder Controlling hat.

131

Diese grundsätzlich unterschiedliche Ausrichtung schlägt sich in *unterschiedlichen Funktionen* (siehe Anhang C.2) und *unterschiedlichen Informationen* der beiden Objekte nieder.

Merkmale einer Meldung

Eine Meldung hat die folgenden Merkmale:

▶ **Kopfdaten**
Jede Meldung hat Kopfdaten. Diese beinhalten Informationen, die zur Identifizierung und Verwaltung der Meldung dienen. Sie gelten für die komplette Meldung.

▶ **Meldungsposition**
In einer Meldungsposition erfassen und pflegen Sie die Daten zur näheren Bestimmung des aufgetretenen Problems oder Schadens oder zur ausgeführten Aktion. Eine Meldung kann mehrere Positionen haben.

▶ **Aktionen**
Aktionen dokumentieren die für eine Meldung durchgeführten Arbeiten. Sie sind vor allem bei Inspektionen von Bedeutung, um den Nachweis über die Durchführung und dabei festgestellte Ergebnisse zu führen.

▶ **Maßnahmendaten**
Die Maßnahmendaten beschreiben Aktivitäten, die noch durchgeführt werden sollen und sich möglicherweise aus der Durchführung der Instandhaltungstätigkeit erst ergeben haben (z. B. Bericht erstellen).

In Abbildung 5.1 sehen Sie die Struktur einer Meldung mit den jeweiligen Informationen im Überblick.

Struktur eines Auftrags

Der Auftrag hat eine andere Struktur:

▶ **Kopfdaten**
Kopfdaten sind Informationen, die zur Identifizierung und Verwaltung des Auftrags dienen. Sie gelten für den kompletten Auftrag.

▶ **Objektliste**
Die Objektliste beinhaltet die Objekte, an denen der Auftrag ausgeführt wird (Technische Plätze, Equipments, Baugruppen, Meldungen). Diese Objekte können Sie auf dem Auftragskopf als Bezugsobjekt und/oder auf der Objektliste eintragen.

▶ **Vorgänge**
Mithilfe von Vorgängen beschreiben Sie die Arbeiten, die bei der Durchführung des Auftrags ausgeführt werden sollen.

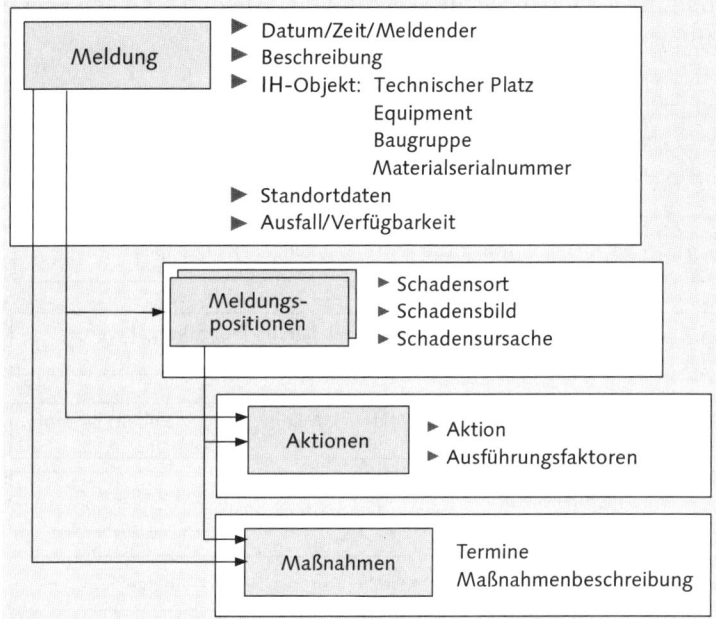

Abbildung 5.1 Struktur und Inhalt einer Meldung

- **Materialliste**
  Die Materialliste beinhaltet Ersatzteile, die bei der Durchführung des Auftrags benötigt und verbraucht werden. Dabei handelt es sich entweder um Lagermaterialien, für die dann eine Reservierung generiert wird, oder um Nichtlagermaterialien, für die eine Bestellanforderung erzeugt wird.

- **Fertigungshilfsmittel**
  Fertigungshilfsmittel (z. B. Werkzeuge, Schutzkleidung, Handhubwagen) werden ebenfalls zur Durchführung des Auftrags benötigt, aber im Gegensatz zu einem Material nicht verbraucht.

- **Abrechnungsvorschrift**
  In der Abrechnungsvorschrift geben Sie an, welchem Kostenträger (z. B. Kostenstelle) die Kosten zu belasten sind.

- **Kostendaten**
  Kostendaten informieren Sie darüber, wie hoch die Schätz-, Plan- und Ist-Kosten in den Wertkategorien für diesen Auftrag sind, welche Kostenarten für den Auftrag relevant sind, welche Kennzahlen des Instandhaltungsinformationssystems mithilfe der Wertkategorien fortgeschrieben werden und wie diese Kennzahlen durch die Ist-Kosten des Auftrags fortgeschrieben werden.

In Abbildung 5.2 sehen Sie die Struktur einer Meldung mit den jeweiligen Informationen im Überblick.

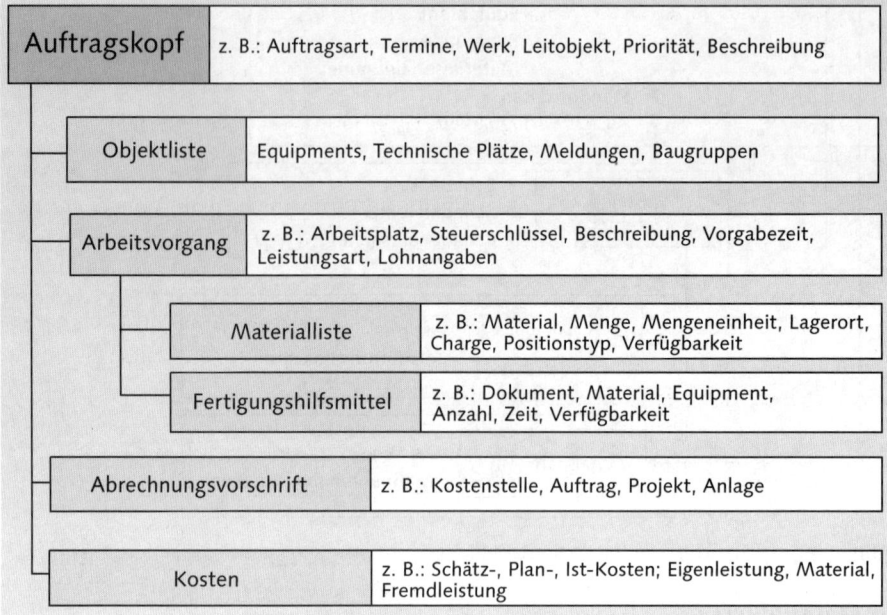

Abbildung 5.2 Struktur und Inhalt eines Auftrags

[+] Treffen Sie möglichst frühzeitig eine Entscheidung darüber, ob Sie eine Meldung und/oder einen Auftrag einsetzen möchten. Wenn Sie sich wie die Mehrheit von ca. 80 % der SAP-Anwenderfirmen entscheiden, dann nutzen Sie sowohl die Meldung als auch den Auftrag. Der Rest nutzt ausschließlich den Auftrag. Vereinzelt – vor allem in der Anfangsphase – gibt es Firmen, die ausschließlich auf die Meldung setzen.

Frage 3: Welche Informationen sollen hinterlegt werden?

Die dritte Frage gilt den betriebswirtschaftlichen Informationen, die im System hinterlegt werden. Es gibt Informationen

- die Sie unbedingt hinterlegen müssen, damit Sie überhaupt eine Meldung oder einen Auftrag bearbeiten können (z. B. Bezugsobjekt)
- die Sie sinnvollerweise in SAP EAM hinterlegen möchten (z. B. die Kostenstelle)

[+] Auch hier muss der Grundsatz gelten: so viel wie nötig, aber so wenig wie möglich.

Ein Datenfriedhof, der nur um seiner selbst willen aufgebaut wird, der niemanden interessiert, den sich niemand ansieht, den niemand auswertet und der nur Aufwand bei der Erfassung und bei der Pflege bedeutet, macht keinen Sinn. Erfassen Sie nur Daten, die für Sie auch Informationen sind.

Darüber hinaus bietet das SAP-System Möglichkeiten, Meldungen und Aufträge flexibel zu konfigurieren:

▶ Sie können das Layout der Bildschirmmasken in Abhängigkeit von der Meldungs- bzw. Auftragsart selbst definieren (Anzahl, Reihenfolge, Name und Inhalt der Registerkarten).

▶ Die Möglichkeit der Feldauswahl erlaubt es Ihnen, wichtige von unwichtigen Informationen zu unterscheiden oder Felder, die nicht benötigt werden, auszublenden.

Damit Sie das flexible Bildschirmlayout von Aufträgen nutzen können, muss die Business Function LOG_EAM_SIMP aktiviert sein. | Business Function

Machen Sie regen Gebrauch von der Möglichkeit, das Aussehen von Meldung und Auftrag selbst festzulegen, und entwerfen Sie eigene Layouts: Bringen Sie z. B. die wichtigsten Informationen auf die erste Registerkarte, und blenden Sie unwichtige Felder aus. Die Erläuterungen, wie Sie das machen können, finden Sie in den Abschnitten 5.2.1, »Meldung«, und 5.2.2, »Planung«. | **[+]**

Frage 4: Wie können Sie sicherstellen, dass das System von den Anwendern akzeptiert wird?

Diese Frage trifft zwar grundsätzlich auch auf die Anlagenstrukturierung zu, jedoch sind die Themen *Benutzerakzeptanz* und *Benutzerfreundlichkeit* im Zusammenhang mit der Instandhaltungsabwicklung deutlich wichtiger, da in diesen Bereichen tagtäglich gearbeitet wird.

Eine gibt keine Garantie, dass das System von den Anwendern akzeptiert bzw. als benutzerfreundlich angesehen wird. Sie können jedoch die Wahrscheinlichkeit steigern, wenn Sie Kapitel 10, »Die Benutzerfreundlichkeit«, lesen und die dort gemachten Vorschläge in die Tat umsetzen.

Frage 5: Welche Rolle spielt eine Geschäftsprozessmodellierung?

Die Geschäftsprozessmodellierung (GPM) spielt eine sehr wichtige Rolle bei der Einführung von SAP-Systemen – ganz egal, um welche | Ist- und Soll-Prozesse

Anwendung es sich handelt. Eine saubere Analyse und Dokumentation der bisherigen Instandhaltungsabläufe (Ist-Analyse) und ein detailliertes Soll-Konzept der Geschäftsprozesse, wie sie dann mit Unterstützung des SAP-Systems durchgeführt werden sollen, sind Grundvoraussetzungen für die Einführung und Basis für das Customizing von SAP EAM.

Der Aufwand für eine vollständige und richtige Geschäftsprozessmodellierung zahlt sich auf jeden Fall aus. Weitergehende Informationen zu diesem Thema finden Sie in Abschnitt 9.3.1, »Projektvorbereitung«.

Frage 6: Wann sollen die anderen Fachbereiche mit eingebunden werden?

Andere Fachbereiche im Unternehmen sollten möglichst bald eingebunden werden. Wenn Sie sich für eine Auftragsabwicklung entscheiden, insbesondere dann, wenn Sie Lager, Einkauf und Controlling anbinden möchten, entstehen zahlreiche Fragen, die die Geschäftsprozesse beeinflussen und die einer Abstimmung bedürfen, wie z. B.:

▶ Welche Informationen müssen die automatisch generierten Bestellanforderungen tragen?

▶ Wer erzeugt die Bestellung?

▶ Wo wird die Leistungsabnahme erfasst?

▶ Wie erfolgt die Benachrichtigung bei Wareneingängen?

▶ Wird das Material aus dem Lager zugestellt oder geholt?

▶ Wer führt wann Nachkalkulationen durch?

▶ Werden die Aufträge automatisch abgerechnet?

▶ Wie sieht das Kalkulationsschema für Instandhaltungsaufträge aus?

Erfahrungsgemäß dauert der Abstimmungsprozess mit den betroffenen Fachabteilungen länger, als Sie vorab glauben.

[+] Faustregel: Verdoppeln Sie die geplante Zeit für die Abstimmung mit den betroffenen Fachbereichen, dann liegen Sie in etwa richtig. Gehen Sie den Abstimmungsprozess so früh wie möglich an. Legen Sie genau fest, wer sich wann um welchen Aspekt zu kümmern und welche Festlegungen zu treffen hat. Und kontrollieren Sie die »Hausaufgaben«.

Doch schauen wir uns nun die Geschäftsprozesse im Detail an. Ich beginne mit dem Prozess einer geplanten Instandsetzungsmaßnahme, weil dies der umfangreichste Geschäftsprozess ist. Darauf aufbauend, lassen sich dann andere Geschäftsprozesse, wie z. B. eine störungsbedingte Instandhaltung oder eine Nacherfassung, durch Abstrahieren leichter beschreiben.

5.2 Der Geschäftsprozess »Geplante Instandsetzung«

Der Geschäftsprozess einer geplanten Instandsetzungsmaßnahme zeichnet sich dadurch aus, dass die benötigten Ressourcen (Arbeitsplätze, Materialien, Fremdfirmen usw.) planbar, aber erst bekannt sind, wenn der Bedarfsfall eintritt. Dieser Geschäftsprozess tritt in folgenden Fällen ein:

Planbar, aber nicht vorhersehbar

▶ wenn an einer Pumpe das Gehäuse neu abgedichtet werden muss

▶ wenn an einem Gabelstapler die Hubkette zu erneuern ist

▶ wenn in einem Gebäude eine Tür ausgetauscht werden muss

▶ wenn an der Prozessanlage ein Überdruckventil zu wechseln ist

▶ wenn ein Messmittel neu geschliffen werden muss usw.

Der Prozess einer geplanten Instandsetzung unterscheidet sich somit von einer *Sofortinstandsetzung* (siehe Abschnitt 5.3) durch die Planbarkeit – bei Störungen kann nur reagiert, aber nicht geplant werden – und von einer *vorbeugenden Instandhaltung* (siehe Abschnitt 5.8) durch die terminliche Vorbestimmtheit – Wartungs- und Inspektionsmaßnahmen haben regelmäßige Zyklen und demzufolge wiederkehrende Termine.

Der Prozess einer *geplanten Instandsetzung* könnte in den folgenden fünf Schritten ablaufen (siehe Abbildung 5.3):

In Schritt ❶ erfassen Sie die *Meldung* eines bestimmten Schadens oder eine sonstige Anforderung (wie zum Beispiel Anforderung einer Umbaumaßnahme).

In Schritt ❷ wird aus der Meldung der *Auftrag eröffnet und geplant*. Typische Planungsmaßnahmen sind die Bildung von Arbeitsvorgängen, das Reservieren von Ersatzteilen, die Beauftragung von Fremdfirmen oder die Planung der Einsatzzeiten.

In Schritt ❸ übergeben Sie den Auftrag an die *Steuerung*. Dort prüfen Sie die entsprechenden Verfügbarkeiten, stellen die benötigten Kapazitäten bereit und drucken die Auftragspapiere aus.

Die *Abwicklungsphase* (Schritt ❹) beinhaltet die Entnahme der Ersatzteile aus dem Lager und die eigentliche Abarbeitung des Auftrags.

Nach Beendigung der Arbeiten werden in Schritt ❺ zum *Abschluss* die gebrauchten Ist-Zeiten zurückgemeldet; daneben werden über die Abarbeitung des Schadens und den Zustand der Anlage technische Rückmeldungen erfasst. Vom Controlling wird der Auftrag abgerechnet. Die Informationen werden in der Historie fortgeschrieben.

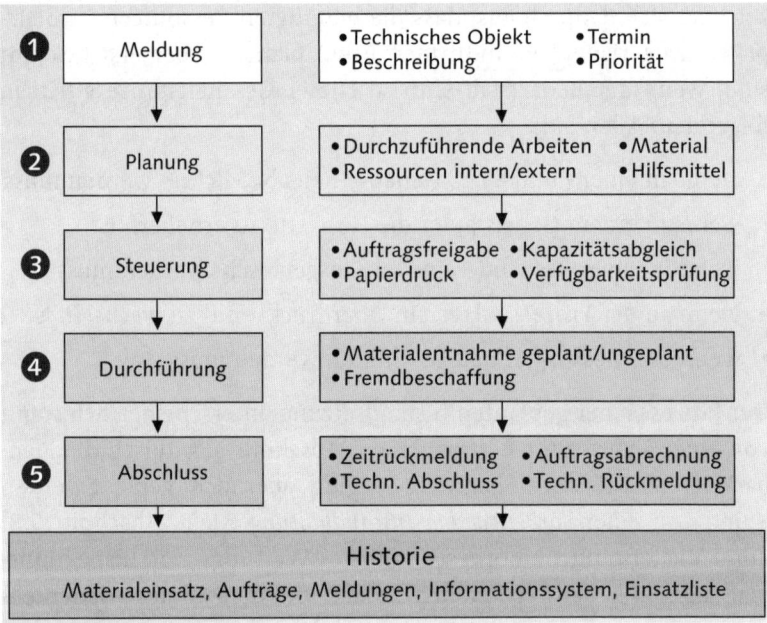

Abbildung 5.3 Geschäftsprozess geplante Instandsetzung

Diese fünf Schritte möchte ich nun im Folgenden mit Ihnen durchgehen und Ihnen dabei die Funktionen erläutern, die Ihnen das SAP-System bietet.

5.2.1 Meldung

Wozu Meldungen? Meldungen sind in der Instandhaltungsabwicklung das Mittel, mit dem Sie bei betrieblichen Ausnahmesituationen

▶ den technischen Ausnahmezustand an einem Objekt beschreiben

▶ in der Instandhaltungsabteilung eine erforderliche Maßnahme anfordern

▶ durchgeführte Arbeiten dokumentieren

Meldungen dokumentieren Instandhaltungsmaßnahmen und machen sie langfristig auswertbar.

Eröffnung von Meldungen

Die Meldungen werden entweder direkt vom jeweiligen Anforderer (z. B. einem Produktionsmitarbeiter) erfasst oder in die Instandhaltung mit herkömmlichen Kommunikationsmitteln (z. B. per Telefon, per Formular o. Ä.) übermittelt und dort erfasst. | Wer erfasst Meldungen?

Es gibt verschiedene Möglichkeiten, wie Meldungen im SAP-System angelegt werden können. | Wie werden die Meldungen erfasst?

▶ SAP-Dialogtransaktionen (IW21, IW24-26), die direkt in SAP EAM zur Verfügung stehen

▶ die *Easy Web Transaction*, d. h. eine Webtransaktion, die ein einfaches HTML-Formular beinhaltet (siehe Abschnitt 8.1.5, »Easy Web Transaction«)

▶ Verfahren, in denen in *vorgelagerten Systemen* (wie GIS, Prozessleitsysteme, Diagnostiksysteme) die Meldungsdaten anfallen. Diese werden dann über eine Schnittstelle (z. B. PM-PCS-Schnittstelle) in SAP EAM übertragen und erzeugen dort die Meldung (siehe Abschnitt 6.4.1, »Betriebsüberwachungssysteme«).

In den folgenden Ausführungen konzentriere ich mich zunächst auf die Erfassung der Meldungen in SAP EAM selbst.

Meldungsarten

In früheren Releaseständen wurden von SAP drei Meldungsarten im Standard vordefiniert:

▶ *Tätigkeitsmeldung* zur Dokumentation durchgeführter Aktionen

▶ *Störmeldung* zur Mitteilung über aufgetretene Störungen und Probleme

▶ *Instandhaltungsanforderung* zur Anforderung durchzuführender Maßnahmen

Meldungsarten frei definieren

Mittlerweile können Sie nach eigenen Anforderungen Meldungsarten frei definieren. Die Definition von Meldungsarten sollten Sie abhängig machen von den Funktionen, in denen sich die Meldungsarten im Customizing unterscheiden. Pro Meldungsart können Sie im Customizing Einstellungen vornehmen wie:

▶ Nummernkreis

▶ Partnerschema

▶ Drucksteuerung

▶ Statusschema

Bildschirmlayout

Eine der wichtigsten Funktionen ist jedoch die Möglichkeit, pro Meldungsart ein eigenes Bildschirmlayout festzulegen. Die in Abbildung 5.1 gezeigte Struktur mit allen Daten einer Meldung schlägt sich im Layout der von SAP ausgelieferten Meldungsart M1 nieder (siehe Abbildung 5.4).

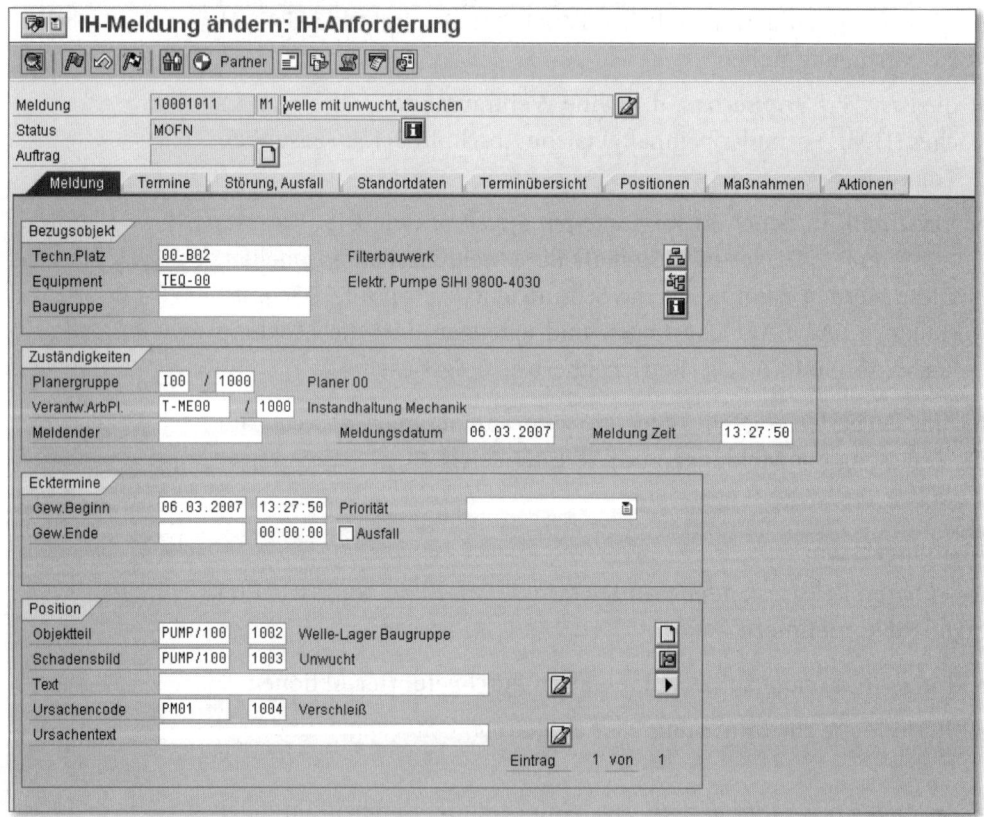

Abbildung 5.4 Meldungsart M1

Diese Meldungsart besteht aus acht Registerkarten, wobei einzelne Registerkarten noch Unterregisterkarten besitzen. Auf jeder Registerkarte sind finden Sie Feldgruppen.

Mit einem solchen Bildschirmlayout ist jedoch z. B. ein Produktionsmitarbeiter, der lediglich einen Schaden melden möchte, völlig überfordert.

> [+]
> Entwerfen Sie für Ihre Meldungsarten geeignete Bildschirmlayouts. Angepasste und vereinfachte Bildschirmlayouts steigern die Benutzerakzeptanz. Hierzu nutzen Sie die Customizing-Funktion ANWENDUNGSÜBERGREIFENDE KOMPONENTEN • MELDUNG • ÜBERBLICK ZUR MELDUNGSART • BILDSCHIRMAUFBAU FÜR ERWEITERTE SICHT ODER BILDSCHIRMAUFBAU FÜR EINFACHE SICHT.

Zum Beispiel könnte eine Erfassungsmaske so aussehen, wie ich Sie Ihnen als Meldungsart 00 konfiguriert habe (siehe Abbildung 5.5).

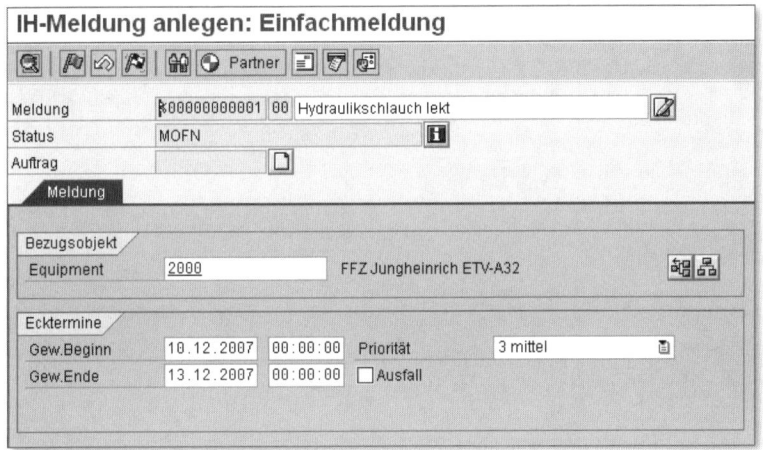

Abbildung 5.5 Meldungsart 00

> [+]
> Sie können die Bildschirmlayouts sogar so einstellen, dass beim Verändern ein anderes Layout erscheint als beim Hinzufügen. Nutzen Sie hierzu in der Customizing-Funktion zum Bildschirmaufbau den AKTIVITÄTSTYP.

Wann brauchen Sie diese Möglichkeit? Zum Beispiel wenn Sie einem Produktionsmitarbeiter eine möglichst einfache Maske zum Erfassen einer Meldung zur Verfügung stellen möchten. Wenn aber der Instandhaltungsmitarbeiter dieselbe Meldung dann später aufruft, soll er die Meldung um weitere benötigte Informationen ergänzen können. Dieselbe Meldung im Veränderungsmodus aufgerufen, könnte dann z. B. Register und Feldgruppen wie in Abbildung 5.6 haben.

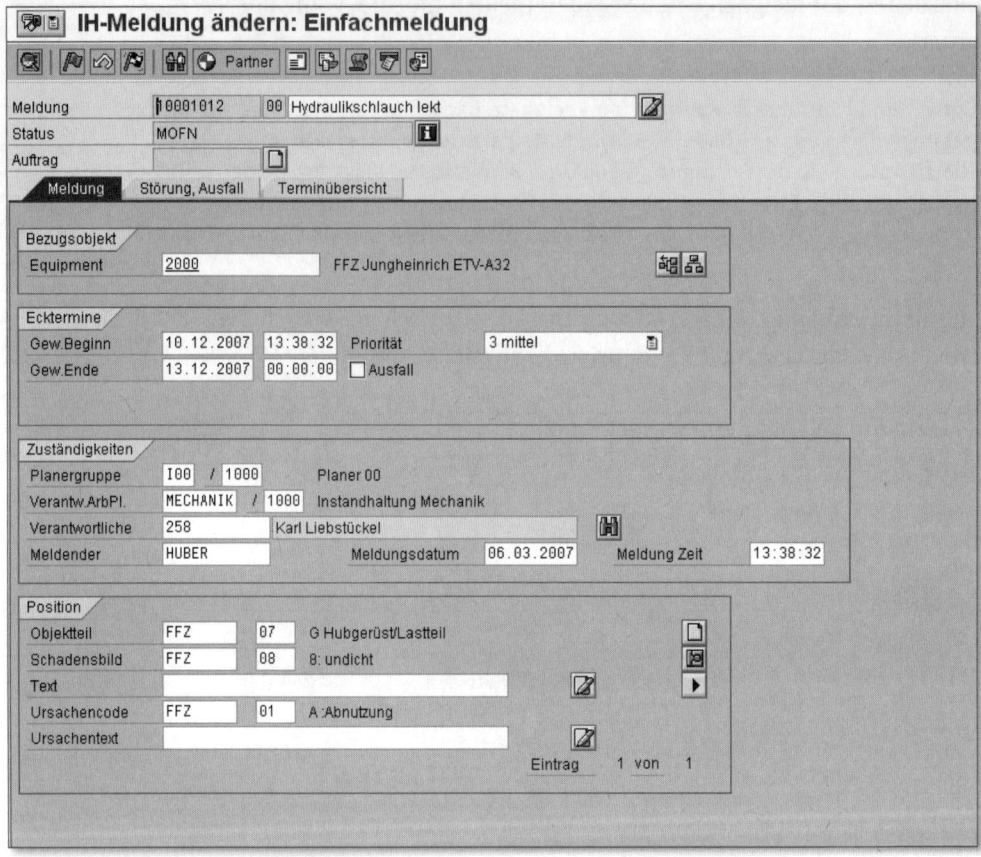

Abbildung 5.6 Meldungsart 00 im Veränderungsmodus

Meldungsinhalt

Customizing Folgende Bildgruppen bzw. Registerkarten stehen Ihnen als potenzieller Meldungsinhalt zur Verfügung:

- ▶ Bezugsobjekt (Equipment, Technischer Platz, Baugruppe, Materialserialnummer)
- ▶ Zuständigkeiten (z. B. Planergruppe, verantwortlicher Arbeitsplatz)
- ▶ Position und Ursache (z. B. Schadensbild, Schadensursache, Objektteil)

- Anlagenverfügbarkeit (z. B. Anlagenverfügbarkeit vor, nach)
- Störungsdaten (z. B. Ausfall, -beginn, -ende, -dauer)
- Ecktermine (z. B. Priorität, gewünschter Beginn und gewünschtes Ende)
- Positionsübersicht (z. B. Baugruppe, Text)
- Aktionen zu Meldungskopf und Meldungsposition
- Maßnahmen zu Meldungskopf und Meldungsposition
- Ursachen zu Meldungskopf und Meldungsposition
- Meldungs- und Objektadresse
- Partnerübersicht (z. B. Partnerrolle, Partner, Adresse)
- Garantie (z. B. Garantiebeginn, -ende)
- Standort (z. B. Standortwerk, Kostenstelle, Geschäftsbereich)
- Terminübersicht (z. B. Meldungs-, Abschluss-, techn. Kontrolldatum)
- Wartungsplan (z. B. Arbeitsplan, Wartungsplan)

Eine wesentliche Information in der Meldung ist das betroffene Objekt, das so genannte *Bezugsobjekt*.

Flexibles Bezugsobjekt

Sie können Meldungen für alle technischen Objekte als Bezugsobjekte erfassen: Technische Plätze, Equipments, Baugruppen oder Materialserialnummern. Ordnen Sie einer Meldung ein untergeordnetes Objekt zu, werden die übergeordneten Objekte automatisch mit eingetragen. Wenn Sie z. B. eine Baugruppe eintragen, werden das Equipment und der technische Platz automatisch in die Meldung mit übernommen.

Es ist genauso möglich, Meldungen ohne die Angabe eines technischen Objekts zu erfassen. Das ist z. B. der Fall

- wenn sich eine Störmeldung auf ein Objekt bezieht, das nicht unter einer Nummer im System geführt wird
- wenn das schadhafte Objekt noch nicht präzise lokalisiert werden kann
- wenn sich eine Meldung auf ein neu bereitzustellendes Objekt im Rahmen einer Investitionsmaßnahme bezieht

Art des technischen Objekts

Folgende Möglichkeiten gibt es, die Art des zu erfassenden technischen Objekts festzulegen:

▸ Für eine *Meldungsart:* im Customizing über die Funktion Anwendungsübergreifende Komponenten • Meldung • Überblick zur Meldungsart • Bildbereiche im Meldungskopf

▸ Für einen *Benutzer*: innerhalb der Meldung über Zusätze • Einstellung • Vorschlagswerte

▸ Für eine *einzelne Meldung*: innerhalb der Meldung über Zusätze • Einstellung • Bezugsobjekt.

Wenn vom Anforderer eine neue Meldung eingeht und Sie eine Entscheidung zu treffen haben, ob die Instandhaltungsmaßnahme durchgeführt wird oder nicht, ist es ganz hilfreich, sich in kompakter Form über das Objekt zu informieren. Hierzu dient die so genannte *Objektinformation*.

Objektinformation

Kompakte Informationen, die das Bezugsobjekt betreffen, so genannte *Objektinformationen*, können Sie sich in einem Dialogfenster anzeigen lassen (siehe Abbildung 5.7).

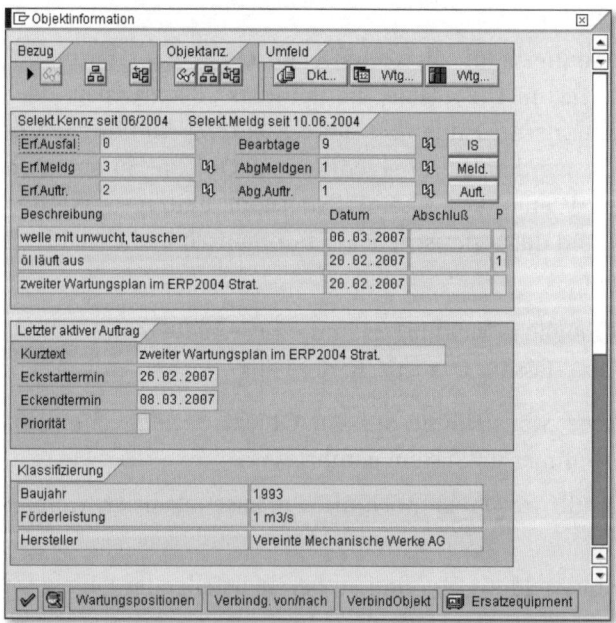

Abbildung 5.7 Objektinformation

Es handelt sich dabei um:

▶ Strukturdaten (z. B. Objekthierarchie)

▶ technische Merkmale der Klassifizierung

▶ frühere Schadensfälle und Anzahl der Bearbeitungstage

▶ noch offene und frühere Meldungen und/oder Aufträge, die für das Objekt angelegt oder erledigt wurden

▶ Wartungspläne und Dokumente

Aus dem Dialogfenster heraus können Sie für alle diese Angaben detailliertere Daten aufrufen, z. B. eine einzelne Meldung. Sie können auch in das Informationssystem verzweigen, um Statistiken und Auswertungen durchzuführen.

[+]

Objektinformationen liefern Ihnen kompakte Informationen zum Bezugsobjekt und tragen zur Entscheidungsfindung bei, ob und wann eine Maßnahme durchgeführt werden soll. Den Inhalt der Objektinformationen legen Sie im Customizing über die Funktion INSTANDHALTUNG UND KUNDENSERVICE • INSTANDHALTUNGS- UND SERVICEABWICKLUNG • INSTANDHALTUNGS- UND SERVICEMELDUNGEN • MELDUNGSBEARBEITUNG • OBJEKTINFORMATIONEN • OBJEKTINFORMATIONSSCHLÜSSEL definieren fest, und über die Customizing-Funktion Objektinformationsschlüssel Meldungsarten zuordnen ordnen Sie sie Ihrer Meldungsart zu.

Meldungsposition

Grundsätzlich wäre es möglich, mithilfe von Meldungspositionen die Angaben des Meldungskopfes näher zu spezifizieren, also bei einem Schaden z. B. mehrere Schadensorte anzugeben (Meldungskopf: Gabelstapler, Meldungspositionen: Hubgerüst, Bremsanlage und Fahrerstand, siehe Abbildung 5.1).

Da jedoch die Positionen später bei Erzeugung eines Auftrags nicht übernommen werden, nutzen die Anwenderfirmen diese Möglichkeit kaum. Dies kommt auch in empirischen Untersuchungen zum Ausdruck: Eine Umfrage unter den Mitgliedern des DSAG-Arbeitskreises »Instandhaltung und Servicemanagement« ergab, dass die durchschnittliche Anzahl von Positionen bei weniger als 1,1 liegt. Wenn man nun bedenkt, dass eine Position automatisch generiert wird, bedeutet dies im Umkehrschluss, dass nicht einmal jede zehnte Meldung über manuell angelegte Positionen verfügt.

[+] Meldungspositionen werden in der Praxis kaum genutzt. Die Spezifizierung von Schäden und Anforderungen erfolgt in der Regel über den Langtext oder über Kataloge.

Kataloge und Berichtsschemata

Neben organisatorischen Informationen (wie Termine, Zuständigkeiten, Kostenstelle o. Ä.) können Sie in einer Meldung auch technische Informationen über Probleme, Störungen, Schäden, Ursachen und Problemlösungen bzw. Schadensbehebung hinterlegen. Sie sind Teil der Meldung und gehen in die Historie ein. Die Besonderheit gegenüber allen anderen Informationen ist hierbei die Tatsache, dass Sie diese Informationen in Katalogen formalisieren und damit auswertbar machen können.

Kataloge In der Regel werden in der Instandhaltung maximal fünf Kataloge eingesetzt (siehe Abbildung 5.8):

▸ Schadensbilder

▸ Schadensursachen

▸ Objektteile

▸ Maßnahmen

▸ Aktionen

Jeder Katalog hat dabei eine dreistufige Struktur: Katalog → Codegruppen → Codes.

Code und Codegruppen Für jeden Befund gibt es einen Code. Die Codes werden nach bestimmten Gesichtspunkten zu Codegruppen zusammengefasst.

[+] Als Gliederungskriterien für Codegruppen in Katalogen werden bei den Anwenderfirmen in der Regel genutzt:
  ▸ funktionale Kriterien (z. B. mechanische Schadensbilder, elektrische Schadensursachen, hydraulische Objektteile usw.)
  ▸ objektbezogene Kriterien (z. B. Schadensbilder an Motoren, Schadensursachen an Pumpen, Objektteile für Stapler usw.)

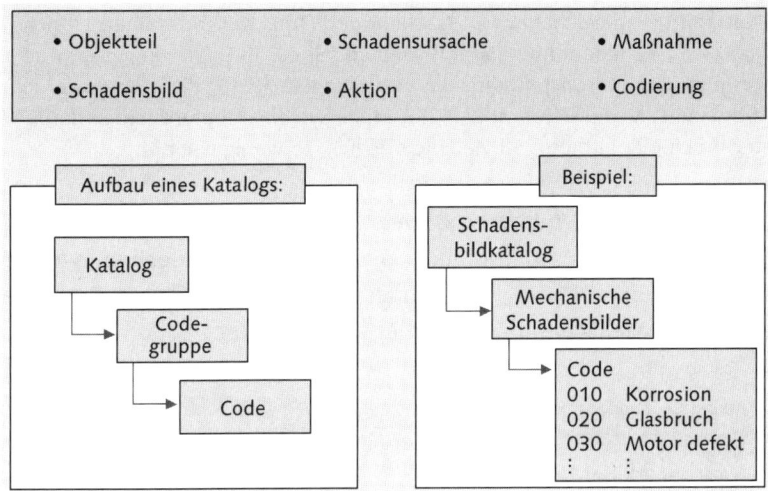

Abbildung 5.8 Kataloge

Kataloge pflegen Sie im Customizing mit der Funktion INSTANDHAL-
TUNG UND KUNDENSERVICE • INSTANDHALTUNGS- UND SERVICEABWICK-
LUNG • INSTANDHALTUNGS- UND SERVICEMELDUNGEN • MELDUNGSER-
ÖFFNUNG • MELDUNGSINHALT • KATALOGE PFLEGEN oder mit der
Transaktion QS41.

In Abbildung 5.9 habe ich zusammengestellt, wie z. B. in den Katalogen Schadensbild, Schadensursachen und Objektteile die Codes für
Flurförderzeuge aussehen könnten.

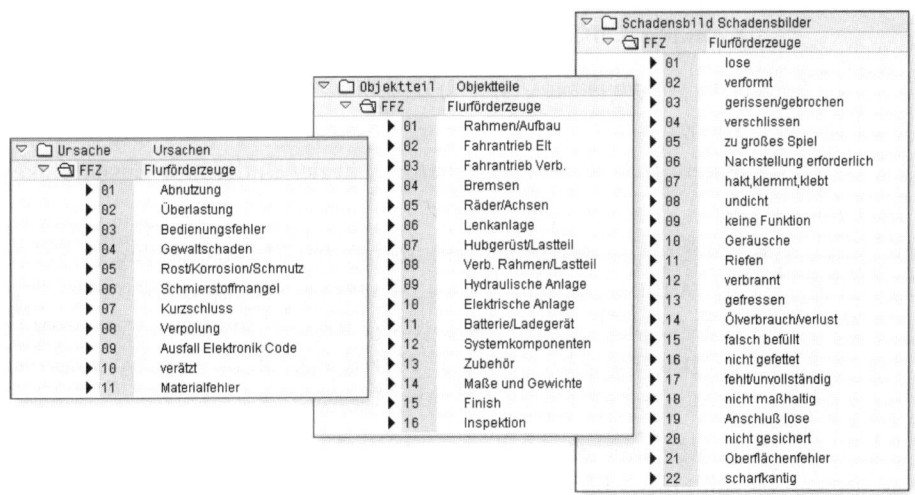

Abbildung 5.9 Codegruppen für Flurförderzeuge

[+]

> Gestalten Sie die Schadens-, Ursachen- und Objektteilcodes übersichtlich, d. h., es sollten dem Anwender nicht mehr als ca. 15 Codierungen zur Auswahl stehen. Ansonsten wird die Codierungssuche für die Mitarbeiter zu aufwendig, und die Datenqualität und die Systemakzeptanz leiden darunter. Auch hier gilt also: So viel wie möglich, so wenig wie nötig.

Berichtsschema

In den so genannten *Berichtsschemata* (siehe Abbildung 5.10) können Sie aufgrund von funktionalen Gesichtspunkten angeben, welche Codegruppen für ein bestimmtes Bezugsobjekt bzw. für eine bestimmte Meldungsart verwendet werden sollen.

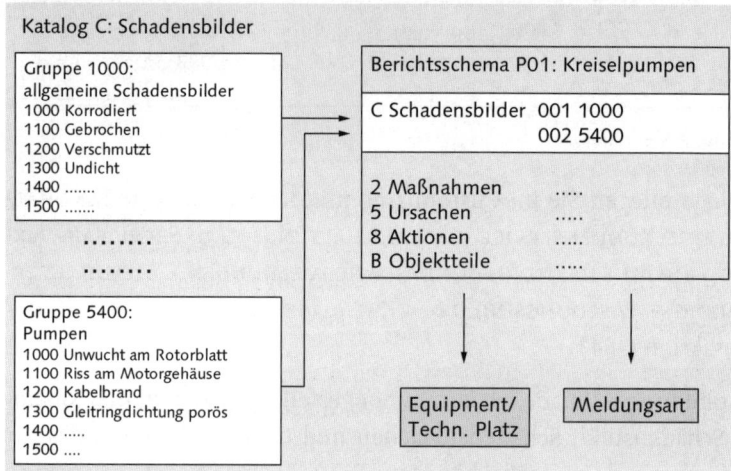

Abbildung 5.10 Berichtsschema

Sie können nun ein Berichtsschema folgenden Objekten zuordnen:

▸ einem *Equipment* in der Bildgruppe Zuständigkeiten (siehe Abbildung 5.11)

▸ einem *technischen Platz* ebenfalls in der Bildgruppe Zuständigkeiten

▸ einer *Meldungsart* im Customizing über die Customizing-Funktion INSTANDHALTUNG UND KUNDENSERVICE • INSTANDHALTUNGS- UND SERVICEABWICKLUNG • INSTANDHALTUNGS- UND SERVICEMELDUNGEN • MELDUNGSERÖFFNUNG • MELDUNGSINHALT • KATALOGE UND BERICHTSSCHEMA ZUR MELDUNGSART ÄNDERN

Haben Sie nun möglicherweise sowohl den technischen Objekten als auch der Meldungsart ein Berichtsschema eingetragen, gilt folgende Vorfahrtsregel: Equipment → Technischer Platz → Meldungsart.

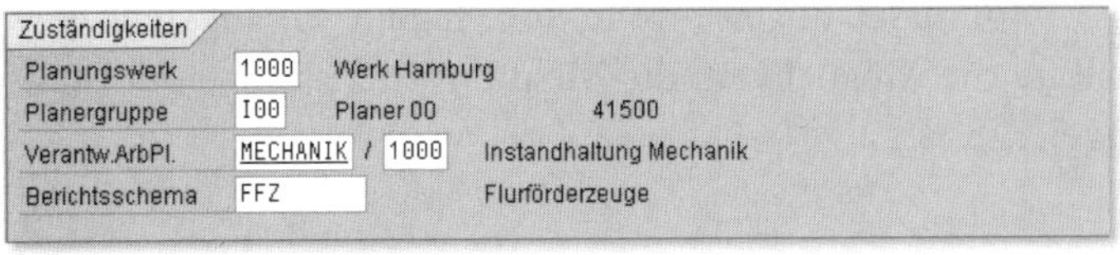

Zuständigkeiten			
Planungswerk	1000	Werk Hamburg	
Planergruppe	I00	Planer 00	41500
Verantw.ArbPl.	MECHANIK / 1000	Instandhaltung Mechanik	
Berichtsschema	FFZ	Flurförderzeuge	

Abbildung 5.11 Bildgruppe »Zuständigkeiten«

Davon unabhängig können Sie das Berichtsschema in einer Meldung individuell abändern bzw. zuordnen über Zusätze • Einstellung • Berichtsschema • Auswahl.

> Mit einem Berichtsschema stellen Sie eine Grundmenge an Codes zur Verfügung, die für das Bezugsobjekt sinnvoll sind. Andere werden »aussortiert«. Dies erhöht die Genauigkeit und die Benutzerakzeptanz. **[+]**

Klassifizierung

Im Abschnitt zum »Meldungsinhalt« haben Sie die vielfältigen Möglichkeiten gesehen, um Informationen in einer Meldung zu hinterlegen. Sollte dies nicht ausreichen oder benötigen Sie andere Informationen, können Sie Meldungen auch klassifizieren.

In Abschnitt 4.2.6 habe ich bereits die Grundsätze der Klassifizierung erläutert. Was müssen Sie nun tun, damit Sie Meldungen klassifizieren können? *Voraussetzungen*

▸ Sie benötigen *Merkmale*.

▸ Sie benötigen *Klassen* mit der Klassenart 015 (Fehlersätze).

▸ Sie aktivieren mit der Customizing-Funktion Instandhaltung und Kundenservice • Instandhaltungs- und Serviceabwicklung • Instandhaltungs- und Servicemeldungen • Meldungseröffnung • Meldungsinhalt • Kataloge und Berichtsschema zur Meldungsart ändern den Schalter Klasse aktiv und weisen ein Berichtsschema zu.

▸ Dem Berichtsschema wiederum haben Sie mit der Customizing-Funktion Instandhaltung und Kundenservice • Instandhaltungs- und Serviceabwicklung • Instandhaltungs- und Servicemeldungen • Meldungseröffnung • Meldungsinhalt • Berichtsschema definieren eine Klassifizierung zugeordnet und den Schalter Klassifizierungsbild gesetzt.

Wenn diese Voraussetzungen erfüllt sind, haben Sie auf dem Positionsdetailbild die *Möglichkeit*, die Meldung zu klassifizieren (siehe Abbildung 5.12).

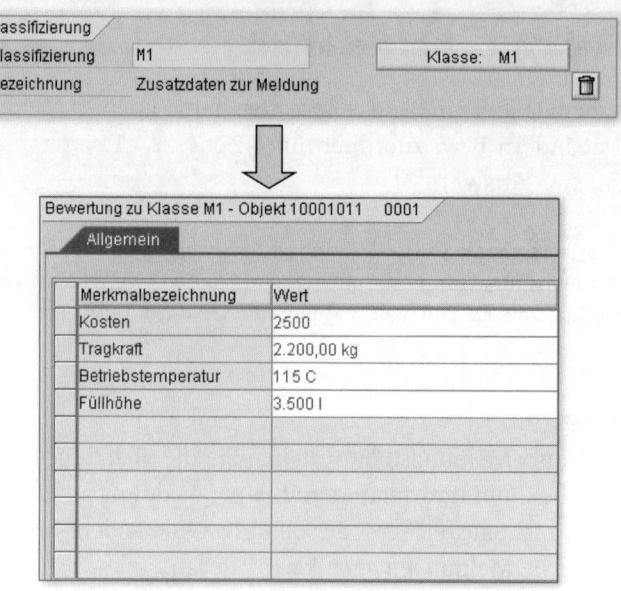

Abbildung 5.12 Meldungsklassifizierung

Partner

Dasselbe, was ich in Abschnitt 4.2.8, »Spezielle Funktionen«, für die Stammdaten ausgeführt habe, gilt auch für Meldungen. Sie können einer Meldung beliebig viele und frei definierbare Partner zuordnen. Dies könnten z. B. sein:

▸ Ansprechpartner in der Anlage

▸ Servicefirma

▸ zuständige Organisationseinheit

▸ Hersteller

▸ Verantwortliche(r) im Controlling

▶ Techniker

▶ Meisterbüro

Voraussetzung hierfür ist, dass Sie ein Partnerschema anlegen (Customizing-Funktion Instandhaltung und Kundenservice • Instandhaltungs- und Serviceabwicklung • Instandhaltungs- und Servicemeldungen • Meldungseröffnung • Partnerschema und Partnerrolle definieren • Partnerschema definieren) und der Meldungsart zuordnen (Customizing-Funktion Partnerschema zur Meldungsart zuordnen).

Customizing

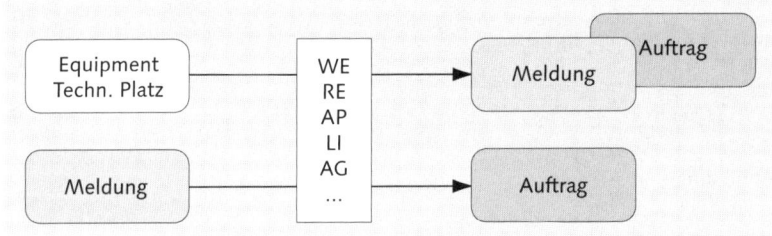

Abbildung 5.13 Partnerübernahme

Wenn Sie nun eine Meldung anlegen und dabei ein Bezugsobjekt eintragen, dem Partner zugeordnet sind, versucht das System, die Partner aus dem Bezugsobjekt zu übernehmen. Wenn die Partnerrolle im Partnerschema des Bezugsobjekts und im Partnerschema der Meldung identisch ist, wird der Partner aus dem Bezugsobjekt in die Meldung übernommen.

Partnerübernahme

Beispiel: Ein Lieferant (z. B. Partnerschema YEQ, Partnerrolle LI, Lieferantennummer 1000) ist dem Equipment zugeordnet. Dieser Lieferant wird nun in die Meldung übertragen, wenn das Partnerschema der Meldung (z. B. YMD) ebenfalls die Partnerrolle LI beinhaltet. Dasselbe gilt übrigens für die Partnerübernahme aus dem Bezugsobjekt in den Auftrag und für die Partnerübernahme aus der Meldung in den Auftrag (siehe Abbildung 5.13).

Das SAP-System kennt standardmäßig nur wenige Organisationseinheiten, die Sie einer Instandhaltungsmaßnahme zuordnen können – im Wesentlichen sind dies die Planergruppe und der verantwortliche Arbeitsplatz. Mit der Definition von Partnern können Sie diese Zuständigkeiten und Verantwortlichkeiten deutlich ausweiten und näher spezifizieren. Voraussetzung hierfür ist die Definition von Partnerrollen und Partnerschemata sowie deren Zuordnung zur Meldungsart.

[+]

Adresse

Wenn Sie beim Bezugsobjekt eine Adresse hinterlegt haben, wird diese Adresse in die Meldung übernommen.

Findet jedoch die Meldungsbearbeitung nicht an dieser Adresse statt, weil z. B. das Bezugsobjekt in eine Zentralwerkstatt gebracht wurde, können Sie diese Adresse abändern und eine individuelle Meldungsadresse hinterlegen (siehe Abbildung 5.14).

Abbildung 5.14 Adresse

Drucken

Meldungspapiere | Das SAP-System bietet die Möglichkeit, Meldungen in unterschiedlichem Layout auf verschiedenen Medien auszugeben. Folgende Meldungspapiere können z. B. gedruckt werden:

▶ **Meldungsübersicht**
   Die Meldungsübersicht ist ein kompletter Ausdruck einer Meldung, so dass sich die Beteiligten (Techniker, Arbeitsvorbereitung, Produktion usw.) einen Überblick über die Meldung verschaffen können.

▶ **Tätigkeitsbericht**
   Der Tätigkeitsbericht könnte als Arbeitsgrundlage dienen. Er enthält eine Liste mit potenziellen Aktionen, Maßnahmen usw. Derjenige, der die Störung behebt, kann in dieser Liste nur durch Ankreuzen seine Arbeit zurückmelden.

▶ **Ausfallbericht**
   Der Ausfallbericht könnte ein Ausdruck der Angaben zur Ausfalldauer und Anlagenverfügbarkeit sein.

[+] Es bleibt Ihnen überlassen, wie viele und welche Meldungspapiere Sie ausdrucken möchten, welches Layout diese Meldungspapiere haben und welches Meldungspapier auf welchem Ausgabemedium ausgegeben wird.

Als Ausgabemedien kommen infrage:

- lokale Drucker
- Netzwerkdrucker
- Faxgeräte
- E-Mail
- PC-Download

Üblicherweise werden jedoch nicht Meldungs-, sondern Auftragspapiere gedruckt. Meldungspapiere dienen in der Regel nur zur Ergänzung der Auftragspapiere oder werden eingesetzt, wenn die Auftragsabwicklung nicht aktiv ist.

[+]

Deshalb soll auf die weiteren Details zum Thema Drucken (Voraussetzungen, Funktionen, Customizing) erst in Abschnitt 5.2.3, »Steuerung«, im Zusammenhang mit dem Auftrag eingegangen werden.

Systemstatus und Anwenderstatus

Auch für Meldungen gilt: Sie können einer Meldung *Anwenderstatus* zuordnen, und vom System werden in Abhängigkeit von durchgeführten Funktionen *Systemstatus* gesetzt. Es trifft also das zu, was ich in Abschnitt 4.2.8, »Spezielle Funktionen«, zu den Stammdaten ausgeführt habe.

Voraussetzung hierfür ist, dass Sie für den Objekttyp Meldung ein Statusschema definiert (Customizing-Funktion INSTANDHALTUNG UND KUNDENSERVICE • INSTANDHALTUNGS- UND SERVICEABWICKLUNG • INSTANDHALTUNGS- UND SERVICEMELDUNGEN • MELDUNGSBEARBEITUNG • STATUSSCHEMA DEFINIEREN • ANWENDERSTATUSSCHEMA FÜR MELDUNGEN DEFINIEREN) und dies der Meldungsart zugeordnet haben (MELDUNGSARTEN ANWENDERSTATUS ZUORDNEN).

In der Meldung selbst setzen Sie dann einen Status, indem Sie über den Button ▣ in die Status verzweigen und dort den gewünschten Status setzen (siehe Abbildung 5.15).

Mithilfe von Anwenderstatus können Sie detailliert aussteuern, welche betriebswirtschaftlichen Vorgänge an Ihren Meldungen erlaubt oder verboten sein sollen.

[+]

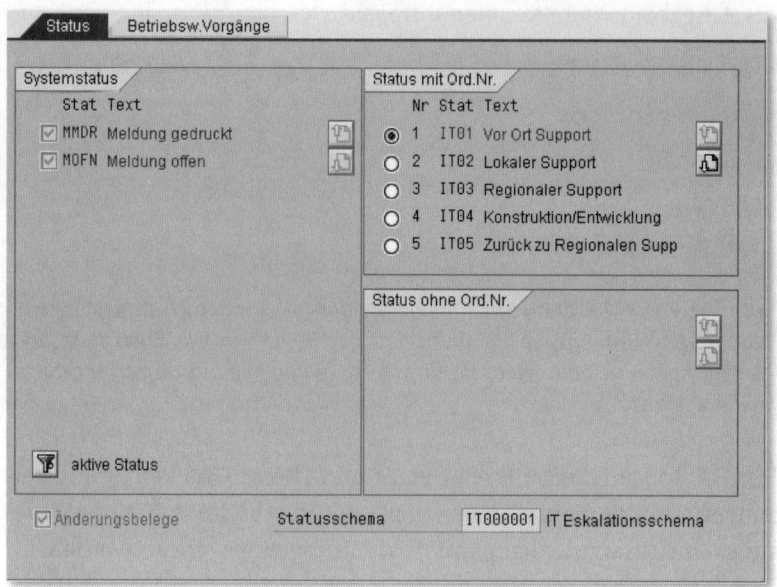

Abbildung 5.15 Status einer Meldung

Sie können im Customizing die Anwenderstatus so einrichten, dass sie bei Veränderung eines Systemstatus automatisch gesetzt bzw. gelöscht werden. Auf diese Weise können Sie die erlaubten betriebswirtschaftlichen Vorgänge eines Systemstatus auf elegante Weise weiter einschränken, ohne dass der Anwender zusätzliche Datenpflege betreiben muss.

[o] Auf der DVD finden Sie unter GESCHÄFTSPROZESSE • GESCHÄFTSPROZESSE IN DER INSTANDHALTUNG • 4. GEPLANTE INSTANDSETZUNG • 4.1 MELDUNG EINES INSTANDHALTUNGSBEDARFES die Teilgeschäftsprozesse zur Meldung.

Unter GESCHÄFTSPROZESSE • CUSTOMIZING IN DER INSTANDHALTUNG • 2. MELDUNG finden Sie Customizing-Einstellungen zur Meldung (Meldungsart, Priorität, Feldauswahl, Objektinformation, Kataloge, Codes und Berichtsschema).

Damit habe ich Ihnen die wichtigsten Funktionen der Meldung erläutert, und wir können die Phase der Meldung beenden und kommen zur Phase der Planung, die den Übergang zum Auftrag darstellt, und zur Beauftragung der Instandhaltungswerkstätten.

5.2.2   Planung

Viele Funktionen, die wir bei den Meldungen (siehe Abschnitt 5.2.1) kennengelernt haben, stehen Ihnen auch bei der Auftragsbearbeitung zur Verfügung:

Flexibles Bezugsobjekt

Auch im Auftrag haben Sie die Möglichkeit, technische Objekte flexibel zuzuordnen: entweder als Vorschlagswert pro *Auftragsart* über das Customizing (mit der Funktion INSTANDHALTUNG UND KUNDENSERVICE • INSTANDHALTUNGS- UND SERVICEABWICKLUNG • INSTANDHALTUNGS- UND SERVICEAUFTRÄGE • FUNKTIONEN UND EINSTELLUNGEN DER AUFTRAGSARTEN • AUFTRAGSARTEN EINRICHTEN) oder *benutzerspezifisch* (innerhalb des Auftrags über ZUSÄTZE • EINSTELLUNGEN • BEZUGSOBJEKT).

Objektinformation

Auch im Auftrag können Sie sich mithilfe der Objektinformation kompakt über das Umfeld des Objekts informieren, wenn Sie im Customizing Objektinformationsschlüssel angelegt und der Auftragsart zugewiesen haben (Customizing-Funktionen INSTANDHALTUNG UND KUNDENSERVICE • INSTANDHALTUNGS- UND SERVICEABWICKLUNG • INSTANDHALTUNGS- UND SERVICEAUFTRÄGE • OBJEKTINFORMATIONEN • OBJEKTINFORMATIONSSCHLÜSSEL DEFINIEREN UND OBJEKTINFORMATIONSSCHLÜSSEL AUFTRAGSARTEN ZUORDNEN).

Systemstatus und Anwenderstatus

Auch der Auftrag hat Systemstatus, die vom System automatisch bei Ausführung von betriebswirtschaftlichen Funktionen zugeordnet werden (z. B. FREI = freigegeben, MABE = Materialverfügbarkeit bestätigt). Und auch im Auftrag können Sie manuell *Anwenderstatus* zuordnen, wenn Sie für den Objekttyp Auftrag ein Statusschema definiert (Customizing-Funktion INSTANDHALTUNG UND KUNDENSERVICE • INSTANDHALTUNGS- UND SERVICEABWICKLUNG • INSTANDHALTUNGS- UND SERVICEAUFTRÄGE • ANWENDERSTATUS FÜR AUFTRÄGE • STATUSSCHEMA DEFINIEREN • ANWENDERSTATUSSCHEMA FÜR AUFTRÄGE DEFINIEREN) und dies der Auftragsart zugeordnet haben (AUFTRAGSARTEN ANWENDERSTATUS ZUORDNEN).

Partner

Auch im Auftrag haben Sie die Möglichkeit, Partner zuzuordnen. Voraussetzung: Sie haben ein Partnerschema definiert und es der Auftragsart zugewiesen (Customizing-Funktionen INSTANDHALTUNG UND KUNDENSERVICE • INSTANDHALTUNGS- UND SERVICEABWICKLUNG • INSTANDHALTUNGS- UND SERVICEAUFTRÄGE • PARTNERSCHEMA UND PARTNERROLLE DEFINIEREN • PARTNERSCHEMA DEFINIEREN bzw. PART-

NERSCHEMA ZUM AUFTRAG ZUORDNEN). Im Auftrag greifen dieselben Regeln zur Partnerübernahme, wie ich sie Ihnen bei der Meldung beschrieben habe.

Adresse Wenn Sie beim Bezugsobjekt und/oder in der Meldung eine Adresse hinterlegt haben, dann wird diese Adresse in den Auftrag übernommen: als Objektadresse bzw. als Auftragsadresse. Sie können jedoch die Auftragsadresse abändern bzw. eine neue Auftragsadresse manuell anlegen, wenn noch keine automatisch angelegt wurde.

Im Folgenden werde ich mich nun auf diejenigen Funktionen des Auftrags konzentrieren, die Ihnen in der Meldung nicht zur Verfügung stehen.

Eröffnung eines Auftrags

Es gibt sechs Möglichkeiten, wie Sie einen Auftrag eröffnen können (siehe Abbildung 5.16):

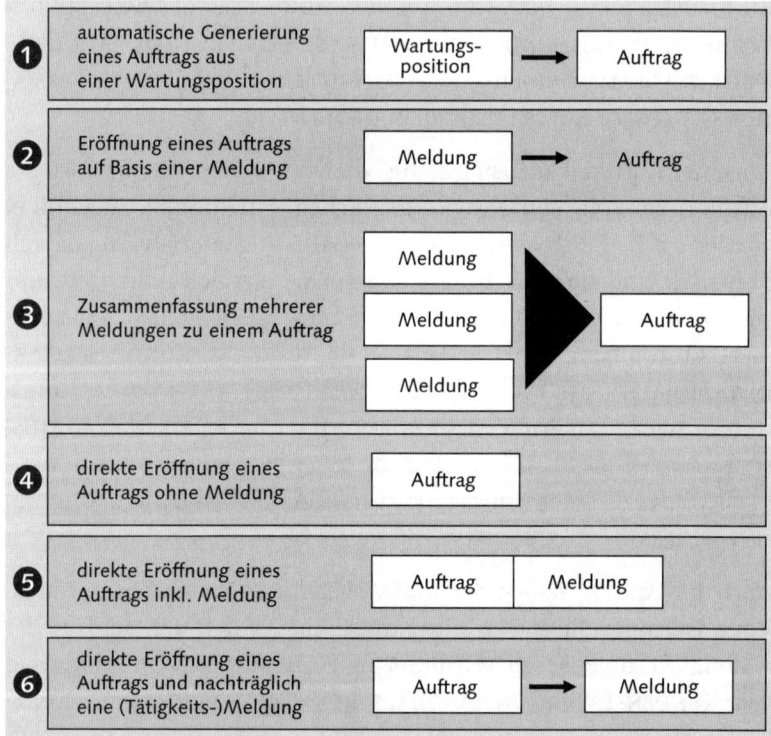

Abbildung 5.16 Eröffnung eines Auftrags

Fall **❶**: Sie haben einen Wartungsplan definiert, und dieser erzeugt Ihnen auf Basis der dort hinterlegten Informationen (wie z. B. Bezugsobjekt, Auftragsart, Arbeitsplan) in periodischen Abständen automatisch einen Auftrag. Hierauf werde ich näher in Abschnitt 5.8, »Der Geschäftsprozess vorbeugende Instandhaltung«, eingehen.

Auftrag aus Wartungsplan

Fall **❷**: Sie haben eine einzelne Meldung, die Sie von einem Anforderer erreicht hat (z. B. aus der Produktion), und Sie erzeugen aus der Meldung heraus einen Auftrag.

Auftrag aus Meldung

Im Abbildung 5.17 sehen Sie eine Meldung: Über den Button können Sie einen Auftrag erzeugen.

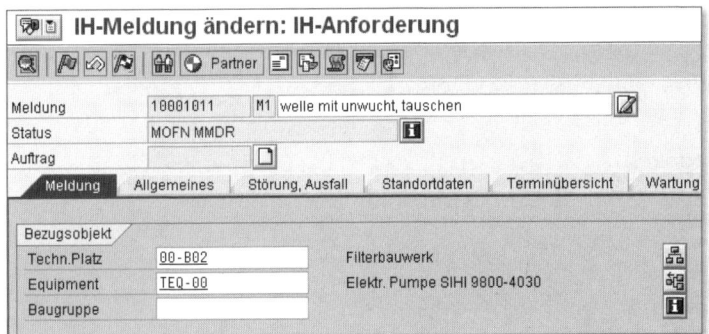

Abbildung 5.17 Auftrag aus Meldung

Fall **❸**: Sie erreichen mehrere Meldungen, die innerhalb eines einzigen Auftrags abgearbeitet werden sollen (z. B. mehrere Störmeldungen, die dieselbe Anlage betreffen). Dann haben Sie die Möglichkeit, aus der Meldungsliste (Transaktion IW28, Abbildung 5.18) heraus einen Auftrag zu eröffnen. Die Meldungen werden automatisch in die Objektliste eingetragen. Im vorliegenden Fall haben wir zu einem Gabelstapler vier Meldungen vorliegen. Diese werden markiert und über MELDUNG • AUFTRAG ERZEUGEN zu einem einzigen Auftrag zusammengefasst.

Auftrag aus mehreren Meldungen

Fall **❹**: Sie möchten direkt – ohne vorliegende Meldung – einen Auftrag eröffnen. Hierzu verwenden Sie die Transaktion IW31.

Direkte Auftragseröffnung

Der Auftragskopf beinhaltet ähnliche Informationen wie der einer Meldung (siehe Abbildung 5.19): Beschreibung, Bezugsobjekt, Termine und Verantwortlichkeiten.

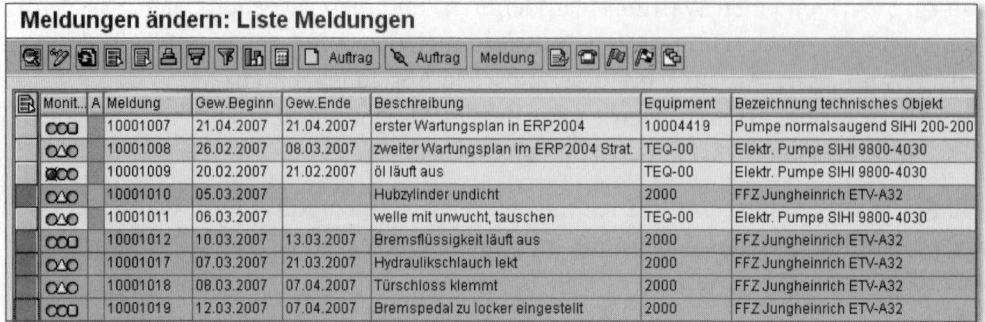

Abbildung 5.18 Meldungsliste

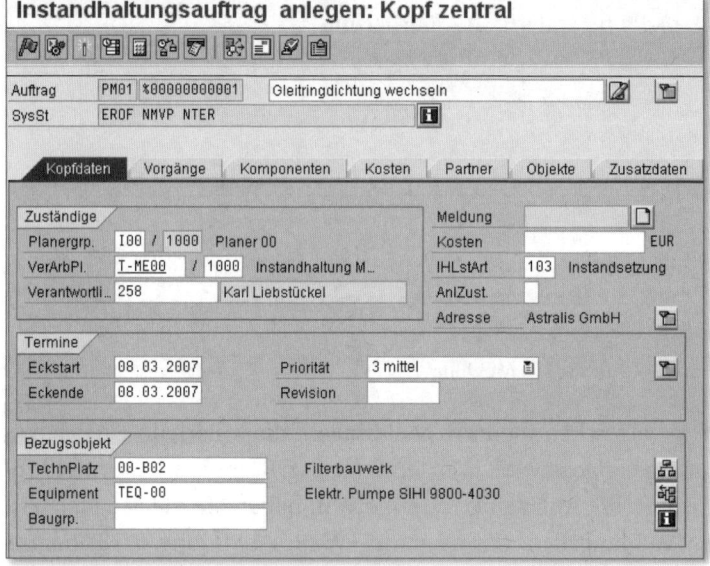

Abbildung 5.19 Auftragskopf

Auftrag mit Meldung

Fall ❺: Sie möchten ähnlich wie im vorhergehenden Fall einen Auftrag direkt eröffnen, ihn aber um Informationen wie Schadensbild, Schadensursache oder Ausfall ergänzen. Nähere Erläuterungen hierzu finden Sie in Abschnitt 5.3, »Der Geschäftsprozess Sofortinstandsetzung«.

Fall ❻: Sie haben einen Auftrag ohne Meldung durchgeführt (Fall ❺), stellen aber beim Abschluss des Auftrags fest, dass Sie neben den Zeitrückmeldedaten auch noch technische Rückmeldedaten einer Meldung erfassen möchten. Wenn einem Auftrag noch keine Meldung zugeordnet ist, können Sie jederzeit aus dem Auftrag heraus mithilfe des Buttons Meldung ⊥ ☐ eine neue Meldung zum Auftrag anlegen.

Auftragsarten

Sie können nach eigenen Anforderungen Auftragsarten frei definieren. Die Definition von Auftragsarten sollten Sie abhängig machen von den Funktionen, in denen sich diese im Customizing unterscheiden. Pro Auftragsart können Sie im Customizing Einstellungen vornehmen wie:

Meldung aus Auftrag

▶ Nummernkreis

Entscheidungs-kriterien

▶ Vorschlagswerte (z. B. für die Fremdbearbeitung oder für die Verwendung von Arbeitsplänen)

▶ Prioritäten

▶ Kalkulation und Auftragsabrechnung

▶ Verfügbarkeitsprüfung

▶ Terminierung

▶ Drucksteuerung

▶ Schnittstelle zu Internetkatalogen

▶ Rückmeldeverfahren

▶ Objektinformation

▶ Partnerschema

▶ Statusschema

▶ Bildschirmlayout (Näheres dazu in Abschnitt 5.3, »Der Geschäftsprozess Sofortinstandsetzung«)

Dies bedeutet z. B., wenn Sie unterschiedliche Nummernkreise ansprechen wollen, unterschiedliche Bildschirmlayouts benötigen oder die Aufträge unterschiedlich abgerechnet werden sollen, dass Sie unterschiedliche Auftragsarten einrichten.

Es hat sich in der Praxis gezeigt, dass Sie im Normalfall mindestens folgende Auftragsarten benötigen:

[+]

▶ eine Auftragsart für Instandsetzung
▶ eine Auftragsart für vorbeugende Instandhaltung
▶ eine Auftragsart für Kalibrierungen (falls genutzt)
▶ eine Auftragsart für Investitionsmaßnahmen

[!] Bei der Definition Ihrer Auftragsarten müssen Sie sich mit den Kollegen aus dem Controlling (CO-Innenaufträge), der Produktion (PP-Fertigungsaufträge), dem Servicemanagement (CS-Serviceaufträge) und dem Projektmanagement (PS-Netzpläne) abstimmen, da diese dieselben Auftragstabellen nutzen.

Auftragsinhalt

Das Layout der Aufträge bestimmen Sie im Customizing über die Customizing-Funktion INSTANDHALTUNG UND KUNDENSERVICE • INSTANDHALTUNGS- UND SERVICEABWICKLUNG • INSTANDHALTUNGS- UND SERVICEAUFTRÄGE • FUNKTIONEN UND EINSTELLUNGEN DER AUFTRAGSARTEN • EINFACHE AUFTRAGSSICHT • SICHTENPROFILE DEFINIEREN bzw. SICHTENPROFILE AUFTRAGSARTEN ZUORDNEN.

[+] Entwerfen Sie für Ihre Auftragsarten geeignete Bildschirmlayouts. Diese können Sie auch abhängig machen vom Aktivitätstyp (Hinzufügen, Ändern, Anzeigen). Angepasste und vereinfachte Bildschirmlayouts steigern die Benutzerakzeptanz.

Abbildung 5.20 zeigt Ihnen z. B. ein angepasstes Auftragslayout, das aus nur einer Registerkarte mit wenigen Feldgruppen besteht.

Auftragsvorgänge

Wozu Vorgänge?   In den Auftragsvorgängen (siehe Abbildung 5.21) beschreiben Sie die durchzuführenden Instandhaltungstätigkeiten. Sollte Ihnen zur Beschreibung der Kurztext nicht ausreichen, steht Ihnen für jeden Vorgang ein eigener Langtext zur Verfügung. Neben der Beschreibung enthält der Vorgang die Vorgabezeit, den Arbeitsplatz, die Anzahl der beteiligten Personen und andere Steuerungsinformationen.

Arbeit und Dauer   Bei den Vorgabezeiten ist zu unterscheiden zwischen Arbeit und Dauer. Die ARBEIT repräsentiert den Arbeitsumfang, also das zu erledigende Arbeitsvolumen. Dieser Wert fließt in die Kalkulation und Kapazitätsplanung ein. Demgegenüber repräsentiert die DAUER die Durchlaufzeit des Vorgangs. Dieser Wert fließt in die Terminierung ein.

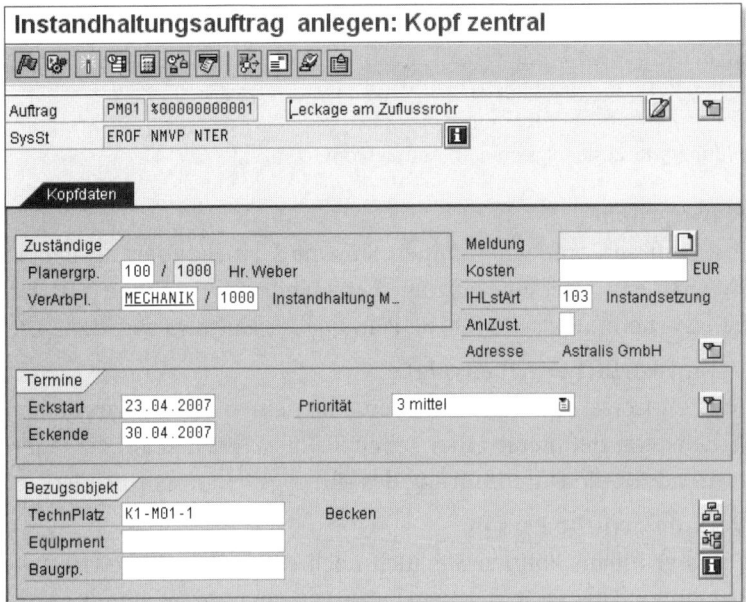

Abbildung 5.20 Auftrag reduziert

	Vrg	ArbPlatz	Werk	Ste...	A...	Kurztext Vorgang	LT	Arbeit	EH	Dauer	EH
	0010	MECHANIK	1000	PM01	0	Abschalten und Sicherheitsprüfung		30	MIN	30	MIN
	0020	MECHANIK	1000	PM01	0	Sichtprüfung aussen: Undichtigkeit, Rost		30	MIN	30	MIN
	0030	MECHANIK	1000	PM01	0	Sichtprüfung innen: Feuchtigkeit, Rost		60	MIN	60	MIN
	0040	MECHANIK	1000	PM01	0	Pumpenläufer ausbauen und reinigen		120	MIN	120	MIN
	0050	MECHANIK	1000	PM01	0	Messung : Lagerspiel		30	MIN	30	MIN
	0060	MECHANIK	1000	PM01	0	Austausch: Dichtungsringe zum Getriebe		100	MIN	100	MIN
	0070	MECHANIK	1000	PM01	0	Sicherheitsprüfung und Inbetriebnahme		30	MIN	30	MIN

Abbildung 5.21 Auftragsvorgänge

Ein weiteres wichtiges Steuerungselement ist der Steuerschlüssel. Dieser wird als Vorschlagswert aus dem ausführenden Arbeitsplatz vorgeschlagen, kann aber abgeändert werden. Details zum Steuerschlüssel habe ich Ihnen bereits in Abschnitt 3.2, »Arbeitsplätze«, erläutert.

Steuerschlüssel

Verantwortlichkeiten

Es gibt im Auftrag sowohl auf Kopfebene (siehe Abbildung 5.22) als auch auf Vorgangsebene verschiedene Möglichkeiten, Verantwortlichkeiten festzulegen:

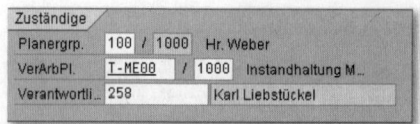

Abbildung 5.22 Zuständigkeiten im Auftragskopf

▶ **Planergruppe**
Auf Auftragskopfebene können Sie eine PLANERGRUPPE festlegen.
Diese ist entweder eine einzelne Person oder eine Gruppe (z. B. Ar-
beitsvorbereitung), die für die Planung des Auftrags zuständig ist.

▶ **Verantwortlicher Arbeitsplatz**
Auf Auftragskopfebene müssen Sie einen Verantwortlichen
Arbeitsplatz definieren. Hier geben Sie die Werkstatt an, die feder-
führend für die Durchführung des Auftrags verantwortlich ist.

▶ **Verantwortliche Person**
Darüber hinaus können Sie auch noch einen VERANTWORTLICHEN
benennen. Dies ist in der Regel eine Person aus dem verantwortli-
chen Arbeitsplatz, die als zentraler Ansprechpartner bei der Durch-
führung des Auftrags z. B. für Rückfragen bestimmt wird. Voraus-
setzung hierfür ist, dass Sie mit der Customizing-Funktion
INSTANDHALTUNG UND KUNDENSERVICE • INSTANDHALTUNGS- UND
SERVICEABWICKLUNG • INSTANDHALTUNGS- UND SERVICEAUFTRÄGE •
PARTNERSCHEMA UND PARTNERROLLE DEFINIEREN • PARTNERSCHEMA
ZUM AUFTRAG ZUORDNEN EINE ROLLE AUFTRAG definiert haben.

▶ **Arbeitsplatz**
Sie ordnen jedem Vorgang einen Arbeitsplatz zu. Dieser meint die
Werkstatt, die diesen Vorgang ausführt. In einem Auftrag können
auf diese Weise mehrere Werkstätten beteiligt werden.

▶ **Bearbeitende Person**
Darüber hinaus können Sie einem Vorgang eine Person zuordnen,
die den Vorgang bearbeiten soll (siehe Abbildung 5.23). Dies ist in
der Regel eine Person aus dem Arbeitsplatz.

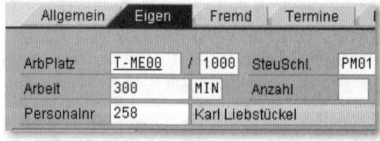

Abbildung 5.23 Arbeitsplatz und Person

▶ **Mehrere Personen**

Sie können einem Vorgang auch mehrere Personen zuordnen, wenn der Vorgang von mehreren Technikern bearbeitet wird. Hierzu tragen Sie die Anzahl der beteiligten Personen ein und geben dann bei den Bedarfszuordnungen die Personen an (siehe Abbildung 5.24). Voraussetzung hierfür ist, dass Sie mit der Customizing-Funktion INSTANDHALTUNG UND KUNDENSERVICE • INSTANDHALTUNGS- UND SERVICEABWICKLUNG • INSTANDHALTUNGS- UND SERVICEAUFTRÄGE • PARTNERSCHEMA UND PARTNERROLLE DEFINIEREN • PARTNERSCHEMA ZUM AUFTRAG ZUORDNEN eine ROLLE SPLITTERZEUGUNG definiert haben und dem Vorgang einen Steuerschlüssel zugeordnet haben, der die Funktion KAPAZITÄTSBEDARF ERMITTELN aktiv hat.

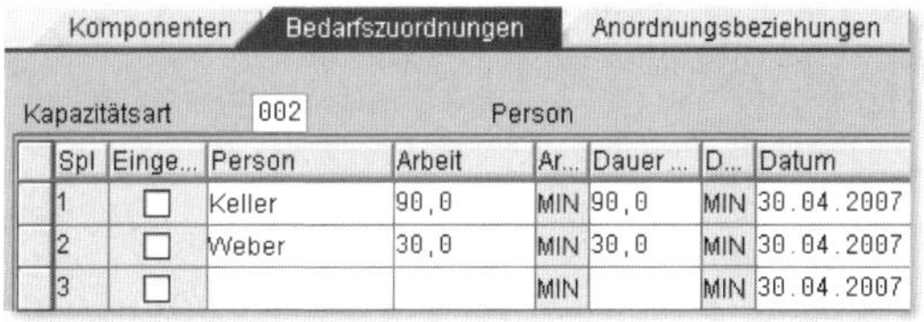

	Spl	Einge...	Person	Arbeit	Ar...	Dauer ...	D...	Datum
	1	☐	Keller	90,0	MIN	90,0	MIN	30.04.2007
	2	☐	Weber	30,0	MIN	30,0	MIN	30.04.2007
	3	☐			MIN		MIN	30.04.2007

Kapazitätsart 002 Person

Komponenten / Bedarfszuordnungen / Anordnungsbeziehungen

Abbildung 5.24 Bedarfszuordnungen

Als Verantwortlicher können Sie auf Kopfebene dem Auftrag eine Planergruppe, einen verantwortlichen Arbeitsplatz und eine verantwortliche Person zuordnen. Letztere, wenn sie im Customizing der Auftragsart als Partner zugeordnet ist.

Als Ausführender können Sie auf Vorgangsebene einen Arbeitsplatz, eine Person oder mehrere Personen zuordnen – Letzteres, wenn im Customizing der Auftragsart als Rolle Splits zugeordnet ist.

Darüber hinaus können Sie unter Zuhilfenahme von Partnerschemata dem Auftrag beliebige und beliebig viele weitere Verantwortliche zuordnen.

[+]

Terminierung

Was bedeutet terminieren? Beim Terminieren werden aufgrund der im Auftrag manuell vorgegebenen Ecktermine unter Berücksichtigung der Dauern auf Vorgangsebene die terminierten Termine auf Vorgangsebene und auf Kopfebene errechnet.

Definition

Eine Terminierung im SAP-System ist nur dann sinnvoll, wenn Sie gesicherte Vorgabezeiten haben. Wenn Sie diese nicht haben, sollten Sie die Terminierung erst gar nicht aktivieren. Dies erreichen Sie, indem Sie einen Steuerschlüssel verwenden, in dem TERMINIEREN aktiviert ist.

[+]

163

Terminie-
rungsarten

Das SAP-System kennt grundsätzlich zwei verschiedene Arten von Terminierung: die Durchlaufterminierung und die Netzterminierung (siehe Tabelle 5.1).

Durchlaufterminierung	Netzterminierung
macht entweder eine Vorwärts- terminierung oder eine Rückwärts- terminierung	macht eine Vorwärts- und eine Rückwärtsterminierung
unterstellt sequenzielle Abarbei- tung des Auftrags	kann sequenzielle Abarbeitung und Abhängigkeiten berücksichtigen ▸ Anordnungsbeziehungen ▸ Netzstruktur
ermittelt eine Lage des Auftrags	ermittelt früheste und späteste Lage eines Auftrags ▸ Puffer

Tabelle 5.1 Terminierungsarten

Durchlauf-
terminierung

Die *Durchlaufterminierung* wird entweder als Vorwärtsterminierung oder als Rückwärtsterminierung durchgeführt. Bei der *Vorwärster- minierung* werden, ausgehend vom Eckstarttermin, durch Addition der Vorgangsdauern die frühesten terminierten Beginn- und Endeter- mine auf Kopfebene und auf Vorgangsebene errechnet. Bei der *Rück- wärtsterminierung* werden, ausgehend vom Eckendtermin, durch Subtraktion der Vorgangsdauern die spätesten terminierten Beginn- und Endetermine auf Kopfebene und auf Vorgangsebene errechnet.

Netzterminierung

Bei einer *Netzterminierung* werden sowohl eine *Vorwärtsterminierung* als auch eine *Rückwärtsterminierung* durchgeführt, und zwar unter Berücksichtigung der Anordnungsbeziehungen; d. h., auf Basis des Eckstarttermins werden die frühesten terminierten Termine und auf Basis des Eckendetermins die spätesten terminierten Termine errech- net. Die Differenz zwischen frühestem und spätestem Termin ergibt den so genannten Puffer; dieser wird sowohl pro Vorgang als auch auf Kopfebene ausgewiesen.

Voraussetzungen

Damit Sie eine Terminierung durchführen lassen können, müssen einige Voraussetzungen erfüllt sein:

▸ In den Vorgängen haben Sie eine DAUER eingetragen.

▸ Sie haben dem Vorgang einen STEUERSCHLÜSSEL zugewiesen, bei dem TERMINIEREN aktiv ist.

▸ Sie haben dem Arbeitsplatz eine Formel DAUER EIGENBEARBEITUNG zugewiesen. Diese muss auf das Feld DAUNO, also die Dauer aus dem Vorgang, zeigen. Im Standard ist dies die Formel SAP004.

▸ Wenn Sie eine Durchlaufterminierung durchführen möchten, haben Sie im Customizing mit der Funktion INSTANDHALTUNG UND KUNDENSERVICE • INSTANDHALTUNGS- UND SERVICEABWICKLUNG • INSTANDHALTUNGS- UND SERVICEAUFTRÄGE • TERMINIERUNGSPARAMETER EINSTELLEN der Auftragsart im Werk die TERMINIERUNGSART (vorwärts, rückwärts) zugeordnet.

▸ Wenn Sie eine Netzterminierung durchführen möchten, definieren Sie im Customizing mit der Funktion SAP NETWEAVER • APPLICATION SERVER • FRONTEND SERVICES • BALKENPLAN • GRAFIKPROFILE DEFINIEREN ein Grafikprofil. Sie machen dies mit der Customizing-Funktion INSTANDHALTUNG UND KUNDENSERVICE • INSTANDHALTUNGS- UND SERVICEABWICKLUNG • INSTANDHALTUNGS- UND SERVICEAUFTRÄGE • FUNKTIONEN UND EINSTELLUNGEN DER AUFTRAGSARTEN • VORSCHLAGSWERTPROFILE FÜR ALLGEMEINE AUFTRAGSDATEN ANLEGEN für Instandhaltungsaufträge verfügbar und ordnen es über die Customizing-Funktion VORSCHLAGSWERTE FÜR ARBEITSPLANDATEN UND PROFILZUORDNUNGEN der Kombination Werk/Auftragsart zu.

In der Customizing-Funktion TERMINIERUNGSPARAMETER EINSTELLEN finden **[+]**
Sie eine Einstellmöglichkeit zum Anpassen der Ecktermine. Setzen Sie
diese auf ECKTERMINE NICHT ANPASSEN. Ansonsten werden die von Ihnen
manuell vorgegebenen Ecktermine bei der Terminierung durch die terminierten Termine überschrieben, d. h., sie gehen verloren und sind auch
nicht wiederherstellbar.

Unter diesen Voraussetzungen errechnet Ihnen das System zunächst als Durchlaufterminierung die terminierten Termine auf Kopfebene (siehe Abbildung 5.25) und für die einzelnen Vorgänge.

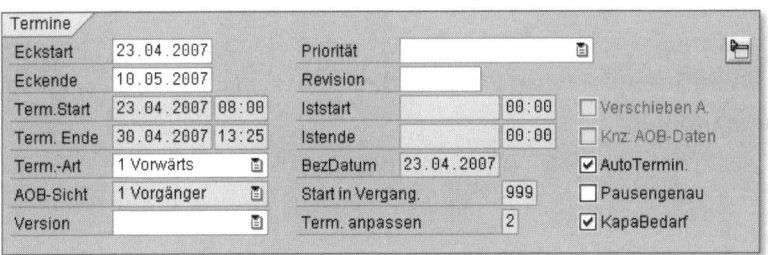

Abbildung 5.25 Terminierungsdaten

[+]   Der Normalfall für eine Durchlaufterminierung in der Instandhaltung ist die Vorwärtsterminierung.

**Anordnungs-
beziehungen**

Wie schalten Sie nun von einer Durchlaufterminierung auf eine Netzterminierung um?

Indem Sie so genannte *Anordnungsbeziehungen* (AOB) pflegen. Rufen Sie hierzu im Auftrag SPRINGEN • GRAFIK • NETZSTRUKTUR auf. Sie kommen dann auf das Netzstrukturtableau und aktivieren dort mit 🔲 den Modus VERBINDEN. Dann können Sie verschiedene Arten von Anordnungsbeziehungen pflegen (siehe Abbildung 5.26).

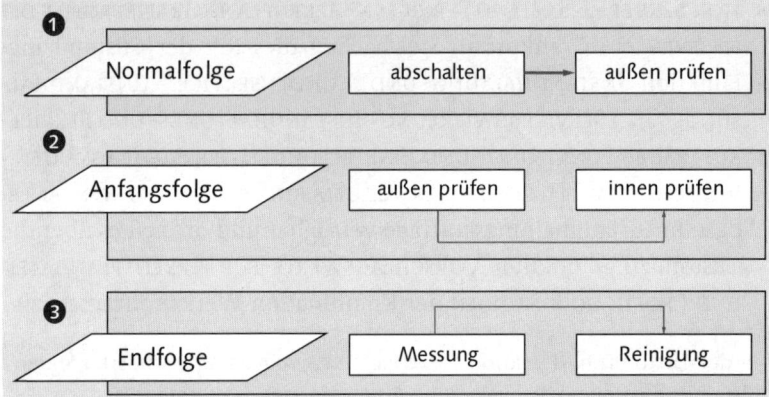

Abbildung 5.26 Anordnungsbeziehungen

▶ **Normalfolge**
Mit einer Normalfolge (❶) verbinden Sie das Ende eines Vorgangs mit dem Beginn eines Nachfolgevorgangs. Da Sie von einem Vorgang aus Normalfolgen zu mehreren Nachfolgevorgängen definieren können, bedeutet dies in der Konsequenz, dass die Nachfolgevorgänge parallel bearbeitet werden können.

▶ **Anfangsfolge**
Mit einer Anfangsfolge (❷) verbinden Sie den Beginn von zwei Vorgängen miteinander, d. h., diese müssen gleichzeitig beginnen.

▶ **Endfolge**
Mit einer Endfolge (❸) verbinden Sie das Ende von zwei Vorgängen miteinander, d. h., diese müssen gleichzeitig beendet sein.

Im Auftrag können Sie über AUFTRAG • FUNKTIONEN • TERMINE • AOBs **[+]**
erzeugen vom System automatisch Normalfolgen für alle Vorgänge erstellen lassen. Sie erzeugen damit eine grafische Netzstruktur (siehe Abbildung 5.27).

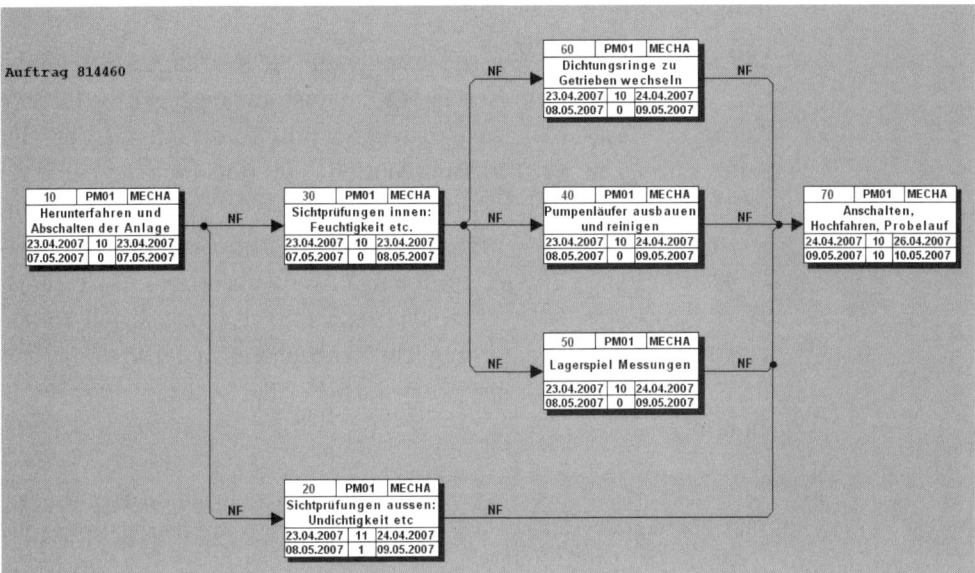

Abbildung 5.27 Netzgrafik

Eine Netzgrafik zeigt die logische Abhängigkeit der einzelnen Vorgänge. Ein Balkendiagramm (aufzurufen im Auftrag über SPRINGEN • GRAFIK • BALKENDIAGRAMM) zeigt dagegen die zeitliche Lage und Dauer der Vorgänge (siehe Abbildung 5.28).

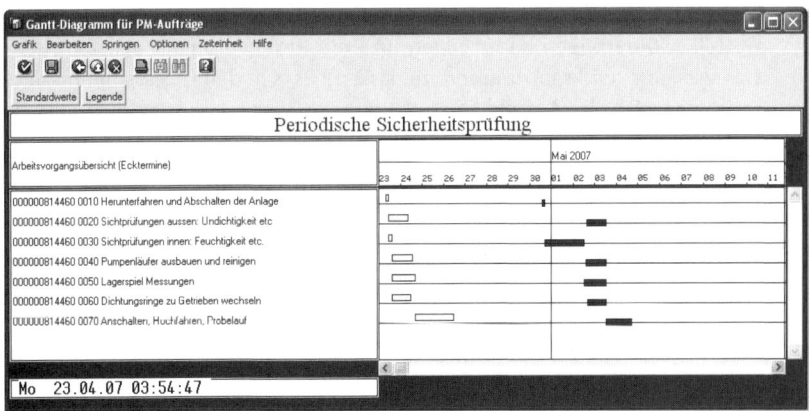

Abbildung 5.28 Balkendiagramm

Materialplanung

Bei der Planung des benötigten Materials muss unterschieden werden, ob es sich um Lagermaterial oder um Nichtlagermaterial handelt.

Lagermaterial – Ablauf

Der Ablauf stellt sich beim Lagermaterial wie folgt dar (siehe Abbildung 5.29):

Die Lagermaterialien (POSITIONSTYP L), die Sie für den Auftrag einplanen, werden im Lager reserviert ❷. Im Customizing legen Sie für jede Auftragsart fest, ob die Materialreservierung sofort oder erst bei der Auftragsfreigabe ❸ wirksam werden soll (Customizing-Funktion INSTANDHALTUNG UND KUNDENSERVICE • INSTANDHALTUNGS- UND SERVICEABWICKLUNG • INSTANDHALTUNGS- UND SERVICEAUFTRÄGE • FUNKTIONEN UND EINSTELLUNGEN DER AUFTRAGSARTEN • ÄNDERUNGS-BELEGE, SAMMEL-BANF, DISPORELEVANZ DEFINIEREN, Schalter RESERVIERUNG/BANF). Das diesbezügliche Kennzeichen in der Materialposition des Auftrags können Sie jedoch bei der Auftragsbearbeitung ändern.

[!]

Beachten Sie, dass Sie das Auslösen einer Reservierung für Lagermaterial nicht unterdrücken können; Materialreservierungen werden auf jeden Fall erzeugt. Mit der Customizing-Funktion Änderungsbelege, Sammel-Banf, Disporelevanz definieren, Schalter Reservierung/Banf, können Sie lediglich steuern, wann die Reservierung wirksam werden soll: sofort oder erst bei der Freigabe des Auftrags.

Wichtig ist außerdem, dass Sie keine Trennung zwischen Reservierung für Lagermaterial und Bestellanforderung für Nichtlagermaterial vornehmen können. Wenn Sie also mit der Customizing-Funktion Änderungsbelege, Sammel-Banf, Disporelevanz definieren, Schalter Reservierung/Banf sofort, eingestellt haben, dann werden sofort die Reservierungen wirksam, und Bestellanforderungen werden erzeugt. Es ist nicht möglich, z. B. sofort Bestellanforderungen zu erzeugen und die Reservierungen erst bei Auftragsfreigabe wirksam werden zu lassen. Es sei denn, Sie ändern das jeweils manuell im Auftrag ab.

▶ Bei der Komponentenzuordnung ❶ im Auftrag können Sie gleich eine Verfügbarkeitsprüfung durchführen.

▶ Wenn Sie den Auftrag freigeben ❷, wird vom System automatisch eine Verfügbarkeitsprüfung durchgeführt.

▶ Beim Druck der Auftragspapiere ❹ können Sie entsprechende Belege für die Werkstatt und das Lager (z. B. eine Materialbereitstellungsliste und Materialentnahmescheine) mit ausdrucken.

▸ Geplante Warenausgänge erfassen Sie mit Bezug auf die Reservierung, ungeplante Warenausgänge durch Eingabe der Auftragsnummer ❺.

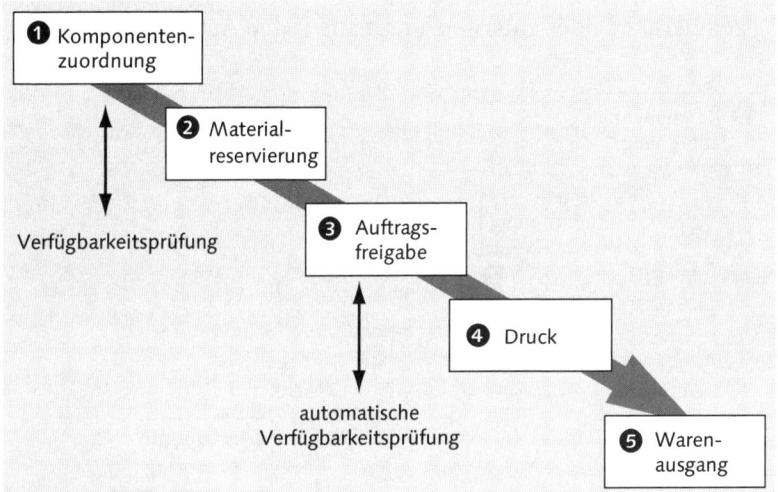

Abbildung 5.29 Ablauf der Planung für das Lagermaterial

Der Ablauf beim Nichtlagermaterial erfolgt in sechs Schritten (siehe Abbildung 5.30):

Nichtlagermaterial – Ablauf

▸ Bei der Komponentenzuordnung (❶) im Auftrag (Positionstyp N) können Sie zusätzliche Einkaufsinformationen mitgeben. Die Komponente, die Sie zuordnen, kann eine Materialnummer haben, muss aber nicht. In letzterem Fall beschreiben Sie das Material, indem Sie manuell einen Kurztext eintragen.

▸ Auf Basis dieser Informationen erzeugt das System eine Bestellanforderung (❷) – entweder direkt beim Sichern oder erst beim Freigeben des Auftrags (Customizing-Funktion Änderungsbelege, Sammel-Banf, Disporelevanz definieren Schalter Reservierung/Banf).

▸ Im Einkauf werden aus den Bestellanforderungen Bestellungen (❸) erzeugt. Die Bestellpositionen sind dabei auf den Auftrag kontiert.

▸ Wareneingänge mit Bezug auf den Auftrag können erfasst werden, sobald der Auftrag freigegeben ist (❹).

- ▸ Bei der Erfassung der Wareneingänge (**❺**) wird der Auftrag mit dem Bestellwert belastet, wenn der Wareneingang bewertet erfolgt.
- ▸ Beim Rechnungseingang (**❻**) ggf. auftretende Rechnungsdifferenzen belasten oder entlasten automatisch den Auftrag.

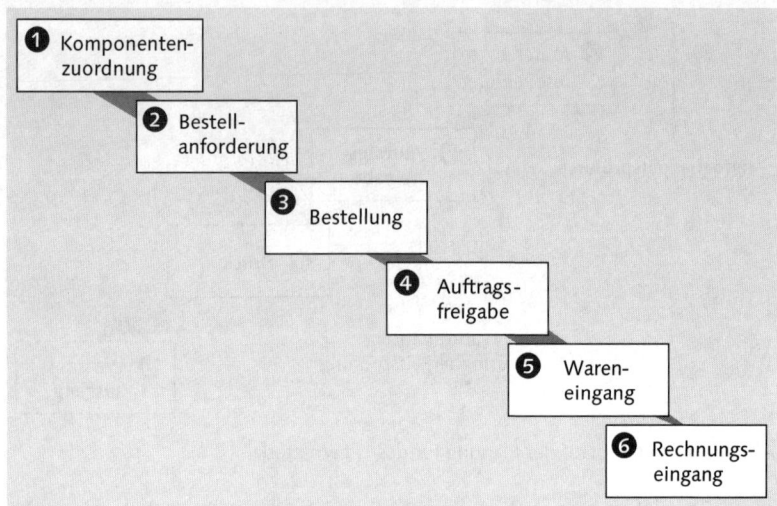

Abbildung 5.30 Ablauf der Planung für das Nichtlagermaterial

Möglichkeiten der Materialplanung

Für den eigentlichen Planungsvorgang haben Sie folgende Möglichkeiten:

- ▸ **Manuelle Erfassung**
  Sie können einem Vorgang manuell aus der allgemeinen Materialliste ein Material zuordnen.

- ▸ **Strukturliste**
  Sie können aus der Strukturliste des Bezugsobjekts Ersatzteile auswählen (Button 🔷 Liste). Haben Sie dem Auftrag Technischen Platz, Equipment und Baugruppe zugewiesen, werden – falls vorhanden – alle direkten und indirekten Stücklisten in der Strukturliste angezeigt.

- ▸ **Arbeitsplan**
  Verwenden Sie im Auftrag einen Arbeitsplan und sind dem Arbeitsplan Ersatzteile zugeordnet, werden diese in den Auftrag übertragen.

▶ **Materialverwendungsnachweis**
Wenn Sie in der Vergangenheit Aufträge zu den Bezugsobjekten abgewickelt und dabei Ersatzteile verbraucht haben, können Sie sich diese über den Materialverwendungsnachweis (Button ⊏⊃ Materialverwendung) anzeigen lassen und daraus Positionen in den vorliegenden Auftrag übernehmen.

Abbildung 5.31 zeigt diese Möglichkeiten im Überblick.

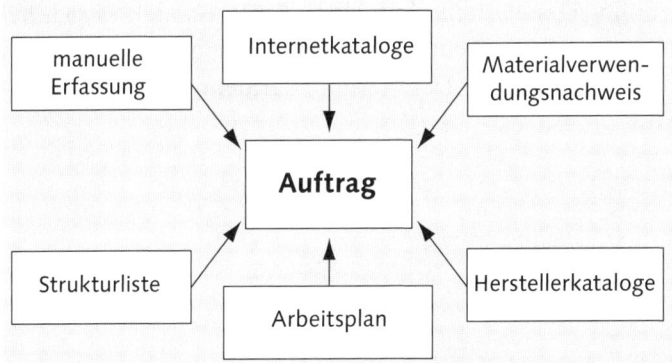

Abbildung 5.31 Möglichkeiten der Materialplanung

Je länger ein Equipment oder Technischer Platz bereits im Einsatz ist, desto aussagefähiger ist die Historie der getauschten Ersatzteile, und desto hilfreicher ist demzufolge die Materialverwendung bei einer Komponentenplanung.   **[+]**

Sie können zur Materialplanung auch Internet- und Herstellerkataloge heranziehen. Details hierzu finden Sie in Abschnitt 8.1.4, »Elektronische Teilkataloge«.

Über die Customizing-Funktion Instandhaltung und Kundenservice • Instandhaltungs- und Serviceabwicklung • Instandhaltungs- und Serviceaufträge • Terminierung • Terminierungsparameter einstellen definieren Sie über den Schalter Termine anpassen pro Werk und Auftragsart, ob der Bedarfstermin   Bedarfstermin der Materialkomponenten

▶ aller Materialkomponenten auf dem Eckstarttermin des Auftrages liegen soll

▶ oder ob die einzelnen Materialkomponenten auf den Beginntermin des jeweiligen Vorgangs terminiert werden sollen.

[+] Setzen Sie den Parameter TERMINE ANPASSEN auf ECKTERMINE NICHT ANPAS-
SEN, SEKUNDÄRBEDARF AUF VORGANGSTERMINE. Warum Sie die Ecktermine
nicht anpassen sollten, habe ich Ihnen bereits im Abschnitt »Terminierung« erläutert. Der Sekundärbedarf sollte auf der Vorgangsebene terminiert werden, da andernfalls alle Materialien zu Beginn des Auftrags verfügbar gemacht würden, und dies würde wiederum die Lagerbestände
unnötig in die Höhe treiben.

Davon abweichend können Sie zu jeder Komponente manuell einen
Bedarfstermin vergeben (siehe Abbildung 5.32). Handelt es sich bei
der Komponente um ein Nichtlagermaterial, so ist der Bedarfstermin
gleichzeitig der gewünschte Liefertermin, der dem Lieferanten übermittelt wird.

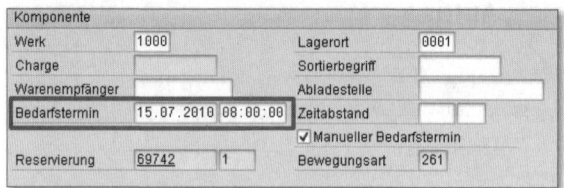

Abbildung 5.32 Bedarfstermin einer Materialkomponente

Business Function Damit Sie den manuellen Bedarfstermin nutzen können, muss die
Business Function LOG_EAM_CI_3 aktiviert sein.

Abbildung 5.33 zeigt Ihnen eine fertig geplante Materialliste. Die
Positionen 10 bis 30 wurden über die Strukturliste geplant, die Positionen 20 und 30 über einen Internetkatalog, die Position 40 wurde
manuell hinzugefügt, ebenso wie die Position 50 mit einer manuell
beschriebenen Nichtlagerposition.

Die Komponenten werden während der Auftragsbearbeitung verbraucht (wie z. B. Schmierstoffe) oder verbaut (wie z. B. Baugruppen).
Neben den Komponenten werden möglicherweise noch Fertigungshilfsmittel benötigt.

Fertigungshilfsmittel

Warum FHM? Fertigungshilfsmittel (FHM), wie z. B. Schutzkleidungen, Handhubwagen, Zeichnungen usw., werden im Unterschied zu Komponenten
während der Abarbeitung des Auftrags nicht verbraucht, sondern sie
werden zur Bearbeitung des Auftrags benötigt und am Ende wieder
zurückgegeben (z. B. ins Lager).

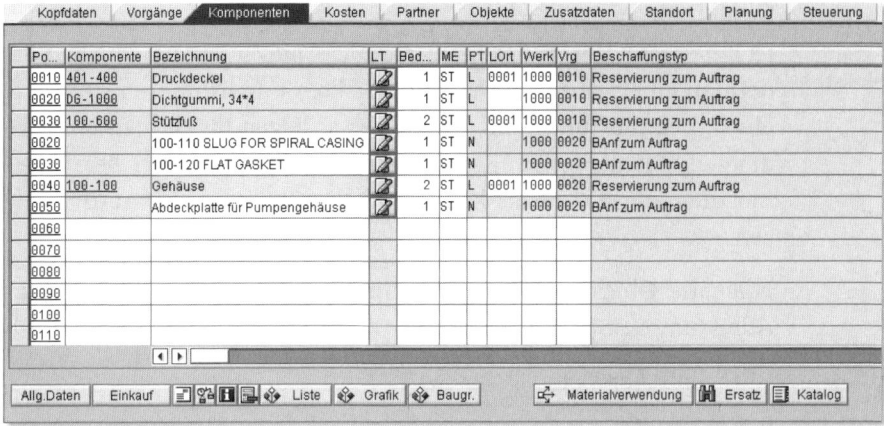

Abbildung 5.33 Komponentenliste

Sie können einem Vorgang drei verschiedene Arten von Fertigungs- hilfsmitteln zuordnen (siehe Abbildung 5.34):

Arten

▶ **Material**
falls das benötigte Fertigungshilfsmittel als Materialnummer geführt wird

▶ **Dokument**
falls es sich um ein Dokument handelt und dieses als Dokumenten- stammsatz abgelegt ist

▶ **Equipment**
falls das benötigte Fertigungshilfsmittel als Equipmentstammsatz geführt wird

Der Aufruf erfolgt über das Icon ⬚ .

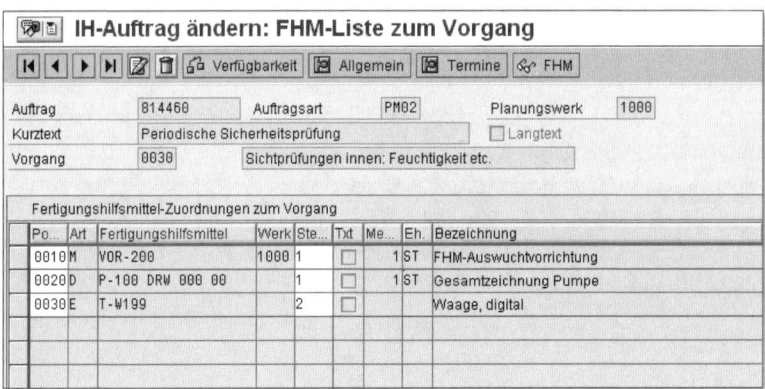

Abbildung 5.34 FHM-Liste

173

Objektliste

Warum
Objektliste?

Es gibt bestimmte Tätigkeiten, die nicht nur an einem Objekt, sondern an einer ganzen Reihe von Objekten durchzuführen sind (z. B. ein Inspektionsrundgang). Oder aber es liegen Ihnen mehrere Meldungen vor, die Sie im Rahmen eines einzigen Auftrags bearbeiten möchten. Für diese Fälle können Sie die Objektliste im Auftrag nutzen.

Folgende Objekte können Sie einer Objektliste hinzufügen (siehe Abbildung 5.35):

▶ Technischer Platz

▶ Equipment

▶ Materialserialnummer

▶ Meldung

[+] Die auflaufenden Kosten werden standardmäßig nur auf dem Leitobjekt im Auftragskopf fortgeschrieben, und in der Auftragsabrechnung wird dessen Kostenstelle belastet. Wenn Sie die Kosten anteilmäßig auf alle betroffenen Kostenstellen abrechnen möchten, nutzen Sie den Customer Exit KUNDENEIGENE ABRECHNUNGSVORSCHRIFT ERZEUGEN (IWO10027).

Für eine Aufteilung der Kosten in der Historie gibt es leider keine Standardmöglichkeit.

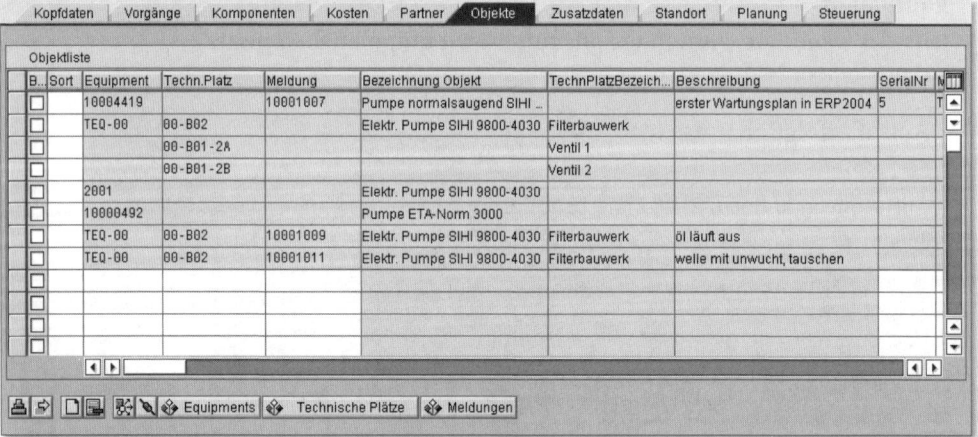

Abbildung 5.35 Objektliste

Kalkulation und Schätzkosten

Bei der Kalkulation werden die Kosten auf Basis der von Ihnen im System hinterlegten Verrechnungssätze und auf Basis der in der Ressourcenplanung angegebenen Mengen automatisch errechnet. Die Plankosten (und auch die später anfallenden Ist-Kosten) werden nicht manuell geplant.

Definition

Die Planung der Ressourcen führt zur Entstehung von Plankosten auf dem Auftrag. Die Kosten können Sie sich dann in zwei verschiedenen Darstellungsweisen im Auftrag anzeigen lassen (siehe Abbildung 5.36):

Kostendarstellung

▸ **Nach Kostenarten**
Die Kostendarstellung nach Kostenarten zeigt Ihnen alle an der Kalkulation beteiligten Kostenarten. Dies ist eine eher controllingorientierte Sicht. Sie zeigt eine Gegenüberstellung von Plankosten und Ist-Kosten.

▸ **Nach Wertkategorien**
Die Kostendarstellung nach Wertkategorien fasst mehrere Kostenarten zu so genannten *Wertkategorien* zusammen und ist die in der Regel für Instandhaltungszwecke übersichtlichere Darstellung. Sie zeigt Ihnen eine Gegenüberstellung von Schätzkosten, Plankosten und Ist-Kosten.

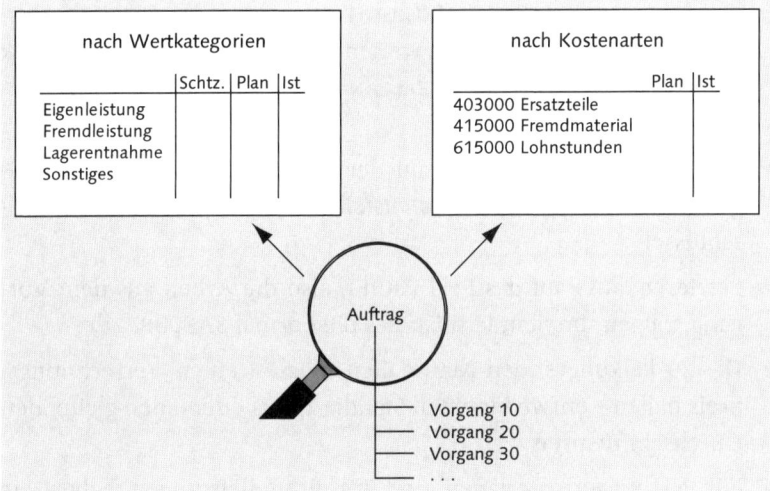

Abbildung 5.36 Kostendarstellung im Auftrag

Voraussetzungen Damit das System auf Basis Ihrer Ressourcenplanung die Kosten ermitteln kann, müssen Sie folgende Voraussetzungen schaffen:

- Den Vorgängen, die in die Kalkulation mit einfließen sollen, geben Sie einen Steuerschlüssel mit der Funktion Kalkulieren.

- Den Vorgängen, die in die Kalkulation mit einfließen sollen, ordnen Sie eine Arbeit zu.

- Für die Kostenstelle des Arbeitsplatzes definieren Sie mit der Transaktion KP26 für die von Ihnen genutzte Version, das Geschäftsjahr, die Kostenstelle und die Leistungsart einen Tarif fix und/oder einen Tarif variabel.

[+]   Da in der Instandhaltung nach Vollkosten kalkuliert wird, ist es egal, ob Sie den Tarif auf fix und variabel aufsplitten oder nicht.

- Mit den Customizing-Funktionen des Controllings haben Sie die *Kalkulationsvariante*, die *Bewertungsvariante* und das *Kalkulationsschema* gepflegt (Näheres hierzu finden Sie in Abschnitt 6.2.5, »Controlling«).

- Mit der Customizing-Funktion Instandhaltung und Kundenservice • Instandhaltungs- und Serviceabwicklung • Instandhaltungs- und Serviceaufträge • Funktionen und Einstellungen der Auftragsarten • Kalkulationsdaten für Instandhaltungs- und Serviceaufträge • Kalkulationsparameter und Abgrenzungsschlüssel zuordnen weisen Sie der Auftragsart pro Werk eine Kalkulationsvariante Plan und eine Kalkulationsvariante Ist zu.

- Im Arbeitsplatz haben Sie auf der Registerkarte Kalkulation folgende Daten gepflegt: Kostenstelle, Leistungsart und Formelschlüssel.

- Letzterer muss auf das Feld ARBEI, also die Arbeit aus dem Vorgang, zeigen. Im Standard ist dies die Formel SAP008.

- Die zu kalkulierenden Materialien müssen einen Verrechnungspreis haben – entweder einen Standardpreis oder einen gleitenden Durchschnittspreis.

- Für Nichtlagermaterialien und für Fremdleistungen haben Sie einen Wert eingetragen.

Die Vorkalkulation eines Auftrags wird automatisch beim Sichern durchgeführt oder wenn Sie sie manuell während der Auftragsbearbeitung über das Icon 🖩 anstoßen.

Vorgehensweise

Abbildung 5.37 zeigt Ihnen die Darstellung der Kosten auf Kostenartenebene – zu erreichen über die Registerkarte KOSTEN und die Funktion BERICHT PLAN/IST.

Kostenart	Kostenart (Text)	Σ	Plan ges.	Σ	Ist ges.	Σ	Plan/Ist-Abw.	P/I-Abw(%)	Währung
400000	Verbrauch Rohstoffe 1		94,24		0,00		94,24-	100,00-	EUR
403000	Verbrauch Hilfs- und Betriebsstoffe		23,01		0,00		23,01-	100,00-	EUR
417000	Bezogene Leistungen		750,00		0,00		750,00-	100,00-	EUR
615000	Direkte Leistungsverr. Reparaturen		1.939,06		0,00		1.939,06-	100,00-	EUR
655901	Gemeinkostenzuschlag Instandhaltung		429,55		0,00		429,55-	100,00-	EUR
890000	Verbrauch Halbfabrikate		83,41		0,00		83,41-	100,00-	EUR
	Verbrauch Halbfabrikate		227,52		0,00		227,52-	100,00-	EUR
		Σ	3.546,79	Σ	0,00	Σ	3.546,79-		EUR

Abbildung 5.37 Kostendarstellung nach Kostenarten

Wurde der Auftrag kalkuliert, setzt das System im Auftrag den Status VOKL (Vorkalkuliert).

Status

Abbildung 5.38 zeigt Ihnen die Darstellung der Kosten nach Wertkategorien.

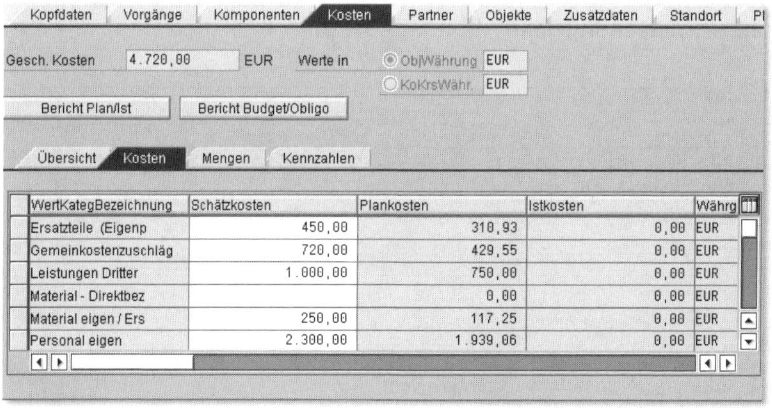

Abbildung 5.38 Kostendarstellung nach Wertkategorien

Plankosten und Ist-Kosten werden automatisch kalkuliert. Zusätzlich haben Sie noch die Möglichkeit, SCHÄTZKOSTEN einzutragen: Diese werden nicht kalkuliert, sondern manuell vorgegeben. Schätzkosten basieren ausschließlich auf den Erfahrungswerten eines Disponenten, sie beruhen nicht auf den geplanten Ressourcen. Schätzkosten werden manuell eingetragen

Schätzkosten

- differenziert pro Wertkategorie (die Summe wird dann automatisch gebildet)
- als Summe für den ganzen Auftrag

[+] Die Ermittlung von Plankosten oder die Vergabe von Schätzkosten verhindern nicht, dass bestimmte Wertgrenzen überschritten werden. Wenn Sie dies erreichen möchten, dann vergeben Sie ein *Auftragsbudget*. Wenn Sie dann noch im Customizing die Verfügbarkeitskontrolle aktiviert haben, erscheinen bei Erreichen bzw. Überschreiten gewisser Wertgrenzen Warn- oder Fehlermeldungen (siehe Abschnitt 7.3.1, »Auftragsbudgetierung«).

Genehmigungen

In Abschnitt 4.2.8, »Spezielle Funktionen«, habe ich Ihnen die Möglichkeit geschildert, dass Sie einem Technischen Platz oder einem Equipment Genehmigungen zuordnen können. Bei dieser Zuordnung konnten Sie die Spalte V (d. h. Genehmigung bei der Abwicklung vorschlagen) markieren und darüber hinaus entweder bei der Freigabe (Spalte AF) oder beim technischen Abschluss (Spalte AA) eine Erteilung der Genehmigung erzwingen. Wenn dies der Fall ist, müssen nun diese Genehmigungen innerhalb der Auftragsabwicklung erteilt werden, bevor der Auftrag freigegeben oder abgeschlossen werden kann (siehe Abbildung 5.39).

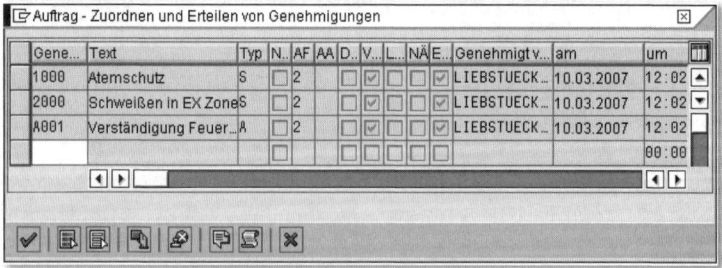

Abbildung 5.39 Genehmigungen erteilen

Mit 🔁 erteilen Sie Genehmigungen; mit 🔧 können Sie erteilte Genehmigungen wieder zurücknehmen. Das System zeigt in der Übersicht, wer wann die Genehmigung erteilt hat.

[+] Mit Genehmigungen können Sie sicherstellen, dass ein Auftrag nicht freigegeben bzw. nicht technisch abgeschlossen wird, wenn nicht nach dem Vier- oder Mehr-Augen-Prinzip die notwendigen Genehmigungen erteilt sind.

Mithilfe des SAP-Berechtigungskonzepts können Sie sicherstellen, dass unterschiedliche Personen die Genehmigungen erteilen und den Auftrag freigeben bzw. technisch abschließen.

Auftragshierarchie

Von einer Auftragshierarchie spricht man, wenn zu einem Auftrag ein oder mehrere Unteraufträge eröffnet werden. Eine Auftragshierarchie ist eine mehrstufige Struktur aus Aufträgen und Unteraufträgen, um umfangreiche Aufträge aufzugliedern oder mehrere Aufträge zusammenzufassen.

Definition

Einen Unterauftrag legen Sie mit der Transaktion IW36 zu einem übergeordneten Auftrag an (siehe Abbildung 5.40).

Vorgehensweise

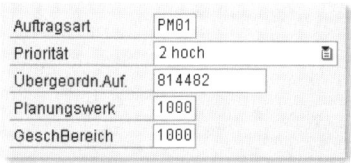

Abbildung 5.40 Unterauftrag anlegen

Die Eröffnung von Unteraufträgen steht in der Praxis in Konkurrenz zur Bildung von Vorgängen. Wie Sie oben gesehen haben, können Sie auf Vorgängen bestimmte Planungsvorgänge durchführen, wie etwa

Unterauftrag oder Vorgang?

▸ Arbeitsbeschreibungen und Arbeitsplätze

▸ Materialien

▸ Fertigungshilfsmittel

▸ Terminierung

Die Vorgänge sind dabei jedoch an die Vorgaben des Auftragskopfes gebunden. Demgegenüber wird der Unterauftrag völlig separat geplant, d. h.:

▸ Sie können ihm ein eigenständiges Bezugsobjekt zuordnen.

▸ Er weist Kosten aus.

▸ Er kann eine eigene Abrechnungsvorschrift tragen.

▸ Er kann eigenständig budgetiert werden.

Dies sind alles Funktionen, die über die eines Vorgangs hinausgehen.

[+] Innerhalb einer Auftragsabwicklung sollten Sie Unteraufträge statt Vorgänge bilden, wenn Sie Maßnahmen haben

- ▶ für die Sie ein separates Bezugsobjekt benötigen
- ▶ für die Sie einen eigenen Kostenausweis benötigen
- ▶ die ein eigenes Auftragsbudget benötigen
- ▶ die Sie eigenständig abrechnen wollen
- ▶ die eigenständig genehmigt werden müssen

Berichte Im Hauptauftrag können Sie sich die Auftragsstruktur (ZUSÄTZE • UNTERAUFTRÄGE • ÜBERSICHT) und die Kostenverdichtung (ZUSÄTZE • UNTERAUFTRÄGE • KOSTENÜBERSICHT) über spezielle Berichte ansehen. Abbildung 5.41 zeigt Ihnen die stufenweise verdichtete Kostenübersicht.

Anzeigen: Kostenübersicht über Auftragshierarchien

Aufl. n. Wertkat.

Auftrag	Währung	IstGes...	PlanGes...	GesSumPlan	GesSu...
▽ 814482	EUR	0,00	3.546,79	8.779,06	0,00
814482	EUR	0,00	3.546,79	3.546,79	0,00
▽ 814483	EUR	0,00	634,60	4.174,60	0,00
814483	EUR	0,00	634,60	634,60	0,00
▽ 814485	EUR	0,00	3.540,00	3.540,00	0,00
814485	EUR	0,00	3.540,00	3.540,00	0,00
▽ 814484	EUR	0,00	1.057,67	1.057,67	0,00
814484	EUR	0,00	1.057,67	1.057,67	0,00

Abbildung 5.41 Auftragshierarchie Kostenübersicht

Objektdienste

Über die Möglichkeiten im Rahmen der Objektdienste habe ich Sie ja bereits in Abschnitt 4.2.8 im Rahmen der speziellen Funktionen zu den technischen Objekten informiert.

Die Objektdienste stehen Ihnen selbstverständlich auch bei den Aufträgen zur Verfügung. Allerdings ergibt sich bei den Aufträgen eine kleine Besonderheit: Wenn Sie einem Auftrag den Objektdienst Anlage zugeordnet haben und dieser somit über eine Anlagenliste verfügt, wird dies im Auftragskopf durch das Erscheinen eines Icons deutlich gemacht (siehe Abbildung 5.42). Somit wissen Sie beim Aufrufen des entsprechenden Auftrags sofort, ob diesem eine Anlagenliste zugeordnet wurde oder nicht. Wenn Sie auf das Icon klicken, wird Ihnen die Anlagenliste angezeigt.

Abbildung 5.42 Auftrag mit Anlagenliste

Das Icon ANLAGENLISTE im Auftragskopf zeigt Ihnen direkt, ob einem Auf-   **[+]**
trag Dokumente über den Objektdienst zugeordnet worden sind.

Damit das Icon ANLAGENLISTE angezeigt wird, muss die Business   Business Function
Function LOG_EAM_CI_3 aktiviert sein.

Auf der DVD finden Sie unter GESCHÄFTSPROZESSE • GESCHÄFTSPROZESSE IN   **[○]**
DER INSTANDHALTUNG • 4. GEPLANTE INSTANDSETZUNG • 4.2 PLANUNG VON
AUFTRÄGEN alle Teilgeschäftsprozesse zur Auftragsplanung (Auftragseröff-
nung, Vorgänge, Material, Kosten).
Unter GESCHÄFTSPROZESSE • CUSTOMIZING IN DER INSTANDHALTUNG • 3. PLA-
NUNG finden Sie Customizing-Einstellungen zum Auftrag (Auftragsart, Pro-
file, Partner usw.).

Damit können wir die Planung des Auftrags verlassen und kommen
zu Möglichkeiten des SAP-Systems, die Sie normalerweise nutzen,
wenn die eigentliche Auftragsbearbeitung unmittelbar bevorsteht:
zur Steuerung.

5.2.3 Steuerung

Die Steuerung umfasst die Funktionen MASSENÄNDERUNG, VERFÜG-
BARKEITSPRÜFUNG (Material, Fertigungshilfsmittel, Personal), KAPAZI-
TÄTSPLANUNG, AUFTRAGSFREIGABE und AUFTRAGSDRUCK.

Massenänderung

In Ihrem Tagesgeschäft kommt es sicherlich häufiger vor, dass Sie
mehrere Aufträge mit derselben Information zu versehen haben.
Dies ist beispielsweise in folgenden Fällen notwendig:

▸ Wenn Sie ein Wochenprogramm zusammengestellt haben und
  nun mehrere Aufträge auf dieselben Termine legen müssen.

▸ Wenn in einer Werkstatt mehrere Mitarbeiter ausfallen und Sie
  Aufträge in eine andere Werkstatt verlagern müssen.

▶ Wenn vom Controlling neue Abrechnungsaufträge angelegt wurden und diesen mehrere Instandhaltungsaufträge zugewiesen werden sollen.

▶ Wenn Sie einen neuen Planer eingestellt haben, dem Sie einen ersten Arbeitsvorrat zuweisen möchten.

Wenn bei Ihnen solche oder ähnliche Bedingungen vorliegen, gehen Sie am besten wie folgt vor (siehe Abbildung 5.43):

▶ Starten Sie die Transaktion IW38 zur Liständerung von Aufträgen und grenzen Sie den Auftragsvorrat ein (z. B. nach Auftragsart, Termin o. Ä.).

▶ Markieren Sie in der Liste die Aufträge, die Sie nun gemeinsam verändern möchten.

▶ Rufen Sie im Menü AUFTRAG • MASSENÄNDERUNG DURCHFÜHREN auf.

▶ Geben Sie die gewünschten neuen Informationen ein (z. B. verantwortlicher Arbeitsplatz oder Termin), und führen Sie die Änderungen aus.

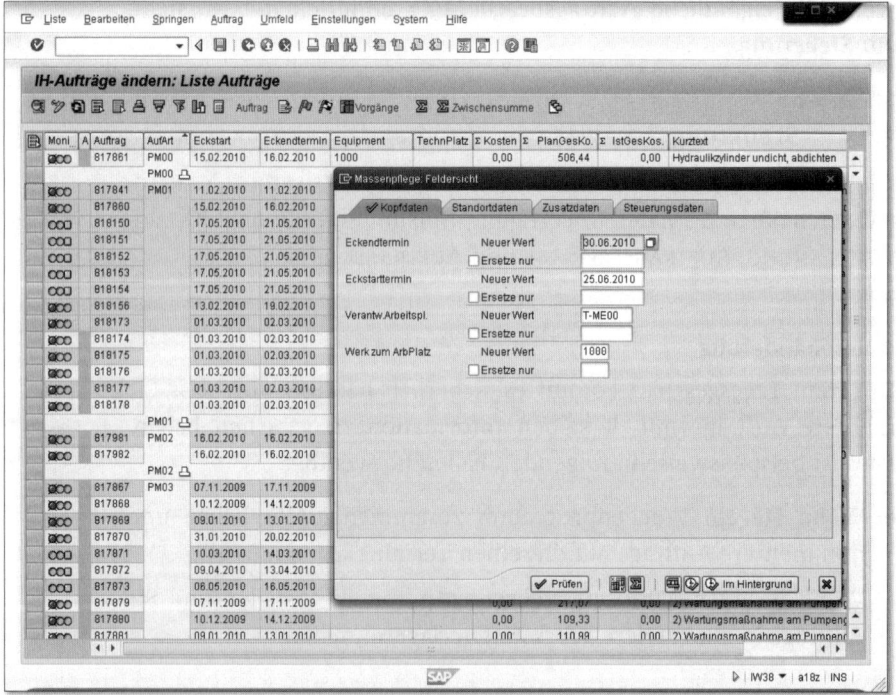

Abbildung 5.43 Massenänderung von Aufträgen

Mithilfe der Funktion MASSENÄNDERUNG können Sie einfach, zuverlässig und schnell Feldinhalte in mehreren Aufträgen gleichzeitig ändern.

[+]

Kapazitätsplanung

In der Kapazitätsplanung stellen Sie das Kapazitätsangebot der Kapazitätsnachfrage gegenüber. Das Kapazitätsangebot wird im Arbeitsplatz gepflegt (siehe Abschnitt 3.2). Die Kapazitätsnachfrage ergibt sich durch die Vorgabezeiten der Vorgänge im Auftrag. Jedoch ist eine Kapazitätsplanung nicht immer sinnvoll.

Grundsätzlich macht eine Kapazitätsplanung nur dann Sinn, wenn das *planbare* Auftragsvolumen ausreichend groß ist und wenn die Vorgabezeiten einigermaßen genau sind. Diese Voraussetzungen sind in der Instandhaltung – anders als in der Produktion – häufig nicht erfüllt: Entweder liegen keine genaue Vorgaben zu den Vorgabezeiten vor, und/oder man hat einen hohen Anteil von ungeplanten Aufträgen.

[+]

In den meisten Produktionsabteilungen stellen genaue Vorgabezeiten in der Regel kein Problem dar, da sich gleichartige Fertigungsaufträge immer wiederholen. In der Instandhaltung aber trifft dies im Wesentlichen nur auf den Bereich von Wartung und Inspektion zu. Alle anderen Maßnahmen sind mehr oder weniger einmalig, sie wiederholen sich nicht. Und dementsprechend ungenau sind die Schätzungen hinsichtlich der benötigten Zeit.

Genaue Vorgabezeiten?

Auch diese Voraussetzung stellt in den meisten Produktionsabteilungen bis auf die Eilaufträge kein Problem dar. In der Instandhaltung aber treffen wir auf das Problem der Störungsbeseitigung und der kurzfristigen Instandsetzung. Deren Anfall und Häufigkeit lassen sich nicht im Vorhinein planen. Lediglich die Zeitpunkte der vorbeugenden Instandhaltung sind bekannt und können geplant werden. Auch die längerfristigen Instandsetzungen sind planbar.

Geplante Aufträge?

Wenn Sie aufgrund ungeplanter Instandsetzungen und Störungsbeseitigungen ein planbares Auftragsvolumen von weniger als 60 % haben und nur ungenaue Angaben zur Vorgabezeit machen können, schalten Sie die Kapazitätsplanung einfach ab. Wie? Indem Sie einen Steuerschlüssel verwenden, in dem die Funktion KAPAZITÄTSBEDARFE nicht aktiviert ist.

[+]

Wenn aber bei Ihnen diese beiden Voraussetzungen (genaue Vorgabezeiten, hoher Anteil geplanter Aufträge) erfüllt und Sie der Mei-

Stufen

nung sind, eine Kapazitätsplanung könnte Ihnen helfen, dann besteht diese immer aus drei Stufen (siehe Abbildung 5.44):

- **Stufe ❶: Kapazitätsangebot**
  Über das *Kapazitätsangebot* habe ich Sie bereits ausführlich in Abschnitt 3.2, »Arbeitsplätze«, informiert.

- **Stufe ❷: Kapazitätsbedarf**
  Der Kapazitätsbedarf gibt an, wie viel Leistung die einzelnen Aufträge an einer Kapazität zu einem bestimmten Zeitpunkt benötigen. Die Kapazitätsbedarfe werden bei der Durchlaufterminierung ermittelt und auf den Arbeitsplätzen eingeplant.

- **Stufe ❸: Kapazitätsabgleich**
  Nun werden diese Bedarfe mit den Angeboten verglichen, und im Kapazitätsabgleich können Sie Unter- und Überbelastungen ausgleichen, indem Sie entsprechende Maßnahmen ergreifen wie z. B. Terminverschiebungen eines Auftrags.

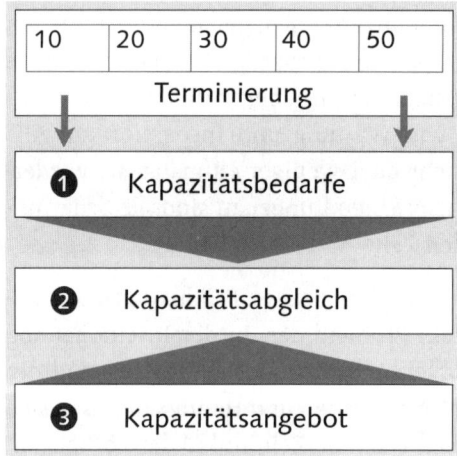

Abbildung 5.44 Kapazitätsplanung

Voraussetzungen für Kapazitätsbedarfe

Kapazitätsbedarfe entstehen aufgrund von Aufträgen, genauer gesagt: aufgrund von Vorgaben in den Vorgängen im Feld ARBEIT. Folgende Voraussetzungen müssen erfüllt sein, damit Kapazitätsbedarfe erzeugt werden:

- Sie haben im Arbeitsplatz eine Formel BEDARF EIGENBEARBEITUNG eingetragen. Diese muss auf das Feld ARBEI, also die Arbeit aus dem Vorgang, zeigen. Im Standard ist dies die Formel SAP008.

▶ Sie verwenden bei den Vorgängen einen Steuerschlüssel, bei dem die Funktion Kapazitätsbedarfe aktiv ist.

▶ Sie haben den Auftrag terminiert (siehe Abschnitt »Terminierung«).

Mithilfe der Kapazitätsübersichten (z. B. Transaktion CM01) können Sie sich eine Gegenüberstellung von Kapazitätsangebot und Kapazitätsbedarfen ansehen, entweder tabellarisch oder – wie in Abbildung 5.45 – grafisch aufbereitet.

Kapazitätsübersichten

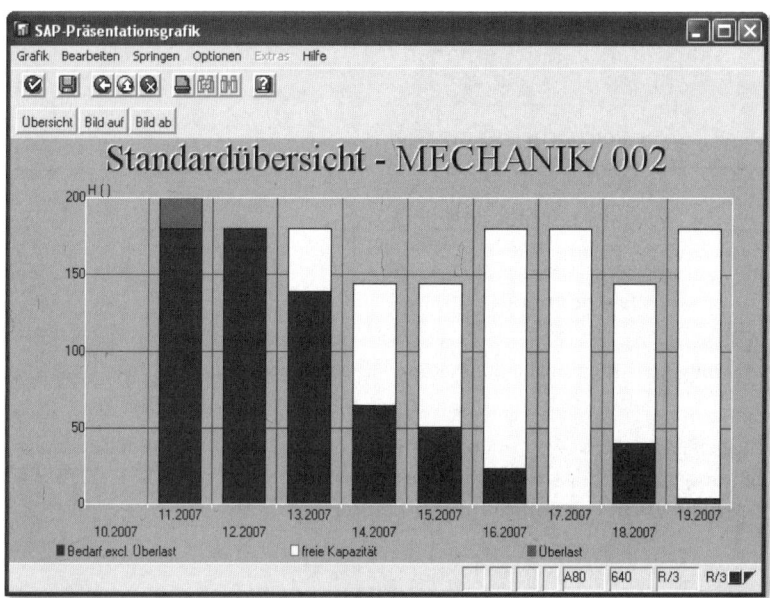

Abbildung 5.45 Kapazitätsübersicht

Aus den Kapazitätsübersichten können Sie insbesondere die Informationen entnehmen

▶ welches Kapazitätsangebot vorliegt

▶ wie hoch die Kapazitätsbelastungen sind

▶ ob Überlasten vorliegen

▶ welche Kapazitäten noch frei sind

Wenn aufgrund der Kapazitätsübersicht erkennbar ist, dass die vorhandene Kapazität nicht ausreicht, müssen Sie Abgleichsmaßnahmen ergreifen (siehe Abbildung 5.46):

Kapazitätsabgleich

- ▸ Sie erhöhen – temporär oder dauerhaft – das Kapazitätsangebot, z. B. indem Sie zusätzliche Schichten, zusätzliche Arbeitstage oder zusätzliche Handwerker einplanen.

- ▸ Sie können einzelne Aufträge auf andere Arbeitsplätze umplanen, falls diese noch freie Kapazitäten haben.

- ▸ Sie können einzelne Aufträge terminlich nach vorne oder nach hinten verlagern.

- ▸ Sie vergeben einzelne Aufträge an Fremdfirmen.

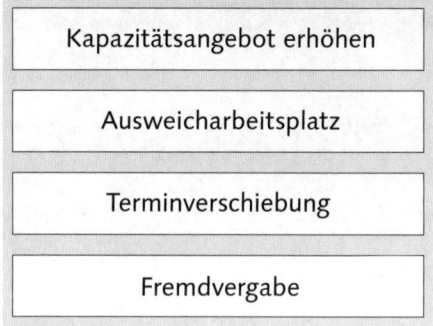

Abbildung 5.46 Möglichkeiten des Kapazitätsabgleichs

[+] Zu den gängigsten, weil unkompliziertesten Verfahren, um in der Instandhaltung Über- oder Unterlasten auszugleichen, gehören die Verschiebung oder das Vorziehen von Aufträgen.

Verfügbarkeitsprüfungen allgemein

Definition Verfügbarkeitsprüfung bedeutet, dass Sie vom System prüfen lassen, ob die von Ihnen geplanten Ressourcen zum Bedarfstermin in ausreichender Menge bzw. Anzahl zur Verfügung stehen.

Sie können *Materialien*, *Kapazitäten* und *Fertigungshilfsmittel* einer Verfügbarkeitsprüfung unterziehen. Dies steuern Sie pro Werk und Auftragsart über die Customizing-Funktion INSTANDHALTUNG UND KUNDENSERVICE • INSTANDHALTUNGS- UND SERVICEABWICKLUNG • INSTANDHALTUNGS- UND SERVICEAUFTRÄGE • FUNKTIONEN UND EINSTELLUNGEN DER AUFTRAGSARTEN • VERFÜGBARKEITSPRÜFUNG FÜR MATERIALIEN, FHM UND KAPAZITÄTEN • PRÜFUNGSSTEUERUNG DEFINIEREn (siehe Abbildung 5.47).

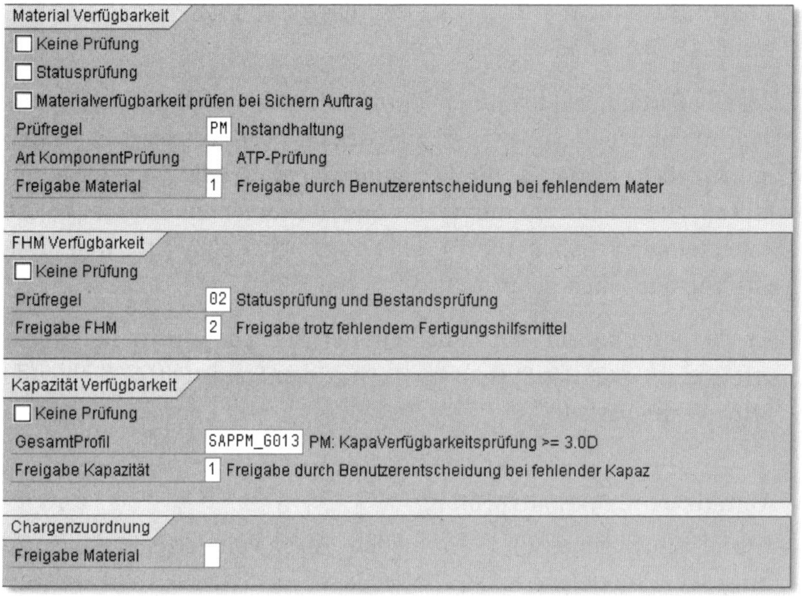

Abbildung 5.47 Steuerung der Verfügbarkeitsprüfung

Bei allen drei Verfügbarkeitsprüfungen können Sie bestimmen, wie das System sich verhalten soll, wenn die angeforderte Ressource nicht in ausreichender Menge bzw. Anzahl zur Verfügung steht:

Verfügbarkeit und Freigabe

▶ Freigabe durch einen Benutzerentscheid

▶ automatische Freigabe trotz fehlender Verfügbarkeit

▶ keine Freigabe

> Wenn Sie eine Verfügbarkeitsprüfung durchführen, lassen Sie immer den Benutzer entscheiden, was bei einer Nichtverfügbarkeit zu tun ist.

[+]

Voraussetzungen für eine Prüfung der Kapazitäten sind eine aktive Verfügbarkeitsprüfung (siehe Abschnitt »Kapazitätsplanung«) und die Definition eines Gesamtprofils. Dieses steuert, wie die Kapazitätsplanung durchgeführt wird, und setzt sich dabei aus mehreren Einzelprofilen wie z. B. einem *Steuerungsprofil*, einem *Zeitprofil* oder einem *Auswerteprofil* zusammen. Eingerichtet werden die Profile im Customizing mit den Detailfunktionen zu PRODUKTION • KAPAZITÄTSPLANUNG • KAPAZITÄTSABGLEICH UND ERWEITERTE AUSWERTUNG.

Verfügbarkeit Kapazität

Ist die Kapazitätsverfügbarkeit noch nicht geprüft, hat der Auftrag den Status NKVP (Kapazitätsverfügbarkeit nicht geprüft). Ist die Kapa-

Status

zitätsprüfung nicht erfolgreich, setzt das System im Auftrag den Status FKAP (Fehlende Kapazitäten).

Verfügbarkeit Fertigungshilfsmittel Bei den Fertigungshilfsmitteln können Sie steuern, ob nur der STATUS geprüft werden soll oder zusätzlich der BESTAND. Letzteres ist jedoch nur möglich, wenn Sie die Fertigungshilfsmittel als Materialstamm führen, aber nicht bei Equipments oder Dokumenten. Doch auf diese Aspekte möchte ich an dieser Stelle nicht näher eingehen, weil diese Prüfung nur selten genutzt wird.

Status Ist die Prüfung auf Verfügbarkeit der Fertigungshilfsmittel nicht erfolgreich, setzt das System im Auftrag den Status FFHM (Fehlende FHM-Verfügbarkeit).

Materialverfügbarkeitsprüfung

Grundsätzlich gibt es drei verschiedene Arten von Verfügbarkeitsprüfung:

Statische Prüfung Bei einer *statischen Verfügbarkeitsprüfung* wird geprüft, ob zum Tagesdatum (also heute) das Material ausreichend im Werk vorhanden ist. Diese Art ist für eine moderne Materialverfügbarkeitsprüfung nicht geeignet.

Dynamische Prüfung Bei einer *dynamischen Verfügbarkeitsprüfung* wird geprüft, ob zum Bedarfstermin (also bei Durchführung des Auftrags) das Material ausreichend im Werk vorhanden ist. Abbildung 5.48 verdeutlicht, wie sich der aktuelle Lagerbestand, ausgehend vom Tagesdatum, unter Berücksichtigung von Sicherheitsbeständen durch Bestandsbewegungen (geplante Zugänge, geplante Abgänge, geplante Umlagerungen) bis zum Bedarfstermin voraussichtlich verändern wird. Es wird zum Bedarfstermin die so genannte *ATP-Menge* (*Available to Promise*) ermittelt. Diese Art der Verfügbarkeitsprüfung wird von SAP EAM eingesetzt.

Globale Prüfung Bei einer *globalen Verfügbarkeitsprüfung* wird zunächst eine dynamische Verfügbarkeitsprüfung durchgeführt. Führt diese zu einem negativen Ergebnis, greifen Alternativstrategien: Es wird geprüft, ob das Material z. B. in einem anderen Werk verfügbar ist, ob ein Ersatzmaterial zur Verfügung steht oder ob das geforderte Material von potenziellen Lieferanten kurzfristig geliefert werden könnte. Diese Art der Verfügbarkeitsprüfung wird in SAP SCM mit der Komponente APO (*Advanced Planner and Optimizer*) eingesetzt.

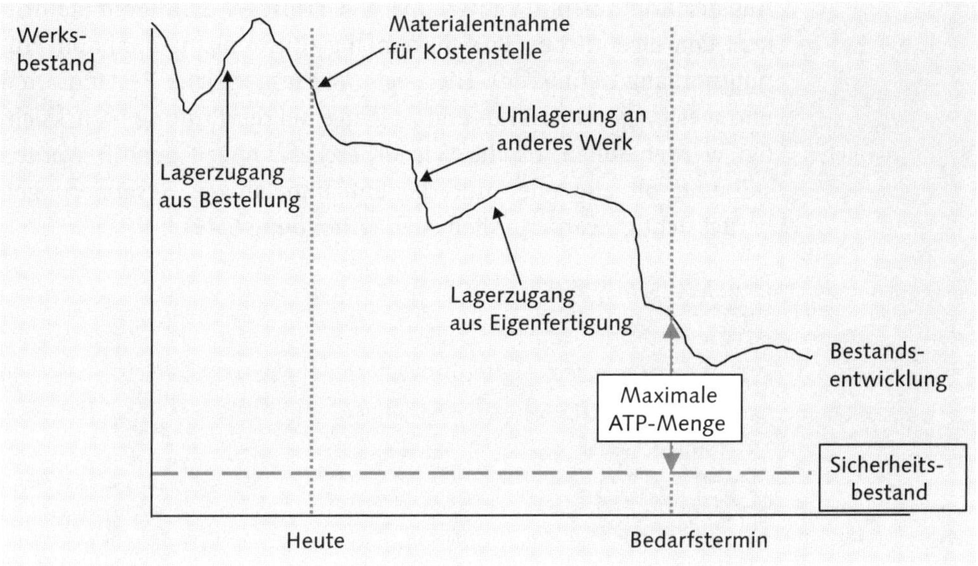

Abbildung 5.48 ATP-Verfügbarkeitsprüfung

Da wir hier jedoch SAP ERP behandeln, werde ich im Folgenden ausschließlich auf die Verfahrensweise der dynamischen Verfügbarkeitsprüfung eingehen.

Voraussetzungen

Damit Sie eine Materialverfügbarkeitsprüfung durchführen können, müssen folgende fünf Voraussetzungen erfüllt sein:

Sie tragen zum einen im Materialstamm auf der Registerkarte Disposition 3 eine Prüfgruppe ein (z. B. 01 TAGESBEDARF). Diese stellt aus Sicht der Instandhaltung lediglich eine Zusammenfassung mehrerer Materialien zu einer Gruppe dar, die nach dem gleichen Verfahren geprüft werden sollen, hat aber vorerst keine Auswirkungen. Sie pflegen die Prüfgruppe im Customizing mit der Funktion PRODUKTION • FERTIGUNGSSTEUERUNG • VORGÄNGE • VERFÜGBARKEITSPRÜFUNG • PRÜFGRUPPE DEFINIEREN.

Sie definieren zweitens im Customizing mit der Funktion INSTANDHALTUNG UND KUNDENSERVICE • INSTANDHALTUNGS- UND SERVICEABWICKLUNG • INSTANDHALTUNGS- UND SERVICEAUFTRÄGE • FUNKTIONEN UND EINSTELLUNGEN DER AUFTRAGSARTEN • VERFÜGBARKEITSPRÜFUNG FÜR MATERIALIEN, FHM UND KAPAZITÄTEN • PRÜFREGELN DEFINIEREN eine PRÜFREGEL (z. B. PM Instandhaltung). Auch diese hat zunächst keine Auswirkungen, sondern stellt lediglich eine Gruppierung von Verfahren dar.

Aus der Kombination Prüfgruppe und Prüfregel definieren Sie drittens den eigentlichen Prüfungsumfang (Customizing-Funktion Prüfungsumfang definieren). Hier legen Sie fest, welche Bestandsarten und welche geplanten Zu- und Abgänge bei der Prüfung berücksichtigt werden sollen, ob die Wiederbeschaffungszeit geprüft werden soll und ob alle oder nur die entnahmefähigen Reservierungen berücksichtigt werden sollen (siehe Abbildung 5.49).

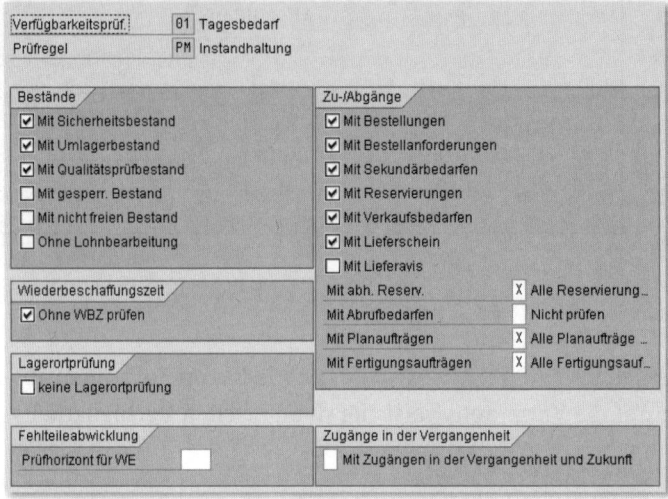

Abbildung 5.49 Prüfungsumfang der Materialverfügbarkeitsprüfung

Sie definieren außerdem pro Werk und Auftragsart die eigentliche Prüfungssteuerung (Prüfungssteuerung definieren).

Durchführung Wenn Sie all diese Voraussetzungen erfüllt haben, können Sie nun prüfen, ob die von Ihnen geplanten Materialien zum Bedarfstermin verfügbar sind. Dies können Sie auf unterschiedlichen Ebenen tun:

▸ Sie prüfen innerhalb eines einzelnen Auftrags die Verfügbarkeit eines einzelnen Materials (Transaktion IW32, Icon auf Materialebene).

▸ Sie prüfen innerhalb eines einzelnen Auftrags die Verfügbarkeit aller Materialien (Transaktion IW32, Icon auf Kopfebene).

▸ Wenn Sie den Auftrag freigeben (siehe Abschnitt »Auftragsfreigabe«), wird vom System nochmals automatisch eine Verfügbarkeitsprüfung angestoßen. Sind alle Materialien verfügbar, wird der Auftrag freigegeben. Sind nicht alle Materialien verfügbar, hängt die Reaktion des Systems von Ihrer Einstellung des Schalters FREIGABE

MATERIAL in der Customizing-Funktion PRÜFUNGSSTEUERUNG DEFINIEREN ab: Die Freigabe wird entweder durchgeführt oder abgelehnt, oder Sie bestimmen, ob die Freigabe erfolgen soll oder nicht.

Die Ergebnisse einer Materialverfügbarkeitsprüfung können Sie sich nun wie folgt anzeigen lassen:

Ergebnis

▸ Für einen einzelnen Auftrag können Sie sich innerhalb der Transaktion IW32 über AUFTRAG • FUNKTIONEN • VERFÜGBARKEIT • VERFÜGBARKEITSLISTE das Ergebnis ansehen.

▸ In der Transaktion IW38 können Sie sich über SPRINGEN • VERFÜGBARKEITSLISTE MATERIAL das Ergebnis mehrerer Aufträge anzeigen lassen (siehe Abbildung 5.50).

Verfügbarkeitsliste Materialien für Vorgänge

	Exce..	Auftrag	Material	Früh.Startdat.	Materialkurztext	Σ	Bedarfsmenge	BME	Σ	Entnahmemenge
	○○□	814440	100-100	27.03.2007	Gehäuse		1	ST		0
	○○□	8144...△				▪	1	ST	▪	0
	▨○○	814460	401-400	23.04.2007	Druckdeckel		1	ST		0
	▨○○		DG-1000	23.04.2007	Dichtgummi, 34*4		1	ST		0
	▨○○		100-600	23.04.2007	Stützfuß		2	ST		0
	○○□			23.04.2007	100-110 SLUG FOR SPIRAL CASING		1	ST		0
	○○□			23.04.2007	100-120 FLAT GASKET		1	ST		0
	▨○○		100-100	23.04.2007	Gehäuse		2	ST		0
	○○□			23.04.2007	Abdeckplatte für Pumpengehäuse		1	ST		0
	▨○○	8144...△				▪	9	ST	▪	0
	○○□	814480	400-431	08.03.2007	Dichtungsring		10	ST		0
	○○□		100-100	08.03.2007	Gehäuse		1	ST		0
	○○□		401-400	08.03.2007	Druckdeckel		1	ST		0
	○○□		DG-1000	08.03.2007	Dichtgummi, 34*4		1	ST		0
	○○□		100-600	08.03.2007	Stützfuß		2	ST		0
	○○□		KR117185	08.03.2007	Distanzring		5	ST		0
	○○□		100-431	08.03.2007	Netzteil 100 - 240 V		4	ST		0
	▨○○			08.03.2007	Flachplatte		1	ST		0
	▨○○	8144...△				▪	25	ST	▪	0
	▨○○	△				▪▪	35	ST	▪▪	0

Abbildung 5.50 Verfügbarkeitsliste für Materialien

Ist die Verfügbarkeitsprüfung noch nicht durchgeführt, hat der Auftrag einen Status NMVP (Materialverfügbarkeit nicht geprüft). Ist die Verfügbarkeitsprüfung erfolgreich verlaufen, setzt das System im Auftrag den Status MABS (Material bestätigt). Ist die Materialverfügbarkeitsprüfung nicht erfolgreich, wird der Status FMAT (Fehlmaterial) gesetzt.

Status

Auftragsfreigabe

Solange der Auftrag noch den Status Eröffnet (EROF) hat, können Sie weder Auftragspapiere drucken noch Material entnehmen oder Zeiten zurückmelden. Auch zu bestellten Ersatzteilen kann kein Wareneingang gebucht werden. Dies ändert sich in dem Moment, in dem Sie den Auftrag freigeben: Dann können folgende Aktivitäten ausgeführt werden:

▶ Die Reservierung ist wirksam und kann entnommen werden.

▶ Papiere können gedruckt werden.

▶ Es ist eine Rückmeldung möglich.

▶ Es ist eine Warenbewegung möglich.

Wenn Sie einen Auftrag freigeben, prüft das System, ob die benötigten Materialien und Fertigungshilfsmittel verfügbar und ob die benötigten Genehmigungen erteilt sind. Spätestens zum Zeitpunkt der Freigabe werden die Materialreservierungen dispositionsrelevant und entnahmewirksam und die Bestellanforderungen erzeugt.

Auswirkungen Folgende betriebswirtschaftlichen Funktionen können Sie erst durchführen, nachdem Sie den Auftrag freigegeben haben:

▶ Arbeitspapiere drucken

▶ Material entnehmen

▶ Wareneingänge buchen

▶ Zeitrückmeldungen erfassen

Durchführung Sie haben verschiedene Möglichkeiten, Aufträge freizugeben:

▶ Sie geben einen einzelnen Auftrag frei (Transaktion IW32, Icon 🏴).

▶ Sie nutzen die Funktion IN ARBEIT geben (Transaktion IW32, Icon 🖈); dann wird der Auftrag freigegeben, und gleichzeitig werden die Auftragspapiere gedruckt.

▶ Sie geben aus der Listbearbeitung heraus mehrere Aufträge gleichzeitig frei (Transaktion IW38, Aufträge markieren und Icon 🏴).

Automatische Freigabe Sie haben auch die Möglichkeit, Aufträge sofort bei ihrer Erstellung freizugeben. Diese Möglichkeit steht Ihnen bei automatisch durch das System erstellten Aufträgen zur Verfügung, d. h. also für Aufträge, die mithilfe eines Wartungsplans generiert werden (Näheres in Abschnitt 5.8, »Der Geschäftsprozess vorbeugende Instandhaltung«) oder die Sie aus einer Meldung heraus erstellen.

Damit Aufträge, die aus Wartungsplänen oder Meldungen resultieren, sofort bei ihrer Erstellung freigegeben werden, setzen Sie mit der Customizing-Funktion INSTANDHALTUNG UND KUNDENSERVICE • INSTANDHALTUNGS- UND SERVICEABWICKLUNG • INSTANDHALTUNGS- UND SERVICEAUFTRÄGE • FUNKTIONEN UND EINSTELLUNGEN DER AUFTRAGSARTEN • AUFTRAGSARTEN EINRICHTEN für die gewünschten Auftragsarten das Kennzeichen SOFORT FREIGEBEN.

[+]

Durch die Freigabe setzt das System im Auftrag den Status FREI.

Status

Auftragsdruck

Wenn Meldungen und Aufträge im Einsatz sind, ist es normalerweise der Auftrag, der gedruckt wird.

Sie haben weitgehende Entscheidungsfreiheit

[+]

▸ wie viele Auftragspapiere Sie ausdrucken
▸ welche Auftragspapiere Sie ausdrucken möchten
▸ wie Sie die Auftragspapiere benennen möchten
▸ welches Layout diese Auftragspapiere haben
▸ welches Auftragspapier auf welchem Ausgabemedium ausgegeben wird

Folgende Belege könnten Sie z. B. als Auftragspapiere drucken (siehe Abbildung 5.51):

Belegarten

▸ **Steuerkarte**
Eine Steuerkarte zeigt dem verantwortlichen Instandhalter eine komplette Übersicht des Instandhaltungsauftrags. Hier könnten Sie auch die Genehmigungsangaben mitdrucken.

▸ **Laufkarte**
Eine Laufkarte als auftragsbegleitendes Papier gibt dem ausführenden Handwerker eine komplette Auftragsübersicht.

▸ **Materialbereitstellungsliste**
Eine Materialbereitstellungsliste zeigt dem Lageristen an, welche Materialien für diesen Auftrag pro Vorgang eingeplant wurden.

▸ **Materialentnahmeschein**
Der Materialentnahmeschein berechtigt den Handwerker dazu, die für den Auftrag benötigten Materialien vom Lager auszufassen. Pro Materialkomponente wird ein Materialentnahmeschein gedruckt.

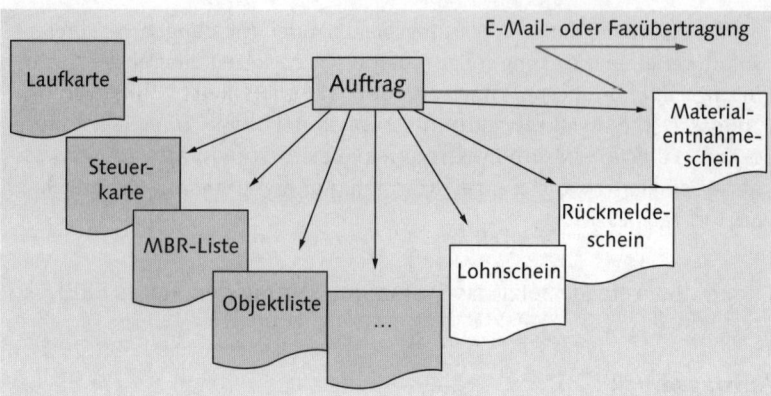

Abbildung 5.51 Auftragsbelege

▶ **Lohn- und Rückmeldescheine**
Lohn- und Rückmeldescheine werden nur für solche Vorgänge ausgedruckt, deren Steuerschlüssel dies vorsieht. Für jeden an einem Auftrag beteiligten Handwerker wird dann pro Vorgang die dort angegebene Anzahl Lohn-/Rückmeldescheine ausgedruckt. Auf ihnen trägt der Handwerker die Zeit ein, die er für die Ausführung des Vorgangs benötigt hat.

▶ **Objektliste**
Eine Objektliste beinhaltet alle am Auftrag beteiligten Technischen Plätze, Equipments, Meldungen usw., falls im Auftrag eine Objektliste abgearbeitet werden soll (z. B. bei einem Inspektionsrundgang).

[+] Häufig sind zu den technischen Objekten Dokumente hinterlegt (siehe Abschnitt 4.2.8, »Spezielle Funktionen«), die ganz oder teilweise mit den Auftragspapieren gemeinsam ausgedruckt werden sollen. Leider wird hierzu von SAP keine Standardlösung angeboten. Vielmehr haben sich einige Hersteller darangemacht, hierfür ein kostenpflichtiges Add-on zu entwickeln und zu vertreiben, wie z. B. die Firmen Seal Systems mit dem Produkt DVS Repro (*http://www.sealsystems.de*) und die Prometheus Group (*http://www. prometheusgroup.us*) mit dem Produkt *Work Order Print Manager*.

Ausgabemedium   Als Ausgabemedien stehen Ihnen zur Verfügung:

▶ lokaler Drucker

▶ Netzwerkdrucker

▶ Faxgerät

▸ E-Mail

▸ PC-Download

Welche Voraussetzungen müssen Sie schaffen, damit Sie Auftrags-papiere drucken können?

Voraussetzungen

Legen Sie zunächst in der Customizing-Funktion INSTANDHALTUNG UND KUNDENSERVICE • INSTANDHALTUNGS- UND SERVICEABWICKLUNG • INSTANDHALTUNGS- UND SERVICEAUFTRÄGE • DRUCKSTEUERUNG • ARBEITSPAPIERE, FORMULARE UND AUSGABEPROGRAMME FESTLEGEN • ARBEITSPAPIERE DEFINIEREN fest, welche Auftragspapiere grundsätz-lich zum Einsatz kommen sollen. Sie verweisen dabei auf ein AUSGA-BEPROGRAMM, eine FORM-ROUTINE und ein FORMULAR; in diesen Ele-menten legen Sie Layout und Ausgabesteuerung fest.

In der Customizing-Funktion ARBEITSPAPIERE ZUR AUFTRAGSART FEST-LEGEN legen Sie anschließend fest, bei welcher Auftragsart welches Auftragspapier gedruckt werden soll.

In der Customizing-Funktion DRUCKER FESTLEGEN • BENUTZERSPEZIFI-SCHE DRUCKSTEUERUNG legen Sie schließlich fest, bei welchem Benut-zer welches Arbeitspapier auf welchen Drucker ausgedruckt werden soll.

Aktivieren Sie in der Customizing-Funktion INSTANDHALTUNG UND KUN-DENSERVICE • INSTANDHALTUNGS- UND SERVICEABWICKLUNG • INSTANDHAL-TUNGS- UND SERVICEAUFTRÄGE • DRUCKSTEUERUNG • DRUCKER FESTLEGEN • BENUTZERSPEZIFISCHE DRUCKSTEUERUNG den Schalter SOFORT AUSGEBEN, da ansonsten die Auftragspapiere nur in die Spool eingestellt werden und Sie den Druckanstoß von dort aus separat vornehmen müssen.
Außerdem sollten Sie in derselben Customizing-Funktion die Papiere für das Lager sofort auf dem Lagerdrucker ausdrucken, damit die Lagermitar-beiter sich ihre Kommissionieraufgaben termingerecht einplanen können.

[+]

Sie haben verschiedene Möglichkeiten zum Drucken der Belege:

Vorgehensweise

▸ Sie können innerhalb der Auftragsbearbeitung über die Funktion AUFTRAG • DRUCKEN • AUFTRAG oder über den Button 🖨 den Auf-tragsdruck für einen einzelnen Auftrag anstoßen (siehe Abbildung 5.52)

▸ Es gibt aus Berechtigungsgründen eine eigene Transaktion IW3D, um einen einzelnen Auftrag zu drucken.

Abbildung 5.52 Popup-Fenster beim Auftragsdruck

> ▸ Über die Auftragsliste (Transaktion IW38) können Sie mehrere Aufträge gleichzeitig drucken (Aufträge markieren und Funktion AUFTRAG • AUFTRAG DRUCKEN aufrufen).

> ▸ Wenn Sie Auftragspapiere auf ein Fax schicken möchten, anstatt zu drucken, tragen Sie eine EMPFÄNGERNUMMER ein.

> ▸ Wenn Sie nur die Veränderungen des Auftrags seit dem letzten Druckvorgang drucken möchten, markieren Sie die Spalte D DELTA-DRUCK.

> ▸ Wenn Sie die Auftragspapiere per E-Mail verschicken möchten, beachten Sie die OSS-Hinweise 317851 und 513352.

Status
Durch den Druckvorgang setzt das System auf dem Auftrag den Status DRUC.

[+]
Wenn Ihnen das Popup-Fenster beim Auftragsdruck lästig ist, weil Sie sowieso immer die voreingestellten Auftragspapiere drucken möchten, dann könnten Sie dieses wie folgt unterdrücken: Rufen Sie innerhalb des Auftrags über ZUSÄTZE • EINSTELLUNGEN • VORSCHLAGSWERTE die Registerkarte STEUERUNG auf, und setzen Sie den Schalter DRUCKEN OHNE DIALOG.

[●]
Auf der DVD finden Sie unter GESCHÄFTSPROZESSE • GESCHÄFTSPROZESSE IN DER INSTANDHALTUNG • 4. GEPLANTE INSTANDSETZUNG • 4.3 STEUERUNG VON AUFTRÄGEN alle Teilgeschäftsprozesse zur Auftragssteuerung (Verfügbarkeitsprüfung, Freigabe, Druck, Kapazitätsplanung).
Unter GESCHÄFTSPROZESSE • CUSTOMIZING IN DER INSTANDHALTUNG • 3.2 STEUERUNG finden Sie Customizing-Einstellungen zum Auftrag (Verfügbarkeitsprüfung, Terminierung, Auftragspapiere).

Damit sind alle vorbereitenden Arbeiten für die Auftragsdurchführung abgeschlossen, und die eigentliche Bearbeitung des Auftrags kann beginnen.

5.2.4   Abwicklung

Während der Abwicklungsphase gibt es vonseiten des Systems nur die Notwendigkeit zur Erfassung der entnommenen Materialien.

Um Materialentnahmen im System erfassen zu können, muss der Auftrag freigegeben sein. Eine Materialentnahme können Sie dabei entweder als geplante Materialentnahme oder als ungeplante Materialentnahme vornehmen.

Voraussetzung

Von einer *geplanten Materialentnahme* spricht man dann, wenn Sie vorher eine Materialplanung durchgeführt (siehe Abschnitt »Materialplanung«) und damit eine Reservierung angelegt haben.

Geplante Materialentnahme

Die Standardtransaktion für eine Materialentnahme ist MIGO (siehe Abbildung 5.53); eine geplante Materialentnahme erfassen Sie mit der Funktion WARENAUSGANG · AUFTRAG.

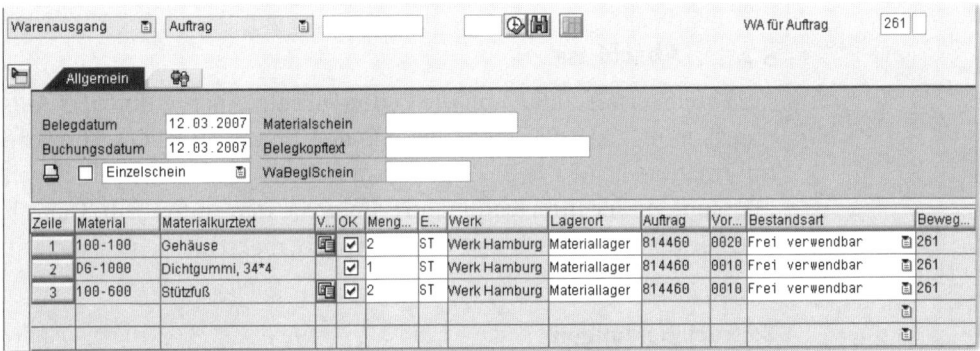

Abbildung 5.53 Warenausgang

Da in der Instandhaltung aber vor Auftragsbeginn selten alle benötigten Ersatzteile vorher schon bekannt sind, ist die Möglichkeit einer ungeplanten Materialentnahme mindestens ebenso wichtig. Eine ungeplante Materialentnahme führen Sie ebenfalls mit der Transaktion MIGO durch: dieses Mal mit der Funktion WARENAUSGANG · SONSTIGE · BEWEGUNGSART 261.

Ungeplante Materialentnahme

Die Warenbewegungen, egal, ob geplant oder ungeplant, werden im Auftrag dokumentiert. Sie können sich die Liste der Warenbewegungen ansehen über ZUSÄTZE · BELEGE ZUM AUFTRAG · WARENBEWEGUNGEN (siehe Abbildung 5.54).

Dokumentation Warenbewegungen

Abbildung 5.54 Warenbewegungen

[o] Auf der DVD finden Sie unter GESCHÄFTSPROZESSE • GESCHÄFTSPROZESSE IN DER INSTANDHALTUNG • 4. GEPLANTE INSTANDSETZUNG • 4.4 ABWICKLUNG VON AUFTRÄGEN die Teilgeschäftsprozesse zur Auftragsabwicklung (geplante und ungeplante Materialentnahme).

Nach Abarbeitung des Auftrags geht es nun darum, die angefallenen Daten in SAP EAM zu erfassen.

5.2.5 Abschluss

Zum einen erfassen Sie nun die Zeiten, die zur Abarbeitung des Auftrags benötigt wurden, und zum anderen hinterlegen Sie technische Informationen wie z. B. Schadensursachen oder Aktionen. Nach Erfassung dieser Informationen rechnen Sie den Auftrag ab. Danach muss er noch technisch und kaufmännisch abgeschlossen werden.

Zeitrückmeldungen

Zeitrückmeldungen führen Sie in SAP EAM grundsätzlich auf Vorgangsebene durch.

[+] Wenn es Ihnen zu umständlich oder zu aufwendig ist, jeden Vorgang einzeln rückzumelden, legen Sie im Auftrag einen letzten Vorgang RÜCKMELDEN an. Nur diesem Vorgang geben Sie einen Steuerschlüssel mit der Funktion RÜCKMELDUNG VORGESEHEN; allen anderen ordnen Sie einen Steuerschlüssel zu, der entweder die Funktion RÜCKMELDUNG NICHT MÖGLICH oder die FUNKTION RÜCKMELDUNG MÖGLICH, ABER NICHT NOTWENDIG hat.

Voraussetzungen   Damit Sie Zeitrückmeldungen erfassen können, müssen zwei Voraussetzungen erfüllt sein:

▶ Die rückzumeldenden Aufträge müssen freigegeben sein.

▶ Im Customizing haben Sie mit der Funktion INSTANDHALTUNG UND KUNDENSERVICE • INSTANDHALTUNGS- UND SERVICEABWICKLUNG •

STEUERUNGSPARAMETER FÜR RÜCKMELDUNGEN FESTLEGEN pro Werk und Auftragsart definiert, wie Sie die Zeitrückmeldungen durchführen möchten. Zum Beispiel definieren Sie dort, ob Vorschlagswerte erscheinen sollen oder ob Abweichungen zulässig sein sollen.

Setzen Sie die beiden Kennzeichen ENDRÜCKMELDUNG und OFFENE RESERVIERUNGEN AUSBUCHEN nicht gleichzeitig. Denn der Schalter OFFENE RESERVIERUNGEN AUSBUCHEN bewirkt, dass bei einer Endrückmeldung die noch nicht ausgefassten Reservierungen gelöscht werden. Der Schalter ENDRÜCKMELDUNG bewirkt, dass bei einer Zeitrückmeldung, die größer ist als die geplante Zeit, der Vorgang automatisch endrückgemeldet wird. Wird nun die Materialentnahme nicht zeitnah erfasst, aber dafür die Rückmeldung, werden die offenen Reservierungen gelöscht, obwohl sie ausgefasst sind.

[+]

Zur Erfassung der Ist-Zeiten stehen Ihnen verschiedene Transaktionen zur Verfügung.

Mit der *Einzelzeitrückmeldung* (Transaktion IW41, Abbildung 5.55) erfassen Sie genau eine Rückmeldung zu einem Vorgang. Wenn Sie zum selben Vorgang oder zu einem anderen Vorgang desselben Auftrags weitere Rückmeldungen erfassen möchten, starten Sie die Transaktion mehrfach hintereinander.

Einzelzeit-rückmeldung

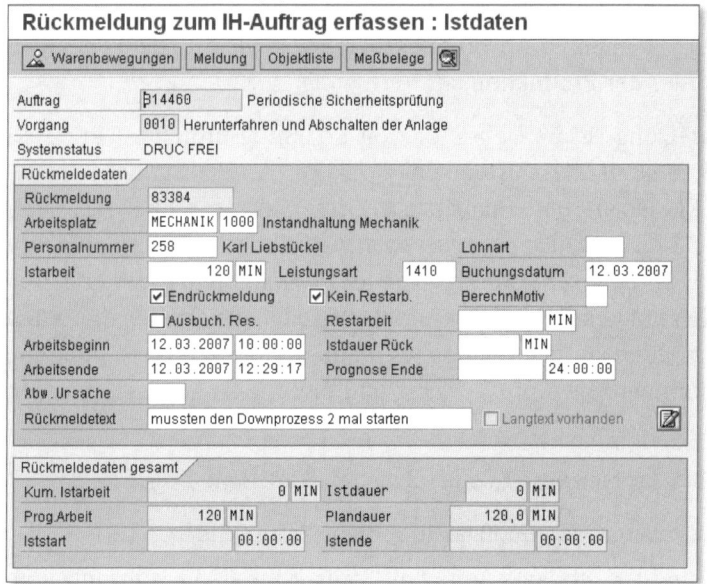

Abbildung 5.55 Einzelerfassung

Aus der Einzelzeitrückmeldung heraus könnten Sie in die Erfassung weiterer Daten springen (z. B. Warenentnahmen oder Messbelege).

Sammelzeit-
rückmeldung

Mit der *Sammelzeitrückmeldung* (siehe Abbildung 5.56) können Sie für mehrere Vorgänge und Aufträge Zeiten rückmelden. Die Sammelzeitrückmeldung gibt es mit vorgeschalteter Selektionsmöglichkeit (Transaktion IW48) oder ohne (Transaktion IW44).

Abbildung 5.56 Sammelzeitrückmeldung

CATS

CATS (Cross Application Time Sheet) ist eine Applikation, mit deren Hilfe Sie mehrere personenbezogene Ist-Zeiten erfassen können. Diese Applikation steht Ihnen nicht nur in der Instandhaltung, sondern auch in anderen Anwendungsbereichen wie z. B. dem Personalwesen oder der Produktion zur Verfügung.

Voraussetzung ist die Definition von Erfassungsprofilen. Diese stellen Sie ein mit der Customizing-Funktion ANWENDUNGSÜBERGREIFENDE KOMPONENTEN • ARBEITSZEITBLATT • SPEZIELLE EINSTELLUNGEN FÜR CATS CLASSIC • ERFASSUNGSPROFILE EINRICHTEN. Darin definieren Sie z. B., ob eine separate Freigabe und Genehmigung der erfassten Ist-Zeiten notwendig ist, für wie viele Perioden gleichzeitig die Zeiten erfasst werden können oder ob wie in unserem Fall (siehe Abbildung 5.57) Summenzeilen pro Vorgang und pro Tag ausgewiesen werden sollen.

Der CATS-Prozess besteht aus folgenden Schritten:

▸ *Zeitdatenerfassung* im Erfassungsblatt (Transaktion CAT2)

▸ *Freigabe* der Zeitdaten (optional, Transaktion CAT2, abhängig vom Erfassungsprofil)

▶ *Genehmigung* der Zeitdaten (optional, Transaktion CATS_APPR_ LITE, abhängig vom Erfassungsprofil)

▶ *Überleitung* der CATS-Daten in die Zielanwendung, in unserem Fall also in die Instandhaltung (Transaktion CAT9).

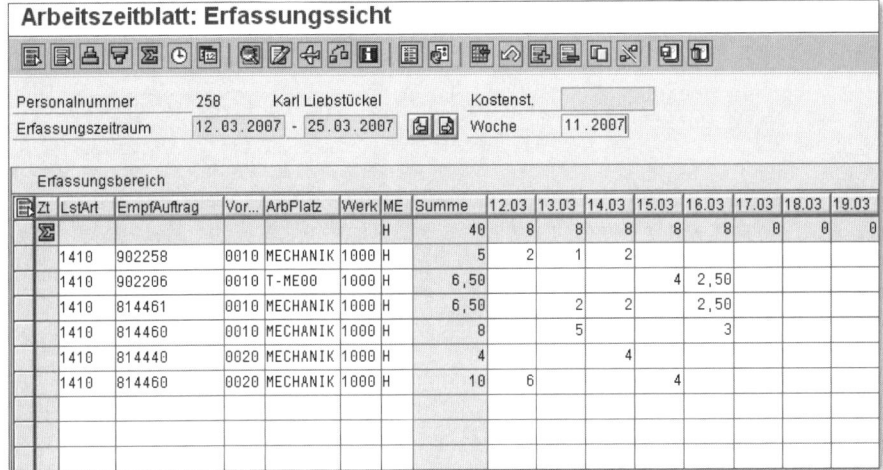

Abbildung 5.57 CATS

Mit der *Gesamtrückmeldung* (Transaktion IW42) können Sie nicht nur Zeiten für mehrere Vorgänge eines Auftrags, sondern auch Materialentnahmen, Zählerstände, Schadensursachen, Messwerte und Meldungspositionen erfassen (siehe Abbildung 5.58).

Gesamtrückmeldung

Voraussetzung ist die Definition von Erfassungsprofilen mit der Customizing-Funktion INSTANDHALTUNG UND KUNDENSERVICE • INSTANDHALTUNGS- UND SERVICEABWICKLUNG • RÜCKMELDUNGEN • BILDSCHIRMMASKEN FÜR DIE RÜCKMELDUNG EINSTELLEN und dass Sie sich ein Erfassungsprofil zugeordnet haben (Transaktion IW42, Funktion ZUSÄTZE • EINSTELLUNGEN).

> Als besonderer Vorteil gegenüber den anderen Rückmeldeverfahren hat sich bei der Gesamtrückmeldung (Transaktion IW42) in der Praxis herauskristallisiert, dass Sie neben der Erfassung der Ist-Daten den Auftrag auch gleich technisch abschließen können.

[+]

Die Erfassung von Meldungspositionen und Schadensursachen war schon der Übergang zur technischen Rückmeldung.

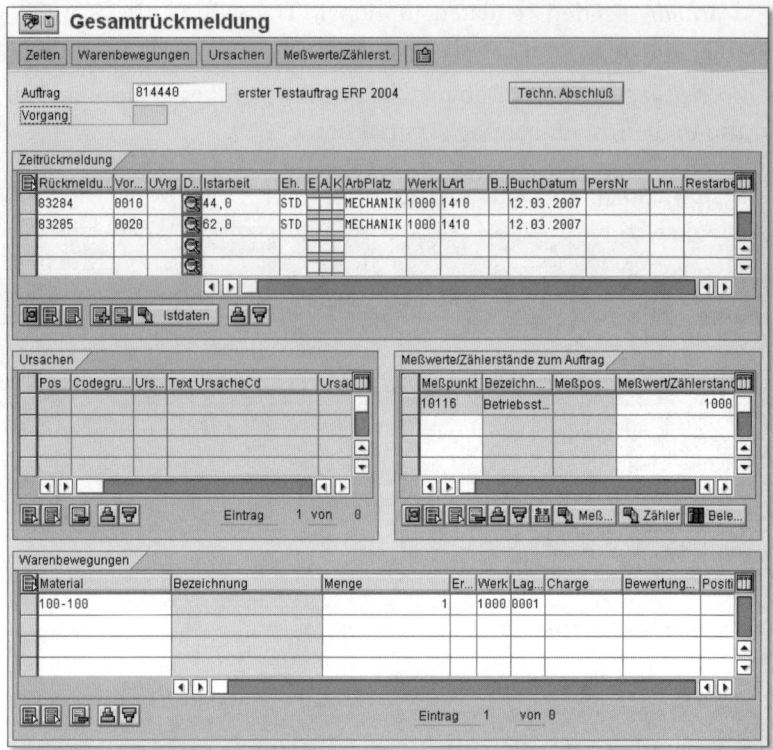

Abbildung 5.58 Gesamtrückmeldung

Technische Rückmeldungen

Definition   Technische Rückmeldungen führen Sie auf der Ebene der Meldungen durch und erfassen dabei Informationen wie Schadenscode, Schadensursache, Ausfallzeiten, Aktionen, Maßnahmen oder Anlagenverfügbarkeiten.

Erfassung   Abbildung 5.59 zeigt eine Übersicht über die Möglichkeiten, um eine technische Rückmeldung zu erfassen.

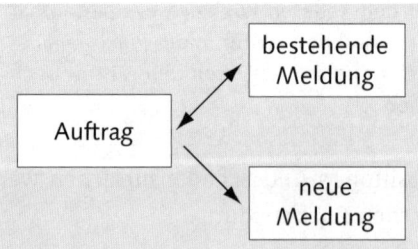

Abbildung 5.59 Technische Rückmeldung

Dies bedeutet im Einzelnen:

▸ Wenn der Auftrag bereits eine Meldung beinhaltet, weil er z. B. aus ihr hervorgegangen ist, können Sie aus dem Auftrag (Transaktion IW32, Button Meldung 10001007 🖉) direkt in die Meldung springen und dort die Informationen erfassen.

▸ Wenn Sie die Gesamtrückmeldung (Transaktion IW42) nutzen, können Sie dort ein entsprechendes Erfassungsprofil verwenden bzw. definieren, um dort Meldungsdaten zu erfassen.

▸ Sie können auch die Informationen direkt in der Meldung (Transaktion IW22) erfassen.

▸ Wenn der Auftrag noch nicht über eine Meldung verfügt, können Sie aus dem Auftrag heraus eine neue Meldung anlegen entweder auf Kopfebene über den Button Meldung 🗋 oder für jeden Eintrag in der Objektliste über den Button 🗋 .

Technischer Abschluss

Wenn der Auftrag abgearbeitet ist, schließen Sie ihn technisch ab.

Daraus ergeben sich folgende Konsequenzen: Konsequenzen

▸ Der Auftrag erhält den Status TABG (technisch abgeschlossen).

▸ Bestellanforderungen, die noch nicht in Bestellungen überführt wurden, erhalten das Löschkennzeichen.

▸ Bestellungen können Sie noch abwickeln und Wareneingänge bzw. Rechnungseingänge erfassen.

▸ Zeitrückmeldungen können Sie noch erfassen.

▸ Nicht ausgefasste Reservierungen werden gelöscht.

▸ Offene Kapazitätsbelastungen werden abgebaut, bzw. Kapazitäten werden freigegeben.

> Beim technischen Abschluss des Auftrags können Sie die Meldungen mit abschließen. Wenn Sie dies nicht tun, müssen Sie die Meldungen separat abschließen. **[+]**

Ihnen stehen mehrere Möglichkeiten offen, wie Sie Aufträge technisch abschließen können: Vorgehensweise

- Wenn Sie die Gesamtrückmeldung (Transaktion IW42) nutzen, können Sie von dort aus den Auftrag über den Button `Techn. Abschluß` mit der Zeitrückmeldung gleich technisch abschließen.

- Ansonsten können Sie einen einzelnen Auftrag (Transaktion IW32) über den Button ⊠ technisch abschließen.

- Sie können aus der Listbearbeitung (Transaktion IW38) heraus auch mehrere Aufträge gleichzeitig technisch abschließen, indem Sie die Aufträge markieren und die Funktion AUFTRAG • ABSCHLUSS • TECHNISCH ABSCHLIESSEN aufrufen.

[+] Wenn Ihnen das Popup-Fenster beim technischen Abschluss lästig ist, weil Sie sowieso ohne weitere Dateneingabe abschließen möchten, dann könnten Sie dieses wie folgt unterdrücken: Rufen Sie innerhalb des Auftrags über ZUSÄTZE • EINSTELLUNGEN • VORSCHLAGSWERTE die Registerkarte STEUERUNG auf, und setzen Sie den Schalter KEIN DIALOG ABSCHL.

Technischen Abschluss zurücknehmen

Sollten Sie einen Auftrag irrtümlicherweise abgeschlossen haben, können Sie den technischen Abschluss auch wieder zurücknehmen: Rufen Sie dazu innerhalb des Auftrags (Transaktion IW32) die Funktion AUFTRAG • FUNKTIONEN • ABSCHLIESSEN • TECHNISCHEN ABSCHLUSS ZURÜCKNEHMEN auf.

Der Auftrag wird dann wieder genau in den Zustand versetzt, den er vor dem technischen Abschluss hatte:

- Löschkennzeichen in der Bestellanforderung werden zurückgenommen.

- Kapazitätsbelastungen werden wieder aufgebaut.

- Reservierungen werden wieder wirksam gesetzt.

- Der Auftrag hat den Status freigegeben.

Hatten Sie beim technischen Abschluss des Auftrags die Meldung(en) mit abgeschlossen, bleiben diese durch die Rücknahme des Auftragsabschlusses unberührt: Sie bleiben abgeschlossen, können aber separat wieder in Arbeit gesetzt werden.

Ist der Auftrag technisch abgeschlossen und sind alle Kostenbuchungen auf den Auftrag erfasst, können Sie ihn kaufmännisch abschließen.

Kaufmännischer Abschluss

Was bedeutet kaufmännischer Abschluss? Ähnlich wie der technische Abschluss ist der kaufmännische Abschluss das Setzen eines Status (ABGS). Wenn Sie den kaufmännischen Abschluss ausgeführt haben, kann der Auftrag mit keiner Kostenbuchung mehr belastet werden.

Definition

Was sind die Voraussetzungen, damit Sie einen Auftrag technisch abschließen können?

Voraussetzung

▸ Der Auftrag muss technisch abgeschlossen sein (Status TABG).

▸ Der Auftrag ist abgerechnet, und er hat den Ist-Kostensaldo 0.

▸ Der Auftrag hat keine offene Bestellung mehr.

▸ Der Auftrag erwartet auch sonst keine Kostenbuchungen mehr.

Wie führen Sie nun den kaufmännischen Abschluss durch?

Vorgehensweise

▸ Entweder Sie schließen innerhalb der Auftragsbearbeitung (Transaktion IW32) einen einzelnen Auftrag mit dem Button Kaufm. abschließen | kaufmännisch ab.

▸ Sie können aus der Listbearbeitung (Transaktion IW38) heraus auch mehrere Aufträge gleichzeitig abschließen, indem Sie die Aufträge markieren und die Funktion AUFTRAG • ABSCHLUSS • KAUFMÄNNISCH ABSCHLIESSEN aufrufen.

Sollten Sie einen Auftrag irrtümlicherweise kaufmännisch abgeschlossen haben, oder es kommt noch eine zu erfassende Nachbelastung (z. B. eine Rechnung), können Sie den Abschluss auch wieder zurücknehmen: Rufen Sie dazu innerhalb des Auftrags (Transaktion IW32) die Funktion AUFTRAG • FUNKTIONEN • ABSCHLIESSEN • KAUFMÄNNISCHEN ABSCHLUSS ZURÜCKNEHMEN auf. Damit wird der Auftrag wieder bebuchbar, und Sie können die Nachbelastung erfassen.

Kaufm. Abschluss zurücknehmen

Auf der DVD finden Sie unter GESCHÄFTSPROZESSE • GESCHÄFTSPROZESSE IN DER INSTANDHALTUNG • 4. GEPLANTE INSTANDSETZUNG • 4.5 ABSCHLUSS VON AUFTRÄGEN alle Teilgeschäftsprozesse zum Auftragsabschluss (Zeitrückmeldung, technische Rückmeldung, technischer Abschluss).

Unter GESCHÄFTSPROZESSE • CUSTOMIZING IN DER INSTANDHALTUNG • 3.3 ABSCHLUSS finden Sie Customizing-Einstellungen zur Rückmeldung (Rückmeldeparameter, Profile).

[o]

Damit habe ich Ihnen die wichtigsten Funktionen erläutert, die Ihnen das SAP-System bei der Abwicklung und Bearbeitung von Aufträgen zur Verfügung stellt.

5.3 Der Geschäftsprozess »Sofortinstandsetzung«

Nicht planbar, nicht vorhersehbar

Der Geschäftsprozess einer *Sofortinstandsetzung* zeichnet sich dadurch aus, dass er im Vorhinein nicht bekannt ist und dass eine Planung der Ressourcen (Arbeitsplätze, Materialien, Fremdfirmen usw.) nicht stattfindet. Man kann und muss auf einen Geschäftsvorfall wie z. B. eine Störung möglichst schnell reagieren. Einen derartigen Geschäftsprozess haben Sie z. B.

- wenn eine Pumpe ausfällt
- wenn ein Gabelstapler unterwegs liegen bleibt
- wenn in einem Gebäude ein Aufzug stecken bleibt
- wenn an der Prozessanlage ein Ventil schließt, aber nicht wieder öffnet
- wenn ein Messmittel wie z. B. eine Waage nichts mehr anzeigt

Abgrenzung

Der Prozess einer Sofortinstandsetzung unterscheidet sich somit zum einen von einer *geplanten Instandsetzung* durch die Planbarkeit – es kann nur reagiert, aber nicht geplant werden – und zum anderen von einer *vorbeugenden Instandhaltung* durch die terminliche Vorbestimmtheit – Wartungs- und Inspektionsmaßnahmen haben regelmäßige Zyklen und demzufolge wiederkehrende Termine.

Ablauf

Abbildung 5.60 zeigt, wie der Prozess einer *Sofortinstandsetzung* in etwa ablaufen könnte. Der 5-stufige Zyklus einer planbaren Instandhaltungsabwicklung wird bei einer Sofortinstandsetzung zu einem 3-stufigen Zyklus zusammengefasst.

Auftrag inkl. Meldung

Den Ausgangspunkt (Schritt ❶) bildet die *Eröffnung eines Auftrags* (evtl. mit Daten zur Meldung) zu einem Schaden oder einer Störung. Dieser Auftrag wird nicht geplant, sondern er wird gleich zur Abarbeitung freigegeben, und evtl. werden die benötigten Auftragspapiere ausgedruckt.

Durchführung

Die *Abwicklungsphase* (Schritt ❷) beinhaltet die Entnahme der Ersatzteile aus dem Lager und die eigentliche Abarbeitung des Auftrags.

Nach Beendigung der Arbeiten werden in Schritt ❸ beim *Abschluss*   Abschluss
die benötigten Ist-Zeiten zurückgemeldet; daneben werden über die
Abarbeitung des Schadens und den Zustand der Anlage technische
Rückmeldungen erfasst. Vom Controlling wird der Auftrag abgerechnet.

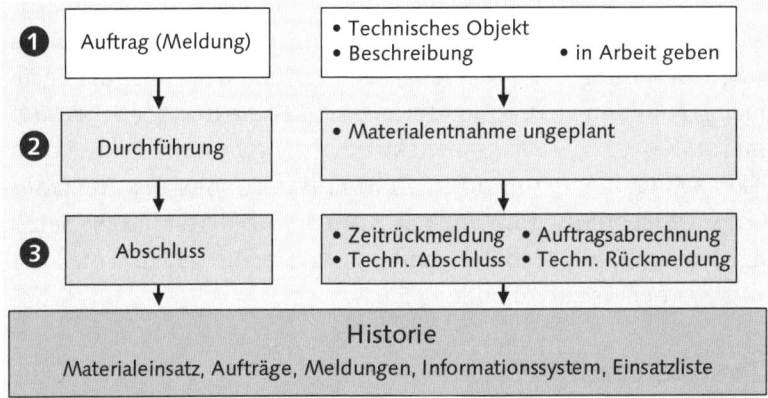

Abbildung 5.60 Sofortinstandsetzung

Auftrag eröffnen (mit Meldung)

Bei diesem Geschäftsprozess ist es wichtig, dass der Instandsetzungs-
auftrag möglichst schnell eingerichtet wird und die benötigten Auftragspapiere möglichst schnell ausgedruckt werden, damit der Techniker mit den Instandsetzungsarbeiten beginnen kann.

Die in Abbildung 5.2 gezeigte Struktur mit allen Daten eines Auftrags   Einfache
schlägt sich im Layout einer voll ausgeprägten Auftragsart wie in   Auftragssicht
Abbildung 5.17 nieder. Die Auftragsart besteht aus zehn Registerkarten mit bis zu vier Bildbereichen auf einer Registerkarte. Dies ist für
eine Schnellerfassung eines Auftrags zu viel und zu verwirrend.

> Eine der wichtigsten Funktionen im Zusammenhang mit einer Sofort-   **[+]**
> instandsetzung ist es, pro Auftragsart ein eigenes Bildschirmlayout, in die-
> sem Fall ein möglichst einfaches, festzulegen: am besten nur eine einzige
> Registerkarte mit wenigen Eingabefeldern. Dies erreichen Sie über die
> Customizing-Funktion INSTANDHALTUNG UND KUNDENSERVICE • INSTAND-
> HALTUNGS- UND SERVICEABWICKLUNG • INSTANDHALTUNGS- UND SERVICEAUF-
> TRÄGE • FUNKTIONEN UND EINSTELLUNGEN DER AUFTRAGSARTEN • EINFACHE
> AUFTRAGSSICHT.

Dort können Sie mithilfe der Customizing-Funktion SICHTENPROFILE DEFINIEREN die Registerkarten nach eigenen Bedürfnissen zusammenstellen und über die Customizing-Funktion SICHTENPROFILE AUFTRAGSARTEN ZUORDNEN Ihren Auftragsarten zuordnen.

Meldungs- und Auftragsintegration
Darüber hinaus haben Sie die Möglichkeit, mit dem Einrichten eines Auftrags auch gleich eine Meldung mit anzulegen. Voraussetzung: Sie aktivieren für eine Auftragsart im Customizing die integrierte Erfassung von Auftrags- und Meldungsdaten. Dies tun Sie über die Customizing-Funktion INSTANDHALTUNG UND KUNDENSERVICE • INSTANDHALTUNGS- UND SERVICEABWICKLUNG • INSTANDHALTUNGS- UND SERVICEAUFTRÄGE • FUNKTIONEN UND EINSTELLUNGEN DER AUFTRAGSARTEN • MELDUNGS- UND AUFTRAGSINTEGRATION DEFINIEREN: Setzen Sie den Schalter MELDUNG, und tragen Sie die gewünschte MELDUNGSART ein (siehe Abbildung 5.61).

Auf	MeldArt	Meldung
PM05	M2	☑

Abbildung 5.61 Auftrags-/Meldungsintegration

[+] Mit der Customizing-Funktion MELDUNGS- UND AUFTRAGSINTEGRATION definieren können Sie erreichen, dass Sie Auftrags- und Meldungsdaten auf einem Bildschirmbild erfassen können.

Ein für eine *Sofortinstandsetzung* geeignetes reduziertes Layout könnte deshalb z. B. wie in Abbildung 5.62 aussehen. Die Registerkarte mit den Auftragskopfdaten beinhaltet gleichzeitig Meldungsdaten und die Möglichkeit, Ersatzteile zuzuordnen.

Die Erfassung des Auftrags schließen Sie mit der Funktion IN ARBEIT GEBEN ab (Button 🔧), denn damit geben Sie den Auftrag gleich frei und erzeugen die Auftragspapiere.

Abschluss

[+] Für den Auftragsabschluss ist bei der Sofortinstandsetzung die Gesamtrückmeldung (siehe Abbildung 5.63) empfehlenswert, denn hier können Sie nicht nur die Ist-Zeiten, sondern auch die ungeplant entnommenen Materialien und technische Daten erfassen. Darüber hinaus können Sie Auftrag und Meldung von hier aus gleich abschließen.

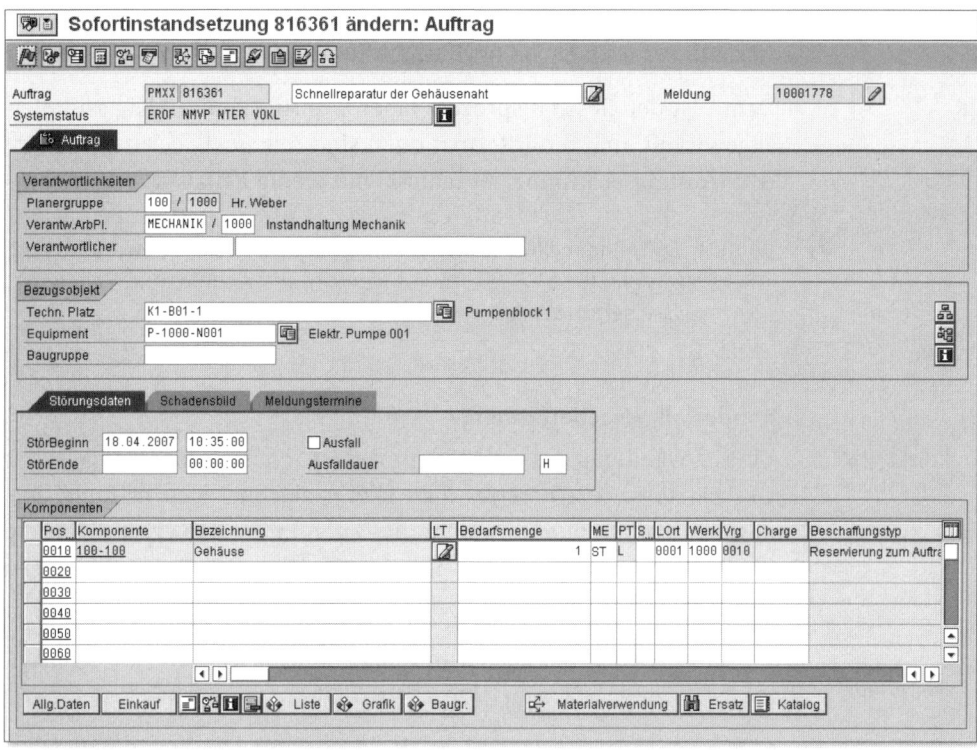

Abbildung 5.62 Auftrag mit Meldung

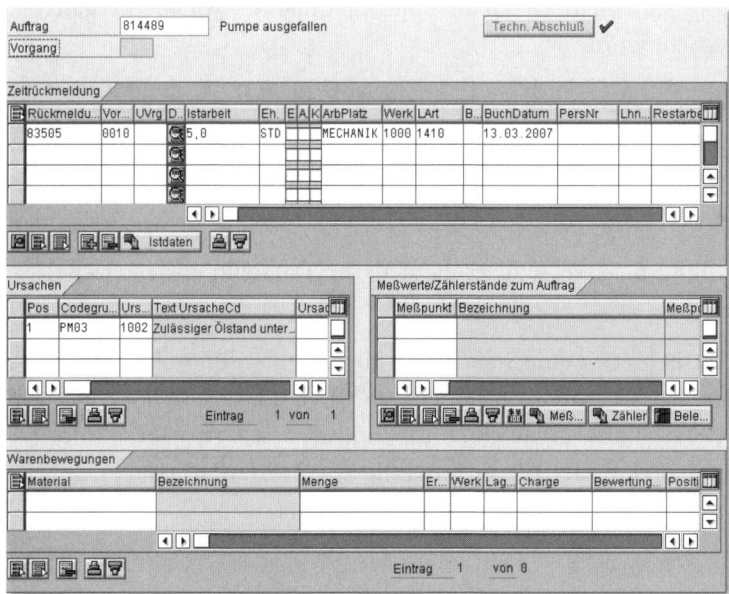

Abbildung 5.63 Gesamtrückmeldung

Die Funktionen der Auftragsabrechnung und des kaufmännischen Abschlusses müssen Sie noch durchführen.

Damit ist der Geschäftsprozess einer Sofortinstandsetzung komplett abgewickelt, und die Informationen sind mit zwei Schritten im System (Auftragseröffnung, Abschluss) mit wenig Zeitaufwand erfasst.

[○] Auf der DVD finden Sie unter GESCHÄFTSPROZESSE • GESCHÄFTSPROZESSE IN DER INSTANDHALTUNG • 3. STÖRUNGSBEDINGTE INSTANDHALTUNG den kompletten Geschäftsprozess.

Sonderfall: »Nacherfassung«

Nicht geplant, nicht vorhergesehen, schon durchgeführt

Eine Abwandlung des Geschäftsprozesses *Sofortinstandsetzung* ist der Geschäftsprozess *Nacherfassung*: Dieser zeichnet sich dadurch aus, dass zu dem Zeitpunkt, zu dem die Daten im System erfasst werden, die Auftragsbearbeitung bereits stattgefunden hat. Einen derartigen Geschäftsprozess haben Sie z. B.

▸ wenn eine Pumpe wieder in Gang gebracht wurde

▸ wenn ein liegen gebliebener Gabelstapler fahrbar gemacht wurde

▸ wenn an der Prozessanlage die Sicherung von Steuerelementen ausgetauscht wurde

▸ wenn in einem Gebäude eine klemmende Schiebetür gangbar gemacht wurde

▸ wenn ein Messmittel außerplanmäßig justiert werden musste

Arbeit schon erledigt

Der Prozess der Nacherfassung unterscheidet sich vom dem einer Sofortinstandsetzung dadurch, dass die Arbeit bereits erledigt wurde und erst im Nachhinein im SAP-System erfasst wird.

Abbildung 5.64 zeigt die schematische Darstellung der Nacherfassung.

SAP bietet hierfür eine Standardlösung an. Allerdings nicht innerhalb der Enterprise Core Component (ECC), sondern nur über das SAP NetWeaver Portal als so genannte *Guided Procedure* (nähere Informationen hierzu finden Sie in Abschnitt 8.1.2, »Nacherfassung«).

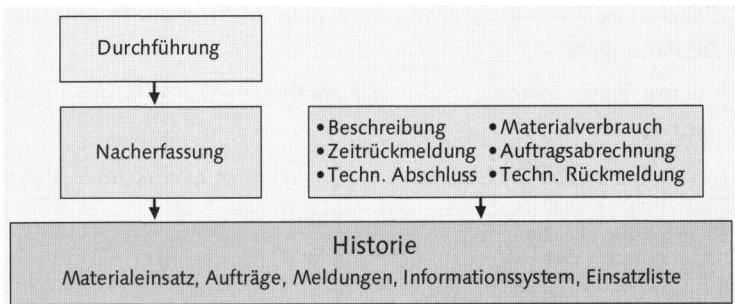

Abbildung 5.64 Nacherfassung

Was tun Sie, wenn Sie eine Nacherfassung benötigen, aber noch kein SAP **[+]**
NetWeaver Portal im Einsatz haben?

▸ Variante 1: Sie erfassen die Daten, wie in Abschnitt 5.3 zur Sofortinstandsetzung beschrieben; nur eben unmittelbar hintereinander, d. h.,
Sie erfassen den Auftrag über die Transaktion IW31 und melden ihn
gleich danach über IW42 zurück (inkl. des technischen Abschlusses).

▸ Variante 2: Sie erfassen die Daten mit der Transaktion IW61 (Histori-
scher Auftrag). Allerdings hat diese Transaktion keine Integration zu den
anderen SAP-Komponenten. Wenn Sie also z. B. die dort erfassten Ist-
Zeiten auf die Anlagenkostenstelle verrechnen wollen, müssten Sie sich
ein Batch-Programm schreiben, das diese Umbuchung vornimmt.

5.4   Schichtnotizen und Schichtberichte

Schichtnotizen und Schichtberichte verwenden Sie, um Vorkomm-   Definition
nisse während einer Schicht zu dokumentieren.

▸ In einer *Schichtnotiz* hinterlegen Sie Informationen zu einem Ereig-
nis, wie beispielsweise Kommentare, Zeiten oder Objekte.

▸ Ein *Schichtbericht* ist ein PDF-Dokument, das ein Schichtverant-
wortlicher am Ende einer Schicht aus den erfassten Schichtnotizen
und anderen Belegen, wie beispielsweise Rückmeldungen, Materialentnahmen, Zählerstände usw., generiert. Wenn ein Schichtbericht unterschrieben werden muss, kann die digitale Signatur zum
Einsatz kommen.

Beispiele für Schichtnotizen können etwa sein: Schichtnotiz

▸ allgemeine Hinweise (z. B. Schichtunterbrechung, Stromausfall)

▸ Dokumentation einer Störung (z. B. Ausfall Drehmaschine von/bis)

▸ Verbesserungsvorschläge (z. B. Drehzahl einer Maschine um 10 % reduzieren, weil …)

▸ Hinweise zum Personal (z. B. Mitarbeiter Huber 1 Stunde eher gegangen, weil …)

▸ Hinweise zum Materialeinsatz (z. B. Gehäuse sollte mit einem maximalen Druck von 10 Bar eingespannt werden)

▸ Anmerkungen zum Werkzeugeinsatz (z. B. Handbohrer 9700 nicht geeignet für Material T-B400)

▸ und vieles mehr

Schichtnotizen anlegen

Sie legen Schichtnotizen mit den folgenden Transaktionen an:

▸ ISHN1, wenn Sie als Einstiegspunkt einen Bezug zu einem technischen Objekt (Technischer Platz, Equipment) herstellen möchten.

▸ SHN1, wenn Sie als Einstiegspunkt einen Bezug zu einem Arbeitsplatz herstellen möchten (siehe Abbildung 5.65).

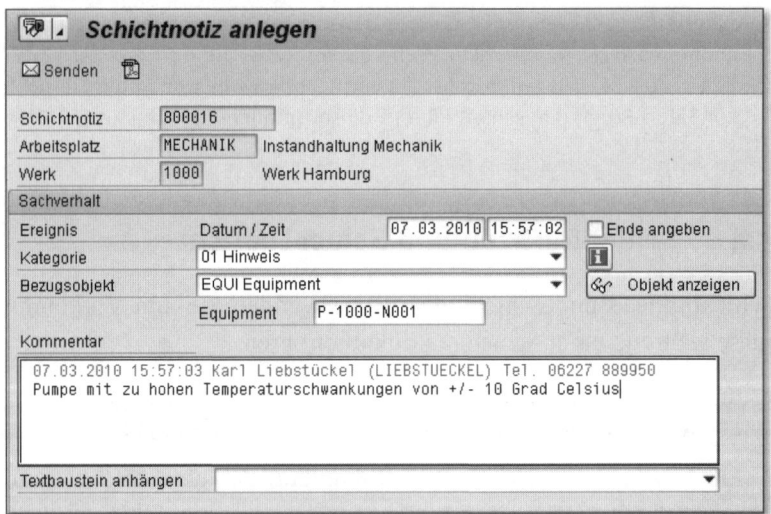

Abbildung 5.65 Schichtnotiz zu einem Arbeitsplatz

In einer Schichtnotiz hinterlegen Sie Informationen zum Arbeitsplatz sowie zu Datum und Uhrzeit (von/bis) und Texte.

Kategorie

Eine weitere Zuordnung, die Sie vornehmen können, ist die KATEGORIE zu einer Schichtnotiz. Mit dieser definieren Sie, ob es sich bei einer Schichtnotiz um einen allgemeinen Hinweis, eine Störungsmeldung, einen Hinweis zum Personal oder Ähnliches handelt. Die Kategorien können Sie im Customizing selbst festlegen und sie dort über die ⎡F4⎤-Hilfe auswählen.

Ebenfalls im Customizing legen Sie fest, auf welche Bezugsobjekte Sie Ihre Schichtnotizen beziehen möchten. Folgende Bezugsobjekte stehen zur Auswahl:

Bezugsobjekt

- ▶ Equipment
- ▶ Technischer Platz
- ▶ Material
- ▶ Fertigungsauftrag
- ▶ Prozessauftrag
- ▶ Instandhaltungsmeldung
- ▶ Qualitätsmeldung
- ▶ andere Objekte

Die Schichtnotiz bietet Ihnen darüber hinaus folgende Funktionalitäten:

Weitere Funktionalitäten

- ▶ Mit dem Button ✉ Senden können Sie die Schichtnotiz an einen Adressaten per E-Mail versenden.
- ▶ Mit dem Button 📄 können Sie die Schichtnotiz als PDF-Formular ausgeben lassen.
- ▶ Mit dem Button 👓 Objekt anzeigen können Sie sich das Bezugsobjekt der Schichtnotiz (z. B. den Fertigungsauftrag oder das Equipment) anzeigen lassen.
- ▶ Über den Objektdienst 🗄⌐ können Sie Dokumente an die Schichtnotiz anhängen.
- ▶ Wenn Sie sich Schichtnotizen anzeigen lassen oder sie ändern möchten, steht Ihnen in der ⎡F4⎤-Hilfe eine Volltextsuche und ein Fuzzy-Modus zur Verfügung.
- ▶ Mit den Transaktionen SHN4 bzw. ISHN4 können Sie sich eine Liste mit Schichtnotizen anzeigen lassen.

Damit Sie Schichtnotizen so wie eben beschrieben einsetzen können, müssen Sie einige Voraussetzungen schaffen, die das Customizing, den Arbeitsplatz und das technische Objekt (Technischer Platz, Equipment) betreffen.

Voraussetzungen

Customizing Im Customizing müssen Sie folgende Aktivitäten durchführen:

▸ Legen Sie eine neue Meldungsart an (z. B. SN). Hierzu verwenden Sie die Customizing-Funktion INSTANDHALTUNG UND KUNDENSERVICE • INSTANDHALTUNGS- UND SERVICEABWICKLUNG • SCHICHTBERICHTE/-NOTIZEN • EINSTELLUNGEN FÜR SCHICHTNOTIZEN • MELDUNGSARTEN DEFINIEREN.

▸ Geben Sie der Meldungsart ein eigenes Bildschirmlayout mit der Customizing-Funktion INSTANDHALTUNG UND KUNDENSERVICE • INSTANDHALTUNGS- UND SERVICEABWICKLUNG • SCHICHTBERICHTE/NOTIZEN • EINSTELLUNGEN FÜR SCHICHTNOTIZEN • BILDSCHIRMMASKEN FESTLEGEN. Ordnen Sie dabei mindestens den BILDBEREICH 130 SCHICHTNOTIZ zu.

▸ Nehmen Sie spezifische Einstellungen zur Meldungsart SCHICHTNOTIZ über die Customizing-Funktion INSTANDHALTUNG UND KUNDENSERVICE • INSTANDHALTUNGS- UND SERVICEABWICKLUNG • SCHICHTBERICHTE/-NOTIZEN • EINSTELLUNGEN FÜR SCHICHTNOTIZEN • EINSTELLUNGEN FÜR SCHICHTNOTIZART FESTLEGEN vor. Dort können Sie unter anderem die KATEGORIE und die BEZUGSOBJEKTE zuordnen.

▸ Die KATEGORIE verweist auf eine CODEGRUPPE in einem KATALOG (siehe Abbildung 5.66). Diesen pflegen Sie mit der Customizing-Funktion INSTANDHALTUNG UND KUNDENSERVICE • INSTANDHALTUNGS- UND SERVICEABWICKLUNG • INSTANDHALTUNGS- UND SERVICEMELDUNGEN • MELDUNGSERÖFFNUNG • MELDUNGSINHALT • KATALOGE PFLEGEN.

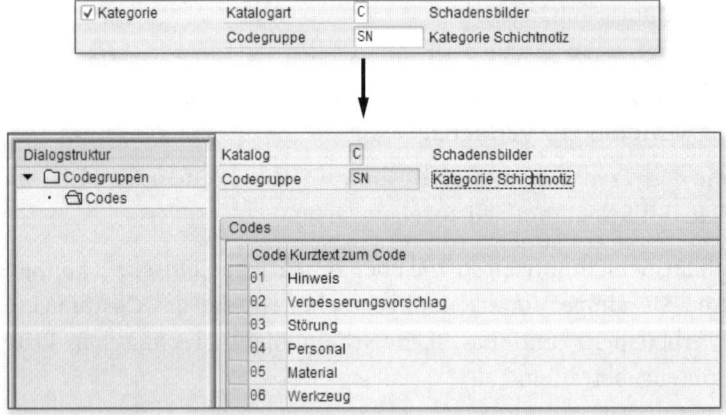

Abbildung 5.66 Schichtnotiz zu einer Kategorie

Darüber hinaus müssen Sie in jedem Arbeitsplatz und in jedem technischen Objekt (Technischer Platz, Equipment) die Schichtnotizart (NOTIZART) und den Schichtberichtstyp (BERICHTSTYP) eintragen (siehe Abbildung 5.67).

Arbeitsplatz und technisches Objekt

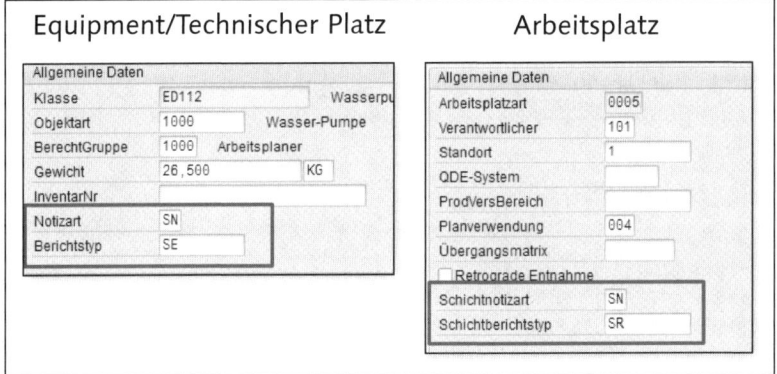

Abbildung 5.67 Schichtnotiz zu technischem Objekt und Arbeitsplatz

> Schichtnotizen bieten Ihnen die einfache Möglichkeit, zu einem technischen Objekt oder zu einem Arbeitsplatz bestimmte Sachverhalte zu dokumentieren.

[+]

Ein Schichtbericht ist ein PDF-Dokument, das der Schichtverantwortliche am Ende einer Schicht generiert und das die Übergabe an die nächste Schicht unterstützen soll.

Schichtbericht

Folgende Bestandteile können in einem Schichtbericht enthalten sein:

Inhalt

► Schichtnotizen
► Fertigungsleistungen
► Rückmeldungen
► Warenbewegungen
► Instandhaltungsmeldungen
► Instandhaltungsaufträge
► Messbelege
► grafische Auswertungen

Schichtberichte anlegen

Sie legen Schichtberichte mit den folgenden Transaktionen an:

▶ ISHR1, wenn Sie als Einstiegspunkt einen Bezug zu einem technischen Objekt (Technischer Platz, Equipment) herstellen möchten.

▶ SHR1, wenn Sie als Einstiegspunkt einen Bezug zu einem Arbeitsplatz herstellen möchten (siehe Abbildung 5.68).

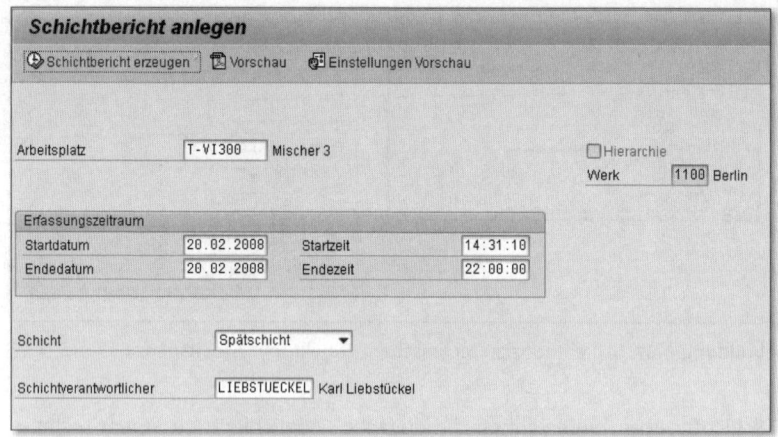

Abbildung 5.68 Schichtbericht anlegen

Schichtbericht anzeigen

Entsprechend den eingegebenen Selektionskriterien und den im Customizing hinterlegten Layouteinstellungen wird ein spezifischer Schichtbericht generiert (siehe Abbildung 5.69).

Weitere Funktionalitäten

Der Schichtbericht bietet Ihnen außerdem folgende Funktionalitäten:

▶ Wenn Sie die digitale Signatur verwenden, können Sie den Schichtbericht überprüfen und ihn anschließend unterschreiben, indem Sie die Funktionstaste SIGNIEREN wählen.

▶ Wenn Sie einen Schichtbericht löschen möchten, wählen Sie die Funktionstaste Verwerfen. Der Schichtbericht wird sodann mit dem Status Verworfen versehen. Sie können nun für die Schicht einen neuen Schichtbericht erstellen.

▶ Sie können einen Schichtbericht mit der Funktionstaste E-Mail senden versenden. Das System versendet die Schichtberichte in Form eines Links.

▶ Sie können den Schichtbericht ausdrucken, indem Sie den Schichtbericht aufrufen und die entsprechende Funktionstaste im PDF-Dokument wählen.

Schichtbericht

Von: 20.02.2008 / 13:02:32 bis: 20.02.2008 / 14:31:10 Werk: 1100   Arbeitsplatz: T-VI300

Schichtnotizen

Anzahl erfasster Schichtnotizen: 2

Liste der Schichtnotizen

Meldung	Angelegt von	Langtext der Schichtnotiz
500000114	FISCHER	Shift startet 30 min later for training reasons.
500000115	FISCHER	Power failure; Line not working for 10 min.

Rückmeldungen

Anzahl erfasster Rückmeldungen: 1

Liste der Rückmeldungen

Auftrag	Vorgang	Materialnummer	Materialkurztext	Gutmenge	Ausschuß	MgEh.Rck	Endrück…
70000802	1100	T-FV100-EM	Vanilla Ice Cream - Premiu…	900	0	KG	

Liste der aggregierten Mengen

Werk	Arbeitsplatz	Rückzum. Gutmenge	Rück.Ausschuß	Nacharbeitsmenge	MgEh.Rck	Anzahl
1100	T-VI300	900	0	0	KG	1

Liste der aggregierten Leistungen

Werk	Arbeitsplatz	LeistArt	Altern. Leistungstxt	Rückgemeld.Leist.	Einh.	Anzahl
1100	T-VI300	1420	Dauer	4.500	MIN	1

Liste der aggregierten Warenbewegungen

BewegArt	Werk	Material	Material-Text	Menge in EME	ErfassME	Anzahl
261	1100	T-IC-R2005	Emulgator Polysorbat 80	20	KG	1

Instandhaltungsmeldungen

Anzahl erfasster Instandhaltungsmeldungen: 0

Abbildung 5.69 Schichtbericht anzeigen

▶ Mit den Transaktionen SHR4 und ISHR4 können Sie eine Liste mit den bereits generierten Schichtberichten erstellen.

▶ In der Liste mit den generierten Schichtberichten können Sie eine Volltextsuche durchführen.

Damit Sie die Schichtberichte so wie beschrieben einsetzen können, müssen Sie einige Voraussetzungen schaffen. Dies betrifft das Customizing, den Arbeitsplatz und das technische Objekt (Technischer Platz, Equipment).

Voraussetzungen

Customizing Im Customizing müssen Sie folgende Aktivitäten durchführen:

▶ Legen Sie einen Schichtberichtstyp an (z. B. SR). Hierzu verwenden Sie die Customizing-Funktion INSTANDHALTUNG UND KUNDEN- SERVICE • INSTANDHALTUNGS- UND SERVICEABWICKLUNG • SCHICHT- BERICHTE/-NOTIZEN • EINSTELLUNGEN FÜR SCHICHTBERICHTE • SCHICHTBERICHTSTYPEN FESTLEGEN. Hier legen Sie u. a. fest, ob die aufeinanderfolgenden Schichtberichte LÜCKENLOS sein sollen, ob Sie eine SIGNATUR verwenden möchten oder ob Sie die Schicht- berichte per E-MAIL versenden möchten. Außerdem ordnen Sie dem Schichtberichtstyp das LAYOUT zu.

▶ Das Layout wird durch ein Formular definiert. Im Standard liefert SAP für den Schichtbericht das Formular COCF_SR_PDF_LAYOUT aus. Sollten Sie ein eigenes Formular benötigen, so können Sie es sich mit der Transaktion SFP definieren.

▶ Sollten Sie eine elektronische Signatur benötigen, so können Sie diese über die Customizing-Funktionen INSTANDHALTUNG UND KUNDENSERVICE • INSTANDHALTUNGS- UND SERVICEABWICKLUNG • SCHICHTBERICHTE/-NOTIZEN • EINSTELLUNGEN FÜR SCHICHTBERICHTE • SIGNATURSTRATEGIEN ZUR GENEHMIGUNG • BERECHTIGUNGSGRUPPEN FÜR SIGNATUR IM SCHICHTBERICHT DEFINIEREN, EINZELSIGNATUREN DEFINIEREN und SIGNATURSTRATEGIEN DEFINIEREN einstellen.

Technische Objekte und Arbeitsplatz Darüber hinaus müssen Sie in jedem Arbeitsplatz und in jedem tech- nischen Objekt (Technischer Platz, Equipment) den Schichtberichts- typ eintragen.

Business Function Damit Sie die Schichtnotizen und die Schichtberichte nutzen können, muss die Business Function LOG_PP_SRN_CONF aktiviert sein.

[+] Schichtberichte bieten Ihnen eine kompakte und übersichtliche Aufstel- lung über die Geschehnisse während einer Schicht. Das Layout können Sie flexibel nach Ihren Bedürfnissen gestalten.

5.5 Der Geschäftsprozess »Fremdvergabe«

Fremdvergabe bedeutet, dass zur Abarbeitung der anstehenden Instandhaltungstätigkeiten Fremdfirmen eingesetzt werden bzw. Aufträge fremdvergeben werden.

5.5.1 Grundlagen der Fremdvergabe

Die Fremdvergabe hat in der Instandhaltung eine sehr große Bedeutung, z. B. deutlich mehr als in der Produktion. Eine nicht repräsentative Kurzumfrage bei SAP-Anwenderfirmen, die in der Deutschsprachigen SAP-Anwendergruppe organisiert sind, ergab, dass durchschnittlich etwa die Hälfte der Instandhaltungskosten aus Fremdvergaben resultiert. Teilweise haben die Unternehmen gar keine eigenen Instandhaltungswerkstätten, sondern nur noch Koordinationsstellen (z. B. Arbeitsvorbereitung, Planer), die zuständig sind für Planung, Überwachung und Abnahme der Fremdleistungen.

Gründe für Fremdvergabe

Warum gab es diese Situation in der Instandhaltung schon immer, bzw. warum wird sie im Zuge der (inter-)nationalen Arbeitsteilung und Globalisierung immer drastischer? Hierfür lassen sich mehrere Gründe anführen (siehe Abbildung 5.70).

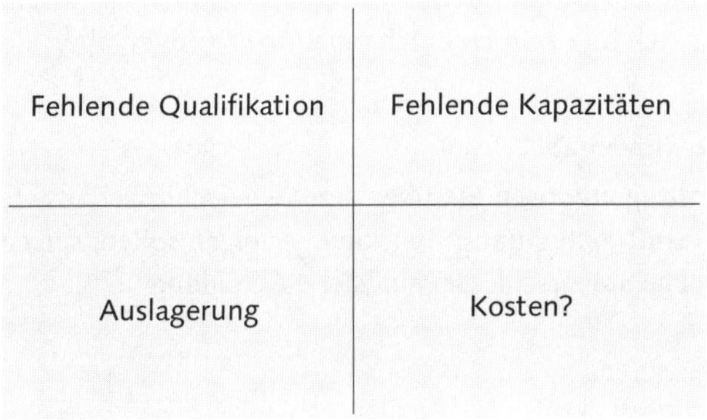

Fehlende Qualifikation	Fehlende Kapazitäten
Auslagerung	Kosten?

Abbildung 5.70 Gründe für Fremdvergaben

Nicht für jede Art von Arbeit, die in der Instandhaltung anfällt, wird man sich eigene Techniker vorhalten. Oftmals werden gezielt Arbeiten an Fremdfirmen vergeben, die sich auf ein bestimmtes Gebiet spezialisiert haben (z. B. Aufzugsservice, Klimatechnik, elektronische Steuerungen, Roboterwartung usw.).

Fehlende Qualifikation

Fremdfirmen können die internen Instandhaltungsabteilungen zur Abdeckung von Kapazitätsspitzen unterstützen (z. B. bei Revisionen, Stillständen, Jahresendarbeiten usw.).

Fehlende Kapazitäten

Sind Fremdfirmen wirklich günstiger?

Bei der Frage, ob Fremdfirmen wirklich kostengünstiger sind als eigene Werkstätten, wird häufig nur einseitig argumentiert, wenn man einen Verrechnungssatz X der eigenen Handwerker mit einem niedrigeren Verrechnungssatz Y der Fremdfirma vergleicht. Zum einen dürfen nicht nur die *Primärkosten* (Rechnungsbetrag) zum Vergleich herangezogen werden, sondern es müssen auch diejenigen *Sekundärkosten* berücksichtigt werden, die als interner Verwaltungs- und Steuerungsaufwand mit der Fremdvergabe verbunden sind (z. B. Auftragsplanung, Bestellung, Leistungsabnahme, Rechnungsprüfung usw.). Zum anderen handelt es sich bei einer internen Auftragsvergabe »nur« um *Kosten*, während es sich bei einer externen Auftragsvergabe um *Aufwand und Auszahlung* handelt.

Auslagerung

Im Zuge von Umstrukturierungen werden Abteilungen ausgelagert und eigenständige Firmen gegründet. Die Instandhaltung ist eine der Abteilungen, die davon häufig betroffen ist und als »Maintenance GmbH« ausgegründet wird. Obwohl die Kollegen nach wie vor auf dem Gang gegenüber sitzen, gehören sie jetzt zu einer anderen Firma. Da dies im SAP-System dann ein eigener *Buchungskreis* sein muss, handelt es sich hier rein rechtlich um eine Fremdvergabe.

Auslösen der Fremdvergabe

Eine Fremdbeauftragung lösen Sie über den Steuerschlüssel aus. Je nachdem, wie Beauftragung und Abwicklung erfolgen sollen, setzen Sie unterschiedliche Steuerschlüssel ein (siehe Abbildung 5.71).

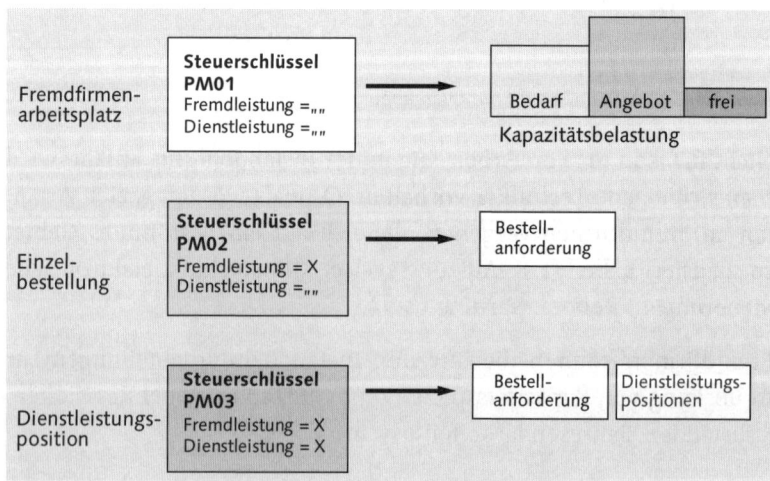

Abbildung 5.71 Steuerschlüssel für Fremdvergabe

Die Ausprägung des Steuerschlüssels steuert dabei die Art der Fremdvergabe:

Wenn Sie für die Fremdfirma einen Arbeitsplatz eingerichtet haben und die Fremdvergabe über einen internen Auftrag wie eigene Arbeitsplätze abwickeln möchten (siehe Abschnitt 5.5.3, »Fremdleistungen mit Fremdarbeitsplätzen«), lösen Sie diese Art von Fremdvergabe über einen STEUERSCHLÜSSEL (PM01 o. Ä.) aus, bei dem der Schalter FREMDBEARBEITUNG auf EIGENBEARBEITETER VORGANG gesetzt und der Schalter DIENSTLEISTUNG nicht markiert ist.

Arbeitsplatz für Fremdfirma

Wenn Sie die Fremdvergabe über eine Bestellanforderung und eine einzelne Normalbestellung abwickeln möchten (siehe Abschnitt 5.5.2, »Fremdleistungen als Einzelbestellung«), lösen Sie diese Art von Fremdvergabe über einen Steuerschlüssel (PM02 o. Ä.) aus, bei dem der Schalter FREMDBEARBEITUNG auf FREMDBEARBEITETER VORGANG gesetzt und der Schalter DIENSTLEISTUNG nicht markiert ist.

Einzelbestellung

Wenn Sie die Fremdvergabe unter Zuhilfenahme von Dienstleistungspositionen bzw. Leistungsverzeichnissen und späterer Aufmaßerfassung abwickeln möchten (siehe Abschnitt 5.5.4, »Fremdleistungen mit Leistungsverzeichnissen«), lösen Sie diese Art von Fremdvergabe über einen STEUERSCHLÜSSEL (PM03 o. Ä.) aus, bei dem der Schalter FREMDBEARBEITUNG auf FREMDBEARBEITETER VORGANG gesetzt und der Schalter DIENSTLEISTUNG markiert ist.

Leistungs-verzeichnisse

5.5.2 Fremdleistungen als Einzelbestellung

Wenn Sie Fremdleistungen als Einzelbestellung beauftragen möchten, dann ergibt sich etwa folgender Ablauf (Abbildung 5.72):

Wenn Sie in einem Auftrag Fremdleistungen planen, wird im Hintergrund automatisch eine *Bestellanforderung* ausgelöst.

Die Bestellanforderung wird von der Einkaufsabteilung (oder auch vom Disponenten in der Instandhaltung) in eine *Bestellung* umgesetzt.

Nachdem die Fremdfirma die Leistungen erbracht hat, führen Sie deren Erfassung durch. Allerdings melden Sie Fremdleistungen nicht wie normale Zeitrückmeldungen zurück, sondern Sie erfassen eine Leistungsbestätigung als *Wareneingang zur Bestellung*. Falls der Wareneingang bewertet erfolgt (Schalter auf der Position in der

Bestellung), werden zu diesem Zeitpunkt Ist-Kosten auf den Auftrag gebucht.

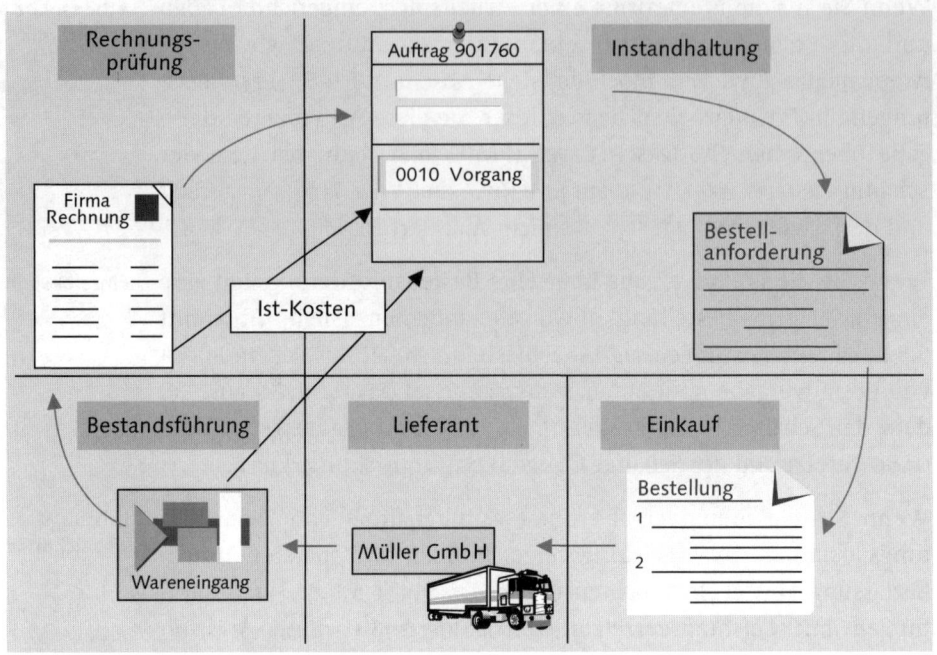

Abbildung 5.72 Ablauf der Fremdvergabe

Den Abschluss dieses Prozesses bildet der *Rechnungseingang*. Falls der Rechnungsbetrag vom Bestellbetrag abweicht, findet automatisch eine Korrektur statt, und der Auftrag weist die Nettokosten der Rechnung aus.

Einrichten des Auftrags

Sie planen die Fremdleistung auf Ebene eines Auftragsvorgangs. Über Meldungen oder Auftragskopfdaten kann eine Fremdfirma nicht beauftragt werden.

[+] Häufig wird für die Fremdabwicklung eine eigene Auftragsart eingerichtet. Dies hat mehrere Vorteile: Zum einen können Vorschlagswerte spezifisch gesetzt werden (z. B. dass bei der Auftragsart PM02 (Fremdbearbeitung) immer der Steuerschlüssel PM02 (Fremdbearbeitung) verwendet wird). Zum anderen können Sie in Listen und Auswertungen gezielter danach suchen und verdichten.

Für die weitere Abwicklung der Fremdvergabe werden in Bestellanforderung und Bestellung steuernde und organisatorische Angaben benötigt (siehe Abbildung 5.73) wie z. B.:

- ▶ Warengruppe

- ▶ Kostenart

- ▶ Einkäufergruppe

- ▶ Einkaufsorganisation

- ▶ Warenempfänger

- ▶ Abladestelle

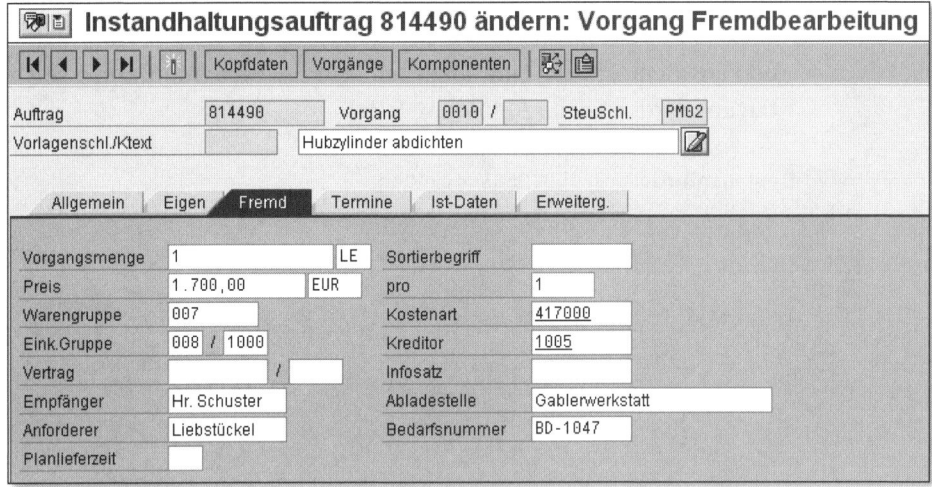

Abbildung 5.73 Fremdvorgang

Da diese vom Einkauf benötigten Angaben aber weitestgehend konstant bleiben, sollten Sie die Möglichkeit nutzen, Vorschlagswerte zu hinterlegen, damit diese nicht in jedem Auftrag immer wieder neu einzutragen sind.

[+]

- ▶ Sie haben die Möglichkeit, mit der Customizing-Funktion INSTANDHALTUNG UND KUNDENSERVICE • INSTANDHALTUNGS- UND SERVICEABWICKLUNG • INSTANDHALTUNGS- UND SERVICEAUFTRÄGE • FUNKTIONEN UND EINSTELLUNGEN DER AUFTRAGSARTEN • VORSCHLAGSWERTPROFILE FÜR FREMDBESCHAFFUNG ANLEGEN diese Werte zu hinterlegen, um sie dann mit der Customizing-Funktion VORSCHLAGSWERTE FÜR ARBEITSPLANDATEN UND PROFILZUORDNUNGEN der Auftragsart pro Werk im Feld PROFIL FREMD zuzuordnen.

- ▶ Dasselbe gilt übrigens auch für Fremdmaterial: Hier erfolgt die Zuordnung über das Feld PROFIL MATERIAL.

- ▶ Sie können die Vorschlagswerte aber auch benutzerbezogen hinterlegen, und zwar indem Sie innerhalb eines Auftrags ZUSÄTZE • EINSTELLUNGEN • VORSCHLAGSWERTE aufrufen und die Daten auf der Registerkarte FREMDBEARBEITUNG hinterlegen.

> ▶ Dasselbe gilt für Fremdmaterial: Hier füllen Sie die Registerkarte FREMD-
> BESCHAFFUNG.
> ▶ Sollten sowohl Vorschlagswerte im Customizing hinterlegt sein als auch
> als benutzerbezogene Vorschlagswerte, haben die benutzerbezogenen
> Vorrang.

Bestell-anforderung und Bestellung

Auf Basis des Fremdvorgangs wird im Hintergrund automatisch eine Bestellanforderung generiert. Die Nummer der Bestellanforderung können Sie auf der Registerkarte IST-DATEN einsehen und von dort aus auch direkt in die Bestellanforderung springen. Die Informationen aus dem Auftrag sind identisch in die Bestellanforderung übertragen worden (siehe Abbildung 5.74).

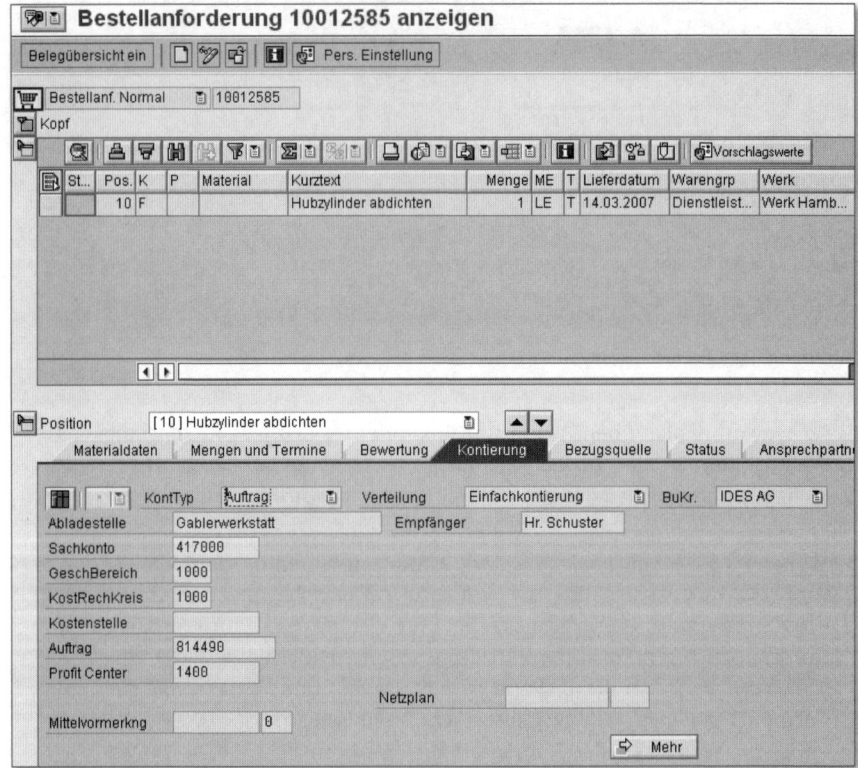

Abbildung 5.74 Bestellanforderung

Je nach organisatorischer Zuständigkeit wird die Bestellanforderung dann entweder vom Einkauf oder von der technischen Abteilung selbst in eine Bestellung überführt. Bei Angabe einer Vertragsnummer können Sie auf gleichem Wege auch einen Abruf aus einem Rahmenvertrag tätigen.

Die Bestellanforderung ist automatisch auf den Auftrag kontiert, und diese Kontierung kann auch nicht geändert werden.

Fremdleistungen melden Sie nicht wie Eigenleistungen zurück, sondern erfassen einen Wareneingang (Transaktion MIGO, Funktion Wareneingang zur Bestellung). Haben Sie als Einheit eine allgemeine Leistungseinheit bestellt (LE), kann die Leistung nur bestätigt oder nicht bestätigt werden. Haben Sie die Bestellung auf Stundenbasis ausgelöst, können Sie die effektiven Stunden abnehmen; dies können mehr oder weniger als bestellt sein (siehe Abbildung 5.75).

Abbildung 5.75 Wareneingang

Damit der Wareneingang erfasst werden kann, muss der Auftrag freigegeben und darf noch nicht kaufmännisch abgeschlossen sein.

Wenn in der Bestellung das Kennzeichen Wareneingang bewertet gesetzt wurde, wird zu diesem Zeitpunkt der Auftrag mit dem Bestellwert belastet; die Gegenbuchung erfolgt auf einem Verrechnungskonto.

Beim *Rechnungseingang* (siehe Abbildung 5.76, Transaktion MIRO) wird der Wert auf dem Verrechnungskonto wieder automatisch aufgelöst. Eventuelle Abweichungen zwischen Bestellwert und Rechnungswert werden dem Auftrag nachbelastet oder gutgeschrieben.

Auf der DVD finden Sie unter Geschäftsprozesse • Geschäftsprozesse in der Instandhaltung • 5. Einkauf von Serviceleistungen • 5.1 Abwicklung von Fremdleistungen als Einzelbestellung den Geschäftsprozess (Auftragsplanung, Bestellanforderung). **[○]**

Wareneingang und Rechnungseingang

Abbildung 5.76 Rechnungseingang

5.5.3 Fremdleistungen mit Fremdarbeitsplätzen

Ausgangssituation

In vielen Unternehmen trifft man auf die Situation, dass es Servicefirmen gibt, mit denen man permanent – auch für kleinere Maßnahmen – zusammenarbeitet – Fremdfirmen, die dann mit Personal präsent sind, vielleicht sogar ein eigenes Büro auf dem Gelände haben. Firmen, die dann »auf Zuruf« arbeiten und auf diese Art und Weise viele Maßnahmen im Laufe eines Tages, einer Woche, eines Monats abarbeiten.

Haben Sie auch solche Firmen? Würden Sie nun diese Firmen nach obigem Muster beauftragen, dann hätten Sie für jede einzelne Maßnahme den Zyklus: Auftrag à Bestellanforderung à Bestellung à Wareneingang à Rechnungseingang. Dies würde für Sie einen nicht mehr gerechtfertigten administrativen Aufwand bedeuten.

Was können Sie also tun, um den administrativen Aufwand zu verringern? Im Folgenden werde ich Ihnen das Modell Fremdleistungen mit Arbeitsplätzen vorstellen, das mittlerweile in vielen Unternehmen im Einsatz ist und vielleicht auch Ihnen helfen wird, mit diesen Fremdfirmen ohne großen Verwaltungsaufwand zusammenarbeiten zu können.

Um dieses Modell nutzen zu können, schaffen Sie im Vorfeld die Voraussetzungen. Eine Übersicht darüber gibt Ihnen Abbildung 5.77. **Voraussetzungen**

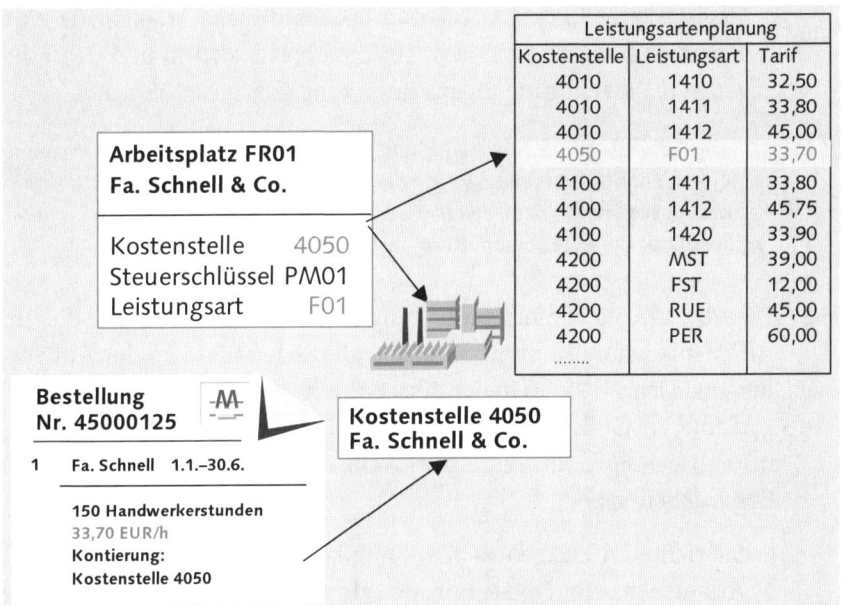

Leistungsartenplanung

Kostenstelle	Leistungsart	Tarif
4010	1410	32,50
4010	1411	33,80
4010	1412	45,00
4050	F01	33,70
4100	1411	33,80
4100	1412	45,75
4100	1420	33,90
4200	MST	39,00
4200	FST	12,00
4200	RUE	45,00
4200	PER	60,00
....		

Arbeitsplatz FR01
Fa. Schnell & Co.

Kostenstelle   4050
Steuerschlüssel PM01
Leistungsart   F01

Bestellung
Nr. 45000125

1   Fa. Schnell   1.1.–30.6.

150 Handwerkerstunden
33,70 EUR/h
Kontierung:
Kostenstelle 4050

Kostenstelle 4050
Fa. Schnell & Co.

Abbildung 5.77 Voraussetzungen für einen Fremdarbeitsplatz

▶ **Kostenstelle**
Sie benötigen eine Kostenstelle, über die die Verrechnung der Fremdleistungen erfolgt. Hierzu können Sie entweder Ihre eigene Instandhaltungskostenstelle verwenden. Sie können auch eine neue Kostenstelle einrichten – summarisch für alle Fremdfirmen. Oder Sie richten mehrere neue Kostenstellen ein – für jede Fremdfirma eine eigene.

▶ **Normalbestellung**
Sie richten eine Normalbestellung ein. Diese ist auf die o. g. Kostenstelle kontiert, hat eine Laufzeit (Monat, Quartal, Jahr) und beinhaltet den Stundensatz der Fremdfirma. Sie können auch Bestellungen aufmachen mit mehreren Positionen – z. B. dann, wenn Sie mit der Fremdfirma unterschiedliche Verrechnungssätze vereinbart haben (z. B. Techniker, Hilfskraft, Auszubildender).

▶ **Leistungsplanung**
Sie führen mit der Transaktion KP26 eine Leistungsartenplanung durch, in der Sie für die Periode(n), die Kostenstelle(n) und die Leistungsart(en) Tarife hinterlegen.

▶ **Arbeitsplatz**
Sie richten für jede Fremdfirma einen Arbeitsplatz ein. Auf der Registerkarte KALKULATION ordnen Sie diesem Arbeitsplatz eine KOSTENSTELLE, die LEISTUNGSART EIGENBEARBEITUNG und den FORMELSCHLÜSSEL für die Eigenbearbeitung (z. B. SAP008) zu.

[!] Dieser Arbeitsplatz unterscheidet sich in seinen Einstellungen nicht von einem eigenen Arbeitsplatz. Wenn Sie also z. B. auf der Registerkarte VORSCHLAGSWERTE einen STEUERSCHLÜSSEL eintragen, dann ist das ein Steuerschlüssel für die Eigenbearbeitung (z. B. PM01).

Abwicklung   Die Abwicklung von Instandhaltungsmaßnahmen, die Sie mit diesem Arbeitsplatz durchführen, unterscheidet sich kaum von der Abwicklung, wie ich sie Ihnen in den Abschnitten 5.2, »Der Geschäftsprozess geplante Instandsetzung«, und 5.3, »Der Geschäftsprozess Sofortinstandsetzung«, für die Abwicklung mit internen Arbeitsplätzen beschrieben habe.

▶ Sie richten Aufträge mit dem Fremdarbeitsplatz als ausführendem Arbeitsplatz ein. Ob Sie ihn auch als verantwortlichen Arbeitsplatz eintragen, ist unerheblich.

▶ Sie drucken Auftragspapiere.

[+] Zur rein optischen Unterscheidung sollten die Auftragspapiere für Fremdfirmen anders aussehen als die internen.

▶ Sie melden die Aufträge mit denselben Transaktionen zurück wie auch die internen Aufträge (IW41, IW42, IW44, IW48).

[+] Sie sollten die Auftragspapiere abzeichnen und der Fremdfirma eine Kopie überlassen.

▶ Sie rechnen diese Aufträge genau so ab wie die internen. Dabei wird die im Arbeitsplatz eingetragene Kostenstelle entlastet und die Anlagenkostenstelle belastet.

Ein paar Besonderheiten ergeben sich bei der Rechnungsstellung (siehe Abbildung 5.78):

Rechnungsstellung

▶ Sie erhalten nicht für jede Einzelleistung, sondern periodisch (z. B. monatlich) eine Rechnung.

▶ Die Rechnungssumme beinhaltet den Wert aller seit der letzten Rechnungsstellung ausgeführten Leistungen.

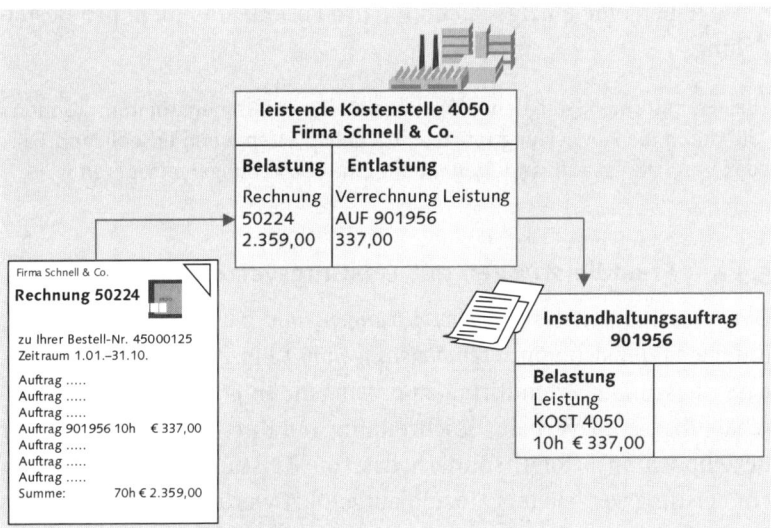

Abbildung 5.78 Rechnungseingang

> Bei der Rechnungsstellung sollten Sie darauf achten, dass auf der Rechnung als Zusatzinformation die Liste der durchgeführten Aufträge mit angegeben wird. Eventuell bitten Sie die Fremdfirma auch darum, Kopien der Auftragspapiere anzuhängen. Ansonsten haben Sie keine Vergleichsmöglichkeit, auf welche Aufträge sich die Rechnungsstellung bezieht.

[+]

▶ Aufgrund der Kontierung der Bestellung ist auch die Rechnung auf die Fremdfirmenkostenstelle (nicht auf die einzelnen Aufträge) kontiert.

▶ Mittelfristig muss sich die Fremdfirmenkostenstelle ausgleichen, d. h., die Summe der Entlastungen über Aufträge und die Summe der Belastungen über die Rechnungen müssen gleich hoch sein. Sind sie es nicht, haben Sie die Kostenstelle gleichzeitig als Controlling-Instrument, dass die Fremdfirma andere Beträge in Rechnung gestellt hat, als Leistungen erbracht wurden.

Die Einsparungen bezüglich des Verwaltungsaufwands gegenüber der in Abschnitt 5.5.2 dargestellten Abwicklung mit Einzelbestellungen liegen auf der Hand:

▶ Sie haben keine Bestellanforderungen.

▶ Sie haben eine einzige Bestellung und nicht viele.

▶ Sie haben keinen Wareneingang, sondern eine Rückmeldung.

▶ Sie haben eine einzige Rechnung pro Periode und nicht pro Bestellung.

[+] Bei Fremdfirmen, mit denen Sie regelmäßig zusammenarbeiten, können Sie durch die Abwicklung mit Fremdarbeitsplätzen einen erheblichen Teil des Verwaltungsaufwands gegenüber Einzelbestellungen einsparen.

5.5.4 Fremdleistungen mit Leistungsverzeichnissen

Besonderheiten Der Geschäftsprozess *Fremdleistungen mit Leistungsverzeichnissen* unterscheidet sich vom *Fremdleistungen mit Einzelbestellung* dadurch, dass die von der Fremdfirma zu erbringenden Leistungen nicht pauschal über eine verbale Beschreibung im Kurz- und Langtext der Bestellposition erfolgt, sondern dass die Leistungen dezidiert über ein Leistungsverzeichnis einzeln aufgeführt werden. Im Ablauf ergeben sich daraus folgende Unterschiede (siehe Abbildung 5.79):

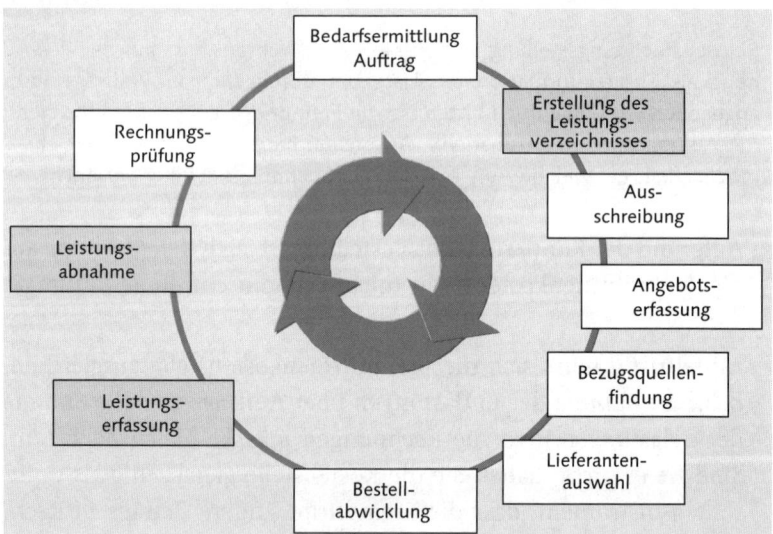

Abbildung 5.79 Ablauf mit Leistungsverzeichnissen

▶ Die Planung im Auftrag führen Sie über ein *Leistungsverzeichnis* durch.

▶ In der Auftragsplanung können Sie Limits für geplante und ungeplante Leistungen hinterlegen.

▶ Sie erfassen keinen Wareneingang, sondern eine *Leistungserfassung*. Diese kann auch vom Lieferanten selbst übernommen werden.

▶ Sie können bei der Leistungserfassung – im Gegensatz zum Wareneingang – ungeplante Positionen ergänzen.

▶ Die erfassten Leistungen müssen Sie durch eine *Leistungsabnahme* freigeben (Vier-Augen-Prinzip), damit eine Rechnungsstellung erfolgen kann.

Um innerhalb des Auftrags die fremdzuvergebenden Leistungen zu planen, stehen Ihnen folgende Möglichkeiten zur Verfügung:

Planen der
Leistungen

▶ Sie planen die Leistungen *manuell*, d. h. ohne Rückgriff auf irgendwelche Vorschlagswerte.

▶ Sie planen die Leistungen unter Zuhilfenahme von *Leistungsstammsätzen*.

▶ Sie planen die Leistungen unter Zuhilfenahme von *Leistungsverzeichnissen aus anderen Belegen* (wie Rahmenvertrag, Bestellung, Auftrag usw.).

▶ Sie planen die Leistungen unter Zuhilfenahme so genannter *Musterleistungsverzeichnisse* (siehe Abbildung 5.80). In einem Musterleistungsverzeichnis können Sie Leistungszeilen und eine Gliederung hinterlegen. Darüber hinaus können Sie eine Einkaufsorganisation, einen Lieferanten und einen Kontrakt als Vorschlagswerte angeben.

Ein im Auftrag geplantes Leistungsverzeichnis könnte dann etwa das in Abbildung 5.81 gezeigte Aussehen haben.

Es gibt professionelle Anbieter von Leistungsverzeichnissen wie z. B. den Beuth Verlag (*http://www.beuth.de*) oder den gemeinsamen Ausschuss Elektronik im Bauwesen (*http://www.gaeb.de*), bei denen Sie vorgefertigte Standard- und Musterleistungsverzeichnisse in digitaler Form erwerben und dann mit SAP-Tools in Ihr System einspielen können.

[+]

Die Werte der Einzelleistungen werden als Summe für das komplette Leistungsverzeichnis ausgewiesen.

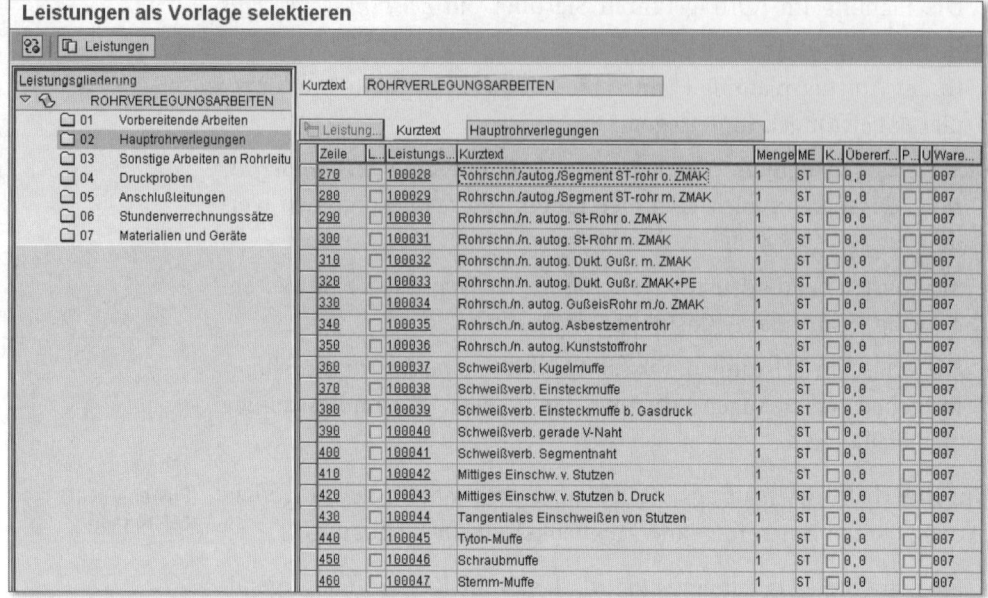

Abbildung 5.80 Musterleistungsverzeichnis

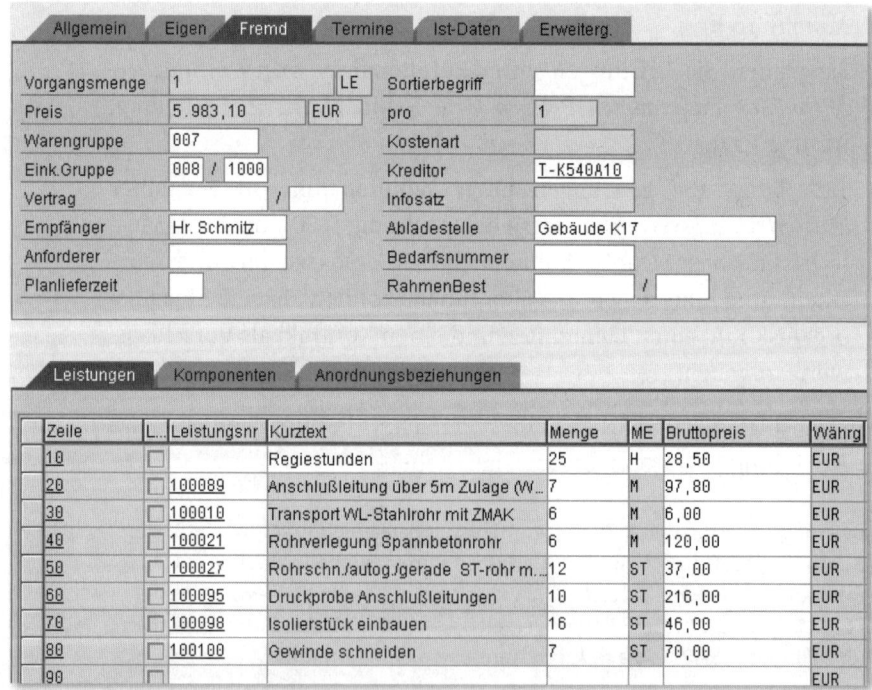

Abbildung 5.81 Auftragsleistungsverzeichnis

Auf Basis des Fremdvorgangs wird im Hintergrund automatisch eine *Bestellanforderung* generiert. Die Nummer der Bestellanforderung können Sie auf der Registerkarte IST-DATEN einsehen und von dort aus auch direkt in die Bestellanforderung springen. Das Leistungsverzeichnis des Auftrags ist identisch in die Bestellanforderung übertragen worden.

Bestellanforderung und Bestellung

Je nach organisatorischer Zuständigkeit wird die Bestellanforderung dann entweder vom Einkauf oder von der technischen Abteilung selbst in eine *Bestellung* überführt; die Bestellung übernimmt dabei das Leistungsverzeichnis aus der Bestellung. Die Bestellung wird an die Servicefirma übermittelt.

Wenn Sie Fremdleistungen auf Basis eines Leistungsverzeichnisses bestellt haben, erfassen Sie das Erbringen der Leistungen nicht durch einen Wareneingang, sondern durch eine *Leistungserfassung* unter Nutzung der so genannten *Leistungserfassungsblätter* (siehe Abbildung 5.82). Hierfür nutzen Sie entweder die Transaktion ML81N oder die Internet Application Component MEW10.

Leistungserfassung und Leistungsabnahme

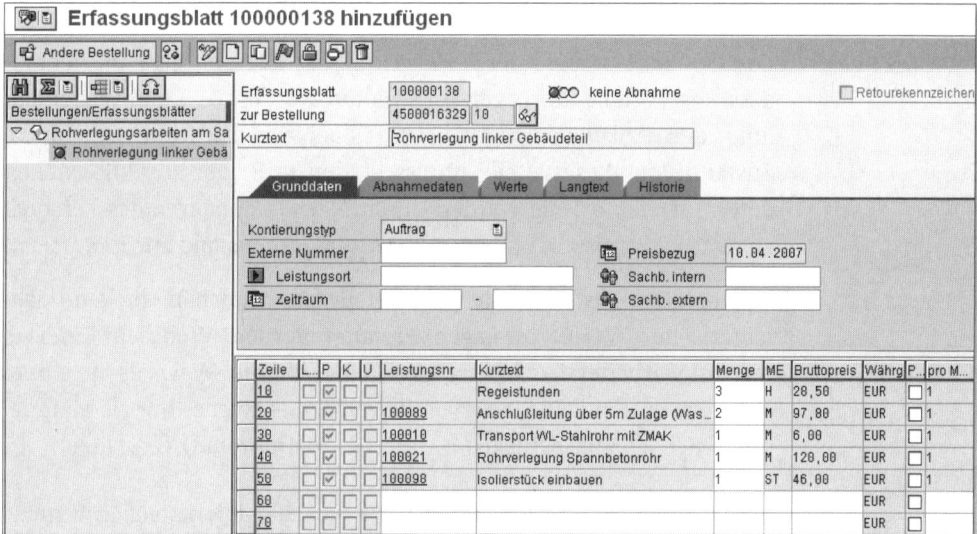

Abbildung 5.82 Leistungserfassung

Im SAP-System wird unterschieden zwischen der *Leistungserfassung* und der *Leistungsabnahme*: Diese Funktionen können – wenn die Berechtigungen vorliegen – von derselben Person durchgeführt werden. Sie könnten die Verantwortung nach dem Vier-Augen-Prinzip aber auch auf mehrere Personen verteilen.

[+] In der Praxis wird die Erfassung der Leistung häufig vom Dienstleister selbst im Internet (z. B. unter Nutzung des IAC) durchgeführt. Die Abnahme erfolgt dann durch verantwortliche Personen des eigenen Unternehmens.[1]

Rechnungsprüfung Das abgenommene Leistungserfassungsblatt stellt die Grundlage für die *Rechnungsprüfung* dar. Der Auftrag wird zum Zeitpunkt der Abnahme mit Ist-Kosten belastet. Bei der Abnahme des Leistungserfassungsblattes wird ein Wareneingangsbeleg erzeugt.

[o] Auf der DVD finden Sie unter GESCHÄFTSPROZESSE • GESCHÄFTSPROZESSE IN DER INSTANDHALTUNG • 5. EINKAUF VON SERVICELEISTUNGEN • 5.2 ABWICKLUNG VON FREMDLEISTUNGEN MIT DIENSTLEISTUNGSPOSITIONEN den Geschäftsprozess (Auftragsplanung, Bestellanforderung).

5.6 Der Geschäftsprozess »Aufarbeitung«

Aufarbeitung – Definition Der Geschäftsprozess der *Aufarbeitung* ist dadurch gekennzeichnet, dass Reserveteile auf Lager vorgehalten werden (z. B. zur Sicherstellung der Anlagenverfügbarkeit). Dabei werden unterschiedliche Zustände der Reserveteile unterschieden (z. B. neu, funktionsfähig, defekt). Defekte Teile werden durch eigenes oder fremdes Personal aufgearbeitet, also in einen funktionsfähigen Zustand zurückversetzt.

Voraussetzung ist, dass die Reserveteile mit unterschiedlichen buchhalterischen Werten im Lager verwaltet werden: Wenn ein Reserveteil aufgearbeitet ist, besitzt es einen höheren Wert als in einem defekten Zustand. Die Reserveteile werden entweder nur als Material oder auch als Einzelstücke (= Materialserialnummer) verwaltet.

[+] Mit dem Prozess der Aufarbeitung erreichen Sie, dass das aufgearbeitete Material oder Einzelstück nachher einen höheren Wert hat als vorher.

---

1 Siehe hierzu z. B. Anschütz, O.; Junior, J.: Die Fremdleistungsbeschaffung beim Großkraftwerk Mannheim, Frankfurt: DSAG-Arbeitskreis 2003.

Eine Reserveteilverwaltung mit der Abwicklung von Aufarbeitungs- aufträgen läuft folgendermaßen ab (siehe Abbildung 5.83):

Ablauf

▶ **Beschaffung von Reserveteilen** (Schritt **❶**)
Für bestimmte kritische und hochwertige Komponenten, die in einer Anlage eingesetzt werden, bevorraten Sie Reserveteile, um die Komponenten bei einem Ausfall umgehend ersetzen zu können.

▶ **Entnahme von intakten Reserveteilen und Rückgabe von defekten Reserveteilen** (Schritt **❷**)
Wenn ein als Reserveteil geführtes Material (Einzelstück) in einer Anlage defekt ist, ersetzen Sie es durch ein intaktes Reserveteil. Hierzu bauen Sie das defekte Reserveteil aus der Anlage aus und geben es ins Lager zurück, während Sie ein intaktes Reserveteil aus dem Lager entnehmen und in die Anlage einbauen.

Um die Lebenslaufhistorie eines technischen Objektes vollständig zu dokumentieren, ist es ratsam, für ein defektes Reserveteil eine Meldung im Sinne einer Aufarbeitungsanforderung zu erfassen.

[+]

▶ **Eröffnung und Freigabe eines Aufarbeitungsauftrags** (Schritt **❸**)
Sobald die Anzahl defekter Reserveteile im Lager eine bestimmte Menge erreicht hat, eröffnen Sie einen Aufarbeitungsauftrag. Sie planen alle nötigen Vorgänge, Materialien, Hilfsmittel usw. für die Aufarbeitung ein. Hierzu stehen Ihnen alle in Abschnitt 5.2, »Der Geschäftsprozess geplante Instandsetzung«, beschriebenen Möglichkeiten zur Verfügung.

▶ **Entnahme aus dem Lager** (Schritt **❹**)
Die mit der Aufarbeitung betrauten Mitarbeiter entnehmen die defekten Reserveteile sowie alle weiteren, im Auftrag eingeplanten Materialien, die sie für die Aufarbeitung benötigen, aus dem Lager.

▶ **Durchführung der Aufarbeitung** (Schritt **❺**)
Sie führen die Aufarbeitung durch. Hierzu können Rückmeldungen für Eigenleistungen, Wareneingänge bzw. Leistungserfassungen für Fremdmaterial bzw. Fremdleistungen gebucht werden.

▶ **Rückgabe ans Lager** (Schritt **❻**)
Sie geben die aufgearbeiteten Reserveteile per Wareneingang ans Lager zurück. Für nicht wieder aufzuarbeitende Reserveteile stornieren Sie die Reservierung und buchen eine Verschrottung.

▸ **Verschrottung** (Schritt ❼)

Sollten defekte Reserveteile nicht mehr aufarbeitungswürdig sein, verschrotten Sie sie. Vergessen Sie nicht, für diesen Fall ebenfalls einen Warenausgang zu buchen.

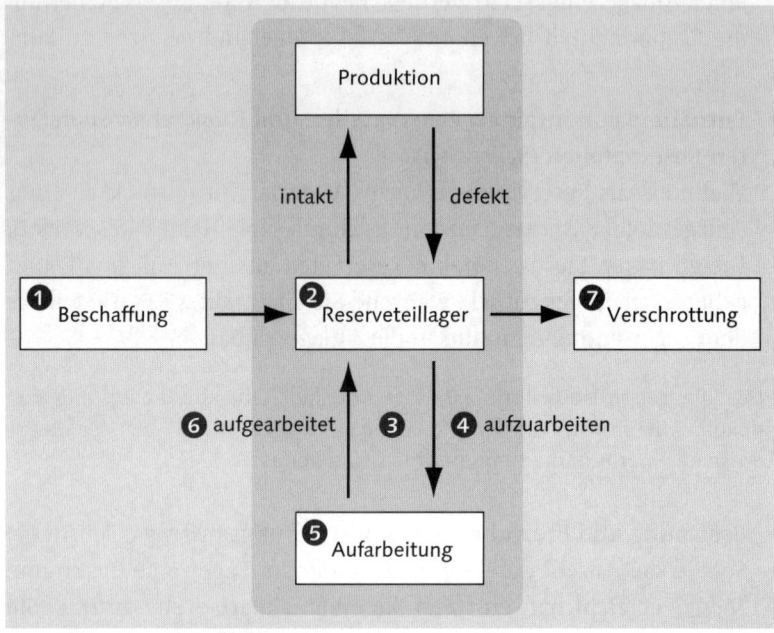

Abbildung 5.83 Ablauf der Aufarbeitung

Voraussetzungen Damit Sie den Geschäftsprozess der Aufarbeitung von Reserveteilen initiieren und abwickeln können, schaffen Sie vorher einige Voraussetzungen:

Auftragsart Sie benötigen eine eigene *Auftragsart*. Diese wird im Customizing mit der Funktion INSTANDHALTUNG UND KUNDENSERVICE • INSTAND-HALTUNGS- UND SERVICEABWICKLUNG • INSTANDHALTUNGS- UND SER-VICEAUFTRÄGE • FUNKTIONEN UND EINSTELLUNGEN DER AUFTRAGSAR-TEN • AUFTRAGSARTEN FÜR AUFARBEITUNGSABWICKLUNG KENNZEICHNEN für den Prozess der Aufarbeitung eingerichtet (siehe Abbildung 5.84). Diese Einstellung nehmen Sie auf Mandantenebene vor; sie greift deshalb für alle Werke.

Art	Kurztext	Aufarbeitungsauftrag
PM04	Aufarbeitungsauftrag	☑

Abbildung 5.84 Auftragsart »Aufarbeitung«

Wenn Sie Aufarbeitungsleistungen durch eine Meldung anfordern möchten, ist es aus verschiedenen Gründen empfehlenswert (z. B. zur Selektion oder zur Bildschirmsteuerung), eine eigene Meldungsart dafür zu definieren.

Meldungsart
[+]

Für den Geschäftsprozess Aufarbeitung benötigen Sie eine eigene Auftragsart. Eine Auftragsart, die Sie für die Aufarbeitung gekennzeichnet haben, können Sie allerdings nicht für »normale« Instandhaltungsprozesse verwenden. Sie können, müssen jedoch nicht eine eigene Meldungsart definieren.

[+]

Sie benötigen für die Reserveteile einen Materialstamm, der über eine *getrennte Bewertung* verfügt. Die Grundlage für eine getrennte Bewertung schaffen Sie im Customizing über die Funktion MATERIALWIRTSCHAFT • BEWERTUNG UND KONTIERUNG • GETRENNTE BEWERTUNG • GETRENNTE BEWERTUNG EINSTELLEN, indem Sie dort z. B. einen BEWERTUNGSTYP C (Zustand) und dazu mehrere BEWERTUNGSARTEN C1 (neuwertig), C2 (aufgearbeitet) und C3 (aufzuarbeiten) definieren (siehe Abbildung 5.85).

Getrennte
Bewertung

Bewertungstyp		VBA Fremd	FrB	VBA Eigen	Eig	VBA Aktion	Akt	BA autom.
A	A&D	IAD1	☐	IAD2	☐		☐	☑
B	Bez. Eig./Fremd	FREMD_HALB	☑	EIGEN_HALB	☑		☐	☐
C	Zustand	C1	☐	C2	☐		☐	☐
D		GRADE B	☐	GRADE A	☐		☐	☐

Bewertungsart	Ext.Best	Int.Best	KRef	Bezeichnung
01	0	2	0001	Referenz für Rohstoffe
02	2	0	0001	Referenz für Rohstoffe
AUSLAND	2	1	0001	Referenz für Rohstoffe
BATCH NO.1	2	0	0001	Referenz für Rohstoffe
BATCH NO.2	2	0	0001	Referenz für Rohstoffe
C1	2	2	0003	Referenz für Ersatzteile
C2	2	2	0003	Referenz für Ersatzteile
C3	2	2	0003	Referenz für Ersatzteile

Abbildung 5.85 Customizing von Bewertungstyp und Bewertungsart

Sie sollten zwei oder drei Bewertungsarten für die Aufarbeitung verwenden. Weniger ist nicht sinnvoll, und mehr sind nicht mehr überschaubar.

[+]

Serialnummern

Sie haben die Möglichkeit, den Aufarbeitungsprozess entweder auf Materialebene oder auf *Serialnummernebene* durchzuführen. Wenn Sie eine Vereinzelung mit Serialnummern wünschen, muss der Materialstamm ein *Serialnummernprofil* besitzen, das eine Ein- und Auslagerung von Equipments im Lager erlaubt (siehe hierzu den Abschnitt 4.2.2, »Equipments und Serialnummern«).

Das Reserveteil

Damit Sie den Materialstamm des Reserveteils für die Aufarbeitung verwenden können, legen Sie auf Werksebene in den Buchhaltungsdaten den Bewertungstyp (z. B. C) fest und legen dann zum Bewertungstyp mehrere Bewertungsarten an (siehe Abbildung 5.86).

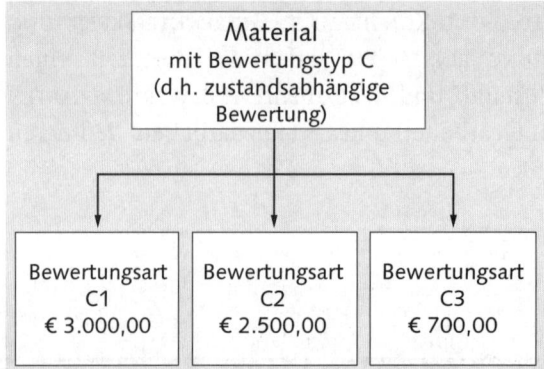

Abbildung 5.86 Materialstamm »Bewertungstyp« und »Bewertungsart«

Aufarbeitungs-auftrag über Meldung

Abbildung 5.87 zeigt Ihnen eine Meldung, mit der Sie eine Aufarbeitung anfordern können. Die Meldung verfügt über eine eigene Meldungsart (in diesem Falle M4), und als Objekttyp wurde eine Material-, Serial- und Equipmentnummer zugeordnet.

Sie haben nun mehrere Möglichkeiten, um die Zuordnung von Meldungen und Aufarbeitungsaufträgen sicherzustellen:

▶ Sie erzeugen aus einer Meldung heraus einen Aufarbeitungsauftrag.

▶ Sie erzeugen einen Aufarbeitungsauftrag und ordnen die betreffende Meldung erst später zu.

▶ Sie können über die Objektliste mehrere Meldungen zu einem Aufarbeitungsauftrag zusammenfassen.

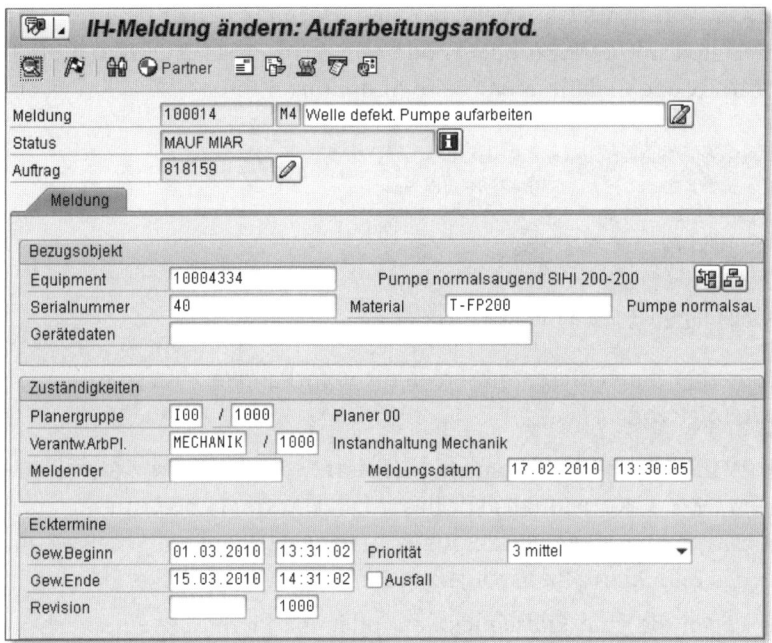

Abbildung 5.87 Anforderung einer Aufarbeitung durch eine Meldung

Damit Sie eine Meldung für einen Aufarbeitungsauftrag nutzen können, muss DIMP 6.0 installiert und es müssen die Business Functions LOG_EAM_ROTSUB und LOG_MM_SERNO aktiviert sein.

Business Function

Mittlerweile ist die Möglichkeit, Aufarbeitungsaufträge zu erzeugen, auch in die Materialbedarfsplanung, und hier insbesondere in die Bedarfs-/Bestandsliste (Transaktion MD04) integriert worden.

Aufarbeitungsaufträge über Materialbedarfsplanung

Dies hat den betriebswirtschaftlichen Hintergrund, dass immer, wenn die Menge an funktionsfähigen Teilen den Meldebestand unterschreitet, aber nichtfunktionsfähige Teile auf Lager liegen, die Materialbedarfsplanung automatisch so genannte Planaufträge erzeugen soll. Bisher war es nur möglich, Planaufträge entweder in den Bestellanforderungen für den Einkauf, Fertigungsaufträge in der diskreten Fertigung oder Prozessaufträge in der Prozessfertigung umzusetzen. Nun ist es auch möglich, die automatisch generierten Planaufträge in Aufarbeitungsaufträge umzusetzen, um die Menge an funktionsfähigen Teilen sicherzustellen.

Damit Sie Planaufträge in Aufarbeitungsaufträge umsetzen können, müssen Sie im Materialstamm auf dem Bild GRUNDDATEN 2 einen

Voraussetzung

SPARE PART CLASS CODE vergeben und ihn entweder als reparierbares Ersatzteil mit CMM (Code 2) oder als reparierbares Ersatzteil ohne CMM (Code 6) definieren (siehe Abbildung 5.88).

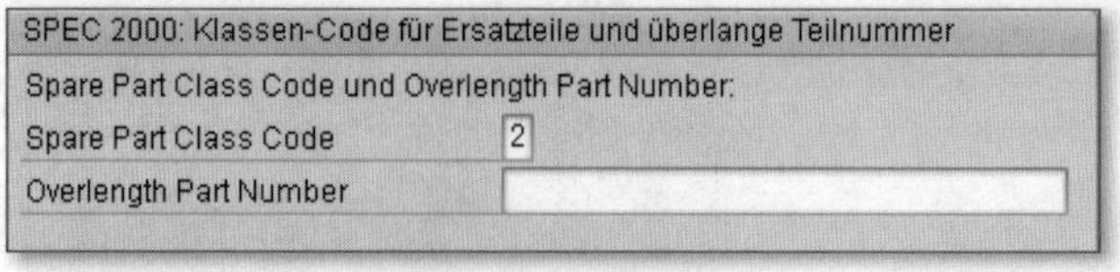

Abbildung 5.88 Spare Part Class Code

Customizing

Sollte bei Ihnen dieser Subscreen nicht vorhanden sein, so gehen Sie wie folgt vor:

▶ Wählen Sie im Customizing LOGISTIK – ALLGEMEIN • MATERIAL-STAMM • KONFIGURIEREN DES MATERIALSTAMMS • AUFBAU DER DATENBILDER PRO BILDSEQUENZ DEFINIEREN, und Sie gelangen auf das Bild SICHT „BILDSEQUENZEN ÄNDERN": ÜBERSICHT.

▶ Legen Sie eine Bildsequenz an, oder markieren Sie eine vorhandene Sequenz.

▶ Wählen Sie DATENBILDER in der Dialogstruktur aus, und Sie gelangen auf das Bild SICHT „DATENBILDER ÄNDERN": ÜBERSICHT.

▶ Markieren Sie den Eintrag mit der Bildbezeichnung GRUNDDATEN 2.

▶ Wählen Sie SUBSCREENS in der Dialogstruktur. Sie gelangen auf das Bild SICHT „SUBSCREENS ÄNDERN": ÜBERSICHT.

▶ Geben Sie das Programm SAPLADRT21 und die Dynpronummer 2000 ein.

Wenn Sie die Funktionstaste `-> AufarbeitungsAuftr` drücken, gelangen Sie in ein Folgebild, in dem Sie weitere Details zum Aufarbeitungsauftrag festlegen können (siehe Abbildung 5.89).

[+]

Die Aufarbeitung ist mittlerweile in die Materialbedarfsplanung integriert, d. h., dass Sie aus einem Planauftrag einen Aufarbeitungsauftrag generieren können.

Business Function

Damit Sie einen Planauftrag in einen Aufarbeitungsauftrag umwandeln können, muss DIMP 6.0 installiert und es müssen die Business Functions LOG_EAM_ROTSUB und LOG_MM_SERNO aktiviert sein.

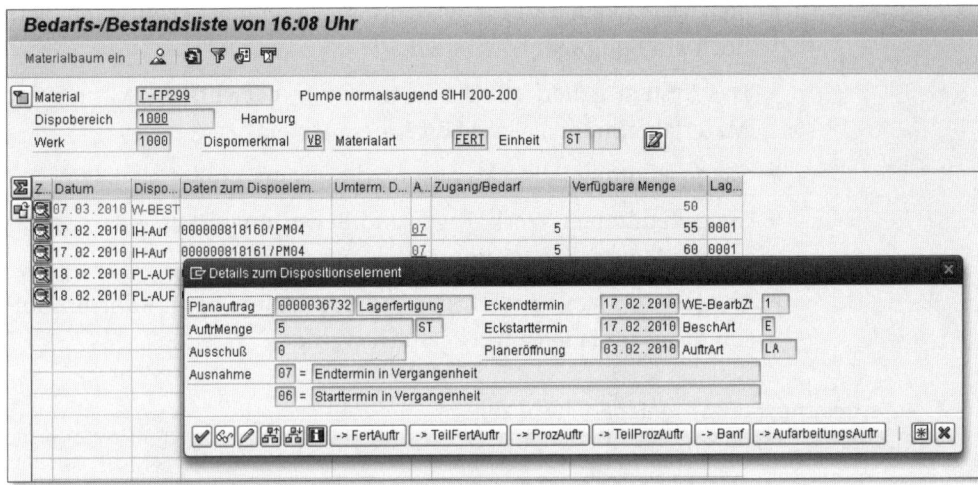

Abbildung 5.89 Bedarfs-/Bestandsliste

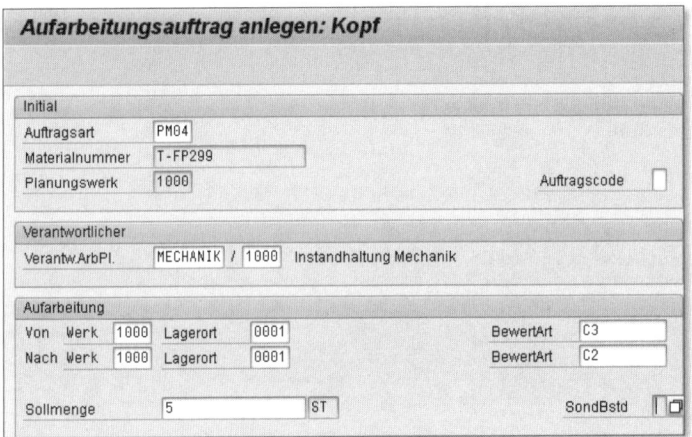

Abbildung 5.90 Aufarbeitungsauftrag aus Disposition

Die Einrichtung eines Aufarbeitungsauftrags unterscheidet sich von einem »normalen« Instandhaltungsauftrag durch folgende Kriterien (siehe Abbildung 5.91):

Manuelle Einrichtung eines Aufarbeitungs-auftrages

▸ Sie verwenden eine spezielle Transaktion IW81.

▸ Sie verwenden eine spezielle Auftragsart (z. B. PM04).

▸ Sie geben immer eine Materialnummer an.

▸ Wenn Sie eine individualisierte Aufarbeitungsabwicklung wünschen, ergänzen Sie die Materialnummer um die Objekte der Serialnummern.

- ▶ Sie können kein Bezugsobjekt, also weder einen Technischen Platz noch ein Equipment, angeben.

- ▶ Das System generiert eine Abrechnungsvorschrift MAT mit der Materialnummer als empfangendem Objekt.

- ▶ Sie geben immer eine Menge an; diese kann größer als 1 sein.

- ▶ Sie geben immer Werk, Lager und Bewertungsart an – daraus sollen die Materialien entnommen werden.

- ▶ Sie geben immer Werk, Lager und Bewertungsart an – dorthin sollen die Materialien zurückgeführt werden.

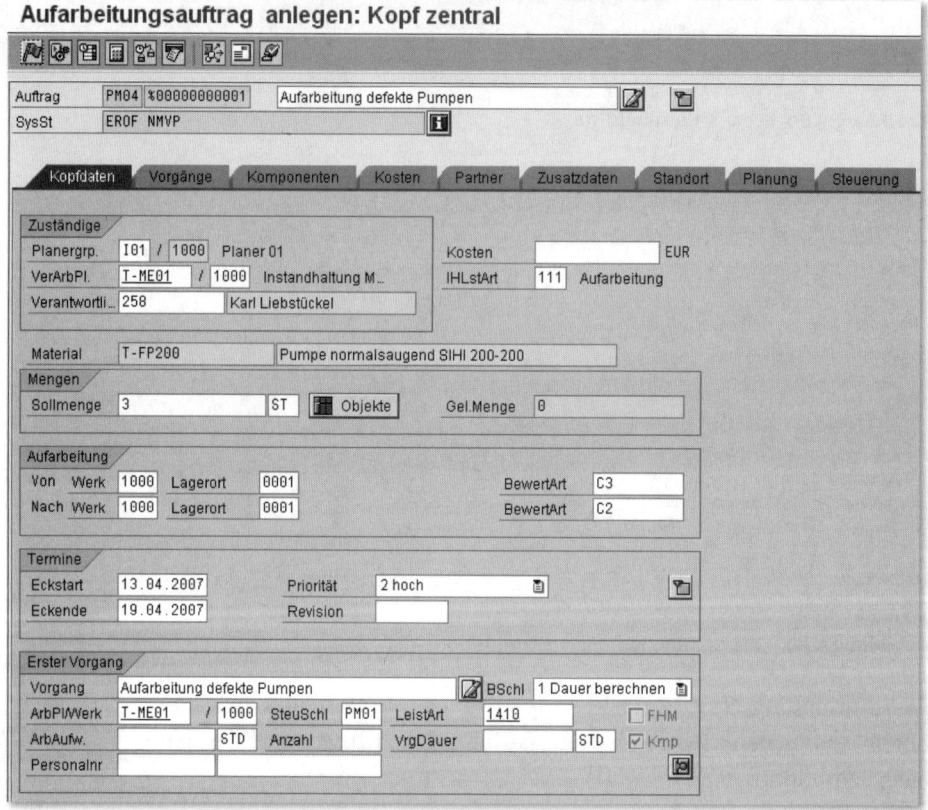

Abbildung 5.91 Aufarbeitungsauftrag

In den anderen Funktionen (Vorgänge, Materialplanung, Kostenschätzung usw.) unterscheidet sich der Aufarbeitungsauftrag nicht von einem normalen Instandhaltungsauftrag. Sie können alle Planungsvorgänge durchführen, wie sie in Abschnitt 5.2, »Der Geschäftsprozess geplante Instandsetzung«, dargestellt wurden.

Beim Anlegen des Aufarbeitungsauftrags wurde automatisch eine *Reservierung für die Entnahme der aufzuarbeitenden Materialien* angelegt. Diese können Sie dann mit der Standardtransaktion MIGO (Bewegungsart 261) unter Bezugnahme zum Auftrag ausbuchen. Beachten Sie, dass die Entnahme aus dem Sonderbestand für die Bewertungsart (hier: C3) entnommen wird (siehe Abbildung 5.92).

Warenausgang

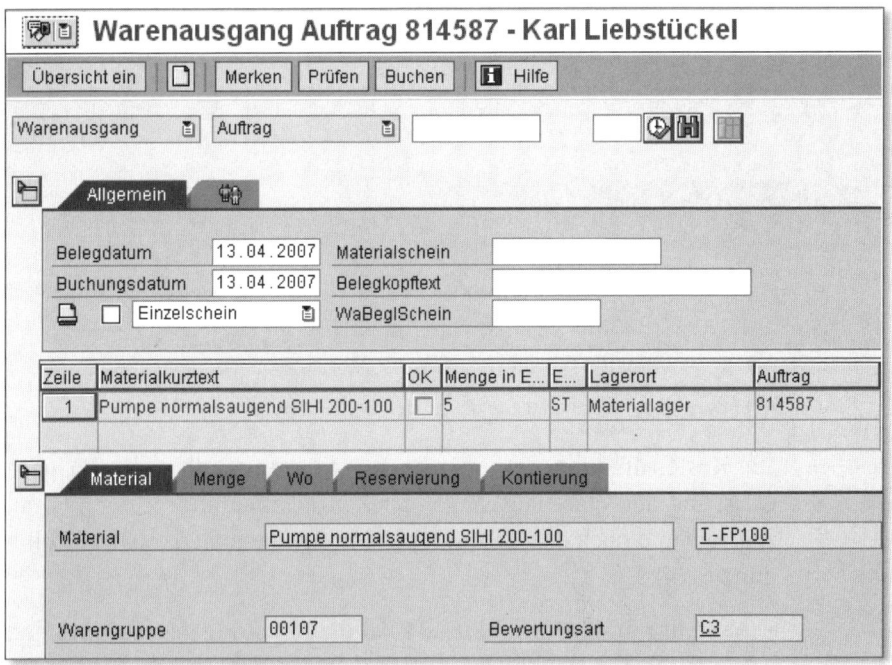

Abbildung 5.92 Materialentnahme zur Aufarbeitung

Wenn Sie den Aufarbeitungsauftrag für eine individualisierte Abwicklung eingerichtet haben, geben Sie bei der Materialentnahme zusätzlich noch die zu entnehmenden Serialnummern an.

Beim Anlegen des Aufarbeitungsauftrags wurde automatisch eine *Reservierung für den Wareneingang der aufgearbeiteten Materialien* angelegt. Diese können Sie dann mit der Standardtransaktion MIGO (Bewegungsart 101) unter Bezugnahme zum Auftrag einbuchen. Beachten Sie, dass die Einbuchung in den Sonderbestand für die Bewertungsart (hier: C2) vorgenommen wird (siehe Abbildung 5.93).

Wareneingang

Wenn Sie den Aufarbeitungsauftrag für eine individualisierte Abwicklung eingerichtet haben, geben Sie beim Wareneingang zusätzlich noch die einzulagernden Serialnummern an.

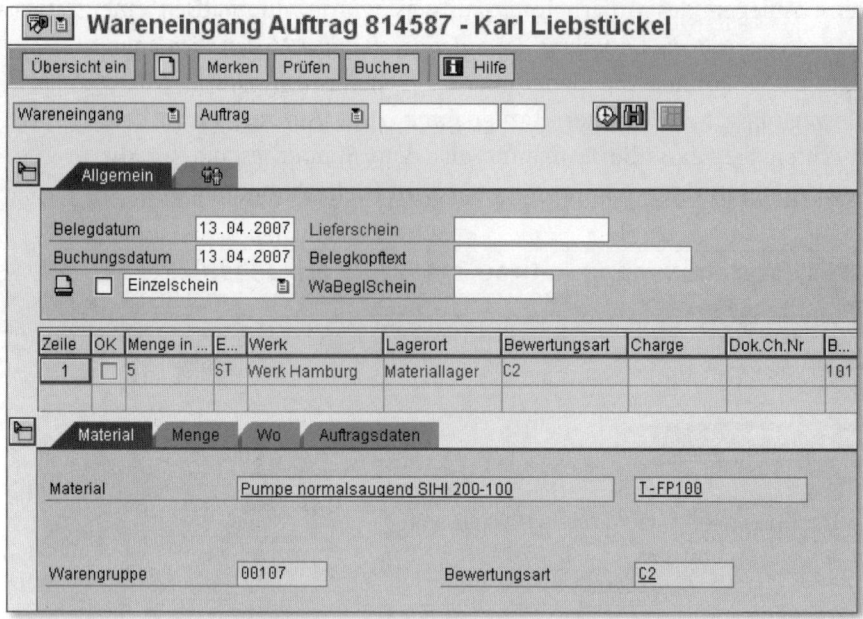

Abbildung 5.93 Wareneingang des aufgearbeiteten Materials

Nachkalkulation   Die Kostensituation des Aufarbeitungsauftrags stellt sich nun nach Erfassung der Warenausgänge, der Zeitrückmeldungen, der Warenzugänge und nach der Auftragsabrechnung wie folgt dar (siehe Abbildung 5.94):

- ❸ stellt mit der Kostenart 404000 die Belastung des Auftrags dar, die durch den *Warenausgang der aufzuarbeitenden Teile* entstanden ist.

- ❹ stellt mit den Kostenarten 400000 und 890000 die Belastung des Auftrags dar, die durch den *Warenausgang von sonstigen Materialien* entstanden ist, die für die Aufarbeitung zusätzlich benötigt wurden.

- ❺ stellt mit der Kostenart 615000 die Belastung des Auftrags dar, die durch *Zeitrückmeldungen* entstanden ist.

- ❷ stellt mit der Kostenart 895000 die Entlastung des Auftrags dar, die durch den *Wareneingang der aufgearbeiteten Teile* gutgeschrieben wurde. Mit dem Wareneingang wurde zunächst der gleitende Durchschnittspreis des Materials angepasst. Da der Wert eines aufgearbeiteten Teils höher als der Wert eines defekten Teils ist, steigt mit dem Wareneingang der gleitende Durchschnittspreis.

▶ ❶ stellt mit der Kostenart 895000 den Wert der *Auftragsabrechnung* dar. Im Normalfall werden die Werte an das Bestandsvermögen – genauer gesagt, an die Materialnummer – abgerechnet und verändern somit erneut den gleitenden Durchschnittspreis des Materials. In unserem Fall waren die Aufarbeitungskosten niedriger als der Wert, der durch den Wareneingang in die Bewertungsart C2 gutgeschrieben wurde; also sinkt der gleitende Durchschnittspreis wieder.

❶

Kosten...	Kostenart (Text)	Σ	Plan ges.	Σ	Ist ges.	Σ	Plan/Ist-Abw.	Währg
895000	Fabrikleistung Fertigungs-Aufträge		0,00		1.763,91		1.763,91	EUR
Abrechnung		∎	**0,00**	∎	**1.763,91**	∎	**1.763,91**	**EUR**
895000	Fabrikleistung Fertigungs-Aufträge		6.391,15-		6.391,15-	❷	0,00	EUR
Lieferung		∎	**6.391,15-**	∎	**6.391,15-**	∎	**0,00**	**EUR**
400000	Verbrauch Rohstoffe 1		0,00		61,32		61,32	EUR
404000	Ersatzteile		511,30		511,30	❸	0,00	EUR
890000	Verbrauch Halbfabrikate		0,00		227,52		227,52	EUR
890000	Verbrauch Halbfabrikate		0,00		287,40	❹	287,40	EUR
890000	Verbrauch Halbfabrikate		0,00		177,10		177,10	EUR
615000	Direkte Leistungsverr. Reparaturen		1.239,91		2.826,97		1.587,06	EUR
655901	Gemeinkostenzuschlag Instandhaltung		226,25		535,63	❺	309,38	EUR
Belastung		∎	**1.977,46**	∎	**4.627,24**	∎	**2.649,78**	**EUR**
		∎ ∎	**4.413,69-**	∎ ∎	**0,00**	∎ ∎	**4.413,69**	**EUR**

Abbildung 5.94 Kosten eines Aufarbeitungsauftrags

Führen Sie die Auftragsabrechnung möglichst zeitnah nach dem Wareneingang, mit dem Sie die Endlieferung gebucht haben, durch. Falls das aufgearbeitete Material bereits vor der Abrechnung wieder vom Lager entnommen wird, kann die Kostenverrechnung nicht auf das Material, sondern nur auf eine Verrechnungskostenstelle erfolgen.

[+]

5.7 Der Geschäftsprozess »Subcontracting«

Der Geschäftsprozess Subcontracting kann auch als Lohnbearbeitung für Wartung und Instandsetzung bezeichnet werden und beschreibt die Verfahrensweise, um ein Equipment (bzw. eine Materialserialnummer) bei einem Dienstleister instandsetzen zu lassen, d. h., dass hier, anders als bei den Prozessen der Fremdbearbeitung (siehe Abschnitt 5.5, »Der Geschäftsprozess Fremdvergabe«), wird das instandzusetzende oder zu wartende Objekt zum Dienstleister geschickt, dort bearbeitet und anschließend wieder zurückgeschickt wird.

Subcontracting – Definition

[+]   Da der Vorgang der Lohnbearbeitung auch mit einer Aufarbeitung verbunden sein kann, kann das Subcontracting auch als Verbindungsglied zwischen Fremdleistung und Aufarbeitung gesehen werden.

Szenario   Der Ablauf des Subcontractings sieht im Detail wie folgt aus (siehe Abbildung 5.95):

❶ Ihnen liegt ein defektes Teil zur Wartung bzw. Instandsetzung vor, das bei einem Dienstleister bearbeitet werden soll. Hierzu legen Sie einen *Instandhaltungsauftrag* mit einem Lohnbearbeitungsvorgang an.

❷ Das System legt aus dem Instandhaltungsauftrag eine *Bestellanforderung* für die externe Reparatur- bzw. Instandsetzungsleistung mit einer Lohnbearbeitungsposition (Positionstyp L) und der Materialserialnummer an.

❸ Sie wandeln die Bestellanforderung in eine *Bestellung* für die externe Reparatur- bzw. Instandsetzungsleistung um. Die Bestellposition ist als Lohnbearbeitungsposition gekennzeichnet (Positionstyp L) und enthält das Teil, das nach der Reparatur zurückerwartet wird (Materialserialnummer).

❹ Sie senden das zu reparierende Teil über eine *Auslieferung* an den Lohnbearbeiter.

❺ Die beigestellten Teile werden als Lieferantenbeistellbestand (Lohnbearbeiterbestand) geführt. Die Beistellung stellt eine *Umbuchung* aus dem frei verwendbaren Bestand in den Lieferantenbeistellbestand (Lohnbearbeiterbestand) dar.

❻ Der Lohnbearbeiter repariert, modifiziert, ersetzt oder tauscht das defekte Teil aus und sendet das einsetzbare Teil zurück.

❼ Sie erfassen für das gelieferte Teil eine *Wareneingangsbuchung* mit Bezug auf die Lohnbearbeitungsposition in der Bestellung.

❽ Dabei wird automatisch für die Komponenten aus dem Lohnbearbeiterbestand eine Verbrauchsbuchung generiert.

❾ Sie erhalten eine Rechnung über die Lohnbearbeitung.

❿ Sie schließen den Instandhaltungsauftrag ab.

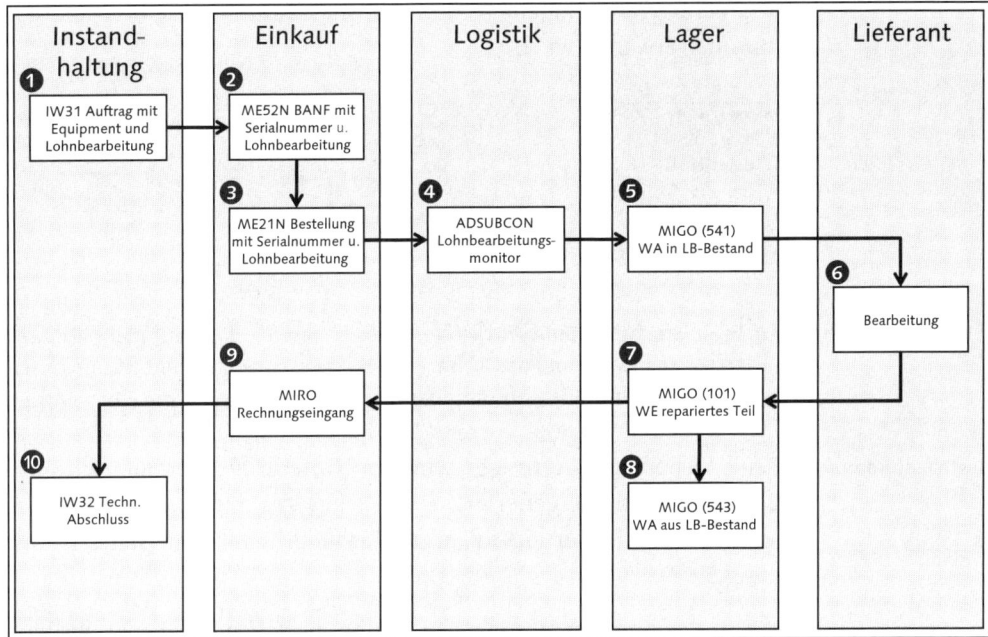

Abbildung 5.95 Subcontracting – Ablauf

Sie legen mit der Transaktion IW31 einen Instandhaltungsauftrag an. Gegenüber einem »normalen« Instandhaltungsauftrag sind einige Besonderheiten zu beachten:

Auftrag mit Lohnbearbeitung

Sie richten einen Fremdvorgang ein und setzen dort das Kennzeichen LOHNBEARB. (Lohnbearbeitung), siehe Abbildung 5.96).

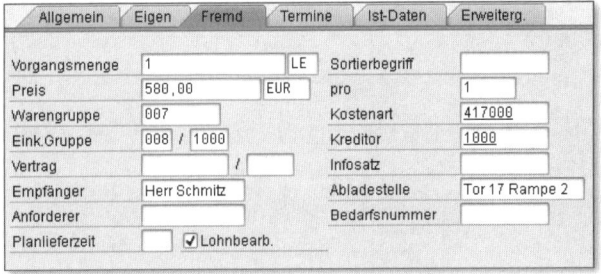

Abbildung 5.96 Subcontracting – Fremdvorgang

Ferner planen Sie für den Vorgang die Materialnummer der Serialnummer ein und weisen der Materialposition – wie Abbildung 5.97 zeigt – das Beistellkennzeichen S (= Aufarbeitungsmaterial) zu. Dieses Kennzeichen bewirkt, dass beim Warenausgang an den Lieferanten

und beim Wareneingang von diesem Lieferanten dieselbe Materialnummer erwartet wird.

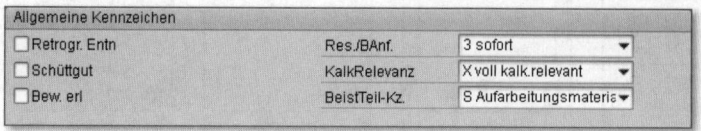

Abbildung 5.97 Subcontracting – Materialposition im Auftrag

[+] Achten Sie beim Subcontracting-Auftrag darauf, dass auf dem Reiter
FREMD (Fremdvorgang) das Kennzeichen LOHNBEARB. markiert ist und dass
die Materialkomponenten mit dem Beistellkennzeichen S versehen sind.

Bestellanforderung

Beim Sichern des Auftrages wird im Hintergrund automatisch eine
Bestellanforderung generiert. Diese weist gegenüber einer »normalen« Bestellanforderung folgende Besonderheiten auf (siehe Abbildung 5.98):

▶ Die Position der Bestellanforderung enthält nicht die Fremdleistung, sondern die Materialkomponente.

▶ Die Position trägt den Positionstyp L (= Lohnbearbeitung).

▶ Die Position beinhaltet eine Serialnummer, die zum Equipment
gehört.

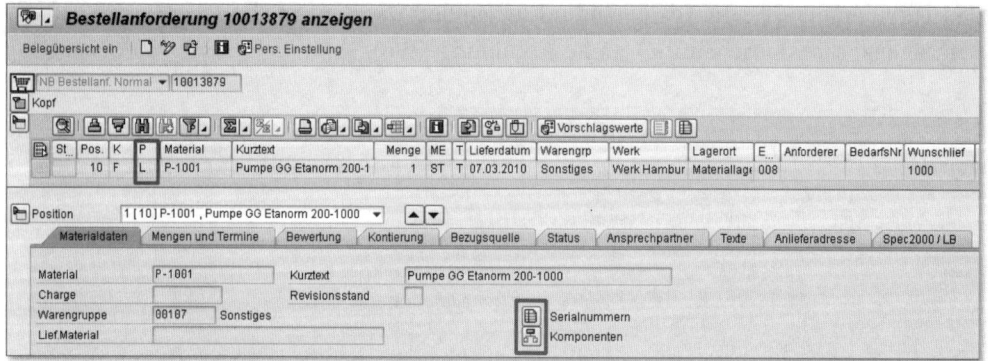

Abbildung 5.98 Subcontracting – Bestellanforderung

Lohnbearbei-
tungsmonitor

Die Schritte 3, 4, 5, 7 und 8 können Sie mit dem Lohnbearbeitungsmonitor (Transaktion ADSUBCON) ausführen. Diesen können Sie zur
Erstellung einer Übersicht über alle Lohnbearbeitungspositionen verwenden, oder Sie können mit dessen Hilfe gezielt nach bestimmten
Belegen suchen (z. B. nach Lieferant oder Materialnummer).

Der Lohnbearbeitungsmonitor gibt Ihnen nicht nur einen Überblick über den aktuellen Stand der Lohnbearbeitungsprozesse, sondern er unterstützt Sie auch bei der Durchführung dieser Prozesse. **[+]**

Zunächst wandeln Sie die Bestellanforderung in eine Bestellung um (siehe Abbildung 5.99), und zwar über die Funktion BESTELLUNG ÜBER BESTELLANFORDERUNG ANLEGEN (Icon 🔒BEST. üb. BANF anl.). Die Bestellung beinhaltet sodann ebenfalls eine Materialposition mit dem Positionstyp L (= Lohnbearbeitung) und die Serialnummer des Equipments.

Bestellung

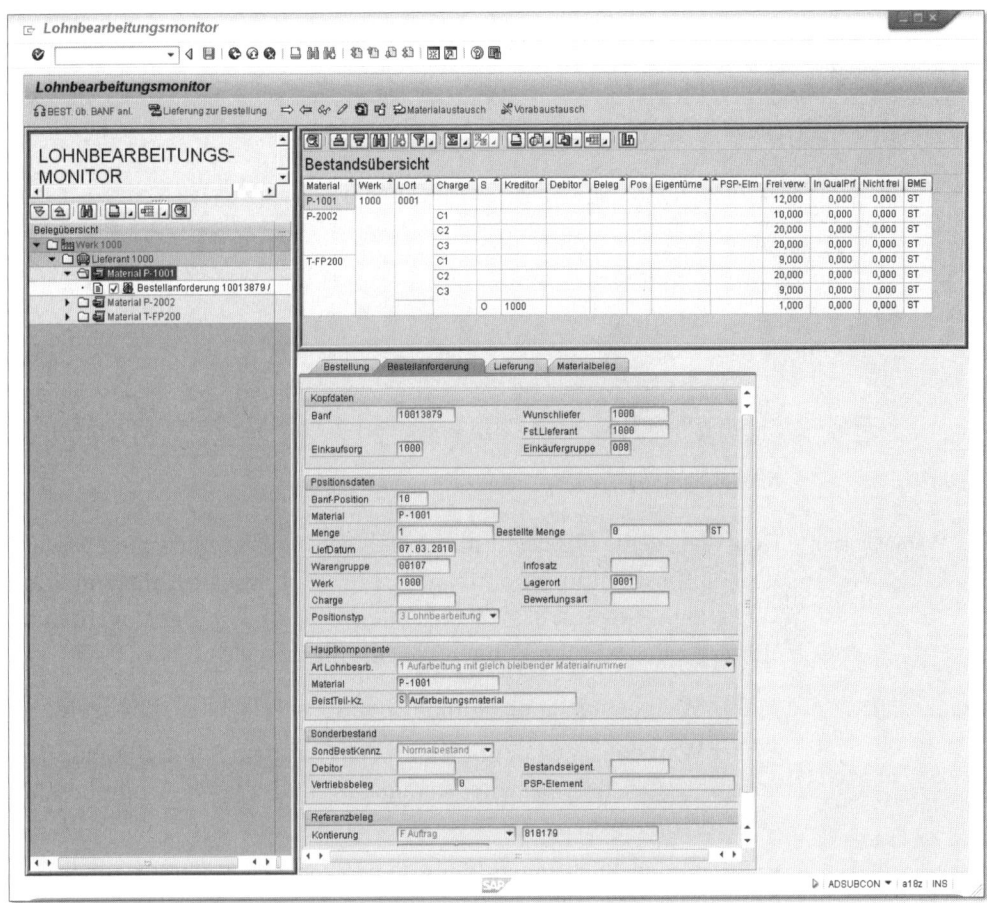

Abbildung 5.99 Lohnbearbeitungsmonitor (Transaktion ADSUBCON)

Anschließend können Sie die Komponente über die Funktion WARENAUSGANG ZUR BESTELLUNG BUCHEN (Icon ⇨) beistellen. Dabei

Beistellung

wird eine Umbuchung vom eigenen Bestand in den so genannten Lohnbearbeiterbestand vorgenommen. Auch hier wird der Bezug zur Serialnummer des Equipments beibehalten. Die Bestandsübersicht weist das beigestellte defekte Teil im SONDERBESTAND LIEFERANTEN-BEISTELLUNG aus und das zu erwartende funktionsfähige Teil im BESTELLBESTAND (siehe Abbildung 5.100).

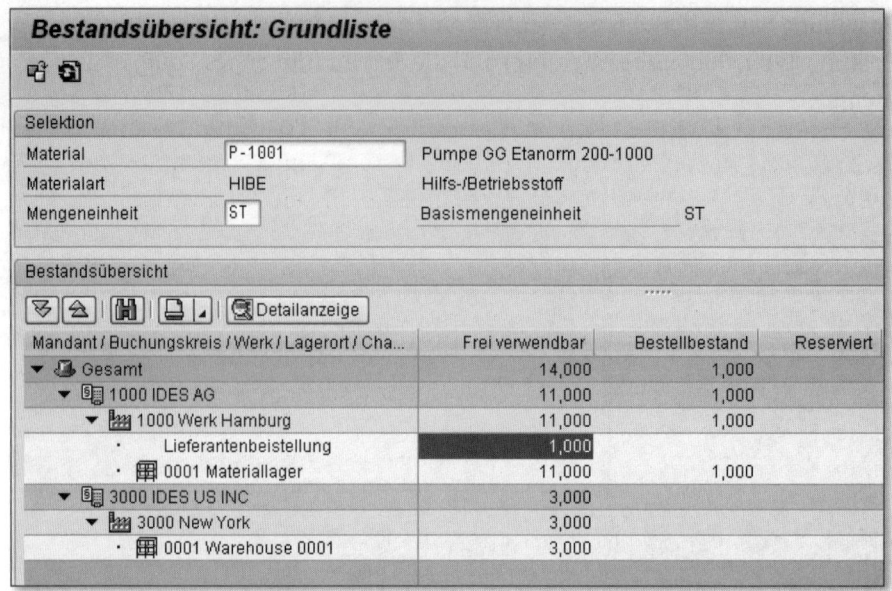

Abbildung 5.100 Subcontracting – Bestandsübersicht

Wareneingang Den Wareneingang des funktionsfähigen Teils können Sie ebenfalls im Lohnbearbeitungsmonitor erfassen, und zwar mit der Funktion WARENEINGANG ZUR BESTELLUNG BUCHEN (Icon ⇐). Dabei werden im Hintergrund zwei Funktionen gleichzeitig ausgelöst:

▶ Der Wareneingang des funktionsfähigen Teils wird durchgeführt.

▶ Der Warenausgang des defekten Teils aus dem Sonderbestand Lieferantenbeistellung wird veranlasst, und dieser Sonderbestand wird aufgelöst.

▶ Bei beiden Buchungen bleibt der Bezug des Materials zur Serialnummer und damit zum Equipment erhalten.

▶ Ist die Bestellung damit komplett abgeschlossen, so verschwindet sie aus dem Lohnbearbeitungsmonitor.

Damit der Prozess so wie beschrieben funktioniert, sind im Customizing einige Voraussetzungen zu schaffen.

Voraussetzungen

▶ Damit Sie Serialnummern in Einkaufsbelegen verwenden können, müssen Sie dem Materialstamm in der Sicht ALLG. WERKSDATEN/ LAGERUNG 2 ein SERIALNUMMERNPROFIL zuweisen.

▶ Darüber hinaus müssen Sie im Customizing des Einkaufs den Belegarten der Bestellung ein Serialnummernprofil zuweisen. Hierzu wählen Sie die Customizing-Funktion MATERIALWIRTSCHAFT • EINKAUF • BESTELLUNG • BELEGARTEN EINSTELLEN. Markieren Sie eine BELEGART (z. B. NB), und wählen Sie ZULÄSSIGE POSITIONSTYPEN. Markieren Sie den Eintrag L (Lohnbearbeitung), und wählen Sie SERIALNUMMERNPROFILE. Ordnen Sie mindestens ein SERIALNUMMERNPROFIL zu.

▶ Dasselbe wiederholen Sie für die Belegarten der Bestellanforderung. Hierzu wählen Sie die Customizing-Funktion MATERIALWIRTSCHAFT • EINKAUF • BESTELLANFORDERUNG • BELEGARTEN EINSTELLEN. Markieren Sie die BELEGART (z. B. NB), und wählen Sie ZULÄSSIGE POSITIONSTYPEN. Markieren Sie den Eintrag L (Lohnbearbeitung), und wählen Sie SERIALNUMMERNPROFILE. Ordnen Sie mindestens ein SERIALNUMMERNPROFIL zu.

▶ Die Serialnummernprofile selbst pflegen Sie mit der Customizing-Funktion INSTANDHALTUNG UND KUNDENSERVICE • STAMMDATEN IN INSTANDHALTUNG UND KUNDENSERVICE • TECHNISCHE OBJEKTE • SERIALNUMMERNVERWALTUNG • SERIALNUMMERNPROFILE FESTLEGEN. Hier legen Sie fest, ob die Angabe einer Serialnummer bei Warenbewegungen Pflicht ist, ob nur bestehende Serialnummern bewegt werden dürfen oder ob bei der Ein-/Auslagerung auch neue Serialnummern angelegt werden können (Serialisierungsvorgang MMSL Warenein- und -ausgangsbeleg pflegen). Damit Sie diese Funktion auch in Bestellanforderungen und Bestellungen nutzen können, ordnen Sie bitte die Serialisierungsvorgänge PRSL (Serialnummern in Bestellanforderungen) und POSL (Serialnummern in Bestellungen) zu.

Sie können auf dem Positionsdetailbild über die Drucktaste 🖼 in der Bestellanforderung über die Registerkarte MATERIALDATEN und in der Bestellung über die Registerkarte EINTEILUNGEN (siehe Abbildung 5.101) die Serialnummern pflegen.

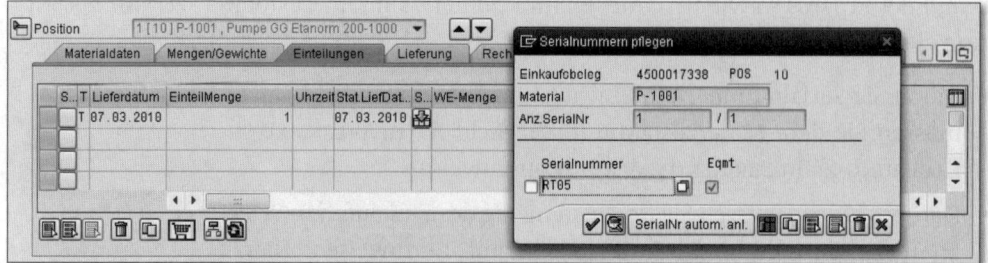

Abbildung 5.101 Serialnummern in der Bestellung

Erweiterungen des
Szenarios

Dieses soeben beschriebene Szenario wird als so genannte *rekursive Reparatur* bezeichnet und ist sicherlich das in der Praxis am häufigsten anzutreffende Szenario in der Lohnbearbeitung. Tabelle 5.2 gibt Ihnen eine Übersicht über alle Szenarien, erläutert, was sich hinter den einzelnen Szenarien verbirgt und wie sich das jeweilige Szenario auf das Beistellkennzeichen im Auftrag bzw. auf die Lohnbearbeitungsart in den Einkaufsbelegen auswirkt.

Szenario	Definition	Beistellkennzeichen im Auftrag	Lohnbearbeitungsart in Bestellung
rekursive Reparatur	dasselbe physische Teil dieselbe Materialnummer A dieselbe Serialnummer 1	Material A mit S (Aufarbeitung an LB)	1 (Aufarbeitung mit gleichbleibender Materialnummer)
Austausch	anderes physisches Teil dieselbe Materialnummer A andere Serialnummer 2	Material A mit S (Aufarbeitung an LB)	1 (Aufarbeitung mit gleichbleibender Materialnummer)
Modifikation	dasselbe physische Teil andere Materialnummer B dieselbe Serialnummer 1	2 Materialien Material A mit S (Aufarbeitung an LB) Material B mit X (Aufarbeitung von LB)	2 (Aufarbeitung mit Materialnummernwechsel)
Ersatz	anderes physisches Teil andere Materialnummer B andere Serialnummer 2	2 Materialien Material A mit S (Aufarbeitung an LB) Material B mit X (Aufarbeitung von LB)	3 (Ersatz)

Tabelle 5.2 Szenarios der Lohnbearbeitung

Damit Sie das Subcontracting nutzen können, muss DIMP 6.0 installiert und es müssen die Business Functions LOG_EAM_ROTSUB und LOG_MM_SERNO aktiviert sein.

Business Functions

5.8 Der Geschäftsprozess »Vorbeugende Instandhaltung«

Der Geschäftsprozess der vorbeugenden Instandhaltung zeichnet sich dadurch aus, dass die benötigten Ressourcen (Arbeitsplätze, Materialien, Fremdfirmen usw.) inhaltlich und terminlich vorausgeplant werden können. Einen derartigen Geschäftsprozess haben Sie z. B.

Inhaltlich und terminlich planbar

▶ wenn eine Pumpe alle sechs Monate einer Sicht- und Funktionsprüfung unterzogen wird und alle zwölf Monate die Gleitringdichtung gewechselt werden muss

▶ wenn an einem Gabelstapler alle 1.000 Betriebsstunden das Hydrauliköl und alle 2.000 Betriebsstunden die Bremsflüssigkeit gewechselt werden muss

▶ wenn der Feuerlöscher im Gebäude alle zwei Jahre neu gefüllt werden muss

▶ wenn ein Messmittel alle 120 Tage neu kalibriert werden muss usw.

Der Prozess der vorbeugenden Instandhaltung unterscheidet sich somit

▶ von einer geplanten Instandsetzung (siehe Abschnitt 5.2) durch die terminliche Planbarkeit – bei der geplanten Instandsetzung kann nur der Inhalt, aber nicht der Termin vorausgeplant werden

▶ von einer Sofortinstandsetzung (siehe Abschnitt 5.3) durch die inhaltliche und terminliche Planbarkeit – bei Störungen kann nur reagiert, aber nicht geplant werden

5.8.1 Grundlagen der vorbeugenden Instandhaltung

Eine vorbeugende Instandhaltung ist erst einmal nur mit Aufwand – sowohl in der Planung als auch in der Ausführung – verbunden.

Warum
vorbeugende
Instandhaltung?
Dennoch: Es gibt vielfältige Gründe, warum Sie in Ihrem Unternehmen eine vorbeugende Instandhaltung betreiben müssen oder sollten:

- **Gesetzliche Vorschriften**
  Möglicherweise gibt es Gesetze zur Anlagensicherheit oder zum Arbeitsschutz, die Ihnen vorschreiben, Ihr technisches System regelmäßig zu inspizieren oder zu warten.

- **Qualitätssicherung**
  Die Qualität eines Produkts hängt sehr stark vom Zustand der Produktionsanlage ab, von der es hergestellt wird.

- **Reduzierung der Störhäufigkeit**
  Eine der wichtigsten Aufgaben der Wartungsplanung ist es, eine Produktionsanlage auf lange Sicht hin durchgängig verfügbar zu halten. Wirksame vorbeugende Instandhaltung sorgt dafür, dass ein technisches System nicht ausfällt, und reduziert außerdem unnötige Kosten, die durch Instandsetzungen, Ersatz des Systems oder Produktionsausfälle entstehen.

- **Umweltschutzanforderungen**
  Wirksame vorbeugende Instandhaltung kann dazu beitragen, dass Systemausfälle, die zu Umweltbelastungen führen können, vermieden werden.

- **Empfehlungen des Herstellers**
  Möglicherweise empfiehlt der Hersteller Ihres technischen Systems bestimmte Vorgehensweisen, die sicherstellen sollen, dass das System immer optimal läuft.

- **Bessere Auslastungssteuerung der Kapazitäten**
  Durch die vorbeugende Instandhaltung haben Sie einen Arbeitsvorrat, um Ihre Werkstätten gleichmäßiger auslasten zu können (z. B. wenn weniger störungsbedingte Instandsetzungsmaßnahmen abzuwickeln sind).

- **Senkung der Instandhaltungskosten**
  Ob sich eine Senkung der Instandhaltungskosten erreichen lässt, ist umstritten und hängt im Wesentlichen davon ab, ob Sie den optimalen Intensitätsgrad der vorbeugenden Instandhaltung bereits erreicht haben oder nicht.

Gegenläufige
Kosten
Die Kostenverläufe für vorbeugende Instandhaltung und Instandsetzung sind gegenläufig, und zwar in Abhängigkeit vom Intensitätsgrad der vorbeugenden Instandhaltung (siehe Abbildung 5.102).

▸ Je höher der Intensitätsgrad der vorbeugenden Instandhaltung, desto höher die Kosten der vorbeugenden Instandhaltung.

▸ Je höher der Intensitätsgrad der vorbeugenden Instandhaltung, desto niedriger die Kosten der Instandsetzung.

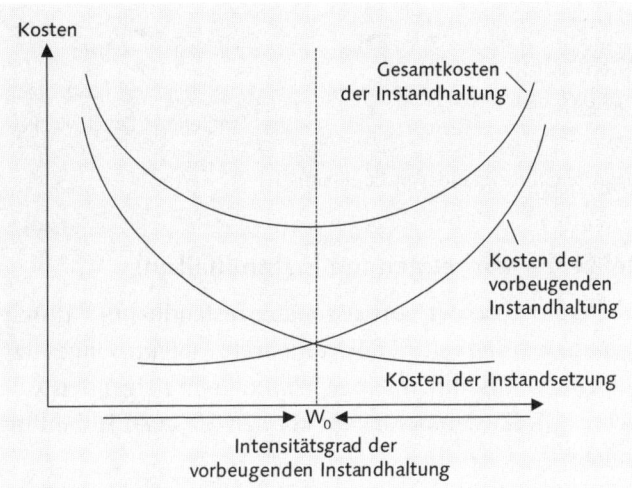

Abbildung 5.102 Kosten der Instandhaltung

Es gibt einen optimalen Intensitätsgrad W0, bei dem die Gesamtkosten der Instandhaltung ein Minimum ergeben. Bei dieser Kostenbetrachtung bleiben Folgekosten, die infolge einer mangelhaften vorbeugenden Instandhaltung auftreten können (z. B. Wiederanlaufkosten), unberücksichtigt, da sie nur den Charakter von Opportunitätskosten haben.

Grundsätzlich lassen sich drei Arten von vorbeugender Instandhaltung unterscheiden (siehe Abbildung 5.103):

Arten der vorbeugenden Instandhaltung

▸ *zeitabhängig*, d. h., die Maßnahme der vorbeugenden Instandhaltung wird ausgelöst, wenn eine bestimmte Frist erreicht ist (z. B. alle sechs Monate).

▸ *leistungsabhängig*, d. h. die Maßnahme der vorbeugenden Instandhaltung wird ausgelöst, wenn ein bestimmter Leistungsstand erreicht ist (z. B. alle 10.000 Kilometer).

▸ *zustandsabhängig*, d. h. die Maßnahme der vorbeugenden Instandhaltung wird ausgelöst, wenn ein bestimmter Diagnosewert über- oder unterschritten wird (z. B. Druckzustand niedriger als 15 bar oder Temperatur höher als 85 °C).

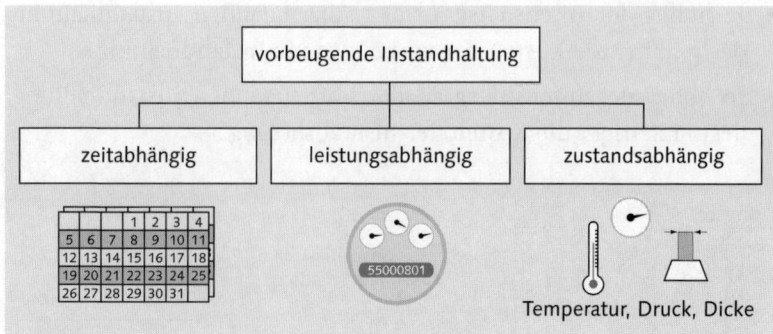

Abbildung 5.103 Arten vorbeugender Instandhaltung

5.8.2 Objekte der vorbeugenden Instandhaltung

Begriffe und
Zusammenhänge

Um die Geschäftsprozesse der vorbeugenden Instandhaltung durchführen zu können, werden in SAP EAM mehrere Objekte eingesetzt, deren Bedeutung und Zusammenhänge ich Ihnen im Folgenden kurz darlegen möchte. Die Zusammenhänge können Sie auch Abbildung 5.104 entnehmen:

▶ **Wartungsstrategie**
Eine Wartungsstrategie beinhaltet die zeitliche Abfolge von Wartungtätigkeiten (z. B. Wartungspakete 3 – 6 – 12 – 24 Monate für eine zeitabhängige oder Wartungspakete 1.000 – 2.000 – 5.000 Betriebsstunden für eine leistungsabhängige Wartung). Die Wartungsstrategie macht keine Angaben über Tätigkeit, Objekt oder Termin. Die Wartungsstrategie wird nur bei den strategieabhängigen Wartungsplänen benötigt (siehe die Abschnitte 5.8.4, »Vorbeugende Instandhaltung, zeitbasiert«, und 5.8.5, »Vorbeugende Instandhaltung, leistungsbasiert«).

▶ **Arbeitsplan**
Der Arbeitsplan beschreibt die Tätigkeiten (Arbeitsvorgänge), beinhaltet Materialien und die Fristen (Wartungspakete). Es gibt objektspezifische Arbeitspläne (Equipmentplan, Technischer Platzplan) und neutrale Arbeitspläne (Anleitungen). Strategieabhängige Wartungspläne müssen, die anderen können einen Arbeitsplan beinhalten.

▶ **Wartungsposition**
Die Wartungsposition beschreibt die durchzuführenden Tätigkeiten, beinhaltet das Bezugsobjekt (oder auch die Objektliste) und verfügt über organisatorische Daten für die spätere Abwicklung.

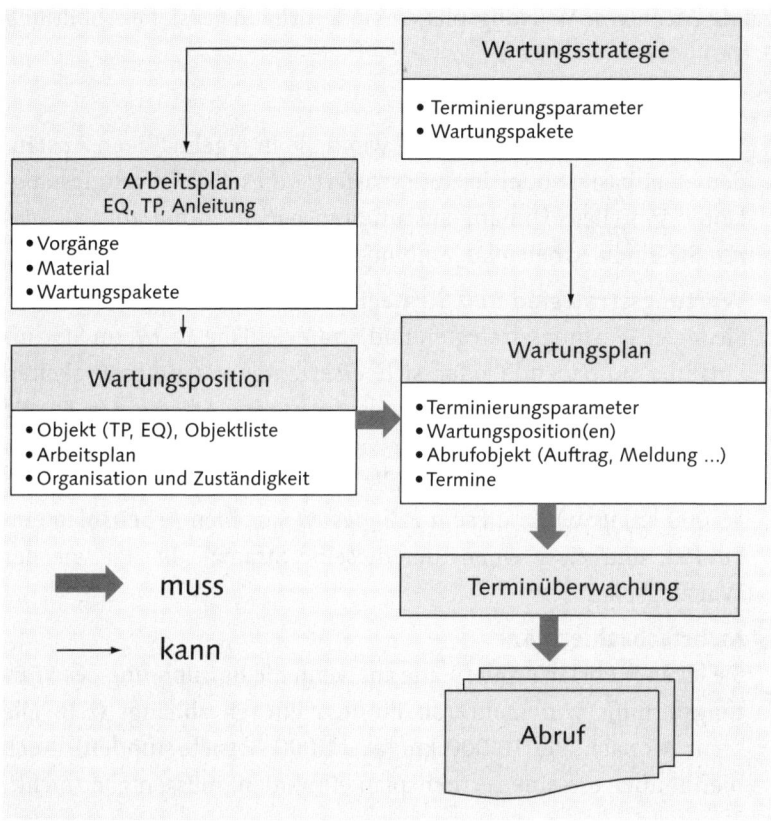

Abbildung 5.104 Zusammenhänge der EAM-Wartungsplanung

▶ **Wartungsplan**

Der Wartungsplan beinhaltet eine oder mehrere Wartungspositionen, bestimmt die Wartungstermine und das Abrufobjekt (Auftrag, Meldung usw.).

▶ **Terminüberwachung**

Die Terminüberwachung (Programm RISTRA20) läuft automatisch
als Batch-Job und sorgt dafür, dass die Abrufobjekte (also z.B. die
Aufträge) automatisch zum Fälligkeitstermin erzeugt werden.

Bei einer Neueinführung von SAP EAM sollte gründlich überlegt werden, ob die vorbeugende Instandhaltung zwingend im ersten Schritt eingeführt werden muss. Die vorbeugende Instandhaltung nutzt viele spezielle Funktionen und setzt eine hohe Aufnahmefähigkeit bei den Anwendern voraus.	**[+]**

Um die Geschäftsprozesse der vorbeugenden Instandhaltung unterstützen zu können, bietet Ihnen SAP EAM Wartungspläne an. Fol-

Arten von
Wartungsplänen

257

gende Arten von Wartungsplänen sind vorhanden (siehe Abbildung 5.105):

▶ **Einzelzykluspläne**
Sie legen Einzelzykluspläne an, wenn Sie in regelmäßigen Abständen – zeitbasiert oder leistungsbasiert – dieselben Wartungstätigkeiten in vollem Umfang auszuführen haben. In diesem Fall *können* Sie einen Arbeitsplan einbinden, müssen aber nicht.

▶ **Wartungsstrategien und Strategiepläne**
Sie legen Wartungsstrategien und Strategiepläne an, wenn Sie aufeinander aufbauende oder sich ersetzende Wartungstätigkeiten auszuführen haben; entweder als *zeitbasierte Strategie* (z. B. alle drei Monate, alle sechs Monate, alle zwölf Monate usw.) oder als *leistungsbasierte Strategie* (z. B. alle 10.000 km, alle 20.000 km, alle 40.000 km usw.). In diesem Fall *müssen* Sie einen Arbeitsplan einbinden, und zwar einen, der dieselbe Strategie besitzt wie der Wartungsplan.

▶ **Mehrfachzählerpläne**
Sie legen Mehrfachzählerpläne an, wenn die Bestimmung des Wartungstermins von mehreren Einflussfaktoren abhängt (z. B. alle sechs Monate, alle 10.000 km, alle 1.000 Betriebsstunden). Auch hier können Sie einen Arbeitsplan einbinden, müssen aber nicht.

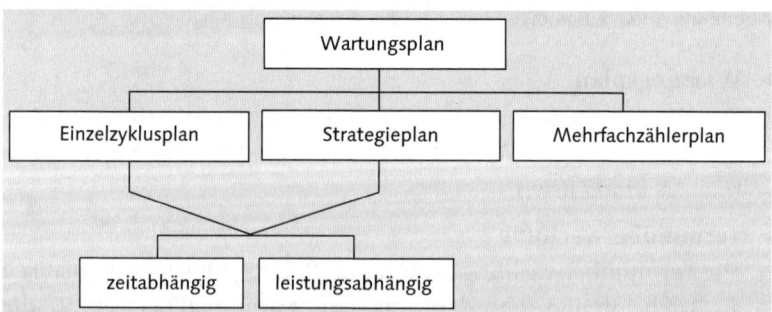

Abbildung 5.105 Arten von Wartungsplänen

Wartungsplantyp Mithilfe der Customizing-Funktion Instandhaltung und Kundenservice • Wartungspläne, Arbeitsplätze, Arbeitspläne und FHM • Wartungspläne • Wartungsplantypen einstellen können Sie festlegen, welche Objekte bei Fälligkeit aus dem Wartungsplan abgerufen werden sollen:

- Sie wählen als Abrufobjekt AUFTRAG, wenn Sie ohne weitere Planung die Festlegungen des Wartungsplans 1:1 ausführen möchten.

- Sie wählen als Abrufobjekt MELDUNG, wenn Sie bei Fälligkeit weitere Detailplanungen durchführen möchten; z. B. wenn Sie in Abhängigkeit von der aktuellen Kapazitätsauslastung mehrere Maßnahmen zu einem Auftrag zusammenfassen möchten. In diesem Fall werden dann mehrere Arbeitspläne als Vorgangsliste in den Auftrag kopiert.

- Sie wählen als Abrufobjekt Prüflos, wenn Sie eine Kalibrierprüfung von Messmitteln durchführen möchten (Details hierzu finden Sie in Abschnitt 5.10).

- Sie wählen das Abrufobjekt LEISTUNGSERFASSUNGSBLATT, wenn Sie mit einer Fremdfirma einen Rahmenvertrag über regelmäßige Dienstleistungen vereinbart haben und die für die Abnahme notwendigen Leistungserfassungsblätter in periodischen Abständen automatisch vom System generieren lassen wollen.

Da das Abrufobjekt Auftrag den Normalfall der vorbeugenden Instandhaltung darstellt, werde ich mich in den folgenden Ausführungen darauf konzentrieren. An geeigneten Stellen werde ich aber Hinweise auf die anderen Abrufobjekte geben.

5.8.3   Arbeitspläne

Grundsätzlich beschreibt ein Arbeitsplan Tätigkeiten (Arbeitsvorgänge) und beinhaltet Materialien, die bei der Bearbeitung der Tätigkeiten benötigt werden.

Definition

Arbeitspläne werden im SAP-System nicht nur in der Instandhaltung, sondern auch in anderen Bereichen eingesetzt:

- in der diskreten Produktion als Normal- oder Standardarbeitspläne
- in der Prozessfertigung als Planungsrezept
- in der Projektabwicklung als Standardnetz
- im Qualitätsmanagement als Prüfplan

Verwendung in der
Instandhaltung

In der Instandhaltung werden Sie Arbeitspläne für die beiden folgenden Verwendungszwecke einsetzen:

▶ Vor allem im Bereich der vorbeugenden Instandhaltung sind Arbeitspläne verbreitet, um Wartungs- und Inspektionstätigkeiten, Prüfungen, gesetzliche Auflagen o. Ä. abzubilden.

▶ Sie können Arbeitspläne auch im Bereich der Instandsetzung verwenden, indem Sie Standardabläufe für Reparaturmaßnahmen vordefinieren oder indem Sie eine Maximalliste von möglichen Instandsetzungstätigkeiten hinterlegen und erst im Bedarfsfall entscheiden, welche dieser Tätigkeiten tatsächlich durchgeführt werden sollen.

Arbeitsplantypen

Aus Sicht der Instandhaltung sind drei verschiedene Arbeitsplantypen zu unterscheiden:

▶ **Arbeitsplan zum Equipment**
Einen Equipmentplan legen Sie für genau ein einziges Equipment an (Transaktion IA01). Sie legen Equipmentpläne an, wenn Sie die spezifischen Besonderheiten eines Equipments zum Ausdruck bringen möchten und können den Arbeitsplan dann allerdings nur im Zusammenhang mit dem einen Equipment verwenden.

▶ **Arbeitsplan zum Technischen Platz**
Einen Arbeitsplan zum Technischen Platz legen Sie für genau einen einzigen Technischen Platz an (Transaktion IA11). Sie legen einen Arbeitsplan zum Technischen Platz an, wenn Sie die spezifischen Besonderheiten eines Technischen Platzes zum Ausdruck bringen möchten und können den Arbeitsplan dann nur im Zusammenhang mit dem einen Technischen Platz verwenden.

▶ **Anleitung**
Eine Anleitung (Transaktion IA05) ist zunächst objektneutral, d. h., dass sie keinem spezifischen Equipment oder Technischen Platz zugeordnet ist. Sie können allerdings eine Anleitung indirekt für mehrere Equipments und/oder Technische Plätze verfügbar machen. Hierzu verwenden Sie das Feld BAUTYP im Stammsatz des Equipments oder des Technischen Platzes in der Bildgruppe STRUKTURIERUNG. Das heißt, dass alle Equipments und Technischen Plätze, für die im Feld BAUTYP eine Materialnummer eingetragen ist, Zugriff auf Anleitungen haben, für die wiederum im Kopf der Anleitung dieselbe Materialnummer im Feld BAUGRUPPE eingetragen ist (siehe Abbildung 5.106).

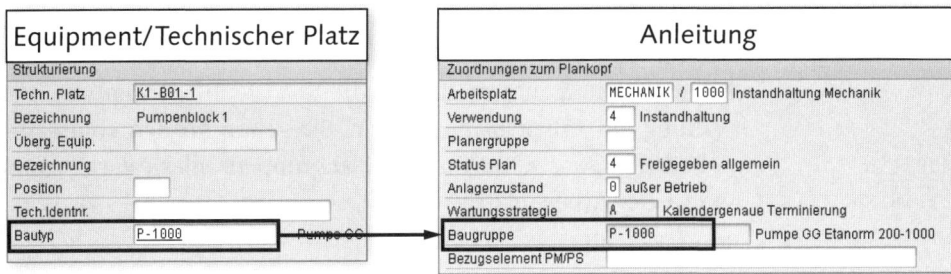

Abbildung 5.106 Zuordnung EQ/TP zu einer Anleitung

Wenn Sie Arbeitspläne in der Instandhaltung einsetzen, beachten Sie Folgendes: **[+]**

▶ Equipments und Technische Plätze können individuelle Arbeitspläne haben oder indirekt auf Anleitungen zugreifen.

▶ Sie sollten so weit wie möglich Anleitungen anlegen. Dies spart Ihnen Erfassungs- und Pflegeaufwand.

▶ Nur dort, wo spezielle Tätigkeiten eines Equipments oder Technischen Platzes abzubilden sind, sollten Sie Arbeitspläne für Equipments oder Technische Plätze anlegen.

Die Nummern für Equipmentpläne und die Pläne für Technische Plätze werden intern vergeben. Hintergrund ist es, dass Sie das System beim Anlegen eines Equipmentplans oder eines Plans für einen Technischen Platz darüber informiert, unter welcher Nummer es den Arbeitsplan speichert. Der erste Arbeitsplan, den Sie für ein bestimmtes Equipment oder für einen bestimmten Technischen Platz anlegen, wird durch eine Arbeitsplangruppennummer und einen Plangruppenzähler identifiziert. Weitere Arbeitspläne für dasselbe Equipment werden nur durch den fortlaufenden Plangruppenzähler innerhalb der Gruppe identifiziert.

Nummer und Plangruppenzähler

Die Nummern für Anleitungen können sowohl intern als auch extern vergeben werden.

Wenn Sie Anleitungen anlegen, können Sie schon durch die Arbeitsplannummer zum Ausdruck bringen, für welche Objekte die Anleitung geeignet ist (z. B. PUMP_WTG, FFZ_TUEV, MOT_REP). So wird Ihnen auch die spätere Selektion leichter fallen. **[+]**

Struktur eines Arbeitsplanes

Ein Arbeitsplan hat folgende Elemente (siehe Abbildung 5.107):

▶ **Kopfdaten**

Kopfdaten sind Informationen, die der Identifizierung und Verwaltung des Arbeitsplanes dienen. Sie gelten für den kompletten Arbeitsplan, wie z. B. Nummer, Plangruppenzähler, Werk, verantwortlicher Arbeitsplatz usw.

▶ **Vorgänge**

Mithilfe von Vorgängen beschreiben Sie die Arbeiten, die bei der Durchführung des Arbeitsplanes ausgeführt werden sollen.

▶ **Materialliste**

Die Materialliste beinhaltet Ersatzteile, die bei der Durchführung des Arbeitsplanes benötigt und verbraucht werden.

▶ **Fertigungshilfsmittel**

Fertigungshilfsmittel (z. B. Werkzeuge, Schutzkleidung, Handhubwagen) werden ebenfalls zur Durchführung des Arbeitsplans benötigt, aber im Gegensatz zu einem Material nicht verbraucht.

▶ **Prüfmerkmale**

Falls bei einem Vorgang Prüfungen durchzuführen sind (wie z. B. Längen-, Gewichts-, Funktionsprüfungen), können diese als Prüfmerkmale hinterlegt werden.

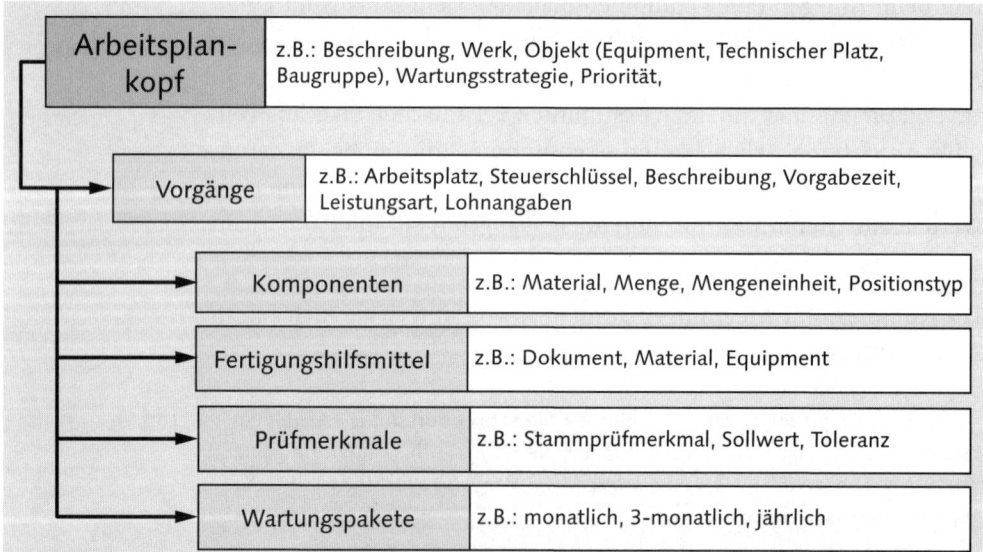

Abbildung 5.107 Struktur eines Arbeitsplanes

▶ **Wartungspakete**

Falls der Arbeitsplan in einem Strategiewartungsplan verwendet wird, steuern Sie über die Wartungspakete die Frequenz der Ausführung – entweder zeitabhängig (z. B. alle drei Monate) oder leistungsabhängig (z. B. alle 1.200 Betriebsstunden).

Abbildung 5.108 zeigt anhand eines Beispiels, wie die Vorgangsliste eines Arbeitsplanes aussehen könnte.

Allgemeine Vorgangsübersicht											
Vrg	ArbPlatz	Werk	Steu	Vorgangsbeschreibung	Ltx	Arbeit	Eh.	Anz	Dauer	Eh.	LstArt
0010	ELEKTRIK	1000	PM01	Abschalten und Sicherheitsprüfung durchf	☐	30	MIN		30	MIN	1410
0020	MECHANIK	1000	PM01	Sichtprüfung aussen: Undichtigkeit, Rost	☐	30	MIN		30	MIN	1410
0030	MECHANIK	1000	PM01	Sichtprüfung innen: Feuchtigkeit, Rost,	☐	2,0	STD		60	MIN	1410
0040	MECHANIK	1000	PM01	Pumpenläufer ausbauen und komplett rein.	☐	120	MIN		120	MIN	1410
0050	MECHANIK	1000	PM01	Messung : Lagerspiel	☐	30	MIN		30	MIN	1410
0060	MECHANIK	1000	PM01	Austausch: Dichtungsringe zum Getriebe-	☐	100	MIN		100	MIN	1410
0070	ELEKTRIK	1000	PM01	Sicherheitsprüfung und Pumpe in Betrieb	☐	1,0	STD		30	MIN	1410
0080	MECHANIK	1000	PM01		☐						

Abbildung 5.108 Vorgänge eines Arbeitsplanes

Wenn Sie einem Arbeitsplan Komponenten zuordnen möchten, können Sie dies auf verschiedene Arten tun:

Komponenten im Arbeitsplan

▶ Sie entnehmen die Materialkomponenten aus der Stückliste des Instandhaltungsobjekts (Equipment, Technischer Platz oder Kopfbaugruppe), das dem Arbeitsplan zugeordnet ist; die Stückliste entspricht in diesem Fall genau dem Inhalt der Strukturliste.

▶ Sie ordnen dem Arbeitsplan direkt Lagermaterialien zu, die nicht in der Stückliste des Instandhaltungsobjekts stehen. Man spricht in diesem Fall von einer *freien Materialzuordnung*. Die Zuordnung erfolgt über die Materialnummer. Voraussetzung für die freie Materialzuordnung ist die Angabe einer Stücklistenverwendung (in der Regel VERWENDUNG INSTANDHALTUNG) im Customizing. Verwenden Sie hierzu die Customizing-Funktion INSTANDHALTUNG UND KUNDENSERVICE • WARTUNGSPLÄNE, ARBEITSPLÄTZE, ARBEITSPLÄNE UND FHM • ARBEITSPLÄNE • STEUERUNGSDATEN • VOREINSTELLUNG FÜR FREIE MATERIALZUORDNUNG FESTLEGEN. Das System legt sodann bei einer freien Zuordnung eine *interne Stückliste* an. Diese kann von der Applikation aus nicht bearbeitet werden.

Im weiteren Verlauf dieses Kapitels werden wir den häufigsten Verwendungszweck von Arbeitsplänen kennenlernen: Arbeitspläne zusammen mit Wartungsplänen in der vorbeugenden Instandhal-

Auftrag und Arbeitsplan

tung. Sie können Arbeitspläne allerdings auch im Rahmen von Instandsetzungsmaßnahmen einsetzen, indem Sie einem Auftrag direkt einen Arbeitsplan zuordnen. Folgende Selektionsverfahren stehen Ihnen zur Verfügung, wenn Sie innerhalb eines Auftrages (Transaktion IW31/32) einen Arbeitsplan zuordnen möchten (im Menü über ZUSÄTZE • ARBEITSPLANSELEKTION):

▶ **Direkteingabe**
Falls die Plangruppe und der Plangruppenzähler bekannt sind, kann die Selektion des Arbeitsplans durch eine *direkte Eingabe* erfolgen.

▶ **Anleitungen allgemein**
Hier kann über eine Liste eine Auswahl an Anleitungen angezeigt werden. Als Selektionskriterien werden ARBEITSPLANTYP (A), WERK und der STATUS (FREIGEGEBEN FÜR AUFTRAG) voreingestellt. Die einzelnen Kriterien können noch ergänzt werden.

▶ **Zur Objektstruktur**
Hier werden alle Arbeitspläne selektiert, die für die Objekte angelegt wurden, die wiederum Unterobjekte des Bezugsobjektes sind.

▶ **Zur Baugruppe**
Hier werden alle Arbeitspläne selektiert, die für das Objekt angelegt wurden, das in das Feld BAUGRUPPE im Auftragskopf eingetragen wurde.

▶ **Zum Bezugsobjekt**
ZUM BEZUGSOBJEKT ist das einfachste aller Selektionsverfahren: Es ermöglicht die Auswahl von Arbeitsplänen, ausgehend vom Bezugsobjekt. Wird als Bezugsobjekt ein Equipment mit Bautyp angegeben, so werden zum einen alle Equipmentpläne für das betreffende Equipment angeboten und zum andern auch alle Anleitungen, deren Baugruppe im Plankopf dem Bautyp des Equipments entspricht. Dasselbe gilt für den technischen Platz. Was im System passiert, wenn Sie einen Arbeitsplan selektiert haben, hängt von Ihren persönlichen Einstellungen ab, die Sie über ZUSÄTZE • EINSTELLUNGEN • VORSCHLAGSWERTE vornehmen (siehe Abbildung 5.109).

Wenn Sie den Schalter VORGANGSSELEKTION aktivieren, erscheint bei der Übernahme ein Popup-Fenster, in dem Sie gezielt Vorgänge auswählen können. Dies ist beispielsweise dann von Vorteil, wenn nicht alle Vorgänge laut Arbeitsplan im vorliegenden Falle notwendig sind (siehe Abbildung 5.110).

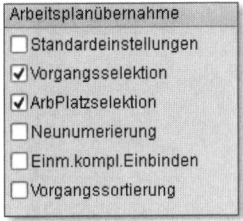

Abbildung 5.109 Arbeitsplanübernahme

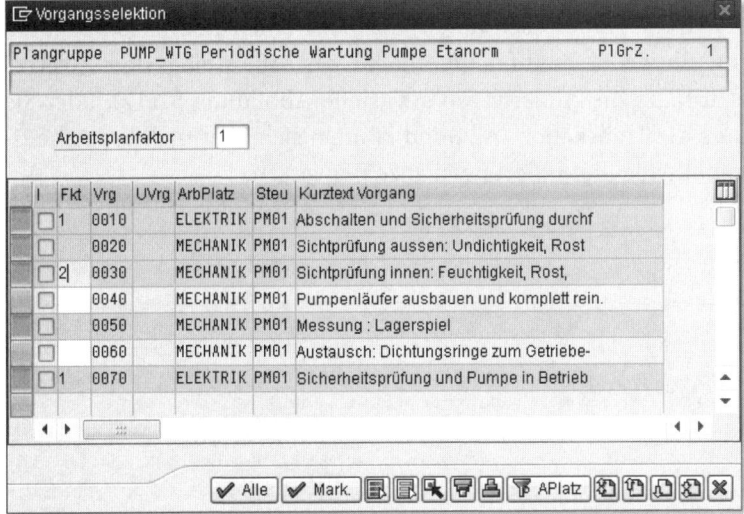

Abbildung 5.110 Vorgangsselektion

Wenn der Schalter VORGANGSSELEKTION aktiviert ist, haben Sie im Popup-Fenster die Möglichkeit, Vorgänge mehrfach ausführen zu lassen. Dies ist beispielsweise notwendig, wenn Sie dem Auftrag eine Objektliste hinzugefügt haben (siehe Abbildung 5.111).

> [+]
> Aktivieren Sie in Ihren persönlichen Einstellungen den Schalter VORGANGSSELEKTION, so haben Sie bei der Übernahme eines Arbeitsplans in einen Auftrag nicht nur die Möglichkeit, Vorgänge gezielt zu selektieren, sondern auch über den Ausführungsfaktor einzelne Vorgänge mehrfach zur Ausführung zu bringen (beispielsweise bei Vorhandensein einer Objektliste).

Wenn Sie den Schalter ARBPLATZSELEKTION aktivieren, können Sie die Arbeitsplätze des Arbeitsplanes im Auftrag durch andere ersetzen lassen. Dies ist beispielsweise notwendig, wenn die ursprünglich geplanten Arbeitsplätze bereits ausgelastet sind.

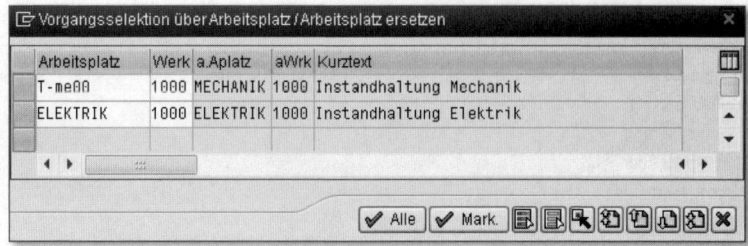

Abbildung 5.111 Arbeitsplatzselektion

Actionlog und Änderungen

Mittlerweile gibt es auch für Arbeitspläne eine Änderungsdokumentation. Entweder Sie rufen innerhalb eines Arbeitsplans über ZUSÄTZE • ACTIONLOG die Änderungen auf (siehe Abbildung 5.112), oder Sie starten die Transkation IA21 und können sich über mehrere Arbeitspläne hinweg die Änderungen anzeigen lassen.

Plantyp   A
Plangruppe   PUMP_WTG

Ändg.	Geändert u.	PGZ	Änd.an	Nr.	Kurztext Vorgang	Änd.art	Geändert von	Feldbezeichner lang	alter Wert	neuer Wert
13.12.1994	16:29:02	1	Plankopf		Periodische Wartung Pumpe Etanorm	hinzugefügt	LIEBSTUECKEL			
12.02.2010			Vorgang	0010	Abschalten und Sicherheitsprüfung durchf	geändert	LIEBSTUECKEL	Arbeitsplatz	MECHANIK	ELEKTRIK
16.02.2010	15:04:10			0070	Sicherheitsprüfung und Pumpe in Betrieb	geändert	LIEBSTUECKEL	Einheit der Arbeit	MIN	STD
						geändert	LIEBSTUECKEL	Arbeit des Vorgangs	30,0 MIN	1,0 STD
	15:13:37			0030	Sichtprüfung innen: Feuchtigkeit, Rost,	geändert	LIEBSTUECKEL	Einheit der Arbeit	MIN	STD
						geändert	LIEBSTUECKEL	Arbeit des Vorgangs	60,0 MIN	2,0 STD
				0070	Sicherheitsprüfung und Pumpe in Betrieb	geändert	LIEBSTUECKEL	Arbeitsplatz	MECHANIK	ELEKTRIK

Abbildung 5.112 Actionlog eines Arbeitsplanes

Business Function

Damit Sie den Actionlog für Arbeitspläne nutzen können, muss die Business Function LOG_EAM_CI_3 aktiviert sein.

Wenden wir uns nun den anderen Elementen zu, die in der vorbeugenden Instandhaltung benötigt werden: den Wartungsplänen.

5.8.4 Vorbeugende Instandhaltung, zeitbasiert

Der zeitbasierte Einzelzyklusplan

Sie legen zeitbasierte Einzelzykluspläne an, wenn Sie in regelmäßigen Abständen *dieselben Wartungstätigkeiten* in vollem Umfang auszuführen haben.

Anlegen des Einzelzyklusplans

Den Einzelzyklusplan erfassen Sie über die Transaktion IP41. Sie wählen zwischen einer internen und externen Nummernvergabe. Sie geben den Zyklus, in dem die Wartung stattfinden soll, direkt im

Wartungsplan an – ebenso wie alle anderen Angaben, die zu einer Wartungsmaßnahme notwendig sind (siehe Abbildung 5.113):

▶ die Kurzbeschreibung (eventuell mit Langtext)

▶ das Bezugsobjekt

▶ die Auftrags- und Leistungsart, die die späteren Aufträge bekommen sollen

▶ die organisatorischen Verantwortlichkeiten (Planergruppe, Arbeitsplatz)

▶ den Arbeitsplan, falls ein Arbeitsplan zur Ausführung kommen soll

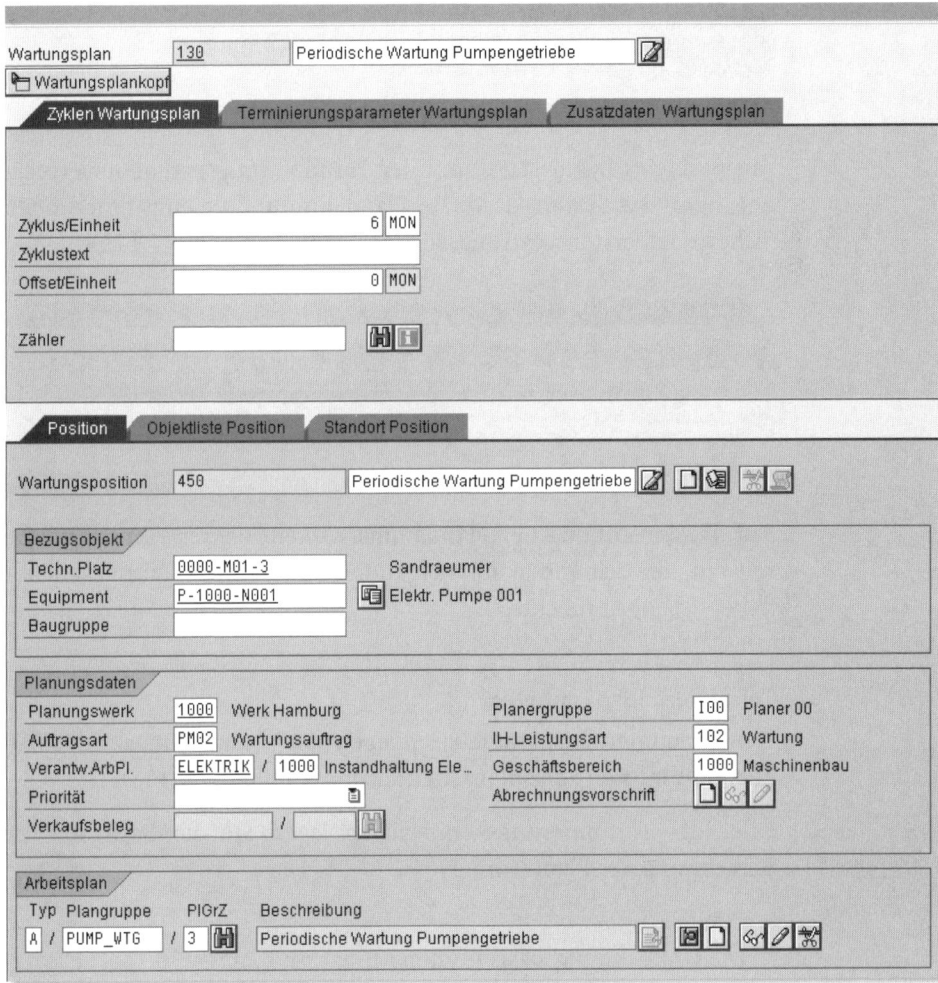

Abbildung 5.113 Der Einzelzyklusplan

[+]

Der zeitbasierte Einzelzyklusplan bereitet in Erfassung und Pflege den wenigsten Aufwand aller Wartungsplanarten. Die Praxis hat gezeigt, dass diese Wartungsplanart am häufigsten genutzt wird. Sie sollten deshalb ebenfalls versuchen, möglichst viele Ihrer Wartungstätigkeiten über diese Wartungsplanart abzubilden.

Starten des Wartungsplans

Mithilfe der Transaktion IP10 starten Sie den Wartungsplan und erzeugen den ersten Auftrag. Das System fragt Sie nach einem ZYKLUSSTART (siehe Abbildung 5.114). Dabei handelt es sich um das Datum, zu dem Sie die *letzte Wartung* ausgeführt haben.

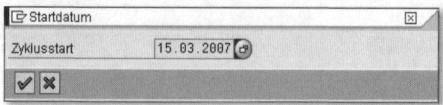

Abbildung 5.114 Zyklusstart

Auf Basis des Zyklusstarts und der Terminierungsparameter errechnet Ihnen das System das erste Plandatum und erzeugt Ihnen beim Sichern den ersten Wartungsauftrag (siehe Abbildung 5.115).

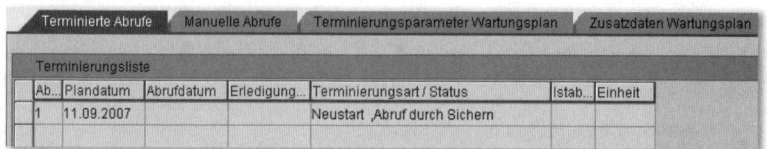

Abbildung 5.115 Plandatum

Auf die Berechnung des Plandatums wirken mehrere Einflussfaktoren ein, die ich Ihnen im Folgenden als Terminierungsparameter näher erläutern möchte.

Terminierungsparameter

Die Terminierungsparameter pflegen Sie beim Einzelzyklusplan ebenfalls im Wartungsplan direkt (siehe Abbildung 5.116).

Terminierungskennzeichen

Über das Terminierungskennzeichen legen Sie die Basis für die Berechnung der Plantermine:

▶ **Zeit**
Die Umrechnungsbasis für den Monat sind immer 30 Tage; es werden alle Kalendertage gezählt. Beispiel: Zyklus 3 MON, Zyklusstart 01.04., ergibt einen Plantermin 30.06.

▶ **Zeit Fabrikkalender**

Die Umrechnungsbasis für den Monat sind immer 30 Tage; es werden nur die Fabrikkalendertage gezählt. Beispiel: Zyklus 3 MON, Fabrikkalender Samstag/Sonntag/Feiertag frei, Zyklusstart 01.04., ergibt einen Plantermin um den 10.08 herum (je nach Lage der Feiertage).

▶ **Zeit stichtagsgenau**

Die Umrechnungsbasis sind die effektiven Tage eines Monats. Beispiel: Zyklus 3 MON, Zyklusstart 01.04., ergibt einen Plantermin 01.07.

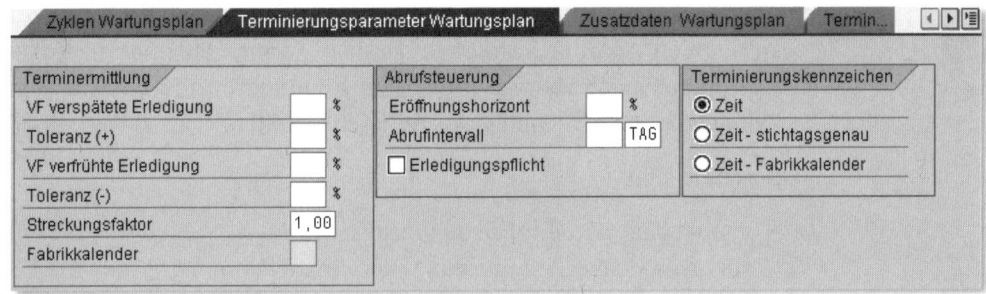

Abbildung 5.116 Terminierungsparameter

Von den potenziellen Terminierungsarten ist in der Praxis die stichtagsgenaue am häufigsten anzutreffen. [+]

Den Verschiebungsfaktor (VF) gibt es als VF VERFRÜHTE ERLEDIGUNG und als VF VERSPÄTETE ERLEDIGUNG. Sie steuern darüber, wie viel – in Prozent ausgedrückt – von der verfrühten bzw. verspäteten Erledigung an den *nächsten Plantermin* weitergegeben werden soll.

Verschiebungsfaktor

Beispiele sind:

▶ Plantermin 01.04., Erledigungstermin 10.04., Zyklus 3 MON, stichtagsgenaue Terminierung, Verschiebefaktor verspätete Erledigung 0 %, ergibt einen nächsten Plantermin vom 01.07.

▶ die gleichen Daten, nur Verschiebefaktor verspätete Erledigung 50 %, ergibt einen nächsten Plantermin 06.07.

▶ Beispiel: die gleichen Daten, nur Verschiebefaktor verspätete Erledigung 100 %, ergibt einen nächsten Plantermin 10.07.

[+] Setzen Sie bei zeitbasierten Wartungsplänen – egal, ob es sich um einen Einzelzyklusplan oder um einen Strategieplan handelt – die Verschiebefaktoren entweder auf 0 % oder auf 100 %. Andere Werte spielen in der Praxis normalerweise keine Rolle.

Toleranz
Es gibt in der Praxis immer wieder Gründe, warum Sie den errechneten Plantermin nicht wahrnehmen können, sondern um einige wenige Tage verschieben müssen, z. B. wenn der Plantermin auf einen Nichtarbeitstag fällt, wenn die Auslastung der Werkstätten eine kurze Verschiebung bedingt oder wenn die Produktion die Anlage erst verspätet für den Wartungsauftrag zur Verfügung stellen kann. Normalerweise sollen solche kleinen Abweichungen sich nicht sofort auf die Folgetermine auswirken. Deshalb können Sie über die TOLERANZ angeben, ab welcher Abweichung (ausgedrückt in Prozent vom Zyklus) die Verschiebungsfaktoren greifen sollen.

Beispiele sind:

▸ Plantermin 01.04., Erledigungstermin 10.04., Zyklus 3 MON, stichtagsgenaue Terminierung, Verschiebefaktor verspätete Erledigung 0 %, Toleranz 10 %, ergibt einen nächsten Plantermin vom 01.07.

▸ Plantermin 01.04., Erledigungstermin 05.04., Zyklus 3 MON, stichtagsgenaue Terminierung, Verschiebefaktor verspätete Erledigung 100 %, Toleranz 10 %, ergibt einen nächsten Plantermin 01.07. (Toleranz = 10 % von 90 Tagen = 9 Tage noch nicht erreicht, Verschiebefaktor greift nicht).

▸ Plantermin 01.04., Erledigungstermin 12.04., Zyklus 3 MON, stichtagsgenaue Terminierung, Verschiebefaktor verspätete Erledigung 100 %, Toleranz 10 %, ergibt einen nächsten Plantermin 12.07. (Toleranz = 10 % von 90 Tagen = 9 Tage überschritten, Verschiebefaktor greift).

[+] Setzen Sie eine Toleranz nur, wenn Sie die Verschiebefaktoren (d. h. > 0 %) aktiviert haben.
Wenn Sie Toleranzen setzen, haben sich Werte von ca. 10 % in der Praxis bewährt.

Erledigungspflicht
Wenn Sie erreichen möchten, dass das System nachfolgende Aufträge erst dann generiert, wenn der vorherige Auftrag abgeschlossen ist, setzen Sie den Parameter ERLEDIGUNGSPFLICHT.

Prüfen Sie im Einzelfall, ob Sie die Erledigungspflicht setzen oder nicht. Beide Fälle sind in der Praxis regelmäßig anzutreffen.

Abrufintervall

Sie können im Wartungsplan ein ABRUFINTERVALL definieren. Mit dem Abrufintervall können Sie sich eine Vorschau über die *anstehenden Wartungstermine* erzeugen. Das Abrufintervall gibt in Tagen, Monaten oder Jahren den Zeitraum der Vorschau an. Wenn Sie z. B. für einen Wartungsplan eine Vorschau für das ganze Jahr haben möchten, setzen Sie das Abrufintervall auf 365 Tage oder 12 Monate.

Abbildung 5.117 zeigt einen Wartungsplan mit einem monatlichen Zyklus, einem Start am 01.04. und einem Abrufintervall von einem Jahr:

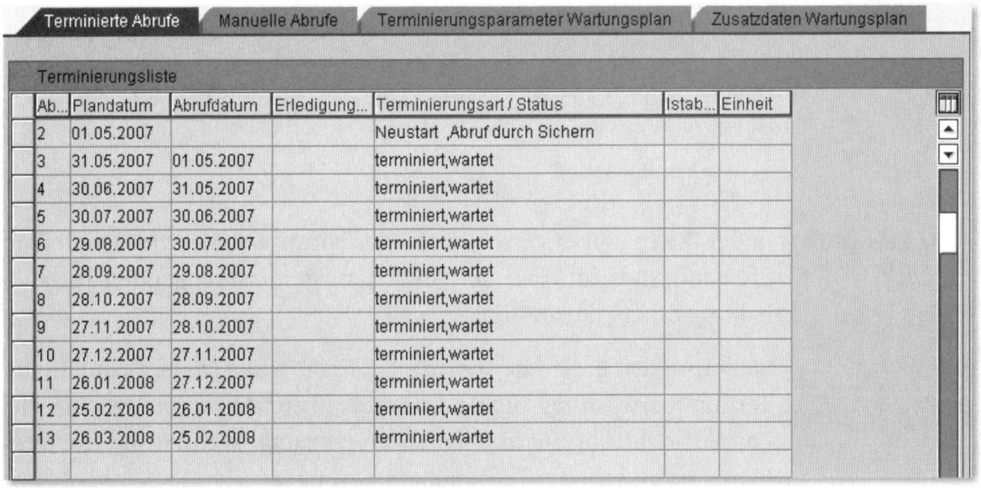

Ab...	Plandatum	Abrufdatum	Erledigung...	Terminierungsart / Status	Istab...	Einheit
2	01.05.2007			Neustart ,Abruf durch Sichern		
3	31.05.2007	01.05.2007		terminiert,wartet		
4	30.06.2007	31.05.2007		terminiert,wartet		
5	30.07.2007	30.06.2007		terminiert,wartet		
6	29.08.2007	30.07.2007		terminiert,wartet		
7	28.09.2007	29.08.2007		terminiert,wartet		
8	28.10.2007	28.09.2007		terminiert,wartet		
9	27.11.2007	28.10.2007		terminiert,wartet		
10	27.12.2007	27.11.2007		terminiert,wartet		
11	26.01.2008	27.12.2007		terminiert,wartet		
12	25.02.2008	26.01.2008		terminiert,wartet		
13	26.03.2008	25.02.2008		terminiert,wartet		

Abbildung 5.117 Wartungsplan mit Abrufintervall

[+]

Ein Abrufintervall von 6 – 24 Monaten ist in der Praxis keine Seltenheit. Es ermöglicht Ihnen eine langfristige Vorausschau auf kommende Wartungstermine.

Eröffnungshorizont

Mit dem ERÖFFNUNGSHORIZONT geben Sie in Prozent an, wann ein Auftrag für ein *errechnetes Wartungsdatum* erstellt werden soll, d h., wie viel Zeit zwischen den beiden Planterminen verstreichen soll, bis der Auftrag im System erstellt wird. Das Datum, ab dem der Auftrag dann erstellt werden kann, heißt ABRUFDATUM.

Ein Beispiel: Zyklus 6 MON (= 180 Tage), Plandatum und Erledigungsdatum des Vorgängers 01.04. Der Eröffnungshorizont ist jeweils folgendermaßen:

▶ 0 %: Auftrag kann sofort erstellt werden, wenn der Vorgänger abgeschlossen ist, d. h. Abrufdatum 01.04.

▶ 100 %: Auftrag kann erst dann abgerufen werden, wenn das nächste Plandatum erreicht sind, d. h. Abrufdatum 28.09.

▶ 90 %: Auftrag kann dann abgerufen werden, wenn 90 % der Zeit zwischen 01.04. und 28.09. verstrichen ist, d. h. Abrufdatum 10.09.

In den beiden letzten Fällen weist die Terminierungsliste des Wartungsplans den Status WARTET aus (siehe Abbildung 5.118).

Terminierungsliste						
Ab...	Plandatum	Abrufdatum	Erledigung...	Terminierungsart / Status	Istab...	Einheit
1	28.09.2007	10.09.2007		Neustart ,wartet		

Abbildung 5.118 Terminierungsliste

In der Praxis gibt es verschiedene Verfahrensweisen, wie Sie mit dem Eröffnungshorizont bei der zeitabhängigen vorbeugenden Instandhaltung umgehen können:

Sie setzen den Eröffnungshorizont auf 100 % und steuern dann in der Terminüberwachung durch das Intervall für Abrufobjekte, wie viel Zeit vor dem Abrufdatum der Auftrag erzeugt werden soll (Näheres hierzu im Abschnitt »Terminüberwachung«).

[+] Wenn Sie einen Eröffnungshorizont setzen möchten, bietet sich für die Umrechnung des Vorlaufs in Tagen in einen Prozentwert folgende Formel an:

$$EOF = \frac{(Z - V) \times 100}{Z}$$

EOF = Eröffnungshorizont in Prozent

V = Vorlauf in Tagen

Z = Zyklus in Tagen (bei Strategieplänen der kleinste Zyklus)

Runden Sie das Ergebnis immer ab.

Wenn Sie möchten, dass der Eröffnungshorizont direkt den Abruf steuert, gehen Sie wie folgt vor:

▸ Wenn Ihre Zyklen kürzer als ein Jahr sind, setzen Sie den Eröffnungshorizont auf 0 %. Im diesem Fall können die nachfolgenden Aufträge ab dem Zeitpunkt erstellt werden, zu dem der Vorgänger abgeschlossen wurde.

▸ Wenn Ihre Zyklen länger als ein Jahr sind, setzen Sie den Eröffnungshorizont auf einen hohen Prozentwert (>80 %), damit die Aufträge nicht zu früh erzeugt und damit zu lange im System bleiben.

Terminüberwachung

Wenn Sie die Wartungspläne gestartet haben, werden Sie die Überwachung der Wartungspläne und das Erzeugen von Nachfolgeaufträgen nicht manuell durchführen, sondern dem System die automatische Terminüberwachung überlassen. Dies können Sie entweder online über die Transaktion IP30 starten oder einen automatischen Batch-Job für das Programm RISTRA20 (siehe Abbildung 5.119) einplanen.

Batch-Job

> Planen Sie für das Programm RISTRA20 einen Batch-Job ein. **[+]**
>
> Dieser sollte in Abhängigkeit von den Zyklen der Wartungspläne periodisch laufen:
>
> ▸ täglich für alle Wartungspläne mit Zyklen bis zu einem Monat
> ▸ wöchentlich für alle Wartungspläne mit Zyklen zwischen einem Monat und sechs Monaten
> ▸ monatlich für alle Wartungspläne mit Zyklen größer als sechs Monate
>
> Die Angaben verstehen sich lediglich als Orientierungshilfe; im konkreten Fall können Sie natürlich davon abweichen.

Sie müssen aber das Problem lösen, dass RISTRA20 nur sehr wenige Selektionskriterien besitzt: Wie schaffen Sie es z. B., alle Wartungspläne mit Fristen zwischen einem und sechs Monaten einmal die Woche terminieren zu lassen?

Problem der Selektion

> Damit Sie den RISTRA20 gezielt für die gewünschten Wartungspläne laufen lassen, vergeben Sie entweder sprechende Wartungsplannummern, um die Wartungspläne zu gruppieren und um sie dann gemeinsam terminieren zu können. Oder Sie nutzen das *Sortierfeld* im Wartungsplan, um alle Wartungspläne mit dem gleichen Sortierfeld gemeinsam terminieren zu können. Bei Strategieplänen können Sie die Strategie als Gruppierungsmerkmal nutzen. **[+]**

[+] Sie nutzen das *Intervall für Abrufobjekte* für die Steuerung, wie viel Zeit vor dem Abrufdatum der Auftrag erzeugt werden soll. Insbesondere wenn Sie die Eröffnungshorizonte auf 100 % gesetzt haben, muss dieser Wert ausreichend groß sein. Ansonsten werden die Aufträge zu spät erzeugt.

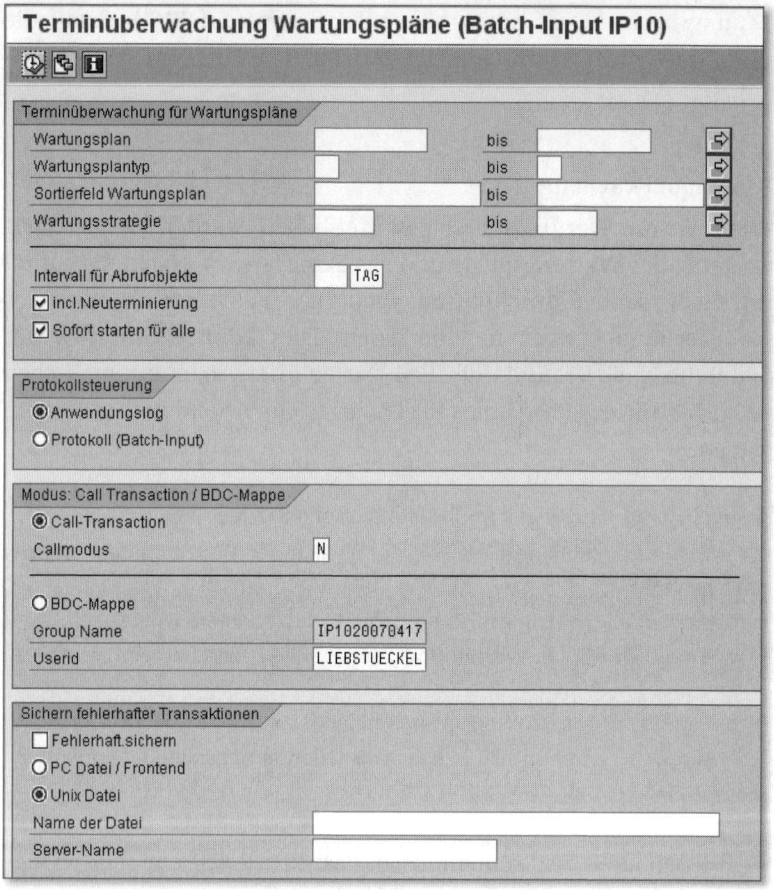

Terminüberwachung Wartungspläne (Batch-Input IP10)

Terminüberwachung für Wartungspläne

Wartungsplan		bis
Wartungsplantyp		bis
Sortierfeld Wartungsplan		bis
Wartungsstrategie		bis

Intervall für Abrufobjekte ☐ TAG
☑ incl.Neuterminierung
☑ Sofort starten für alle

Protokollsteuerung
⦿ Anwendungslog
○ Protokoll (Batch-Input)

Modus: Call Transaction / BDC-Mappe
⦿ Call-Transaction
Callmodus N

○ BDC-Mappe
Group Name IP1020070417
Userid LIEBSTUECKEL

Sichern fehlerhafter Transaktionen
☐ Fehlerhaft.sichern
○ PC Datei / Frontend
⦿ Unix Datei
Name der Datei
Server-Name

Abbildung 5.119 Terminüberwachung

Terminierungsprotokoll

Jeder Lauf des RISTRA20 erzeugt ein Terminierungsprotokoll. Dieses wird abgespeichert, und Sie können es über die Transaktion IBIPA aufrufen (siehe Abbildung 5.120).

Neben diesen Grundfunktionen Erfassen und Terminieren gibt es bei den Wartungsplänen noch weitere Funktionen, die Ihnen bei Ihrer Wartungsplanung eine Hilfestellung sein können. Zwei von ihnen, die Wartungsplankalkulation und die Wartungsterminübersicht, möchte ich Ihnen im Folgenden vorstellen.

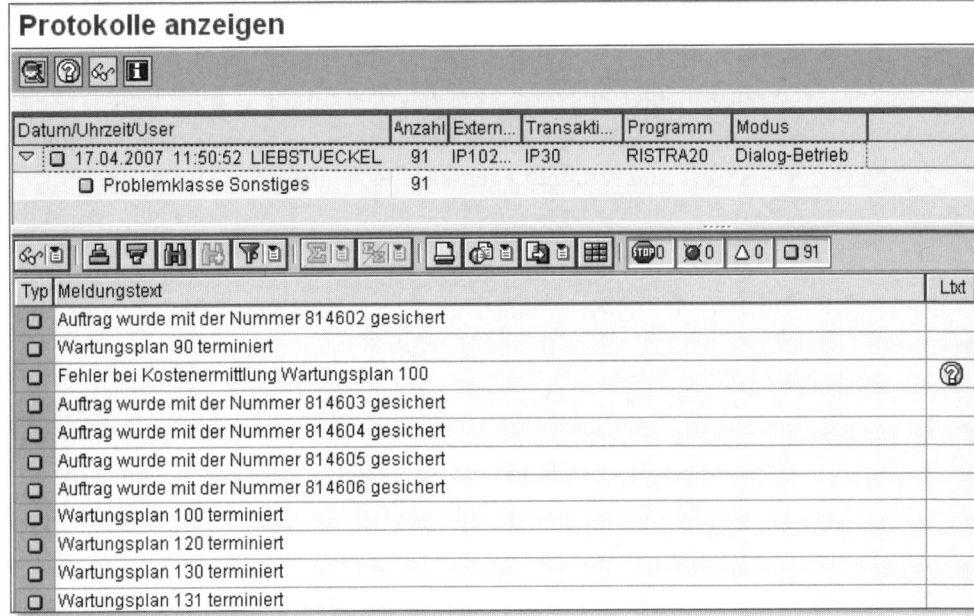

Abbildung 5.120 Terminierungsprotokoll

Wartungsplankalkulation

Mit der Wartungsplankalkulation (Transaktion IP31) können Sie für einen beliebigen Zeitraum die zu erwartenden Kosten von einem oder von mehreren Wartungsplänen ermitteln.

Folgende Voraussetzungen müssen erfüllt sein: Voraussetzungen

▸ Sie haben die Wartungspläne *terminiert*. Die Wartungsplankalkulation funktioniert nicht, wenn der Wartungsplan nur angelegt, aber nicht gestartet ist.

▸ Sie erzeugen aus dem Wartungsplan *Aufträge*. Die Wartungsplankalkulation funktioniert nicht, wenn Meldungen oder Leistungserfassungsblätter abgerufen werden.

▸ Der Wartungsplan hat nicht den Status INAKTIV oder LÖSCHVOR-MERKUNG.

▸ Sie haben im Wartungsplan einen *Arbeitsplan* angegeben und im Arbeitsplan für die Vorgänge *kalkulationsrelevante* Daten hinterlegt: (z. B. Arbeitsplatz, Leistungsart, Vorgabezeit, Material). Sie haben der Leistungsart Tarife zugeordnet, und die Materialien sind bewertet.

Funktionsumfang Das System ermittelt die zu erwartenden Kosten für den angegebenen Zeitraum wie folgt:

▶ Es kalkuliert die *bereits vorhandenen* Abrufe (= Aufträge).

▶ Für den nachfolgenden Zeitraum *simuliert* das System Wartungsabrufe und ermittelt ebenfalls die zu erwartenden Kosten.

Grafische Terminübersicht

In der grafischen Terminübersicht (Transaktion IP19, siehe Abbildung 5.121) stehen Ihnen folgende Funktionen zur Verfügung:

▶ Sie können sich anzeigen lassen, zu welchem Bezugsobjekt wann welche Wartungstermine zu erwarten sind. Dabei zeigt Ihnen das System sowohl die bereits errechneten Termine wie auch die für den von Ihnen vorgegebenem Zeitraum simulierten Termine.

▶ Sie können Wartungstermine verschieben.

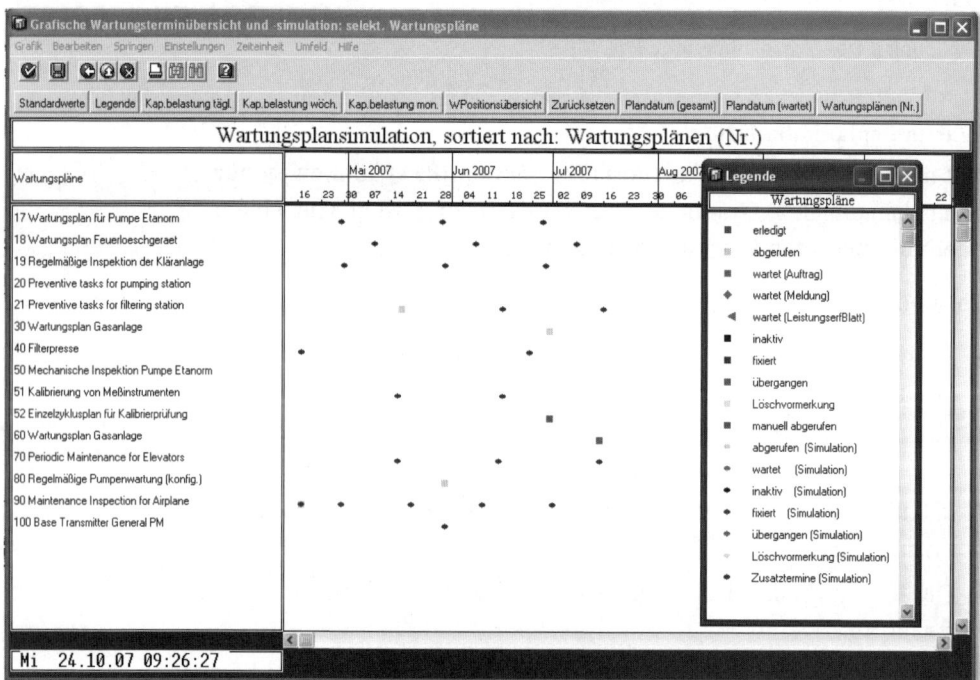

Abbildung 5.121 Wartungsterminübersicht

▶ Sie können sich die Kapazitätsbelastung ansehen (siehe Abbildung 5.122), die aus den Wartungsplänen resultiert. Auf Basis des Ergebnisses können Sie dann Terminverschiebungen vornehmen.

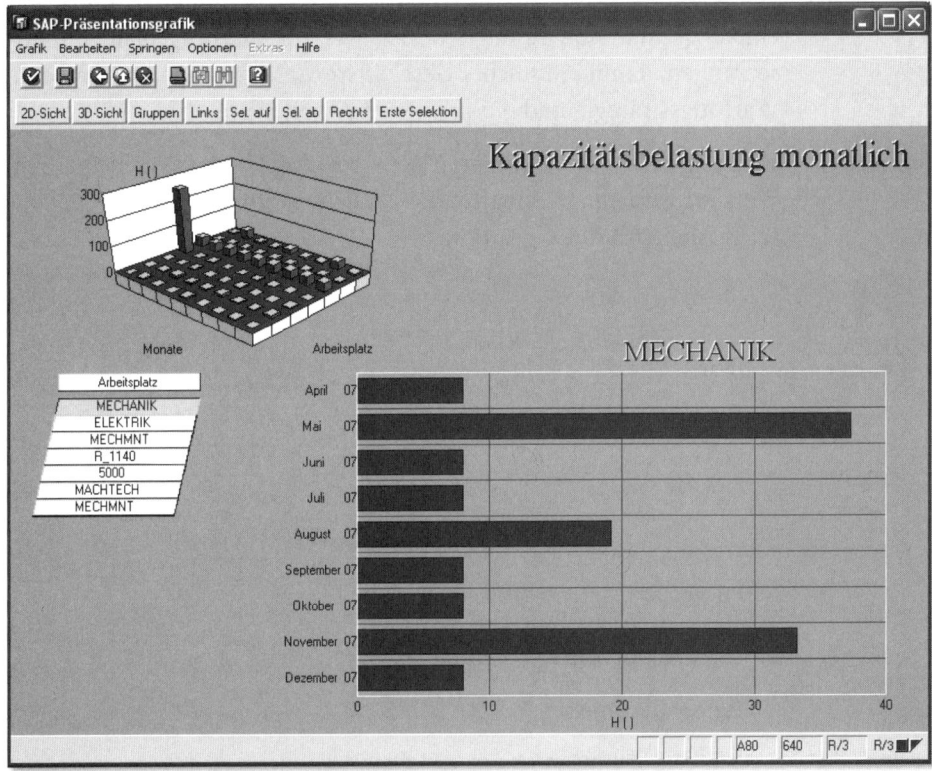

Abbildung 5.122 Kapazitätsbelastung

Mit der grafischen Wartungsterminübersicht können Sie sich nicht nur die nächsten Wartungstermine ansehen, sondern Sie können auch simulieren und sich die zu erwartenden Kapazitätsbelastungen anzeigen lassen. **[+]**

Auf der DVD finden Sie unter GESCHÄFTSPROZESSE • GESCHÄFTSPROZESSE IN DER INSTANDHALTUNG • 7. VORBEUGENDE INSTANDHALTUNG • 7.1 WARTUNGSPLANUNG MIT EINEM ZYKLUS den Geschäftsprozess (Pflege des Wartungsplans, Starten des Wartungsplans). **[○]**

Der zeitbasierte Strategieplan

Sie legen zeitbasierte Strategiepläne an, wenn Sie *aufeinander aufbauende* oder *sich ersetzende Wartungstätigkeiten* auszuführen haben; z. B.   Definition wenn Sie vom Hersteller eine Wartungsanweisung haben, die Tätigkeiten mit unterschiedlichen Fristen beinhaltet: z. B. alle drei Monate, alle sechs Monate, alle zwölf Monate usw.

Voraussetzungen In diesem Fall müssen Sie einen *Arbeitsplan* einbinden, und zwar einen, der dieselbe Strategie besitzt wie der Wartungsplan. Voraussetzungen, damit ein solcher Geschäftsprozess funktioniert, sind eine Wartungsstrategie und ein passender Arbeitsplan.

Wartungsstrategie Wartungsstrategien definieren Sie über die Transaktion IP11. Eine Wartungsstrategie beinhaltet die zeitliche Abfolge von *Wartungspaketen* (siehe Abbildung 5.123).

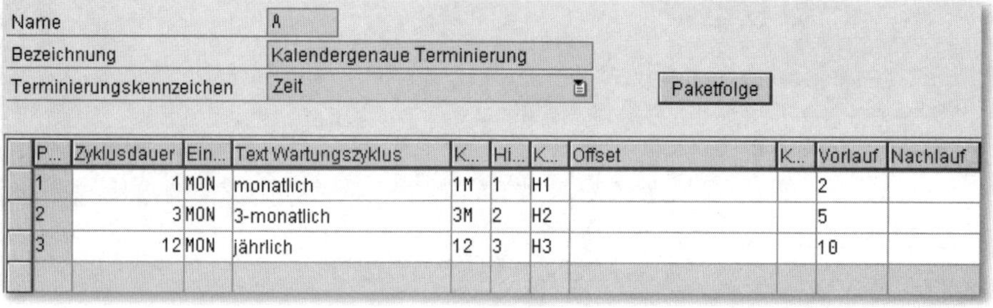

Name	A								
Bezeichnung	Kalendergenaue Terminierung								
Terminierungskennzeichen	Zeit					Paketfolge			

P...	Zyklusdauer	Ein...	Text Wartungszyklus	K...	Hi...	K...	Offset	K...	Vorlauf	Nachlauf
1	1	MON	monatlich	1M	1	H1			2	
2	3	MON	3-monatlich	3M	2	H2			5	
3	12	MON	jährlich	12	3	H3			10	

Abbildung 5.123 Wartungsstrategie

Eine Wartungsstrategie beinhaltet *nicht*

▶ das Bezugsobjekt
▶ die Tätigkeiten
▶ die Termine

Die Erläuterung der Hierarchiekennzeichen, des Offsets und des Vor-/Nachlaufs erfolgt im Abschnitt »Terminierungsparameter«.

[+] Wenn Sie nachträglich feststellen, dass Sie zusätzliche Pakete benötigen, fügen Sie diese immer in der fortlaufenden Reihenfolge *hinten* an. Sonst füllt Ihnen der Wartungsplan zukünftig Ihre Aufträge mit falschen Vorgängen aus dem Arbeitsplan. Beispiel: Wenn Sie in der Wartungsstrategie aus Abbildung 5.123 ein 6-Monatspaket benötigen, bitte *nicht* zwischen den Positionen 2 und 3 einfügen, wie man es vielleicht aufgrund der Zyklusdauer vermuten könnte, sondern als Position 4.

Arbeitsplan Um eine strategiebasierte vorbeugende Instandhaltung betreiben zu können, benötigen Sie neben der Wartungsstrategie einen Arbeitsplan. Sie müssen:

▶ dem Arbeitsplan auf Kopfebene dieselbe Strategie zuordnen, wie sie der spätere Wartungsplan tragen soll

▶ den Vorgängen die Wartungspakete zuordnen, zu denen sie fällig werden (siehe Abbildung 5.124)

Vorgangsübersicht Wartungspakete		1M	3M	12
Vrg	Vorgangsbeschreibung			
0010	Stromvers. unterbrechen; Sicherheitsprüf	☑	☑	☑
0020	Sichtprüfung außen: Rost, Undichtigkeit	☑	☑	☑
0030	Sichtprüfung innen: Rost, Abrieb, Feuch-	☐	☑	☑
0040	Stromzuleitung prüfen: Knicke, blanke	☑	☑	☑
0050	Kontaktbürsten wechseln	☐	☐	☑
0060	Sicherheitsprüfung und Motor in Betrieb	☑	☑	☑

Abbildung 5.124 Vorgänge mit Wartungspaketen

Den Einzelzyklusplan erfassen Sie über die Transaktion IP42. Sie wählen zwischen einer internen und externen Nummernvergabe. Sie geben den Zyklus, in dem die Wartungsmaßnahmen stattfinden sollen, nicht direkt im Wartungsplan an, sondern die Wartungspakete werden durch den einzubindenden Arbeitsplan gebildet (siehe Abbildung 5.125).

Anlegen des Strategieplans

Die meisten Terminierungsparameter eines Strategieplans kennen Sie nun schon vom Einzelzyklusplan.

Terminierungsparameter

Folgende Werte werden aus der Wartungsstrategie vorgeschlagen, die Sie im Strategieplan abändern können:

▶ Verschiebefaktoren

▶ Toleranzen

▶ Terminierungskennzeichen

▶ Eröffnungshorizont

Das Abrufintervall und die Erledigungspflicht legen Sie individuell pro Strategieplan fest.

Bei einem Strategieplan kommen jedoch einige Terminierungsparameter hinzu, die es im Einzelzyklusplan entweder nicht gibt oder die dort keine Rolle spielen.

Wenn Sie im laufenden Betrieb feststellen, dass Sie die Wartungsintervalle anpassen müssen, weil Sie entweder zu viel oder zu wenig Wartung betreiben, können Sie den *Streckungsfaktor* verändern. Der Vorschlagswert sitzt immer auf 1,00. Wenn Sie einen Streckungsfak-

Streckungsfaktor

tor (Werte von 0,01 bis 9,99) angeben, können Sie damit die in der Wartungsstrategie angegebenen Zyklen verlängern oder verkürzen. Ein Streckungsfaktor größer als 1 verlängert den Zyklus, ein Streckungsfaktor kleiner als 1 verkürzt ihn.

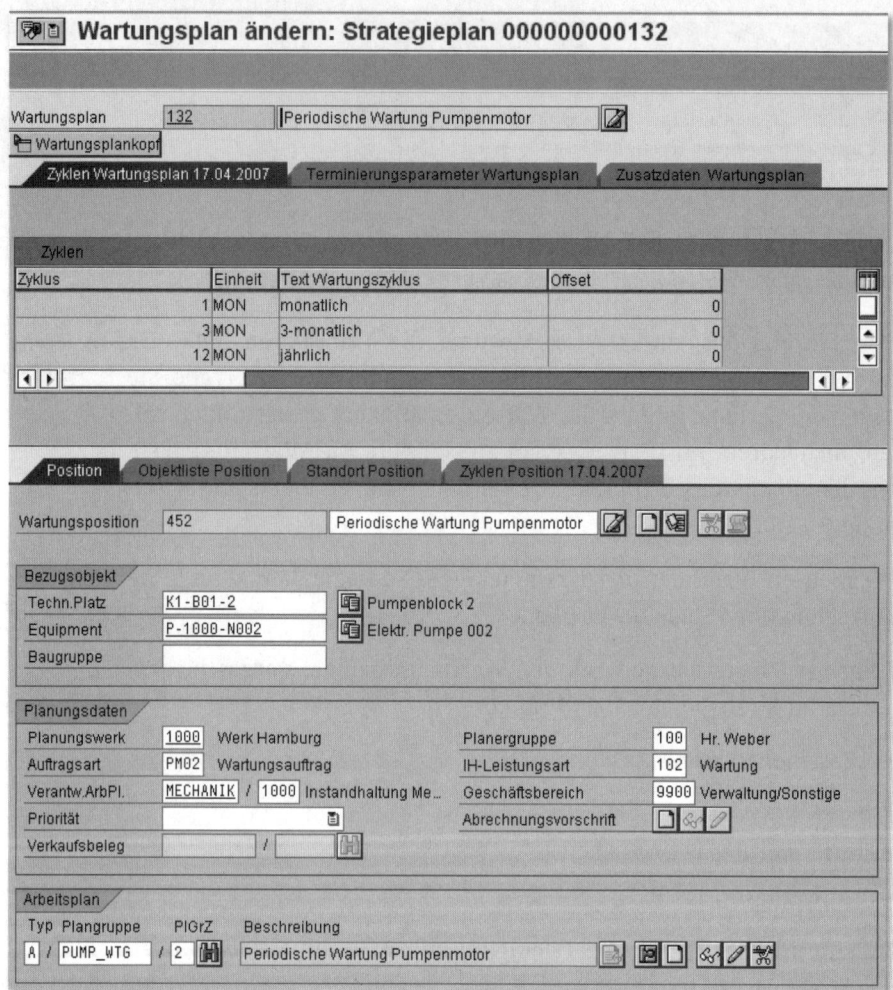

Abbildung 5.125 Strategieplan

[+] Mit dem Streckungsfaktor können Sie individuell pro Strategieplan die Wartungszyklen verlängern oder verkürzen und damit die Wartungsintensität anpassen, ohne die Wartungsstrategie ändern zu müssen.

In einem Einzelzyklusplan ist ein Streckungsfaktor prinzipiell auch vorhanden. Dort spielt er aber eine untergeordnete Rolle, weil man eine Zyklusanpassung direkt über eine Veränderung des Zyklus vornehmen würde.

Die Hierarchie der Wartungspakete pflegen Sie in der Wartungsstrategie (siehe Abbildung 5.123 weiter vorne). Die Hierarchie bestimmt, welche Wartungspakete ausgeführt werden, wenn zu einem Zeitpunkt mehrere Wartungspakete fällig sind:

Wartungspaket-hierarchie

Sollen die Wartungspakete gemeinsam zu diesem Zeitpunkt ausgeführt werden, müssen sie die *gleiche Hierarchiezahl* haben. Beispiel: alle sechs Monate einen Ölwechsel, alle zwölf Monate zusätzlich einen Filterwechsel. Das System fasst die Wartungspakete dann in einem Auftrag mit mehreren Vorgängen zusammen.

Gleiche Hierarchiezahl

Sollen nur bestimmte Wartungspakete zu diesem Zeitpunkt ausgeführt werden, müssen diese Pakete eine *höhere Hierarchiezahl* haben als die anderen. Das System wählt immer nur die Pakete mit der höchsten Hierarchiezahl aus. Beispiel: alle sechs Monate Zündkerzen reinigen, alle zwölf Monate Zündkerzen wechseln. In diesem Fall würde es ja keinen Sinn machen, nach zwölf Monaten die Zündkerzen zunächst zu reinigen und dann zu wechseln: Das Paket mit der höheren Hierarchie (Wechseln) ersetzt das Paket mit der niedrigeren Hierarchie (Reinigen).

Höhere Hierarchiezahl

> Die differenzierteste Steuerung der Wartungstätigkeiten erreichen Sie, wenn Sie allen Wartungspaketen unterschiedliche Hierarchiezahlen geben und dann im Arbeitsplan ggf. eine Mehrfachzuordnung von Wartungspaketen vornehmen (wie in Abbildung 5.124 gezeigt). Die Hierarchiekennzahl vergeben Sie in der Regel aufsteigend nach der Fristigkeit.

[+]

Die *Vorlauf- und Nachlaufpuffer* vergeben Sie in der Wartungsstrategie auf Ebene der Wartungspakete; sie werden immer in Tagen ausgedrückt. Die Vorlauf- und Nachlaufpuffer dienen dem System dazu, um, ausgehend vom Plantermin, den Eckstarttermin und den Eckendetermin des Auftrags zu bestimmen.

Vorlauf- und Nachlaufpuffer

Beispiel: Wartungspaket 01 mit fünf Tagen Vorlaufpuffer und zehn Tagen Nachlaufpuffer, errechneter Plantermin 15.05., ergibt im Auftrag einen Eckstarttermin 10.05. und einen Eckendetermin 25.05.

Was ist der betriebswirtschaftliche Hintergrund? Die Wartungstätigkeiten nehmen eine gewisse Zeit in Anspruch, und gerade längerfristige Wartungen lassen sich in der Regel nicht an einem Tag erledigen. Deshalb können Sie über die Vorlauf- und Nachlaufpuffer schon von vornherein eine Zeitspanne von/bis vorgeben.

[+] Setzen Sie mindestens einen der Puffer immer auf 0, ansonsten können Sie an den Eckterminen des Auftrags nicht mehr den eigentlichen Plantermin erkennen. Empfehlung: Setzen Sie immer den Nachlaufpuffer auf 0, dann entspricht der gewünschte Eckendetermin den Plantermin der Wartung.

Offset
Ein *Offset* sorgt für eine einmalige Verschiebung. Die Offsets vergeben Sie in der Wartungsstrategie auf Ebene der Wartungspakete; sie werden immer in der Einheit des Wartungspakets ausgedrückt. Offsets verwenden Sie,

▸ wenn das Paket einmalig ausgeführt werden soll. Dann setzen Sie im Wartungspaket nur den OFFSET.

▸ wenn die zyklischen Arbeiten erst nach einer gewissen Zeit beginnen sollen. Dann setzen Sie eine ZYKLUSDAUER und einen OFFSET.

Lassen Sie es mich anhand eines Beispiels erklären. Mich erreichte vor einiger Zeit folgende Anfrage eines ehemaligen Kunden:

In unserem Hause besteht die Anforderung, dass mit einem Wartungsplan verschiedene Arbeitsvorgänge aufgelöst werden sollen, die zeitlich zwar das gleiche Intervall besitzen, aber auf der Zeitachse zeitlich verschoben zu Aufträgen generiert werden sollen.

Intervall fällig:		1J	2J	3J	4J	5J	6J
Avo1	1J		X		X		
Avo2	1J			X		X	
Avo3	1J				X		X

Dieses erreichen Sie durch eine Wartungsstrategie mit drei Paketen. Die Pakete haben alle eine Zyklusdauer von drei Jahren. Über das Setzen eines Offsets von einem Jahr im zweiten und von zwei Jahren im dritten Wartungspaket erreichen Sie genau die gewünschte zeitliche Reihenfolge (siehe Abbildung 5.126).

[+] Durch das Setzen von Offsets erreichen Sie einen zeitlichen Versatz der Wartungspakete.

Starten des Strategieplans
Beim Starten eines Strategieplans ist nun zu unterscheiden, ob es sich um einen Neustart (z. B. bei Neukauf einer Maschine) oder einen Start im laufenden Zyklus (z. B. bestehende Maschine mit bereits durchgeführten Wartungsterminen) handelt.

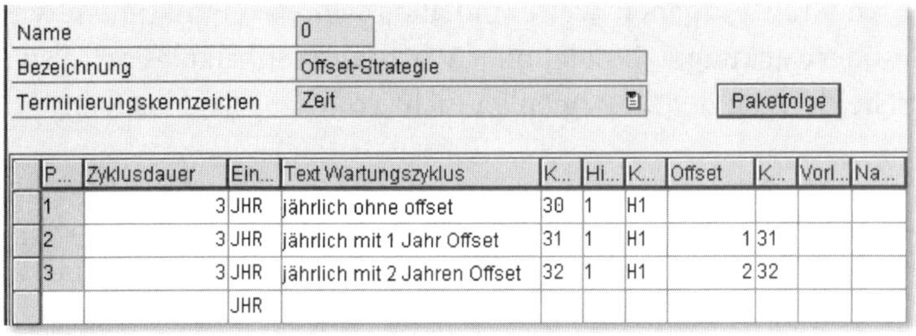
Name
0
Bezeichnung
Offset-Strategie
Terminierungskennzeichen
Zeit
Paketfolge
P... Zyklusdauer Ein... Text Wartungszyklus K... Hi... K... Offset K... Vorl... Na...
1 3 JHR jährlich ohne offset 30 1 H1
2 3 JHR jährlich mit 1 Jahr Offset 31 1 H1 1 31
3 3 JHR jährlich mit 2 Jahren Offset 32 1 H1 2 32
JHR

Abbildung 5.126 Wartungsstrategie mit Offsets

Mithilfe der Transaktion IP10 (Funktion START) starten Sie den Wartungsplan und erzeugen den ersten Auftrag. Das System fragt Sie nach einem ZYKLUSSTART (siehe Abbildung 5.114 weiter vorne). Dabei handelt es sich um das Datum, zu dem Sie das Bezugsobjekt in Betrieb nehmen oder kurz vorher in Betrieb genommen haben.

Neustart

Wenn Sie allerdings schon in der Vergangenheit Wartungstermine am Bezugsobjekt wahrgenommen haben, verwenden Sie in der Transaktion IP10 die Funktion START IM ZYKLUS. Das System fragt Sie dann nicht nur nach dem ERLEDIGUNGSDATUM (= Datum, zu dem Sie die letzte Wartung durchgeführt haben), sondern verlangt von Ihnen auch noch einen OFFSET. Verwechseln Sie diesen bitte nicht mit dem Offset aus der Wartungsstrategie; hier bestimmen Sie über den Offset, welches Wartungspaket Sie zuletzt ausgeführt haben (siehe Abbildung 5.127).

Start im Zyklus

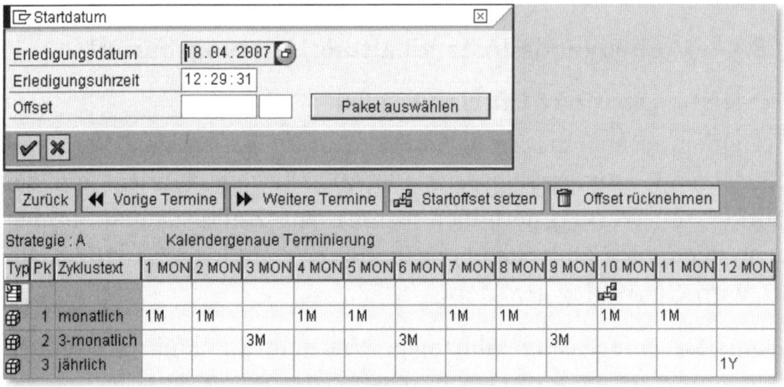
Startdatum
Erledigungsdatum
18.04.2007
Erledigungsuhrzeit
12:29:31
Offset
Paket auswählen
Zurück
Vorige Termine
Weitere Termine
Startoffset setzen
Offset rücknehmen
Strategie : A
Kalendergenaue Terminierung
Typ Pk Zyklustext 1 MON 2 MON 3 MON 4 MON 5 MON 6 MON 7 MON 8 MON 9 MON 10 MON 11 MON 12 MON
1 monatlich 1M 1M 1M 1M 1M 1M 1M 1M
2 3-monatlich 3M 3M 3M
3 jährlich 1Y

Abbildung 5.127 Start im Zyklus

Auf Basis des Zyklusstarts und der Terminierungsparameter errechnet Ihnen das System das erste PLANDATUM und erzeugt Ihnen beim Sichern den ersten Wartungsauftrag.

In der weiteren Vorgehensweise und allen weiteren Funktionen wie Terminüberwachung, Simulation, Wartungsplankalkulation usw. unterscheidet sich der Strategieplan nicht vom Einzelzyklusplan.

[+] Bei den *zeitbasierten Wartungsplänen* – egal, ob es sich um Einzelzykluspläne oder um Strategiepläne handelt – kann das System die Berechnung der Plantermine weitestgehend automatisch und aufgrund des Kalenders durchführen. Bei *leistungsbasierten Wartungsplänen* ist laufender Aufwand durch die permanente Erfassung von Zählerständen nötig. Deshalb sollten Sie, wo möglich, bei zeitbasierten Wartungsplänen bleiben.

Doch kommen wir nun zu den Geschäftsprozessen der vorbeugenden Instandhaltung, bei der zur Berechnung der Wartungstermine der Kalender allein nicht mehr ausreicht, sondern bei der Leistungszähler und Zählerstände notwendig werden: der leistungsbasierten vorbeugenden Instandhaltung.

[⊙] Auf der DVD finden Sie unter GESCHÄFTSPROZESSE • GESCHÄFTSPROZESSE IN DER INSTANDHALTUNG • 6. ARBEITSPLÄNE die Geschäftsprozesse zur Pflege und Verwaltung von Arbeitsplänen (Pflege des Arbeitsplans, Arbeitsplan im Auftrag, Verwendungsnachweis).

Auf der DVD finden Sie unter GESCHÄFTSPROZESSE • GESCHÄFTSPROZESSE IN DER INSTANDHALTUNG • 7. VORBEUGENDE INSTANDHALTUNG • 7.2 WARTUNGSPLANUNG MIT STRATEGIE ZEITABHÄNGIG die Geschäftsprozesse zur strategie- und zeitbasierten Instandhaltung (Wartungsstrategien, Arbeitsplan, Wartungsplan anlegen und starten).

5.8.5 Vorbeugende Instandhaltung, leistungsbasiert

Der leistungsbasierte Einzelzyklusplan

Definition Bei einem *leistungsbasierten Einzelzyklusplan* besitzt der Wartungsplan einen Wartungszyklus (z. B. alle 2.000 Betriebsstunden), und der Abruf von Wartungsterminen basiert auf Zählerständen: Immer dann, wenn der Zählerstand den Zyklus erreicht hat bzw. kurz davor ist, wird ein Auftrag generiert.

Damit Sie eine leistungsabhängige Wartung durchführen können, sind einige Voraussetzungen zu schaffen.

Voraussetzungen Zähler Sie ordnen dem Bezugsobjekt einen Zähler zu. Hierzu verwenden Sie die entsprechenden Transaktionen (z. B. IE02 für Equipments oder IL02 für Technische Plätze) mit der Funktion MESSPUNKTE/ZÄHLER. Den Zähler selbst definieren Sie wie folgt (siehe Abbildung 5.128):

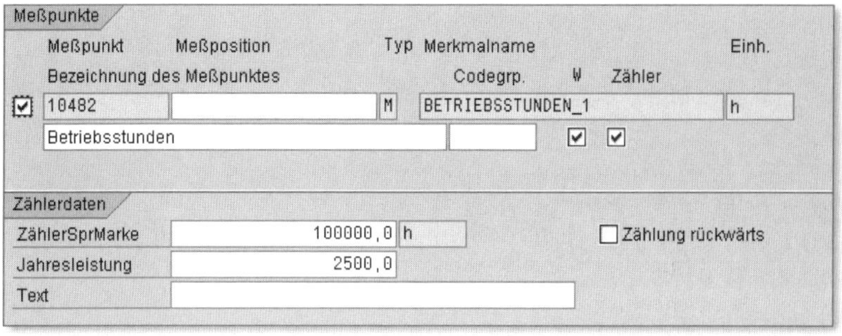

Abbildung 5.128 Zähler am Bezugsobjekt

▸ Der Zähler verweist auf ein Merkmal (hier zum Beispiel BETRIEBSSTUNDEN_1). Dieses pflegen Sie mit der Transaktion CT04; achten Sie hier darauf, dass das Merkmal den Datentyp NUMERISCHES FORMAT und die passende Einheit (z. B. STD, km, l) besitzt.

▸ Die ZÄHLERSPRUNGMARKE repräsentiert den ersten Wert, den der Zähler nicht mehr darstellen kann. Bei einem 5-stelligen Zähler müssten Sie hier z. B. den Wert 100.000 eintragen. Diesen Wert benötigt das System für die Terminierung der Wartungspläne.

▸ Die JAHRESLEISTUNG repräsentiert einen von Ihnen geschätzten Wert, wie stark das Bezugsobjekt pro Jahr in Bezug auf den Zähler in Anspruch genommen wird. Auch diesen Wert benötigt das System für die Terminierung.

▸ Der Normalfall einer leistungsabhängigen Wartung ist sicherlich ein kontinuierlich wachsender Zähler. Es gibt jedoch auch Fälle (z. B. bei einem abnehmenden Radreifendurchmesser), in denen der Zähler kontinuierlich abnimmt und bei Unterschreiten einer Grenze die Wartung ausgelöst wird. In diesem Fall aktivieren Sie den Schalter ZÄHLUNG RÜCKWÄRTS.

Zum Zähler erfassen Sie mit der Transaktion IK11 einen Initialmessbeleg (siehe Abbildung 5.129). Dieser repräsentiert, wann das Bezugsobjekt mit welchem Zählerstand in Betrieb genommen wurde.

Initialmessbeleg

Ebenso wie den zeitbasierten Einzelzyklusplan legen Sie den leistungsbasierten Einzelzyklusplan mit der Transaktion IP41 an. Sie geben den Zähler und den Zyklus, in dem die Wartung stattfinden soll, direkt im Wartungsplan an (siehe Abbildung 5.130).

Anlegen des Einzelzyklusplans

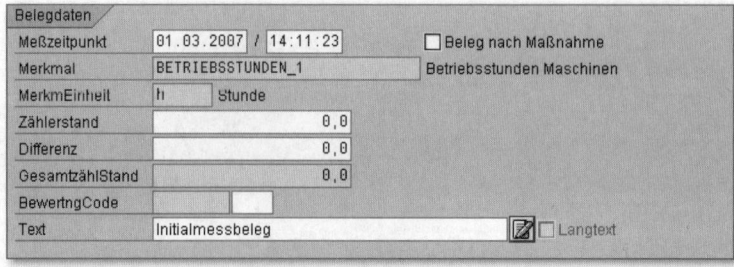

Abbildung 5.129 Initialmessbeleg

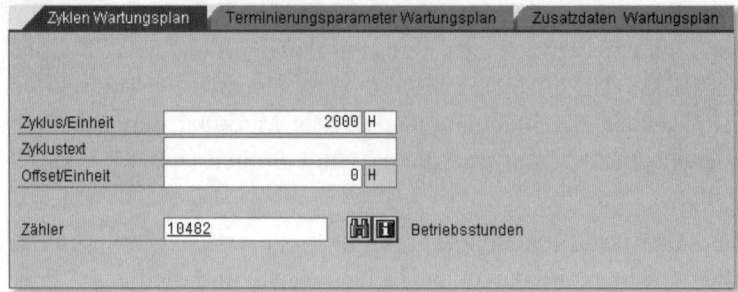

Abbildung 5.130 Leistungsbasierter Einzelzyklusplan

Terminierungs-
parameter

Bei einem leistungsbasierten Einzelzyklusplan können Sie die Terminierungsparameter einsetzen, wie es im dortigen Abschnitt beschrieben wurde.

Mit einer Ausnahme: Der ERÖFFNUNGSHORIZONT erlangt in der leistungsabhängigen Wartung eine besondere Bedeutung.

[+] Setzen Sie bei allen leistungsabhängigen Wartungsplänen den Eröffnungshorizont auf einen hohen Wert (> 90 %). Ansonsten würde das System die Wartungsaufträge zu früh erzeugen. Die näheren Erläuterungen hierzu finden Sie im nächsten Abschnitt.

Terminierung

Lassen Sie mich Ihnen die Terminierungsweise der leistungsabhängigen Wartung anhand eines konkreten Zahlenbeispiels darstellen.

Ausgangspunkt

Ein Equipment hat einen Betriebsstundenzähler mit einer geschätzten Jahresleistung von 2.500 Betriebsstunden (BH) pro Jahr. Das Equipment hat einen Einzelzyklusplan mit einem Wartungszyklus von 2.000 BH und einem Eröffnungshorizont von 95 %. Es wurde ein Initialmessbeleg zum 01.03. mit 0 BH erfasst.

Geometrische Lösung: Würde das Equipment genau so, wie es in der Jahresleistung geschätzt wurde, in Anspruch genommen, ergäbe sich ein linearer Verlauf des Zählers, und nach einem Jahr wären 2.500 BH erreicht. Der Schnittpunkt zwischen dem linearen Verlauf und dem Wartungszyklus würde den Wartungstermin bestimmen (siehe Abbildung 5.131, ❶).

Grundterminierung

Arithmetische Lösung:

> *01.03. + 2.000/2.500 × 365 Tage*
> *= 01.03. + 292 Tage*
> *= 17.12.*

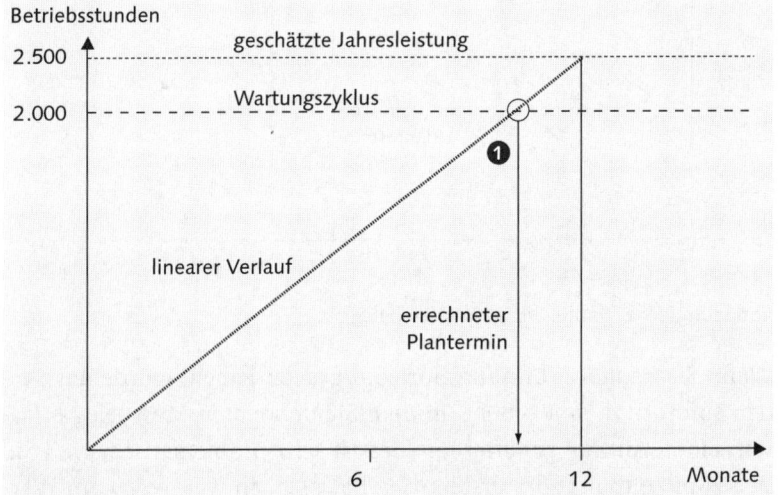

Abbildung 5.131 Terminierung 1

Es wird am 01.04. ein *Zählerstand* von 500 BH abgelesen (Equipment wurde stärker in Anspruch genommen, als in der geschätzten Jahresleistung geplant).

Neuer Messbeleg

Jedes Mal, wenn Sie einen Messbeleg erfassen, führt das System eine Neuterminierung des Wartungsplans durch und bestimmt einen neuen Wartungstermin.

[+]

Geometrische Lösung: Vom Messbeleg aus wird eine Parallele zur geschätzten Jahresleistung gelegt, und der Schnittpunkt mit dem Wartungszyklus bestimmt den neuen Wartungstermin (siehe Abbildung 5.132, ❷).

Arithmetische Lösung:

> 01.04. + (2.000 − 500)/2.500 × 365 Tage
> = 01.04. + 1.500/2.500 × 365 Tage
> = 01.04. + 219 Tage
> = 06.11.

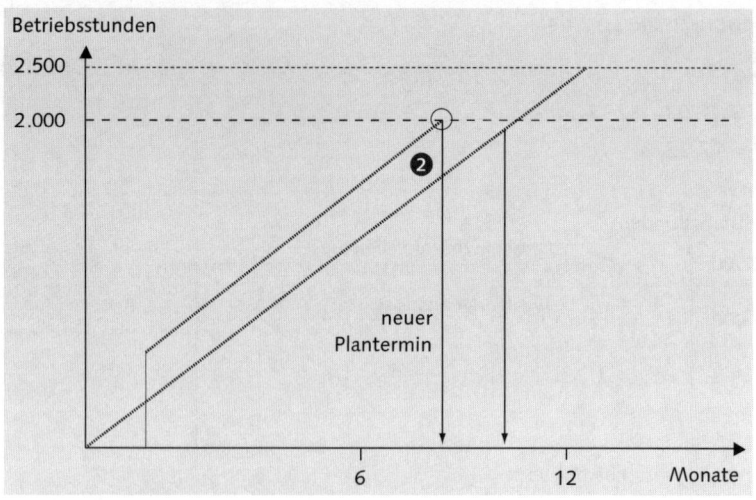

Abbildung 5.132 Terminierung mit Messbeleg

Terminierung mit Eröffnungshorizont

Wenn Sie keinen Eröffnungshorizont gesetzt haben, würde das System sofort in dem Moment, in dem Sie den ersten Messbeleg erfassen, einen Auftrag generieren. Dies ist sehr problematisch, weil Sie sich zum Zeitpunkt des ersten Messbelegs noch weit weg vom Wartungszyklus befinden. Wie oben schon als Praxistipp empfohlen, sollten Sie deshalb dem Wartungsplan einen *hohen Eröffnungshorizont* zuordnen, damit der Auftrag erst zeitnah am eigentlichen Plantermin erzeugt wird. In unserem Fall wurde der Eröffnungshorizont auf 95 %, also 1.900 BH, gesetzt.

Geometrische Lösung: Der Schnittpunkt der Messbeleg-Projektionslinie mit der Linie des Eröffnungshorizonts bestimmt den Abruftermin (siehe Abbildung 5.133, ❸).

Arithmetische Lösung:

> 01.04. + (1.900 − 500)/2.500 × 365 Tage
> = 01.04. + 1.400/2.500 × 365 Tage
> = 01.04. + 204 Tage
> = 22.10.

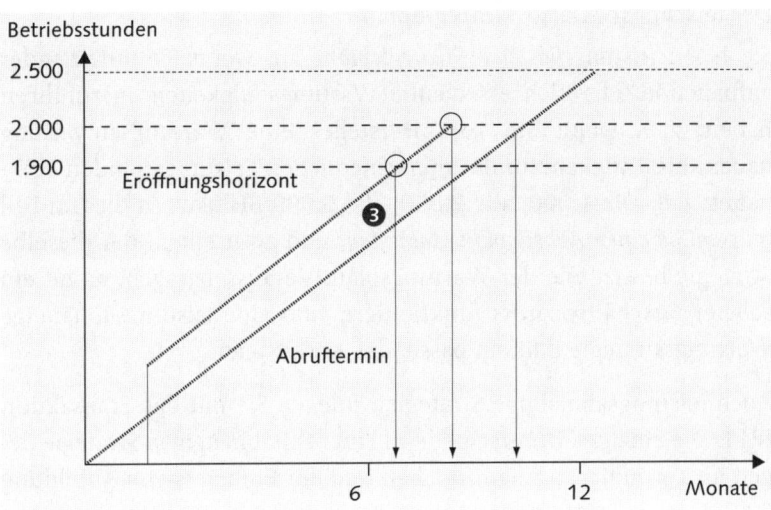

Abbildung 5.133 Terminierung mit Eröffnungshorizont

Das heißt, in der genannten Konstellation würde ein Plantermin 06.11. mit einem Abruftermin 22.10. errechnet werden.

Und wann wird nun tatsächlich ein Auftrag erzeugt?

Abruf und Auftrag

Wenn Sie keinen weiteren Messbeleg erfassen würden, dann würde die *Terminüberwachung RISTRA20* das erste Mal, wenn Sie am oder nach dem 22.10. läuft, den Abruf mit einem Auftrag erzeugen.

Dies ist jedoch ziemlich unrealistisch. Vielmehr sollten Sie für die leistungsabhängige Wartung *laufend Messbelege erfassen*. In dem Moment, in dem Sie einen Messbeleg erfassen, der über dem Eröffnungshorizont liegt (also mehr als 1.900 BH) und nach dem die Terminüberwachung das erste Mal läuft, wird der Abruf mit einem Auftrag erzeugt.

> Damit eine leistungsabhängige Wartung ihren Zweck erfüllt, erfassen Sie regelmäßig Messbelege. Ob dies täglich, wöchentlich oder in einem anderen Rhythmus erfolgt, hängt vom Einzelfall ab. Wenn Sie dies nicht tun, erfüllt die leistungsabhängige Wartung nicht ihren Zweck, und Sie sollten lieber zu einer zeitabhängigen Wartung wechseln. Auch wenn Sie das technische Objekt vorübergehend außer Betrieb nehmen, müssen Sie weiterhin Zählerstände erfassen. Dieser ist zwar immer derselbe, doch jeweils mit einem aktuelleren Datum.

[+]

Der leistungsbasierte Strategieplan

Leistungsbasierter Strategieplan – Definition

Sie legen *leistungsbasierte Strategiepläne* an, wenn Sie aufeinander aufbauende oder sich ersetzende Wartungstätigkeiten auszuführen haben; z. B. wenn Sie vom Hersteller eine Wartungsanweisung haben, die Tätigkeiten mit unterschiedlichen Leistungsständen beinhaltet: z. B. alle 1.000, alle 2.000, alle 5.000 BH usw. In diesem Fall *müssen Sie einen Arbeitsplan einbinden*, und zwar einen, der dieselbe Strategie besitzt wie der Wartungsplan. Voraussetzungen, damit ein solcher Geschäftsprozess funktioniert, sind eine leistungsabhängige Wartungsstrategie und ein passender Arbeitsplan.

Wartungsstrategie

Auch leistungsabhängige Strategien pflegen Sie mit der Transaktion IP11. Die einzigen Unterschiede zu einer zeitabhängigen Strategie liegen im Terminierungskennzeichen und der Einheit (siehe Abbildung 5.134):

- Das TERMINIERUNGSKENNZEICHEN setzen Sie auf LEISTUNGSABHÄNGIG.
- Als EINHEIT verwenden Sie eine Leistungseinheit (Betriebsstunden, Kilometer, Stückzahlen, Tonnen, Durchflussmengen usw.).

Alle anderen Steuerungsmöglichkeiten (Verschiebefaktoren, Eröffnungshorizont, Hierarchie, Offset usw.) entsprechen der zeitabhängigen Wartungsstrategie.

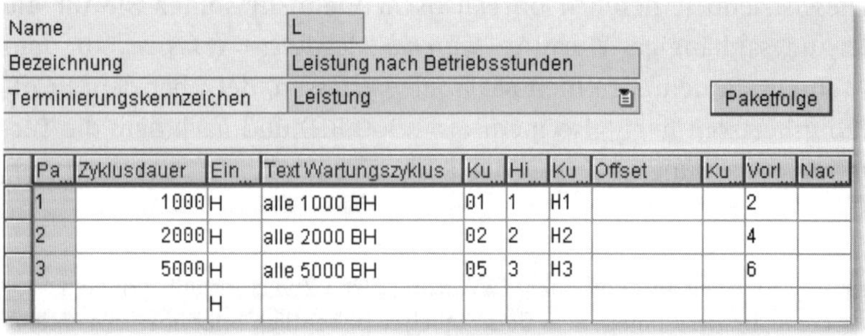

Name: L
Bezeichnung: Leistung nach Betriebsstunden
Terminierungskennzeichen: Leistung
Paketfolge

Pa	Zyklusdauer	Ein	Text Wartungszyklus	Ku	Hi	Ku	Offset	Ku	Vorl	Nac
1	1000	H	alle 1000 BH	01	1	H1			2	
2	2000	H	alle 2000 BH	02	2	H2			4	
3	5000	H	alle 5000 BH	05	3	H3			6	
		H								

Abbildung 5.134 Wartungsstrategie leistungsabhängig

Arbeitsplan

Der Arbeitsplan für eine leistungsabhängige Strategiepläne unterscheidet sich von einem Arbeitsplan für zeitabhängige Strategiepläne (siehe Abschnitt »Arbeitsplan«) lediglich dadurch, dass Sie dem Arbeitsplankopf eine leistungsabhängige Strategie und den Vorgängen leistungsabhängige Wartungspakete zuordnen.

Das Anlegen des Strategieplans ist praktisch ein Konglomerat aus *zeitabhängigem Strategieplan* und *leistungsabhängigem Einzelzyklusplan*:

Anlegen des
Strategieplans

▶ Sie verwenden die Transaktion IP42.

▶ Sie ordnen das Bezugsobjekt und einen Arbeitsplan zu.

▶ Das System schlägt einen Zähler vor, oder Sie ordnen einen Zähler manuell zu.

▶ Die Wartungspakete werden automatisch aus den verwendeten Wartungspaketen eingetragen.

Das Ergebnis eines fertigen leistungsabhängigen Strategieplans zeigt Abbildung 5.135.

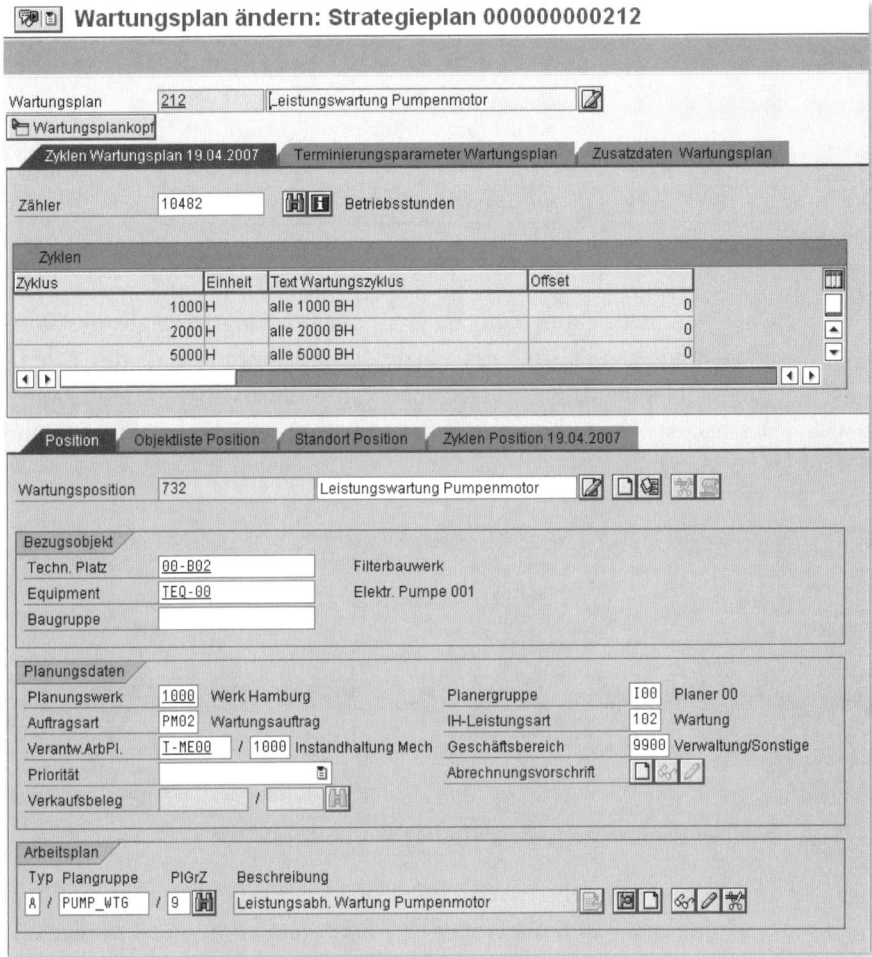

Abbildung 5.135 Leistungsabhängiger Strategieplan

Starten des
Strategieplans Das Starten des leistungsabhängigen Strategieplans ist ebenfalls ein Konglomerat aus zeitabhängigem Strategieplan und leistungsabhängigem Einzelzyklusplan:

▶ Sie haben am Bezugsobjekt einen *Initialmessbeleg* erfasst.

▶ Sie verwenden die Transaktion IP10 mit der Funktion STARTEN, wenn Sie einen neuen Wartungszyklus beginnen wollen. In diesem Fall geben Sie einen STARTZÄHLERSTAND an, bei dem der Zyklus begonnen hat (z. B. 0 Betriebsstunden).

▶ Sie verwenden die Transaktion IP10 mit der Funktion START IM ZYKLUS, wenn Sie in einem bestehenden Wartungszyklus fortfahren möchten. In diesem Fall geben Sie einen ERLEDIGUNGSZÄHLERSTAND an, bei dem die letzte Wartung ausgeführt wurde, und wählen das letzte ausgeführte Paket aus (siehe Abbildung 5.136).

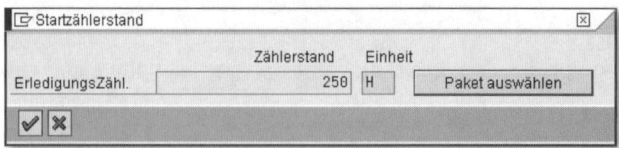

Abbildung 5.136 Erledigungszählerstand

Das System errechnet dann auf Basis der Wartungsstrategie, des aktuellen Zählerstands, der geschätzten Jahresleistung und des Erledigungszählerstands bzw. Startzählerstands das nächste FÄLLIGE PAKET, das nächste PLANDATUM und das dazugehörige ABRUFDATUM (siehe Abbildung 5.137).

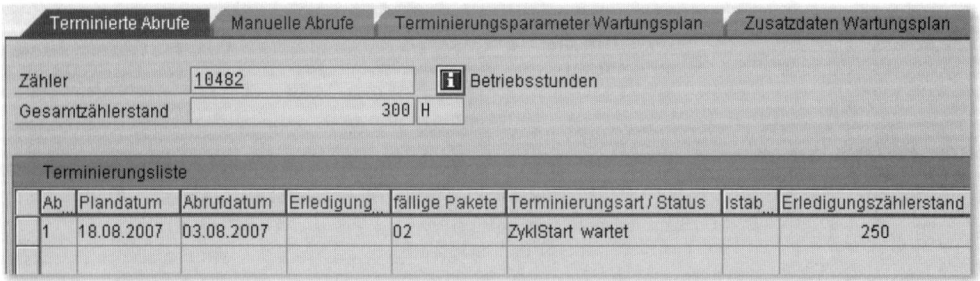

Abbildung 5.137 Gestarteter leistungsabhängiger Strategieplan

Die weitere Vorgehensweise (wie Auftragsbearbeitung, Terminüberwachung usw.) und die weiteren Funktionen (wie Wartungsplankalkulation, Terminübersichten) sind dieselben wie bei allen anderen Wartungsplänen.

Auf der DVD finden Sie unter Geschäftsprozesse • Geschäftsprozesse in der Instandhaltung • 7. Vorbeugende Instandhaltung • 7.3 Wartungsplanung mit Strategie leistungsabhängig die Geschäftsprozesse zur strategie- und leistungsbasierten Instandhaltung (Arbeitsplan, Zähler und Messbelege, Wartungsplan anlegen und starten).

[○]

5.8.6 Vorbeugende Instandhaltung, zeit- und leistungsbasiert

Der einfache Mehrfachzählerplan

Beim Mehrfachzählerplan legen Sie *Wartungszyklen mit verschiedenen Dimensionen* fest. Mehrfachzählerpläne erlauben es Ihnen, Leistungs- und Zeitdimensionen in einem Wartungsplan zu integrieren; also z. B. alle 1.000 Betriebsstunden, alle 5.000 Kilometer, alle zwölf Monate (siehe Abbildung 5.138).

Definition

Abbildung 5.138 Objekt mit mehreren Zählern

Wenn Sie nun einen einfachen Mehrfachzählerplan erzeugen (Transaktion IP43), legen Sie die Zyklen direkt im Wartungsplan selbst an (siehe Abbildung 5.139).

Mehrfachzählerplan anlegen

Aufgrund der dort angegebenen Einheiten sucht das System nach passenden Zählern und schlägt diese bei den jeweiligen Einheiten vor. Sollte das System keinen Zähler oder einen falschen vorschlagen, können Sie dies auch manuell abändern.

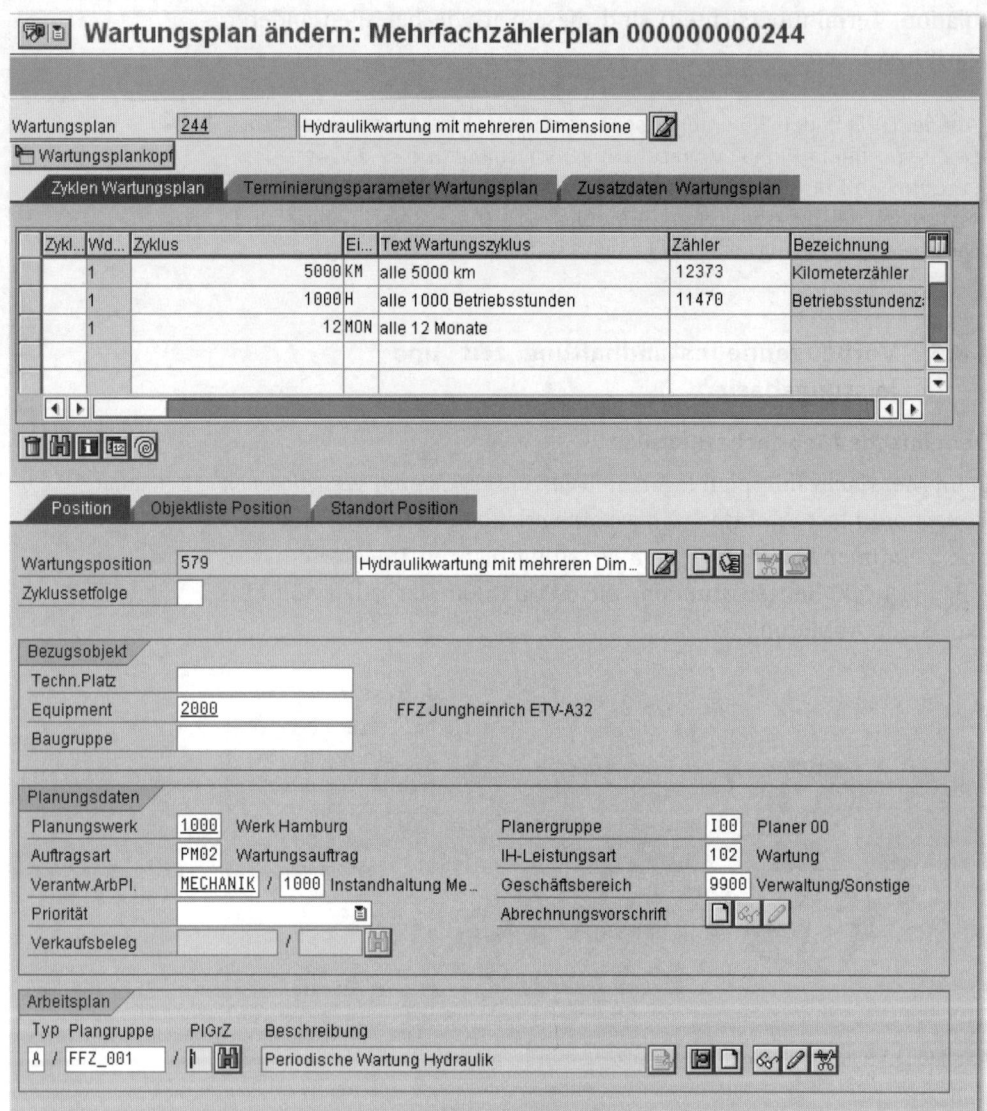

Abbildung 5.139 Mehrfachzählerplan

Terminierungs-
parameter

Die meisten der in einem Mehrfachzählerplan gültigen Terminierungsparameter kennen Sie schon. Es kommen jedoch zwei neue
hinzu: die VERKNÜPFUNGSART und der VORLAUFPUFFER (siehe Abbildung 5.140).

▶ Bei einer ODER-Verknüpfung wird ein Auftrag für den frühesten
geplanten Termin erzeugt. Es ist der Fall ausschlaggebend, der
zuerst eintritt.

▶ Bei einer UND-Verknüpfung wird ein Auftrag für den letzten geplanten Termin erzeugt. Es ist der Fall ausschlaggebend, der als letzter eintritt.

▶ Der VORLAUFPUFFER gibt an, wie viele Tage vor dem Plantermin der Eckstarttermin des Auftrags liegen soll. Der Eckendetermin des Auftrags wird immer durch den Plantermin gebildet.

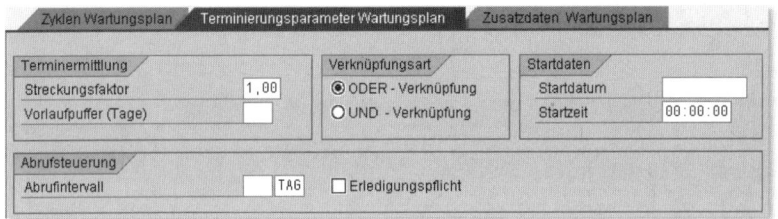

Abbildung 5.140 Mehrfachzählerplan Terminierungsparameter

Das Starten des einfachen Mehrfachzählerplans ist ein Konglomerat aus *zeitabhängigem Einzelzyklusplan* und *leistungsabhängigem Einzelzyklusplan*:

Starten des einfachen Mehrfachzählerplans

▶ Sie haben am Bezugsobjekt die *Initialmessbelege* erfasst.

▶ Sie verwenden die Transaktion IP10 mit der Funktion STARTEN, wenn Sie einen neuen Wartungszyklus beginnen wollen. In diesem Fall geben Sie ein STARTDATUM an, an dem der Zyklus begonnen hat.

▶ Das System errechnet dann auf Basis der aktuellen Zählerstände, der jeweiligen geschätzten Jahresleistung und des Startdatums die verschiedenen PLANDATEN.

▶ Das System schlägt bei einer ODER-Verknüpfung das erste Plandatum als Plandatum und bei einer UND-Verknüpfung das letzte Plandatum als PLANTERMIN des Auftrags vor (siehe Abbildung 5.141).

▶ Beachten Sie, dass bei Mehrfachzählerplänen *kein Eröffnungshorizont* gesetzt werden muss, sondern das System ein Abrufdatum gleich dem Plandatum setzt, d. h., dass durch die Terminüberwachung der Auftrag generiert wird.

Die weitere Vorgehensweise (wie Terminüberwachung, Auftragsbearbeitung usw.) und die weiteren Funktionen (wie Wartungsplankalkulation, Terminübersichten) sind dieselben wie bei allen anderen Wartungsplänen.

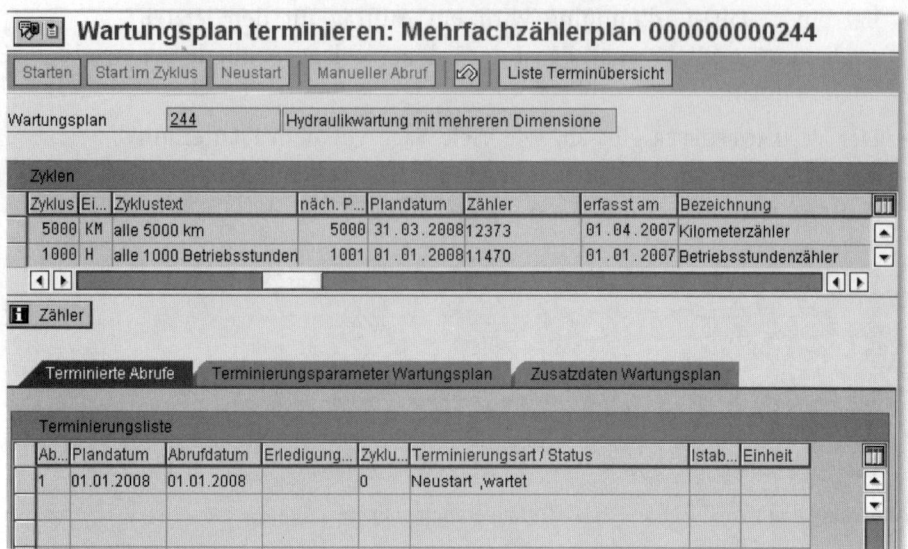

Abbildung 5.141 Gestarteter einfacher Mehrfachzählerplan

Der erweiterte Mehrfachzählerplan

Definition Im Gegensatz zum einfachen Mehrfachzählerplan erlauben es Ihnen erweiterte Mehrfachzählerpläne, mehrere aufeinander aufbauende *Zyklen* zu definieren. Beispiel:

▶ Zyklusset 1 alle 1.000 Betriebsstunden oder alle 5.000 Kilometer oder alle zwölf Monate

▶ Zyklusset 2 alle 3.000 Betriebsstunden oder alle 15.000 Kilometer oder alle 36 Monate

Oder anders formuliert: Beim erweiterten Mehrfachzählerplan handelt es sich um ein Konglomerat aus einem *leistungsabhängigen Strategieplan* und einem *zeitabhängigen Strategieplan*.

Voraussetzungen Damit Sie den erweiterten Mehrfachzählerplan nutzen können, müssen Sie folgende Voraussetzungen erfüllen:

▶ Mithilfe der Customizing-Funktion INSTANDHALTUNG UND KUNDENSERVICE • WARTUNGSPLÄNE, ARBEITSPLÄTZE, ARBEITSPLÄNE UND FHM • WARTUNGSPLÄNE • SONDERFUNKTIONEN FÜR WARTUNGSPLANUNG EINSTELLEN setzen Sie den Schalter ERWEITERTER MEHRFACHZÄHLERPLAN.
Achtung: Wenn Sie den Schalter einmal aktiviert haben, können Sie die Aktivierung nicht mehr zurücknehmen.

▶ Sie definieren mit der Transaktion IP11Z die beiden Zyklussets (siehe Abbildung 5.142).

Name		FFZ1			
Bezeichnung		Flurförderzeuge Zyklusset1			

	P...	Zyklusdauer	Ein...	Text Wartungszyklus	K...	Offset	K...
	1	1000 H		alle 1000 BH	10		
	2	5000 KM		alle 5000 km	05		
	3	12 MON		alle 12 Monate	12		

Name		FFZ2			
Bezeichnung		Flurförderzeuge Zyklusset2			

	P...	Zyklusdauer	Ein...	Text Wartungszykl...	K...	Offset	K...
	1	3000 H		alle 3000 bh	03		
	2	15000 KM		alle 15000 km	15		
	3	36 MON		alle 36 Monate	36		

Abbildung 5.142 Zyklussets

▶ Sie benötigen *zwei verschiedene Arbeitspläne*, wovon der eine zum Zeitpunkt der Fälligkeit des Zyklussets 1 ausgeführt werden soll und der andere zur Fälligkeit des Zyklussets 2. Im Gegensatz zum Strategiewartungsplan erhält der Arbeitsplankopf keine Zuordnung des Zyklussets, und es erhalten die Vorgänge keine Zuordnung der Wartungspakete.

Die grundsätzliche Struktur und die Auswirkung bei der Terminierung zeigt Abbildung 5.143.

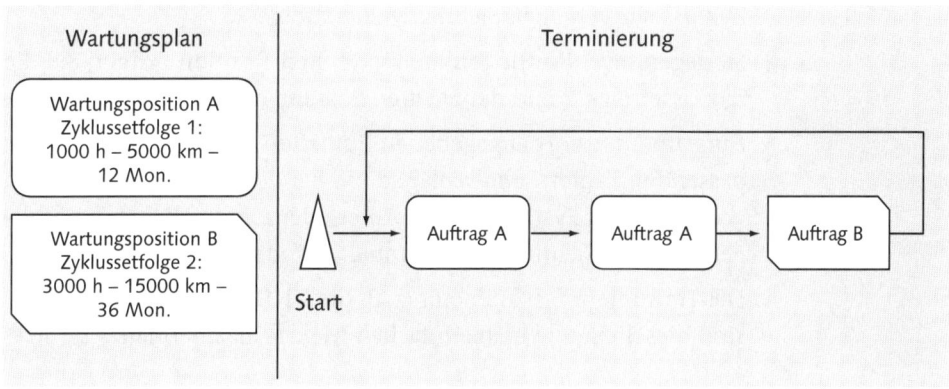

Abbildung 5.143 Struktur eines erweiterten Mehrfachzählerplans

Zur Definition eines erweiterten Mehrfachzählerplans gehen Sie wie folgt vor (siehe Abbildung 5.144):

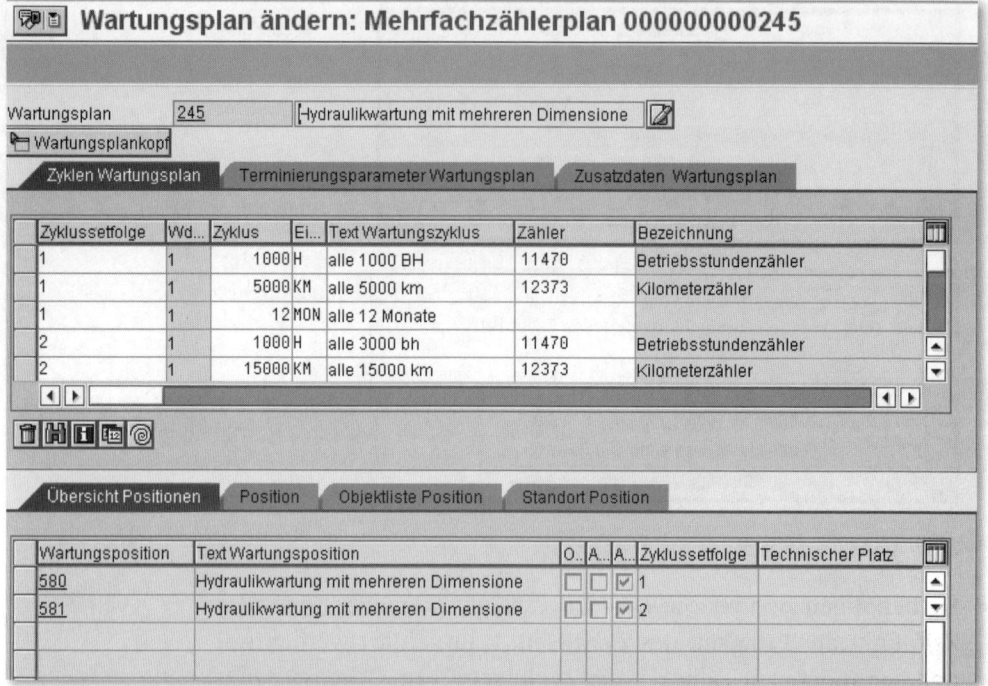

Abbildung 5.144 Mehrfachzählerplan erweitert

- Sie legen mit der Transaktion IP43 einen Mehrfachzählerplan an.
- Sie ordnen dem Wartungsplan die benötigten Zyklen aus den Zyklussets 1 und 2 zu.
- Sie vergeben den Zyklen aus Zyklusset 1 die Zyklussetfolge 1. Für Zyklusset 2 vergeben Sie die Zyklussetfolge 2.
- Sie legen zwei Positionen an. Der ersten Position ordnen Sie die Zyklussetfolge 1 und der zweiten Position die Zyklussetfolge 2 zu.
- Aufgrund der dort angegebenen Einheiten sucht das System nach passenden Zählern und schlägt diese bei den jeweiligen Einheiten vor. Sollte das System keinen Zähler oder einen falschen vorschlagen, können Sie diese auch manuell abändern.
- Die Terminierungsparameter (z. B. die UND-/ODER-Verknüpfung) sind dieselben wie beim einfachen Mehrfachzählerplan.

Das Starten des erweiterten Mehrfachzählerplans ist ein Konglomerat aus *zeitabhängigem Strategieplan* und *leistungsabhängigem Strategieplan*:

Starten des erweiterten Mehrfachzäh-lerplans

▶ Sie verwenden die Transaktion IP10 mit der Funktion STARTEN, wenn Sie einen neuen Wartungszyklus beginnen wollen. In diesem Fall geben Sie ein STARTDATUM an, an dem der Zyklus begonnen hat.

▶ Sie verwenden die Transaktion IP10 mit der Funktion START IM ZYKLUS, wenn Sie in einem bestehenden Wartungszyklus fortfahren möchten. In diesem Fall geben Sie die ZYKLUSSETFOLGE und das ERLEDIGUNGSDATUM an, bei dem die letzte Wartung ausgeführt wurde (siehe Abbildung 5.145).

Start im Zyklus				
Abr...	St...	Zyklussetfo...	Erledigungsd...	Erledigung...
1	O	1		
2	⊙	2	01.05.2007	13:22:26

Abbildung 5.145 Mehrfachzählerplan Start im Zyklus

▶ Das System errechnet dann auf Basis der aktuellen Zählerstände, der jeweiligen geschätzten Jahresleistung und des Startdatums die verschiedenen PLANDATEN.

▶ Das System schlägt bei einer ODER-Verknüpfung das erste Plandatum als PLANDATUM und bei einer UND-Verknüpfung das letzte PLANDATUM als Plantermin des Auftrags vor. Es ist auch ersichtlich, welche Zyklussetfolge als nächste fällig ist (siehe Abbildung 5.146).

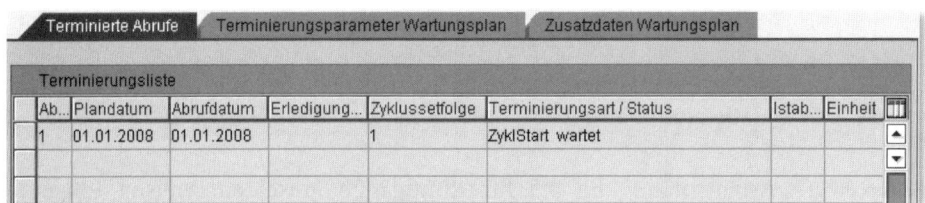

Abbildung 5.146 Gestarteter erweiterter Mehrfachzählerplan

▶ Beachten Sie, dass bei Mehrfachzählerplänen kein Eröffnungshorizont gesetzt werden muss, sondern das System ein ABRUFDATUM gleich dem Plandatum setzt, d. h., dass durch die Terminüberwachung der Auftrag generiert wird.

▶ Die weitere Vorgehensweise (wie Terminüberwachung, Auftragsbearbeitung usw.) und die weiteren Funktionen (wie Wartungsplankalkulation, Terminübersichten) sind dieselben wie bei allen
anderen Wartungsplänen.

5.8.7 Rundgangsplanung

Rundgangsplanung – Definition

Was unterscheidet die Rundgangsplanung von der bisher vorgestellten Wartungsplanung?

Bei der Wartungsplanung geht es in der Regel um ein einziges Objekt,
an dem eine Reihe von teilweise sehr aufwendigen Tätigkeiten auszuführen sind. Bei der Rundgangsplanung ist die Sichtweise umgekehrt:
Sie möchten in einem Rundgang viele Objekte ablaufen und dabei die
gleiche Tätigkeit ausführen, die in der Regel für sich gesehen keinen
großen Aufwand darstellt und die dieselben Werkzeuge, Ersatzteile
und Qualifikationen erfordern. Das sind beispielsweise:

▶ Schmierdienste

▶ Sichtkontrollen

▶ Zählerstandsablesungen

▶ Ölstandskontrollen

▶ kleinere Ersatzteilwechsel

▶ ähnliche Tätigkeiten

[+]

Die Planung und die Durchführung von Rundgängen bilden Sie folgendermaßen im SAP-System ab:

▶ Den Inhalt der Rundgänge hinterlegen Sie in Arbeitsplänen.

▶ Die Frequenz der Rundgänge legen Sie in einem Wartungsplan fest.

▶ Die Durchführung der Rundgänge steuern Sie über die Aufträge, die
Ihnen der Wartungsplan generiert.

▶ Die Rückmeldung der Rundgänge dokumentieren Sie am besten mit der
Gesamtrückmeldung.

Arbeitsplan für Rundgangsplanung

Arbeitspläne, die Sie für Rundgänge einsetzen, weisen folgende
Besonderheiten auf (siehe Abbildung 5.147):

▶ Durch die Reihenfolge der Vorgänge legen Sie die Reihenfolge der
Stationen und die Abfolge des Rundgangs fest.

▶ Den Vorgängen ordnen Sie das zu inspizierende technische Objekt
zu (Technischer Platz, Equipment und optional eine Baugruppe).

▶ Ferner können Sie den Vorgängen Messpunkte/Zähler, Dokumente, Schmiermittel oder Prüfmittel zuordnen, die Sie bei diesem Vorgang benötigen.

▶ Wenn der Rundgang regelmäßig ausgeführt werden soll (täglich, wöchentlich oder monatlich), legen Sie dies in einem Wartungsplan fest.

▶ Sie können den Rundgang bei Eintreten eines bestimmten Ereignisses ausführen (z. B. vor/nach einem Serienanlauf, vor/nach einem Stillstand); in einem solchen Fall bringen Sie den Arbeitsplan durch einen manuellen Auftrag (IW31) zur Ausführung.

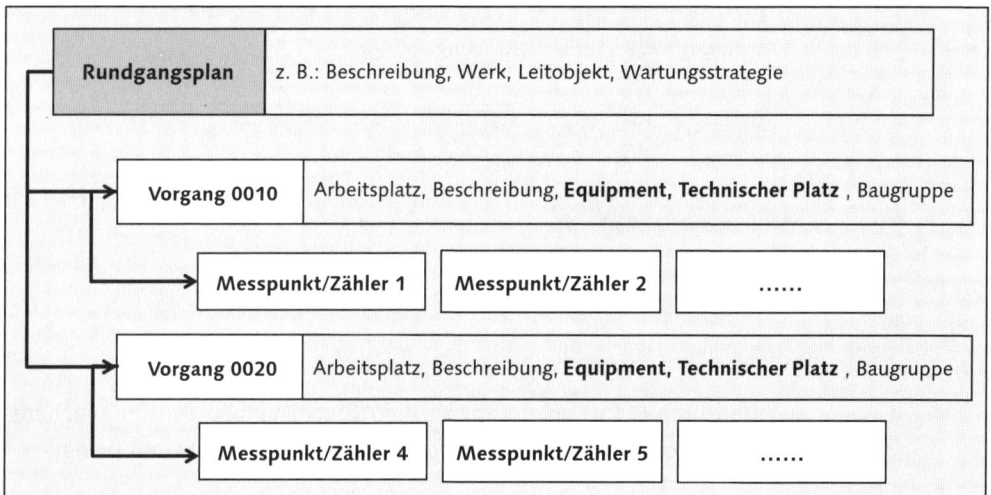

Abbildung 5.147 Rundgangsplanung – Struktur

Abbildung 5.148 zeigt exemplarisch eine Vorgangsliste zu verschiedenen technischen Objekten, an denen Schmierdienste zu verrichten und Zählerstände abzulesen sind. Die Zähler hinterlegen Sie beim Vorgang als Fertigungshilfsmittel (siehe Abbildung 5.149).

Die Frequenz, in der der Rundgangsplan ausgeführt werden soll, bestimmen Sie in einem Wartungsplan: **[+]**

▶ Als zeitbasiertem Einzelzyklusplan, wenn Sie den Rundgang komplett in einer festen Frequenz vornehmen möchten.

▶ Als zeitbasiertem Strategieplan, wenn die zu inspizierenden Stationen unterschiedliche Zyklen haben.

▶ Leistungsbasierte Wartungsplantypen spielen bei der Rundgangsplanung keine Rolle, da Sie ja mehrere Objekte besuchen möchten, die unterschiedliche Zählerstände beinhalten.

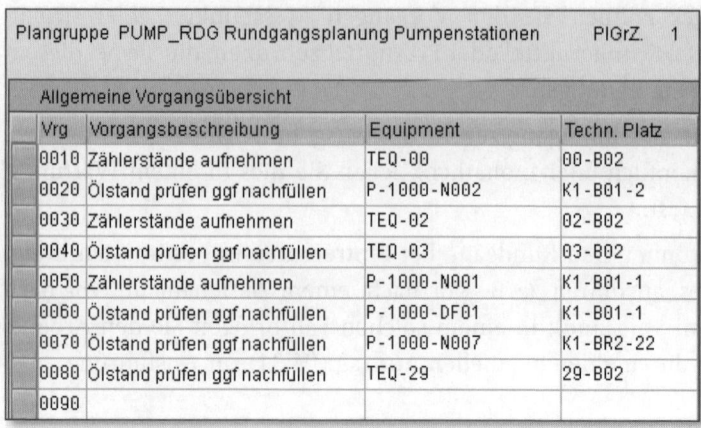

Abbildung 5.148 Rundgangsplanung – Vorgänge

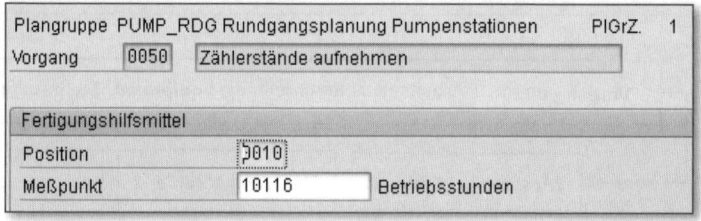

Abbildung 5.149 Rundgangsplanung – Messpunkt

Abbildung 5.150 zeigt Ihnen einen Einzelzyklusplan, der wöchentlich den oben angelegten Rundgangsplan zur Ausführung bringt.

Aufträge für
Rundgangsplanung
Wenn Sie den Wartungsplan starten, erzeugt er einen Auftrag, der auf der Vorgangsebene die technischen Objekte (Technische Plätze, Equipments) und die Messpunkte als Fertigungshilfsmittel beinhaltet (siehe Abbildung 5.151).

Damit dies funktioniert, nehmen Sie im Customizing die folgende Einstellung vor: Rufen Sie die Customizing-Funktion INSTANDHALTUNG UND KUNDENSERVICE • INSTANDHALTUNGS- UND SERVICEABWICKLUNG • INSTANDHALTUNGS- UND SERVICEAUFTRÄGE • FUNKTIONEN UND EINSTELLUNGEN DER AUFTRAGSARTEN • MELDUNGS- UND AUFTRAGSINTEGRATION DEFINIEREN auf, und stellen Sie für die entsprechende Auftragsart den Schalter ERWEITERTE OBJEKTLISTE AUF ZUORDNUNG VON VORGÄNGEN ZU OBJEKTLISTENEINTRÄGEN inaktiv.

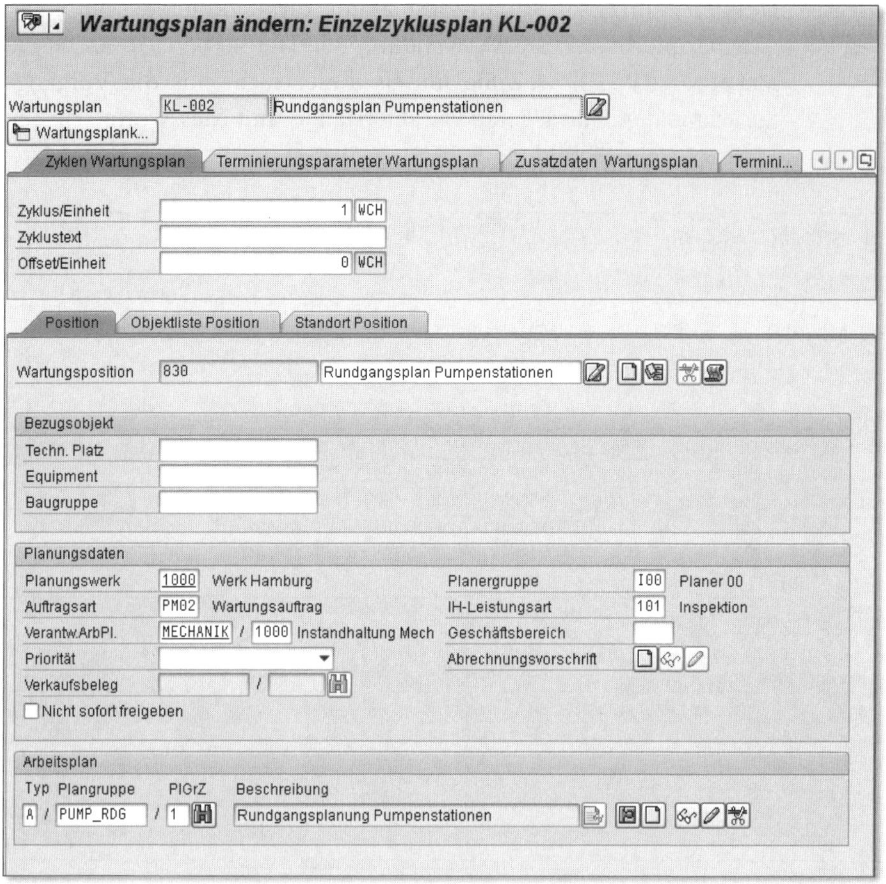

Wartungsplan ändern: Einzelzyklusplan KL-002

Wartungsplan KL-002 Rundgangsplan Pumpenstationen
Wartungsplank...

| Zyklen Wartungsplan | Terminierungsparameter Wartungsplan | Zusatzdaten Wartungsplan | Termini... |

Zyklus/Einheit   1 WCH
Zyklustext
Offset/Einheit   0 WCH

| Position | Objektliste Position | Standort Position |

Wartungsposition 830 Rundgangsplan Pumpenstationen

Bezugsobjekt
Techn. Platz
Equipment
Baugruppe

Planungsdaten
Planungswerk   1000 Werk Hamburg   Planergruppe   I00 Planer 00
Auftragsart   PM02 Wartungsauftrag   IH-Leistungsart   101 Inspektion
Verantw.ArbPl.   MECHANIK / 1000 Instandhaltung Mech   Geschäftsbereich
Priorität   Abrechnungsvorschrift
Verkaufsbeleg   /
☐ Nicht sofort freigeben

Arbeitsplan
Typ Plangruppe   PlGrZ Beschreibung
A / PUMP_RDG / 1   Rundgangsplanung Pumpenstationen

Abbildung 5.150 Rundgangsplanung – Wartungsplan

Wartungsauftrag 818158 ändern: Vorgangsübersicht

Kaufm. abschließen

Auftrag PM02 818158   Rundgangsplan Pumpenstationen
SysSt   FREI TRÜC KKMP VOKL

| Kopfdaten | Vorgänge | Komponenten | Kosten | Partner | Objekte | Zusatzdaten | S |

Werk	Kurztext Vorgang	Fert...	Equipment	Techn. Platz	LT
1000	Zählerstände aufnehmen	☑	TEQ-00	00-B02	
1000	Ölstand prüfen ggf nachfüllen	☐	P-1000-N002	K1-B01-2	
1000	Zählerstände aufnehmen	☑	TEQ-02	02-B02	
1000	Ölstand prüfen ggf nachfüllen	☐	TEQ-03	03-B02	
1000	Zählerstände aufnehmen	☑	P-1000-N001	K1-B01-1	
1000	Ölstand prüfen ggf nachfüllen	☐	P-1000-DF01	K1-B01-1	
1000	Ölstand prüfen ggf nachfüllen	☐	P-1000-N007	K1-BR2-22	
1000	Ölstand prüfen ggf nachfüllen	☐	TEQ-29	29-B02	
1000		☐			

Abbildung 5.151 Rundgangsplanung – Auftrag

Rückmelden eines Rundganges

Um den Auftrag zur Rundgangsplanung zurückzumelden, empfiehlt sich beispielsweise die Verwendung der Transaktion GESAMTRÜCKMELDUNG (IW42), weil Sie mittels dieser nicht nur die Vorgänge zurückmelden, sondern auch Zählerstände und Messwerte erfassen können (siehe Abbildung 5.152).

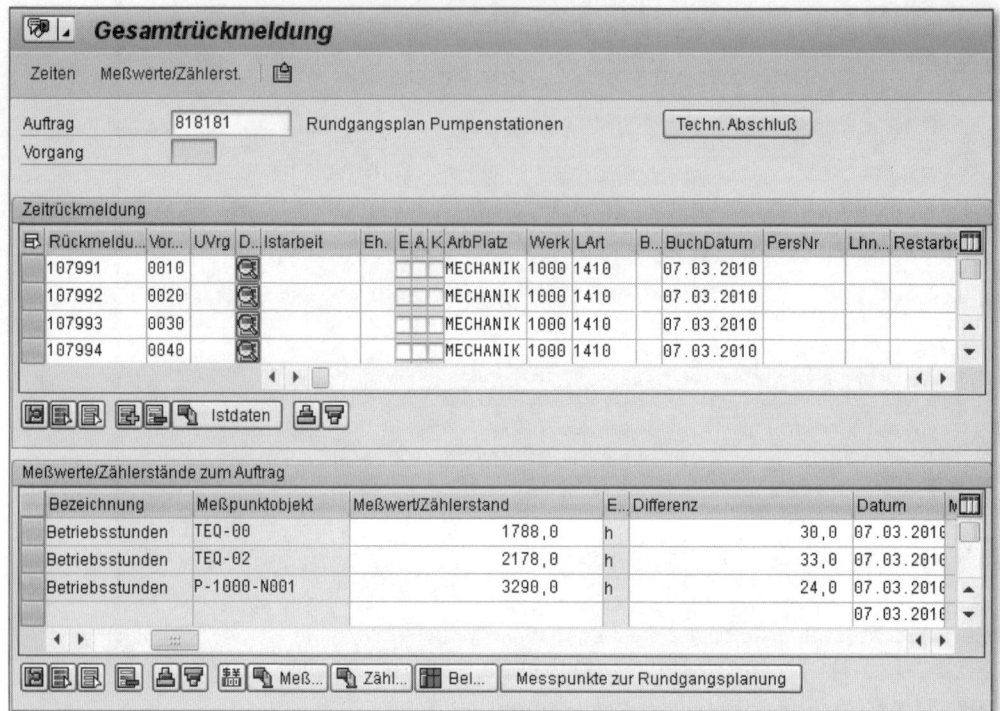

Abbildung 5.152 Rundgänge rückmelden

Voraussetzung ist die Definition von Erfassungsprofilen mit der Customizing-Funktion INSTANDHALTUNG UND KUNDENSERVICE • INSTANDHALTUNGS- UND SERVICEABWICKLUNG • RÜCKMELDUNGEN • BILDSCHIRMMASKEN FÜR DIE RÜCKMELDUNG EINSTELLEN und dass Sie sich ein Erfassungsprofil zugeordnet haben (Transaktion IW42, Funktion ZUSÄTZE • EINSTELLUNGEN). Bei der Definition der Bildschirmmasken sollten Sie auf jeden Fall den Bildbereich MESSWERTE/ZÄHLERSTÄNDE aktivieren.

Business Function

Damit Sie die Rundgangsplanung nutzen können, muss die Business Function LOG_EAM_CI_3 aktiviert sein.

Definieren Sie für die Gesamtrückmeldung von Aufträgen zur Rundgangsplanung ein Bildschirmlayout, das die Vorgänge und Messpunkte/Zähler-
stände enthält, und mittels diesem Sie alle Informationen zu Rundgängen
von einer Bildschirmmaske aus rückmelden können.

[+]

5.9 Der Geschäftsprozess »Zustandsorientierte Instandhaltung«

Als zustandsabhängige Instandhaltung bezeichnet man eine Instandhaltungsstrategie, bei der das Auslösen einer Instandhaltungsmaßnahme verursacht wird durch eine Abweichung des Ist-Zustands
einer Anlage oder eines Anlagenteils vom Soll-Zustand.

*Zustands-
orientierte
Instandhaltung –
Definition*

Wie in Abschnitt 4.2.8, »Spezielle Funktionen«, ausgeführt, gilt Folgendes:

Als *Zähler* werden im SAP-System die Stellen bezeichnet, mit deren
Hilfe Sie die *Abnutzung eines Objekts*, einen Verbrauch oder den
Abbau eines Nutzungsvorrats darstellen können, z. B. ein Kilometer-
zähler, Betriebsstundenzähler, Stückzahlen, Tonnen Ausbringung.
Zähler haben einen kontinuierlichen (wachsenden oder abnehmen-
den) Zählerstand.

Zähler

Als *Messpunkte* werden im SAP-System die Stellen bezeichnet, mit
deren Hilfe der *aktuelle Zustand einer Anlage* beschrieben wird, wie
z. B. Temperatur, Umdrehungszahl, Druckzustand, Verschmutzungsgrad, Viskosität. An Messpunkten können Sie Soll-Werte und Ober-/
Untergrenzen angeben. Messwerte haben einen diskontinuierlichen
Verlauf.

Messpunkte

Während wir Zähler nun in den Abschnitten 5.6.5 bis 5.6.8 als
Grundlage für eine leistungsabhängige Wartung kennengelernt
haben, bilden Messpunkte und Messwerte die Basis für die zustandsabhängige Instandhaltung.

Folgende Voraussetzungen müssen Sie erfüllen, damit Sie eine
zustandsabhängige Instandhaltung betreiben können:

Voraussetzungen

▶ Sie müssen vorher die *Soll-Zustände* der Anlagen und Anlagenteile
definieren.

▶ Sie müssen die Anlage und Anlagenteile *regelmäßig oder permanent* im Hinblick auf die Soll-Zustände überwachen.

▶ Sie müssen *keine Wartungspläne* definieren.

Beispiele Während nun bei der zeitabhängigen Instandhaltung das Erreichen eines bestimmten Zeitpunktes oder bei der leistungsabhängigen Instandhaltung das Erreichen eines bestimmten Zählerstands die Instandhaltungsmaßnahme ausgelöst hat, werden bei der zustandsabhängigen Instandhaltung Maßnahmen z. B. ausgelöst

▶ wenn die Temperatur zu hoch gestiegen oder zu weit gefallen ist

▶ wenn die Durchflussgeschwindigkeit zu schnell oder zu langsam wird

▶ wenn das Öl einen zu hohen Verschmutzungsgrad aufweist

▶ wenn die Spannung zu weit abgefallen ist

▶ wenn der Schmierstoff eine zu hohe oder zu niedrige Viskosität aufweist

Vergleich der Strategien Tabelle 5.3 stellt noch einmal die Unterschiede zwischen einer zeitbasierten, einer leistungsbasierten und einer zustandsabhängigen Instandhaltung dar.

	zeitbasiert	leistungsbasiert	zustands-abhängig
Basis	Kalender	Zähler	Messpunkt
Ablesungen	–	sporadisch bis regelmäßig	regelmäßig bis permanent
Werteverlauf	–	kontinuierlich zu- oder abnehmend	diskontinuierlich
Wartungsplan	ja	ja	nein
Maßnahme wird ausgelöst	bei Erreichen eines Termins	bei Erreichen eines Zählerstandes	bei Über-/Unterschreiten von Sollwerten

Tabelle 5.3 Instandhaltungsstrategien

Funktionsweise Wie funktioniert nun eine zustandsabhängige Instandhaltung im SAP-System? Einen Überblick hierzu gibt Abbildung 5.153.

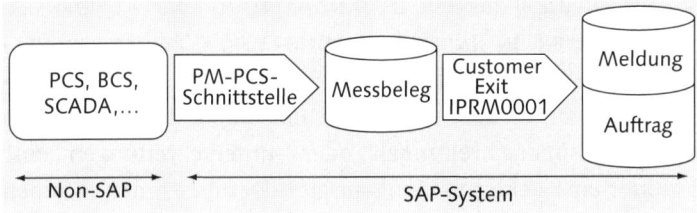

Abbildung 5.153 Funktionsweise der zustandsabhängigen Instandhaltung

Sie setzen ein *vorgelagertes System* ein, mit dessen Hilfe regelmäßig oder permanent aktuelle Daten zum Anlagenzustand gewonnen werden. Solche Systeme könnten sein:

▶ Prozessleitsysteme (*PCS Process Control Systems*)

▶ Gebäudeleitsysteme (*BCS Building Control Systems*)

▶ SCADA-Systeme (*Supervisory Control and Data Acquisition Systems*)

▶ Diagnostiksysteme

▶ mobile Erfassungssysteme

Nähere Erläuterungen zur Funktionsweise solcher Systeme und zur Technik der Datenübertragung in SAP EAM finden Sie in Abschnitt 6.4.1, »Betriebsüberwachungssysteme«.

Mithilfe der *PM-PCS-Schnittstelle* übernehmen Sie Messwerte aus diesen vorgelagerten Systemen in SAP EAM. Hier werden die Daten in Messbelegen gespeichert und können weiterverarbeitet werden.

Wie die Weiterverarbeitung aussehen soll, legen Sie in Customer Exits fest. Der Customer-Exit IMRC0001 ist in diesem Zusammenhang besonders wichtig, denn er kann automatisch Aktionen in SAP EAM auslösen, wenn bestimmte Schwellenwerte überschritten werden (siehe Abbildung 5.154). Sie können für jedes technische Objekt einen *Sollwert* und *Messbereichsgrenzen* definieren, d. h. einen Wertebereich, in dem die Messergebnisse liegen dürfen.

Sollwert		
Sollwert	124	°C
Text		

Meßbereichsgrenzen		
Obere MeßberGrenze		135
Untere MeßberGrenze		97
Meßbereichseinheit	°C	Grad Celsius

Abbildung 5.154 Sollwert und Messbereichsgrenzen

Mit der Customizing-Funktion INSTANDHALTUNG UND KUNDENSER-VICE • STAMMDATEN IN INSTANDHALTUNG UND KUNDENSERVICE • GRUNDEINSTELLUNGEN • MESSPUNKTE, ZÄHLER UND MESSBELEGE • MESSPUNKTTYPEN DEFINIEREN können Sie einstellen, dass das System bei Messbereichsüberschreitungen oder -unterschreitungen eine Warnung oder eine Fehlermeldung ausgibt. Darüber hinaus können Sie definieren, dass bei Überschreitung eines bestimmten Schwellenwertes automatisch eine *Störmeldung* ausgelöst wird. Über Customer-Exits in der Meldung können weitere Maßnahmen ausgelöst werden (z. B. Auftragseröffnung).

5.10 Der Geschäftsprozess »Kalibrierung von Prüf- und Messmitteln«

Unternehmens-szenario In vielen Unternehmen werden Prüf- und Messmittel wie Waagen, Lehren, Schieber o. Ä. für Qualitätsprüfungen in der Zwischen- und Endkontrolle von Produkten und zur Prüfung von Geräten eingesetzt. Um sicherzustellen, dass die eingesetzten Prüfmittel die vorgegebenen Leistungskriterien stets erfüllen, werden sie in den meisten Unternehmen regelmäßig geprüft und kalibriert. Mit den Funktionen der Prüf- und Messmittelverwaltung können Sie Equipments verwalten, Prüfungen planen und terminieren sowie Aufträge zur Abwicklung von Kalibrierprüfungen an Equipments durchführen.

Abbildung 5.155 gibt einen Überblick über die Objekte und den Prozess der Prüf- und Messmittelverwaltung.

Equipments Die Prüf- und Messmittel selbst verwalten Sie als Equipmentstammsätze (siehe Abbildung 5.156).

[+] Für Prüf- und Messmittel benötigen Sie einen eigenen Equipmenttyp. Legen Sie hierzu mit der Customizing-Funktion INSTANDHALTUNG UND KUNDENSERVICE • STAMMDATEN IN INSTANDHALTUNG UND KUNDENSERVICE • TECHNISCHE OBJEKTE • EQUIPMENTS • EQUIPMENTTYPEN • EQUIPMENTTYP PFLEGEN einen Equipmenttyp an, der als REFERENZTYP FERTIGUNGSHILFSMITTEL gekennzeichnet ist.
Darüber hinaus müssen Sie in der Customizing-Funktion ZUSÄTZLICHE BETRIEBSWIRTSCHAFTLICHE SICHTEN FÜR EQUIPMENTTYPEN FESTLEGEN den Schalter FHM-KNZ aktivieren.

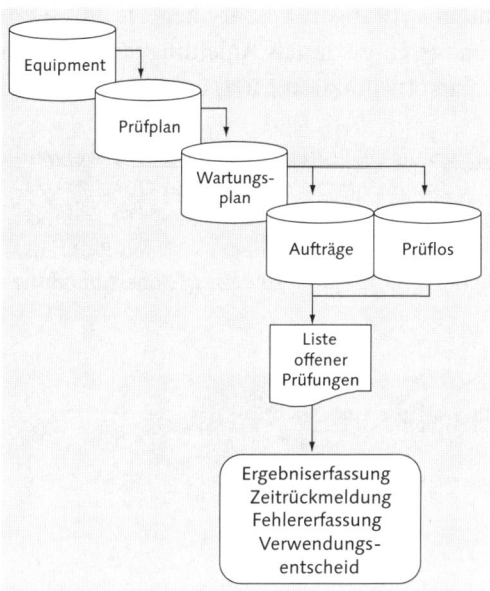

Abbildung 5.155 Überblick zur Prüf- und Messmittelverwaltung

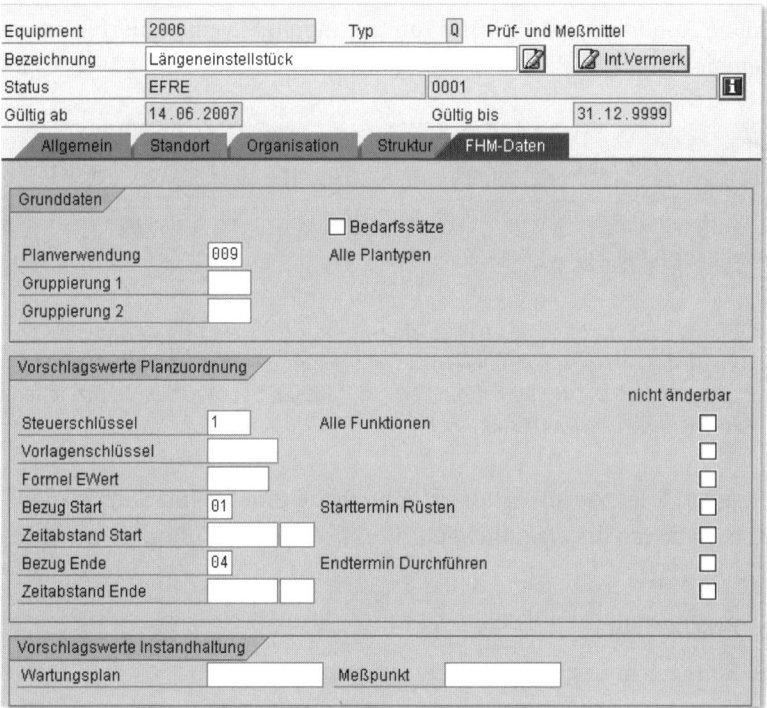

Abbildung 5.156 Equipmentstammsatz für Prüf-/Messmittel

Prüfplan Die später durchzuführenden Prüfungen beschreiben Sie in einem Arbeitsplan. Diesen können Sie entweder als Anleitung (Transaktion IA05) oder als Equipmentplan (Transaktion IA01) anlegen.

[+] Damit Sie diesen Arbeitsplan später als Prüfplan für Equipments verwenden können, müssen Sie im Customizing mit der Funktion QUALITÄTSMANAGEMENT • QUALITÄTSPLANUNG • PRÜFPLANUNG • ALLGEMEIN • PRÜFPUNKTE DEFINIEREN EINEN PRÜFPUNKT FÜR EQUIPMENT festlegen. Diesen Prüfpunkt müssen Sie dem Arbeitsplan in den Kopfdaten zuweisen (siehe Abbildung 5.157).

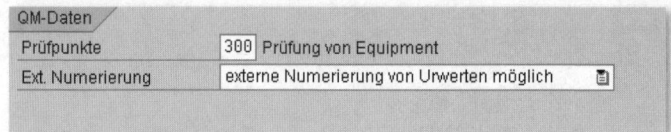

Abbildung 5.157 Prüfpunkt für Equipments

Der Prüfplan muss nun mindestens einen Vorgang beinhalten, der als prüfpflichtig gekennzeichnet ist – auch wenn es nur ein einziger Vorgang ist, der lediglich als Anker für die eigentlichen Prüfungen dient (siehe Abbildung 5.158). Dies tun Sie, indem Sie einen hierfür vorgesehenen Steuerschlüssel verwenden.

Allgemeine Vorgangsübersicht

Vrg	Uvrg	ArbPlatz	Werk	Steu	Vorgangsbeschreibung	Ltx	Arbeit	Eh.	Anz	Dauer	Eh.
0010		MECHANIK	1000	QM01	Prüfungen durchführen	☐	2,0	STD	1	2,0	STD

Abbildung 5.158 Prüfvorgang

[+] Definieren Sie mit der Customizing-Funktion QUALITÄTSMANAGEMENT • QUALITÄTSPLANUNG • PRÜFPLANUNG • VORGANG • STEUERSCHLÜSSEL ZUM PRÜFVORGANG DEFINIEREN einen Steuerschlüssel, bei dem das Kennzeichen PRÜFMERKMAL ERWARTET aktiviert ist.

Aufgrund des Steuerschlüssels können Sie nun Prüfmerkmale zuordnen, in denen die eigentlichen Prüfungen enthalten sind (siehe Abbildung 5.159):

▶ Beschreibung

▶ Kennzeichnung als qualitativ oder quantitativ

▶ Maßeinheit

▶ Prüfvorgaben (Sollwert, Obergrenzen, Untergrenzen)

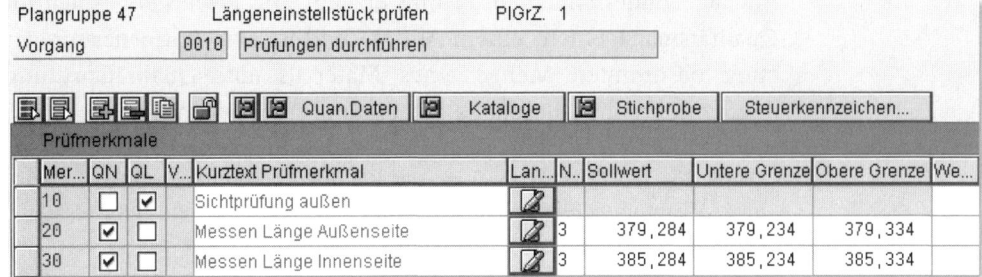

Abbildung 5.159 Prüfungen

Den Prüfplan binden Sie nun in einen Wartungsplan (z. B. als Einzel-   Wartungsplan
zyklusplan) ein und legen dabei die Frequenz der Prüfungen in Form
des Zyklus fest (siehe Abbildung 5.160).

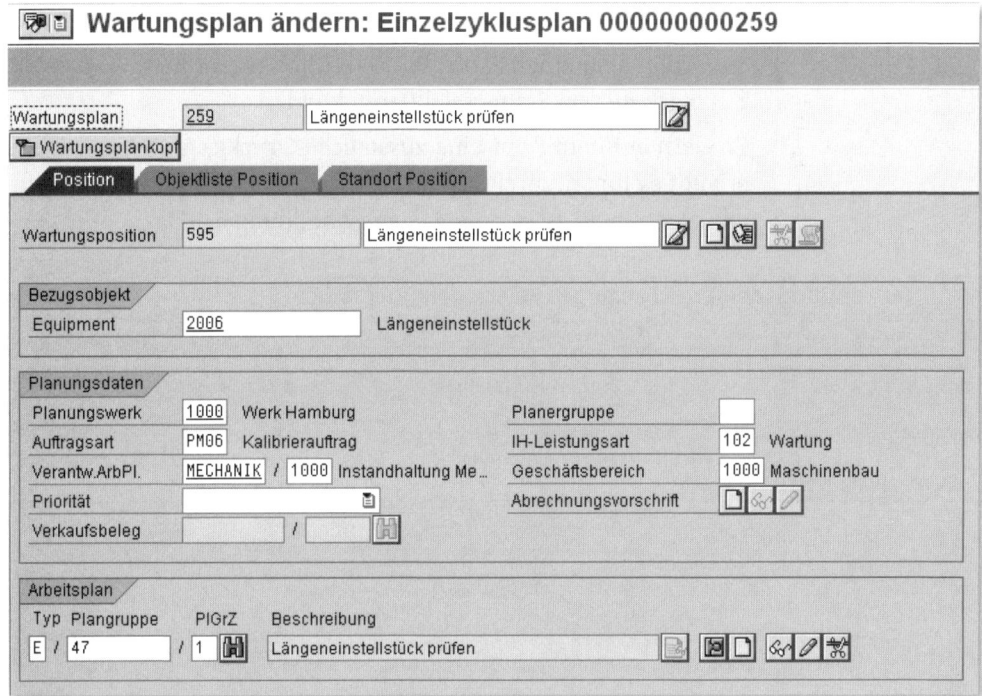

Abbildung 5.160 Wartungsplan für Prüf-/Messmittel

Im Wartungsplan tragen Sie u. a. die Auftragsart ein, die ein aus diesem Wartungsplan erzeugter Auftrag erhalten soll.

Wenn Sie nun auf diese Weise einen Wartungsplan für Ihr Prüf-/   Auftrag und
Messmittel eingerichtet haben, dann wird beim Abruf nicht nur ein   Prüflos

311

Auftrag, sondern auch ein Prüflos erzeugt. Das *Prüflos* entspricht im Qualitätsmanagement einem Auftrag und ist eine Aufforderung, an einer bestimmten Menge eines Materials eine Qualitätsprüfung durchzuführen, in diesem Fall an einem Prüf-/Messmittel.

[+] Damit Sie den Geschäftsprozess der Kalibrierung von Prüf-/Messmitteln im SAP-System abbilden können, benötigen Sie eine eigene Auftragsart.

Neben den üblichen Grundeinstellungen ordnen Sie dieser Auftragsart mit der Customizing-Funktion INSTANDHALTUNG UND KUNDENSERVICE • INSTANDHALTUNGS- UND SERVICEABWICKLUNG • INSTANDHALTUNGS- UND SERVICEAUFTRÄGE • FUNKTIONEN UND EINSTELLUNGEN DER AUFTRAGSARTEN • PRÜFARTEN INSTANDHALTUNGS- U. SERVICEAUFTRAGSARTEN ZUORDNEN eine PRÜFART (entspricht im Qualitätsmanagement einer Auftragsart) zu.

Der erzeugte Kalibrierauftrag unterscheidet sich lediglich in zwei Punkten von den »normalen« Instandhaltungsaufträgen:

▶ Er verfügt über einen Status PLOS (Prüflos zugeordnet), so dass Sie z. B. nach diesem Status selektieren können.

▶ Er weist auf dem Kopf eine zusätzliche Drucktaste 📇 auf. Diese erlaubt es Ihnen, direkt in die Anzeige des Prüfloses mit Verwendungsentscheid zu springen (siehe Abbildung 5.161).

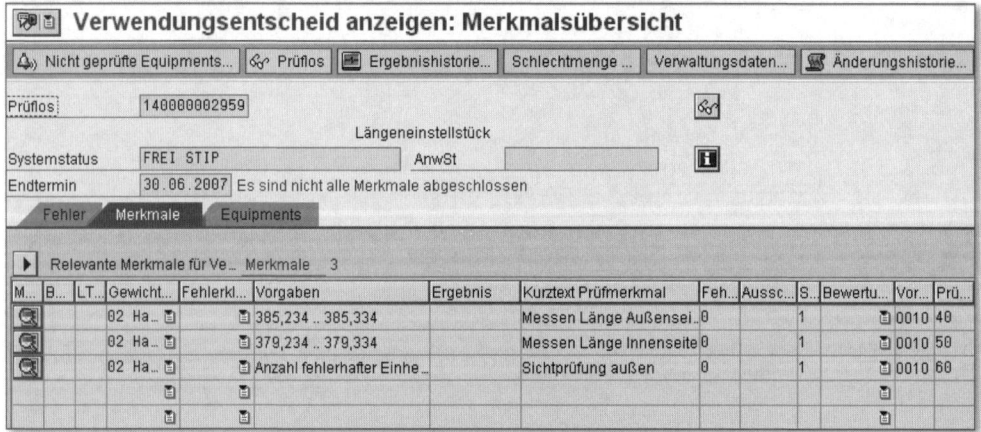

Abbildung 5.161 Anzeige des Prüfloses mit Verwendungsentscheid

Ergebniserfassung Die Erfassung der gemessenen Ergebnisse können Sie nun entweder für ein einzelnes Prüflos (Transaktion QE17, siehe Abbildung 5.162) oder summarisch für mehrere Prüflose (Transaktion QE51N) vornehmen.

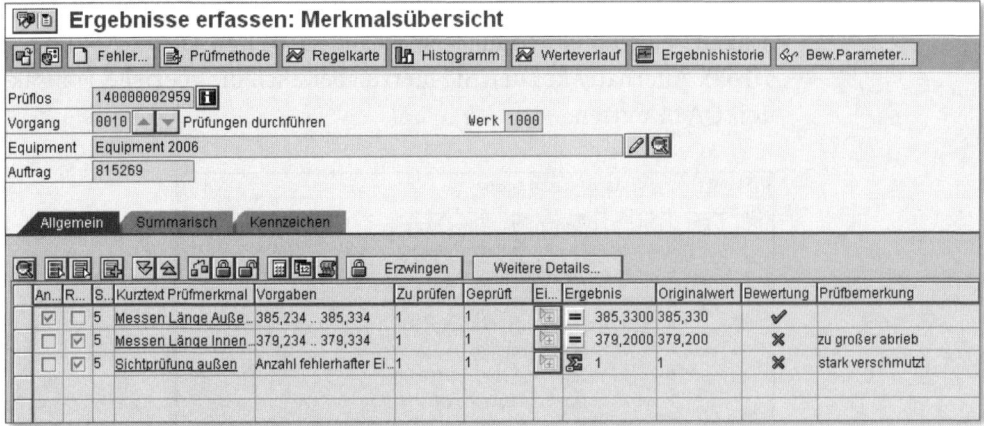

Abbildung 5.162 Ergebniserfassung

Liegen die eingetragenen Ergebnisse innerhalb der Toleranzgrenzen oder werden sie als gut qualifiziert, nimmt das System eine positive Bewertung vor (✔).

Liegen die eingetragenen Ergebnisse außerhalb der Toleranzgrenzen oder werden sie als schlecht qualifiziert, nimmt das System eine negative Bewertung vor (✘).

Beim Sichern der erfassten Ergebnisse haben Sie auch gleich die Möglichkeit, die benötigte Zeit für die Prüfung anzugeben (siehe Abbildung 5.163).

Zeitrückmeldung

Rückmeldung zum IH-Auftrag erfassen : Istdaten

				Meldung	Objektliste	Meßbelege	Einzelkapazitäten	

Auftrag	815269	Längeneinstellstück prüfen
Vorgang	0010	Prüfungen durchführen
Systemstatus	FREI PZGG	

Rückmeldedaten

Rückmeldung	87227	
Arbeitsplatz	MECHANIK 1000	Instandhaltung Mechanik
Personalnummer	258	Karl Liebstückel Lohnart
Istarbeit	1,5 STD	Leistungsart 1410 Buchungsdatum 14.06.2007

☑ Endrückmeldung ☑ Kein.Restarb. BerechnMotiv

☐ Ausbuch. Res. Restarbeit STD

Arbeitsbeginn	14.06.2007 00:00:00	Istdauer Rück STD
Arbeitsende	14.06.2007 13:23:23	Prognose Ende 24:00:00
Abw.Ursache		
Rückmeldetext		☐ Langtext vorhanden

Abbildung 5.163 Zeitrückmeldung für Prüfung

Beim Sichern der erfassten Ergebnisse haben Sie auch gleich die Möglichkeit, einen Verwendungsentscheid zu treffen (siehe Abbildung 5.164). Alternativ können Sie hierzu aber auch die spezielle Transaktion QA11 nutzen.

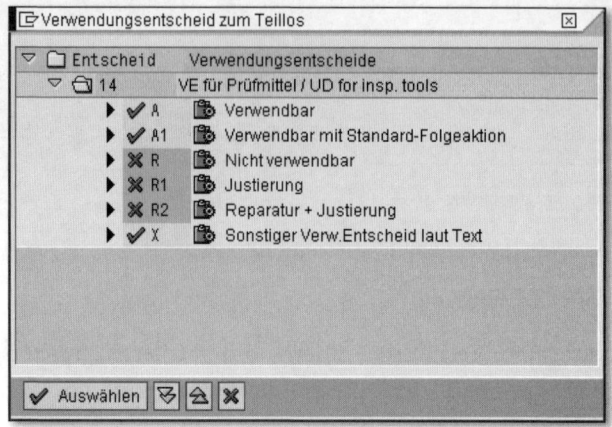

Abbildung 5.164 Verwendungsentscheid

Wenn Sie bei bestimmten Verwendungsentscheiden (z. B. nicht verwendbar) das Equipment automatisch für den weiteren Einsatz sperren oder den Auftrag automatisch im Hintergrund abschließen möchten, dann aktivieren Sie mit der Customizing-Funktion QUALITÄTSMANAGEMENT • QUALITÄTSPRÜFUNG • PRÜFLOSABSCHLUSS • FOLGEAKTION DEFINIEREN die notwendigen Funktionsbausteine (siehe Abbildung 5.165).

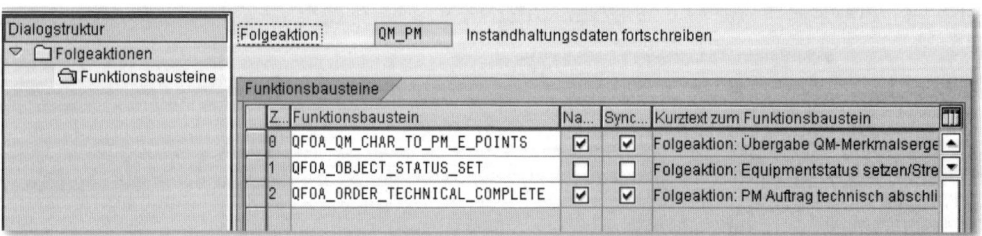

Abbildung 5.165 Automatische Folgeaktionen

Den Anstoß für diese Gruppe von Folgeaktionen geben Sie mithilfe der Customizing-Funktion QUALITÄTSMANAGEMENT • QUALITÄTSPRÜFUNG • PRÜFLOSABSCHLUSS • KATALOG FÜR VERWENDUNGSENTSCHEIDE PFLEGEN • AUSWAHLMENGEN BEARBEITEN (siehe Abbildung 5.166).

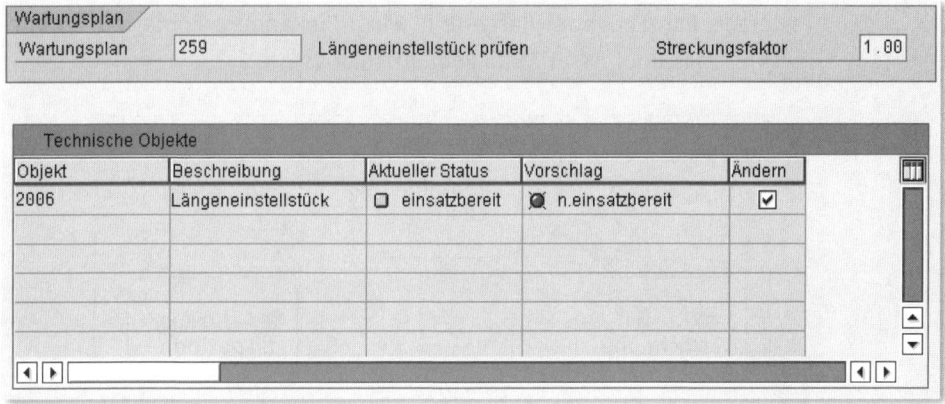

Dialogstruktur							
▽ 🗀 Auswahlmengen	Katalog	3		Verwendungsentscheide			
🗀 Codes von Auswahl	Werk	1000		Werk Hamburg			
	Auswahlmenge	14		VE für Prüfmittel / UD for insp. tools			

Codes von Auswahlmengen							
Codegru...	Code	Kurztext zum Code	La...	Bewertung Code		Q...	Folgeaktion
14	A	Verwendbar		A Annahme (in Ordnung)	🗐	100	QM_PM
14	A1	Verwendbar mit Stand...		A Annahme (in Ordnung)	🗐	100	QM_PM
14	R	Nicht verwendbar		R Rückweisung (nicht in...	🗐	1	QM_PM
14	R1	Justierung		R Rückweisung (nicht in...	🗐	66	QM_PM
14	R2	Reparatur + Justierung		R Rückweisung (nicht in...	🗐	33	QM_PM
14	X	Sonstiger Verw.Entsch...		A Annahme (in Ordnung)	🗐	100	QM_PM

Abbildung 5.166 Auswahlmengen

Wenn Sie die Folgeaktion zum Sperren des Equipments gesetzt haben, werden Sie beim Treffen des Verwendungsentscheids aufgefordert, den Vorschlag zur Sperrung zu akzeptieren oder ihn manuell abzuändern (siehe Abbildung 5.167).

Wartungsplan				
Wartungsplan	259	Längeneinstellstück prüfen	Streckungsfaktor	1.00

Technische Objekte					
Objekt	Beschreibung	Aktueller Status	Vorschlag	Ändern	
2006	Längeneinstellstück	☐ einsatzbereit	◉ n.einsatzbereit	☑	

Abbildung 5.167 Sperrung eines Equipments

Konsequenz ist, dass im Equipmentstamm der Status NFHM (FHM nicht einsatzbereit) gesetzt und damit das Equipment für den weiteren Einsatz gesperrt wird. Sie können das Equipment z. B. durch eine Instandsetzungsmaßnahme wieder in einen funktionsfähigen Zustand versetzen und den Status wieder zurücksetzen.

Der Wartungsplan wird zum nächsten Fälligkeitstermin den nächsten Auftrag mit Prüflos erzeugen.

5.11 Der Geschäftsprozess »Pool Asset Management«

Mit dem Pool Asset Management können Sie Objekte verwalten, die sich in einem Pool befinden und von dort für eine bestimmte Zeitdauer ausgeliehen werden können. Hierbei kann es sich beispielsweise um folgende Objekte handeln:

▸ Fahrzeuge

▸ IT-Equipments (Notebooks, Beamer usw.)

▸ Handys

▸ Werkzeuge

▸ andere Objekte

Nach der Ausleihe werden die Objekte wieder an den Pool zurückgegeben. Den kompletten Ablauf des Pool Asset Managements zeigt Abbildung 5.168, in der beispielhaft das Pool Asset Management für einen Fahrzeugpool dargestellt wird. Für andere Poolarten funktioniert das Pool Asset Management analog.

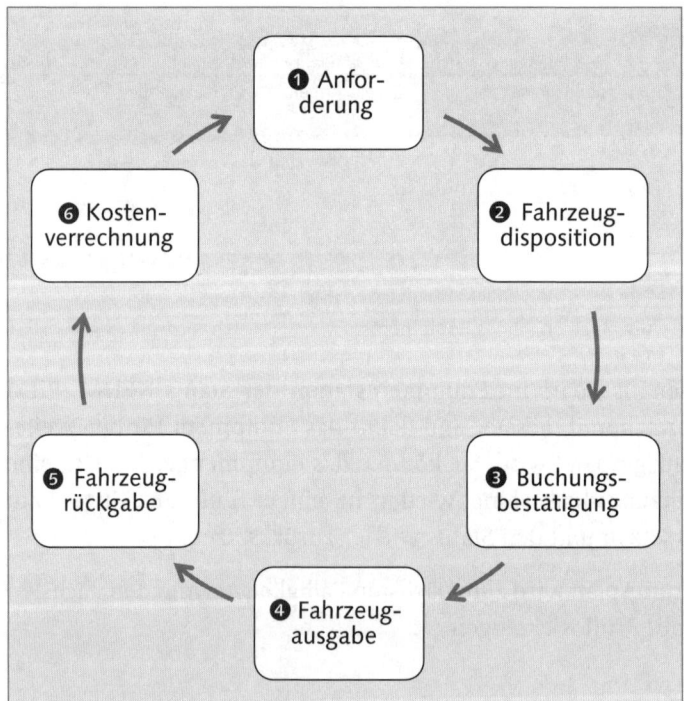

Abbildung 5.168 Pool Asset Management – Ablauf

Das Pool Asset Management erfolgt in folgenden Schritten:

❶ Anforderung

Ein Mitarbeiter erfasst einen Fahrzeugbedarf im System.

❷ Fahrzeugdisposition

Ein Fahrzeugdisponent ordnet dem Bedarf ein Fahrzeug zu.

❸ Buchungsbestätigung

Der anfordernde Mitarbeiter erhält eine automatische Buchungsbestätigung per E-Mail.

❹ Fahrzeugausgabe

Der Kilometerstand des Fahrzeugs und der Bedarfszeitpunkt werden erfasst, und das Fahrzeug wird ausgegeben.

❺ Fahrzeugrückgabe

Das Fahrzeug wird zurückgegeben. Der Kilometerstand und das
Datum werden erfasst.

❻ Kostenverrechnung

Die Kosten der Fahrzeugnutzung werden ermittelt und auf das
Kontierungsobjekt verrechnet.

Wie bei jeder anderen Instandhaltungsmeldung legen Sie mit der
Transaktion IW21 einen Bedarf für ein Pool Asset an (siehe Abbildung 5.169).

Bedarfsmeldung

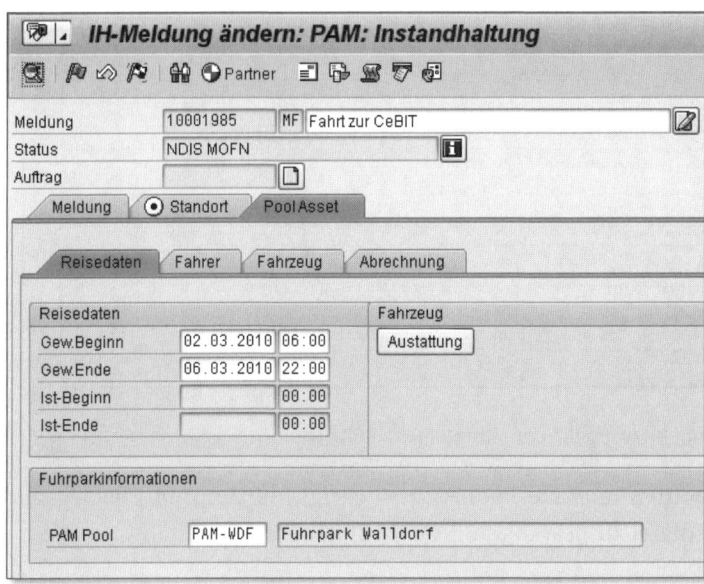

Abbildung 5.169 Pool Asset Management – Bedarfsmeldung

[+] Für die Pool-Asset-Bedarfsmeldung empfiehlt sich eine eigene Meldungs-
art, um ihr ein Pool-Asset-Management-spezifisches Layout zu geben.
Dieses pflegen Sie mit der Customizing-Funktion ANWENDUNGSÜBERGREI-
FENDE KOMPONENTEN • MELDUNG • ÜBERBLICK ZUR MELDUNGSART • BILD-
SCHIRMAUFBAU FÜR ERWEITERTE SICHT. Ordnen Sie der Meldungsart 10\
TAB23 POOL ASSET MANAGEMENT zu.

Fahrzeug-
disposition

Die eingegangenen Bedarfsmeldungen laufen nun in der Plantafel
zum Pool Asset Management (Transaktion PAM03) auf. Hier kann
der Fahrzeugdisponent mit Drag & Drop die Bedarfe einem Fahrzeug
zuordnen (siehe Abbildung 5.170). Die Farblegende hat folgende
Bedeutung:

- gelb: offener Bedarf
- rot: reserviert, d. h., der Pool Asset ist fest zugeordnet
- grün: ausgegeben
- grau: zurückgegeben
- blau: abgerechnet

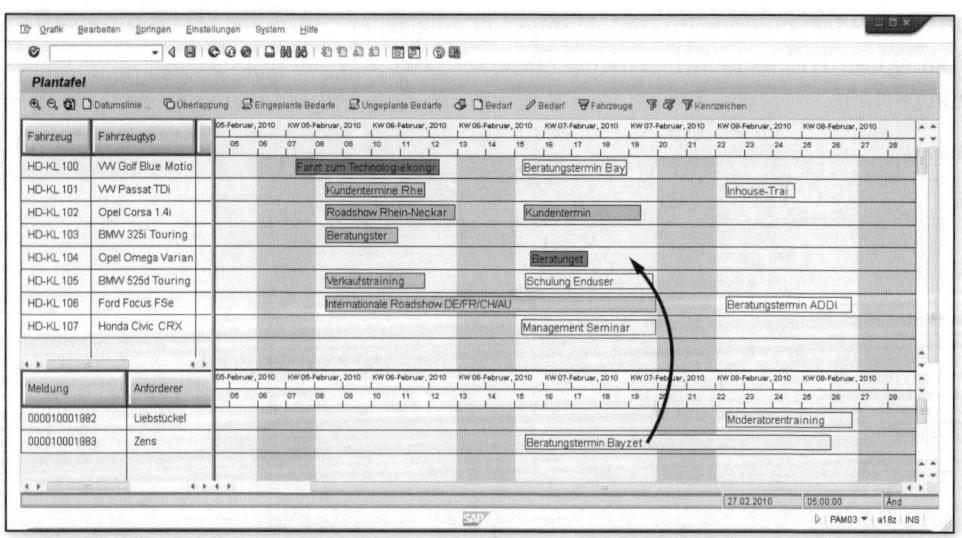

Abbildung 5.170 Pool Asset Management – Plantafel

PAM-Pool

Hier werden nun alle Pool Assets gezeigt, die zum im Einstiegsbild
der Plantafel ausgewählten PAM-Pool gehören.

Die Plantafel des Pool Asset Managements zeigt Ihnen nicht nur einen Überblick über die aktuelle Belegungssituation, sondern unterstützt Sie auch bei den Geschäftsvorgängen Reservieren, Ausgeben, Rückgabe und Abrechnung. **[+]**

Um ein Fahrzeug zu reservieren, machen Sie einen Doppelklick auf einen eingeplanten Balken. Daraufhin erscheint ein Popup-Fenster, in dem Sie die Reservierung vornehmen können (siehe Abbildung 5.171).

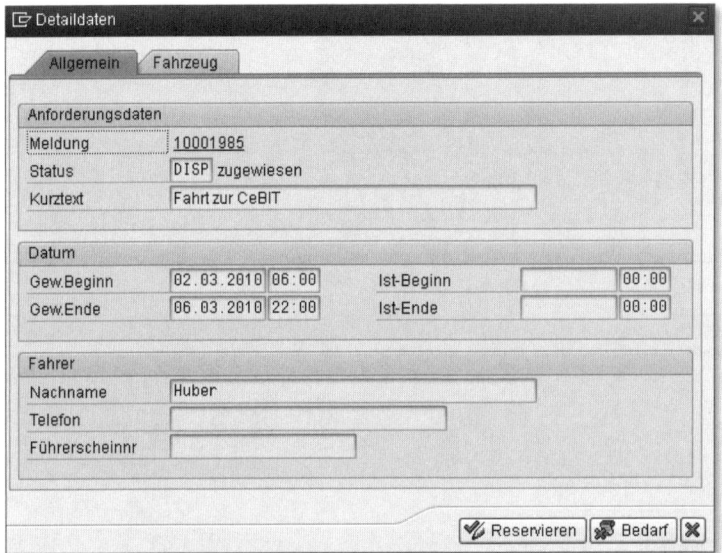

Abbildung 5.171 Pool Asset Management – Reservierung

Aufgrund der Reservierung wird dem anfordernden Mitarbeiter automatisch eine E-Mail mit der Buchungsbetätigung übermittelt (siehe Abbildung 5.172).

Buchungsbestätigung

Mittels Doppelklick auf den Balken zu einem reservierten Asset und durch Betätigung des Buttons [Ausgabe] im folgenden Popup-Fenster wird das Fahrzeug ausgegeben und dabei der aktuelle Zählerstand und das Datum erfasst (siehe Abbildung 5.173).

Ausgabe

In derselben Weise (d.h. Doppelklick auf den Balken) und im anschließenden Popup-Fenster wird über den Button [Zurückgeben] die Rückgabe mit den Ist-Daten (Datum der Rückgabe, Ist-Zählerstand) in der Plantafel erfasst.

Rückgabe

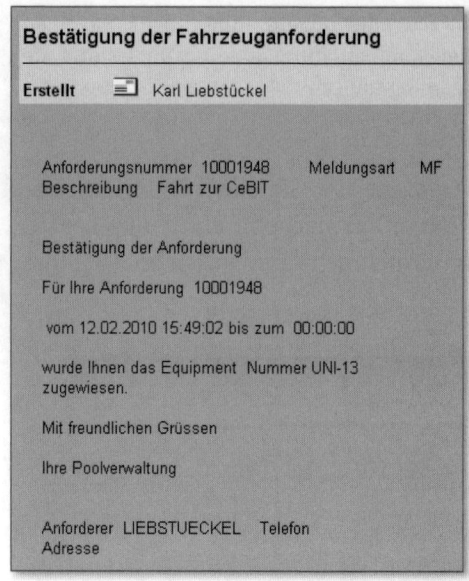

Abbildung 5.172 Pool Asset Management – Bestätigung

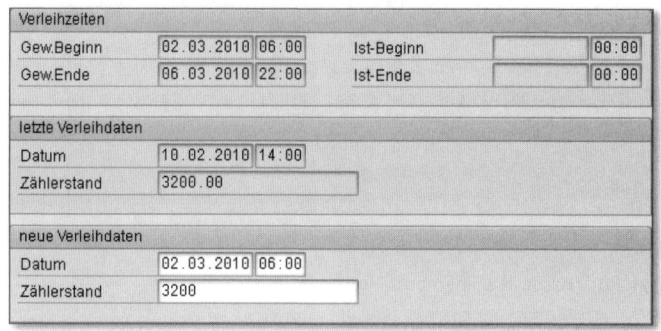

Abbildung 5.173 Pool Asset Management – Ausgabe

Abrechnung Auf der Basis der Ist-Daten (Anzahl Tage, gefahrene Kilometer, Frei-kilometer) findet die Abrechnung auf die Kostenstelle oder einen Abrechnungsauftrag statt. Hierzu doppelklicken Sie ebenfalls wieder auf den Balken und betätigen anschließend den Button [⊞ Abrechnen].

Voraussetzungen Damit Sie den Geschäftsprozess Pool Asset Management so wie be-schrieben nutzen können, sind einige Voraussetzungen zu schaffen.

Zunächst sind mittels der Customizing-Funktion INSTANDHALTUNG UND KUNDENSERVICE • INSTANDHALTUNGS- UND SERVICEABWICKLUNG • POOL ASSET MANAGEMENT • GRUNDEINSTELLUNGEN FÜR POOL ASSET MANAGEMENT folgende Grundeinstellungen zu treffen:

▶ Welcher Text beim Versenden der Bestätigungs-E-Mails versendet werden soll. Legen Sie hierzu mit der Transaktion SE71 ein Formular an.

▶ Welche Klassenart und Klasse für die Bedarfsmeldungen verwendet werden soll. Sinnvollerweise verwenden Sie die KLASSENART PAM (Pool Asset Management). Die Klasse selbst legen Sie mit der Transaktion CL02 an. Achten Sie bitte darauf, dass in der Klasse ein Merkmal FAHRZEUGKATEGORIE enthalten ist. Dieses muss zwingend auf die Tabelle PAMS_VHC als Prüftabelle verweisen.

▶ Die Tabelle PAMS_VHC pflegen Sie mit der Customizing-Funktion INSTANDHALTUNG UND KUNDENSERVICE • INSTANDHALTUNGS- UND SERVICEABWICKLUNG • POOL ASSET MANAGEMENT • POOL-KATEGORIEN FESTLEGEN (z. B. Kleinwagen, Mittelklasse, Kombi, Transporter usw.)

▶ Mit der Customizing-Funktion INSTANDHALTUNG UND KUNDENSERVICE • INSTANDHALTUNGS- UND SERVICEABWICKLUNG • POOL ASSET MANAGEMENT • LEISTUNGSARTEN FÜR POOL-KATEGORIEN FESTLEGEN pflegen Sie für jede Poolkategorie die Leistungsarten, die für die Abrechnung benötigt werden (z. B. Tagespauschale, Kilometerpreis, Freikilometer).

▶ Die Verrechnungssätze selbst pflegen Sie mit der Transaktion KP26.

▶ Sie legen mindestens einen PAM-Pool mit den Transaktionen PAM01/02 an. Dahinter verbirgt sich nicht anderes als ein Technischer Platz, auf dem eine Liste von Equipments eingebaut ist.

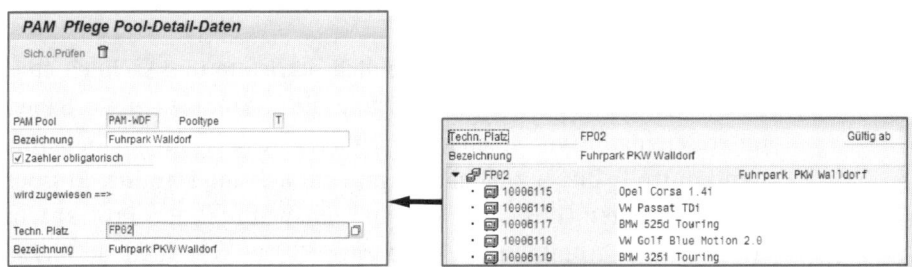

Abbildung 5.174 Pool Asset Management – PAM-Pool

Damit Sie das Pool Asset Management nutzen können, muss die Business Function LOG_EAM_PAM aktiviert sein.

Business Function

5.12 Der Geschäftsprozess »Projektorientierte Instandhaltung«

In vielen Unternehmen tritt einer der folgenden Fälle auf: Entweder fallen im Rahmen eines übergeordneten Projekts einzelne Instandhaltungsmaßnahmen an. Auf diese Situation trifft man z. B. bei Anlagenneubauten oder bei Umzügen. Oder die Instandhaltungsmaßnahme selbst nimmt eine solche Größenordnung an, dass von einem Projekt gesprochen werden kann. Auf diese Situation trifft man z. B. bei Flugzeugwartungen, beim Shutdown in Raffinerien oder bei der Revision von Kraftwerken.

Für eine projektorientierte Instandhaltung stehen Ihnen in SAP ERP zwei Hilfsmittel zur Verfügung:

► das *SAP-Projektsystem*, mit dem Sie beide Arten von Projekten planen können

► der *Maintenance Event Builder* (MEB), mit dem Sie kleine bis mittlere Projekte der letzteren Art planen können die erste Art von Projekten ist hierüber nicht abbildbar

5.12.1 Das SAP-Projektsystem

Szenario Wenn Sie das SAP-Projektsystem[2] für die projektorientierte Instandhaltung einsetzen, führen Sie die übergeordnete Planung in SAP PS und die Auftragsplanung in SAP EAM durch.

PS-Objekte

Projekt Ein Projekt ist eine einmalige, zeitlich befristete und sachlich abgegrenzte Aufgabenstellung zur Lösung eines komplexen Vorhabens unter Beteiligung verschiedener Fachbereiche. Es dient zur Steuerung und Kontrolle dieser Maßnahme im Hinblick auf Termine, Ressourcen, Kapazitäten, Kosten, Erlöse und Finanzmittel. Ein Projekt wird dabei (wie in Abbildung 5.175 dargestellt) in verschiedene Phasen unterteilt. Projekte legen Sie z. B. mit der Transaktion CJ06 an.

---

2 Für detaillierte Ausführungen zu den Möglichkeiten des SAP-Projektsystems sei hier auf Spezialliteratur, wie z. B. Franz, M.: Projektmanagement mit SAP Projektsystem, 2. Auflage, Bonn: SAP PRESS 2009, verwiesen.

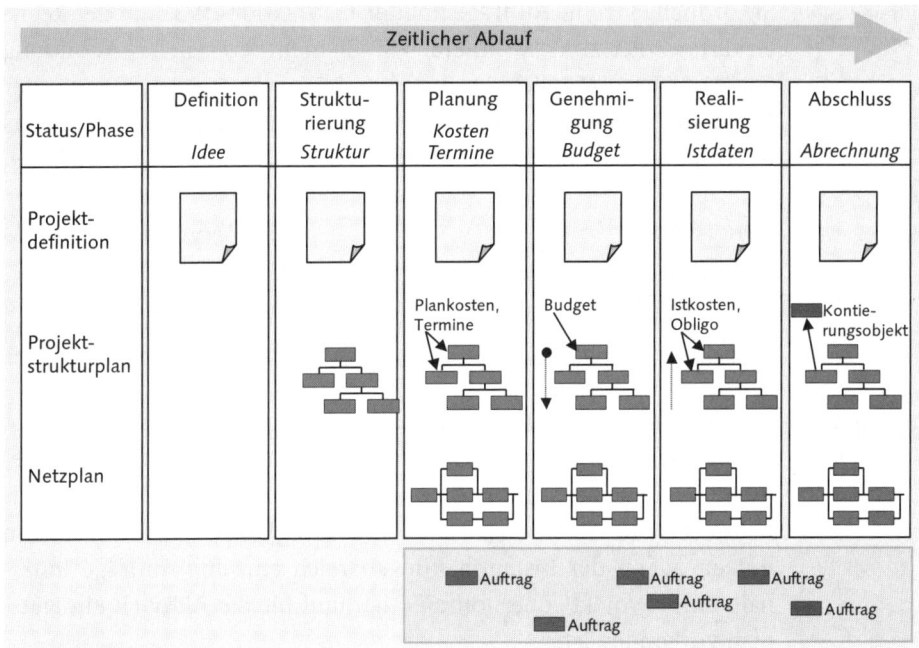

Abbildung 5.175 Projekte und Aufträge

Sie verwenden *PSP-Elemente* als Bestandteile des Projektsystems, um die Aufbauplanung, die Organisation und Struktur eines Projekts festzulegen und das Projekt in einzelne, hierarchisch angeordnete Strukturelemente mehrstufig zu gliedern. Sie beschreiben damit Detailaufgaben. PSP-Elemente verfügen über Funktionen wie Terminplanung, Budgetvergabe, Fortschrittsanalyse usw. PSP-Elemente legen Sie z. B. mit der Transaktion CJ11 an. · PSP-Elemente

Mit einem *Netzplan* realisieren Sie die Ablaufplanung und stellen die Elemente in eine zeitliche Reihenfolge. In der Projektabwicklung nutzen Sie Netzpläne als Ausgangsbasis für Planung, Steuerung und Überwachung von Terminen, Kosten und Ressourcen. In Netzplänen haben Sie für die Planung von Material, Maschinen und Personen ähnliche Funktionen wie in der Planung von EAM-Aufträgen. Netzpläne pflegen Sie mit der Transaktion CN21. · · · · · · · · · · · · · · · Netzplan

Manuelle Zuordnung

Sie können nun Ihre Aufträge manuell zu PS-Objekten zuordnen oder einen Automatismus nutzen. Beim manuellen Zuordnen verknüpfen Sie Ihre Aufträge entweder mit PSP-Elementen oder mit Projekten:

323

Zuordnung zum PSP-Element

Sie ordnen einzelne Aufträge mit der Transaktion IW32 auf der Registerkarte ZUSATZDATEN einem PSP-Element zu (siehe Abbildung 5.176). Diese Möglichkeit werden Sie dann nutzen, wenn der Instandhaltungsbereich einzelne Aufträge innerhalb eines Projekts übernommen hat und für die Aktivität kein Netzplan angelegt wurde.

PSP-Element	1-1200/1	Kantinenumbau
Projektdefinition	1-1200/P	
Teilnetz zu / Vorg.		/

Abbildung 5.176 Zuordnung von Auftrag zu PSP-Element

Zuordnung zum Netzplan

Sie ordnen einzelne Aufträge mit der Transaktion IW32 auf der Registerkarte ZUSATZDATEN einem Netzplan zu. Dabei können Sie PSP-Element, Profit Center und andere Informationen in den Auftrag übernehmen (siehe Abbildung 5.177). Diese Möglichkeit werden Sie dann nutzen, wenn der Instandhaltungsbereich einzelne Aufträge innerhalb eines Projekts übernommen hat und für die Aktivität ein Netzplan vorhanden ist.

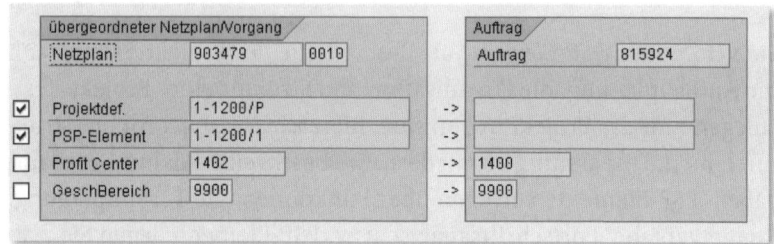

Abbildung 5.177 Zuordnung von Auftrag zu Netzplan

Automatische Zuordnung

Für die automatische Zuordnung von Aufträgen zu PSP-Elementen nutzen Sie die Transaktion ADPMPS. Idee dieses Verfahrens ist, dass es im Instandhaltungsbereich umfangreiche Wartungsmaßnahmen gibt, die in regelmäßigen Abständen wiederholt werden. Damit Sie nun nicht jedes Mal die Aufträge manuell PSP-Elementen zuordnen müssen, können Sie diesen Automatismus nutzen.

Voraussetzungen

Dazu müssen Sie drei Voraussetzungen schaffen.

Sie pflegen erstens mit der Customizing-Funktion INSTANDHALTUNG UND KUNDENSERVICE • INSTANDHALTUNGS- UND SERVICEABWICKLUNG •

FELDWERTE FÜR BEZUGSELEMENT PM/PS DEFINIEREN Felder, die später die Querverbindung herstellen.

Sie ordnen zweitens das Bezugselement PM/PS einem Arbeitsplan oder einer Wartungsposition zu. Wenn Sie eine Wartungsposition mit Arbeitsplan anlegen, wird das Bezugselement automatisch in die Wartungsposition übernommen (siehe Abbildung 5.178).

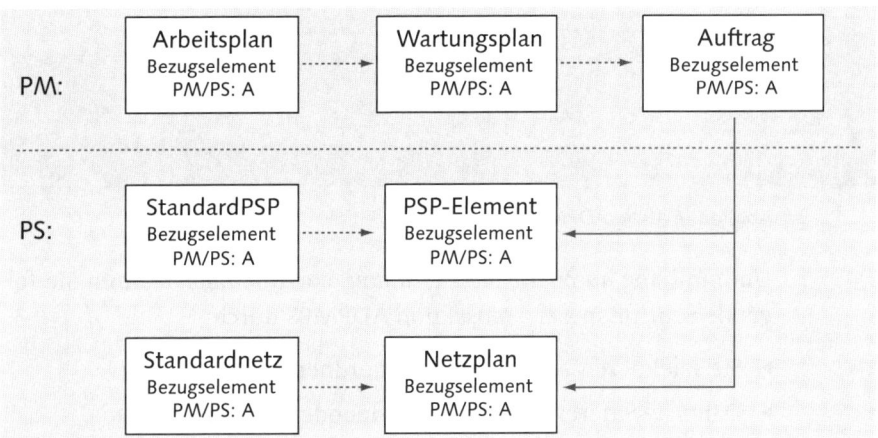

Abbildung 5.178 Bezugselement

Sie ordnen schließlich das Bezugselement PM/PS entweder Standardobjekten (Standard-PSP, Standardnetz) oder den operativen Objekten (PSP-Element, Netzplan) zu. Wenn Sie ein Projekt mit Bezug zu einem Standardprojekt bzw. einen Netzplan oder Projektstrukturplan mit Bezug zu einem Standardnetz bzw. Standard-PSP anlegen, werden die Feldwerte aus dem referenzierten Objekt für das Bezugselement übernommen (siehe Abbildung 5.178).

Um eine *halbautomatische Zuordnung* vorzunehmen, führen Sie folgende Schritte in der Transaktion ADPMPS durch: Ablauf

▶ Sie selektieren zunächst die zuzuordnenden Aufträge.

▶ Dann selektieren Sie die zuzuordnenden PSP-Elemente.

▶ Markieren Sie im linken Bildbereich die zuzuordnenden Aufträge (siehe Abbildung 5.179).

▶ Markieren Sie im rechten Bildbereich das PSP-Element, dem die Aufträge zugeordnet werden sollen (siehe Abbildung 5.179).

▶ Sie starten die Zuordnung im Vordergrund über 🖫 manuell.

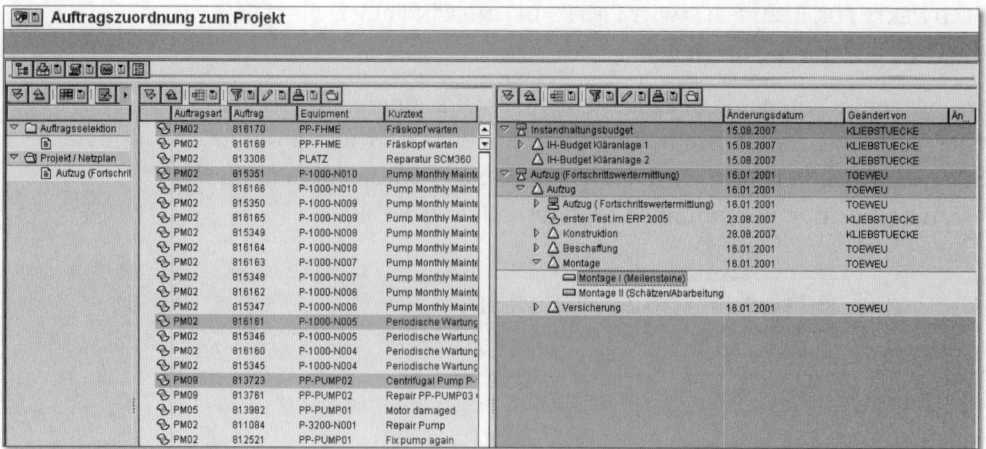

Abbildung 5.179 ADPMPS-Workbench

Um nun eine *automatische Zuordnung* vorzunehmen, führen Sie folgende Schritte in der Transaktion ADPMPS durch:

▶ Sie selektieren zunächst die zuzuordnenden Aufträge.

▶ Dann selektieren Sie die zuzuordnenden PSP-Elemente.

▶ Markieren Sie im linken Bildbereich der Aufträge die Spalte BEZUGSELEMENT PM/PS.

▶ Markieren Sie im rechten Bildbereich der Projekte ebenfalls die Spalte Bezugselement PM/PS.

▶ Um die automatische Zuordnung im Vordergrund zu starten, wählen Sie 🖳 AUTOMATISCHE ZUORDNUNG.

Integrationsfunktionen

Welche Funktionen ergeben sich nun aus der Zuordnung von Aufträgen zu PS-Objekten?

▶ Sie können die *Auftragstermine* mit den *Projektterminen* koppeln, d.h., eine Projektverschiebung führt automatisch zu einer Auftragsverschiebung.

▶ Sie können über eine *aktive Verfügbarkeitskontrolle* überprüfen, ob für die Durchführung der Maßnahme noch ausreichend Budget vorhanden ist. Nähere Informationen hierzu finden Sie in Abschnitt 7.3.4, »Budgetierung über PSP-Elemente«.

▶ Sie können im Projektsystem die Projekte inklusive aller zugeordneten Aufträge gemeinsam auswerten.

Zusammenfassung

Was lässt sich zusammenfassend zur projektorientierten Instandhaltung auf Basis des Projektsystems sagen?

▸ Mit den operativen Objekten des Projektsystems (PSP-Elemente, Netzpläne) in Verbindung mit Aufträgen können Sie größere Instandhaltungsprojekte planen und steuern.

▸ Sie können auch einzelne Aufträge den PSP-Elementen oder Netzplänen zuordnen, wenn die Instandhaltung Arbeiten im Rahmen eines anderen Projekts leistet.

▸ Die Zuordnung nehmen Sie entweder einzeln oder unter Zuhilfenahme der Transaktion ADPMPS vor.

▸ Durch die Zuordnung ergeben sich Integrationsfunktionen wie Budgetverfügbarkeitskontrolle, Terminbindung usw.

[+]

Zur Planung und Abwicklung von Instandhaltungsprojekten können Sie auch die Schnittstelle zur Stillstandsplanung mit externen Projektsystemen nutzen. Die Schnittstelle verbindet SAP ERP mit externen Projektsystemen (z. B. Primavera P3 oder MS Project). Sie können die Schnittstelle mit SAP EAM und/oder SAP PS nutzen.

5.12.2 Der Maintenance Event Builder

Der *Maintenance Event Builder* (MEB) war zunächst Bestandteil der Branchenlösung SAP for Aerospace and Defense und wurde in SAP ERP 6.0 mit dem Enhancement Package 2 für alle Anwenderfirmen zur Verfügung gestellt. Mit dem MEB können Sie kleinere Instandhaltungsprojekte in Form einzelner Arbeitspakete planen. Sie starten den Maintenance Event Builder über die Transaktion WPS1. Beim MEB handelt es sich technisch um eine Workbench, die Sie bei folgenden Aufgaben unterstützt:

Was ist der MEB?

▸ Sie überprüfen den Arbeitsvorrat an Meldungen (»Backlog«).

▸ Sie bündeln die Meldungen zu Revisionen.

▸ Sie erzeugen aus den Meldungen Aufträge.

▸ Sie ordnen die Aufgaben zu.

▸ Sie lassen sich diverse Informationen anzeigen wie offene Arbeitsbedarfe, Fälligkeitstermine, Aufträge usw.

▸ Sie überprüfen die Verfügbarkeitssituation der Ressourcen.

Die Bearbeitung der Arbeitspakete vollziehen Sie dann in bis zu fünf Schritten (siehe Abbildung 5.180):

1. Schritt: Arbeitsvorrat prüfen

Der MEB erlaubt Ihnen, die anstehenden *Meldungen* zu selektieren und nach verschiedenen Kriterien wie z. B. Priorität, Bezugsobjekt, verantwortlichem Arbeitsplatz o. Ä. zu gruppieren (Schritt ❶). Die Meldungen können zu diesem Zeitpunkt bereits einer Revision zugeordnet sein, müssen aber nicht.

2. Schritt: Revisionen definieren

Zusammen mit den Anlagenverantwortlichen aus der Produktion (z. B. Betriebsingenieur, Produktionsmeister, Arbeitsvorbereitung) suchen Sie gemeinsam nach geeigneten *Zeitfenstern* (»Maintenance Events«), zu denen die Anlage für Instandhaltungsmaßnahmen freigegeben werden kann. Für diese Zeitfenster legen Sie im MEB so genannte *Revisionen* an. Revisionen haben Beginn- und Endetermine und verfügen über eine Statusverwaltung (z. B. eröffnet, freigegeben, Zuordnungen vorhanden usw.) (Schritt ❷).

❶	Arbeitsvorrat prüfen	• Selektieren aller offenen Meldungen, die zur Bearbeitung anstehen • Gruppierung der Meldungen (z.B. nach Priorität, Objekt, Ressourcen)
❷	Revisionen definieren	• Suche nach geeigneten Zeitpunkten (»Maintenance Events«) • Anlegen von Revisionen im MEB
❸	Arbeitspakete definieren	• Zuordnen der Meldungen zu einem Maintenance Eventauf Basis von Kriterien (z.B. nach Priorität, Objekt, Ressourcen)
❹	Aufträge erzeugen	• Erzeugen Aufträge aus Meldungen • Zuordnen von vorhandenen Aufträgen zum Arbeitspaket
❺	Kapazitäten prüfen	• Vergleich des Kapazitätsbedarfs des Arbeitspaketes mit dem Kapazitätsangebot der Ressourcen

Abbildung 5.180 Ablauf im Maintenance Event Builder

In der MEB Workbench können Sie sich verschiedene Sichten anzeigen lassen: Abbildung 5.181 zeigt im oberen Teil die Revisionssicht und im unteren Teil die Arbeitsplatzsicht. Weitere Sichten können z. B. die Meldungssicht, die Auftragssicht oder die Objektsicht sein.

3. Schritt: Arbeitspakete definieren

In Schritt ❸ bilden Sie dann die *Arbeitspakete*, indem Sie aus dem Arbeitsvorrat die abzuarbeitenden Meldungen per Drag & Drop einer Revision zuordnen. Zu diesem Zeitpunkt könnten Sie dann schon Simulationsaufträge anlegen, um z. B. die Kapazitätsauslastung zu prüfen.

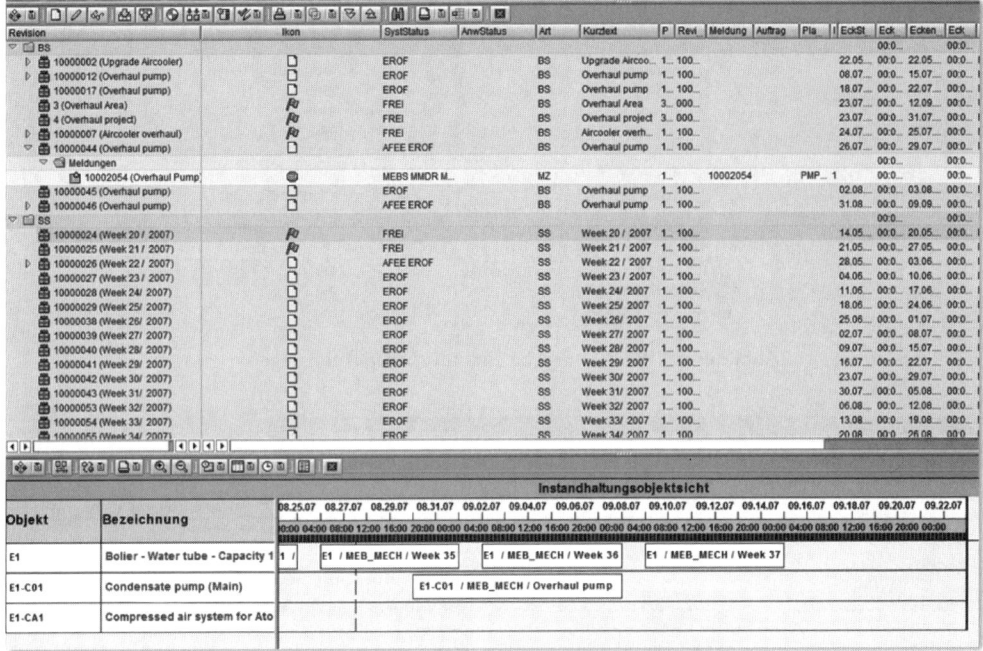

Abbildung 5.181 MEB Workbench mit Revisionen

In Schritt ❹ legen Sie dann die *Aufträge an*. Falls eine zugeordnete Meldung bereits einen Auftrag hatte, wird dieser ebenfalls dem Arbeitspaket zugeordnet. Für alle anderen bietet Ihnen der MEB die Möglichkeit, aus allen einem Arbeitspaket zugeordneten Meldungen auf einmal Aufträge zu erzeugen (siehe Abbildung 5.182). Diese Aufträge erhalten einen Status MEB, damit Sie sie von den anderen Aufträgen unterscheiden können. Wenn Sie eine Meldung wieder aus einem Arbeitspaket entfernen, erhalten die automatisch erzeugten Aufträge eine Löschvormerkung (Status LÖVM).

**4. Schritt:
Aufträge anlegen**

Wenn Sie die projektorientierte Instandhaltung im Sinne des Abschnitts 5.12 betreiben, könnten Sie zu diesem Zeitpunkt die Aufträge den operativen Objekten des Projektsystems (PSP-Elemente, Netzpläne) zuordnen. Dies ist z. B. dann sinnvoll, wenn Sie Budgetrestriktionen haben oder die Termine synchronisieren möchten.

Hinweis

Die Ressourcensicht des MEB ermöglicht Ihnen einen schnellen Überblick über die *Kapazitätssituation* der beteiligten Arbeitsplätze (siehe Abbildung 5.183): Sind die Arbeitsplätze im Zeitraum eines Arbeitspakets bereits ausgelastet? Oder sind noch freie Kapazitäten für weitere Aufträge (Schritt ❺) vorhanden?

**5. Schritt:
Ressourcen prüfen**

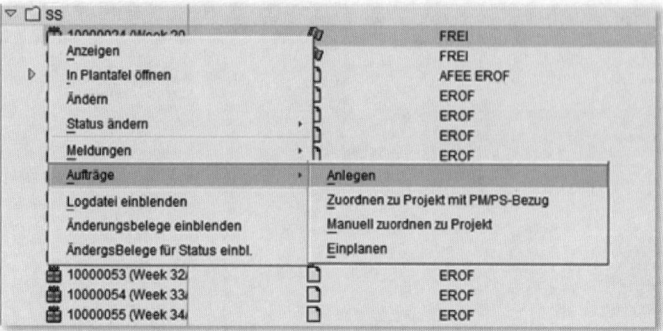

Abbildung 5.182 Aufträge zu einem Arbeitspaket anlegen

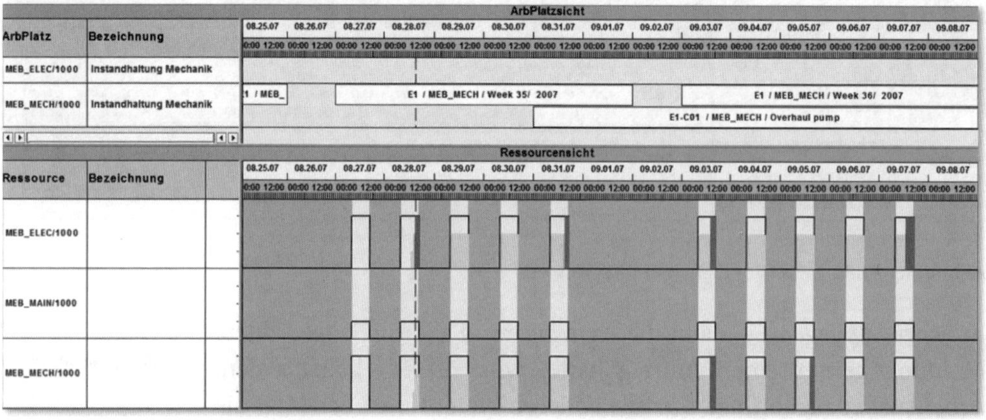

Abbildung 5.183 Ressourcensicht des MEB

Business Function   Damit Sie den Maintenance Event Builder nutzen können, müssen die Business Functions LOG_EAM_POM und LOG_EAM_POM_2 aktiviert sein.

> **Zusammenfassung**
>
> Was ist das Besondere am Maintenance Event Builder?
>
> ▸ Der MEB erlaubt Ihnen die Planung von kleineren Instandhaltungsprojekten (»Maintenance Events«).
>
> ▸ Mit dem MEB können Sie die meisten benötigten Planungsschritte von einer einzigen Transaktion aus durchführen.
>
> ▸ Auf der Basis der Absprache mit den Anlagenbetreibern und auf Basis der Planungen im MEB können Sie die Durchführung der Instandhaltungsmaßnahmen einigermaßen sicherstellen und einen mehrfachen Anlagenstillstand vermeiden.
>
> ▸ Die aus dem MEB heraus erzeugten Aufträge können Sie mit PSP-Elementen und Netzplänen verknüpfen.

Wie zu jedem Kapitel habe ich Ihnen zusammenfassend noch einmal die wichtigsten Aussagen und alle Tipps und Tricks zusammengestellt, die ich Ihnen im Hinblick auf das Thema *Geschäftsprozesse in der Instandhaltung* mit auf den Weg geben möchte. Diese finden Sie als gesondertes Dokument auf der DVD.

Die Instandhaltung steht in einer ständigen Interaktion und in der Folge in einem ständigen Datenaustausch mit anderen Fachbereichen des Unternehmens. Dies spiegelt sich im System in einer breiten und tiefen Integration der Instandhaltung mit den Anwendungen, die von den anderen Fachbereichen eingesetzt werden, wider. Dieses Kapitel zeigt die Integration von SAP EAM in andere ERP-Applikationen, in andere SAP-Applikationen und in Non-SAP-Applikationen.

6 Integration der Anwendungen anderer Fachbereiche

Die Instandhaltung ist ein Servicebereich Ihres Unternehmens. In dieser Eigenschaft steht sie hinsichtlich der Geschäftsprozesse in einer ständigen Interaktion mit den anderen Fachbereichen des Unternehmens. Geschäftsprozesse machen allerdings nicht an Abteilungsgrenzen und auch nicht an Systemgrenzen halt. Um die geforderten Leistungen erbringen zu können, ist es deshalb notwendig, dass ein permanenter Informationsaustausch mit den Applikationen und Systemen stattfindet, die von den anderen Fachbereichen eingesetzt werden. Dabei müssen Informationen aus der Instandhaltung in die anderen Unternehmensbereiche fließen und umgekehrt.

6.1 Wie andere Fachbereiche berührt werden

Wenn es darum geht, wie die Anwendungen anderer Fachbereiche integriert werden können, sind mehrere Fragen zu beantworten:

Fragen

- ▶ Mit welchen Fachbereichen ist potenziell ein Informationsaustausch notwendig?
- ▶ Wie sieht die Einbeziehung dieser Fachbereiche in die Geschäftsprozesse der Instandhaltung aus?
- ▶ Welche Informationen sind Gegenstand des Austausches?

▶ In welche Richtung läuft der Informationsfluss? Fließen die Informationen von der Instandhaltung zu einem anderen Fachbereich, gelangt umgekehrt die Information von einem anderen Fachbereich in die Instandhaltung oder ist die Interaktion bidirektional?

▶ Mit welchen Systemen lässt sich der Informationsaustausch realisieren? Handelt es sich um eine Integration innerhalb von SAP ERP oder werden Daten von einem anderen SAP-System oder von einem Non-SAP-System integriert?

In Anhang C habe ich diese Aspekte zusammengetragen und in einem Überblick dargestellt. Die dortige Tabelle erhebt keinen Anspruch auf Vollständigkeit.

[+] Die Erfahrung aus vielfältigen Unternehmenskontakten hat gezeigt, dass die Geschäftsprozesse zu unterschiedlich sind und die eingesetzte Systemlandschaft zu vielschichtig ist, als dass eine vollständige Liste aller Interaktionen und aller eingesetzten Systeme aufgestellt werden könnte.

Die Tabelle aus Anhang C gibt Ihnen jedoch einen Anhaltspunkt, wie differenziert und vielfältig sich die Interaktion der Instandhaltung mit anderen Fachbereichen darstellt.

Ich möchte Ihnen im Folgenden detailliert erläutern, wie diese Integration umzusetzen ist, insbesondere

▶ die Integration von EAM innerhalb von SAP ERP

▶ die Integration von EAM mit anderen SAP-Systemen

▶ die Integration von EAM mit Non-SAP-Systemen

6.2 Integration innerhalb von SAP ERP

SAP ERP ist ein hoch integriertes System. Wie genau passende Puzzlesteine fügen sich die Teile innerhalb von SAP ERP aneinander (siehe Abbildung 6.1).

Im Folgenden möchte ich nun auf die wichtigsten Integrationspunkte von SAP EAM innerhalb der ERP-Umgebung eingehen. Ich werde Ihnen zeigen, wie sich diese Integration darstellt und wie Sie sie realisieren können.

Eines vorweg: Am wichtigsten für die Instandhaltung ist die Integration **[+]** mit CO und MM.

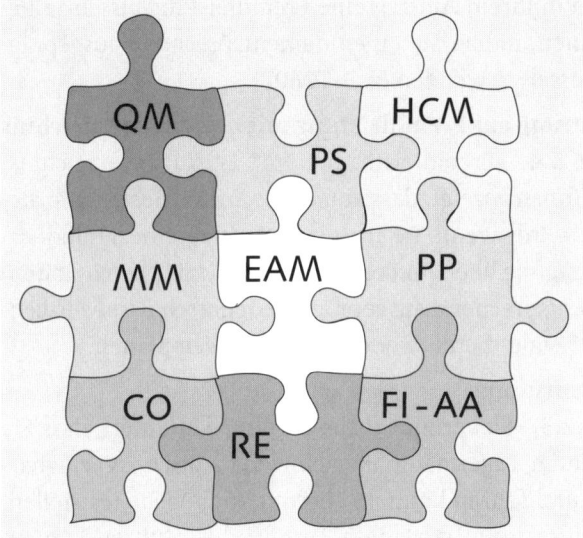

Abbildung 6.1 Das Puzzle der ERP-Integration

Lassen Sie uns mit einem der wichtigsten Integrationsaspekte beginnen: der Integration in die Materialwirtschaft.

6.2.1 Materialwirtschaft

Folgende Integrationsaspekte zu SAP ERP MM habe ich Ihnen in den vorangegangenen Kapiteln bereits vorgestellt – sie sollen deshalb an dieser Stelle nur noch mal kurz wiederholt werden:

▶ **Reservierungen**
In Abschnitt 5.2.2, »Planung«, habe ich aufgezeigt, dass automatisch eine Reservierung ausgelöst wird, wenn Sie in Ihrem Auftrag ein Lagermaterial bzw. eine Komponente mit dem Positionstyp L planen.

▶ **Bestellanforderungen aus Nichtlagermaterial**
Im selben Abschnitt habe ich auch beschrieben, dass automatisch eine Bestellanforderung erzeugt wird, wenn Sie in Ihrem Auftrag eine Nichtlagerposition bzw. eine Komponente mit dem Positionstyp N planen.

▶ **Bestellanforderung aus Fremdleistungen als Einzelbestellung**
In Abschnitt 5.5.2, »Fremdleistungen als Einzelbestellung«, habe ich dargestellt, dass automatisch eine Bestellanforderung generiert wird, wenn Sie in Ihrem Auftrag eine Fremdleistung als Einzelbeauftragung planen, indem Sie einen dementsprechend ausgeprägten Steuerschlüssel verwenden (z. B. PM02).

▶ **Bestellanforderung aus Fremdleistung mit Leistungsverzeichnis**
In Abschnitt 5.5.4, »Fremdleistungen mit Leistungsverzeichnissen«, habe ich Ihnen gezeigt, dass automatisch eine Bestellanforderung generiert wird, wenn Sie in Ihrem Auftrag eine Fremdleistung als Beauftragung über ein Leistungsverzeichnis planen, indem Sie einen dementsprechend ausgeprägten Steuerschlüssel verwenden (z. B. PM03) und die notwendigen Leistungen planen.

▶ **Verfügbarkeitsprüfung**
In Abschnitt 5.2.3, »Steuerung«, habe ich Ihnen erläutert, dass Sie für Ihre geplanten Lagermaterialen eine dynamische Verfügbarkeitsprüfung durchführen können. Hiermit können Sie feststellen, ob Sie den Auftrag zum geplanten Termin durchführen können oder nicht.

[+] Eine *dynamische Verfügbarkeitsprüfung* ist ein Alleinstellungsmerkmal eines integrierten Systems wie SAP ERP. Hierzu werden Informationen benötigt, ob zu dem geplanten Material Dispositionselemente vorliegen wie z. B.

▶ geplante Abgänge aus Reservierungen (auch Reservierungen für Nichtinstandhaltungsaufträge wie z. B. Fertigungsaufträge oder Reservierungen für Kostenstellen)

▶ geplante Abgänge aus Verkaufsbedarfen

▶ geplante Abgänge aus Sekundärbedarfen

▶ geplante Zugänge aus Bestellungen

▶ geplante Zugänge aus Bestellanforderungen

▶ geplante Zugänge aus Planaufträgen

▶ geplante Zugänge aus Fertigungsaufträgen

▶ geplante Zugänge aus Lieferavis

Hierbei handelt es sich um Informationen aus der Bestandsführung, aus dem Einkauf, aus der Fertigung, aus dem Vertrieb, aus der Projektabwicklung und aus anderen Bereichen, die Bedarf am selben Material haben. Eine solche Funktion kann nur ein integriertes System leisten.

Standalone-IPS-Systeme wie DIVA, Maximo oder andere mögen zwar Schnittstellen zu SAP ERP haben. Doch hier handelt es sich ausschließlich um Batch-Schnittstellen, die lediglich in der Lage sind, Informationen eingleisig und nicht zeitnah abzusetzen (z. B. Übertragung einer Reservierung an SAP ERP).

▶ **Ist-Kosten aus Leistungsabnahmen**
In Abschnitt 5.5.4, »Fremdleistungen mit Leistungsverzeichnissen«, habe ich Ihnen dargelegt, dass bei der Abnahme von Leistungen über Leistungserfassungsblätter Ist-Kosten auf dem Auftrag ausgewiesen werden.

▶ **Ist-Kosten aus Wareneingängen zu Fremdleistungen**
In Abschnitt 5.5.2, »Fremdleistungen als Einzelbestellung«, habe ich verdeutlicht, dass bei der Erfassung des Wareneingangs zu einer Bestellung von Fremdleistungen Ist-Kosten auf dem Auftrag ausgewiesen werden, wenn bei der Bestellung das Kennzeichen Wareneingang bewertet gesetzt ist.

▶ **Ist-Kosten aus Rechnungseingängen zu Fremdleistungen**
In Abschnitt 5.5.2 haben Sie erfahren, dass bei der Erfassung des Rechnungseingangs zu einer Bestellung das WE/RE-Verrechnungskonto wieder aufgelöst wird und der Auftrag mit den effektiv in Rechnung gestellten Ist-Kosten belastet wird.

▶ **Wareneingänge und Rechnungseingänge zu Fremdmaterial**
Hier gilt analog dasselbe.

▶ **Ist-Kosten aus Warenentnahmen**
In Abschnitt 5.2.4, »Abwicklung«, habe ich Ihnen gezeigt, wie Sie auf einen Auftrag geplant und ungeplant Material entnehmen können. Diese Entnahmen führen zu entsprechenden Ist-Kosten auf dem Auftrag.

▶ **Bestandsführung von Equipments**
In Abschnitt 4.2.2, »Equipments und Serialnummern«, habe ich beschrieben, dass Sie mithilfe der Materialserialnummer Equipments bestandsmäßig führen können und welche Voraussetzungen im Equipmentstamm und im Materialstamm hierzu notwendig sind.

▶ **Aufarbeitung von Reserveteilen**
In Abschnitt 5.6, »Der Geschäftsprozess Aufarbeitung«, habe ich Ihnen dargelegt, wie Sie mit dem Prozess der Aufarbeitung aus

defekten Reserveteilen wieder funktionsfähige machen können –
u. a., wie sich die Entnahme der defekten Reserveteile und die
Rückgabe der funktionsfähigen Reserveteile darstellt und wie
getrennte Bestände zu führen sind.

[+] Sie können Einkaufsbelege (Bestellanforderungen, Bestellungen) auch mit
den Transaktionen der Materialwirtschaft bedienen und auf den Auftrag
kontieren. Aber: Die so entstehenden Kosten werden erst als Ist-Kosten
auf den Aufträgen sichtbar. Dadurch unterlaufen sie womöglich Budget-
prüfungen. Daher sollten Beschaffungsvorgänge immer aus Aufträgen heraus angelegt werden.

Lassen Sie mich nun auf ein paar weitere Integrationsaspekte mit SAP
ERP MM eingehen. Dies beginnt mit *dem* zentralen Element in der
gesamten Logistik: dem Materialstamm.

Der Materialstamm

Ersatzteil-
verwaltung

Von Anwendern bin ich schon häufiger gefragt worden, ob denn SAP
EAM eine eigene Ersatzteilverwaltung habe oder ob das dieselben
Teile wie in MM seien. Die Antwort ist: ja und nein. SAP ERP verfügt
über eine Verwaltung von *Materialstämmen*, die von allen Bereichen
der Logistik genutzt wird: von der Bestandsführung, vom Einkauf,
von der Produktion, vom Vertrieb, von der Projektabwicklung und
eben auch von der Instandhaltung. Dass man gerne eine eigene
Ersatzteilverwaltung hätte, hat meistens innerbetriebliche organisatorische Gründe (z. B. dass die Hoheit über den Materialstamm beim
Lager oder beim Einkauf liegt). Hier können Sie aber Abhilfe schaffen.

[+] Um eine Ersatzteilverwaltung zu schaffen, legen Sie im Customizing für die
Ersatzteile eine eigene Materialart an (z. B. ERSA (Ersatzteile) oder MAZE
(Maschinenzubehör- und Ersatzteile o. Ä., siehe Abbildung 6.2) und über-
tragen die Verantwortung für Materialstämme dieser Materialart auf die
Instandhaltung.

Mit einer eigenen Materialart haben Sie z. B. folgende Vorteile:

▸ Sie können getrennte Berechtigungen vergeben.

▸ Sie können einen eigenen Nummernkreis verwenden.

▸ Sie können einen eigenen Bildschirmaufbau definieren.

▸ Sie können die Feldauswahl festlegen.

- Sie können spezielle Bestands- und Verbrauchskonten ansteuern.

- Sie können eine eigene Mengen- und Wertfortschreibung definieren.

- Sie können danach selektieren.

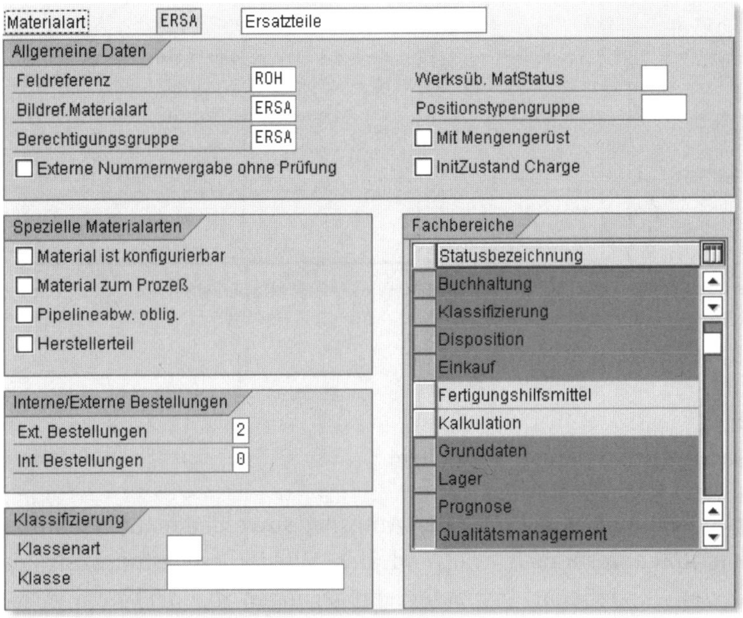

Abbildung 6.2 Materialart für Ersatzteile

Die Materialdisposition

Das gängigste Verfahren zur Disposition von Ersatzteilen ist das so genannte *Bestellpunktverfahren* (siehe Abbildung 6.3).

Grundlage des Bestellpunktverfahrens ist der Vergleich des verfügbaren Lagerbestands und der festen Zugänge mit dem Meldebestand. Ist der verfügbare Lagerbestand kleiner als der Meldebestand, wird die Beschaffung angestoßen.

Bestellpunktverfahren

Der Meldebestand setzt sich aus dem zu erwartenden durchschnittlichen Materialbedarf während der Wiederbeschaffungszeit und dem Sicherheitsbestand zusammen. Dementsprechend müssen bei der Festlegung des Meldebestands folgende Werte berücksichtigt werden:

- der Sicherheitsbestand

- der bisherige Verbrauch bzw. der zukünftige Bedarf

- die Wiederbeschaffungszeit

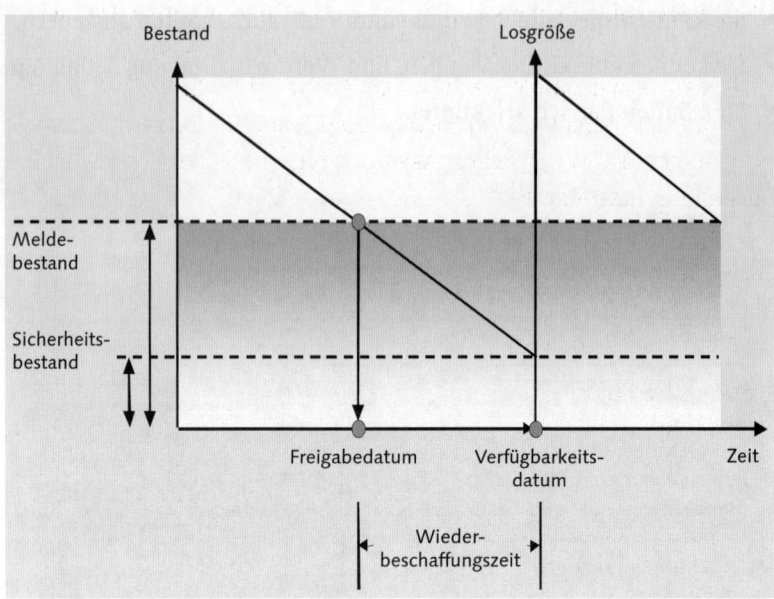

Abbildung 6.3 Das Bestellpunktverfahren

Der Sicherheitsbestand hat die Aufgabe, sowohl den ungeplanten Materialmehrverbrauch während der Wiederbeschaffungszeit als auch den Zusatzbedarf bei Lieferverzögerungen abzudecken.

Dispomerkmal VB

Hierfür beinhaltet SAP ERP in der Standardauslieferung das *Dispomerkmal VB* (= manuelle Bestellpunktdisposition). Das Problem dieses Dispomerkmals ist jedoch, dass es lediglich einen Vergleich des tatsächlichen Lagerbestands mit dem Meldebestand durchführt. Dies bedeutet: Das System würde erst dann eine Nachbeschaffung anstoßen, wenn Sie durch eine Lagerentnahme den Meldebestand unterschreiten. Wenn Sie jedoch durch eine Reservierung den Meldebestand unterschreiten, hat dies keine Auswirkungen, es wird kein Beschaffungsvorgang angestoßen. Konsequenz: Zu dem Zeitpunkt, zu dem Sie die Teile aus dem Lager holen möchten, ist möglicherweise nicht genügend vorhanden.

[+]

Legen Sie sich ein eigenes Dispomerkmal (z. B. V1 = MANUELLE BESTELL-PUNKTDISPOSITION MIT BERÜCKSICHTIGUNG EXTERNER BEDARFE) an, und ordnen Sie es der Materialart ERSATZTEILE zu. Dieses Dispomerkmal sorgt dafür, dass Ihre Reservierungen aus Instandhaltungsaufträgen bei der Disposition berücksichtigt und rechtzeitig Beschaffungsvorgänge angestoßen werden.

Dispomerkmale pflegen Sie mit der Customizing-Funktion Material-
wirtschaft • Verbrauchsgesteuerte Disposition • Stammdaten •
Dispositionsmerkmale überprüfen (siehe Abbildung 6.4). Setzen
Sie dort den Schalter Inkl. ext. Bedarf auf 2 (Externe Bedarfe
innerhalb der Wiederbeschaffungszeit), und aktivieren Sie die
Einstellung Inst/NetzRes.

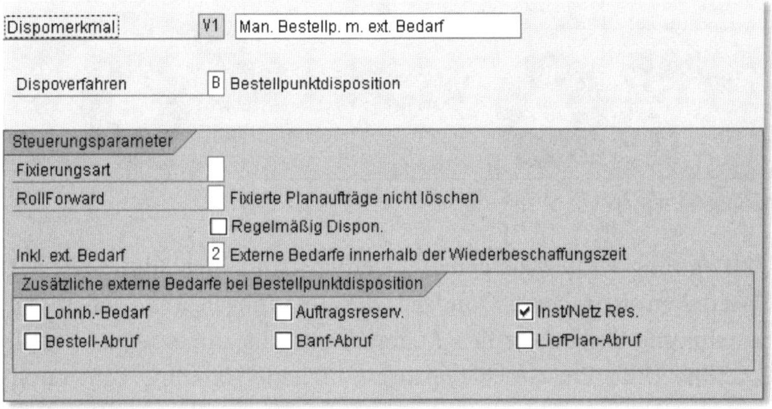

Customizing

Abbildung 6.4 Dispomerkmal

Die Zuordnung nehmen Sie dann im Materialstamm auf dem Bild
Disposition 1 pro Werk vor (siehe Abbildung 6.5).

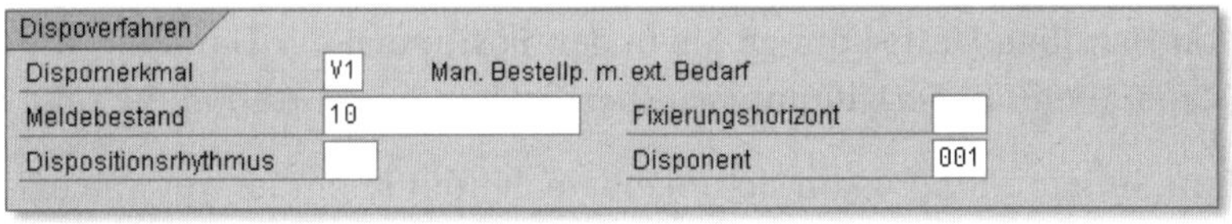

Materialstamm

Abbildung 6.5 Materialstamm »Disposition 1«

Handling Unit Management

Eine *Handling Unit* ist eine physische Einheit aus Packmitteln und
den darauf/darin gelagerten Materialien. Eine Handling Unit hat eine
eindeutige Identifikationsnummer, über die die Daten zur Handling
Unit abgerufen werden können. Die Packmittel setzen sich aus
Ladungsträger (Paletten, Gitterboxen, Kisten, Lkw usw.) und Verpa-
ckungsmaterial (Karton, Folie usw.) zusammen (siehe Abbildung 6.6).
Handling Units sind schachtelbar, und somit ist es möglich, beliebig
oft aus mehreren Handling Units eine neue Handling Unit zu bilden.

Definition

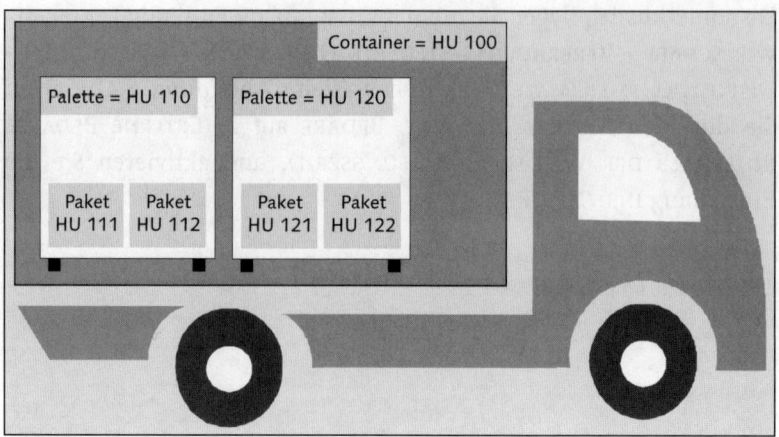

Abbildung 6.6 Handling Unit

Geschäfts-
prozesse

Im Handling Unit Management werden dann nicht die einzelnen Materialien betrachtet, sondern die Handling Units selbst. Die gemeinsame Einheit für den Material- und Informationsfluss ist die Handling Unit. Ein Geschäftsprozess für eine Handling Unit impliziert im Hintergrund entsprechende Geschäftsvorfälle für die enthaltenen Materialien und Packmittel. Ein Geschäftsvorfall ersetzt somit die Einzelerfassung mehrerer Materialbewegungen.

Serialnummern

Sie können Serialnummern auf Handling Units verwalten bzw. eine Serialnummer einer Handling Unit zuordnen. Bereits beim Anlegen von Handling Units können Sie in den Positionen der Handling Unit Materialien mit Serialnummern spezifizieren (siehe Abbildung 6.7).

Eine Serialnummer kann sich zu einem Zeitpunkt immer nur in maximal einer Handling Unit befinden. Bei der Zuordnung einer Serialnummer zu einer Handling Unit setzt das System im Stammsatz den Status EHUZ. Die Serialnummer kann dann nur in Geschäftsprozessen mit Handling Unit verarbeitet werden.

Customizing

Um Serialnummern in Handling Units verwenden zu können, müssen Sie im Customizing mit der Funktion INSTANDHALTUNG UND KUNDENSERVICE • STAMMDATEN IN INSTANDHALTUNG UND KUNDENSERVICE • TECHNISCHE OBJEKTE • SERIALNUMMERNVERWALTUNG • SERIALNUMMERNPROFILE FESTLEGEN ein Serialnummernprofil anlegen, dem Sie den Serialisierungsvorgang HUSL zuordnen. Dieses Serialnummernprofil tragen Sie im Materialstammsatz der Serialnummer ein.

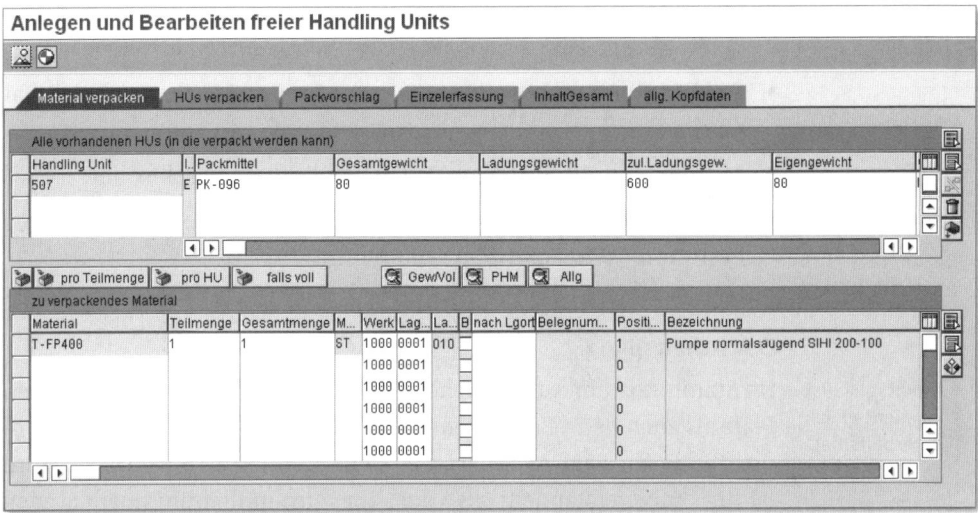

Abbildung 6.7 Serialnummer in Handling Units

Wenn Sie den Warenausgang einer Handling Unit buchen, werden die Serialnummern der Handling Unit in den Materialbeleg kopiert. Das System nimmt im Stammsatz der Serialnummern den Systemstatus EHUZ zurück. In der Serialnummernhistorie sehen Sie, mit welcher Handling Unit der Warenausgang gebucht wurde.

Warenausgang

Wenn Sie den Wareneingang einer Handling Unit auf einen HU-pflichtigen Lagerort buchen, werden auch hier die Serialnummern der Handling Unit in den Materialbeleg kopiert. Das System setzt im Stammsatz der Serialnummern den Systemstatus EHUZ. In der Serialnummernhistorie erkennen Sie, mit welcher Handling Unit der Wareneingang gebucht wurde.

Wareneingang

> Sie können Serialnummern auf Handling Units verwalten bzw. eine Serialnummer einer Handling Unit zuordnen. Ein Geschäftsvorfall mit Handling Units (z. B. Warenausgang, Wareneingang) ersetzt somit die Einzelerfassung mehrerer Materialbewegungen.

[+]

Lassen Sie mich nun zu einem anderen Integrationsaspekt innerhalb der Logistik kommen: der Integration mit PP.

6.2.2 Produktionsplanung und -steuerung

Die Integration mit SAP ERP PP (Produktionsplanung und -steuerung) beinhaltet vier Aspekte:

> ▸ Sie können über den Stammsatz eines technischen Objekts eine Querreferenz zum Arbeitsplatz als PP-Ressource herstellen.

> ▸ Sie können geplante EAM-Aufträge in der PP-Plantafel sichtbar machen.

> ▸ Mithilfe von PP-Aufträgen stellen Sie Ersatzteile selbst her.

> ▸ Der EAM-Arbeitsplatz nimmt im Rahmen von PP-Aufträgen bestimmte Vorgänge oder Unteraufträge wahr.

Der Arbeitsplatz

Arbeitsplatz ist nicht gleich Arbeitsplatz

Im Stammsatz eines technischen Objekts – sowohl beim Technischen Platz als auch beim Equipment – finden Sie in der Feldgruppe STANDORTDATEN ein Feld ARBEITSPLATZ (siehe Abbildung 6.8). Dieses wird häufig missverstanden als der für Instandhaltungsmaßnahmen zuständige Arbeitsplatz. Dies ist aber falsch: Für diesen Verwendungszweck gibt es das Feld VERANTWORTLICHER ARBEITSPLATZ in der Feldgruppe ZUSTÄNDIGKEITEN. Das Feld ARBEITSPLATZ ist gedacht als Querreferenz: Welchem PP-Arbeitsplatz, also welcher Kapazitätsressource aufseiten der Produktion, entspricht dieser technische Platz oder dieses Equipment?

[+] Durch die Zuordnung eines technischen Objekts zum ARBEITSPLATZ stellen Sie eine Querverbindung zu SAP ERP PP her. Der VERANTWORTLICHE ARBEITSPLATZ ist die für Instandhaltungsmaßnahmen zuständige Werkstatt. Hier besteht eine 1:N-Beziehung: Einem PP-Arbeitsplatz können mehrere technische Objekte zugewiesen werden.

[+] Die Anzahl der Einzelkapazitäten des PP-Arbeitsplatzes, die eine wesentliche Einflussgröße für die Bestimmung des PP-Kapazitätsangebots darstellt, wird nicht durch die Anzahl der zugeordneten technischen Objekte berechnet.

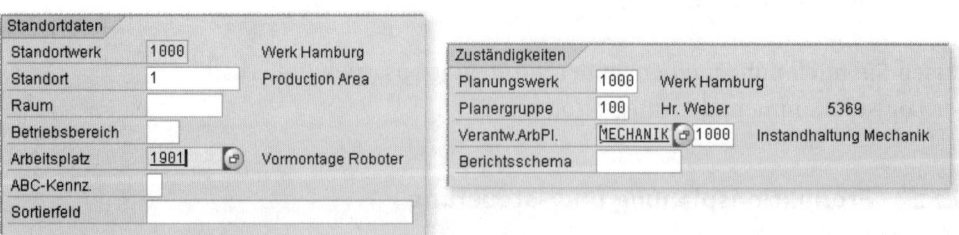

Abbildung 6.8 Arbeitsplatz und verantwortlicher Arbeitsplatz

Die reine Zuordnung eines technischen Objekts zu einem Arbeitsplatz ist jedoch zunächst nur ein Querverweis; dieser bewirkt noch keinerlei Reservierung, Kapazitätsbelastung o. Ä., wenn ein Instandhaltungsauftrag für das betroffene technische Objekt anliegt.

Instandhaltungsaufträge in der PP-Plantafel

Wenn Sie auch eine Querverbindung zwischen den Instandhaltungsmaßnahmen und der Produktionsplanung herstellen möchten, müssen zunächst folgende Voraussetzungen erfüllt sein:

- Sie ordnen das technische Objekt einem ARBEITSPLATZ zu (siehe oben).

  Voraussetzungen

- Sie definieren im Customizing mit der Funktion INSTANDHALTUNG UND KUNDENSERVICE • INSTANDHALTUNGS- UND SERVICEABWICKLUNG • INSTANDHALTUNGS- UND SERVICEAUFTRÄGE • ALLGEMEINE DATEN • ANLAGENZUSTÄNDE ODER BETRIEBSZUSTÄNDE ANLEGEN einen Betriebszustand, bei dem der Schalter BELEGUNG DURCH IH aktiviert ist (siehe Abbildung 6.9).

AnlZustand	Betriebszustand	Belegung durch IH
0	außer Betrieb	☑
1	in Betrieb	☐
2	Testbetrieb	☐

Abbildung 6.9 Betriebszustandskennzeichen

Wenn Sie Ihren EAM-Auftrag in der Produktionsplanung sichtbar machen möchten, setzen Sie im Auftragskopf den entsprechenden Wert im Feld ANLZUST.

EAM-Auftrag

Im oberen Teil der Plantafel von SAP ERP PP (Transaktion CM21) werden Ihnen nun die für diese Ressource von der Instandhaltung eingeplanten Aufträge – zusammen mit den Fertigungsaufträgen der Ressource – angezeigt (siehe Abbildung 6.10). Sie finden aber nur diejenigen Instandhaltungsaufträge, die einen Maschinenstillstand erforderlich machen. Andere Instandhaltungsaufträge, die produktionsbegleitend durchgeführt werden können und für die Sie deshalb das Anlagenzustandskennzeichen nicht gesetzt haben, werden in der Plantafel nicht gezeigt.

PP-Plantafel

Der Fertigungsdisponent kann jedoch aus der PP-Plantafel heraus den EAM-Auftrag nicht verändern: Er kann ihn z. B. nicht verschieben, wenn die Produktion die Ressource zu diesem Termin nicht für Instandhaltungsmaßnahmen freigeben kann.

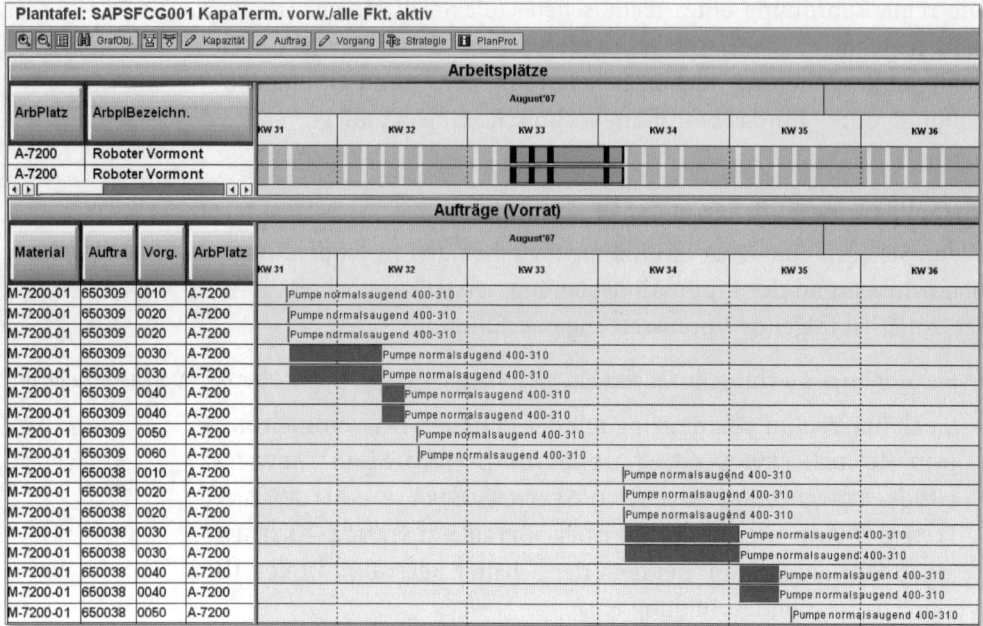

Abbildung 6.10 PP-Plantafel

[+] Das Sichtbarmachen von EAM-Aufträgen in der PP-Plantafel dient lediglich als Hinweis an die Produktion, dass die Instandhaltung zu diesem Termin einen Auftrag eingeplant hat. Es findet keine automatische Belastung
und schon gar keine Sperrung der PP-Ressource statt. Wenn der Termin
aus Sicht der Produktion nicht realisierbar ist, muss eine manuelle Kommunikation zwischen Produktion und Instandhaltung stattfinden.

Eigenfertigung von Ersatzteilen

Ausgangspunkt Im Rahmen eines Instandhaltungsauftrags werden Ersatzteile benötigt, die nicht fremdbeschafft werden können oder sollen, sondern in
Eigenregie entweder von der Instandhaltung oder von der Produktion zu fertigen sind.

Vorgehensweise Sie richten für das Ersatzteil einen Fertigungsauftrag (Transaktion
CO01) ein. Neben der allgemeinen Vorgangs- und Materialplanung
tragen Sie als Abrechnungsvorschrift den EAM-Auftrag ein (siehe
Abbildung 6.11).

Nach Fertigstellung des Ersatzteils rechnen Sie den PP-Auftrag an den
EAM-Auftrag ab (Transaktion KO88).

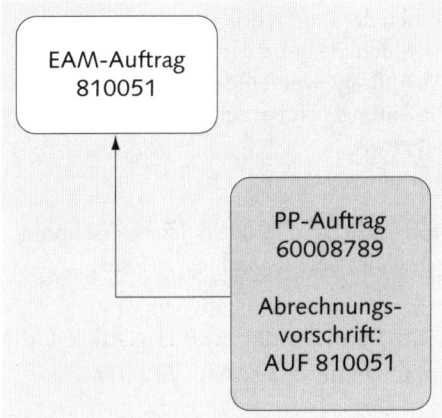

Abbildung 6.11 PP-Auftrag an EAM-Auftrag

Wenn Sie Ersatzteile selbst fertigen, richten Sie hierfür einen PP-Auftrag **[+]** ein. Die durch den PP-Auftrag erzeugten Kosten werden auf dem EAM-Auftrag sichtbar. Damit fließen sie in die Abrechnung des EAM-Auftrags ein und werden in der Historie des technischen Objekts sichtbar.

Instandhaltungsleistungen für die Produktion

Die quasi spiegelbildliche Ausgangssituation wäre gegeben, wenn die Instandhaltung im Rahmen von Fertigungsaufträgen Leistungen erbringt wie etwa Umrüstvorgänge, Umbauten o. Ä.

Ausgangssituation

Sie planen einen EAM-Auftrag und tragen als Abrechnungsvorschrift den PP-Auftrag ein (siehe Abbildung 6.12).

Vorgehensweise

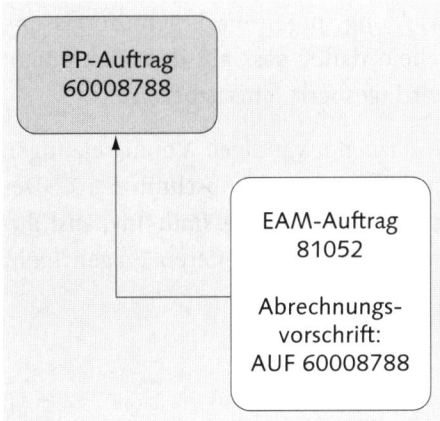

Abbildung 6.12 EAM-Auftrag an PP-Auftrag

[+] Wenn die Instandhaltung im Rahmen der Produktion Leistungen erbringt, richten Sie einen EAM-Auftrag ein, den Sie auf einen PP-Auftrag abrechnen. Nach Abrechnung des EAM-Auftrags werden die in der Instandhaltung entstandenen Kosten im PP-Auftrag sichtbar und fließen dort in die Nachkalkulation des Produkts mit ein.

[+] Achten Sie darauf, dass organisatorisch sichergestellt ist, dass zuerst immer der untergeordnete Auftrag abgerechnet und abgeschlossen wird.

Der letzte Integrationsaspekt im Rahmen der ERP-Logistik ist die Integration mit dem Qualitätsmanagement, also SAP ERP QM.

6.2.3 Qualitätsmanagement

Im Hinblick auf das Qualitätsmanagement ergeben sich folgende Integrationsaspekte:

▸ Sie können die in QM eingesetzten Prüf- und Messmittel als Equipmentstammsätze verwalten.

▸ Die an diesem Prüf- und Messmittel durchzuführenden Prüfvorgänge werden innerhalb eines EAM-Arbeitsplans erfasst – entweder als Anleitung oder als Equipmentarbeitsplan.

▸ Die Steuerung der Prüftermine übernimmt für Sie ein Wartungsplan zum Equipment.

▸ Der Wartungsplan erzeugt zur Durchführung der Prüfung sowohl einen EAM-Auftrag als auch ein QM-Prüflos, die eineindeutig einander zugeordnet sind.

▸ Im Rahmen der Prüflosabwicklung sorgen die Ergebniserfassung und der Verwendungsentscheid dafür, dass auf dem Equipment der richtige Status gesetzt wird (gesperrt, einsatzbereit).

Der Geschäftsprozess und die dazu notwendigen Voraussetzungen (z. B. im Customizing) wurden Ihnen schon in Abschnitt 5.10, »Der Geschäftsprozess Kalibrierung von Prüf- und Messmitteln«, ausführlich erläutert, so dass an dieser Stelle keine weiteren Fragen mehr offen sein sollten.

6.2.4 Buchhaltung

Kommen wir nun zu einem weiteren wichtigen Integrationsaspekt: der Verbindung zwischen Buchhaltung und Instandhaltung.

> Die Integration mit FI ist eine ganz elementare: In FI wird der Sachkont-   **[+]**
> enrahmen gepflegt. Auf dem Sachkontenrahmen setzen alle Geschäftspro-
> zesse in SAP ERP auf, auch die der Instandhaltung.

Wenn Sie sich z. B. nochmals den Kostenbericht eines normalen Instandhaltungsauftrags ansehen (siehe Abbildung 6.13), werden darin durch diverse Geschäftsvorgänge Sachkonten ausgewiesen: Sachkontenrahmen

- Verbrauch von Ersatzteilen (Kontoklassen 4 und 8)

- Fremdbeschaffung von Ersatzteilen (Kontoklasse 4)

- Fremdbeschaffung von Leistungen (Kontoklasse 4)

- Bei einem Aufarbeitungsauftrag können diese noch durch Buchungen an das Bestandsvermögen (Kontoklasse 3) ergänzt werden.

In Abschnitt 5.5.2, »Fremdleistung als Einzelbestellung«, habe ich Ihnen den so genannten *wareneingangsgezogenen Rechnungseingang* gezeigt, bei dem Bezug genommen wird auf eine Bestellung. Was aber, wenn gar keine Bestellung vorausging? Wenn etwa der Lieferant »auf Zuruf« geliefert hat und jetzt eine Rechnung schickt?   Rechnungseingang

Kosten...	Kostenart (Text)	Σ	Plan ges.	Σ	Ist ges.	Σ	Plan/Ist-Abw.	P/I-Abw(...	Währg
400000	Verbrauch Rohstoffe 1		94,24		94,25		0,01	0,01	EUR
403000	Verbrauch Hilfs- und Betriebsstoffe		23,01		23,01		0,00		EUR
417000	Bezogene Leistungen		750,00		0,00		750,00-	100,00-	EUR
890000	Verbrauch Halbfabrikate		83,41		83,41		0,00		EUR
890000	Verbrauch Halbfabrikate		0,00		84,98		84,98		EUR
890000	Verbrauch Halbfabrikate		227,52		227,52		0,00		EUR
890000	Verbrauch Halbfabrikate		0,00		228,40		228,40		EUR
615000	Direkte Leistungsverr. Reparaturen		2.005,95		1.182,99		822,96-	41,03-	EUR
655901	Gemeinkostenzuschlag Instandhaltung		436,24		266,61		169,63-	38,88-	EUR
Belastung		Σ	**3.620,37**	Σ	**2.191,17**	Σ	**1.429,20-**		**EUR**
650000	Auftragsabrechnung		0,00		266,61-		266,61-		EUR
651000	Auftragsabrechnung Material		0,00		624,31-		624,31-		EUR
652000	Auftragsabr. Eigenleistungen		0,00		1.300,25-		1.300,25-		EUR
Abrechnung		Σ	**0,00**	Σ	**2.191,17-**	Σ	**2.191,17-**		**EUR**
		Σ Σ	**3.620,37**	Σ Σ	**0,00**	Σ Σ	**3.620,37-**		**EUR**

Abbildung 6.13 Kostendarstellung eines Instandhaltungsauftrags

Dann verwenden Sie die allgemeine Funktion der Rechnungserfassung (Transaktionen FB60 oder F-43) und kontieren den Betrag auf den Auftrag (siehe Abbildung 6.14).

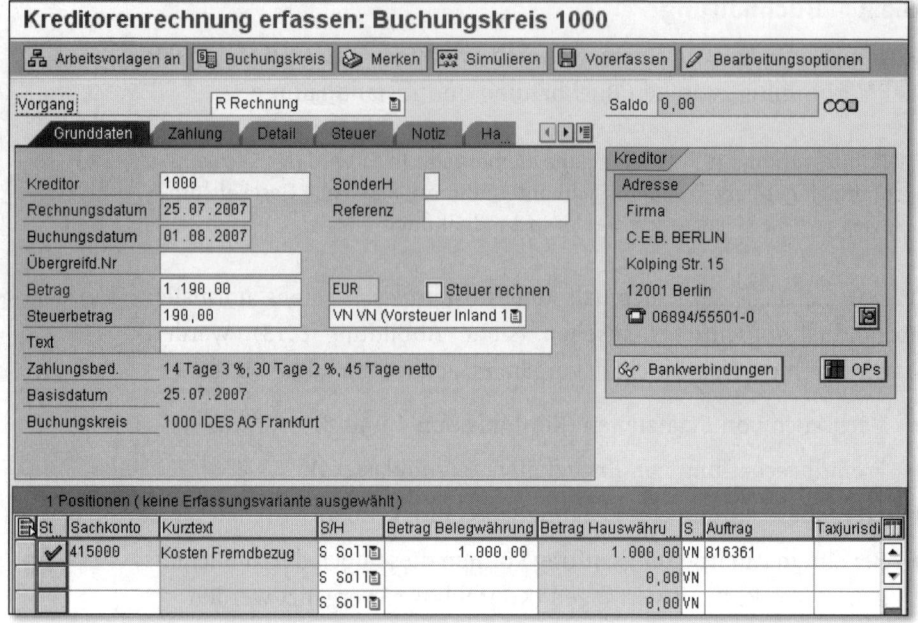

Abbildung 6.14 Kreditorenrechnung

[+] Sie können auch eine Rechnung einbuchen, der keine Bestellung vorausging. Sie kontieren diese Rechnung auf den EAM-Auftrag, und damit werden die Kosten in der Historie ausgewiesen.

Anlagenbuchhaltung

Übersicht Die Integrationsaspekte zur Anlagenbuchhaltung sind folgende:

▶ Sie können Ihren technischen Objekten einen Anlagenstammsatz
zuordnen.

▶ Sie können beim Anlegen von Anlagenstammsätzen automatisch
Equipments generieren lassen.

▶ Sie können bei Änderungen von Anlagenstammsätzen die Equipmentstammsätze automatisch ändern lassen.

▶ Sie können beim Anlegen von Equipmentstammsätzen automatisch Anlagenstammsätze generieren lassen.

▶ Sie können bei Änderungen von Equipmentstammsätzen die Anlagenstammsätze automatisch ändern lassen.

▶ Sie können Ihre Instandhaltungsleistungen aktivieren und auf
»Anlage im Bau« abrechnen.

Anlage

Sie können Ihr Equipment und/oder Ihren Technischen Platz auf eine Anlagennummer verweisen lassen (siehe Abbildung 6.15).

Kontierung			
Buchungskreis	1000	IDES AG	Frankfurt
GeschBereich	9900	Verwaltung/Sonstige	
Anlage	2131	⊡ 0	Roboter für Montage
Kostenstelle	4110	/ 1000	Technische Anlagen
PSP-Element			
Dauerauftrag			
AbrechnAuftrag			

Abbildung 6.15 Anlagennummer im Equipmentstamm

Dabei handelt es sich um eine 1:N-Verknüpfung, d. h., Sie können mehrere technische Objekte auf ein und dieselbe Anlagennummer verweisen lassen, umgekehrt nicht.

Wenn Sie sich den Anlagenstammsatz anzeigen lassen, können Sie von dort auf die zugeordneten technischen Objekte verzweigen (Transaktion AS03, UMFELD • EQUIPMENTS bzw. UMFELD • TECHNISCHE PLÄTZE).

Synchronisation von Equipment und Anlage

Vielen Anwendern unbekannt ist auch die Möglichkeit, Equipmentstammsätze und Anlagenstammsätze gegenseitig abzugleichen.

> SAP ERP bietet Ihnen einen Synchronisationsmechanismus an, mit dessen Hilfe Sie beim Anlegen von Anlagenstammsätzen Equipments generieren können und umgekehrt. Dieser Synchronisationsmechanismus funktioniert auch für den Änderungsdienst.

[+]

Wenn Sie also z. B. die Kostenstelle der Anlage ändern, können Sie das System so einstellen, dass dann im Hintergrund die Kostenstelle des Equipments automatisch geändert wird.

> Einen Synchronisationsmechanismus zum Abgleich von Anlagen und Technischen Plätzen gibt es im Standard-SAP ERP-System nicht.

[+]

Welche Voraussetzungen müssen Sie schaffen, damit Sie die Synchronisation nutzen können?

Voraussetzungen

> ▶ Sie definieren im Customizing mit der Funktion FINANZWESEN (NEU) • ANLAGENBUCHHALTUNG • STAMMDATEN • AUTOMATISCHES ANLEGEN VON EQUIPMENTSTAMMSÄTZEN • BEDINGUNGEN FÜR SYNCHRONISATION DER STAMMDATEN FESTLEGEN in Abhängigkeit von der Anlagenklasse und dem Equipmenttyp die Richtung der Synchronisation (also Anlage Equipment und/oder Equipment Anlage).

> ▶ Mit derselben Funktion definieren Sie, ob die Synchronisation direkt erfolgen soll, ob ein Workflow ausgelöst wird oder beides.

> ▶ Mit der Customizing-Funktion AUTOMATISCHES ANLEGEN VON EQUIPMENTSTAMMSÄTZEN • STAMMSATZFELDER VON ANLAGEN UND EQUIPMENTS ZUORDNEN legen Sie die Felder fest, die synchronisiert werden sollen.

Vorgehen Wenn Sie dann eine Anlage anlegen (Transaktion AS01) und über das Customizing festgelegt haben, dass dann sofort ein Equipmentstamm erzeugt werden soll, wird die Equipmentnummer direkt im Anlagenstammsatz angezeigt (siehe Abbildung 6.16). Über den Button Anlegen können Sie weitere Equipments erzeugen, die dann ebenfalls dieser Anlage zugeordnet werden.

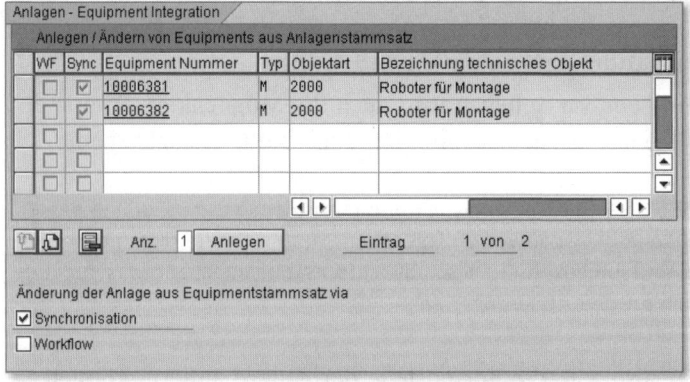

Abbildung 6.16 Anlagen-Equipment-Synchronisation

Aktivierung von Instandhaltungsleistungen

Ausgangssituation Bestimmte Leistungen von Instandhaltungsabteilungen sind aktivierungspflichtig oder aktivierungsfähig. Insbesondere dann, wenn es sich um wertschöpfende Aufträge wie Modernisierungen, Umbauten, Einbau zusätzlicher Komponenten o. Ä. handelt, sollten diese Maßnahmen nicht auf Kostenstelle abgerechnet und damit in den

Aufwand gebucht werden, sondern in diesen Fällen sollten die Werte aktiviert werden.

Sie richten einen Auftrag ein und geben in der Abrechnungsvorschrift ANL (= Anlage) als Kontierungstyp und die Anlagennummer als Kontierungsobjekt an. Nach Beendigung des Auftrags rechnen Sie diesen ab (Transaktion KO88). **Vorgehensweise**

Die durch die Instandhaltung generierten Werte werden im Anlagenstammsatz als Zugang aus Abrechnung auf Anlagen ausgewiesen, der Anschaffungswert wird erhöht, und die Abschreibungsbeträge werden angepasst (siehe Abbildung 6.17). **Ergebnis**

Stimmen Sie sich intensiv mit der Anlagenbuchhaltung ab, gerade im Hinblick auf die Aktivierung von Eigenleistungen. **[+]**

Kommen wir nun zu einer sehr breit gefächerten, tiefen und neben der zur Materialwirtschaft wichtigsten Integration: der Integration mit dem Controlling.

Geplante Werte US-GAAP 1.HW

Wert	Jahresanfang	Veränderung	Jahresende	Währg
Bewegung Bestand		77.580,88	77.580,88	EUR
Invest.Förderung				EUR
Anschaffungswert		77.580,88	77.580,88	EUR
Normalabschreibung		3.878,88-	3.878,88-	EUR
Ausserplanm. Abschr.				EUR
Zuschreibung				EUR
Wertberichtigung				EUR
Restbuchwert		73.702,00	73.702,00	EUR
Zinsen				EUR
Anzahlungen				EUR

Bewegungen

Bezugsdatum	Betrag	BWA	Bezeichnung Bewegungsart	Währg
01.08.2007	75.000,00	100	Zugang aus Kauf	EUR
31.08.2007	2.580,88	115	Zugang aus Abrechnung von CO auf Anlagen	EUR

Abbildung 6.17 Anlagenwerte

6.2.5 Controlling

Folgende Aspekte bestimmen die Integration der Instandhaltung mit dem Controlling: **Übersicht**

▸ Damit die EAM/CO-Integration wirksam werden kann, sorgen Sie dafür, dass die benötigten Kostenarten im Kontenrahmen vorhanden sind.

▸ Den Technischen Plätzen und/oder den Equipments ordnen Sie als potenziellen Kostenträger eine Kostenstelle im Sinne einer empfangenden Kostenstelle zu.

▸ Dem Arbeitsplatz als Leistungserbringer ordnen Sie eine Kostenstelle im Sinne einer leistenden Kostenstelle zu.

▸ Sie definieren Leistungsarten und auf deren Basis die Verrechnungssätze (Tarife) der Instandhaltung.

▸ Im Customizing von CO legen Sie fest, wie Sie Ihre Aufträge kalkulieren möchten.

▸ Sie definieren im Auftrag eine Abrechnungsvorschrift und rechnen den Auftrag dorthin ab.

▸ Sie ermitteln ggf. für Ihre Aufträge die Gemeinkostenzuschläge.

▸ Sie können die Instrumente des Controllings (wie z. B. Kostenstellenberichte oder Auftragsberichte) nutzen, um Ihre Instandhaltungsaktivitäten zu analysieren.

Kostenarten

Der Informationsaustausch zwischen SAP EAM und SAP CO läuft immer über Kostenarten.

[+] Sorgen Sie bei der Einführung von SAP EAM dafür, dass alle benötigten Kostenarten für die Kalkulation und Abrechnung der Aufträge vorhanden sind. Ggf. müssen Sie Ihren bisherigen Kontenrahmen ergänzen.

Für die Kalkulation und Abrechnung der EAM-Aufträge werden folgende Kostenarten benötigt (siehe Abbildung 6.13):

▸ Kostenarten für den Verbrauch von Ersatzteilen (Kontoklasse 4, Kostenartentyp 1: Primärkosten)

▸ Kostenarten für die Fremdbeschaffung von Ersatzteilen (Kontoklasse 4, Kostenartentyp 1: Primärkosten)

▸ Kostenarten für die Fremdbeschaffung von Leistungen (Kontoklasse 4, Kostenartentyp 1: Primärkosten)

▸ Kostenarten für die Erfassung der Instandhaltungsleistungen (Kontoklasse 6, Kostenartentyp 43: Verrechnung Leistungen/Prozesse)

▸ Kostenarten für Gemeinkostenzuschläge (Kontoklasse 6, Kosten-artentyp 41: Gemeinkostenzuschläge)

▸ Kostenarten für die Auftragsabrechnung (Kontoklasse 6, Kosten-artentyp 21: Abrechnung intern)

Kostenstellen

Damit die Instandhaltungsleistungen durch die interne Leistungsver-rechnung (ILV) auf die Anlagenkostenstellen verrechnet werden kön-nen

▸ *müssen* Sie den Arbeitsplätzen der Instandhaltung eine Kosten-stelle als die leistende Kostenstelle zuordnen

▸ *sollten* Sie den Technischen Plätzen und/oder Equipments eine Kos-tenstelle als die empfangende Kostenstelle zuordnen

Der 90-%-Fall der Abrechnung von Instandhaltungsleistungen ist die Anlagenkostenstelle. Deshalb sollten Sie Ihren technischen Objekten eine Kostenstelle zuordnen, damit diese automatisch als Abrechnungsvorschrift in den Auftrag übernommen werden kann. **[+]**

Leistungsarten und Tarife

Für die leistende Kostenstelle benötigen Sie Leistungsarten. Eine *Leis-tungsart* ist eine Einheit innerhalb eines Kostenrechnungskreises, der die Leistungen einer Kostenstelle klassifiziert und über den Sie die Verrechnungssätze der Kostenstelle differenzieren können. Leis-tungsarten definieren Sie über die Transaktion KL01.

Wenn Sie pro Instandhaltungskostenstelle lediglich einen Verrech-nungssatz haben, reicht Ihnen auch eine Leistungsart. Pauschal oder differenziert?

Wenn Sie jedoch pro Instandhaltungskostenstelle differenzierte Ver-rechnungssätze haben, benötigen Sie mehrere Leistungsarten. Was könnten Gründe sein für differenzierte Verrechnungssätze? Sie diffe-renzieren die Instandhaltungsleistungen z. B.

▸ nach der Dringlichkeit (Eilaufträge, Normalaufträge, Arbeitsvorrat)

▸ nach dem Zeitpunkt des Anfalls (Normalschicht, Nachtschicht, Wochenende)

▸ nach der Qualifikation (Meister, Techniker, Hilfsstunden, Auszu-bildender)

- nach der Art der Tätigkeit (Normalstunde, Gefahrenzulage, Schmutzzulage)

- nach den eingesetzten Hilfsmitteln (Arbeiten mit Spezialmaschine, Kfz-Nutzung o. Ä.).

- Über Leistungsarten können Sie die Verrechnungssätze der Instandhaltung differenzieren. Zum Beispiel könnten Sie über eine Differenzierung nach der Dringlichkeit vermeiden, dass die Auftraggeber jedem Auftrag die Priorität 1 geben.

- Die eigentliche Festlegung der Verrechnungssätze nehmen Sie pro Jahr, pro Kostenstelle und pro Leistungsart über die Transaktion KP26 (Planung Leistungserbringung/Tarife) vor (siehe Abbildung 6.18).

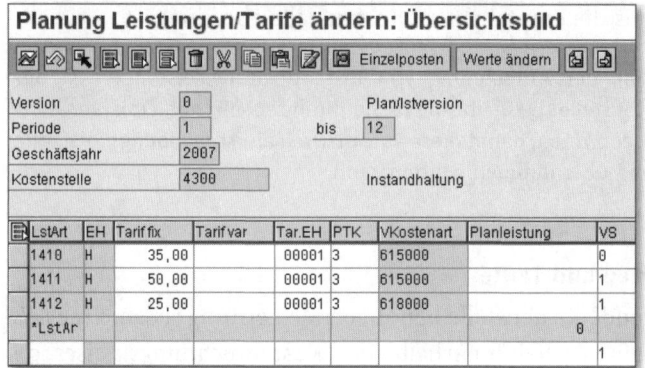

Abbildung 6.18 Planung von Leistungen/Tarifen

Kalkulation

Customizing
Die Kalkulation (Plan, Ist) der Aufträge steuern Sie über die Customizing-Funktion INSTANDHALTUNGS- UND SERVICEABWICKLUNG • INSTANDHALTUNGS- UND SERVICEAUFTRÄGE • FUNKTIONEN UND EINSTELLUNGEN DER AUFTRAGSARTEN • KALKULATIONSDATEN FÜR INSTANDHALTUNGS- UND SERVICEAUFTRÄGE. Es handelt sich um aufeinander aufbauende Tabellen. Deshalb gehen Sie in folgender Reihenfolge vor (siehe Abbildung 6.19).

Zunächst definieren Sie mit der Customizing-Funktion KALKULATIONSSCHEMA PFLEGEN ❶, welche Kostenarten als BASIS der Kalkulation berücksichtigt werden sollen, wie hoch der prozentuale oder absolute ZUSCHLAG sein soll und welche Kostenstelle für die entsprechenden Beträge als ENTLASTUNG dient.

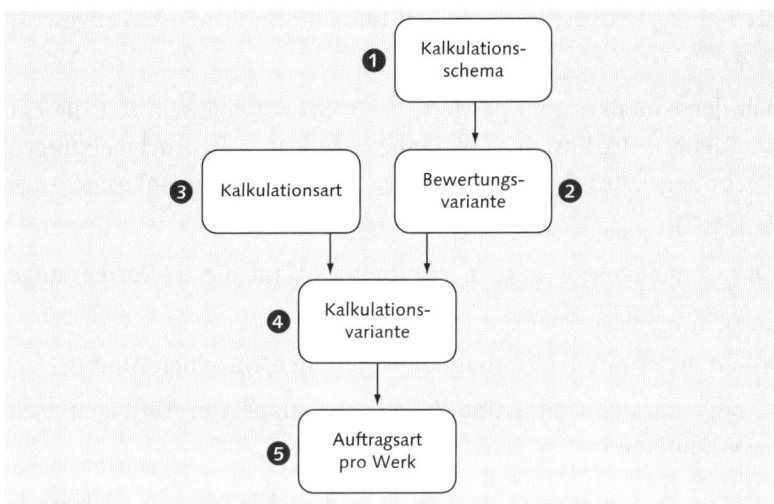

Abbildung 6.19 Customizing der Auftragskalkulation

Mit der Customizing-Funktion BEWERTUNGSVARIANTEN DEFINIEREN ❷ legen Sie fest, wie die MATERIALBEWERTUNG erfolgen soll (Normalfall: Bewertung laut Preissteuerung im Materialstamm), wie die LEISTUNGSARTEN bewertet werden (Normalfall: Plantarif der Periode) und welches KALKULATIONSSCHEMA ❸ verwendet werden soll.

Mit der Customizing-Funktion KALKULATIONSVARIANTEN PFLEGEN ❹ fassen Sie die KALKULATIONSART und die BEWERTUNGSVARIANTE zusammen.

Mit der Customizing-Funktion KALKULATIONSPARAMETER UND ABGRENZUNGSSCHLÜSSEL ZUORDNEN ❺ legen Sie pro Werk und Auftragsart fest, welche KALKULATIONSVARIANTE in der Vorkalkulation und in der Nachkalkulation verwendet werden sollen (Normalfall: dieselbe).

Die Vorkalkulation eines Auftrags wird automatisch beim Sichern durchgeführt oder wenn Sie sie manuell während der Auftragsbearbeitung über den Button 🖩 anstoßen. Die Ist-Kalkulation eines Auftrags ergibt sich ebenfalls automatisch bei Durchführung der Kostenbuchungen (Materialentnahmen, Rückmeldungen usw.). — *Vorgehensweise*

Verrechnung der Gemeinkostenzuschläge

Wenn Sie den Auftrag kalkulieren, werden im Rahmen der Plankalkulation auch automatisch – falls im Kalkulationsschema definiert – — *Ausgangssituation*

Gemeinkostenzuschläge ermittelt und auf die Plankosten zugeschlagen.

Bei der Ist-Kalkulation passiert dies nicht automatisch. Auf die entstandenen Ist-Kosten (Warenbewegungen, Zeitrückmeldungen, Rechnungen usw.) werden nicht automatisch Gemeinkosten zugeschlagen.

Vorgehensweise | Die Gemeinkosten werden ermittelt und auf die Ist-Kosten aufgeschlagen, indem Sie

- ▸ entweder mit der Transaktion KGI2 einen einzelnen Auftrag
- ▸ oder mit der Transaktion KGI4 eine Gruppe von Aufträgen nachkalkulieren

[+] Da die Gemeinkostenzuschläge zwar in der Vorkalkulation automatisch zugeschlagen werden, nicht aber in der Nachkalkulation, müssen Sie die Aufträge nachkalkulieren. Planen Sie zur Sicherheit einen Batch-Job in der Hintergrundverarbeitung ein, der in kurzen Abständen die Nachkalkulation durchführt.

Auftragsabrechnung

Definition | Was bedeutet Auftragsabrechnung? Während der Bearbeitung des Auftrags fallen infolge der Erfassungstätigkeiten auf dem Auftrag Ist-Kosten an. Da der Auftrag selbst als Innenauftrag kein dauerhafter Kostenträger sein kann, müssen Sie diese Kosten periodisch (z. B. einmal pro Woche) oder nach Fertigstellung (z. B. wenn der technische Abschluss erfolgt ist) auf die eigentliche Zielkontierung abrechnen und damit weiterbelasten (siehe Abbildung 6.20). Bei der *Auftragsabrechnung* werden die Belastungskostenarten in so genannte *Abrechnungskostenarten* transformiert und die Kosten über die Abrechnungskostenarten an die Zielkontierung weitergereicht.

Voraussetzungen | Folgende Voraussetzungen müssen erfüllt sein, damit Sie einen Auftrag abrechnen können:

Sie pflegen erstens ein Abrechnungsprofil mit der Customizing-Funktion INSTANDHALTUNG UND KUNDENSERVICE • INSTANDHALTUNGS- UND SERVICEABWICKLUNG • GRUNDEINSTELLUNGEN • AUFTRAGSABRECHNUNG ALLGEMEIN • ABRECHNUNGSPROFILE PFLEGEN. Sie stellen dort die ERLAUBTEN EMPFÄNGER ein.

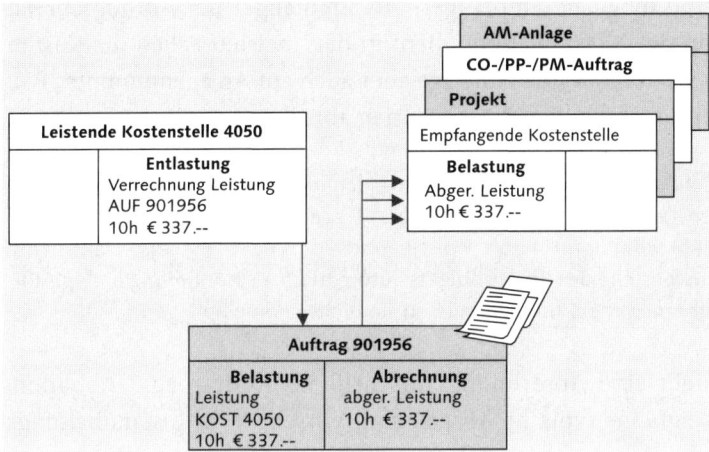

Abbildung 6.20 Auftragsabrechnung

Sie haben außerdem der Auftragsart mit der Customizing-Funktion INSTANDHALTUNG UND KUNDENSERVICE • INSTANDHALTUNGS- UND SERVICEABWICKLUNG • INSTANDHALTUNGS- UND SERVICEAUFTRÄGE • FUNKTIONEN UND EINSTELLUNGEN DER AUFTRAGSARTEN • AUFTRAGSARTEN EINRICHTEN EIN ABRECHNUNGSPROFIL zugeordnet.

Sie haben schließlich mit der Customizing-Funktion INSTANDHALTUNG UND KUNDENSERVICE • INSTANDHALTUNGS- UND SERVICEABWICKLUNG • INSTANDHALTUNGS- UND SERVICEAUFTRÄGE • FUNKTIONEN UND EINSTELLUNGEN DER AUFTRAGSARTEN • ABRECHNUNGSVORSCHRIFT: ZEITPUNKT UND BILDUNG DER AUFTEILUNGSREGEL FESTLEGEN für die Auftragsart entweder die AUFTRAGSFREIGABE oder den TECHNISCHEN ABSCHLUSS als Zeitpunkt für die Bildung der Abrechnungsvorschrift festgelegt.

> Wählen Sie als Zeitpunkt für die Bildung der Abrechnungsvorschrift am besten die AUFTRAGSFREIGABE. Ansonsten können Sie den Auftrag nicht abrechnen, wenn er länger dauert als der Rhythmus Ihrer periodischen Auftragsabrechnung. **[+]**

► Der Auftrag hat eine *Abrechnungsvorschrift*: Dies erkennen Sie am Status ABRV (Abrechnungsvorschrift erfasst).

► Falls Sie in der Ist-Kalkulation mit Gemeinkostenzuschlägen arbeiten, haben Sie entweder mit der Transaktion KGI2 für einen einzelnen Auftrag oder mit der Transaktion KGI4 für eine Gruppe von Aufträgen die *Ist-Kostenzuschläge* ermittelt.

359

Empfänger

Was sind mögliche Empfänger? Als Empfänger der Auftragsabrechnung in der Instandhaltung dient in den meisten Fällen die Kostenstelle. Sie können Ihre Aufträge aber auch auf Anlagennummer, PSP-Element oder einen anderen Auftrag abrechnen.

[+]

Der 90-%-Fall für die Zielkontierung der Instandhaltungsaufträge ist die Kostenstelle des technischen Objekts. Tragen Sie deshalb im Customizing zum Abrechnungsprofil als KONTIERUNGSVORSCHLAG KST ein. Dann wird die Kostenstelle des Bezugsobjekts automatisch als Kontierung in den Auftrag übernommen, und Sie müssen sie nicht manuell pflegen.

Abrechnungs-vorschrift

Wie sieht eine Abrechnungsvorschrift im Auftrag aus? Abbildung 6.21 zeigt eine typische Abrechnungsvorschrift für Instandhaltungsaufträge: Der Auftrag wird zu 100 % auf eine Anlagenkostenstelle abgerechnet.

	Auftrag	816367	Elektoverkabelung									
	Abrechnung Ist											

Typ	Abrechn	Empfänger-Kurztext	%	Betrag	Abr.	Nr.	Str	ab Per	ab GJ	bis Peri	bis GJ
KST	4110	Technische Anlagen	100,00		GES	1					
KST	4110	Technische Anlagen	100,00		PER	2					

Abbildung 6.21 Abrechnungsvorschrift

Wenn Sie die Abrechnungsvorschrift automatisch bilden lassen, erzeugt das System zwei Einträge für die Abrechnungsart:

► **PER (Periodische Abrechnung)**
Hier berücksichtigt das System bei einer monatlichen Abrechnung nur die in der angegebenen Periode angefallenen Kosten.

► **GES (Gesamtabrechnung)**
Hier berücksichtigt das System alle bis zum Abrechnungszeitpunkt angefallenen Kosten.

Wenn PER-Abrechnungsregeln vorhanden sind, werden diese vor der GES-Abrechnung angewandt.

[+]

Sie haben auch die Möglichkeit, durch eine Periodenabgrenzung (ab Periode, bis Periode), die Kosten im Zeitablauf auf unterschiedliche Zielkontierungen abzurechnen.

Achten Sie darauf, dass als Abrechnungsvorschrift in Ihrem Auftrag eine Abrechnungsregel GES vorhanden ist. Ansonsten könnte es passieren, dass nicht alle Kosten an die Zielkontierung abgerechnet werden.

[+]

Sie haben auch die Möglichkeit, einen festen Betrag abzurechnen. Dies benötigen Sie, wenn Sie z. B. mit dem Auftraggeber einen Festpreis vereinbart haben. Dann tragen Sie eine Abrechnungsvorschrift wie in Abbildung 6.22 ein:

Betragsabrechnung

▸ **Abrechnungsvorschrift**
Sie bilden eine Abrechnungsvorschrift mit dem Betrag. Dies bewirkt, dass dieser Betrag einmalig an die angegebene Kontierungsvorschrift (z. B. Anlagenkostenstelle) abgerechnet wird.

▸ **Prozentabrechnung**
Sie bilden eine oder mehrere Prozentabrechnungen. Dies bewirkt, dass die effektiven Ist-Kosten an diese Kontierungsvorschrift (in der Regel die Instandhaltungskostenstelle) abgerechnet werden.

Auftrag		816367		Elektoverkabelung								
Abrechnung Ist												

Aufteilungsregeln												
Typ	Abrechn	Empfänger-Kurztext	%	Betrag	Abrechnungsart	Nr.	Str	ab Per	ab GJ	bis Peri	bis GJ
KST	4110	Technische Anlagen		5.600,00	GES	1					
KST	4300	Instandhaltung	100,00		GES	2					

Abbildung 6.22 Betragsabrechnung

Damit Sie eine Betragsabrechnung vornehmen können, aktivieren Sie im Abrechnungsprofil den Schalter BETRAGSABRECHNUNG (Customizing-Funktion INSTANDHALTUNG UND KUNDENSERVICE • INSTANDHALTUNGS- UND SERVICEABWICKLUNG • GRUNDEINSTELLUNGEN • AUFTRAGSABRECHNUNG ALLGEMEIN • ABRECHNUNGSPROFILE PFLEGEN).

Voraussetzung

Sie können Ihre Aufträge auch zu einem Festpreis abrechnen. Aktivieren Sie hierzu im Abrechnungsprofil die Betragsabrechnung. Tragen Sie dann eine erste Abrechnungsvorschrift mit dem Betrag für die Zielkontierung ein. Tragen Sie eine zweite Abrechnungsvorschrift mit 100 % auf die leistende Kostenstelle ein.

[+]

Vorgehensweise
zur Abrechnung

Wie rechnen Sie nun die Aufträge ab? Sie haben zwei Möglichkeiten:

▶ Entweder Sie nutzen die Transaktion KO88 (Einzelabrechnung) und rechnen damit einen einzelnen Auftrag ab.

▶ Oder Sie nutzen die Transaktion KO8G (Sammelabrechnung) – am besten als Batchprogramm – und rechnen darüber am Periodenende (z. B. am Ende eines Monats) alle abrechenbaren Aufträge mit den zwischenzeitlich aufgelaufenen Ist-Kosten ab.

Ergebnis

Woran können Sie nun erkennen, dass ein Auftrag abgerechnet ist, bzw. was ist das Ergebnis einer Auftragsabrechnung?

Sämtliche Belastungen des Auftrags sind über die Abrechnung an die Zielkontierung weiterbelastet worden, so dass im Einzelkostenbericht die SUMME IST-KOSTEN GESAMT 0 ist (siehe Abbildung 6.23).

Kosten...	Kostenart (Text)	Σ	Plan ges.	Σ	Ist ges.	Σ Plan/Ist-Abw.	P/I-Abw(...	Währg
400000	Verbrauch Rohstoffe 1		94,24		94,25	0,01	0,01	EUR
403000	Verbrauch Hilfs- und Betriebsstoffe		23,01		23,01	0,00		EUR
417000	Bezogene Leistungen		750,00		0,00	750,00-	100,00-	EUR
890000	Verbrauch Halbfabrikate		83,41		83,41	0,00		EUR
890000	Verbrauch Halbfabrikate		0,00		84,98	84,98		EUR
890000	Verbrauch Halbfabrikate		227,52		227,52	0,00		EUR
890000	Verbrauch Halbfabrikate		0,00		228,40	228,40		EUR
615000	Direkte Leistungsverr. Reparaturen		2.005,95		1.182,99	822,96-	41,03-	EUR
655901	Gemeinkostenzuschlag Instandhaltung		436,24		266,61	169,63-	38,88-	EUR
Belastung		▪	**3.620,37**	▪	**2.191,17**	▪ **1.429,20-**		**EUR**
650000	Auftragsabrechnung		0,00		266,61-	266,61-		EUR
651000	Auftragsabrechnung Material		0,00		624,31-	624,31-		EUR
652000	Auftragsabr. Eigenleistungen		0,00		1.300,25-	1.300,25-		EUR
Abrechnung		▪	**0,00**	▪	**2.191,17-**	▪ **2.191,17-**		**EUR**
		▪ ▪	**3.620,37**	▪ ▪	**0,00**	▪ ▪ **3.620,37-**		**EUR**

Abbildung 6.23 Abgerechneter Auftrag

Controlling-Informationssystem

Die durch die Aufträge in Summe erbrachten Leistungen und Kosten können Sie sich dann in den Kostenstellenberichten ansehen: z. B. Transaktion S_ALR_87013611 – Kostenstellen: Ist-/Plan-Abweichung.

Abbildung 6.24 zeigt die typische Konstellation einer *leistenden Kostenstelle*: Die Entlastung der Kostenstelle erfolgt über Kostenarten der innerbetrieblichen Leistungsverrechnung (hier z. B. 615000).

Demgegenüber zeigt Abbildung 6.25 die typische Konstellation einer *empfangenden Kostenstelle*: Die Belastung der Kostenstelle erfolgt über die Kostenarten der Auftragsabrechnung (hier z. B. 650000 ff.).

Kostenarten	Istkosten	Plankosten
420000 Fertigungs-Loehne		89.182,26
430000 Gehaelter		84.829,37
431900 Feiertagszuschl.Loh		10.358,31
435000 Tarifl. Jahresleist		14.500,96
440000 Gesetzl.soz.Aufwand		23.187,27
440100 Gesetzl.soz.Aufw.Ge		20.359,33
449000 Sonst.Personalkoste		10.132,41
476000 Bueromaterial		730,20
476900 Sonstige Kosten		2.594,96
617000 DILV Energie		25.254,59
618000 DILV EDV		2.404,41
651000 AABR Material	4.626,78	
652000 AABR Eigenleistung	7.157,04	
892000 Verbr.Fertigerz.	172.688,00	
* Belastung	184.471,82	283.534,07
615000 DILV Reparaturen	151.051,49-	320.123,26-
655901 GMKZ PM Aufträge	802,24-	
* Entlastung	151.853,73-	320.123,26-

Abbildung 6.24 Kostenstellenbericht einer leistenden Kostenstelle

Kostenarten	Istkosten	Plankosten
417000 Bezogene Leistungen		18.951,38
420000 Fertigungs-Loehne		86.167,06
430000 Gehaelter		
431900 Feiertagszuschl.Loh		2.729,28
435000 Tarifl. Jahresleist		7.180,56
440000 Gesetzl.soz.Aufwand		23.794,92
449000 Sonst.Personalkoste		4.714,02
459000 Sonst. Instandhalt.		7.940,68
466000 Versicherungen		9.949,04
476900 Sonstige Kosten		1.588,20
481000 Kalk. Abschreibung		
483000 Kalk. Zinsen		
617000 DILV Energie		6.313,64
618000 DILV EDV		1.442,65
650000 Auftragsabrechnung	266,61	
651000 AABR Material	5.810,14	
652000 AABR Eigenleistung	21.528,05	
* Belastung	27.604,80	170.771,43
615000 DILV Reparaturen		200.865,19-
* Entlastung		200.865,19-
** Über-/Unterdeckung	27.604,80	30.093,76-

Abbildung 6.25 Kostenstellenbericht einer empfangenden Kostenstelle

6.2.6 Immobilienmanagement

Das Immobilienmanagement SAP ERP RE bzw. in seiner neueren Fassung das flexible Immobilienmanagement RE-FX bietet Funktionen an, die im Rahmen einer Immobilienverwaltung benötigt werden, wie z. B.:

Überblick

▶ Verwaltung der verschiedenen Arten von Immobilienobjekten (Wirtschaftseinheit, Grundstück, Gebäude, Mieteinheiten, Mietflächen, Mieträume)

▶ Verwaltung von Immobilienverträgen (An- und Vermietverträge, Serviceverträge, Wartungsverträge)

- ▸ Flächenmanagement (Größe, Ausstattung)
- ▸ immobilienrelevante Geschäftsprozesse wie Neubauten, Bestellabwicklungen, Leistungsverrechnungen

Immobilienobjekte und Technische Plätze

Nutzungssicht In der Nutzungssicht können Sie einem Immobilienobjekt auf jeder Ebene einen Technischen Platz zuordnen:

- ▸ einer Wirtschaftseinheit, wenn es sich um sachlich zusammenhängende Immobilienbestände handelt (z. B. Gewerbegebiet München-Nord)
- ▸ einem Gebäude, wenn es sich um ein Objekt handelt, das die Basis zur Vermietung von Räumlichkeiten (z. B. Wohnung, Lager, Geschäft) bildet. Ein Gebäude ist Bestandteil einer Wirtschaftseinheit
- ▸ einem Mietobjekt wie Flächenpool, Mietfläche, Mieteinheit.

Abbildung 6.26 zeigt die Zuordnung eines Technischen Platzes zu einem Immobilienobjekt aus Sicht des Immobilienobjekts, in diesem Fall zu einem Gebäude.

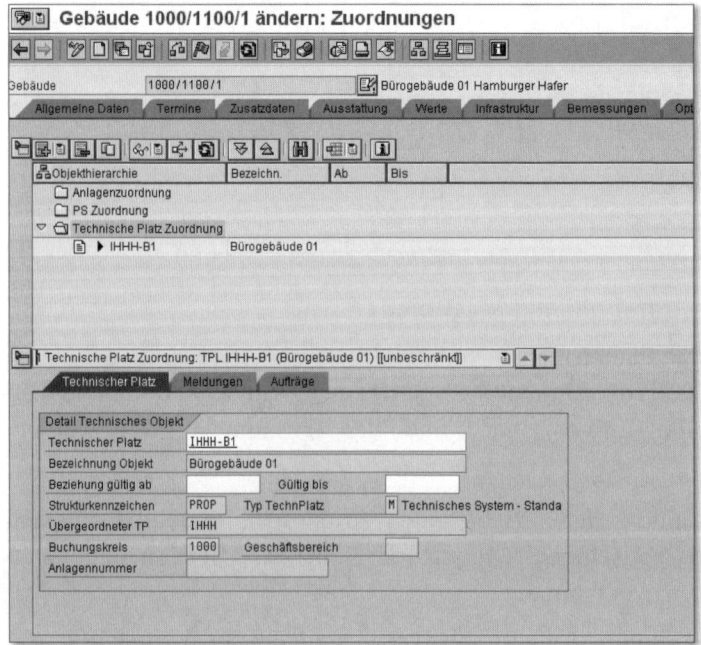

Abbildung 6.26 Zuordnung TP zu Immobilienobjekt

Über die Customizing-Funktion FLEXIBLES IMMOBILIENMANAGEMENT (RE-FX) • ÜBERGREIFENDE EINSTELLUNGEN ZU STAMMDATEN UND VERTRAG ZUORDNUNG VON OBJEKTEN ANDERER KOMPONENTEN • PM-ANBINDUNG • PM-ANBINDUNG: EINSTELLUNGEN PRO OBJEKTART DEFINIEREN können Sie pro Buchungskreis und Objektart festlegen, ob ein Technischer Platz automatisch beim Anlegen eines Immobilienobjekts generiert werden soll.

Sie können sich die Zuordnung auch aus Sicht eines Technischen Platzes (Transaktion IL03) zeigen lassen: Alle Technischen Plätze, die einem Immobilienobjekt zugeordnet sind, haben eine Registerkarte IMMOBILIEN, auf der die Zuordnung automatisch eingetragen wird.

In der architektonischen Sicht können Sie ebenfalls einem Immobilienobjekt manuell einen Technischen Platz zuordnen. Sie können aber auch über die Customizing-Funktion FLEXIBLES IMMOBILIENMANAGEMENT (RE-FX) • STAMMDATEN • ARCHITEKTONISCHE SICHT • PM-ANBINDUNG • EINSTELLUNGEN PRO ARCHITEKTONISCHEM OBJEKTTYP DEFINIEREN festlegen, ob zu diesem architektonischen Objekttyp (z. B. Areal, Gebäude, Grundstück usw.) automatisch ein Technischer Platz angelegt wird oder nicht.

Architektonische Sicht

Folgeprozesse

Sie können Meldungen zum Technischen Platz aus den Immobilienobjekten heraus anlegen oder zuordnen. Aufträge zum Technischen Platz können Sie ebenso von Immobilienobjekten aus oder über IW31 anlegen und dem Immobilienobjekt zuordnen. Die Abrechnung des Auftrags kann auf Immobilienobjekte wie Mieteinheit, Abrechnungseinheit oder Nutzungsobjekt erfolgen. Dort werden die Kosten dann pro Immobilienobjekt ausgewiesen und können weiter in der Nebenkostenabrechnung verwendet werden (siehe Abbildung 6.27).

Belegnr	KostenartenBez	Koste_	OAr	Objekt	ObjektBez	Σ	Wert/KWähr	Jahr	PAr	ParObjkt	Partnerobjektbezeichnung
600045867	AABR Eigenleistung	652000	MO	1000/3	Büro 3 [Office 3]		738,10	2007	AUF	816363	Hamburger Immobilien Elektrik
			MO		Büro 3 [Office 3]	▪	738,10				
				1000/3	Büro 3 [Office 3]	▪ ▪	738,10				
600045868	AABR Material	651000	MO	1000/6	Büro 6 [Office 6]		34.128,00	2007	AUF	816364	Teppichboden verlegen
600045868	AABR Eigenleistung	652000			Büro 6 [Office 6]		1.174,25	2007	AUF	816364	Teppichboden verlegen
			MO		Büro 6 [Office 6]	▪	35.302,25				
				1000/6	Büro 6 [Office 6]	▪ ▪	35.302,25				
Periode 8						▪ ▪ ▪	36.040,35				
						▪ ▪ ▪ ▪	36.040,35				

Abbildung 6.27 Abgerechnete Kosten auf einem Immobilienobjekt

6.2.7 Personalwesen

Die Applikation *SAP ERP Human Capital Management* (früher: HR) bietet Funktionen rund um den Bereich der Personalwirtschaft an:

▸ Personalmanagement (Personalbeschaffung, Vergütung, Urlaub, Organisation, Personalentwicklung, Altersvorsorge usw.)

▸ Personalabrechnung (brutto, netto, Kurzarbeiter, DEÜV usw.)

▸ Personalzeitwirtschaft (Zeitpläne, Zeiterfassung, Leistungslohn usw.)

▸ Veranstaltungsmanagement (Veranstaltungen, Dozenten, Raumbelegung, Anmeldung usw.)

▸ Aus- und Weiterbildung

Die Integration von HCM und EAM ist immer dann aktiv, wenn Sie eine Personalnummer den Objekten oder den Geschäftsprozessen der Instandhaltung zuordnen.

Arbeitsplatz und Personalnummer

Den Ausgangspunkt bildet die Zuordnung von Personen zum Arbeitsplatz. Dabei können Sie die Personen entweder direkt oder wie in Abbildung 6.28 dargestellt indirekt über Planstellen zuordnen. Die Verknüpfung kann über die Transaktionen der Arbeitsplatzpflege (IR01, IR02) oder über Transaktionen der Personalwirtschaft erfolgen.

Verknüpfung	Schlüssel	Name
▽ 🗀 MECHANIK	A 50001549	Instandhaltung Mechanik Hamburg
🗀 Person	$P	Person
▽ 🗀 Planstelle		
▽ 🧍 Mech PM	S 50010024	Mechaniker Instandhaltg Werk Hamburg (D)
👥 Neubauer	P 00001809	Friedrich Neubauer
▽ 🧍 Elek PM	S 50010027	Elektriker Instandhaltg Werk Hamburg (D)
👥 Corbach	P 00001812	Werner Corbach
▽ 🧍 PM Leiter	S 50010225	Leiter Instandhaltung Werk Hamburg (D)
👥 Keller	P 00001911	Gerhard Keller
▽ 🧍 Tech PM	S 50010227	Techniker Instandhaltg Werk Hamburg (D)
👥 Miller	P 00001602	Helen Miller
▽ 🧍 Mech PM	S 50013175	Mechaniker Instandhaltg Werk Hamburg (D)
👥 Weber	P 00001603	Frank Weber
▽ 🧍 Mech PM	S 50013176	Mechaniker Instandhaltg Werk Hamburg (D)
👥 Reich	P 00001604	Gisela Reich
▽ 🧍 Elek PM	S 50013178	Elektriker Instandhaltg Werk Hamburg (D)
👥 Wenzel	P 00001605	Karl Wenzel

Abbildung 6.28 Arbeitsplatz und Personen

Technische Objekte und Personalnummer

Häufig möchten Anwenderfirmen schon in den Stammsätzen der technischen Objekte namentlich benannte Ansprechpartner hinterlegen (z. B. als Adressat bei Rückfragen).

Ihren Equipments und Technischen Plätzen können Sie immer dann Personen zuordnen, wenn Sie dem Equipmenttyp oder dem Technischen Platztyp ein Partnerschema zugeordnet haben, das eine Partnerrolle besitzt, die auf die Partnerart PE (= Personalstamm) verweist. **[+]**

Details zur Definition und Zuordnung von Partnern habe ich Ihnen in Abschnitt 4.2.8, »Spezielle Funktionen«, bereits erläutert.

In Abbildung 6.29 sehen Sie z. B. zwei Partnerrollen der Partnerart PE, die einem Equipment zugeordnet wurden.

Partnerübersicht			
Rolle		Partner	Name
KO Koordinator	🖹	258	Karl Liebstückel
VW Verantwortlicher	🖹	1200	Alexander Hess
	🖹		
	🖹		

Abbildung 6.29 Technisches Objekt und Person

Meldungen und Personalnummer

Wenn Sie einer Meldung einen namentlich benannten Ansprechpartner zuordnen möchten, gilt analog dasselbe wie bei den Stammsätzen:

Einer Meldung können Sie immer dann Personen zuordnen, wenn Sie der Meldungsart ein Partnerschema zugeordnet haben, das Partnerrollen besitzt, die auf die Partnerart PE (= Personalstamm) verweisen. Wenn dieselbe Partnerrolle bereits im Typ des technischen Objekts vorhanden ist, wird die Person in die Meldung übernommen. **[+]**

Auftrag und Personalnummer

In Abschnitt 5.2.2, »Planung«, habe ich Ihnen erläutert, dass Sie auf mehreren Ebenen des Auftrags eine Personalnummer zuordnen können:

Im Auftragskopf können Sie einen Verantwortlichen benennen. Dies ist in der Regel eine Person aus dem verantwortlichen Arbeitsplatz, die als zentraler Ansprechpartner bei der Durchführung des Auftrags z. B. für Rückfragen bestimmt wird.

Darüber hinaus können Sie einem Vorgang eine Person zuordnen, die den Vorgang bearbeiten soll. Dies ist in der Regel eine Person aus dem Arbeitsplatz.

Sie können einem Vorgang auch mehrere Personen zuordnen, wenn der Vorgang von mehreren Technikern bearbeitet wird. Hierzu tragen Sie die Anzahl der beteiligten Personen ein und geben dann bei den Bedarfszuordnungen die Personen an.

Rückmeldung und Personalnummer

In allen Rückmeldetransaktionen steht Ihnen die Möglichkeit offen, eine Personalnummer bei der Rückmeldung mitzugeben: bei der Rückmeldung über die Instandhaltungstransaktionen (IW41, IW42, IW44, IW48) *können* Sie eine Personalnummer mitgeben, bei Rückmeldung über CATS (Transaktion CAT2) *müssen* Sie eine Personalnummer angeben.

[+]   Wenn Sie eine Rückmeldung mit Personalnummer durchführen, beachten Sie bitte die jeweiligen Landesgesetze. In Deutschland z. B. dürfen Sie dies nur tun, wenn Sie mit den Arbeitnehmervertretern eine schriftliche Betriebsvereinbarung getroffen haben, aus der u. a. hervorgeht, dass die Informationen nicht für einen Leistungsvergleich verwendet werden.

Was können Sie nun sinnvollerweise mit Rückmeldungen auf Personalnummernebene anfangen? Sie könnten z. B. überprüfen, ob die kompletten Anwesenheitszeiten auf Aufträge verrechnet wurden. Ein Beispiel hierfür zeigt Ihnen Abbildung 6.30.

[+]   Auf Basis der personenbezogenen Zeiten können Sie dann auswerten, ob die betroffene Person ihre Zeiten auf Aufträge erfasst hat oder ob z. B. Rückmeldungen vergessen wurden. Wenn Sie nicht alle Anwesenheitszeiten auf Aufträge erfassen, erhöht dies tendenziell in der nächsten Periode den Verrechnungssatz der Werkstatt.

Eine analoge Auswertung gibt es in der Personalzeitwirtschaft mit dem Zeitabgleich (Transaktion PW61, siehe Abbildung 6.31): Dieser zeigt die geplante Anwesenheitszeit und die auf Aufträge verrechnete Zeit.

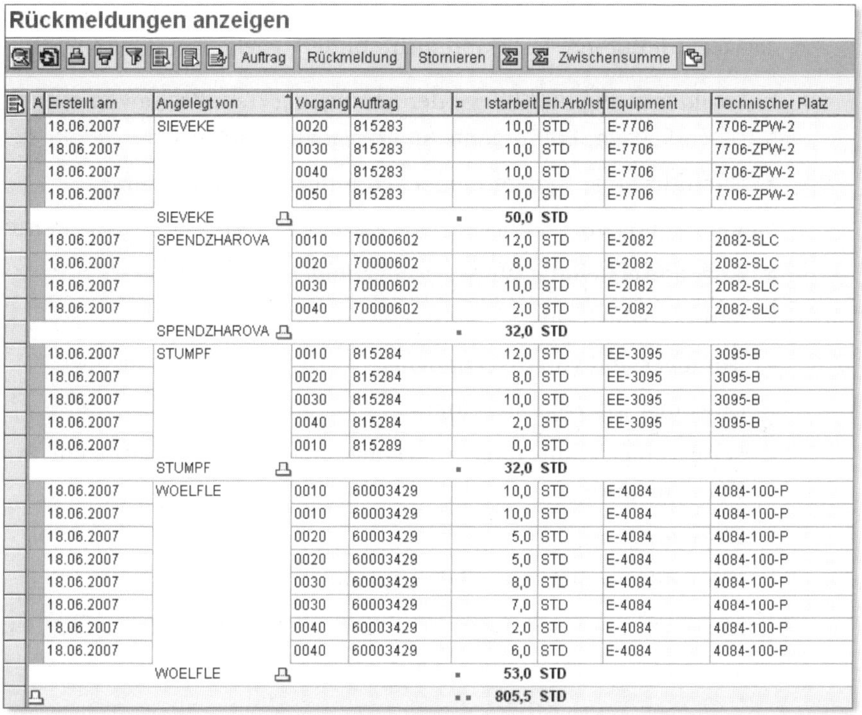

Rückmeldungen anzeigen

Auftrag | Rückmeldung | Stornieren | Zwischensumme

A	Erstellt am	Angelegt von	Vorgang	Auftrag	Σ	Istarbeit	Eh.Arb/Ist	Equipment	Technischer Platz
	18.06.2007	SIEVEKE	0020	815283		10,0	STD	E-7706	7706-ZPW-2
	18.06.2007		0030	815283		10,0	STD	E-7706	7706-ZPW-2
	18.06.2007		0040	815283		10,0	STD	E-7706	7706-ZPW-2
	18.06.2007		0050	815283		10,0	STD	E-7706	7706-ZPW-2
		SIEVEKE			▪	**50,0**	**STD**		
	18.06.2007	SPENDZHAROVA	0010	70000602		12,0	STD	E-2082	2082-SLC
	18.06.2007		0020	70000602		8,0	STD	E-2082	2082-SLC
	18.06.2007		0030	70000602		10,0	STD	E-2082	2082-SLC
	18.06.2007		0040	70000602		2,0	STD	E-2082	2082-SLC
		SPENDZHAROVA			▪	**32,0**	**STD**		
	18.06.2007	STUMPF	0010	815284		12,0	STD	EE-3095	3095-B
	18.06.2007		0020	815284		8,0	STD	EE-3095	3095-B
	18.06.2007		0030	815284		10,0	STD	EE-3095	3095-B
	18.06.2007		0040	815284		2,0	STD	EE-3095	3095-B
	18.06.2007		0010	815289		0,0	STD		
		STUMPF			▪	**32,0**	**STD**		
	18.06.2007	WOELFLE	0010	60003429		10,0	STD	E-4084	4084-100-P
	18.06.2007		0010	60003429		10,0	STD	E-4084	4084-100-P
	18.06.2007		0020	60003429		5,0	STD	E-4084	4084-100-P
	18.06.2007		0020	60003429		5,0	STD	E-4084	4084-100-P
	18.06.2007		0030	60003429		8,0	STD	E-4084	4084-100-P
	18.06.2007		0030	60003429		7,0	STD	E-4084	4084-100-P
	18.06.2007		0040	60003429		2,0	STD	E-4084	4084-100-P
	18.06.2007		0040	60003429		6,0	STD	E-4084	4084-100-P
		WOELFLE			▪	**53,0**	**STD**		
					▪▪	**805,5**	**STD**		

Abbildung 6.30 Rückmeldeliste pro Personalnummer

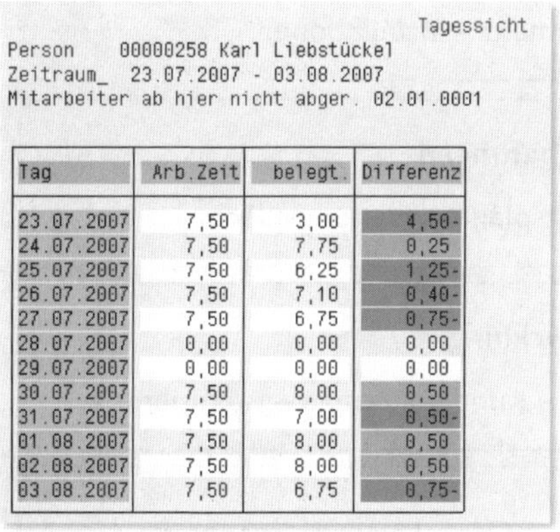

Tagessicht
Person 00000258 Karl Liebstückel
Zeitraum_ 23.07.2007 - 03.08.2007
Mitarbeiter ab hier nicht abger. 02.01.0001

Tag	Arb.Zeit	belegt	Differenz
23.07.2007	7,50	3,00	4,50-
24.07.2007	7,50	7,75	0,25
25.07.2007	7,50	6,25	1,25-
26.07.2007	7,50	7,10	0,40-
27.07.2007	7,50	6,75	0,75-
28.07.2007	0,00	0,00	0,00
29.07.2007	0,00	0,00	0,00
30.07.2007	7,50	8,00	0,50
31.07.2007	7,50	7,00	0,50-
01.08.2007	7,50	8,00	0,50
02.08.2007	7,50	8,00	0,50
03.08.2007	7,50	6,75	0,75-

Abbildung 6.31 Zeitabgleich

6.2.8 Service und Vertrieb

Ausgeprägter Kundenservice?

Wenn Sie einen ausgeprägten *Kundenservice* betreiben, empfehle ich Ihnen die Einführung von SAP ERP CS (Customer Service). Dabei handelt es sich um eine Schwesterkomponente von SAP EAM, allerdings ergänzt um Funktionen und Geschäftsprozesse, die sich am Kundenservice orientieren. Dies sind insbesondere (siehe Abbildung 6.32):

▶ Strukturierung und Pflege der Serviceobjekte mithilfe von technischen Plätzen, Equipments und Installationen

▶ Garantieverwaltung mit einer Garantieantragsabwicklung

▶ Verwaltung von Service-Verträgen und Service-Level-Agreements

▶ Angebotserstellung für Serviceleistungen

▶ Retourenabwicklung

▶ Vorabversand von Ersatzteilen

▶ Customer Interaction Center

▶ Serviceabwicklung mit Servicemeldungen, Serviceaufträgen und Kundenaufträgen

▶ Lösungsdatenbank

▶ Fakturierung der Serviceleistungen

▶ Meldungsüberwachung mit Reaktionszeiten und Bereitschaftszeiten

▶ Verbindung zwischen Serviceobjekten und Geschäftspartnern

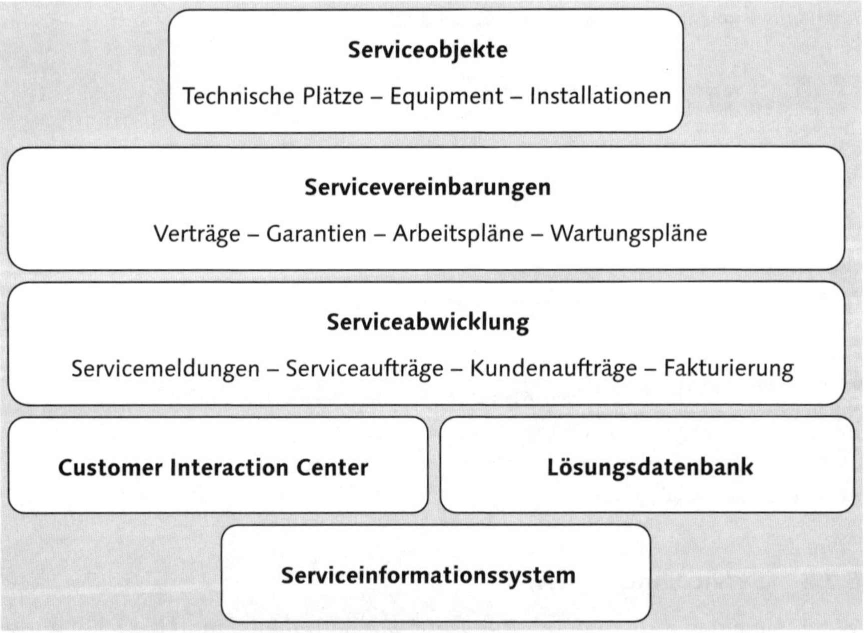

Serviceobjekte

Technische Plätze – Equipment – Installationen

Servicevereinbarungen

Verträge – Garantien – Arbeitspläne – Wartungspläne

Serviceabwicklung

Servicemeldungen – Serviceaufträge – Kundenaufträge – Fakturierung

Customer Interaction Center

Lösungsdatenbank

Serviceinformationssystem

Abbildung 6.32 SAP ERP Customer Service

Auch wenn Sie keinen ausgeprägten Kundenservice betreiben, aber trotzdem in unregelmäßigen Abständen *Leistungen im Rahmen des Vertriebs* erbringen, könnten Sie die Integration zum Vertrieb nutzen. Dies könnten etwa folgende Leistungen sein:

Instandhaltung im Rahmen von Kundenaufträgen?

▶ Die Techniker führen eine Montage beim Kunden durch.

▶ Der Kunde reklamiert ein Gerät, das daraufhin in der Werkstatt instand gesetzt wird.

▶ Der Techniker repariert beim Kunden eine Maschine.

▶ Der Techniker weist im Rahmen eines Kundenauftrags die Kundenmitarbeiter ein. Wie können Sie dies realisieren?

▶ Sie haben einen regulären Kundenauftrag.

▶ Wenn einer der oben geschilderten Fälle eintritt, richten Sie einen Instandhaltungsauftrag ein.

▶ Den Instandhaltungsauftrag kontieren Sie auf die Kundenauftragsposition (siehe Abbildung 6.33). Voraussetzung hierfür ist, dass im Abrechnungsprofil als ERLAUBTE EMPFÄNGER der KUNDENAUFTRAG eingetragen ist.

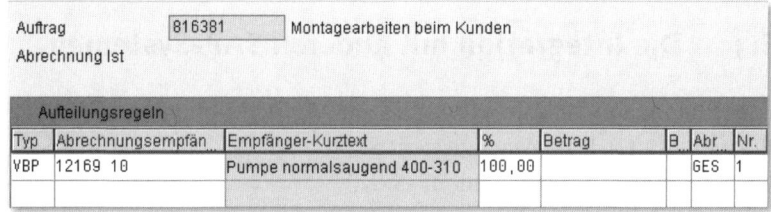

Abbildung 6.33 Kundenauftrag als Abrechnungsvorschrift

▶ Sie führen den Instandhaltungsauftrag ganz normal durch.

▶ Sie rechnen den Instandhaltungsauftrag an den Kundenauftrag ab.

▶ Im Kundenauftrag werden die abgerechneten Kosten ausgewiesen (siehe Abbildung 6.34) und können nun weiterfakturiert werden bzw. schmälern das zu erwartende Ergebnis des Kundenauftrags.

[+] Wenn Sie einen *ausgeprägten Kundenservice* betreiben, empfehle ich Ihnen die Einführung von SAP CS (Customer Service). Wenn Sie in *unregelmäßigen Abständen* Leistungen im Rahmen des Vertriebs erbringen, könnten Sie die Integration zum Vertrieb nutzen und den Instandhaltungsauftrag an den Kundenauftrag abrechnen.

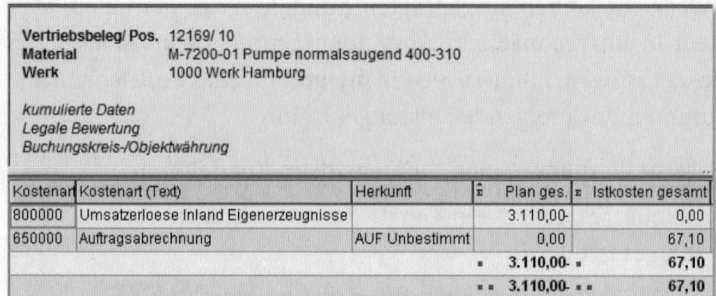

Vertriebsbeleg/ Pos.	12169/ 10
Material	M-7200-01 Pumpe normalsaugend 400-310
Werk	1000 Werk Hamburg

kumulierte Daten
Legale Bewertung
Buchungskreis-/Objektwährung

Kostenart	Kostenart (Text)	Herkunft	$\bar{\Sigma}$	Plan ges.	Σ	Istkosten gesamt
800000	Umsatzerloese Inland Eigenerzeugnisse			3.110,00-		0,00
650000	Auftragsabrechnung	AUF Unbestimmt		0,00		67,10
			Σ	3.110,00-	Σ	67,10
			$\Sigma\Sigma$	3.110,00-	$\Sigma\Sigma$	67,10

Abbildung 6.34 Kostenanalyse eines Kundenauftrags

Dies dürften die wichtigsten Integrationsaspekte zwischen der Instandhaltung und den anderen Fachbereichen gewesen sein, wenn die anderen Fachbereiche Anwendungen aus dem SAP ERP-Umfeld nutzen. Da SAP jedoch außerhalb des ERP-Umfelds noch Systeme anzubieten hat, die in den anderen Fachbereichen ebenfalls zum Einsatz kommen und von denen die Instandhaltung betroffen ist, werde ich Ihnen im nächsten Abschnitt diese Integrationsaspekte etwas näher bringen.

6.3 Die Integration mit anderen SAP-Systemen

Dabei handelt es sich im Wesentlichen um Funktionen von SAP NetWeaver Master Data Management Server (MDM) und von SAP Supplier Relationship Management (SRM).

6.3.1 Die Integration mit SAP NetWeaver MDM

Ausgangssituation und Zielsetzung

In vielen Unternehmen ist nicht nur ein integriertes System wie SAP ERP im Einsatz, sondern möglicherweise noch viele andere, in denen Geschäftsprozesse abgewickelt und Stammdaten verwaltet werden. In der Folge sind Stammdaten in verschiedenen Systemen, Anwendungen und Tabellen verteilt. Dies führt fast zwangsweise zu Inkonsistenzen und Konflikten. Beispiel: Ein Ersatzteil wird in unterschiedlichen Werken von verschiedenen Anbietern bezogen. Jeder der Anbieter verwendet eine andere Teilenummer, und jedes Werk hat für dieses Ersatzteil in seinem System unterschiedliche Materialnummern aufgemacht. Dieses Ersatzteil wird niemals gemeinsam disponiert und in anderen Werken niemals als verfügbar erkannt werden, was unweigerlich zu erhöhten Lagerbeständen führt.

Hier setzt SAP NetWeaver MDM auf: Mit seiner Hilfe sollen Dubletten gefunden werden und Stammdatenobjekte aus verschiedenen IT-Systemen konsolidiert, synchronisiert, verteilt und zentral verwaltet werden. **[+]**

Diese Ziele versucht SAP NetWeaver MDM in verschiedenen Stufen zu erreichen (siehe Abbildung 6.35): **Stufen des MDM**

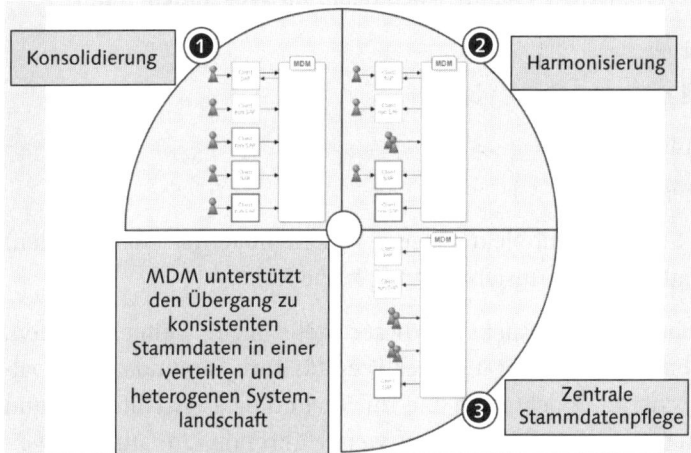

Abbildung 6.35 SAP NetWeaver Master Data Management (MDM)

- **Stammdatenkonsolidierung (❶)**
  Die Stammdatenkonsolidierung zielt darauf ab, identische Stammdaten aus unterschiedlichen Systemen zu identifizieren, die Stammdatenobjekte zentral in MDM zu vergleichen und die dezentralen Systeme mit den Mapping-Informationen zu versorgen. Dazu werden die Daten in MDM geladen und dort konsolidiert. Die mögliche Korrektur erfolgt dann in den dezentralen Systemen. Die dezentralen Systeme können dabei SAP-Systeme oder Non-SAP-Systeme sein.

- **Stammdatenharmonisierung (❷)**
  Auch bei der Stammdatenharmonisierung werden die Stammdaten in dezentralen SAP- und Non-SAP-Systemen gepflegt, in SAP NetWeaver MDM geladen und dort harmonisiert. Darüber hinaus werden die Stammdaten bei diesem Szenario auf SAP-Systeme und Non-SAP-Systeme verteilt und dort aktualisiert bzw. neu angelegt.

- **Zentrale Stammdatenpflege (❸)**
  Bei der zentralen Stammdatenpflege werden die Stammdaten im MDM-Server zentral gepflegt und gespeichert. Von dort aus wer-

den sie mithilfe von Verteilmechanismen auf die zu adressieren-
den SAP-Systeme und Non-SAP-Systeme verteilt. Der Unterschied
zur Stammdatenharmonisierung besteht hier darin, dass die Daten
nicht aus den dezentralen Systemen geladen und konsolidiert, sondern zentral im MDM gepflegt und von dort aus verteilt werden.

Objekte · Welche Objekte, die aus Sicht der Instandhaltung relevant sind, kann
MDM verarbeiten? Es handelt sich dabei im Wesentlichen um

- Material
- Stücklisten
- Lieferanten
- Personal

Andere Stammdatenobjekte (wie z. B. Retailmaterial oder Kunden)
spielen aus Sicht der Instandhaltung keine Rolle.

Ich möchte diesen Aspekt an dieser Stelle nicht weiter vertiefen.
Wenn Ihnen MDM als gangbarer Weg für Ihre Stammdatenverwal-
tung erscheint, möchte ich Sie zu Technologie, Architektur und
Lösungslandschaft von MDM auf weiterführende Literatur[1] verweisen.

6.3.2 Die Integration mit SAP SRM

Überblick · SAP SRM[2] ist ein neues Einkaufssystem von SAP, das anstelle oder
parallel zum SAP ERP-Einkauf eingesetzt werden kann. Folgende
Funktionen sind in SRM enthalten:

- *Self-Service Procurement*, mit dem die Mitarbeiter zur Entlastung
  des Einkaufs und zur Beschleunigung der Beschaffungsvorgänge
  eigene Bestellvorgänge anlegen und verwalten können
- *Service Procurement* zur Beschaffung von Dienstleistungen
- *Plan-Driven Procurement* zur Abdeckung von Bedarfen, die aus
  anderen Planungssystemen gemeldet werden
- *Spend Analysis* zur Analyse der Unternehmensausgaben in der
  Beschaffung

---

1 Zum Beispiel Heilig, L.; Karch, St.; Böttcher, O.; Hofmann, C.; Pfennig, R.:
  SAP NetWeaver Master Data Management, Bonn: SAP PRESS 2007.
2 Informationen zu SAP SRM finden Sie z. B. in Bradler, J.: SAP Supplier Relationship Management, Bonn: SAP PRESS 2010.

- *Strategic Sourcing* zur Verwaltung von Bezugsquellen

- *Catalog Content Management* zur Verwaltung von Einkaufskatalogen

- *Contract Management* zur Verwaltung von Kontrakten und Lieferplänen

Aus Sicht der Instandhaltung ist vor allem die Komponente des *Plan-Driven Procurements* von Interesse, bei der es darum geht, Material- und Dienstleistungsbedarfe, die in externen Planungssystemen entstanden sind, zu beschaffen. Speziell für die Instandhaltung bietet SAP SRM das Szenario *Plan-Driven Procurement with Plant Maintenance* an.

Plan-Driven Procurement with Plant Maintenance

Dieses Szenario gibt es in zwei Varianten:

- das klassische Szenario (siehe Abbildung 6.36)

- das erweiterte klassische Szenario (siehe Abbildung 6.37)

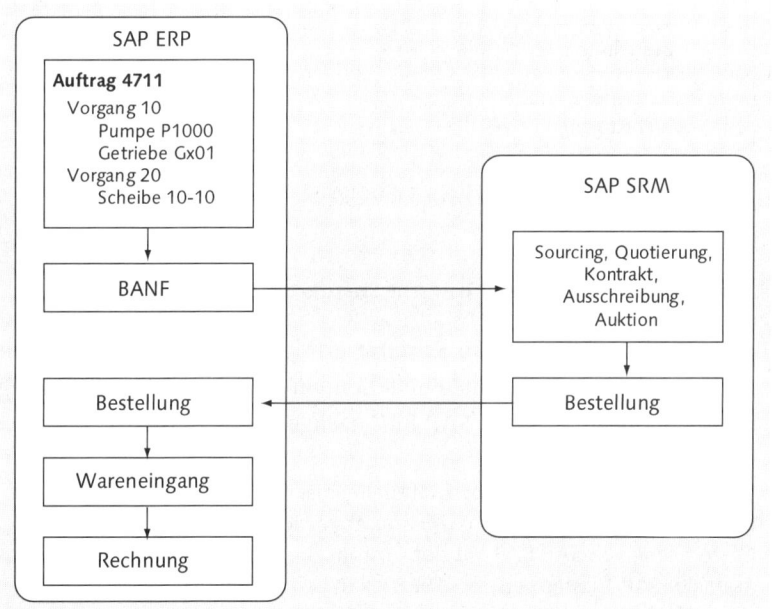

Abbildung 6.36 Das klassische Szenario der SRM-Integration

Beim *klassischen Szenario* generiert SAP ERP eine Bestellanforderung und schickt diese als externe Anforderung an SAP SRM über die offene XML-Schnittstelle.

Klassisches Szenario

SAP SRM führt zum angeforderten Produkt eine Bezugsquellenfindung durch. Hier stehen dem Einkäufer die Sourcing-Funktionen zur Verfügung, mit denen er z. B. Kontrakte zu Anforderungen anlegen oder einen Ausschreibungsprozess auslösen kann.

SAP SRM erzeugt eine oder mehrere Bestellungen, die an SAP ERP übergeben werden – die Folgeverarbeitung zur Bestellung.

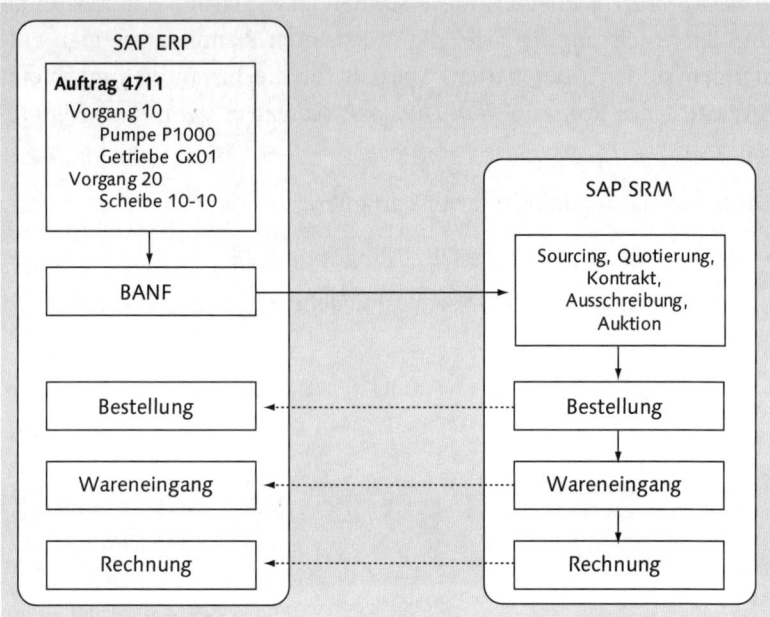

Abbildung 6.37 Das erweiterte klassische Szenario der SRM-Integration

Erweitertes klassisches Szenario

Beim *erweiterten klassischen Szenario* erfolgt auch die Folgeverarbeitung in SAP SRM, wobei die entstehenden Belege aus Wareneingang und Rechnungseingang in SAP ERP nachgehalten werden.

[+] Die Entscheidung darüber, ob Materialien nach dem klassischen oder nach dem erweiterten klassischen Szenario abgewickelt werden, treffen Sie im Customizing von SAP ERP mit der Customizing-Funktion INTEGRATION MIT ANDEREN SAP-KOMPONENTEN • SUPPLIER RELATIONSHIP MANAGEMENT • PROFILE FÜR DIE EXTERNE BESCHAFFUNG PFLEGEN BZW. STEUERUNG EXTERNE BESCHAFFUNG, wo Sie in Abhängigkeit von Warengruppe und Einkäufergruppe den Beschaffungsprozess auf ein anderes als das ERP-System lenken können.

Dies dürften die wichtigsten SAP-Systeme gewesen sein, die von anderen Fachabteilungen eingesetzt werden und die in einer Interaktion mit SAP EAM stehen.

In der Regel trifft man jedoch, wenn man EAM einführt, auf weitere Systeme, die von anderen Fachabteilungen genutzt werden und bei denen ebenfalls ein Datenaustausch gewünscht ist oder notwendig wird.

6.4 Die Integration mit Non-SAP-Systemen

Mit der Einführung von SAP EAM trifft man häufig auf die Situation, dass vorhandene Non-SAP-Systeme (z. B. aus dem Bereich der Betriebsdatenerfassung, der Konstruktion oder der Haustechnik) mit SAP EAM gekoppelt werden sollen. Dabei handelt es sich um unterschiedliche Kategorien von Systemen. Diese habe ich in den weiteren Ausführungen folgendermaßen eingeteilt:

▶ Betriebsüberwachungssysteme wie Prozessleitsysteme, Netzüberwachungssysteme, Gebäudeleittechniksysteme und Diagnostiksysteme

▶ Betriebsinformationssysteme wie CAD-Systeme, GIS-Systeme und Netzinformationssysteme

▶ Leistungserfassungssysteme

6.4.1 Betriebsüberwachungssysteme

Betriebsüberwachungssysteme überwachen, steuern, regeln und optimieren online und sehr zeitnah das betriebliche Geschehen. Je nach Branche und Verwendungszweck kommen verschiedene Systeme zum Einsatz:

▶ **Prozessleitsysteme**
Prozessleitsysteme kommen in der Prozessindustrie zum Einsatz wie z. B. in der Chemie-, Pharma- und Nahrungsmittelindustrie. Sie dienen dazu, einen technischen Prozess zu überwachen, zu steuern, zu regeln und zu optimieren, wie z. B. die Kühlung in einer Eiscremeproduktionsanlage oder die Durchlaufgeschwindigkeit einer Pulvertrocknungsanlage.

▸ **MES-Systeme**
MES-Systeme (*Manufacturing Execution Systems*) werden in der diskreten Fertigung eingesetzt und zeichnen sich gegenüber Systemen zur Produktionsplanung in ERP durch die direkte Anbindung an die Automatisierung aus. Sie ermöglichen somit die Kontrolle der Produktion in Echtzeit. Dazu gehören auch elektronische Leitstände und klassische Datenerfassungen wie Betriebsdatenerfassung (BDE), Maschinendatenerfassung (MDE) und Personaldatenerfassung (PDE).

▸ **Gebäudeleitsysteme**
Gebäudeleitsysteme kommen in der Gebäudeverwaltung zum Einsatz. Sie werden genutzt, um einen technischen Prozess innerhalb eines Gebäudes zu überwachen, zu steuern, zu regeln und zu optimieren, wie z. B. die Klimatisierung oder Belüftung.

▸ **Netzüberwachungssysteme**
Netzüberwachungssysteme werden in der Energiewirtschaft oder auch bei Energiegroßverbrauchern eingesetzt. Sie dienen dazu, um die Produktion und Verteilung von Strom zu überwachen, zu steuern, zu regeln und zu optimieren. Eine andere Form von Netzüberwachungssystemen kommt in der Telekommunikation zur Überwachung, Regelung, Steuerung und Optimierung der Telekommunikationsnetze zum Einsatz.

▸ **Diagnostikbaugruppen**
Neben diesen kompletten Systemen gibt es für viele einzelne Aggregate wie Roboter, flexible Fertigungszellen, Fahrzeuge, Aufzüge und vieles andere mehr so genannte *Diagnostikbaugruppen*. Diese sind in der Lage, Fehler an den Aggregaten zu erkennen, Fehler zu diagnostizieren und ggf. auch automatisch zu melden – etwa wenn der Hydraulikdruck im Aufzug zu niedrig wird, die Drehgeschwindigkeit des Roboters nachlässt oder ein Druckabfall im Bremsleitungssystem eines Fahrzeugs festgestellt wird.

Die Betriebsüberwachungssysteme liefern eine Vielzahl von Daten, die in einem Prozess, einem Gebäude, an einem Aggregat oder einer Infrastruktur anfallen. Es gibt nun zwei verschiedene Möglichkeiten, wie die Betriebsüberwachungssysteme ihre Informationen an das SAP-System weitergeben:

▶ **RFC-Verbindung**

eine *direkte RFC-Verbindung* (Remote Function Call) zwischen dem Betriebsüberwachungssystem und dem SAP-System (siehe Abbildung 6.38)

▶ **SCADA-Systeme**

Über so genannte *SCADA-Systeme* (Supervisory Control and Data Acquisition System, siehe Abbildung 6.39). Diese erfüllen eine Filterfunktion. Sie filtern die instandhaltungsrelevanten Daten heraus und bewahren somit das SAP-System vor einer Überflutung mit Daten. Außerdem stellen SCADA-Systeme die Kommunikation zwischen einem oder mehreren Prozessleitsystemen und dem SAP-System her.

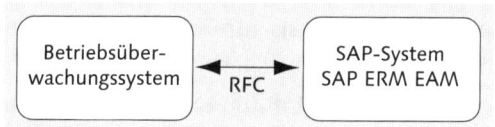

Abbildung 6.38 Direkte Anbindung an das SAP-System

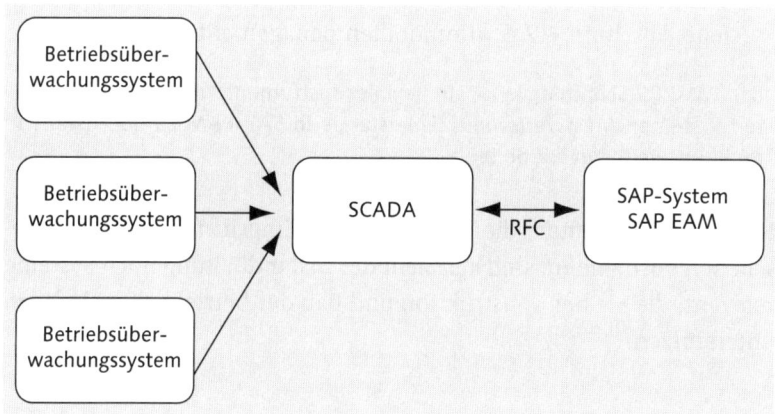

Abbildung 6.39 Indirekte Anbindung an das SAP-System über SCADA

Die PM-PCS-Schnittstelle

Die PM-PCS-Schnittstelle ist fester Bestandteil von SAP EAM zur Aufnahme von Daten aus Fremdsystemen. Neben Betriebsüberwachungssystemen gehören dazu auch Daten, die mit einem mobilen Gerät (Laptop, Barcodelesegerät) erfasst wurden. Mit dieser Schnitt-

Was ist die PM-PCS-Schnittstelle?

stelle können Sie Messwerte und Zählerstände aus vorgelagerten Systemen in das SAP-System übernehmen.

Welche Einsatzmöglichkeiten ergeben sich nun für Sie in SAP EAM durch den Einsatz der PM-PCS-Schnittstelle?

- Sie unterstützt Ihre *leistungsbasierte Wartungsplanung*, bei der auf Basis der übergebenen Zählerstände eine Neuberechnung des nächsten Wartungstermins erfolgt (siehe die Abschnitte 5.6.5 bis 5.6.8).

- Sie ermöglicht Ihnen eine *zustandsabhängige Instandhaltung*, bei der auf Basis der übergebenen Messwerte eine Störmeldung ausgelöst wird (siehe Abschnitt 5.7, »Der Geschäftsprozess zustandsorientierte Instandhaltung«).

- Die erzeugten Messbelege bilden die Basis zur *Dokumentation* von Sachverhalten für die Bereiche Anlagensicherheit, Arbeitssicherheit und Umweltschutz (siehe Abschnitt 4.2.8, »Spezielle Funktionen«).

- Die übergebenen Messbelege können Ihnen als Grundlage für *Verbrauchsabrechnungen* bei der Verwaltung von Immobilien dienen (siehe Abschnitt 6.2.6, »Immobilienmanagement«).

[+] Die PM-PCS-Schnittstelle ist ein flexibles Instrument, um aus vorgelagerten Systemen Messwerte und Zählerstände in SAP EAM zu übernehmen und dort weiterzuverarbeiten.

Neben den Systemen, die einen direkten Eingriff in das Betriebsgeschehen vornehmen, sind aus Sicht der Instandhaltung noch Systeme relevant, die Sie bei Konstruktion und Bau der betrieblichen Anlagen unterstützen.

6.4.2 Betriebsinformationssysteme

Im Wesentlichen handelt es sich bei den Betriebsinformationssystemen um CAD-Systeme (*Computer Aided Design*) und GIS-Systeme (*geografische Informationssysteme*).

CAD-Systeme   CAD-Systeme werden z. B. eingesetzt

- im Anlagenbau als Rohrleitungs- und Instrumentenfließbilder (R&I-Zeichnungen, siehe Abbildung 6.40)

▶ im Facility Management als Gebäudepläne, Raumbücher oder Flächennachweise

▶ in der Konstruktion zur Entwicklung von komplexen Geräten (wie z. B. Industrieroboter, Flugzeuge)

Gängige CAD-Systeme wie AutoCAD, Micro Station oder CATIA besitzen eine zertifizierte Schnittstelle zum SAP-System.

Wenn Sie wissen möchten, ob das von Ihnen eingesetzte CAD-System   **[+]**
eine zertifizierte Schnittstelle zum SAP-System besitzt, überprüfen Sie dies
unter *http://www.sap.com/partners/directories/SearchSolution.epx* in der
Suche unter CERTIFICATION CATEGORY mit den Schlüsselwörtern *CAD* und
Computer Aided Design.

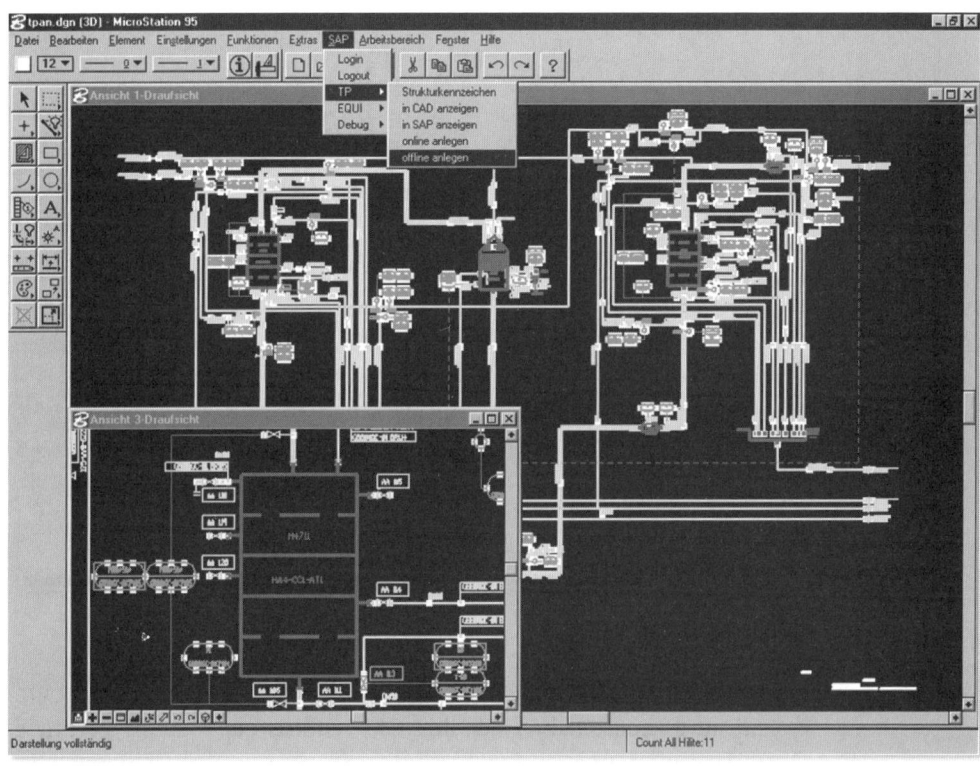

Abbildung 6.40 CAD-System

GIS-Systeme gibt es in unterschiedlichen Ausprägungen: als Land-   GIS-Systeme
informationssysteme, Bodeninformationssysteme, Umweltinforma-
tionssysteme und andere. Die aus Sicht der Instandhaltung und in
ihrer Verbindung zum SAP-System wichtigsten sind die Netzinforma-

tionssysteme (NIS). Dieses ist ein Instrument zur Erfassung, Verwaltung, Analyse und Präsentation von Betriebsmitteldaten aus dem Bereich der Netzwerktopologie. Mit dieser besonderen Ausprägung eines geografischen Informationssystems arbeiten Versorgungs- und Entsorgungsunternehmen. Hierbei steht in erster Linie die geometrische und grafische Dokumentation des Leitungsbestands im Vordergrund (siehe Abbildung 6.41).

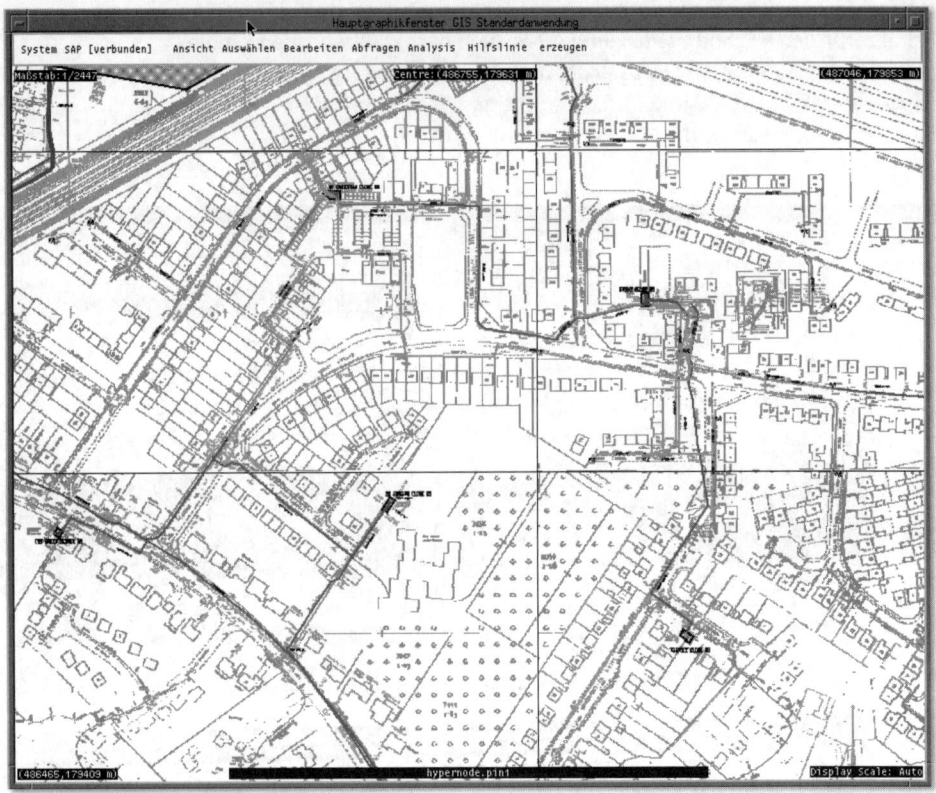

Abbildung 6.41 GIS-System

Namhafte GIS-Hersteller wie GE Smallworld, Bentley, Intergraph, ESRI und andere haben sich ihre GIS-Schnittstelle von SAP zertifizieren lassen.

[+] Wenn Sie wissen möchten, ob das von Ihnen eingesetzte GIS-System eine zertifizierte Schnittstelle zum SAP-System besitzt, überprüfen Sie dies unter *http://www.sap.com/partners/directories/SearchSolution.epx* in der Suche unter CERTIFICATION CATEGORY mit dem Schlüsselwort *Geographical Information Systems*.

Was können nun diese CAD- bzw. GIS-Schnittstellen? Der Funktionsumfang variiert von Hersteller zu Hersteller. Hier ein Auszug aus den Möglichkeiten:

Funktionsumfang

▶ Anlegen, Ändern, Suchen und Anzeigen von Equipments

▶ Anlegen, Ändern, Suchen und Anzeigen von Technischen Plätzen

▶ Anlegen, Ändern, Suchen und Anzeigen von Materialien

▶ Anlegen, Ändern, Suchen und Anzeigen von Stücklisten

▶ Synchronisation von Klassifizierungsdaten

▶ Anlegen, Ändern, Suchen und Anzeigen einer Meldung/eines Auftrags und Visualisieren von Meldungs-/Auftragsstatus

Bei der technischen Realisierung können die Schnittstellen unterschiedliche Ansätze verfolgen:

Technische
Realisierung

▶ Sie befinden sich in Ihrer CAD-/GIS-Anwendung und möchten zu einem selektierten grafischen Objekt im CAD-/GIS die damit verknüpften Daten aus dem SAP-System erhalten. Dazu starten Sie eine Anfrage an den SAP-Applikationsserver und erhalten das Ergebnis parallel zu seiner CAD-/GIS-Anwendung in einem SAP-Window.

▶ Sie erhalten das Ergebnis in einem CAD-/GIS-Window.

▶ Sie befinden sich in Ihrem SAP-System und möchten zu einem technischen Objekt (Equipment, Technischer Platz) die CAD-/GIS-Zeichnung erhalten, bei der das ausgewählte technische Objekt hervorgehoben ist. Dazu starten Sie eine Anfrage an den SAP-Applikationsserver. Die CAD-/GIS-Anwendung lädt die Zeichnung.

▶ Als technische Implementierung können Sie entweder den Business Connector, den GIS Business Connector oder SAP NetWeaver Process Integration (PI) nutzen.

> Da der Funktionsumfang der Schnittstelle Ihres CAD-/GIS-Systems und die technische Umsetzung sehr stark variieren können, erfragen Sie die Details am bestem bei Ihrem Hersteller. [+]

6.4.3 Leistungsverzeichnisse und Leistungserfassungen

Wenn Sie Geschäftsprozesse auf Basis von Leistungsverzeichnissen mit Lieferanten abwickeln (siehe Abschnitt 5.5.4, »Fremdleistungen mit Leistungsverzeichnissen«), haben Sie zwei Möglichkeiten, wie Sie einen Datenaustausch mit Ihren Lieferanten realisieren könnten.

Datenaustausch über Schnittstelle

SAP bietet Schnittstellen an, mit denen Sie zum einen Daten an Ihren Lieferanten übergeben bzw. vom Lieferanten in das SAP-System übernehmen können und zum anderen vorgefertigte Standardleistungsverzeichnisse auf Datenträgern in das SAP-System einspielen können.

Sie können folgende Daten mit dem Dienstleister austauschen (siehe Abbildung 6.42):

▶ Anfragen/Angebote

▶ Leistungsstammdaten, Kontrakte (Bestellungen) und Leistungserfassungsblätter

Folgende Medien stehen Ihnen dazu zur Verfügung:

▶ File Transfer Protocol (FTP)

▶ SAP-E-Mail bzw. Internet-Mail

▶ Datenträger wie CDs o. Ä.

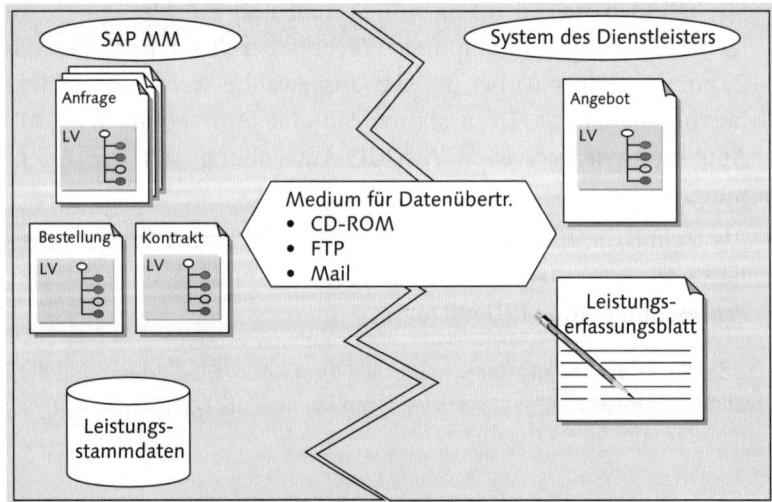

Abbildung 6.42 Datenaustausch mit Lieferanten

Der Datenaustausch mit dem Dienstleister bietet Ihnen die Möglichkeit, den Geschäftsprozess bei der Leistungserfassung erheblich zu vereinfachen und zu beschleunigen.

▶ Sie übermitteln dem Lieferanten die Leistungsspezifikationen in Form von Bestellungen, Kontrakten oder Leistungsstammsätzen z. B. per E-Mail.

▶ Nach der Leistungserbringung erstellt der Lieferant das Leistungserfassungsblatt und schickt es z. B. per FTP an Sie.

▶ Sie übernehmen das Leistungserfassungsblatt in das SAP-System.

▶ Anschließend führen Sie eine Abnahme durch.

Wenn Sie den Datenaustausch mit Lieferanten verwenden, ist der wesentliche Vorteil für Sie, dass Sie keinerlei Aufwand für die Erfassung der erbrachten Leistungen haben.	[+]

Leistungserfassung über das Internet

Sie können Ihre Lieferanten auch über das Internet anbinden.

Die andere Möglichkeit, wie Sie den Erfassungsaufwand für die erbrachten Leistungen auf den Lieferanten übertragen können, besteht in der Nutzung der von SAP bereitgestellten Internet Application Component (IAC) für eine browserbasierte Erfassung der Leistungen (siehe Abbildung 6.43).

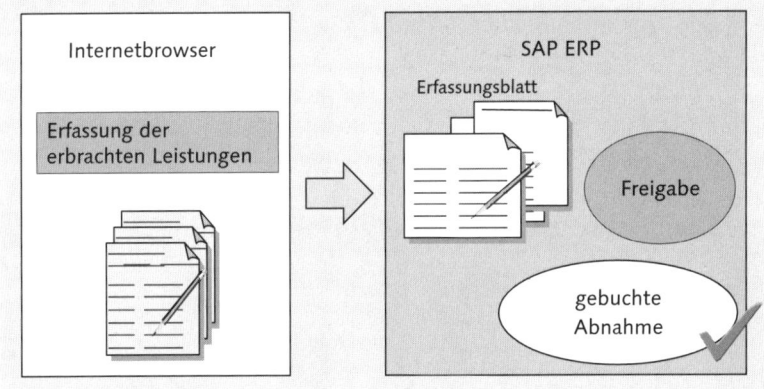

Abbildung 6.43 Internet Application Component zur Leistungserfassung

385

Die im Intranet/Internet erfassten Daten werden über das BAPI Entry Sheet.Create an SAP ERP übergeben. Zudem wurde für die Internetanwendungskomponente eine vereinfachte Transaktion MEW10 mit Dynpros angelegt.

[○] Wie zu jedem Kapitel habe ich Ihnen zusammenfassend noch einmal die wichtigsten Aussagen und alle Tipps und Tricks zusammengestellt, die ich Ihnen im Hinblick auf das Thema *Integration* mit auf den Weg geben möchte. Diese finden Sie als gesondertes Dokument auf der DVD.

Controlling heißt eigentlich »steuern«. Das Controlling gibt es sowohl als operatives Controlling zur Steuerung der laufenden Geschäftsprozesse als auch als analytisches Controlling zur Unterstützung der taktischen und strategischen Entscheidungsfindung. Dieses Kapitel behandelt zum einen die aktive Steuerung von Instandhaltungsmaßnahmen, und zum anderen werden die Möglichkeiten und Grenzen der Hilfsmittel aufgezeigt, die SAP für Auswertungen zur Verfügung stellt.

7 Instandhaltungscontrolling

Der englische Terminus *to control* wird im Deutschen mit *kontrollieren* oft sehr eingeschränkt übersetzt, und dementsprechend steht das Controlling ungerechtfertigterweise im Verruf, eine reine Kontroll- und Überwachungsinstanz zu sein. Eigentlich ist jedoch der Begriff *to control* weitaus vielschichtiger: Je nach Einsatzgebiet und Verwendungszweck bedeutet er *steuern, lenken, beeinflussen, leiten, kontrollieren* oder *regeln*. In diesem Sinne soll im weiteren Verlauf der Begriff *Instandhaltungscontrolling* verstanden werden: Instrumente zur *Lenkung* und *Kontrolle* des Instandhaltungsgeschehens.

7.1 Was ein Instandhaltungscontrolling ist

Je nach Fristigkeit und Tragweite können verschiede Ausprägungen des Instandhaltungscontrollings unterschieden werden (siehe Abbildung 7.1):[1]

Arten des Controllings

▶ **Operatives Controlling (❸)**
kurzfristige Ausrichtung, fokussiert auf das Tagesgeschäft (z. B. Fremdvergabe von Instandhaltungsaufträgen, Schadensanalysen von Maschinen)

---

1 Siehe zu den folgenden Ausführungen auch Liebstückel, K.: Technisches Controlling liefert konkrete Entscheidungsunterlagen, in: Die Industrie – Fachzeitschrift für Wirtschaft und Technik 48 (2002).

▶ **Dispositives Controlling (❷)**
mittelfristiger Horizont, bezogen auf Geschäftsabläufe (z. B. Änderung von Geschäftsprozessen, Aushandlung und Erstellung von Verträgen mit Servicefirmen)

▶ **Strategisches Controlling (❶)**
langfristige Ziele, dient der Überlebenssicherung des Unternehmens (z. B. Auslagerung der Serviceabteilung, langfristige Lieferantenverträge mit ABC-Lieferantenbeurteilung)

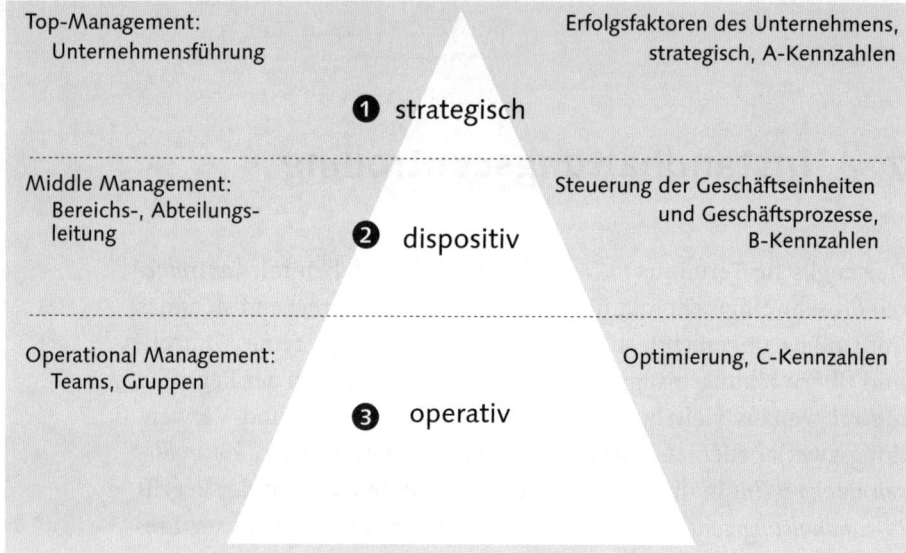

Abbildung 7.1 Arten des Controllings

Kaufmännisches und technisches Controlling

Den Begriff Controlling kennen Sie aus dem *kaufmännischen Bereich* – als zentrale Organisationseinheit und als unternehmerische Funktion. Im *technischen Bereich* kennt man das Controlling normalerweise nicht als gesonderte Organisationseinheit, sehr wohl aber als unternehmerische Funktion. Vergleicht man das kaufmännische mit dem technischen Controlling, so ergeben sich einige wesentliche Unterschiede (siehe Tabelle 7.1).

Das kaufmännische Controlling orientiert sich an *kaufmännischen Organisationsstrukturen*; dementsprechend stehen im Mittelpunkt der Betrachtungen Organisationseinheiten wie Buchungskreis, Kostenrechnungskreis, Kostenstelle, Profit Center u. Ä. Demgegenüber orientiert sich ein technisches Controlling an den *technischen Gege-*

benheiten und wertet Einheiten wie Maschine, Anlage, Material, Arbeitsplatz u. Ä. aus.

Kaufmännisches Controlling	Technisches Controlling
orientiert sich an kaufmännischen Organisationsstrukturen (z. B. Buchungskreis, Kostenrechnungskreis, Kostenstellen, Profit Center …)	orientiert sich an technischen Organisationsstrukturen (z. B. Maschine, Arbeitsplatz, Werkzeuge, Material, …)
wertet kaufmännische Buchungsobjekte aus (z. B. Sachkonten, Kostenarten, …)	wertet technische Abwicklungsobjekte aus (z. B. Aufträge, Schadensmeldungen, Bestellungen, …)
ermittelt ausschließlich kostenmäßige Werte/Kennzahlen	ermittelt technische *und* kostenmäßige Werte/Kennzahlen

Tabelle 7.1 Vergleich des kaufmännischen und technischen Controllings

In einem kaufmännischen Controlling werden *kaufmännische Buchungsobjekte* wie Sachkonten und Kostenarten ausgewertet, während im technischen Controlling die *technischen Abwicklungsobjekte* wie Meldungen, Aufträge, Rückmeldungen, Bestellungen, Warenbewegungen, Lieferungen u. Ä. im Mittelpunkt stehen.

Schließlich werden im Rahmen des kaufmännischen Controllings ausschließlich Kosten, Aufwand, Erlöse, Erträge und andere *kaufmännische Kennzahlen* ermittelt, während im Rahmen des technischen Controllings *kostenmäßige und technische Kennzahlen* ermittelt werden.

Je nach Betrachtungsebene eines Instandhaltungscontrollings können unterschieden werden:

Betrachtungsebenen

▸ **Maßnahmenbezogenes Controlling**
Im Mittelpunkt stehen hier entweder eine einzelne Maßnahme (z. B. Nachkalkulation eines Auftrags) oder einer Gruppe von Maßnahmen (z. B. Analyse einer Revision).

▸ **Objektbezogenes Controlling**
Im Mittelpunkt steht hier ein technisches Objekt (z. B. Rangliste der Equipments nach Ist-Kosten oder Schadensanalyse von Technischen Plätzen).

▸ **Zeitraumbezogenes Controlling**
Im Mittelpunkt stehen hier Betrachtungen über einen gewissen Zeitraum (z. B. Ersatzteilverbrauch pro Monat oder Plankosten pro Woche).

Verdichtungsstufen Die Informationen, die im Rahmen des Instandhaltungscontrollings ermittelt und bereitgestellt werden, befinden sich auf unterschiedlichen Verdichtungsstufen:

- *Listen* (z. B. Liste offener Meldungen, Liste anstehender Wartungsaufträge, Liste gesperrter Equipments)
- *Auswertungen* (z. B. Summe Instandhaltungskosten pro Technischer Platz, Anzahl Störmeldungen pro Monat)
- *Kennzahlen* (z. B. Relation Plankosten/Ist-Kosten, MTBF (*Meantime Between Failure*), durchschnittliche Durchlaufzeit pro Auftrag)

Zyklus Je nach Informationsbedürfnis müssen die Informationen in unterschiedlichen Zyklen zur Verfügung stehen bzw. zur Verfügung gestellt werden:

- *täglich* (z. B. Liste offener Störmeldungen)
- *wöchentlich* (z. B. Wochenprogramm der Wartungsaufträge)
- *monatlich* (z. B. Summe aufgelaufener Kosten)
- *jährlich* (z. B. Vergleich Budget und Ist-Kosten)

Medium Je nach Rolle des Mitarbeiters im Unternehmen oder in Abhängigkeit von den technischen Möglichkeiten müssen die Informationen über unterschiedliche Medien abrufbar sein bzw. verteilt werden:

- auf *Papier*, wenn Zugriff auf Online-Daten nicht gewünscht, nicht möglich oder nicht notwendig ist
- *online* in SAP ERP oder SAP NetWeaver BW, wenn Informationen zeitnah benötigt werden und Zugriff möglich sein soll
- per *E-Mail*, wenn Informationen online gewünscht sind, aber kein Zugriff zu ERP besteht
- *Mobil*, z. B. Außendiensttechniker

Abbildung 7.2 zeigt einen Überblick über die Aufgaben des Instandhaltungscontrollings.

Entsprechend diesen Grundlagen habe ich die folgenden Ausführungen in zwei Abschnitte unterteilt und werde folgenden Fragestellungen nachgehen:

- Welche Hilfsmittel bietet Ihnen SAP zur Informationsgewinnung an, und wie sollten Sie sie einsetzen?
- Welche Hilfsmittel bietet Ihnen SAP zur Budgetierung an, und wie sollten Sie sie einsetzen?

Datenbasis bereitstellen für Entscheidungen
- operative Entscheidungen (z.B. Ersatz einer Maschine)
- dispositive Entscheidungen (z.B. Änderung von Geschäftsprozessen)
- strategische Entscheidungen (z.B. Festlegung des IH-Strategie)

... hinsichtlich der Betrachtungsebenen ...
- maßnahmenbezogenes Controlling (z.B. pro Auftrag)
- objektbezogenes Controlling (z.B. pro Technischem Platz)
- zeitraumbezogenes Controlling (z.B. pro Monat)

... in unterschiedlichen Verdichtungsstufen ...
- Listen ► Auswertungen ► Kennzahlen

... und in einem unterschiedlichem Turnus ...
- täglich ► wöchentlich ► monatlich ► jährlich

... und mit Hilfe unterschiedlicher Medien
- Papier
- IT-Applikationen
- Mail/Workflow
- Portal/Mobil

Abbildung 7.2 Aufgaben des Instandhaltungscontrollings

7.2 SAP-Hilfsmittel zur Informationsgewinnung und wie Sie sie einsetzen sollten

Die in diesem Abschnitt genannten Hilfsmittel greifen nicht in die IT-Abläufe ein. Ihre Aufgabe besteht vielmehr darin, Sie mit den notwendigen *Informationen* zu versorgen, damit Sie auf deren Basis die organisatorischen Entscheidungen treffen können. Und je nach Fristigkeit sind Tag für Tag eine ganze Menge Entscheidungen zu treffen.

Arten von Entscheidungen

► **Operative Entscheidungen**
Dies sind z. B. Entscheidungen über die Zusammensetzung eines Wochenprogramms, die Fremdvergabe eines Auftrags oder Maßnahmen zum Kapazitätsabgleich.

► **Taktische Entscheidungen**
Dies sind z. B. das Ergreifen von Maßnahmen wegen Garantieablaufs, die Entscheidung über die Verschrottung einer Maschine oder über Maßnahmen zur Störungsvermeidung, der Abschluss von Dienstleistungsverträgen oder die Entscheidung für oder gegen einen bestimmten Maschinentyp.

► **Strategische Entscheidungen**
Dies sind z. B. die Auslagerung oder Wiedereingliederung eines Aufgabengebiets oder die Entscheidung über Strukturänderungen.

[!] Ein IT-System trifft keine Entscheidungen; das müssen Sie schon selbst tun. Aber ein IT-System kann Ihnen Informationen liefern, damit Sie die richtigen Entscheidungen treffen.

Als Hilfsmittel zur Informationsgewinnung werde ich Ihnen im nun folgenden Abschnitt den SAP List Viewer, die SAP Querys und Quick Views, das Logistikinformationssystem (LIS) und SAP NetWeaver BW etwas näher bringen.

7.2.1 SAP List Viewer

Flexibilität   Der *SAP List Viewer* präsentiert Ihnen die Informationen nicht als starre Liste, sondern erlaubt es, die Liste flexibel nach Ihren eigenen Informationsbedürfnissen anzupassen. Sämtliche Listen von SAP ERP EAM sind auf diese Technik umgestellt.

EAM-Listen   Folgende Listen stehen Ihnen in SAP ERP EAM zur Verfügung:

- Liste technischer Plätze (IL05, IH06)
- Liste Referenzplätze (IL15)
- Liste Equipments (IE05, IH08)
- Liste Objektverbindungen und Objektnetz (IN15)
- Liste Messbelege (IK18)
- Liste Materialserialnummer (IQ08)
- Liste Material (IH09)
- Liste Messpunkte (IK08)
- Liste Meldungen (IW28/29)
- Liste Maßnahmen (IW66)
- Liste Aktionen (IW64)
- Liste Meldungspositionen (IW68)
- Liste Aufträge (IW38/39)
- Liste Auftragsvorgänge (IW37/49)
- Kombinierte Auftrags-/Vorgangsliste (IW37N)
- Liste Genehmigungen (IPM2)
- Liste Rückmeldungen (IW47)
- Liste Warenbewegungen (IW3M)
- Liste Wartungspläne (IP15)

- ▶ Liste Wartungspositionen (IP17)

- ▶ Liste Arbeitspläne (IA08)

- ▶ Liste Schichtnotizen (SHN4 bzw. ISHN4)

- ▶ Liste Schichtberichte (SHR4 bzw. ISHR4)

Wenn Sie den SAP List Viewer nutzen, läuft die Verarbeitung immer in der folgenden Reihenfolge ab: Selektion → Grundliste → Weiterverarbeitung (siehe Abbildung 7.3).

Ablauf

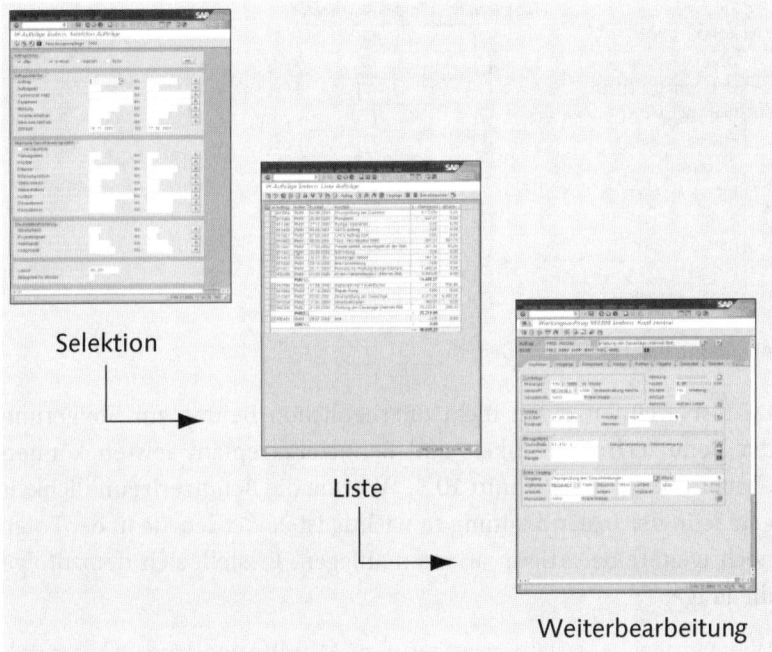

Abbildung 7.3 Ablauf im SAP List Viewer

Ich werde Ihnen in den folgenden Ausführungen den SAP List Viewer am Beispiel der Auftragsliste (Transaktion IW38) präsentieren, aber die Ausführungen gelten analog für jede der oben genannten Listen.

Die Selektion

Wenn Sie eine Liste aufrufen, erhalten Sie einen Selektionsbildschirm, der alle Selektionsmöglichkeiten beinhaltet und sich deshalb je nach Liste und Bildschirmauflösung über zwei bis vier Seiten erstreckt. Erfahrungsgemäß wird recht selten auf der zweiten oder folgenden Seite gesucht. Deshalb sollte das Erste sein, was Sie tun:

[+]   Legen Sie eine Selektionsvariante an, die sich auf maximal eine Seite Selektionsbedingungen erstreckt. Auch die weiteren Selektionsvarianten, die Sie noch anlegen werden, sollten diesem Grundsatz folgen.

Selektionsvariante

Sie legen eine Selektionsvariante an, indem Sie die Selektionsmaske sichern und dann auf dem Folgebildschirm von der Möglichkeit, *Selektionsbedingungen auszublenden*, einen regen und zielgerichteten Gebrauch machen (siehe Abbildung 7.4).

Feldname	T...	Feld schütz...	Feld ausblenden
inkl.Objektliste	P	☐	☑
führender Auftrag	S	☐	☑
Übergeordneter Auft.	S	☐	☑
Planungswerk	S	☐	☐
Priorität	S	☐	☐
Erfasser	S	☐	☐
Erfassungsdatum	S	☐	☑
Status inklusiv	S	☐	☑
Status exklusiv	S	☐	☑
Kurztext	S	☐	☑
Letzter Änderer	S	☐	☑

Abbildung 7.4 Feld ausblenden

Da Listvarianten einen nicht unerheblichen Beitrag zur Steigerung der Benutzerfreundlichkeit und Benutzerakzeptanz leisten können (Details hierzu in Abschnitt 10.3, »Warum die Benutzerfreundlichkeit gerade in der Instandhaltung so wichtig ist«), werden Sie in der Folge noch weitere Selektionsvarianten anlegen. Es stellt sich demzufolge die Frage:

Aufruf
Listvariante

Wie werden Listvarianten aufgerufen? Mithilfe des Icons 🔃 , das sich auf jedem Einstiegsbild einer Liste befindet, können Sie sich eine Liste der Selektionsvarianten anzeigen lassen und die gewünschte auswählen. Da diese Liste aber im Laufe der Zeit recht groß werden kann, hier der nächste Praxistipp:

[+]   Die von Ihnen am häufigsten benutzte Selektionsvariante sollten Sie *U_*, gefolgt von Ihrem SAP-Usernamen, benennen (siehe Abbildung 7.5); diese wird beim Aufruf der Liste automatisch gezogen.

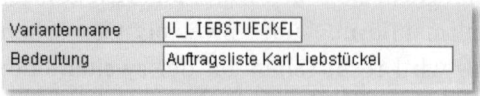

Variantenname	U_LIEBSTUECKEL
Bedeutung	Auftragsliste Karl Liebstückel

Abbildung 7.5 Variantenname

Pro Selektionsfeld haben Sie folgende Möglichkeiten:

▸ Sie können nach einem *Einzelwert* (z. B. Auftragsart PM01) oder mehreren Einzelwerten (z. B. Auftragsart PM01, PM05, PM10) suchen.

▸ Sie können nach einem *Intervall* (z. B. Auftragsart PM01 bis PM05) oder mehreren Intervallen suchen.

▸ Sie können *maskiert* suchen (z. B. Auftragsart PM*).

▸ Sie können Werte und Intervalle *ausschließen* (z. B. nicht Auftragsarten PM03 und PM05-08).

▸ Sie können Suchwerte über die *Windows-Zwischenablage* einbinden.

▸ Eine ganz besondere Möglichkeit ergibt sich durch die Definition der Selektionsvariablen DYNAMISCHE DATUMSBERECHNUNG, bei denen in Abhängigkeit vom jeweiligen Tagesdatum die Datums-selektion von/bis dynamisch in Abhängigkeit von der ausgewähl-ten Selektionsoption (siehe Abbildung 7.6) berechnet wird.

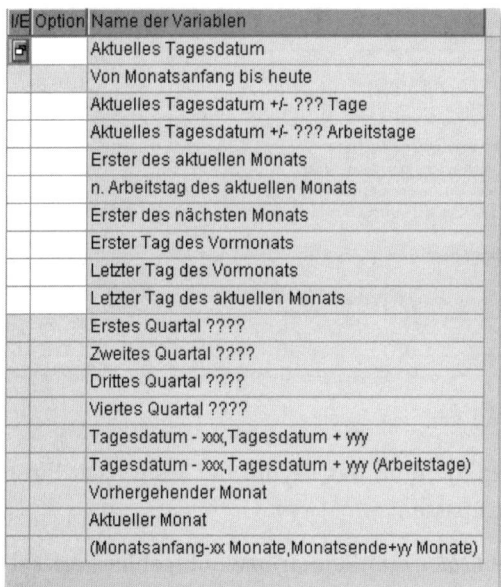

I/E	Option	Name der Variablen
		Aktuelles Tagesdatum
		Von Monatsanfang bis heute
		Aktuelles Tagesdatum +/- ??? Tage
		Aktuelles Tagesdatum +/- ??? Arbeitstage
		Erster des aktuellen Monats
		n. Arbeitstag des aktuellen Monats
		Erster des nächsten Monats
		Erster Tag des Vormonats
		Letzter Tag des Vormonats
		Letzter Tag des aktuellen Monats
		Erstes Quartal ????
		Zweites Quartal ????
		Drittes Quartal ????
		Viertes Quartal ????
		Tagesdatum - xxx,Tagesdatum + yyy
		Tagesdatum - xxx,Tagesdatum + yyy (Arbeitstage)
		Vorhergehender Monat
		Aktueller Monat
		(Monatsanfang-xx Monate,Monatsende+yy Monate)

Abbildung 7.6 Datumsvariable

Sie haben die Liste eingestellt mit der Selektion Startdatum gleich Tagesdatum 180 Tage und + 60 Tage. Dann würde am 01.09. selek-tiert werden vom 04.03. bis 31.10.

[+]   Durch den Einsatz der Selektionsvariablen DYNAMISCHE DATUMSBERECHNUNG können Sie das Selektionsdatum der Liste dynamisch bestimmen lassen.

[+]   Manche Listen (nicht alle) erlauben die Aktivierung eines Monitors. In Abhängigkeit vom gewählten Parameter (z. B. Ecktermin) werden dann die Listeinträge rot, gelb oder grün markiert (z. B. Rot für die überfälligen Aufträge, Gelb, wenn der Beginntermin erreicht ist, aber der Endetermin noch nicht, und Grün für die zukünftigen Aufträge).

Die Listdarstellung

Wenn Sie nun die Liste starten, erhalten Sie nach den vorgenommenen Selektionen und Einstellungen die erste Grundliste (siehe Abbildung 7.7).

IH-Aufträge ändern: Liste Aufträge

Monit..	A	Auftrag	AufArt	Eckstart	Eckende	Equipment	Kurztext	Σ PlanGesKo.	Σ IstGesKos.	Kostenst.
⬤◯◯		815409	PM02	22.07.2007	01.08.2007	2024	Getriebeaartung	260,28	0,00	4110
⬤◯◯		814734		05.08.2007	05.08.2007	E-0000	Pumpenwartung Quartal	376,67	0,00	4110
⬤◯◯		814747		11.07.2007	13.07.2007	E-0000	Periodische Getriebeprüfung	139,43	0,00	4110
◯◯◯		814588		11.09.2007	11.09.2007	P-1000-N001	Periodische Wartung Pumpengetriebe	260,15	0,00	4100
⬤◯◯		815418		26.07.2007	31.07.2007	P-1000-N001	inspektion pumpengetriebe	27,89	0,00	4100
⬤◯◯		814712		06.07.2007	06.07.2007	TEQ-00	Mechanische Inspektion Pumpe	191,84	0,00	4110
◯◯◯		815416		01.11.2007	01.11.2007	TEQ-00	mechanische Inspektion It herstellervor.	482,14	0,00	4110
⬤◯◯		815316		05.07.2007	10.07.2007	TEQ-10	mechanische wartung nach strategie	139,43	0,00	4110
			PM02					• 1.877,83 •	0,00	
⬤◯◯		815408	PM03	02.07.2007		P-1000-N001	welle mit triss	136,51	0,00	4110
			PM03					• 136,51 •	0,00	
◯◯◯		815267	PM06	11.12.2007	11.12.2007	2006	Längeneinstellstück prüfen	108,91	0,00	4100
◯◯◯		815268		11.12.2007	11.12.2007	2006	Längeneinstellstück prüfen	108,91	0,00	4100
			PM06					• 217,82 •	0,00	
								•• 2.232,16 ••	0,00	

Abbildung 7.7 Liste des SAP List Viewers

Listoptionen   Folgende Optionen haben Sie nun, das Layout der Liste nach Ihren eigenen Bedürfnissen anzupassen:

▶ Sie können *zusätzliche Felder* einblenden bzw. eingeblendete Felder ausblenden. Es stehen nahezu alle Felder des auszuwertenden Objekts zur Auswahl. Bei Technischen Plätzen und Equipments können Sie zudem Felder aus der Klassifizierung einbinden.

▶ Sie können nach einem Kriterium (z. B. nach Datum) oder nach mehreren Kriterien (z. B. nach Kostenstelle und innerhalb der Kostenstelle nach Datum) *sortieren*.

▶ Sie können bei Wert- und Mengenfeldern (z. B. Ist-Kosten) *Summen* bilden und sich *Zwischensummen* (z. B. pro Auftragsart) ausweisen lasen.

▶ Sie können die Spalten hinsichtlich ihrer *Breite* optimieren.

▶ Sie können innerhalb einer Liste nach einem bestimmten Begriff (z. B. Undichtigkeit) *suchen*; dies ist vor allem bei großen Listen eine interessante Funktion.

▶ Sie können in einer angezeigten Liste *filtern* (z. B. nur Einträge anzeigen lassen mit dem Systemstatus FREI).

▶ Sie können eine *ABC-Analyse* nach einer Kennzahl durchführen (z. B. ABC-Analyse der Aufträge in Bezug auf die Ist-Kosten).

▶ Sie können sich eine *grafische Darstellung* generieren lassen (z. B. ein Balkendiagramm mit der Anzahl der Aufträge pro Auftragsart).

▶ Sie können sich Ihre Einstellungen als Anzeigevariante *sichern*.

> Die am häufigsten genutzte Anzeigevariante sollten Sie sich als VOREIN-STELLUNG markieren. **[+]**

Die Weiterverarbeitung

Wenn Sie nun die Liste in der gewünschten Form vor sich haben, stehen Ihnen bestimmte Möglichkeiten der Weiterverarbeitung zur Verfügung:

▶ Sie markieren eine bestimmte Zeile und rufen das *Datenbankobjekt* auf (z. B. einen bestimmten Auftrag, um den Termin zu ändern).

▶ Sie markieren mehrere Zeilen und führen an allen markierten Zeilen die *gleiche Funktion* aus (z. B. alle markierten Aufträge drucken oder allen markierten Aufträgen den gleichen Termin geben).

▶ In diesem Zusammenhang gibt es bei Aufträgen und Meldungen die Funktion *Massenänderung*, mit der Sie praktisch jedes Feld in allen selektierten Objekten in einem Zug ändern können.

▶ Sie verschicken die Liste per *SAP-Mail*.

> Wenn Sie kein Icon zum Versenden einer Liste vorfinden (z. B.), verwenden Sie die Funktion LISTE • SICHERN • OFFICE. **[+]**

▶ Sie können die Liste in allen gängigen *Office-Formaten* abspeichern und dort weiterbearbeiten (z. B. Download der Auftragsliste nach Excel, um Sie mit Pivot-Funktionen darzustellen).

[+] Sie können Listen auch als periodischen Job einplanen, der dann in periodischen Abständen automatisch läuft und gewisse Folgefunktionen ausführt (z. B. den Produktionsleitern eine E-Mail schicken, die die Wartungsaufträge der kommenden Woche beinhaltet).

Grenzen Die Listen des SAP List Viewers sind in SAP EAM für bestimmte Datenbankobjekte fest vordefiniert. Infolgedessen hat er seine Grenzen zum einen dort, wo Sie Informationen/Felder benötigen, die im SAP List Viewer nicht definiert sind. So gibt es zwar eine Liste Material, aber es ist nicht möglich, damit auszuweisen, auf welchem Lagerplatz welches Material liegt. Zum anderen liegt eine Grenze dort, wo Informationen/Felder zu verschiedenen Datenbankobjekten gemeinsam dargestellt werden sollen. So ist es z. B. nicht möglich, in einer einstufigen Liste Meldungsinformationen (z. B. Schadenscode) und Auftragsinformationen gemeinsam darzustellen.

Hier setzt ein Hilfsmittel an, das einfach zu handhaben ist und das Ihnen ein Stück Flexibilität gibt: der SAP Quick Viewer.

7.2.2   SAP Quick Viewer

Einsatzfelder Der SAP Quick Viewer (Transaktion SQVI oder Menü SYSTEM • DIENSTE • QUICK VIEWER) setzt da an, wo der SAP List Viewer an seine Grenzen stößt, und bietet Möglichkeiten, diese Grenzen zu überschreiten:

▶ Er versetzt Sie in die Lage, sich jedes beliebige *Datenbankfeld* in einer Liste anzeigen zu lassen. Sie könnten dann z. B. eine Liste der Materialien mit ihrem Lagerplatz erstellen.

▶ Sie können *Datenbanktabellen* miteinander verknüpfen. So könnten Sie z. B. Meldungs- und Auftragsinformationen in einer gemeinsamen Liste darstellen.

▶ Er ermöglicht es Ihnen, ad hoc *Fragen* zu beantworten, die Ihnen der SAP List Viewer nicht beantworten kann. Zum Beispiel: Welches Equipment hat keinen Wartungsplan? Welcher technische Platz kann über den Bautyp auf welche Anleitung zugreifen?

Beispiel Lassen Sie mich den SAP Quick Viewer anhand eines konkreten Beispiels darstellen: Einer meiner Kunden hatte das Problem, dass er gerne gewusst hätte, wie viel Handwerkerzeit er in welcher Werkstatt für welchen Schadenscode verbraucht. Dieses Ergebnis lässt sich mit den Techniken des SAP List Viewers nicht realisieren, weil Informationen aus der Meldung, aus dem Auftrag und aus den Rückmeldungen verarbeitet werden müssen. Geholfen hat die Erstellung eines Quick Views.

Wenn Sie nun hierzu einen Quick View anlegen, werden Sie nach dem Namen der Datenbanktabellen gefragt. Dies ist eigentlich der schwierigste Teil beim Erstellen eines Quick Views. Hier haben Sie nun mehrere Möglichkeiten:

Datenbank-tabelle

▶ Sie gehen über die Anwendungshierarchie (F4 -Hilfe auf dem Feld TABELLE • SAP-ANWENDUNGEN) und arbeiten sich hierarchisch bis zur gesuchten Datenbanktabelle vor.

▶ Sie gehen über das Infosystem (F4 -Hilfe auf dem Feld TABELLE • INFOSYSTEM) des SAP Quick Viewers und suchen nach einem Stichwort.

Die Stichwortsuche im Infosystem des SAP Quick Viewers ist casesensitiv, d. h., sie unterscheidet Groß-/Kleinschreibung. Wenn Sie also z. B. nach der Tabelle der Zeit-Rückmeldungen in der Instandhaltung suchen und nicht exakt wissen, wie die Tabelle im Kurztext benannt ist, sollten Sie sicherheitshalber nach *ückmeldung* suchen (siehe Abbildung 7.8).

[+]

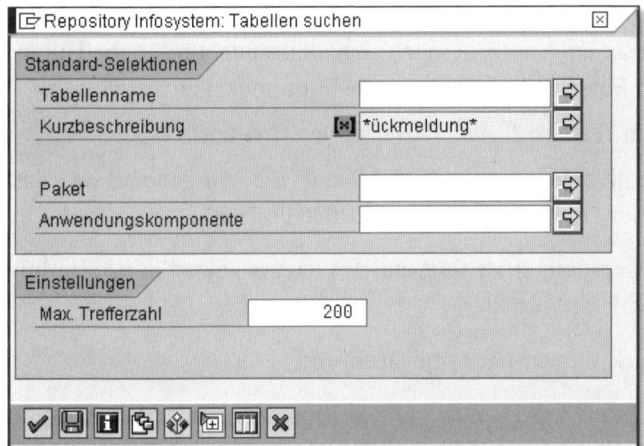

Abbildung 7.8 Quick-Viewer-Infosystem

▶ Oder aber – und das erscheint mir der einfachste und sicherste Weg zu sein – Sie rufen die Originaltransaktion auf (z. B. IW41 für die Zeit-Rückmeldungen) und verwenden die F1 -Hilfe • TECHNISCHE INFO (siehe Abbildung 7.9).

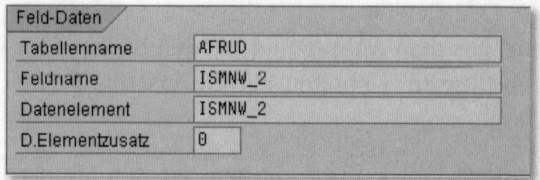

Feld-Daten	
Tabellenname	AFRUD
Feldname	ISMNW_2
Datenelement	ISMNW_2
D.Elementzusatz	0

Abbildung 7.9 Technische Info

In unserem konkreten Beispiel waren die Tabellen QMEL (Meldung), QMFE (Meldungspositionen), AFRU (Auftragsrückmeldungen) und CRHD (Arbeitsplatz).

Funktionen Der SAP Quick Viewer bietet Ihnen nun diverse Möglichkeiten der Listengestaltung und Listenverarbeitung:

▶ Sie können nach beliebigen Feldern *selektieren* (z. B. nach Schadenscode, nach Zeitraum).

▶ Dabei haben Sie dieselben Möglichkeiten wie beim SAP List Viewer (Einzel-, Mehrfach-, Intervallselektionen, Ausschlüsse).

▶ Sie können beliebige Felder *anzeigen* (z. B. Schadenscode, Meldungsnummer, Auftragsnummer, Arbeitsplatz, Datum, Ist-Zeit).

▶ Sie können Wert- und Mengenfelder *summieren* (z. B. Ist-Zeit).

▶ Sie können nach einem oder mehreren Kriterien *sortieren* und *Zwischensummen bilden* (z. B. nach Schadenscode und Arbeitsplatz) und dabei Einzelzeilen oder nur die Summenzeilen ausweisen.

▶ Sie können *Texte einfügen* (z. B. Listüberschriften).

▶ Sie haben diverse *Ausgabemöglichkeiten* (z. B. Ausgabe als SAP List Viewer oder Download in einem Office-Format)

Mögliche Ergebnisse eines SAP Quick Viewers zeigen die Abbildungen 7.10 und 7.11.

Grenzen Der SAP Quick Viewer hat seine Grenzen:

▶ Sie können aus der Liste des Quick Viewers heraus nicht das *operative Datenbankobjekt* aufrufen, sich also in obigem Beispiel nicht die einzelne Rückmeldung direkt ansehen.

▶ Der SAP Quick Viewer selbst ist *userabhängig*, d. h., nur der Benutzer, der ihn erstellt hat, kann ihn auch ausführen

Ist-Zeit pro Schadenscode

Meldung	Beschreibung	Auftrag	Vrg	Pr...	ArbPlatz		¤	Istarb	Eh.	Eh.
10001030	Leckage am Pumpengehäuse	814491	0010	1000	ME-0007			4,0	STD	STD
					ME-0007			4,0	STD	
					ME-0815			1,0	STD	
10001365	elektrische Zuleitungen ersetzen	815137	0010		ME-20821			8,0	STD	STD
10001365	elektrische Zuleitungen ersetzen	815137	0020					4,0	STD	STD
10001365	elektrische Zuleitungen ersetzen	815137	0030					7,0	STD	STD
					ME-20821			19,0	STD	
					ME-3004			133,0	STD	
					ME-30043			25,0	STD	
					ME-3073			2,5	STD	
					ME-3095			3,0	STD	
10001077	neue Schweißnaht am Gehäuse des Pumpenm.	814537	0010		ME-3108			1,0	STD	STD
10001077	neue Schweißnaht am Gehäuse des Pumpenm.	814537	0020					3,0	STD	STD
10001077	neue Schweißnaht am Gehäuse des Pumpenm.	814537	0030					2,0	STD	STD
10001077	neue Schweißnaht am Gehäuse des Pumpenm.	814537	0040					1,0	STD	STD
					ME-3108			7,0	STD	
				1...			▪▪	194,5	STD	
							▪▪▪	194,5	STD	

Abbildung 7.10 Liste eines SAP Quick Viewers

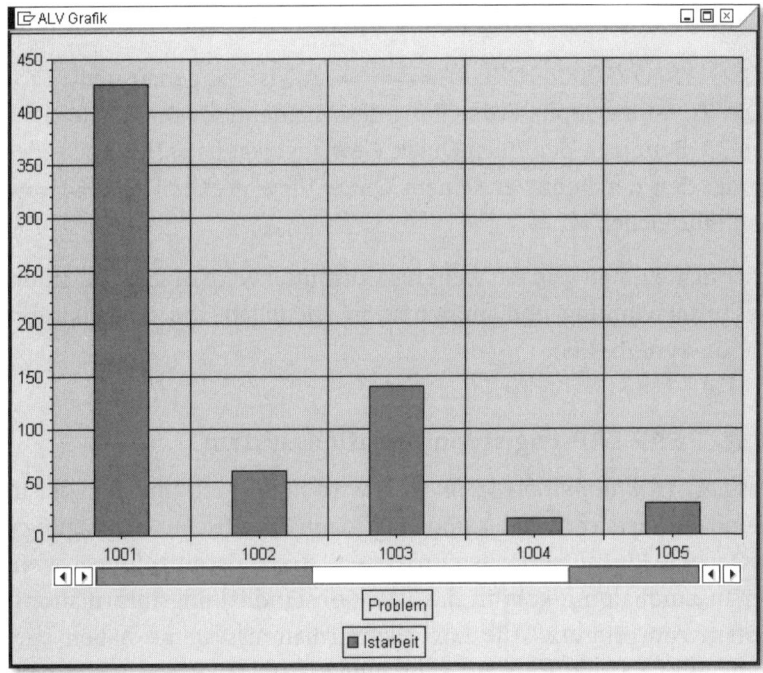

Abbildung 7.11 Grafik eines SAP Quick Viewers

Wenn Sie den Quick Viewer anderen Benutzern zur Verfügung stellen **[+]**
möchten, konvertieren Sie ihn in eine SAP Query. Verwenden Sie hierzu
die Funktionstaste 🔲 SAP Query .

▶ Der SAP Quick Viewer kennt kein *Berechtigungskonzept*, d.h., jeder, der die Berechtigung zum Erstellen von Quick Views hat, kann alle Unternehmensdaten einsehen.

▶ Mit dem SAP Quick Viewer können Sie keine *Rechenoperationen* durchführen, wie z.B. Summen, Differenzen, Verhältniszahlen o.Ä. bilden.

▶ Einen Quick Viewer können Sie nicht an das *SAP-Transportsystem* anschließen, d.h., Sie können ihn z.B. nicht in einem Entwicklungssystem anlegen und ihn dann nach erfolgreicher Testphase in Ihr Produktivsystem transportieren.

[+]
Der SAP Quick Viewer generiert im Hintergrund ein ABAP-Programm. Wenn Sie Berechtigungsprüfungen, mathematische Berechnungen oder sonstige Funktionen einfügen möchten, können Sie dies direkt in diesem Programm tun. Ebenso kann das ABAP-Programm in ein anderes System transportiert werden.

Das generierte ABAP-Programm hat in etwa folgenden Namen:

AQTGSYSTQV000033QKL001=======. AQ ist fix, genauso wie SYSTQV. TG ist die Alpha-Darstellung des Mandanten. 000033 steht für den 33. Benutzer, der einen Quick View angelegt hat. QKL001 ist der Name, den der Benutzer seinem Quick View gegeben hat. ====== sind Füllzeichen.

Ich möchte Ihnen nun ein weiteres Hilfsmittel von SAP ERP zur Informationsgewinnung und -präsentation vorstellen: das Logistikinformationssystem (LIS).

7.2.3   SAP ERP-Logistikinformationssystem

Das *Logistikinformationssystem* (LIS) wird in SAP ERP für die Logistikapplikationen verwendet und trägt dann spezifische Ausprägungsnamen wie Einkaufsinformationssystem, Bestandscontrolling usw. In der Instandhaltung kommt das PM-IS-Instandhaltungsinformationssystem zum Einsatz. Alle Logistikinformationssysteme haben eine gemeinsame Struktur (siehe Abbildung 7.12).

Aus den Anwendungen heraus werden auf Basis von Fortschreibungsregeln mithilfe von Transferprogrammen so genannte *Informationsstrukturen* gefüllt. Diese Informationsstrukturen sind eigenständige Datenbanken, von den operativen Datenbanken losgelöst. Mit dem LIS wurde der Übergang von einem OLTP- zu einem OLAP-System[2] geschaffen.

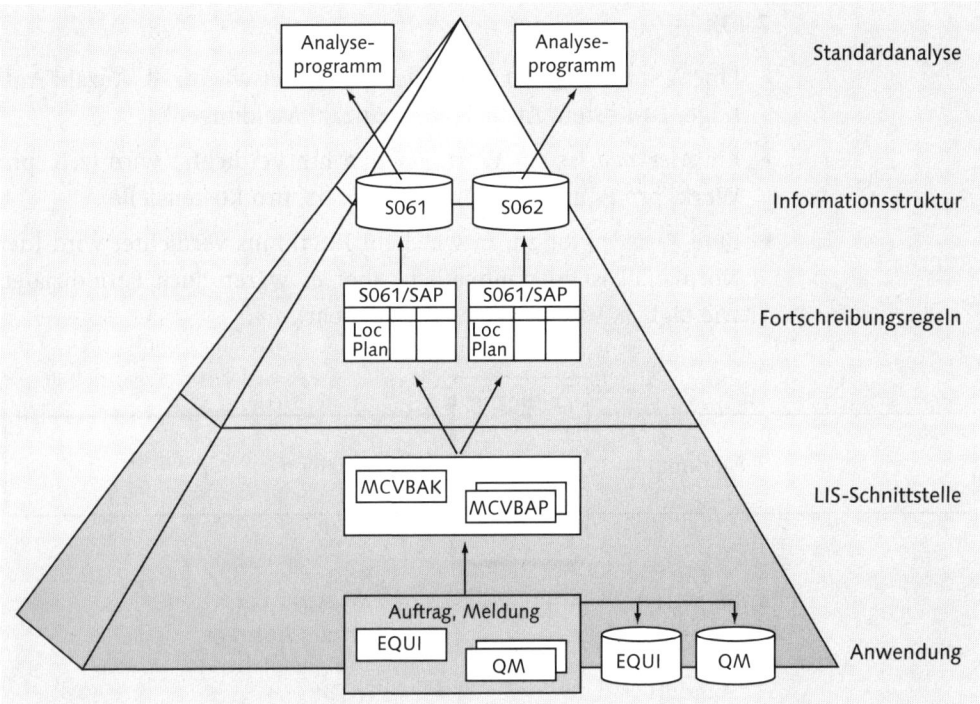

Abbildung 7.12 Struktur des Logistikinformationssystems

Vom Charakter her ist das Logistikinformationssytem ein OLAP-System. In **[+]** der Konsequenz sind Auswertungen aus dem LIS deutlich performanter als Auswertungen aus operativen Datenbanken.

LIS wird über die LIS-Schnittstelle mit Informationen versorgt.

Über die Customizing-Funktion LOGISTIK-INFORMATIONSSYSTEM (LIS) • **[+]** LOGISTICS DATA WAREHOUSE • FORTSCHREIBUNG • FORTSCHREIBUNGSSTEUE- RUNG • FORTSCHREIBUNG AKTIVIEREN • INSTANDHALTUNG steuern Sie, ob die Versorgung einer Informationsstruktur synchron (d. h. parallel zur Verbu- chung in der operativen Datenbank) oder asynchron erfolgen soll.

---

2 OLTP-System (*Online Transaction Processing*): System, in dem die Geschäfts- prozesse abgewickelt werden. OLAP-System (*Online Analytical Processing*): System, in dem ausschließlich Auswertungen und Analysen vorgenommen werden.

Die Informationsstruktur

Im Mittelpunkt von LIS stehen die Informationsstrukturen. Eine Informationsstruktur besteht aus drei Elementen (siehe Abbildung 7.13):

▶ Eine *Kennzahl* ist der Wert, der verdichtet wird (z. B. Anzahl Aufträge, Ist-Kosten, Ausfalldauer, Anzahl Meldungen).

▶ Ein *Merkmal* ist ein Wert, auf den hin verdichtet wird (z. B. pro Werk, pro Equipment, pro Auftragsart, pro Kostenstelle).

▶ Eine *Periode* gibt an, in welchem Rhythmus verdichtet wird (der Normalfall ist hier monatlich, aber es wären auch Periodiziäten wie täglich, wöchentlich usw. denkbar).

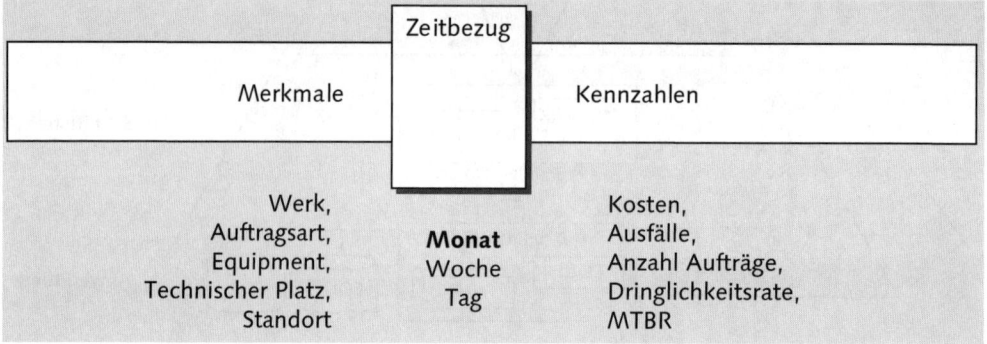

Abbildung 7.13 Informationsstruktur

Auf Basis dieser drei Bausteine einer Informationsstruktur entsteht gedanklich ein mehrdimensionaler Informationswürfel (siehe Abbildung 7.14):

▶ Schublade ❶ beinhaltet die Kennzahl *Anzahl Aufträge des Equipments 1.000 der Auftragsart PM01 im Monat Januar.*

▶ Schublade ❷ beinhaltet die Kennzahl *Anzahl Aufträge des Equipments 1.000 der Auftragsart PM02 im Monat Januar.*

▶ Schublade ❸ beinhaltet die Kennzahl *Anzahl Aufträge des Equipments 1.000 der Auftragsart PM01 im Monat Februar.*

▶ Schublade ❹ beinhaltet die Kennzahl *Anzahl Aufträge des Equipments 1.001 der Auftragsart PM01 im Monat Januar.*

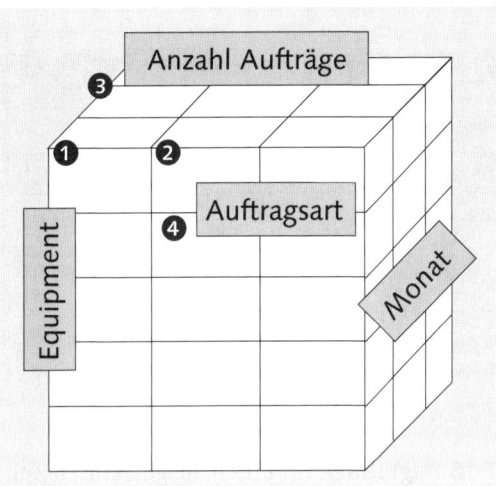

Abbildung 7.14 Mehrdimensionaler Informationswürfel

Standardanalysen des PM-IS

Standardanalysen werden von SAP mit ausgeliefert. Dabei handelt es sich um folgende Standardanalysen und Transaktionscodes:

▶ MCI1 – Objektklassenanalyse

▶ MCI2 – Herstelleranalyse

▶ MCI3 – Standortanalyse

▶ MCI4 – Planergruppenanalyse

▶ MCI5 – Schadensanalyse

▶ MCI6 – Objektstatistik

▶ MCI7 – Ausfallanalyse

▶ MCI8 – Kostenanalyse

▶ MCIZ – Fahrzeugverbrauchsanalyse

In Anhang C.4 finden Sie weitere Details: Darin wird dargestellt, welche Standardanalyse auf welcher Informationsstruktur basiert und welche Merkmale und Kennzahlen die jeweilige Informationsstruktur beinhaltet.

Nachfolgend möchte ich Ihnen anhand der Kostenanalyse (Infostruktur S115, Transaktion MCI8) die Arbeitsweise und die Möglichkeiten des PM-IS aufzeigen.

Funktionen

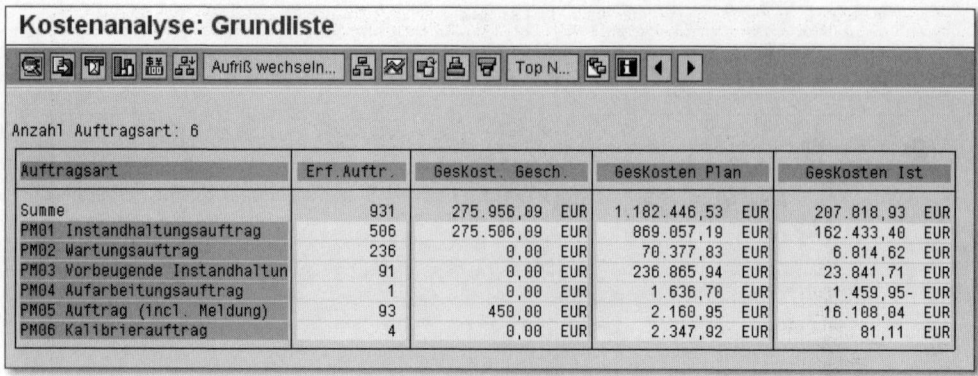

Abbildung 7.15 Kostenanalyse

Die Liste aus Abbildung 7.15 zeigt Ihnen für einen ausgewählten Zeitraum die Schätz-, Plan- und Ist-Kosten pro Auftragsart. Die angezeigte Grundliste können Sie online (d. h. ohne eine andere Auswertung zu starten und ohne die vorliegende Auswertung neu zu starten) mit folgenden Funktionen verändern:

- Sie können *weitere Kennzahlen* aus einem vordefiniertem Kennzahlenvorrat zur Anzeige bringen (z. B. abgeschlossene Aufträge).

- Sie können den *Aufriss* wechseln, d. h. die Liste nach einem anderen Merkmal darstellen (z. B. nicht nach der Auftragsart, sondern nach dem Equipment).

- Sie können die Liste nach jeder Kennzahl *sortieren* (z. B. Equipment absteigend nach Ist-Kosten, um eine Hitliste zu erhalten).

- Sie können den Werten in der Liste *Vergleichswerte* (z. B. aus dem Vorjahr) gegenüberstellen und prozentuale Abweichungen ausweisen.

- Sie können die Liste als *tabellarische Zeitreihe* darstellen (z. B. um zu sehen, in welchem Monat wie viele Aufträge getätigt wurden).

- Sie können mit der Liste *statistische Funktionen* wie ABC-Analyse, Korrelationen oder Segmentierungen vornehmen (siehe Abbildung 7.16).

- Sie können nach einem *anderen Merkmal* aufreißen (z. B. aus dem Summenwert zur Auftragsart können Sie sich anzeigen lassen, welche Equipments davon betroffen sind).

- Sie können die Liste drucken, speichern oder per E-Mail verschicken.

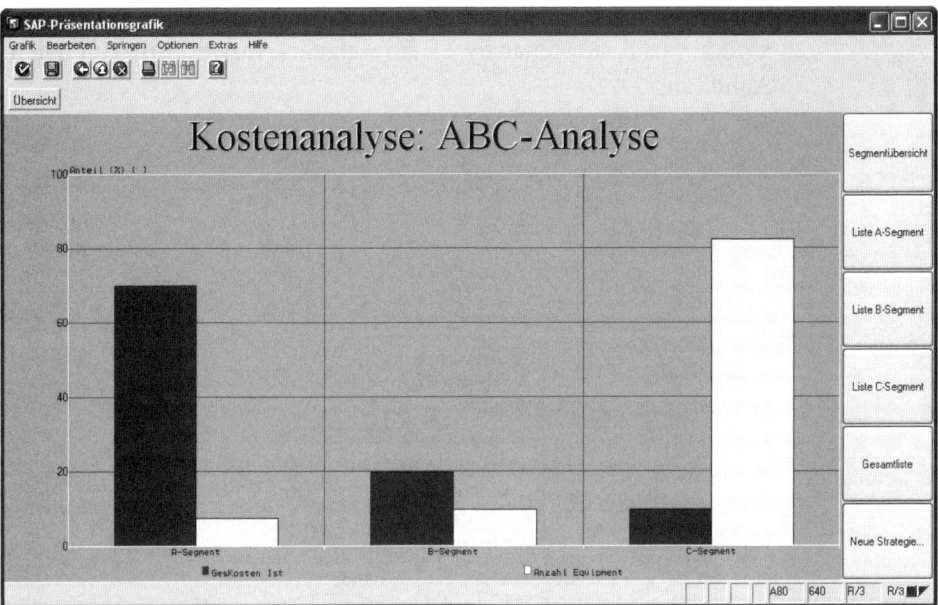

Abbildung 7.16 ABC-Analyse der Equipments nach Ist-Kosten

Die Standardanalysen von LIS haben ihre Grenzen:

Grenzen

- Die Ergebnispräsentation hat ein nicht mehr zeitgemäßes *Layout* (z. B. wir die ALV-Technik hier nicht angewandt).

- Die Informationsstrukturen sind *starr* und nicht veränderbar.

- Das PM-IS hat Schwächen bei den *technischen Auswertungen*.

- Aus den Summenwerten können Sie die *operativen Datenbankobjekte* nicht aufrufen. Wenn Sie also z. B. einen auffälligen Kostenwert gefunden haben, können Sie sich nicht direkt anzeigen lassen, welche Aufträge dazu geführt haben.

- Die Kennzahlen sind *nicht applikationsübergreifend* (z. B. können Sie sich nicht die Instandhaltungsrate errechnen lassen, da die Werte Ist-Kosten und Wiederbeschaffungswert aus den Applikationen SAP EAM und SAP AM stammen).

- Im LIS können Sie *keine Rechenoperationen* durchführen, etwa Summen, Differenzen, Verhältniszahlen o. Ä. bilden.

Flexible Analysen

Den letzten Nachteil können Sie umgehen, wenn Sie *flexible Analysen* definieren. Hier definieren Sie entweder auf Basis einer operativen

Datenbanktabelle (z. B. Aufträge) oder auf Basis einer Informationsstruktur (z. B. Kostenanalyse) eine eigene Auswertestruktur (siehe
Abbildung 7.17).

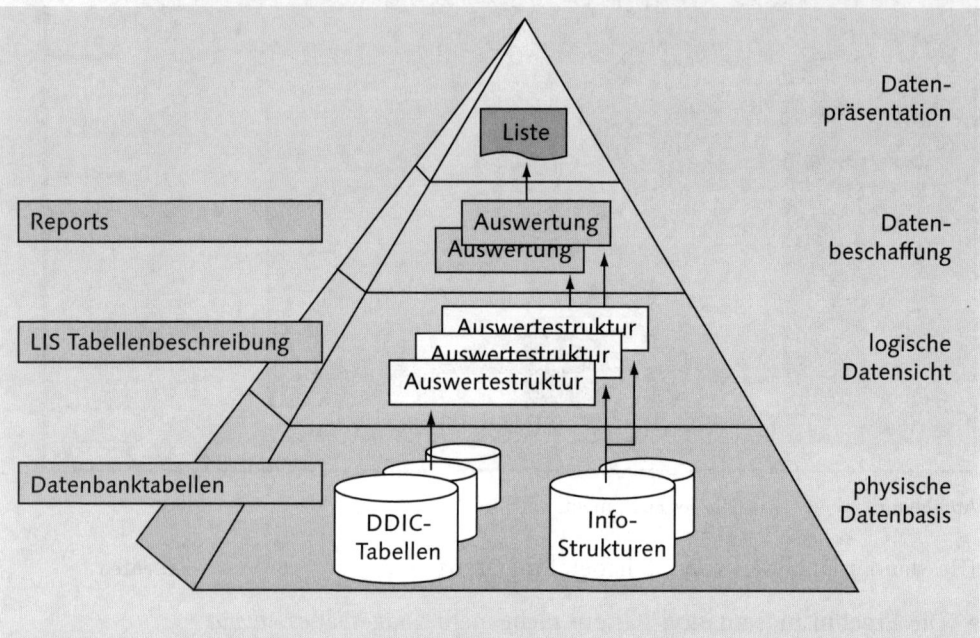

Abbildung 7.17 Flexible Analysen

Auf Basis der eigenen Auswertestruktur können Sie dann *Auswertungen* definieren. Innerhalb derer können eigene Kennzahlen definiert
werden. Beispiel: Vorgegeben sind die Kennzahlen *Ist-Kosten* und
Anzahl Aufträge, auf deren Basis Sie dann die Kennzahl *Durchschnittliche Auftragskosten* als deren Verhältnis bilden können.

[+]   Mit flexiblen Analysen können Sie beliebige DDIC-Tabellen und Informationsstrukturen auswerten. Dabei können Sie auch Kennzahlen selbst definieren und berechnen lassen.

Abbildung 7.18 zeigt Ihnen dieses Beispiel, ausgegeben als Excel-
Tabelle.

Durchschnittliche Auftragskosten

Merkmale	Erf. Aufträge	GesKosten Ist	Schnitt
** PM01..PM07	861	300.173,68 €	348,63
* Instandhaltungsauftrag	493	234.618,81 €	475,90
03.2007	6	942,25 €	157,04
04.2007	90	76.208,11 €	846,76
05.2007	93	28.742,05 €	309,05
06.2007	69	16.083,15 €	233,09
07.2007	235	112.643,25 €	479,33
* Wartungsauftrag	179	9.843,04 €	54,99
03.2007	2	3.131,09 €	1.565,55
04.2007	2	- €	
05.2007	35	3.459,91 €	98,85
06.2007	46	- €	
07.2007	94	3.252,04 €	34,60
* Vorbeugende Instandhaltun	91	34.436,96 €	378,43
03.2007	6	- €	
04.2007	7	- €	
05.2007	5	- €	
06.2007	8	630,44 €	78,81
07.2007	65	33.806,52 €	520,10
* Aufarbeitungsauftrag	1	- 2.108,75 €	2.108,75-
04.2007	1	- 2.108,75 €	2.108,75-
* Auftrag (incl. Meldung)	93	23.266,46 €	250,18
03.2007	1	- €	
04.2007	34	3.256,41 €	95,78
05.2007	15	8.247,65 €	549,84
06.2007	8	6.251,81 €	781,48
07.2007	35	5.510,59 €	157,45
* Kalibrierauftrag	4	117,16 €	29,29
04.2007	1	- €	
05.2007		- €	
06.2007	3	117,16 €	39,05
07.2007		- €	

Abbildung 7.18 Beispiel einer flexiblen Analyse

Das Frühwarnsystem

In das LIS ist ein Frühwarnsystem (*EWS*, *Early Watch System*) integriert. Das LIS stellt die Daten bereit, die vom EWS analysiert werden. Das EWS kann in allen Informationssystemen der Logistik eingesetzt werden, so auch im PM-IS. Das Frühwarnsystem basiert auf den Informationsstrukturen. Informationen, die in die Strukturen fortgeschrieben werden, können mit dem EWS analysiert werden. Sie können das EWS sowohl zur Anzeige definierter *Alarmsituationen* als auch zur Hervorhebung *spezifischer Daten* in einer Grundgesamtheit nutzen.

Was ist das EWS?

Sie können das Frühwarnsystem interaktiv in den Standardanalysen nutzen oder periodisch im Hintergrund ablaufen lassen (siehe Abbildung 7.19). Bei der *interaktiven Nutzung* werden die Warnsituationen durch farbige Kennzeichnung in den Analysen hervorgehoben oder

Interaktiv oder periodisch

gefiltert. Dies ermöglicht Ihnen die frühzeitige Erkennung der Warn-situationen. Bei der *periodischen Analyse* wird eine Liste der Ausnahmedaten automatisch an die gewünschten Empfänger über Fax, E-Mail oder Workflow geschickt.

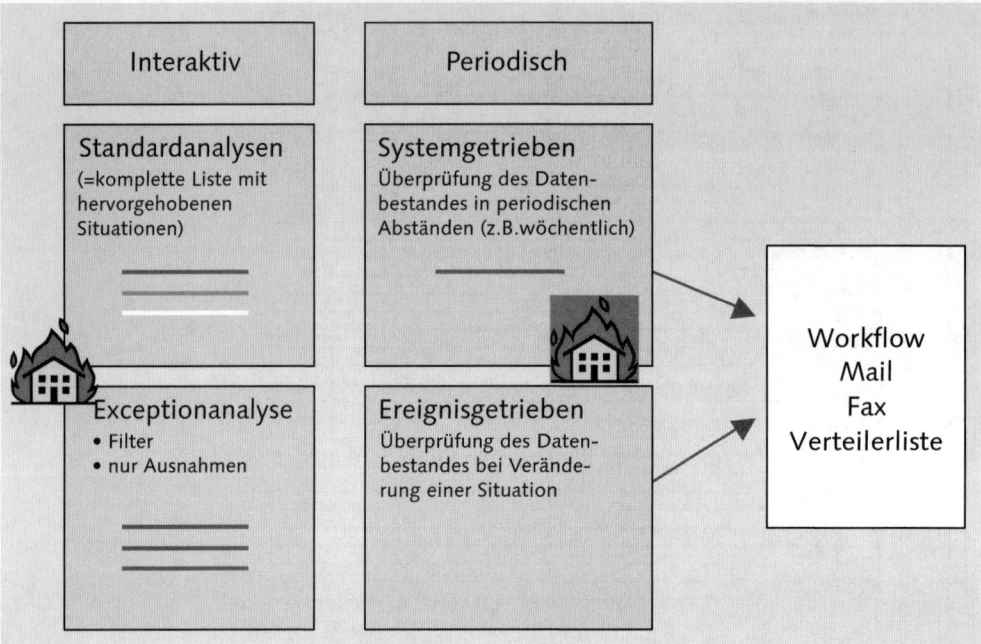

Abbildung 7.19 Das Frühwarnsystem

[+] Mithilfe des Frühwarnsystems können Sie das PM-IS – gezielt eingesetzt – zu einem *proaktiven System* machen. Das Frühwarnsystem ermöglicht die Suche nach Ausnahmesituationen und hilft auf diese Weise, drohende Fehlentwicklungen frühzeitig zu erkennen und zu beheben.

Beispiel   Sie möchten per E-Mail informiert werden, sobald bei einem Equipment die aufgelaufenen Ist-Kosten pro Monat den Schwellenwert von 10.000 € übersteigen. Hierzu legen Sie mit der Transaktion MC=E eine Exception an. Diese beinhaltet die Merkmale EQUIPMENT und MONAT. Sie beinhaltet ferner als Kennzahl die *Gesamtkosten Ist*. Sie definieren einen Schwellenwert in Höhe von 10.000 €, und die Folgeverarbeitung ist eine E-Mail-Benachrichtigung. Mit der Transaktion MC=N planen Sie sie als täglichen Job ein. Das Ergebnis zeigt Abbildung 7.20.

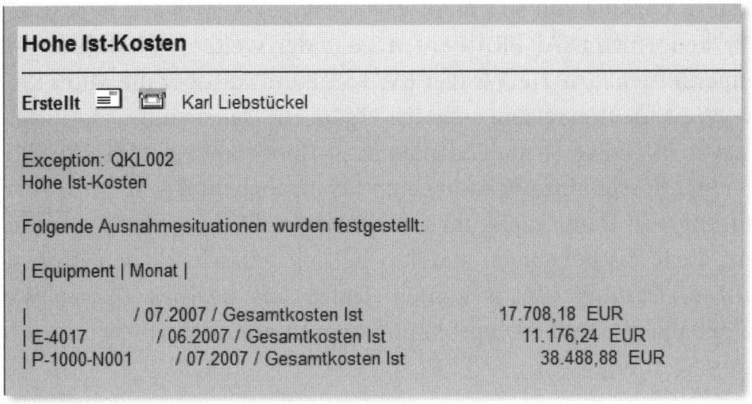

Abbildung 7.20 E-Mail mit einer Exceptionmeldung

Zusammenfassung

Das PM-IS bietet eine ganze Reihe – häufig unterschätzter – Möglichkeiten, hat aber auch ein paar gravierende Nachteile. Die größten davon sind seine Inflexibilität und die Tatsache, dass es von SAP nicht mehr weiterentwickelt wird. Eine detaillierte Stärken- und Schwächenauflistung finden Sie weiter unten in einer vergleichende Darstellung mit dem System, das SAP als strategisches System für den gesamten analytischen Bereich ausgebaut hat: SAP NetWeaver BW.

7.2.4 SAP NetWeaver BW

Ich habe Ihnen nun einige Tools vorgestellt, um instandhaltungsspezifische Informationen bereitzustellen. Wozu brauchen wir eine weitere technische Plattform für die Informationsbereitstellung? Hierfür gibt es diverse Gründe:

▸ Reporting mit SAP NetWeaver BW nimmt Last von SAP ERP.

▸ Für unternehmensweite Daten stehen einheitliche Reporting-Werkzeuge zur Verfügung.

▸ SAP NetWeaver BW ist eng verzahnt mit Microsoft Excel.[3]

▸ Sie können Anwendungsübergreifende Auswertungen durchführen.

▸ Es ist das strategische Analyse-Produkt von SAP.

---

3 Siehe Brück, U.: Praxishandbuch SAP-Controlling, 3. Auflage, Bonn: SAP PRESS 2009.

Weitere Vorteile von SAP NetWeaver BW gegenüber den Reporting-Werkzeugen von SAP ERP werden Sie in den weiteren Ausführungen kennenlernen. SAP NetWeaver BW kann und soll aber die »alte« SAP ERP-Welt nicht ersetzen, sondern ergänzen. Dabei sind in SAP Net-Weaver BW viele Grundgedanken und Konzepte aus dem SAP ERP LIS eingeflossen. Im Gegensatz zum LIS ermöglicht BW aber die Auswertung von Daten nicht nur aus *operativen ERP-Applikationen*, sondern auch aus beliebigen anderen betriebswirtschaftlichen Anwendungen. Darüber hinaus können Daten aus *externen Quellen* wie Datenbanken, Online-Diensten und dem Internet extrahiert und analysiert werden.

Konzept und Grundbegriffe von SAP NetWeaver BW

Die Bestandteile und die Grundbegriffe von SAP NetWeaver BW sehen Sie in Abbildung 7.21.

ETL SAP NetWeaver BW bietet eine breite Palette an ETL-Funktionalitäten (Extraktion, Transformation und Laden), die Datenübertragungen auf dem Applikations- und File-Level unterstützen. Damit können Sie Daten aus praktisch jeder Quelle laden. Quellsysteme könnten sein:

- SAP-Systeme (auch andere SAP NetWeaver BW-Systeme)
- Flat Files, bei denen die Metadaten manuell gepflegt und die Daten über eine Datenschnittstelle an SAP NetWeaver BW übertragen werden
- Datenbankmanagementsysteme, aus denen die Daten ohne Hilfe eines externen Extraktionsprogramms, sondern über DB Connect aus einer von SAP unterstützten Datenbank geladen werden
- Fremdsysteme, bei denen der Datentransfer über BAPIs erfolgt[4]

PSA Die *Persistent Staging Area* (PSA) ist die physische Eingangsablage für Daten aus den Quellsystemen in SAP NetWeaver BW. Die übertragenen Daten werden zunächst unverändert zum Quellsystem abgelegt.

DSO Ein *DataStore Objekt* (DSO) ist ein Datenspeicher, in dem die Daten auf Belegebene abgespeichert werden. Dieser dient Ihnen in der Regel zur Bereinigung und Konsolidierung von Datenbeständen, da die Datenbestände oftmals aus unterschiedlichen Quellsystemen kommen.

---

4 Vgl. Egger, N.; Fiechter, J.; Rohlf, J.; Rose, J.; Schrüffer, O.: SAP BW – Reporting und Analyse, Bonn: SAP PRESS 2005.

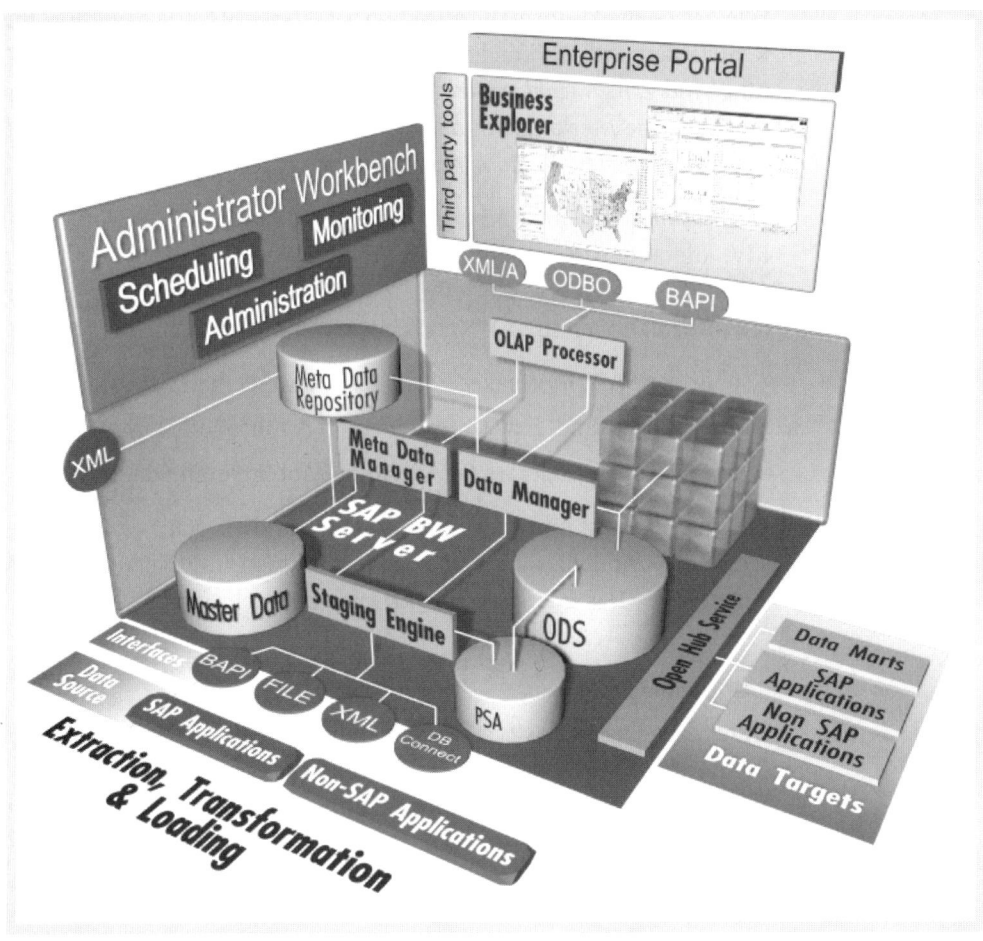

Abbildung 7.21 Grundstruktur von SAP NetWeaver BW

Die *Data Warehousing Workbench* ist die Arbeitsumgebung für den Administrator. Über die Funktionen der Data Warehousing Workbench wird SAP NetWeaver BW konfiguriert, gesteuert und administriert.

Data Warehousing Workbench

Die zentralen Datenbehälter, auf denen Berichte und Analysen in SAP NetWeaver BW basieren, heißen *InfoCubes*. Zum Beispiel könnten in der Instandhaltung folgende InfoCubes definiert werden:

InfoCube

▶ Aufträge

▶ Meldungen

▶ Messergebnisse

▶ Equipment und technische Plätze

413

Merkmale und Kennzahlen

Wie das Logistikinformationssystem arbeitet SAP NetWeaver BW mit Kennzahlen und Merkmalen. Typische Kennzahlen in der Instandhaltung sind z. B. *Anzahl Aufträge*, *Anzahl Ausfälle*, *MTBF* oder *Ist-Kosten*. Typische Merkmale in der Instandhaltung wären z. B. *Kostenstellen*, *Auftragsarten*, *Equipments* oder *Planergruppe*.

Business Explorer (BEx)

Der *Business Explorer* (BEx) ist die Komponente in SAP NetWeaver BW, die Ihnen Reporting- und Analysewerkzeuge zur Verfügung stellt, z. B. um Querys zu definieren. Der BEx ermöglicht Zugriff auf die Informationen in SAP NetWeaver BW über verschiedene Wege:

- über das SAP NetWeaver Portal (z. B. durch einen iView)
- über das Intranet bzw. Internet (Web Application Design)
- über mobile Endgeräte (WAP-fähige Mobiltelefone oder PDAs)

Weiterführende Literatur

Es würde zu weit führen, an dieser Stelle auf die Details der Datenbeschaffung, Modellierung und Auswertung von SAP NetWeaver BW einzugehen. Das überlasse ich anderen, die mehr davon verstehen.[5]

SAP Business Content

Unter dem Begriff *Business Content* stellt SAP NetWeaver BW vorkonfigurierte Objekte bereit. Diese Objekte verkürzen die Einführungszeit von SAP NetWeaver BW im Fachbereich, da sie fertige Lösungen liefern.

Der Business Content erstreckt sich auf folgende Objekte:

- *Extraktoren*, die Bestandteil des SAP-Systems sind und das an SAP NetWeaver BW zu liefernde Datenangebot ermitteln
- *InfoObjects*, also Merkmale und Kennzahlen
- *InfoCubes*, in denen die ermittelten Merkmale und Kennzahlen abgelegt werden
- *Querys*, die Auswertungen und Sichten auf den InfoCube erzeugen
- *Web Templates*, in denen die analysierten Daten für Webanwendungen zur Verfügung gestellt werden
- *Rollen*, die genau die Berichte zur Verfügung stellen, die der Anwender für seine Arbeit benötigt

---

5 Wie etwa Egger, N. et al.: SAP Business Intelligence, Bonn: SAP PRESS 2006 und weitere Werke von SAP PRESS zu Datenbeschaffung, Datenmodellierung, Planung und Simulation, Reporting und Analyse.

Um Ihnen einen Eindruck zu geben, was sich praktisch hinter einem Business Content verbirgt, folgt in Tabelle 7.2 auszugsweise eine Auflistung wichtiger InfoCubes mit den darin enthaltenen Merkmalen und Kennzahlen aus dem Business Content zu SAP EAM.

InfoCube	Merkmal	Kennzahl
Equipmenteinbau auf Technischen Plätzen	Equipment Technischer Platz	Einbaudauer Anzahl Einbauten
Meldungen	Material Werk Technischer Platz Equipment u. a.	Anzahl Meldungen Anzahl Meldungen termingerecht Anzahl Maßnahmen Durchlaufzeit Ausfallzeit Anzahl Ausfälle
Meldungen Positionen	Werk Technischer Platz Equipment Schadenscode Objektteile u. a.	Häufigkeit Summe
Aufträge	Auftragsart Equipment Technischer Platz IH-Leistungsart Planergruppe Werk	Durchlaufzeit Anzahl Aufträge Abgeschlossene Aufträge Termingerecht abgeschlossen Geplante Aufträge Ungeplante Aufträge u. a.
Aufträge Kosten	Auftrag Partnerobjekt Kostenart Kostenrechnungskreis u. a.	Betrag Menge Währung
Aufträge Vorgänge	Auftragsart Equipment Technischer Platz IH-Leistungsart Planergruppe Arbeitsplatz Werk u. a.	Planarbeit Ist-Arbeit Einheit

Tabelle 7.2 Beispiele für InfoCubes mit Merkmalen und Kennzahlen

Weitere InfoCubes sind

- Meldungen Aktionen
- Meldungen Maßnahmen
- Meldungen Ursachen
- Aufträge Terminierung
- Budgetdaten (siehe Abschnitt 7.3.5, »Maintenance Cost Budgeting«)
- Messergebnisse

[+] SAP liefert als Business Content InfoCubes mit den wichtigsten Kennzahlen und Merkmalen aus. Darüber hinaus können Sie sich aber selbst eigene InfoCubes erstellen.

Business Content Query Auf Basis der im Business Content enthaltenen InfoCubes werden folgende Querys mit ausgeliefert:

- Equipmentein- und -ausbau
- Meldungsanalyse
- Schadensanalyse
- Ursachenanalyse
- Maßnahmenanalyse
- Aktionsanalyse
- Ausfallanalyse
- Objektfehler
- Aufträge
- Auftragsvorgänge
- Plan-/Ist-Kostenabweichung
- MTTR (Mean Time To Repair)
- MTBR (Mean Time Between Repair)
- Ausstehende Arbeit
- Überfällige Arbeiten
- Geplante Wartungsarbeiten
- Terminerfüllung
- Messergebnisse

SAP liefert als Business Content gängige Querys aus. Darüber hinaus kön- **[+]**
nen Sie sich aber selbst eigene Querys erstellen.

Weiterer Business Content wird ausgeliefert

- für Rollen (z. B. Instandhaltungstechniker, siehe Abschnitt 8.1.1, »SAP NetWeaver Portal und Rollen«)
- für Web Templates (z. B. spezielle Querys)
- für DataSources (z. B. Hierarchie technische Plätze)

Weiterer Business Content

Wenn Sie eine Query starten, erzeugt Ihnen SAP NetWeaver BW eine Grundliste (siehe Abbildung 7.22). Die angezeigte Grundliste können Sie, ohne eine andere Auswertung zu starten und ohne die vorliegende Auswertung neu zu starten, mit folgenden Funktionen verändern:

Funktionen

- Sie können *weitere Kennzahlen* aus einem vordefinierten Kennzahlenvorrat zur Anzeige bringen (z. B. Anzahl Meldungen).
- Sie können den *Aufriss* wechseln, d. h. die Liste nach einem anderen Merkmal darstellen (z. B. nicht nach Technischem Platz, sondern nach Arbeitsplatz).

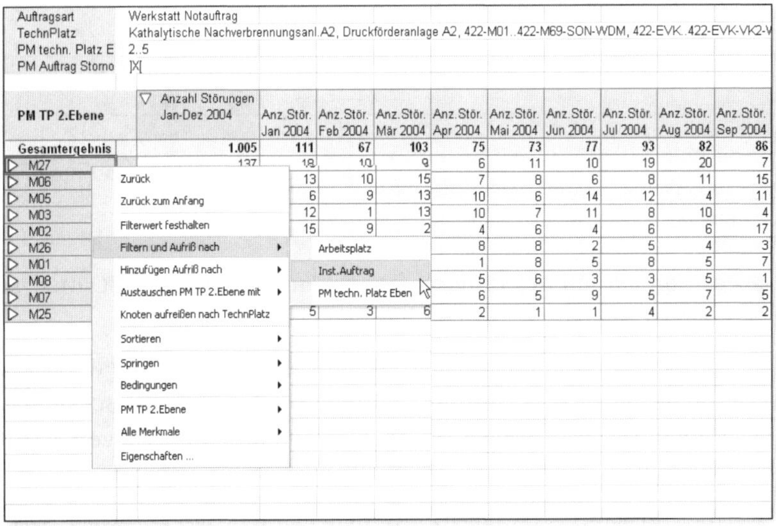

Abbildung 7.22 Störungsanalyse[6]

---

6 Entnommen aus Krämer, J.: Vorbeugende Instandhaltung mit SAP R/3 PM, in: Workshop Instandhaltung mit SAP, Berlin 2006.

- Sie können die Liste nach jeder Kennzahl *sortieren* (z. B. Equipment absteigend nach Störungsanzahl, um eine Hitliste zu erhalten).

- Sie können den Werten in der Liste *Vergleichswerte* (z. B. aus dem Vorjahr) gegenüberstellen und prozentuale Abweichungen ausweisen.

- Sie können die Liste als *grafische Zeitreihe* darstellen (z. B. um zu sehen, in welchem Monat wie viele Störungen oder Aufträge angefallen sind, siehe Abbildung 7.23).

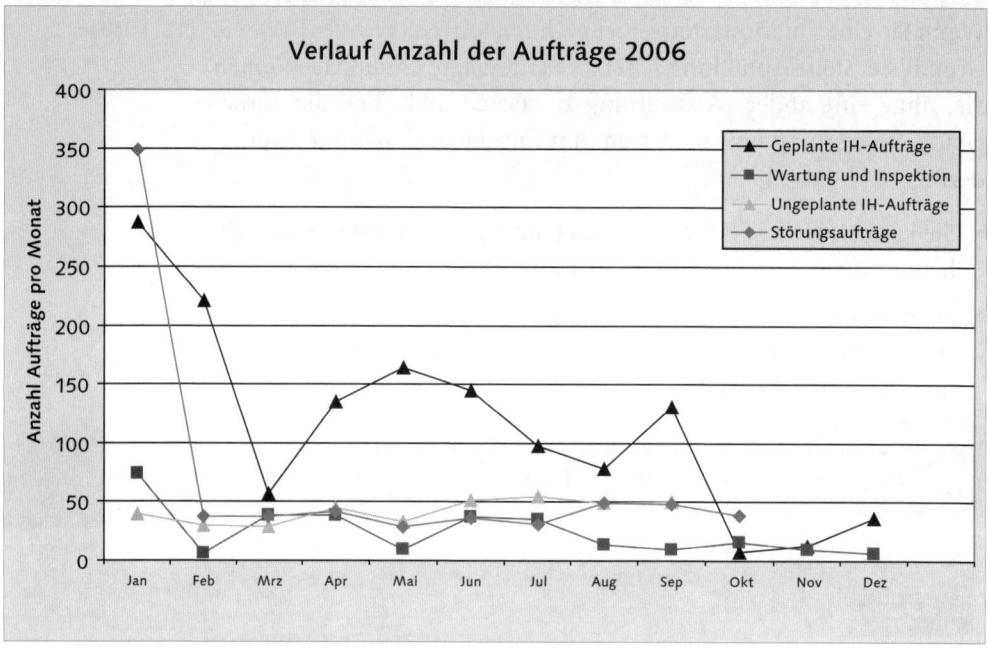

Abbildung 7.23 Zeitreihe[7]

- Sie können mit der Liste *statistische Funktionen* wie ABC-Analyse, Korrelationen oder Segmentierungen vornehmen.

- Sie können mit der *Drilldown-Technik* nach einem anderen Merkmal aufreißen (z. B. aus dem Summenwert zum Technischen Platz können Sie sich anzeigen lassen, welche Equipments davon betroffen sind).

- Über erweiterte Navigationsmöglichkeiten (*geografischer Drilldown*) können regionale Zusammenhänge verdeutlicht werden

---

7 Entnommen aus Krämer, J.: Vorbeugende Instandhaltung mit SAP R/3 PM, in: Workshop Instandhaltung mit SAP. Berlin 2006.

(z. B. bei einem Energieversorger: »In welchem Landkreis oder Ort treten wie viele Störungen auf«). Ein Beispiel für eine solche *BEx Map* zeigt Abbildung 7.24.

▶ Mithilfe eines *RemoteCubes* können Sie aus SAP NetWeaver BW auf die originären Daten in SAP EAM zugreifen.

▶ Über die Definition von *Exceptions* können Sie SAP NetWeaver BW als Frühwarnsystem nutzen.

▶ Sie können die Daten *MS-Excel-basiert* mit dem BEx Analyzer, *web-basiert* in BEx Web Applications oder auf *mobilen Geräten* über BEx Mobile Intelligence präsentieren.

▶ Im Web stehen Ihnen dann weitere Funktionen wie z. B. der *Alert Monitor* oder der *Ticker* zur Verfügung.

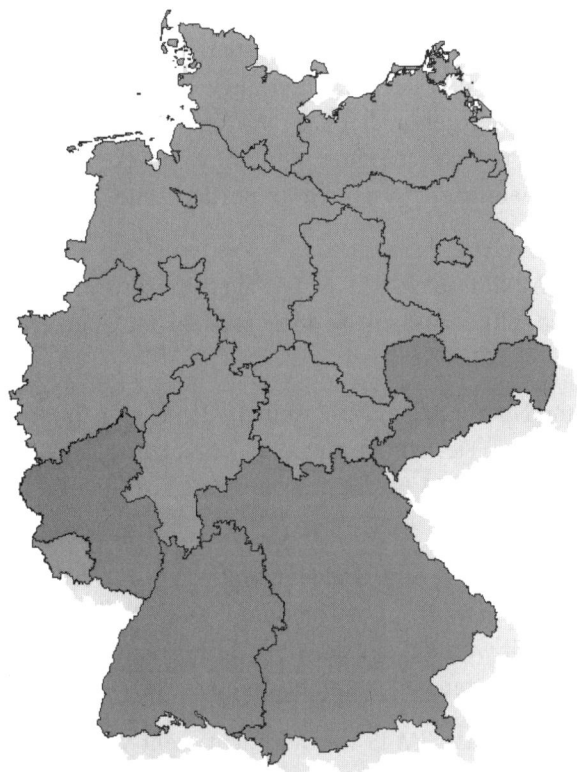

Abbildung 7.24 BEx Map[8]

---

8 Entnommen aus Schneider, H.-J.: Visuelles Lifecycle Management, in: DSAG-Arbeitskreis, Berlin 2002.

Das sind bei weitem nicht alle Möglichkeiten, die SAP NetWeaver BW zur Verfügung zu stellen hat. Alle Möglichkeiten von SAP Net-Weaver BW aufzuzeigen würde jedoch den Rahmen dieses Buches sprengen.

Interessant ist nun die Frage: Was sollen Sie nutzen: SAP NetWeaver BW oder LIS? Eine Hilfestellung hierfür versuche ich Ihnen im nächsten Abschnitt in Form einer direkten Gegenüberstellung der beiden Hilfsmittel zu geben.

7.2.5 Vergleich von LIS und SAP NetWeaver BW

System Das LIS ist in SAP ERP integriert, während SAP NetWeaver BW ein eigenes System benötigt, das Sie selbständig administrieren müssen.

Drittsysteme In der Dokumentation und Flyern ist zwar zu lesen, dass grundsätzlich auch in LIS Daten aus einem externen System importiert werden könnten; jedoch ist mir ein solches Unterfangen in der Praxis nie begegnet. Demgegenüber gehört bei SAP NetWeaver BW als unternehmensweitem BI-Produkt zu einer der Notwendigkeiten, dass Daten aus unterschiedlichen Systemen importiert und aggregiert werden können.

Preisliste Beide sind in der SAP ERP- bzw. SAP NetWeaver-Preisliste enthalten und werden Ihnen ohne zusätzliche Lizenzkosten zur Verfügung gestellt.

Projekt Die Einführung und Nutzung des PM-IS ist in der Regel eine Entscheidung der Fachabteilung. Deshalb können Sie die Nutzung des PM-IS innerhalb des normalen EAM-Einführungsprojekts konzipieren und ausprägen.

Demgegenüber ist die Einführung und Nutzung von SAP NetWeaver BW eine unternehmensweite Entscheidung. Deshalb muss ein Gesamtkonzept erstellt werden, das sich über den Systembetrieb und die Nutzung aller beteiligten Fachabteilungen erstreckt.

Weiter-entwicklung Das LIS und somit auch das PM-IS werden nicht mehr weiterentwickelt. SAP NetWeaver BW ist das strategische Produkt von SAP für den gesamten Analyse-Bereich.

Oberfläche PM-IS nutzt die normale SAP-GUI-Oberfläche. Die meisten Auswertungen sind tabellarisch und characterorientiert. Demgegenüber arbeiten Sie bei SAP NetWeaver BW entweder in einer Excel-Oberfläche oder in einer Webumgebung oder greifen mit mobilen Geräten zu. SAP NetWeaver BW bedient sich vieler grafischer Elemente (Tachometer, Kurven, Säulen, Landkarte usw.).

Auch wenn die Nutzungsmöglichkeiten oft ein wenig unterschätzt werden, ist der Funktionsumfang des PM-IS doch sehr begrenzt, während die Möglichkeiten von SAP NetWeaver BW schier unbegrenzt erscheinen.

Funktionalität

Das PM-IS ist in seiner Struktur sehr starr. Es bietet zwar gewisse Standardanalysen an, Erweiterungsmöglichkeiten sind jedoch nur sehr schwer realisierbar. So können z. B. nur Kennzahlen gewonnen werden, deren Daten auf Objekten von EAM beruhen.

Business Content und Flexibilität

SAP NetWeaver BW bietet nicht nur einen sehr breit gefächerten *Business Content* an, der zudem noch permanent weiterentwickelt wird. Es ist auch sehr flexibel und erweiterungsfähig im Hinblick auf Ihre eigenen Auswertungswünsche. Zum Beispiel können Sie applikationsübergreifende Kennzahlen ermitteln.

Aus den verdichteten Ergebnissen eines PM-IS (z. B. Anzahl Aufträge) können Sie keine Funktionen aufrufen, die Ihnen Details liefern. Demgegenüber können Sie sich aus SAP NetWeaver BW die Detailliste direkt anzeigen lassen.

Drillthrough

Tabelle 7.3 zeigt einen übersichtlichen Vergleich von LIS und BW.

SAP ERP LIS	SAP NetWeaver BW
(+) in SAP ERP integriert	(–) eigenes System, eigene Installation
(–) Daten nur aus SAP ERP	(+) Import von Daten aus externen Quellen
(+) Projekt der Fachabteilung	(–) unternehmensweites Projekt
(–) wird nicht mehr weiterentwickelt	(+) strategisches BI-Produkt von SAP
(–) GUI-Oberfläche	(+) Oberfläche Excel, Web, Mobil
(–) eingeschränkte Funktionalität	(+) breite und tiefe Funktionalität
(–) starre Struktur	(+) sehr gute Flexibilität (z. B. applikationsübergreifende Auswertungen)

Tabelle 7.3 Vergleich von LIS und SAP NetWeaver BW

SAP ERP LIS	SAP NetWeaver BW
(–) kein Absprung in das originäre Objekt	(+) Drillthrough
(+) kostenlos	(+) in der SAP ERP-Lizenz enthalten

Tabelle 7.3 Vergleich von LIS und SAP NetWeaver BW (Forts.)

Nun möchte ich Ihnen Instrumente des Instandhaltungscontrollings vorstellen, die Ihnen die Möglichkeit zur Budgetierung geben.

7.3 SAP-Hilfsmittel zur Budgetierung und wie Sie sie nutzen sollten

Je nachdem, welche Funktionen und Applikationen in Ihrem Hause aktiv sind, haben Sie mehrere Möglichkeiten, Budgets für Ihre Instandhaltungsmaßnahmen zu verwalten. Im Einzelnen sind das die Auftragsbudgetierung, die Kostenstellenbudgetierung, die Budgetierung über das Investitionsmanagement, die Budgetierung im Projektsystem und das Maintenance Cost Budgeting.

7.3.1 Auftragsbudgetierung

Funktionsweise Die einfachste, gleichzeitig aber die begrenzteste Art der Budgetierung ist die *Auftragsbudgetierung*. Mit ihr können Sie einem einzelnen Auftrag ein Budget zuordnen. Ein Auftragsbudget vergeben Sie mit der Transaktion KO22 entweder als Gesamtbudget oder verteilt auf mehrere Jahre (siehe Abbildung 7.25).

Verfügbarkeits- Bei jeder Ist-Buchung (z. B. Zeit-Rückmeldungen, Warenausgabe) kontrolle prüft das System, ob das Auftragsbudget noch ausreicht. In Abhängigkeit von den Einstellungen im Budgetprofil wird dabei eine Warn- oder eine Fehlermeldung ausgegeben.

[+] Die Aktivierung der Verfügbarkeitskontrolle verhindert die Überschreitung des Auftragsbudgets durch Ist-Buchungen. Die Plankosten haben keine Auswirkungen auf das Auftragsbudget, d. h., bei der Planung des Auftrags wird das Auftragsbudget nicht geprüft.

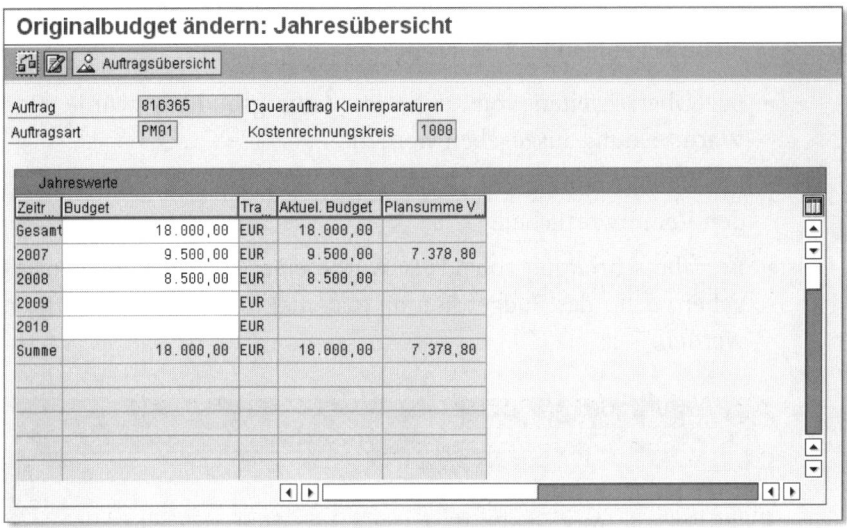

Abbildung 7.25 Auftragsbudget

Die Auftragsbudgetierung unterstützt Sie beim Controlling eines einzelnen Auftrags. Als Anwendungsgebiete kommen aus meiner Sicht deshalb infrage

Anwendungsgebiete

▸ größere Instandhaltungsmaßnahmen (wie z. B. Umzüge oder Umbauten)

▸ Daueraufträge

Eine Budgetierung aller Instandhaltungsaktivitäten würde bedeuten, dass Sie jedem einzelnen Auftrag ein Auftragsbudget zuordnen. Dies ist jedoch zu aufwendig und kommt deshalb normalerweise nicht infrage.

Voraussetzung für das Auftragsbudget ist die Zuordnung eines Budgetprofils zur Auftragsart mit der Customizing-Funktion INSTANDHALTUNG UND KUNDENSERVICE • INSTANDHALTUNGS- UND SERVICEABWICKLUNG • INSTANDHALTUNGS- UND SERVICEAUFTRÄGE • FUNKTIONEN UND EINSTELLUNGEN DER AUFTRAGSARTEN • AUFTRAGSARTEN EINRICHTEN. Das Budgetprofil selbst und die Steuerung der Verfügbarkeitskontrolle stellen Sie mit der Customizing-Funktion CONTROLLING • INNENAUFTRÄGE • BUDGETIERUNG UND VERFÜGBARKEITSKONTROLLE • BUDGETPROFILE PFLEGEN BZW. TOLERANZGRENZEN FÜR VERFÜGBARKEITSKONTROLLE FESTLEGEN ein. Die in Abbildung 7.26 gezeigte Ein-

Voraussetzung

stellung würde im Kostenrechnungskreis 1000 beim Budgetprofil 00001 etwa Folgendes bewirken:

▶ Bei Überschreiten von 95 % des Auftragsbudgets würde eine Warnmeldung ausgegeben werden.

▶ Bei Überschreitung von 105 % erginge zusätzlich eine E-Mail an den Verantwortlichen.

▶ Bei Überschreitung von 115 % würde eine Fehlermeldung ausgegeben, d. h., das Budget könnte maximal um 15 % überschritten werden.

KKrs	Profil	Text	VrgngGr	Akt.	% Aus	Absol. Abweichung	Währg
1000	000001	Allgemeines Budgetprofil	++	1	95,00		EUR
1000	000001	Allgemeines Budgetprofil	++	2	105,00		EUR
1000	000001	Allgemeines Budgetprofil	++	3	115,00		EUR

Verfügb.kontrolle Aufträge: Toleranzgrenzen

Abbildung 7.26 Verfügbarkeitskontrolle

[+] Insgesamt ist die Auftragsbudgetierung ein einfaches, aber auch sehr begrenztes Instrument der Budgetierung. Die Budgetkontrolle für Aufträge kann nur aktiviert werden, wenn der Auftrag keinem budgetführenden PSP-Element oder IM-Programm zugeordnet ist.

Die nächste Möglichkeit, die Sie nutzen können, sind so genannte *Kostenstellenbudgets*.

7.3.2 Kostenstellenbudgetierung

[+] Um eines gleich vorwegzunehmen: Bei der Kostenstellenbudgetierung handelt es sich nicht um Budgets mit der Möglichkeit einer aktiven Verfügbarkeitskontrolle. Es handelt sich vielmehr um eine Kostenstellenplanung mit der Vergabe von Planwerten; die Prüfung auf Ausschöpfung bzw. Einhaltung des Budgets erfolgt mit Reporting-Mitteln.

Funktionsweise   Planwerte können Sie für die Leistungsarten (Transaktion KP26), für Kostenarten (Transaktion KP06) sowie für statistische Kennzahlen (Transaktion KP46) erstellen. Außerdem gibt es so genannte *Kostenstellenetats* mit der Möglichkeit, ein Budget auf Kostenstellenebene ohne die Einschränkung auf bestimmte Kosten- oder Leistungsarten zu verteilen (Transaktion KPZ2).

Beispiel: Abbildung 7.27 zeigt Ihnen die Planung einer empfangenden Kostenstelle auf Kostenartenebene. Dargestellt sind diejenigen Kostenarten, mit denen die Kostenstelle durch die Abrechnung von Instandhaltungsaufträgen belastet werden wird.

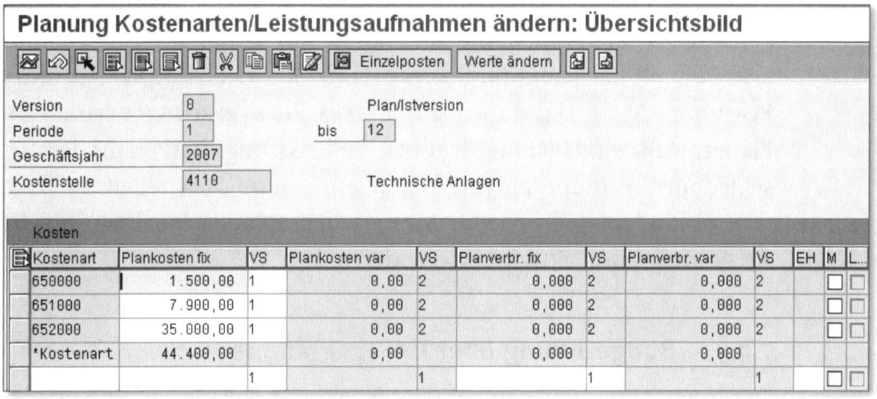

Planung Kostenarten/Leistungsaufnahmen ändern: Übersichtsbild

Version	0		Plan/Istversion	
Periode	1	bis	12	
Geschäftsjahr	2007			
Kostenstelle	4110		Technische Anlagen	

Kosten

Kostenart	Plankosten fix	VS	Plankosten var	VS	Planverbr. fix	VS	Planverbr. var	VS	EH	M	L..
650000	1.500,00	1	0,00	2	0,000	2	0,000	2		☐	☐
651000	7.900,00	1	0,00	2	0,000	2	0,000	2		☐	☐
652000	35.000,00	1	0,00	2	0,000	2	0,000	2		☐	☐
*Kostenart	44.400,00		0,00		0,000		0,000				
		1		1		1		1		☐	☐

Abbildung 7.27 Planung einer empfangenden Kostenstelle

Die Überwachung auf Einhaltung dieser Plandaten erfolgt dann im Rahmen des normalen Reportings auf Kostenstellenebene. Abbildung 7.28 zeigt Ihnen einen Ausschnitt aus einem solchen Kostenstellenbericht, insbesondere mit dem Ausweis, wie die Kostenstelle durch die Auftragsabrechnung aus der Instandhaltung bisher belastet wurde.

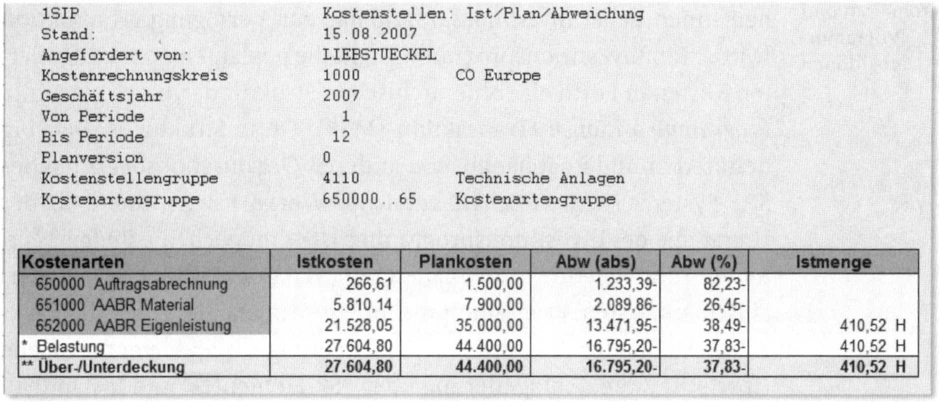

```
1SIP                      Kostenstellen: Ist/Plan/Abweichung
Stand:                    15.08.2007
Angefordert von:          LIEBSTUECKEL
Kostenrechnungskreis      1000            CO Europe
Geschäftsjahr             2007
Von Periode                  1
Bis Periode                 12
Planversion                  0
Kostenstellengruppe       4110            Technische Anlagen
Kostenartengruppe         650000..65      Kostenartengruppe
```

Kostenarten	Istkosten	Plankosten	Abw (abs)	Abw (%)	Istmenge
650000 Auftragsabrechnung	266,61	1.500,00	1.233,39-	82,23-	
651000 AABR Material	5.810,14	7.900,00	2.089,86-	26,45-	
652000 AABR Eigenleistung	21.528,05	35.000,00	13.471,95-	38,49-	410,52 H
* Belastung	27.604,80	44.400,00	16.795,20-	37,83-	410,52 H
** Über-/Unterdeckung	27.604,80	44.400,00	16.795,20-	37,83-	410,52 H

Abbildung 7.28 Kostenstellenbericht

Sie können Planwerte für die leistende Kostenstelle und Planwerte für die empfangende Kostenstelle erstellen. Somit können Sie Plan-

Anwendungsgebiete

425

werte vorgeben sowohl für die Leistungserbringung der leistenden (Instandhaltungs-) Kostenstellen, als auch für die Inanspruchnahme durch die empfangenden (Anlagen-) Kostenstellen. Die Vorgabe der Planwerte umfasst somit die gesamten Instandhaltungsaktivitäten.

Voraussetzung

Voraussetzung für die Möglichkeit zur Kostenstellenplanung sind so genannte *Planerprofile*, die Sie im Customizing des Controllings erstellen mit der Funktion CONTROLLING • KOSTENSTELLENRECHNUNG • PLANUNG • MANUELLE PLANUNG • EIGENE PLANERPROFILE DEFINIEREN. Planerprofile sind Planungslayouts, die Erfassungsmasken für die verschiedenen Planungsmöglichkeiten enthalten. Dort legen Sie z. B. fest, ob Sie auf Jahres- oder Monatsebene planen möchten, ob die Excel-Integration aktiv ist und anderes.

7.3.3 Budgetierung über IM-Programme

Investitions-management

Das Investitionsmanagement (IM) ist eine Applikation innerhalb von SAP ERP, die Sie bei der Durchführung von Investitionen im eigentlichen Sinne (Zugänge von Anlagen, Investitionen in Forschung und Entwicklung, aber auch bei Instandhaltungsprogrammen unterstützt. Der Begriff *Investition* ist also sowohl im Sinne einer buchhalterischen Abwicklung zu verstehen als auch im Sinne von beliebigen Maßnahmen, die Kosten verursachen und dabei überwacht werden sollen (z. B. Instandhaltungsprojekte).

Investitions-programm und Programm-positionen

Zur Budgetierung Ihrer Investitionen, Projekte und Maßnahmen stehen Ihnen dabei *Investitionsprogramme* zur Verfügung (Transaktion IM01). Ein Investitionsprogramm stellt die geplanten oder budgetierten Kosten in Form einer hierarchischen Struktur dar, als so genannte *Programmpositionen* (Transaktion IM11). Diese Struktur ist beliebig definierbar und unabhängig von anderen Organisationsbegriffen des SAP-Systems (z. B. Geschäftsbereiche, Werke usw.). Innerhalb der Hierarchie des Investitionsprogramms ist es möglich, die Budgets *bottom-up* und *top*-down zu planen (Transaktion IM32). Den hierarchisch untersten Programmpositionen können Sie schließlich einzelne Maßnahmen zuordnen: Innenaufträge, PSP-Elemente (siehe Abschnitt 7.3.4, »Budgetierung über PSP-Elemente«) und Instandhaltungsaufträge.

Verbindung von EAM und IM

Den Zusammenhang zwischen Investitionsprogrammen und Instandhaltungsaufträgen zeigt Abbildung 7.29: Instandhaltungsaufträge können Sie ebenso wie PSP-Elemente oder CO-Innenaufträge einer IM-Programmposition und damit dem dort hinterlegten Budget zuordnen.

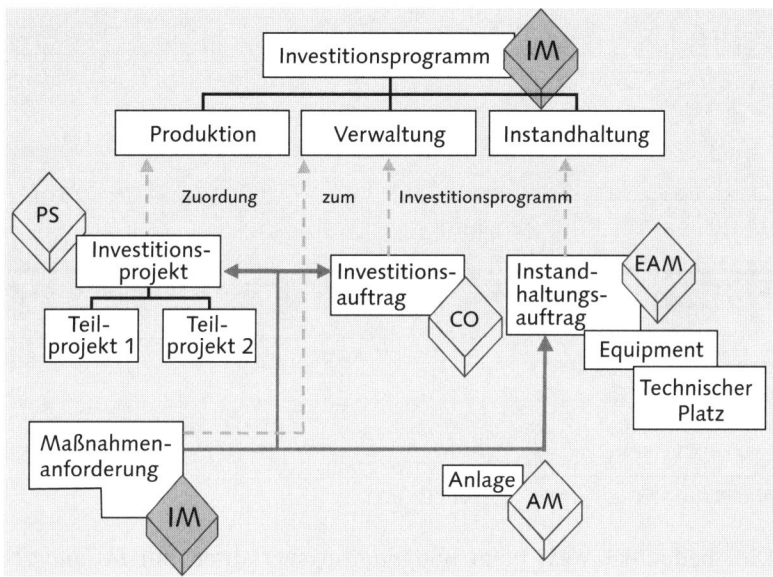

Abbildung 7.29 Zusammenhang zwischen IM und EAM

Die Zuordnung eines Instandhaltungsauftrags zu einer Position führen Sie manuell innerhalb eines Auftrags durch (IW31, SPRINGEN • INVESTITIONSPROGRAMM, siehe Abbildung 7.30). Sie kann aber auch automatisch mittels eines Zuordnungsschlüssels erfolgen. Den Zuordnungsschlüssel pflegen Sie im Customizing (siehe weiter unten).

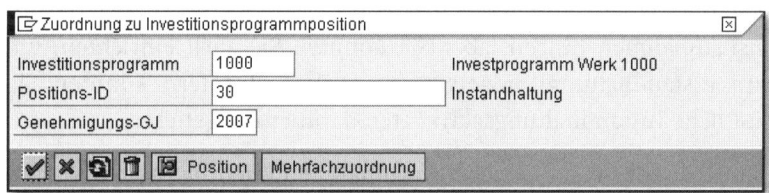

Abbildung 7.30 EAM-Auftrag und Programmposition

Die auf dem Auftrag auflaufenden Kosten werden dann in der Budgetübersicht der jeweiligen Programmposition sichtbar.

Verfügbarkeitskontrolle

Beispiel: Abbildung 7.31 (Transaktion S_ALR_87012824) zeigt ein Investitionsprogramm mit drei Programmpositionen, denen Budgets zugeordnet wurden. Die laufenden Instandhaltungsmaßnahmen

schlagen sich dann in den verfügten Mitteln bzw. in den Restverfügbarkeiten nieder.

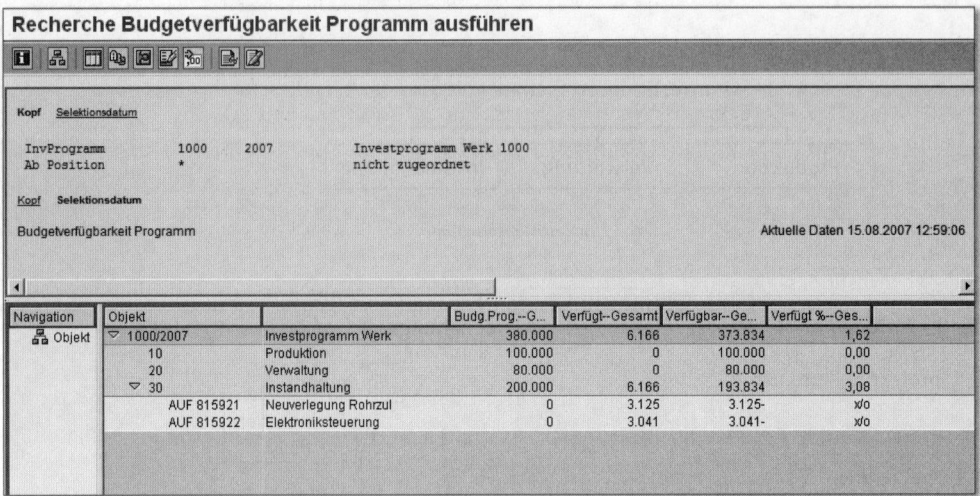

Abbildung 7.31 Budgetverfügbarkeit im IM

Dies bedeutet: Auch beim Budgetierungsverfahren mit *IM-Budgets*
erfolgt die Überwachung auf Einhaltung der Budgets dann im Rahmen des normalen Reportings auf Programmpositionsebene. Es handelt sich nicht um eine aktive Verfügbarkeitskontrolle.

Anwendungs-
gebiete

Hinter den Programmpositionen kann eine »richtige« Investitionsmaßnahme stehen, die eine Anlage im Bau erzeugt. Dies muss aber
nicht so sein. Sie können die Programmpositionen auch nur zu statis-
tischen Zwecken der Budgetierung anlegen. Insofern könnten Sie aus
Sicht der Instandhaltung die Programmpositionen für echte Investitionsmaßnahmen nutzen, aber Sie könnten Sie auch einrichten, um
Ihre Instandhaltungsbudgets zu verwalten. Insofern könnten Sie
sämtliche Instandhaltungsaktivitäten darüber budgetieren.

Customizing

Damit Sie Ihre Instandhaltungsmaßnahmen über die IM-Programm-
positionen budgetieren können, müssen Sie im Customizing folgenden Funktionen ausführen.

Mit der Customizing-Funktion INSTANDHALTUNG UND KUNDENSER-
VICE • INSTANDHALTUNGS- UND SERVICEABWICKLUNG • INSTANDHAL-
TUNGS- UND SERVICEAUFTRÄGE • FUNKTIONEN UND EINSTELLUNGEN DER
AUFTRAGSARTEN • ÜBERNAHME VON PROJEKT ODER INVESTITIONSPRO-
GRAMM FESTLEGEN steuern Sie pro Auftragsart, ob Sie über PSP-Ele-

mente oder über Investitionsprogramme budgetieren möchten; beides gleichzeitig geht nicht.

Mit den Customizing-Funktionen INSTANDHALTUNG UND KUNDENSERVICE • INSTANDHALTUNGS- UND SERVICEABWICKLUNG • INSTANDHALTUNGS- UND SERVICEAUFTRÄGE • FUNKTIONEN UND EINSTELLUNGEN DER AUFTRAGSARTEN • RELEVANTE FELDER FÜR ZUORDNUNG DES IM-PROGRAMMS DEFINIEREN und IM-ZUORDNUNGSSCHLÜSSEL AUFTRAGSARTEN ZUORDNEN legen Sie z. B. fest, ob die Kostenstelle des Bezugsobjekts oder des verantwortlichen Arbeitsplatzes für die automatische Ermittlung der Programmposition herangezogen werden soll.

Programmpositionen können Sie als ein einfaches Werkzeug zur Budget- **[+]**
überwachung nutzen. Dabei müssen Sie beachten, dass es sich lediglich um eine *passive Budgetkontrolle* handelt. Passive Budgetkontrolle bedeutet, dass das System Sie bei Überschreitung eines Budgets nicht warnt. Sie müssen also über Reporting selbst die Einhaltung der Budgets kontrollieren.

Anders sieht es bei der nächsten Möglichkeit aus: der Budgetierung über Projektstrukturpositionen oder kurz *PSP-Elemente*.

7.3.4 Budgetierung über PSP-Elemente

PSP-Elemente habe ich Ihnen bereits im Rahmen der projektorientierten Instandhaltung (siehe Abschnitt 5.12.1, »Das SAP-Projektsystem«) vorgestellt als Bestandteile des Projektsystems (PS), die normalerweise genutzt werden, um die Aufbauplanung, die Organisation und Steuerung eines Projekts festzulegen. Sie können die PSP-Elemente auch verwenden, um eine reine *Budgetplanung* und *-kontrolle* vorzunehmen. In diesem Sinne sollen sie hier vorgestellt werden.

Zu diesem Zweck definieren Sie mit der Transaktion CJ01 ein Projekt   Funktionsweise
(z. B. Instandhaltungsbudgetierung) und legen mit der Transaktion CJ11PSP-Elemente mehrstufig als Basis der Budgetstruktur an. Kriterien, anhand derer Sie sich orientieren könnten, wären z. B.

▸ *anlagenbezogen* (z. B. jeder oberste technische Platz erhält ein Budget)

▸ *gewerkbezogen* (z. B. Mechanische Werkstatt, Elektrische Werkstatt usw.)

▸ *tätigkeitsbezogen* (z. B. für Wartung, Instandsetzung, Überholung usw.)

Die Budgetplanung führen Sie dann normalerweise top-down durch und vergeben mit der Transaktion CJ30 den PSP-Elementen die jeweiligen Budgets.

Verbindung von EAM und PS Wenn Sie die Budgets anlagenbezogen verteilen, sollten Sie dann das für das Budget verantwortliche PSP-Element im Stammsatz der technischen Objekte eintragen (siehe Abbildung 7.32).

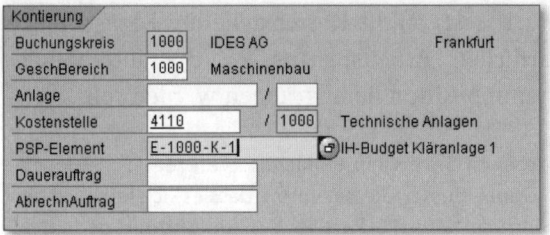

Abbildung 7.32 PSP-Element im technischen Platz

Wenn Sie das erledigt und das Customizing entsprechend eingestellt haben (siehe weiter unten), wird das PSP-Element automatisch in den Auftrag übernommen und damit der Auftrag dem PSP-Element zugeordnet. Die Zuordnung sehen Sie im Auftrag auf der Registerkarte ZUSATZDATEN (siehe Abbildung 7.33); dort können Sie auch eine manuelle Zuordnung vornehmen bzw. eine vorhandene abändern.

Organisation		
Buchungskreis	1000	IDES AG
Geschäftsbereich	9900	Verwaltung/Sonstige
Kostenrechnungskreis	1000	CO Europe
Verantwortl.KoStl	4300	Instandhaltung
Profitcenter	1010	Hochleistungspumpen
Objektklasse	Gemeinko	
Funktionsbereich	0100	Herstellung (CoGs)
Verarbeitungsgruppe	1	Innenaufträge periodische Abrechnung
PSP-Element	E-1000-K-1	IH-Budget Kläranlage 1
Projektdefinition	E-1000	Instandhaltungsbudget
Teilnetz zu / Vorg.		/

Abbildung 7.33 Die Zusatzdaten des Auftrags

[+] Die Zuordnung von Aufträgen zu PSP-Elementen können Sie individuell automatisieren, indem Sie mittels des User-Exits IWO10010 eine eigene Zuordnungsroutine erstellen. Hier können Sie z. B. abhängig vom technischen Objekt, der Auftragsart und der IH-Leistungsart das richtige PSP-Element finden. Dies erspart den Anwendern das teilweise mühevolle manuelle Zuordnen und erhöht die Akzeptanz.

Die Budgetverfügbarkeitskontrolle der PSP-Elemente ist sowohl eine aktive als auch eine passive Verfügbarkeitskontrolle.

Verfügbarkeits-kontrolle

Aktive Verfügbarkeitskontrolle heißt, dass bei jeder Ist-Buchung (z. B. Zeit-Rückmeldungen, Warenausgabe) das System prüft, ob das PSP-Budget noch ausreicht. In Abhängigkeit von den Einstellungen im Budgetprofil wird dabei eine Warn- oder eine Fehlermeldung ausgegeben.

Passive Verfügbarkeitskontrolle bedeutet, dass das System Ihnen ausreichende Reporting-Möglichkeiten zur Verfügung stellt, um Ihre Budgets zu überprüfen. Die auf dem Auftrag auflaufenden Kosten werden dann in der Budgetübersicht des jeweiligen PSP-Elements sichtbar.

Beispiel: Abbildung 7.34 (Transaktion S_ALR_87013557) zeigt eine PSP-Struktur mit drei PSP-Elementen, denen Budgets zugeordnet wurden. Die laufenden Instandhaltungsmaßnahmen werden dann in den Ist-Kosten ausgewiesen bzw. die Restverfügbarkeiten gezeigt.

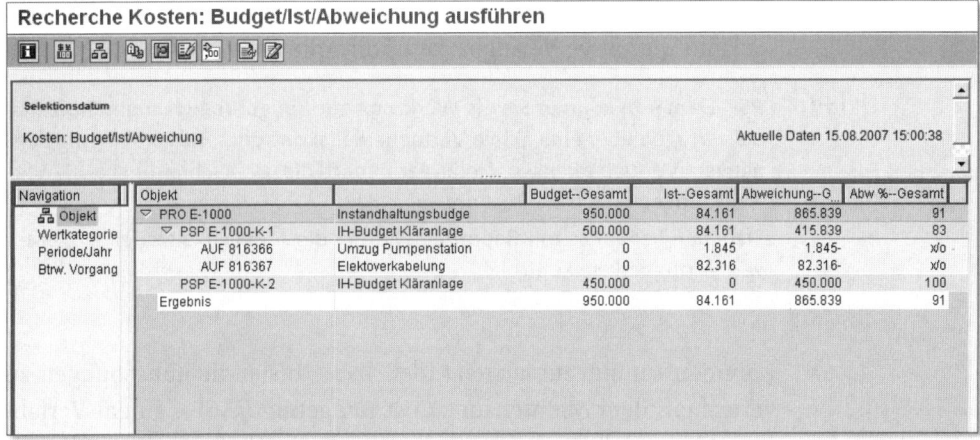

Abbildung 7.34 Budgetverfügbarkeit auf dem PSP-Element

Im Hintergrund der PSP-Elemente steht entweder ein richtiges Instandhaltungsprojekt, oder Sie verwenden sie zu reinen Budgetierungszwecken, um die laufenden Budgets zu verwalten. Insofern könnten Sie aus Sicht der Instandhaltung sämtliche Instandhaltungsaktivitäten darüber budgetieren.

Anwendungs-gebiete

Für eine Budgetierung mit PSP-Elementen müssen folgende Voraussetzungen geschaffen sein:

- Sie haben Ihren technischen Objekten (Equipments, technische Plätze) ein PSP-Element im Stammsatz zugewiesen.

- Sie haben mit der Customizing-Funktion INSTANDHALTUNG UND KUNDENSERVICE • INSTANDHALTUNGS- UND SERVICEABWICKLUNG • INSTANDHALTUNGS- UND SERVICEAUFTRÄGE • FUNKTIONEN UND EINSTELLUNGEN DER AUFTRAGSARTEN • ÜBERNAHME VON PROJEKT ODER INVESTITIONSPROGRAMM FESTLEGEN pro Auftragsart mit der Zuordnung über »X« dafür gesorgt, dass die PSP-Elemente aus dem Stammsatz in den Auftrag übernommen werden.

- Sie haben mit der Customizing-Funktion PROJEKTSYSTEM • KOSTEN • BUDGET • BUDGETPROFIL PFLEGEN ein Budgetprofil angelegt und Ihren PSP-Elementen zugewiesen.

- Sie haben mit der Customizing-Funktion PROJEKTSYSTEM • KOSTEN • BUDGET • TOLERANZGRENZEN FESTLEGEN für Ihren Kostenrechnungskreis und Ihr Budgetprofil die Grenzen definiert, bei deren Erreichung Warnmeldung oder Fehlermeldungen erzeugt werden, und damit die aktive Verfügbarkeitskontrolle aktiviert.

[+] PSP-Elemente können Sie als Werkzeug zur Budgetüberwachung nutzen. Sie verfügen über eine aktive Verfügbarkeitskontrolle: Die Aktivierung der aktiven Verfügbarkeitskontrolle verhindert die Überschreitung des Auftragsbudgets durch Ist-Buchungen.

Daneben haben Sie mit Reporting-Mitteln die Möglichkeit zu einer passiven Verfügbarkeitskontrolle.

Kommen wir nun zur letzten Möglichkeit, Instandhaltungsbudgets zu verwalten: dem Maintenance Cost Budgeting (MCB), einem Verfahren, das speziell für die Instandhaltung entwickelt wurde.

7.3.5 Maintenance Cost Budgeting

Was ist das MCB? Das *Maintenance Cost Budgeting* (MCB) ist ein Verfahren, das von SAP speziell für die Instandhaltung und deren Anforderungen an eine Budgetierung entwickelt wurde. Entwickelt wurde es zum Releasestand SAP ERP 5.0. Allerdings wurde es nicht in SAP EAM integriert, sondern als Plattform dient SAP BW-BPS (Business Planning and Simulation, siehe Abbildung 7.35).

Das MCB können Sie nur nutzen, wenn Sie SAP NetWeaver BW installiert **[!]**
und SAP BW-BPS konfiguriert haben. Mit der reinen Core-Komponente
SAP ERP EAM können Sie es nicht nutzen.

Das MCB bietet zwei Verfahren zur Budgetplanung, nämlich ein his-   Budgetierungs-
torienbasiertes und ein plandatenbasiertes Budgetierungsverfahren.   verfahren
Innerhalb der beiden Verfahren gibt es wiederum verschiedene Plan-
szenarien, die sich im Wesentlichen mit der Art der Datenbereitstel-
lung beschäftigen.

Für das *historienbasierte* Budgetierungsverfahren gibt es zum einen
das historienbasierte Szenario, bei dem Sie die historischen Ist-Kosten vergangener Perioden als Planungsgrundlage verwenden können,
und zum anderen ein Ad-hoc-Szenario, bei dem Sie frei erfasste
Daten in die Budgetierung mit einbeziehen können. Im letzteren Szenario liegt die Ermittlung der Daten als Planungsgrundlage außerhalb
der SAP-Systeme (z. B. in Excel-Tabellen).

Im Fall des *plandatenbasierten* Budgetierungsverfahrens wird unterschieden zwischen einem Arbeitsplanszenario, einem Wartungsplanszenario und einem Ad-hoc-Szenario. Das Ad-hoc-Szenario ist wie
beim historienbasierten Verfahren zur freien Datenerfassung
bestimmt. Auch hier liegt die Ermittlung der Daten als Planungsgrundlage außerhalb der SAP-Systeme (z. B. in Excel-Tabellen). Das
Arbeitsplan- und das Wartungsplanszenario hingegen basieren auf
der Kostensimulation aus Arbeitsplänen bzw. Wartungsplänen, die in
SAP EAM hinterlegt sind.

Im Customizing lässt sich einstellen, welche der Arten eingesetzt werden dürfen. Szenarien können auch kombiniert eingesetzt werden.

MCB unterstützt Sie also in Ihrer Budgetplanung, indem Ihnen historien-   **[+]**
basierte Ist-Kosten und simulierte Kosten aus Arbeitsplänen und Wartungsplänen zur Verfügung gestellt werden.

Das MCB unterstützt sowohl eine *Top-down-Budgetierung* als auch   Top-down und
eine *Bottom-up-Budgetierung* (siehe Abbildung 7.35). Der Manager   bottom-up
plant das strategische Budget für seinen Bereich und schickt eine Bud-
getvorgabe an die verantwortlichen Budgetplaner (Top-down-Budge-
tierungsprozess). Der Planer plant das Budget auf der Basis histori-
scher oder simulierter Daten und schickt es zur Genehmigung an den
Manager zurück (Bottom-up-Budgetierungsprozess).

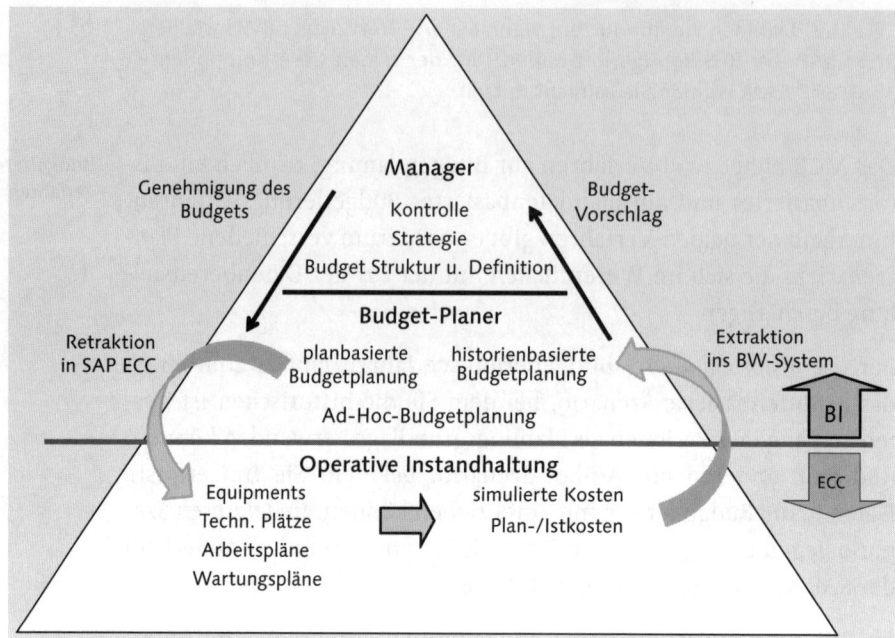

Abbildung 7.35 Struktur des MCB

Die Definition erfolgt über so genannte *Berichts- und Budgetierungs-gruppen*, über die Sie eine Hierarchie innerhalb der Instandhaltungs-budgetierung schaffen, die es Ihnen erlaubt, den von Ihnen gewünschten Ablauf zur Budgetplanung und Genehmigung abzubilden.

[+] Über die Definition von Berichts- und Budgetierungsgruppen unterstützt Sie das MCB also beim Prozess der Budgetierung (z. B. Berichts- und Genehmigungswege).

Die eigentliche Budgetierung findet dann in einem *speziellen Web-UI* (siehe Abbildung 7.36) statt. Je nach Berechtigung können hier Budgetplaner und Manager das Budget für ihren Bereich planen oder auch genehmigen.

Budget-kategorien Außerdem bietet das MCB die Möglichkeit, das Budget in Kategorien bzw. nach Verwendung aufschlüsseln. Unter einer *Budgetkategorie* versteht man die Unterscheidung des Etats in Bezug auf die Planung von Instandhaltungsmaßnahmen. In der Standardkonfiguration der Budgetplanung unterteilt sich ein Budgetvorschlag in drei Budgetkategorien, die getrennt voneinander dargestellt werden.

▶ **Vorbeugend**

Kosten aus regelmäßig wiederkehrenden Instandhaltungsarbeiten, die anhand von Wartungsplänen geplant werden

▶ **Geplant**

Kosten aus unregelmäßig wiederkehrenden Instandhaltungsarbeiten, die anhand von Arbeitsplänen oder individuell in Aufträgen geplant werden

▶ **Ungeplant**

Kosten, die aus einer ungeplanten Instandhaltungsmaßnahme entstehen, z. B. durch Instandsetzungen bei einem schadensbedingten Maschinenstillstand

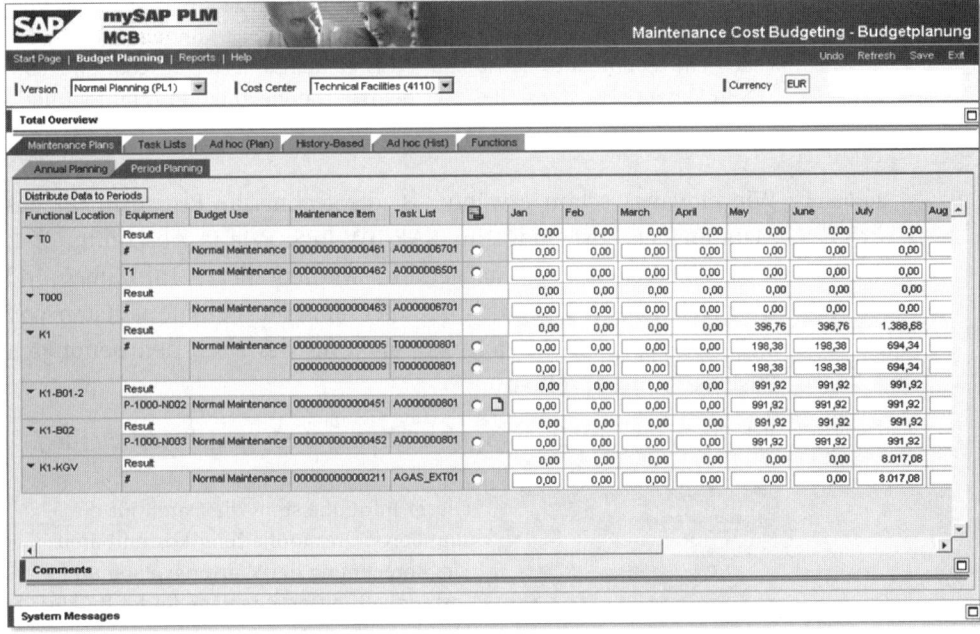

Abbildung 7.36 MCB-Planungstableau

Die Budgetkategorien können Sie im Customizing an die jeweiligen unternehmensspezifischen Bedürfnisse anpassen. Sie können sie dann je nach Einstellung automatisch auf Basis gemeinsamer Eigenschaften (z. B. Instandhaltungsleistungsart, Auftragsart u. a.) bei der Datenextraktion ermitteln und zuordnen lassen.

[+]

Die Aufteilung nach *Budgetverwendung* hingegen betrifft die betriebswirtschaftliche Seite einer Instandhaltungsmaßnahme. Bei der Unter-

Budget-
verwendung

scheidung nach der Budgetverwendung handelt es sich um die Klassifizierung eines Budgets in Bezug auf den betriebswirtschaftlichen Prozess, zu dem eine Instandhaltungsmaßnahme gehört. Dies ermöglicht Ihnen über die Budgetkategorie hinaus eine weitere Gruppierung des Budgetvorschlags, und zwar nach Art der Tätigkeit wie z. B.:

▸ Instandsetzungen

▸ Reinigungsarbeiten

▸ Inspektions- oder Wartungsarbeiten

▸ Überholungen

▸ Stillstände

[+] Die Budgetverwendungen können Sie im Customizing an die jeweiligen unternehmensspezifischen Bedürfnisse anpassen. Sie können sie dann je nach Einstellung automatisch auf Basis gemeinsamer Eigenschaften (z. B. PSP-Elemente, Kostenstelle u. a.) bei der Datenextraktion ermitteln und zuordnen lassen.

Business Content Wie eingangs schon erwähnt, ist die technische Plattform für das Maintenance Cost Budgeting SAP BW-BPS. Wie in Abschnitt 7.2.4, »SAP NetWeaver BW« ausgeführt, werden hierzu InfoCubes und Querys benötigt. Wie auch bei allen anderen Funktionalitäten von SAP NetWeaver BW liefert SAP auch für das MCB den benötigten Business Content mit aus.

Tabelle 7.4 nennt die InfoCubes, die von SAP ausgeliefert werden.

Simulierte Instandhaltungskosten 0PM_C05	Dieser InfoCube stellt die Daten für die simulierten Instandhaltungskosten bereit. Die Berechnung der Wartungspläne und Instandhaltungsarbeitspläne findet bei der Übernahme statt.
Budgetdaten für Instandhaltung 0PM_C06	Dieser InfoCube dient dazu, das Instandhaltungsbudget zu planen. Die Daten werden aus den InfoCubes INSTANDHALTUNGSAUFTRÄGE: KOSTEN UND VERRECHNUNGEN (0PM_C01) und SIMULIERTE INSTANDHALTUNGSKOSTEN (0PM_C05) geladen.

Tabelle 7.4 InfoCubes für MCB

Budgetdaten Instandhaltung 0PM_MC01	Dieser MultiProvider vereinigt Daten aus den InfoCube Instandhaltungsaufträge: Kosten und Verrechnungen (0PM_C01) und Budgetdaten für Instandhaltung (0PM_C06). Dadurch ist es möglich, z. B. die aktuelle Budgetplanung mit historischen Ist-Kosten zu vergleichen.

Tabelle 7.4 InfoCubes für MCB (Forts.)

Auf Basis dieser InfoCubes sind die in Tabelle 7.5 aufgelisteten Querys im Business Content zum MCB enthalten.

Budgetvorschlag nach Budgetkategorie	Mit dieser Query können Sie sich Ihren Budgetvorschlag nach Budgetkategorien unterteilt anzeigen lassen.
Budgetvorschlag (periodisch)	Mit dieser Query können Sie sich Ihren Budgetvorschlag nach Perioden unterteilt anzeigen lassen.
Budgetvorschlag (Objekte)	Mit dieser Query können Sie sich Ihren Budgetvorschlag für Ihre technischen Objekte anzeigen lassen.
Budgetvorschlag (simulierte Kosten)	Mit dieser Query können Sie Ihren Budgetvorschlag mit den simulierten Kosten vergleichen.
Budgetvergleich (Ist-Kosten)	Mit dieser Query können Sie Ihren Budgetvorschlag mit historischen Ist-Kosten vergleichen.
Budgetvergleich (Plankosten)	Mit dieser Query können Sie Ihren Budgetvorschlag mit historischen Plankosten vergleichen.
Budgetkontrolle (Budget)	Mit dieser Query können Sie eine Budgetkontrolle durchführen. Der Budgetvorschlag wird dabei mit den bis zur aktuellen Periode aufgelaufenen Ist-Kosten und dem verbleibenden Budget verglichen.
Budgetkontrolle (Plankosten)	Mit dieser Query können Sie eine Budgetkontrolle durchführen. Der Budgetvorschlag wird dabei mit den bis zur aktuellen Periode aufgelaufenen Ist-Kosten und den verbleibenden Plankosten verglichen.

Tabelle 7.5 Querys für MCB

437

Ist-Kostenvergleich (plandatenbasiert)	Mit dieser Query können Sie Ihren Budgetvorschlag für das plandatenbasierte Budgetierungsverfahren mit historischen Ist-Kosten vergleichen.
Ist-Kostenvergleich (historienbasiert)	Mit dieser Query können Sie Ihren Budgetvorschlag für das historienbasierte Budgetierungsverfahren mit historischen Ist-Kosten vergleichen.

Tabelle 7.5 Querys für MCB (Forts.)

Verfügbarkeits-
kontrolle

Das MCB bietet Ihnen lediglich die Möglichkeit einer *passiven Verfügbarkeitskontrolle* auf Basis dieser Querys. Eine aktive Verfügbarkeitskontrolle ist nicht vorhanden.

Anwendungs-
gebiete

Aufgrund der flexiblen Möglichkeiten, Ihre Budgets über Budgetkategorien und Budgetverwendungen nach eigenen Vorstellungen zu klassifizieren, können Sie sämtliche Instandhaltungsaktivitäten darüber budgetieren.

Voraussetzungen

Sie müssen folgende Voraussetzungen schaffen, um mit dem MCB arbeiten zu können:

▶ Sie haben mindestens folgende technischen Komponenten installiert: SAP ECC 5.00, R/3-Plug-in 2004.1_500 und BW-BPS 3.52.

▶ Sie haben im Customizing von SAP BW-BPS mit der Funktion SAP NetWeaver • Business Intelligence • Einstellungen zum BI Content • Planning Content • Product Lifecycle Management • Budgetplanung für Instandhaltung und Kundenservice Einstellungen für die zentralen Attribute der Budgetplanung, für die Budgetierungsverfahren und für die individuelle Planungsanwendung getroffen.

▶ Sie haben im Content von BW die Berichts- und Budgetierungsgruppen angelegt.

▶ Sie haben die Variablen der Budgetplanung festgelegt (z.B. Planungsszenario, Budgetkategorie, Budgetverwendung usw.).

▶ Sie haben eingestellt, ob Sie auf Basis von Equipments und/oder Technischen Plätzen arbeiten möchten.

▶ Sie haben den Inhalt der Startseite festgelegt.

Damit habe ich Ihnen die verschiedenen Möglichkeiten der Budgetierung vorgestellt. Tabelle 7.6 zeigt abschließend eine Zusammenfassung der Verfahren mit ihren wichtigsten Eigenschaften.

	Budgetierung über Auftrag	Budgetierung über Kostenstelle	Budgetierung über IM-Positionen	Budgetierung über PSP-Elemente	Budgetierung über MCB
In ECC integriert	ja	ja	ja	ja	nein
Anwendungsgebiet	einzelner Auftrag	Planung der Kostenstelle	Investitionen, laufende Instandhaltung	Instandhaltungsprojekte, laufende Instandhaltung	alle Instandhaltungsvorhaben
Aktive Verfügbarkeitskontrolle	ja	nein	nein	ja	nein
Flexibilität des Budgetierungsobjekts	keine	keine	bedingt	bedingt	flexibel einstellbar
Top-down und bottom-up	nein	nein	ja	ja	ja

Tabelle 7.6 Vergleich der Budgetierungsverfahren

Wie zu jedem Kapitel habe ich Ihnen zusammenfassend noch einmal die **[o]** wichtigsten Aussagen und alle Tipps und Tricks zusammengestellt, die ich Ihnen im Hinblick auf Ihr Instandhaltungscontrolling mit auf den Weg geben möchte. Diese finden Sie als gesondertes Dokument auf der DVD.

Moderne Kommunikationstechnologien wie Internet, mobile Lösungen und serviceorientierte Architekturen haben mittlerweile auch die Instandhaltung erreicht. Dieses Kapitel zeigt die Voraussetzungen, Möglichkeiten und Grenzen dieser Technologien beim Einsatz in der Instandhaltung auf.

8 Neue Informationstechnologien in der Instandhaltung

Längst bestimmen Internet und moderne Informations- und Kommunikationstechnologien die alltägliche Kommunikation in Unternehmen. Diese Entwicklung hat mittlerweile auch die Instandhaltung erreicht – auch wenn die neuen Technologien dort lange etwas stiefmütterlich betrachtet wurden. Ich möchte Ihnen deshalb im Folgenden aufzeigen, welche Möglichkeiten die SAP-Anwendungen Ihnen bieten, wozu Sie sie nutzen können, an welche Voraussetzungen sie gebunden sind und wie sich die Prozesse ändern werden. Im Mittelpunkt der Betrachtungen werden das Internet und mobile Lösungen stehen, aber ich wage ebenso einen ersten Einstieg in die serviceorientierte Architektur (SOA).

8.1 Internet und Intranet

Das Internetzeitalter begann bei SAP bereits Mitte der 90er Jahre. Es ist Vielen nicht bewusst geworden, aber bereits 1996 hat SAP erste *Internet Application Components* (IAC) für die Instandhaltung angeboten, wie z. B. die Erfassung von Messwerten und Zählerständen, die sich allerdings bei den Anwendern so gut wie nicht durchgesetzt haben. Die Zeit war noch nicht reif.

Die nächste Phase war dann um die Jahrtausendwende, als sich auch SAP vom Internethype hat mitreißen lassen und ein mySAP.com-Release auf den Markt gebracht hat. Aber auch dieses Konzept von *Workplaces*, *Marketplaces*, *MiniApps* usw. wurde kaum angenommen und hat sich nicht als Standard durchsetzen können.

Erst jetzt im Zuge von SAP NetWeaver Portal und mit der Web-Dynpro-Technologie scheint die Zeit reif zu sein, dass sich das Internetangebot von SAP für die Instandhaltung durchsetzen könnte. Dieses Angebot werde ich Ihnen im Folgenden näher bringen.

8.1.1 SAP NetWeaver Portal und Rollen

Die technologische Basis für die Weboberfläche bildet das *SAP NetWeaver Portal*. Die inhaltliche Ausgestaltung erfolgt über von SAP ausgelieferte Rollen, wobei die Rollen sowohl bisherige Funktionalität ins Web bringen als auch neue Funktionen beinhalten.

Bisher hat SAP für die Instandhaltung folgende Rollen ausgeliefert:

▶ Instandhaltungstechniker (Maintenance Technician)

▶ Instandhaltungsplaner (Maintenance Planner)

▶ Instandhaltungsmeister (Maintenance Supervisor)

Service Maps, Übersichten und Berichte

Den Ausgangspunkt bilden dabei so genannte *Service Maps* und *Übersichten*. Diese beinhalten eine menüartige Zusammenstellung der Funktionen, die einer Rolle zuzuordnen sind (siehe Abbildung 8.1).

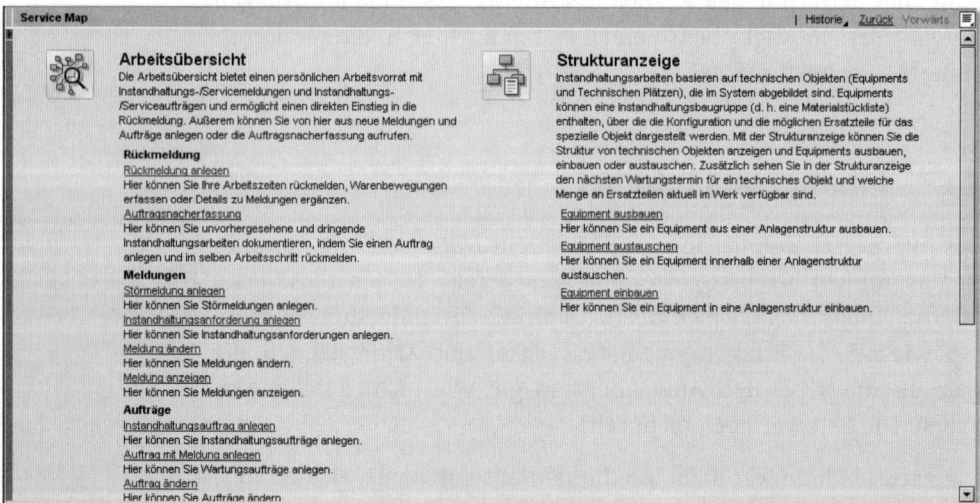

Abbildung 8.1 Service Map

[+] Es stehen Ihnen Tools zur Verfügung, um aus Ihren Rollen in SAP ERP Service Maps und Übersichten (siehe Abbildung 8.2) zu generieren.

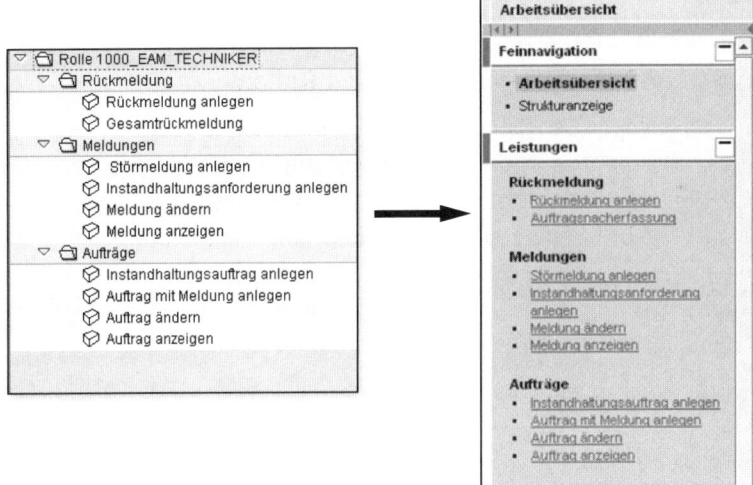

Abbildung 8.2 Konvertierung des Menüs zu Übersicht

Ein weiteres Element einer Rolle sind die *Berichte*. Folgende Berichte können ausgeführt werden (siehe die Ausführungen in Kapitel 7, »Instandhaltungscontrolling«):

▶ Querys aus SAP NetWeaver BW

▶ Web Templates aus SAP NetWeaver BW

▶ Report-Writer-Listen

▶ Listtransaktionen (wie z. B. IW38, IW28, IW37N)

Damit Sie die Service Maps nutzen können, muss die Business Function LOG_EAM_SIMP aktiviert sein. **Business Function**

[+] Über Customizing-Funktionen (INTEGRATION MIT ANDEREN SAP-KOMPONENTEN • BUSINESS PACKAGES/FUNCTIONAL PACKAGES • MAINTENANCE TECHNICIAN • REPORTING • BERICHTSLISTE ZUSAMMENSTELLEN) können Sie das Berichtsbündel, das im Portal zur Auswahl gebracht werden soll, selbst festlegen (siehe Abbildung 8.3).

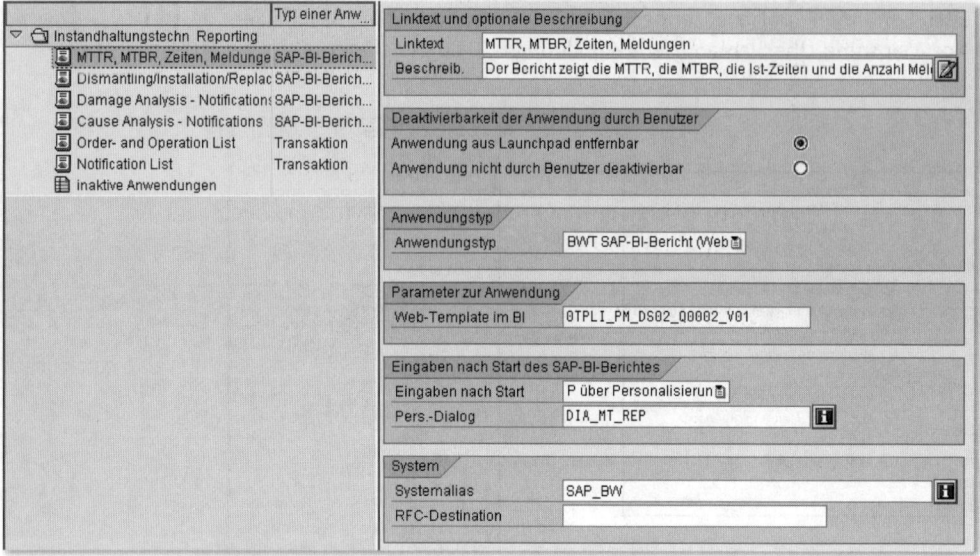

Abbildung 8.3 Definition von Berichten

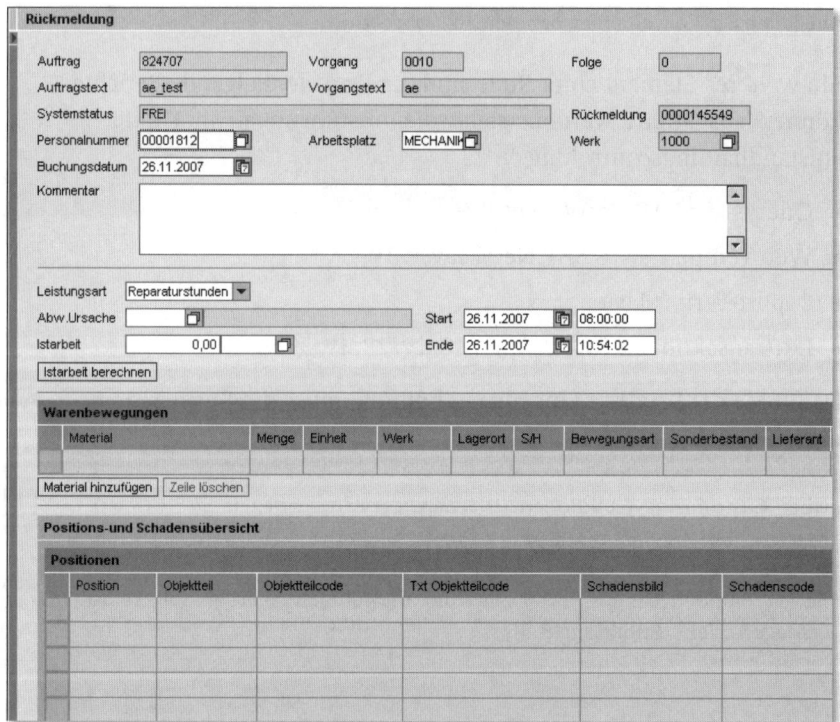

Abbildung 8.4 Web Dynpro

Wenn Sie nun eine der im SAP NetWeaver Portal definierten Funktionen aufrufen (z. B. eine Transaktion), dann öffnet sich eines der beiden folgenden Dynpros:

▸ ein *Web Dynpro*, das in Funktionalität, Struktur und Inhalt ähnlich dem originalen SAP-GUI-Dynpro ist (siehe Abbildung 8.4)

▸ ein *Web-GUI-Dynpro*, d. h., das originale Dynpro wird im Web-GUI-Layout dargestellt (siehe Abbildung 8.5)

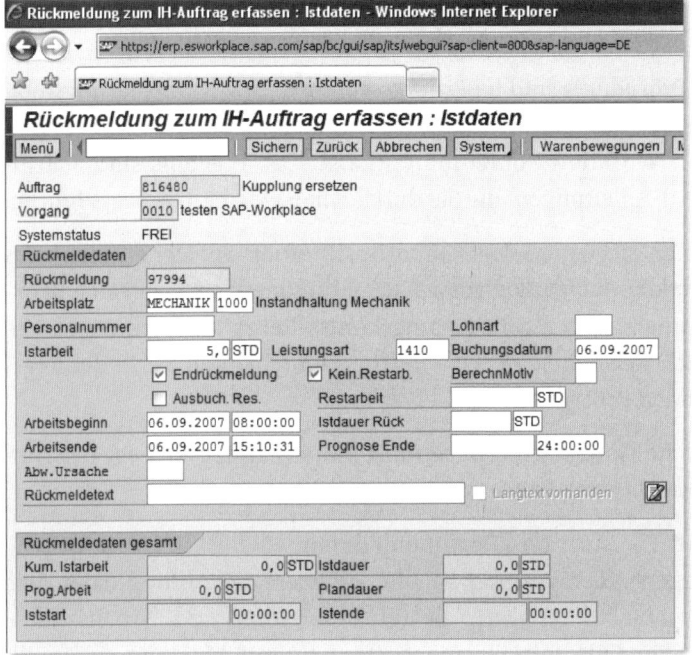

Abbildung 8.5 Web-GUI-Dynpro

Die Rollen im SAP NetWeaver Portal stellen aber nicht nur Bekanntes aus SAP ERP und SAP NetWeaver BW unter einer neuen Oberfläche dar, sondern bieten zusätzliche Funktionalitäten an, die ausschließlich für die Rollen und für das SAP NetWeaver Portal entwickelt wurden.

> Einige Funktionalitäten – und in den zukünftigen Releases werden es **[+]** immer mehr – können Sie nur über das Rollenkonzept im SAP NetWeaver Portal nutzen. Sie stehen Ihnen nicht in SAP ERP zur Verfügung.

Im Folgenden möchte ich Ihnen einige dieser Funktionalitäten vorstellen.

8.1.2 Nacherfassung

In SAP ERP gibt es keine richtige Nacherfassung, d. h., es besteht keine Standardmöglichkeit, um bereits durchgeführte Maßnahmen im Nachhinein inklusive der Materialentnahmen und der Kostenverrechnung zu erfassen, wie ich in Abschnitt 5.3, »Der Geschäftsprozess Sofortinstandsetzung«, bereits erläutert habe. Diese Möglichkeit bietet Ihnen das SAP NetWeaver Portal unter Anwendung der Technik der *Guided Procedures*. Ich möchte jetzt nicht zu tief in die Erstellung und Konfiguration von SAP NetWeaver Portal einsteigen; das überlasse ich lieber anderen, die etwas mehr davon verstehen.[1]

Guided Procedure

Guided Procedures sind im Prinzip ein Workflow-Modellierungstool, mit dessen Hilfe man sowohl die Modellierung als auch die Verwaltung von Workflows durchführen kann. Das Ergebnis sind Schritt-für-Schritt-Anleitungen, die Sie durch einen Geschäftsprozess führen.

Sie kennen sie von vielen Seiten im Internet, auf denen Sie etwas bestellen können: Artikel auswählen à Kundendaten erfassen à Bankverbindung angeben à Bestellung kontrollieren à Bestellung absenden. Auch wenn Sie eine Reise buchen, durchlaufen Sie in der Regel eine Guided Procedure.

Eine solche Guided Procedure führt Sie durch den Prozess der Auftragsnacherfassung (siehe Abbildung 8.6):

▶ **Schritt 1 – Auftrags-/Rückmeldedaten**
Sie legen einen Auftrag an und erfassen die Auftragsdaten wie Bezugsobjekt, Tätigkeit, Ausführungsdatum und Arbeitszeiten. Wenn im Customizing eine Auftragsart mit Meldung eingestellt ist, können Sie zusätzlich Meldungsdaten erfassen.

▶ **Schritt 2 – Warenbewegung**
Wenn Sie Material verbraucht haben, können Sie dies ebenfalls erfassen.

▶ **Schritt 3 – Ein-/Ausbau Equipment**
Wenn im Rahmen der Instandsetzungsmaßnahme ein Equipment auf einem Technischen Platz gewechselt wurde, erfassen Sie die Ein-/Ausbaudaten.

---

1 Zum Beispiel Nicolescu, V.; Klappert, K.; Krcmar, H.: SAP NetWeaver Portal, Bonn: SAP PRESS 2007.

▶ **Schritt 4 – Prüfen und Sichern**

Sie können fehlerhafte Daten ggf. korrigieren, indem Sie auf den entsprechenden Schritt zurückgehen.

▶ **Schritt 5 – Beendet**

Die Daten werden übermittelt, und die Auftragsnacherfassung wurde erfolgreich beendet.

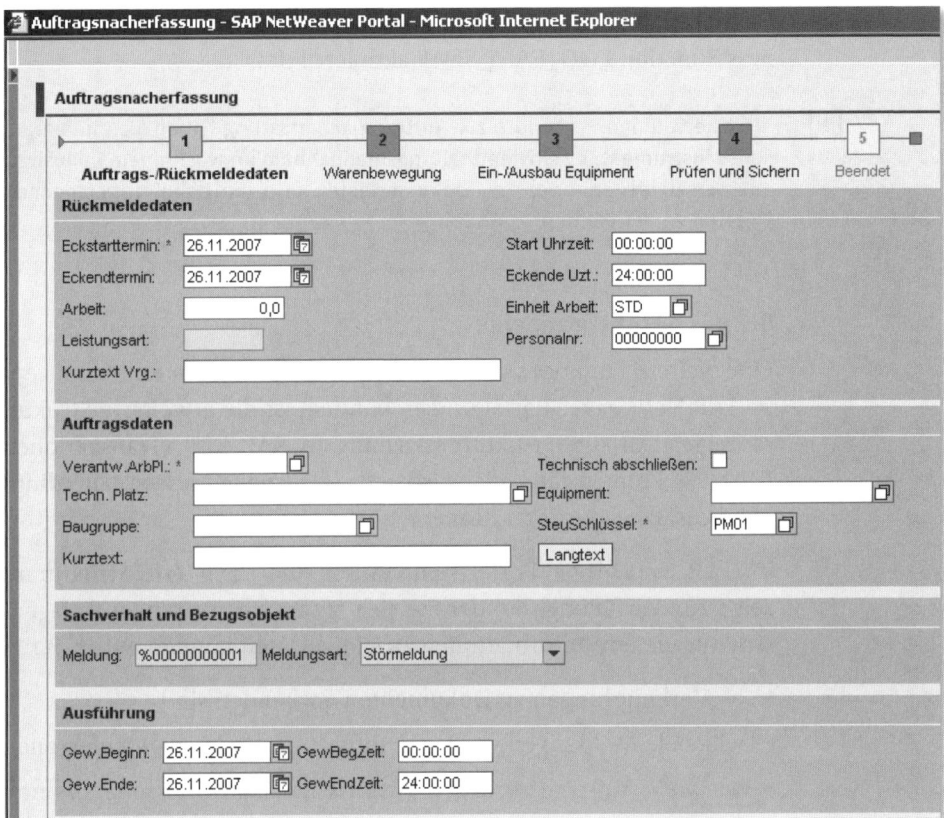

Abbildung 8.6 Nacherfassung

Die Schritte 2 und 3 können Sie überspringen.

Technisch läuft im Hintergrund nach Beendigung der Guided Procedure Folgendes ab:

▶ Es wird ein Auftrag eröffnet und freigegeben.

▶ Für die eingetragenen Ist-Zeiten wird eine Rückmeldung erfasst und der Auftrag endrückgemeldet.

▶ Ggf. wird auf den Auftrag eine Materialentnahme gebucht.

- Der Auftrag wird technisch abgeschlossen.

- Ggf. wird das Equipment auf einem anderen Technischen Platz eingebaut bzw. auf dem Technischen Platz das Equipment durch ein anderes ersetzt.

Den kaufmännischen Abschluss und die Auftragsabrechnung müssen Sie noch durchführen.

Business Function Damit Sie die Auftragsnacherfassung nutzen können, muss die Business Function LOG_EAM_SIMP aktiviert sein.

[+] Mit der Guided Procedure zur Auftragsnacherfassung haben Sie ein einfaches Instrument, um Instandhaltungsmaßnahmen im Nachhinein inklusive des Ersatzteilverbrauchs zu dokumentieren und die dabei angefallenen Kosten zu verrechnen.

8.1.3 Strukturanzeige

Eine weitere Funktion, die Sie ausschließlich mit dem Rollenkonzept im SAP NetWeaver Portal nutzen können, ist die erweiterte Strukturanzeige. Mit der Strukturdarstellung in SAP ERP (Transaktionen IH01/03) können Sie Anlagenstrukturen anzeigen lassen, allerdings ohne zusätzliche Informationen.

Im SAP NetWeaver Portal steht Ihnen eine erweiterte Strukturanzeige zur Verfügung, bei der Sie sich zusätzlich zur reinen Anlagenstruktur weitere Informationen anzeigen lassen können, wie z. B.:

- ob Verknüpfungen zu Dokumenten vorhanden sind

- wie viele Meldungen vorliegen (offene und/oder abgeschlossene)

- wie viele Aufträge vorliegen (historische, abgeschlossene, offene)

- wie es um die Verfügbarkeit des Materials bestellt ist

- wann der nächste Wartungstermin fällig ist

- ob Messpunkte und Zähler vorhanden sind

Abbildung 8.7 zeigt ein Beispiel einer Strukturanzeige.

Aus der Strukturanzeige heraus können Sie zu einem technischen Objekt interaktiv bestimme Funktionen ausführen:

- Sie können eine Meldung oder einen Auftrag anlegen.

- Sie können sich die Objektinformation anzeigen lassen.

- Sie können ein Equipment ein-, aus- oder umbauen.

Damit Sie die Strukturanzeige nutzen können, muss die Business Function LOG_EAM_SIMP aktiviert sein.   **Business Function**

> Über die Strukturanzeige im SAP NetWeaver Portal können Sie nicht nur **[+]**
> die Anlagenstruktur, sondern auch Zusatzinformationen (wie z. B. nächster
> Wartungstermin, Verfügbarkeit der Ersatzteile usw.) sehen.

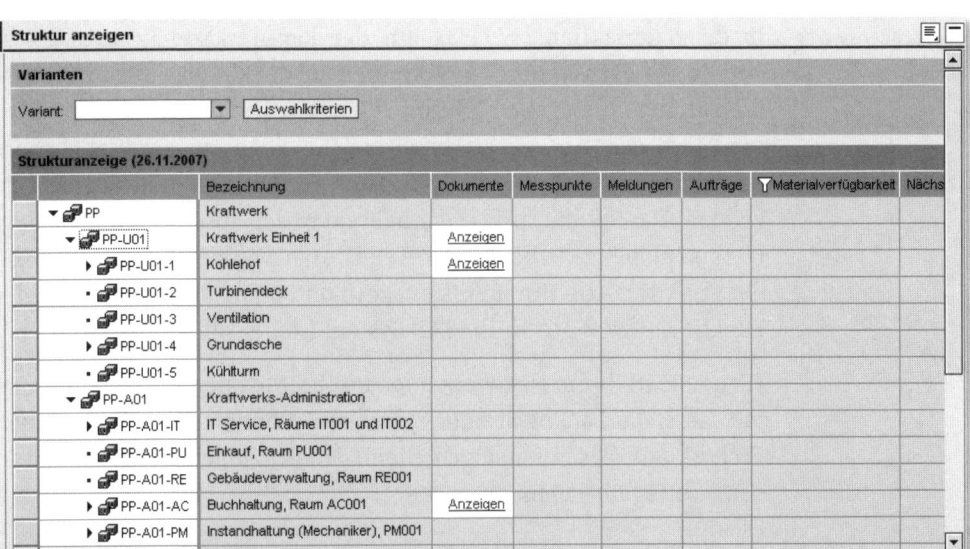

Abbildung 8.7 Strukturanzeige

Verlassen wir nun das Portal und kommen zu einer Funktion, die Ihnen auch ohne SAP NetWeaver Portal zur Verfügung steht.

8.1.4 Elektronische Teilekataloge

In Abschnitt 5.2.2, »Planung«, habe ich Ihnen bereits die traditionellen Möglichkeiten der Materialplanung für einen Auftrag vorgestellt. In Abschnitt 6.3.2, »Die Integration mit SAP SRM«, habe ich Ihnen die Integration zwischen SAP ERP und SAP SRM beschrieben, bei der Sie die Katalogtechnik von SAP SRM für die Beschaffung von Ersatzteilen nutzen können.

[+] Diese Möglichkeit, Ersatzteile über Kataloge auszuwählen, gibt es auch als direkte Anbindung an den Auftrag.

Voraussetzung

Die direkte Anbindung des Auftrags an Kataloge können Sie nutzen, wenn Sie im Customizing der Auftragsart einen oder mehrere Internet-/Intranetkataloge zugewiesen haben (Customizing-Funktion INSTANDHALTUNG UND KUNDENSERVICE • INSTANDHALTUNGS- UND SERVICEABWICKLUNG • INSTANDHALTUNGS- UND SERVICEAUFTRÄGE • SCHNITTSTELLE ZUR BESCHAFFUNG ÜBER KATALOGE OCI • KATALOGE DEFINIEREN und KATALOG DER AUFTRAGSART ZUORDNEN).

Vorgehensweise

In der Transaktion IW31/32 auf der Registerkarte KOMPONENTEN oder in der Transaktion IW3K können Sie die Kataloge für Ihre Materialplanung heranziehen (Button ▤ Katalog). Falls Sie über das Customizing der Auftragsart mehrere Kataloge zugeordnet haben, erscheint zunächst ein Popup-Fenster, in dem Sie den Katalog auswählen. Das System springt dann direkt in den ausgewählten Katalog. Dort wählen Sie die benötigten Teile durch Markieren aus, füllen mit der Funktion ADD Ihren Einkaufskorb und übertragen diesen mit der Funktion CHECK OUT in Ihr SAP-System (siehe Abbildung 8.8).[2]

Wenn Sie in Ihrem Netzwerk oder auf Ihrer lokalen Workstation CDs mit Herstellerkatalogen abgelegt haben, können Sie mit derselben Technik aus diesen Katalogen ebenfalls Ersatzteile auswählen und in den Auftrag übernehmen.

[+] Bei der Übernahme des Einkaufskorbs in das SAP-System wird geprüft, ob das ausgewählte Ersatzteil möglicherweise einer bestandsgeführten Materialnummer entspricht. Wie diese Prüfung durchgeführt wird (z. B. Prüfung auf Herstellermaterialnummer oder Prüfung des Textes), können Sie in der Customizing-Funktion INSTANDHALTUNG UND KUNDENSERVICE • INSTAND-HALTUNGS- UND SERVICEABWICKLUNG • INSTANDHALTUNGS- UND SERVICEAUF-TRÄGE • SCHNITTSTELLE ZUR BESCHAFFUNG ÜBER KATALOGE OCI • KONVERTIE-RUNGSBAUSTEINE DEFINIEREN festlegen. Wenn die vorhandenen Konvertierungsbausteine nicht die von Ihnen gewünschte Prüfung durchführen, können Sie sich auch eigene entwickeln und hinterlegen.

---

2 Die Funktionsbezeichnungen können in Abhängigkeit von der gewählten Katalogplattform leicht variieren.

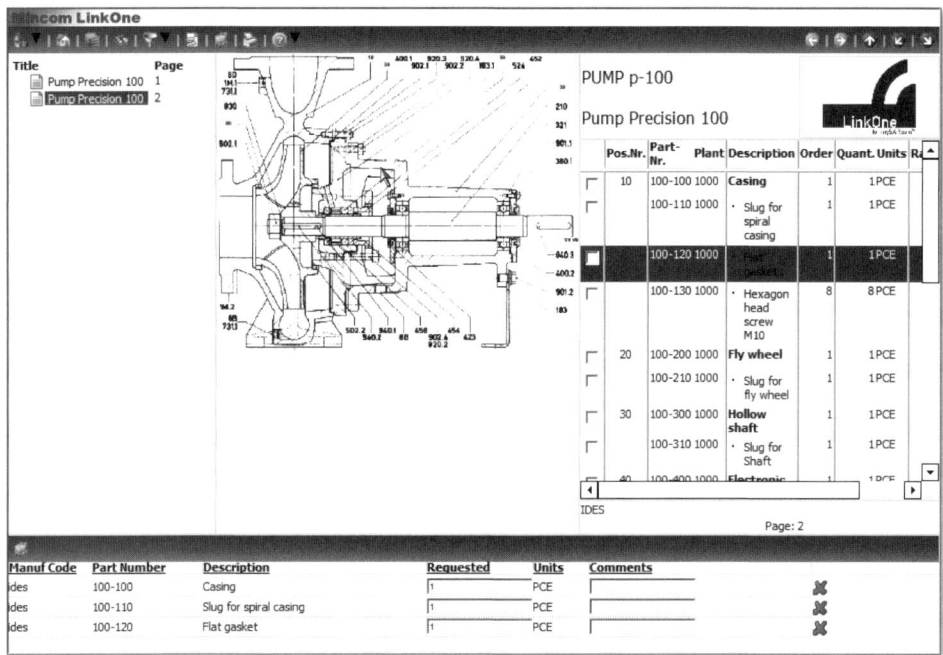

Abbildung 8.8 Internetkatalog

Die Vorteile der Technik und Vorgehensweise von Internet- und vor allem von Intranetkatalogen gegenüber einer manuellen Materialplanung liegen auf der Hand:

Vorteile

▶ schnellere Identifizierung des benötigten Ersatzteils und Vermeidung von inhaltlichen Fehlern durch Visualisierung

▶ Vermeidung von Datenfehlern durch höhere Datenqualität

▶ feste Vorgabe von bestellbaren Materialien und Bezugsquellen

▶ Reduzierung der Lieferanten, bei denen bestellt wird

▶ Reduzierung der Bestellungen, die am System vorbeigehen, durch hohe Benutzerakzeptanz

▶ effizienterer Prozess durch leichtere Abwicklung

▶ Reduzierung der Materialstämme auf lagerhaltige Teile[3]

Die Vorteile der Kataloge gegenüber einer Stücklistenverwaltung liegen ebenfalls auf der Hand: Neben einigen oben genannten Vorteilen

---

3 Siehe hierzu Gertz, W.: E-Commerce, in: Maintenance 2010, Berlin 2000. Und Deppe, B.: Verknüpfung von PM-Aufträgen mit der Katalogbeschaffung, in: 9. Kongress Instandhaltung und Servicemanagement mit SAP, Berlin 2004.

wie Visualisierung ist es die Tatsache, dass keine Stücklisten angelegt und gepflegt werden müssen. Vor allem der Änderungsdienst wird in vielen Firmen nur sehr lückenhaft betrieben oder ist sehr aufwendig.

Diesen Vorteilen steht allerdings der Aufwand gegenüber, den Sie mit Erstellung, Änderung und Nutzung des Intranetkatalogs zu betreiben haben.

[+] Durch die Nutzung von Internet- und Intranetkatalogen vermeiden Sie Aufwand (z. B. für die Verwaltung von Materialstämmen und Stücklisten). Die Bestellvorgänge sind weniger fehleranfällig (z. B. durch Visualisierung) und werden vollständiger (z. B. durch hohe Benutzerakzeptanz). Den Aufwand für Erstellung und Pflege der Intranetkataloge können Sie reduzieren, wenn Sie Ihre Lieferanten verpflichten können, die Pflege ihrer Artikel in Ihrem Katalog selbst zu übernehmen.

8.1.5 Easy Web Transaction

Was ist eine EWT? Wenn in Ihrem Unternehmen das SAP NetWeaver Portal (noch) nicht genutzt wird (z. B. aus Aufwands- oder Lizenzgründen), könnten Sie auch die so genannte *Easy Web Transaction* (EWT) für eine interne Serviceanfrage ausprägen, um Instandhaltungsmeldungen zu platzieren.

Die Easy Web Transaction der internen Serviceanfrage ermöglicht Ihnen, ohne Kenntnisse des SAP-Systems im Intranet über ein einfaches Formular oder einen frei formulierten Text eine beliebige Dienstleistung zu beantragen. Die Anforderung wird automatisch an den bzw. die Ausführenden weitergeleitet und erscheint dann z. B. in der Liste der offenen Meldungen (Transaktion IW28).

Die Technik der Easy Web Transactions wird auch in anderen Applikationen genutzt: z. B. im Einkauf als Übersicht über alle Materialien zu einem Lieferanten oder im Controlling zum Anzeigen von Innenaufträgen.

Die Zielgruppe der Easy Web Transactions sind immer die Gelegenheitsnutzer, d. h. Benutzer, die keinen direkten Zugang zum SAP-System benötigen oder erhalten sollen, aber ab und zu bestimmte Funktionen ausführen möchten.

Voraussetzungen Damit Sie diese einfache Möglichkeit der internen Serviceanfragen zur Meldungserfassung nutzen können, müssen Sie folgende Voraussetzungen schaffen:

▶ Sie installieren den *Internet Transaction Server (ITS)*. Dieser schafft die systemtechnischen Voraussetzungen, um auf SAP-Systeme über das Inter-/Intranet zugreifen zu können.

▶ Sie definieren im Customizing ein so genanntes *Szenario* (Customizing-Funktion ANWENDUNGSÜBERGREIFENDE KOMPONENTEN • MELDUNG • MELDUNGSABWICKLUNG IM INTRANET • SZENARIOS DEFINIEREN). Dabei geben Sie u. a. an, ob Sie die Erfassung über die Meldungstransaktion, über ein Adobe-PDF-Formular oder über einen HTML-Service vornehmen möchten. Als Szenarien für die Instandhaltung werden die *Erfassung einer Störmeldung* und die *Erfassung einer Instandhaltungsanforderung* ausgeliefert.

▶ Sie definieren ein HTML- oder ein Adobe-PDF-Formular.

▶ Sie publizieren den Service und das Formular im Intranet.

Ein Beispiel für eine interne Serviceanforderung über ein HTML-Formular zeigt Ihnen Abbildung 8.9.

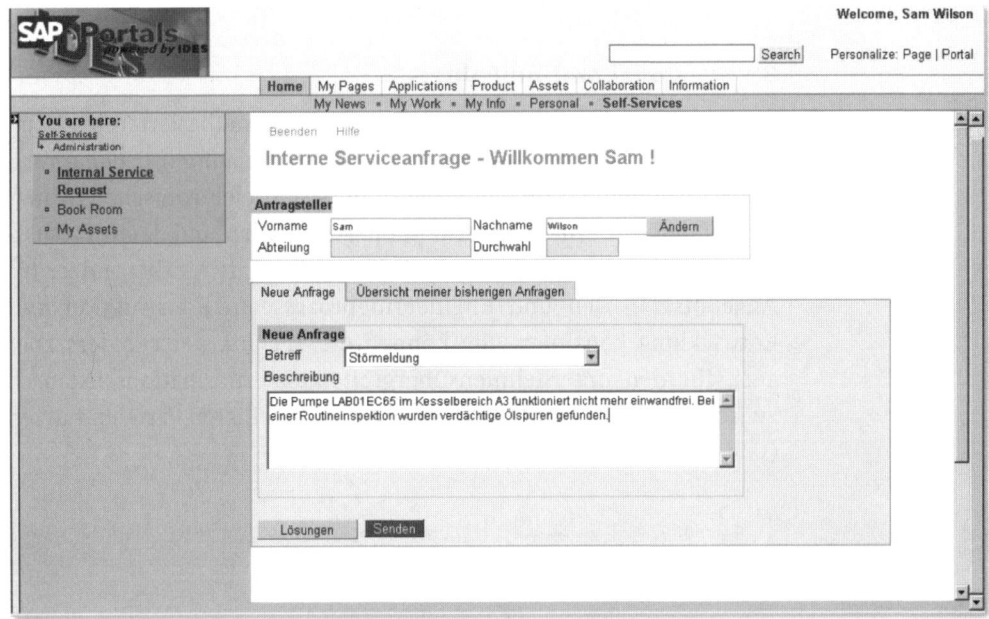

Abbildung 8.9 Interne Serviceanfrage[4]

4 Henneboel, G.: Mobile Lösungen für das technische Anlagenmanagement, in: 7. mySAP.com-Instandhaltungs- und Servicemanagement-Kongress, Potsdam 2002, S.18.

Ablauf   Sie erfassen hierüber Ihre Meldung und geben dabei eine Problembe-
schreibung an. Je nach Einstellung des Szenarios erscheint dann die
Serviceanfrage im SAP Business Workplace (z. B. zur Genehmigung)
oder direkt in der Liste der offenen Meldungen (Transaktion IW28).

[+]   Da dieses Verfahren der Meldungserfassung von in SAP-Dingen weniger
geübtem Personal durchgeführt wird, sollten Sie sich überlegen, ob Sie
diese Meldungen einem Genehmigungsprozess unterziehen möchten.
Den Genehmigungsprozess aktivieren Sie pro Meldungsart im Customizing mit der Funktion ANWENDUNGSÜBERGREIFENDE KOMPONENTEN • MEL-
DUNG • ÜBERBLICK ZUR MELDUNGSART • PARTNERROLLEN, GENEHMIGUNG
durch den Schalter GENEHMIGUNGSPFLICHTIG.

Zusammenfassung

Die interne Serviceanfrage stellt für einen Gelegenheitsnutzer eine einfache Möglichkeit dar, Instandhaltungsmeldungen abzusetzen. Darüber hinaus benötigen Sie auf den Workstations gegenüber einer direkten Erzeugung im SAP-System keine lokale SAP-GUI-Installation.

8.1.6   Collaboration Folders

Was sind cFolders?   Ein weiteres Hilfsmittel, das Sie für einen internetbasierten Informationsaustausch nutzen können, sind die so genannten *Collaboration
Folders* (cFolders). Collaboration Folders sind elektronische Ordner,
die auf einer Internetplattform publiziert werden und damit Projektarbeit in virtuellen Teams ermöglichen. Sie wurden insbesondere für
Angebotsszenarien und Engineeringprozesse in Konstruktion und
Entwicklung konzipiert. Sie können die Technik der cFolders aber
auch für den unternehmensübergreifenden Informationsaustausch
zwischen den am Instandhaltungsprozess beteiligten Parteien nutzen
(siehe Abbildung 8.10):

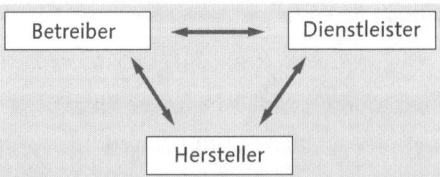

Abbildung 8.10 cFolders

▶ Sie als Betreiber
▶ Ihre Dienstleister

- der Hersteller der Anlage

- der Lieferant

- evtl. Behörden

- andere Werke

Ein Folder ist ein Container für unterschiedlichste Dokumente, auf die die beteiligten Partner gemeinsam zugreifen können (siehe Abbildung 8.11).

Funktionsumfang

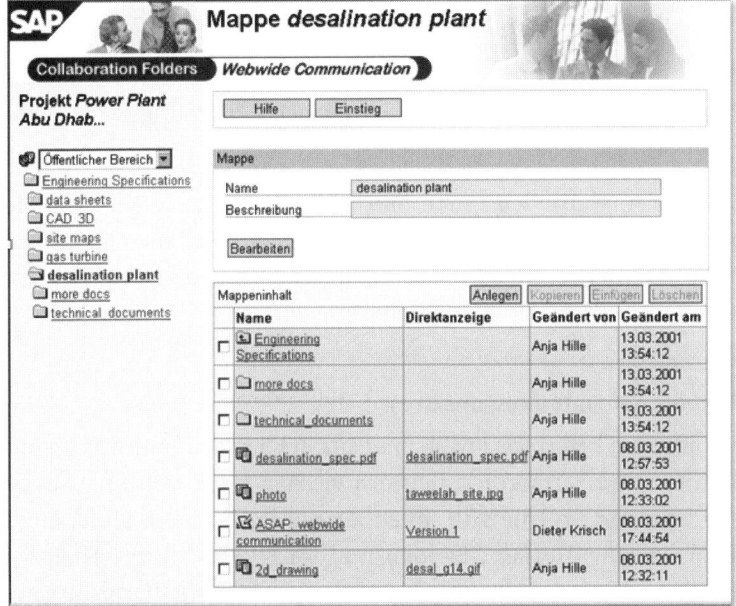

Abbildung 8.11 Inhalt eines cFolders[5]

- Sie können beliebige Dokumente im Folder ablegen.

- Den Dokumenten können Status und Sichten zugewiesen werden.

- Sie können die Dokumente versionieren.

- Sie können Datenblätter mit Klassifikationsdaten hinterlegen, wobei ein Import von Klassensystemen wie z. B. eClass möglich ist.

- Sie können Materialstämme und Stücklisten publizieren.

- Sie können ein Redlining-Verfahren anwenden.

- Es können Diskussionsforen eingerichtet werden.

---

5 Stengele, H.: mySAP Product Lifecycle Management, DSAG-Arbeitskreis, Frankfurt 2004.

Zu weiteren funktionalen Details, Konfiguration, Projektierung und ähnlichen Fragestellungen möchte ich Sie an dieser Stelle auf die einschlägige Literatur verweisen.[6]

Zusammenfassung

In cFolders können Sie und Ihre Partner gemeinsam genutzte Dokumente ablegen und pflegen. Sie unterstützen damit einen internetbasierten, unternehmensübergreifenden Informationsaustausch.

8.1.7   Visionen oder Realität?

In den letzten Abschnitten habe ich Ihnen einige Ansätze zu einer Webunterstützung in der Instandhaltung geschildert, die von SAP im Standard mit ausgeliefert werden.

Im Folgenden werde ich Ihnen nun einige Ideen aufzeigen, wie Sie Ihre Instandhaltungsprozesse durch Webtechnologien unterstützen können; die meisten davon sind heute schon mit den von SAP zur Verfügung gestellten Technologien umsetzbar.

Elektronischer Datenaustausch

Wer von Ihnen kennt das Problem nicht? Bei der Kommunikation mit Lieferanten und Servicedienstleistern werden stapelweise physische Belege transportiert, die von Ihnen ausgelöst und beim Lieferanten noch mal manuell erfasst werden und umgekehrt. Ihre Bestellung erfasst der Lieferant noch mal als Kundenauftrag, der Warenausgang beim Lieferanten wird bei Ihnen noch mal als Wareneingang gebucht usw. Dies ist nicht nur an vielen Stellen doppelter Aufwand, sondern birgt bei jedem Beleg die Gefahr von Übertragungsfehlern.

Was mit SAP-Technologien heute schon realisierbar wäre, ist ein Prozess, bei dem der Datenaustausch nur auf elektronischer Basis basiert (z. B. als XML-Dokument, siehe Abbildung 8.12).

Das Prozessleitsystem erzeugt über die PM/PCS-Schnittstelle (siehe Abschnitt 6.4.1, »Betriebsüberwachungssysteme«) eine Meldung, oder ein Mitarbeiter der Produktion meldet unter Nutzung der EWT einen Instandhaltungsbedarf (siehe Abschnitt 8.1.5, »Easy Web

---

6 Zum Beispiel Hartmann, G.; Schmidt, U.: mySAP Product Lifecycle Management, 2. Auflage, Bonn: SAP PRESS 2004.

Transaction«). Mit elektronischen Teilekatalogen werden die benötigten Ersatzteile geplant (siehe Abschnitt 8.1.4, »Elektronische Teilekataloge«), was zu einer Bestellanforderung führt.

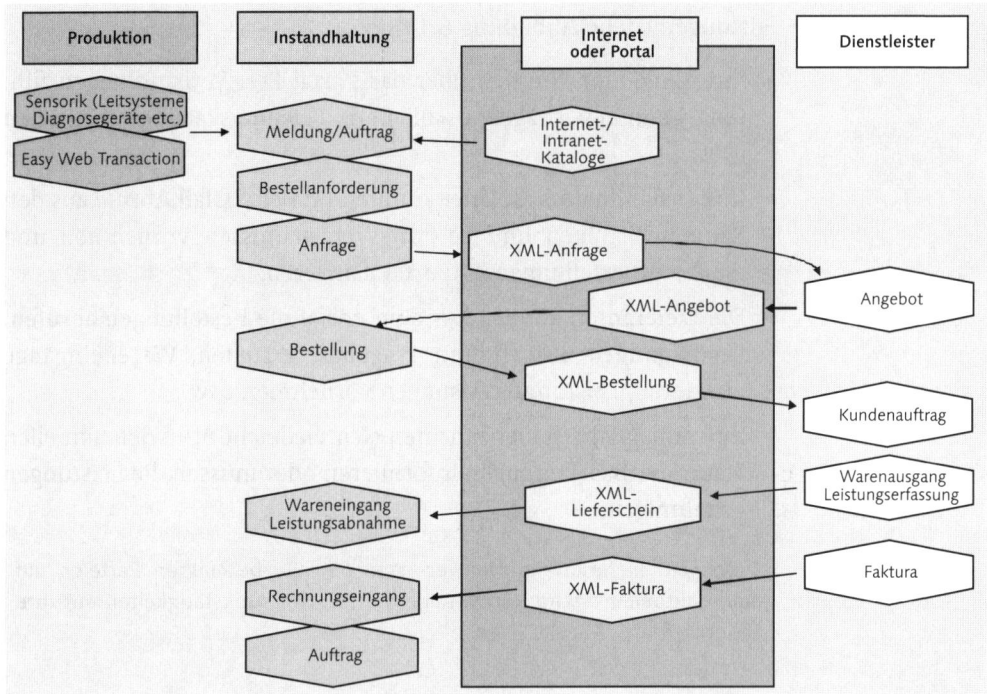

Abbildung 8.12 Elektronischer Datenaustausch

Die weiteren Belege werden mit dem Lieferanten elektronisch ausgetauscht: Er nutzt Ihre Anfrage, um ein Angebot zu erstellen. Sie wiederum übernehmen seine Angebotsdaten in Ihre Bestellung bis hin zur Faktura des Lieferanten, die bei Ihnen zu einem elektronischen Rechnungseingang führt.

> Ein elektronischer Datenaustausch mit dem Lieferanten erspart nicht nur [+]
> Aufwand auf beiden Seiten, sondern reduziert auch die Gefahr von Übertragungsfehlern.

Bei diesem Szenario betreiben Sie und Ihr Lieferant *eigene Systeme*. Vorstellbar wäre aber auch ein Szenario, bei dem eine gemeinsame Plattform geschaffen wird.

Lieferantenportal

Sie könnten auch ein Portal einrichten, auf das sowohl Ihre Mitarbeiter als auch die Lieferanten Zugriff haben. Dieses Portal unterstützt alle Beteiligten im Bestellprozess von Materialien und/oder Dienstleistungen (siehe Abbildung 8.13).[7]

▶ Ihre Einkäufer könnten über das Portal Preisverhandlungen führen, Rahmenverträge abschließen, Leistungskataloge einstellen usw.

▶ Ihre Instandhaltungsplaner könnten im Bedarfsfall Abrufe aus den Rahmenverträgen und Leistungsverzeichnissen vornehmen und die Abrufbestellungen im Portal platzieren.

▶ Die Lieferanten können aus dem Portal die Bestellungen abrufen, Bestätigungen durchführen, Angebote erstellen, Wareneingänge platzieren, Leistungserfassungen vornehmen usw.

▶ Ihre Anlagenbetreiber möchten sich vielleicht über den aktuellen Status der Bearbeitungen informieren oder müssen die Leistungen genehmigen.

[+] Durch ein Lieferantenportal versetzen Sie alle beteiligten Parteien auf einen aktuellen Stand und verlagern viele Erfassungstätigkeiten auf Ihre Lieferanten.

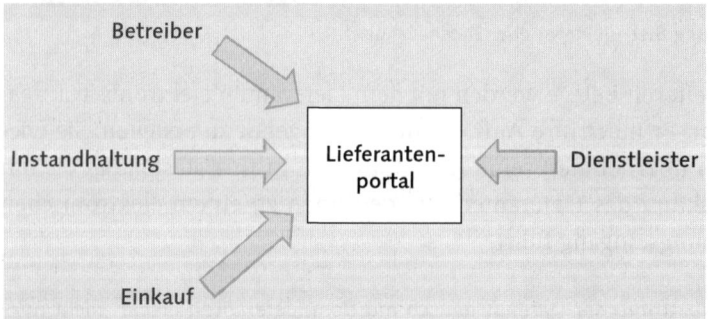

Abbildung 8.13 Lieferantenportal

Virtuelle Ersatzteillager

Physische Ersatzteillager – inklusive der grauen Lagerbestände – kennt jeder, und jeder hat sie. Jeder redet über Abbau der Lagerbe-

---

7 Siehe hierzu auch Kaudewitz, R.; Theis, S.: Mobile Instandhaltung und Service Provider Portal, in: 11. SAP-Kongress Instandhaltung, Potsdam 2006.

stände und Reduzierung des gebundenen Kapitals, aber man tut sich schwer, wirklich etwas dagegen zu tun.

Wie wäre es denn mit *virtuellen Ersatzteillagern*? Die Idee ist, dass nicht jedes Unternehmen jedes Ersatzteil vorhält, sondern dass die beteiligten Unternehmen eine gewisse »Arbeitsteilung« vollziehen: Nach Absprache hält jedes Unternehmen nur gewisse Ersatzteile im physischen Lager und publiziert auf einem Portal diejenigen Ersatzteile, die anderen Firmen kurzfristig zur Verfügung gestellt werden können. Auf diese Weise haben die beteiligten Unternehmen Zugriff auf ein virtuelles Lager, bei dem im Hintergrund mehrere physische Teillager stehen (siehe Abbildung 8.14).

Was sind virtuelle Ersatzteillager?

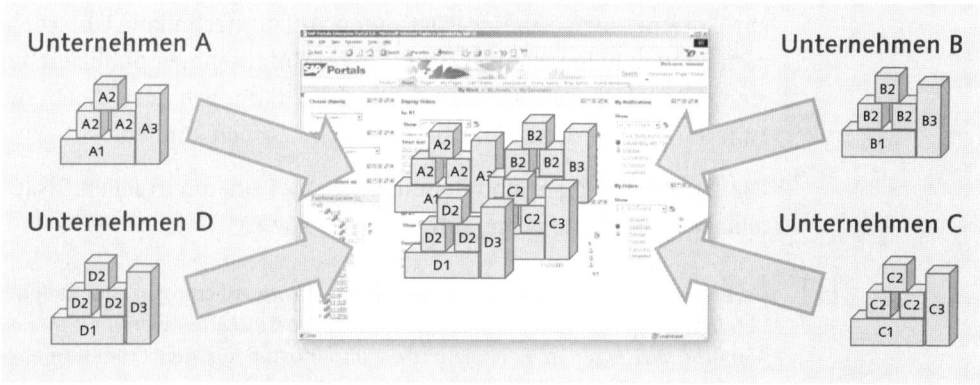

Abbildung 8.14 Virtuelle Ersatzteillager

Voraussetzung hierbei ist vor allen Dingen erst mal eine *vertrauensvolle Zusammenarbeit* der beteiligten Unternehmen. Die publizierten Lagerbestände sind auf einem *aktuellen Stand* zu halten. Darüber hinaus sollte es sich bei den beteiligten Unternehmen um eine *homogene Zusammensetzung* handeln, d. h. gleiche oder ähnliche Branche, gleiche oder ähnliche Produkte, gleiche oder ähnliche Maschinen und Anlagen usw. Ebenfalls von Vorteil dabei wäre eine *räumliche Nähe*. technische Voraussetzung ist natürlich die Schaffung der notwendigen *Infrastruktur* (Portal), bei der dann wiederum die Frage der *Kostenteilung* geklärt sein muss.

Voraussetzungen

> Wenn Sie in der Lage sind, die notwendigen Voraussetzungen (wie z. B. vertrauensvolle Partnerschaften) herzustellen, können virtuelle Ersatzteillager ein probates Mittel werden, um die Lagerbestände an Ersatzteilen und die daraus resultierenden Lagerhaltungskosten drastisch zu senken.

[+]

Virtuelle Personalkapazitäten

Die Auslastung der Instandhaltungskapazitäten ist sehr unterschiedlich: Manchmal reichen die Kapazitäten nicht aus, und man muss auf Fremdfirmen ausweichen (siehe die Abschnitte 3.2, »Arbeitsplätze«, und 5.2.3, »Steuerung«). Manchmal – das gibt zwar keiner gerne zu, aber in der Praxis ist es Realität – hat man Überkapazitäten. Wohin mit den Überkapazitäten in Phasen der Unterauslastung? Woher Mitarbeiter in Phasen der Überlast nehmen, wenn Sie nicht auf Fremdfirmen ausweichen möchten?

Was sind virtuelle Personalkapazitäten?

Wie wäre es denn mit *virtuellen Personalkapazitäten*? Ähnlich wie bei einem virtuellen Ersatzteillager tun sich mehrere Firmen zusammen und halten Personalkapazitäten mit unterschiedlichen Skills vor (z. B. ein Unternehmen A beschäftigt einen Aufzugtechniker, Unternehmen B einen Kältetechniker usw.). Jedes Unternehmen publiziert auf einem Portal die Zeiträume und das Kapazitätsangebot, zu denen die anderen Firmen diese Skills in Anspruch nehmen können.

Die Voraussetzungen sind dieselben wie bei einem virtuellen Ersatzteillager (räumliche Nähe, Infrastruktur usw.).

[+] Wenn Sie in der Lage sind, die notwendigen Voraussetzungen zu schaffen, können virtuelle Personalkapazitäten ein probates Mittel werden, um die Summe aus eigenen Personalkosten und Kosten für den Fremdfirmeneinsatz drastisch zu senken.

Verkauf statt Verschrottung

Was machen Sie, wenn Sie eine Anlage, Anlagenteile oder Ersatzteile nicht mehr benötigen? Wegwerfen? Verschrotten? Wie wäre es stattdessen mit Verkaufen (siehe Abbildung 8.15)?

Auch hier bietet SAP heute schon die Möglichkeit des E-Sellings mit einem integrierten Auktionsprozess, der einen Verkauf von Produkten über eine Auktionsplattform (wie z. B. eBay) ermöglicht. *E-Selling* begleitet den gesamten Prozess, von der Erstellung einer Auktion über das Auktionieren auf eBay bis hin zur Zahlungsabwicklung. E-Selling ist in SAP CRM und in SAP ERP integriert.

[+] E-Selling unterstützt Sie beim Verkauf von nicht mehr benötigten Ersatzteilen, Anlagen und Maschinen. E-Selling besitzt eine Schnittstelle zur eBay-Auktionsplattform.

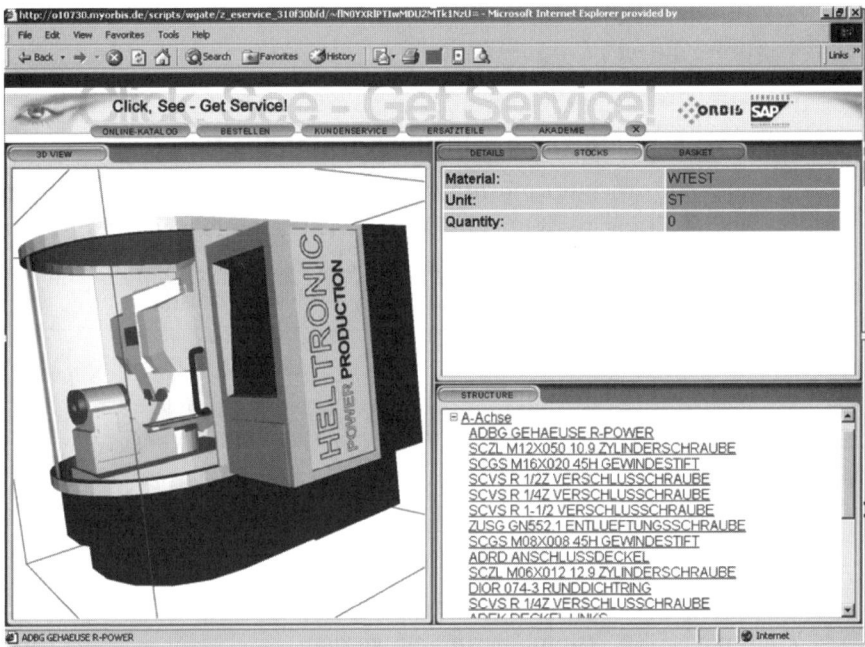

Abbildung 8.15 E-Selling

Dies waren Anwendungsfälle, bei denen Sie das Intra-/ Internet unterstützen könnte. Da die Nutzung des Intra-/Internets genauso individuell ist wie die Geschäftsprozesse eines Unternehmens, gibt es für Ihre individuellen Geschäftsvorfälle sicherlich weitere Anwendungsfälle wie z. B. die Folgenden und viele andere mehr, die allerdings an dieser Stelle nicht weiter vertieft werden sollen:

▶ die Kommunikation mit Behörden

▶ den Wissensaustausch mit Partnern

▶ ein Shared Procurement zur Bündelung von Nachfragemengen aus mehreren Unternehmen

▶ ein Remote Service und Support Ihres Dienstleisters

▶ E-Learning mit Zugriff auf Testlabore

8.2 Mobile Instandhaltung

Nun möchte ich zu einer Technologie kommen, die zusammen mit Internetszenarien einen der Schwerpunkte der SAP-Ausrichtung in der Instandhaltung ausgemacht hat und die nach anfänglicher

Zurückhaltung mittlerweile in vielen Kundenprojekten umgesetzt wurde: die *mobile Instandhaltung*.

8.2.1 Grundlagen der mobilen Instandhaltung

In diesem Abschnitt möchte ich Ihnen die Grundlagen der mobilen Instandhaltung präsentieren: Was bedeutet mobile Instandhaltung und wie sieht der so unterstützte Geschäftsprozess aus? Darüber hinaus gehe ich auf die Anwendungsfälle und Vorteile ein.

Was ist mobile Instandhaltung?

SAP versteht unter einer mobilen Instandhaltung

▶ dass dem Techniker die Informationen, die im ERP-System vorliegen und die er zur Durchführung der Maßnahme benötigt, vor Ort auf einem mobilen Endgerät bereitgestellt werden

▶ dass anfallende Ist-Daten am Ort des Geschehens direkt erfasst und an das ERP-System übermittelt werden

[+] Es war und ist nicht SAP-Strategie, SAP EAM durch eine mobile Version zu ersetzen. Sie werden mit der mobilen Instandhaltung von SAP keine kompletten Geschäftsprozesse abwickeln können. SAP betrachtet die mobile Instandhaltung als Teil eines Gesamtprozesses und als Technik zur Unterstützung der Instandhaltungsabwicklung.

Wie sieht ein Geschäftsprozess aus?

Die mobile Instandhaltung von SAP bildet also keinen Gesamtprozess ab, sondern lediglich einen Teilprozess. Wenn Sie sich einen typischen Instandhaltungsprozess mit und ohne mobile Unterstützung ansehen, erkennen Sie einige gravierende Unterschiede (siehe Abbildung 8.16).

Die der mobile Prozess unterscheidet sich von dem traditionellen in folgenden Punkten:

▶ Sie drucken keine Papiere.

▶ Sie transportieren keine Papiere zum Instandhaltungsort und wieder zurück.

▶ Sie müssen keine Belege archivieren.

▶ Sie erfassen die Daten nicht losgelöst vom Prozess.

► Stattdessen stehen Ihnen die Auftragsdaten am Ort des Geschehens in elektronischer Form zur Verfügung.

► Sie erfassen die Ist-Daten zeitnah zur Ausführung gleich in elektronischer Form.

► Die Daten werden an das Backend-System (SAP EAM) übergeben.

Traditionell	Mobil
Planer	**Planer**
• Auftrag erstellen	• Auftrag erstellen
• Auftragspapiere ausdrucken	• Auftrag auf mobiles Gerät übertragen
Techniker	**Techniker**
• Auftragspapiere entgegennehmen	• Maßnahme durchführen
• Maßnahme durchführen	• Ist-Daten erfassen
• Auftragspapiere ausfüllen	• Auftrag an ERP übertragen
• Auftragspapiere zurückbringen	
Planer	**Planer**
• Ist-Daten übertragen	• Auftrag abschließen
• Auftrag abschließen	

Abbildung 8.16 Geschäftsprozess traditionell und mobil[8]

[+] Der wesentliche Unterschied in den Geschäftsprozessen mit mobiler Unterstützung im Vergleich zur konventionellen Abwicklung ist der elektronische Datenaustausch von Planung und Ausführung.

Welche Vorteile ergeben sich daraus?

Ganz egal, wie sich in Ihrem Hause die Details darstellen, die grundsätzlichen Vorteile einer solchen Arbeitsweise liegen auf der Hand:[9]

---

8 Siehe ähnliche Darstellungen bei Müller, F.: Mobile Instandhaltungsabwicklung bei Solvay, in: 11. SAP-Kongress Instandhaltung, Potsdam 2006. Und Buck, M.: Einsatz mobiler Szenarien mit SAP am Flughafen Frankfurt, in: Effiziente Instandhaltung mit SAP, Frankfurt 2006.

9 Siehe Nettlebusch, M.: Mobile Lösungen, in: Effiziente Instandhaltung mit SAP R/3, Wiesbaden 2004. Oder Rabeder, H.: Mobile Asset Management bei Voest Alpine, in: 10. Instandhaltungs- und Servicemanagement-Kongress mit SAP, Berlin 2005.

▶ Es entsteht weniger *manueller Aufwand* für die Datenerfassung (nicht erst handschriftlich und dann elektronisch, sondern gleich elektronisch).

▶ Die direkte elektronische Erfassung vor Ort und elektronische Übertragung an das ERP-System reduziert die Gefahr von *Übertragungsfehlern* und die Fehlerquote.

▶ Es entsteht eine insgesamt höhere *Datenqualität*.

▶ In der Folge dürfte es auch weniger *Reklamationen* der Auftraggeber wegen falscher Auftragsabrechnungen geben.

▶ Der Wegfall von manuellen Papiertransporten reduziert die *Durchlaufzeit* (der Techniker muss seine Auftragspapiere nicht abholen oder zurückbringen).

Welche Varianten gibt es?

Bei den mobilen Lösungen von SAP ist grundsätzlich zu unterscheiden zwischen Offline- und Online-Szenarien (siehe Abbildung 8.17).

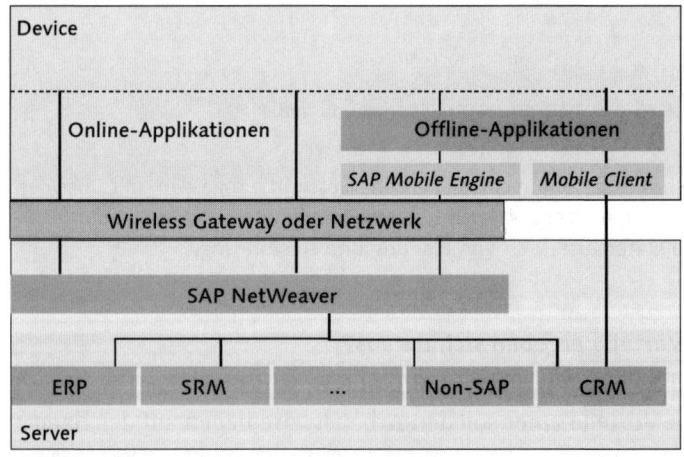

Abbildung 8.17 Online- und Offline-Applikationen

Online-Szenarien
Bei den *Online-Szenarien* nehmen Sie mit dem mobilen Gerät direkten Kontakt mit SAP NetWeaver auf und übertragen die Daten unmittelbar in das Backend-System (z. B. SAP ERP). Oder auch umgekehrt: Sie schicken von SAP ERP aus Daten online auf ein mobiles Gerät. Typisches Szenario hierfür: *Paging*.

Offline-Szenarien
Bei den *Offline-Szenarien* übertragen Sie die Daten vom Backend-System auf ein mobiles Gerät. Die Daten stehen dort offline und lokal zur

weiteren Bearbeitung zur Verfügung. Nach Beendigung der Datenerfassung übertragen Sie die Daten wieder zurück an das Backend-System. Typischer Fall hierfür: *Mobile Asset Management*.

Welche Anwendungsfälle gibt es?

Aus der Praxis ist mittlerweile eine ganze Reihe von unterschiedlichen Anwendungsfällen bekannt, bei denen mobile Szenarien zum Einsatz kommen. Dazu gehören z. B.

▶ der Frankfurter Flughafen, der seine nachweispflichtigen Brandschutzklappen inspiziert, den Zustand der Parkraumanlagen überprüft, die Fluchtwege kontrolliert und die Reinigungsarbeiten der Fremdfirmen abnimmt[10]

▶ die Firma Kuka, die ihre Servicemitarbeiter bei der Erstinbetriebnahme, bei der Störungsbehebung und bei Wartungstätigkeiten der Roboter unterstützt[11]

▶ die Firma DB Railion Deutschland, die die mobile Technologie für die Instandhaltungsbeauftragung und Schadenvorerfassung bei ihren Güterwagen nutzt[12]

▶ die Firma E.On, die die mobile Technologie bei der Auftragsbearbeitung, der Inspektion und beim Zählerwesen (Einbau, Ausbau, Ablesung, Inkasso) einsetzt[13]

▶ die Firma Infraserv, die ihre Techniker in den Bereichen Heizung, Klima, Lüftung und Sanitär bei den Wartungs- und Servicearbeiten unterstützt[14]

---

10 Siehe Hanhart, D.; Jinschek, R.; Kipper, U.; Österle, H.: Mobile und Ubiquitous Computing in der Instandhaltung der Fraport AG, in: Mobile Anwendungen, Heidelberg: dpunkt Verlag 2004.

11 Siehe Wessendorf, M.: Die Einbindung von Technikern in den SAP-Prozess, in: 10. Kongress Instandhaltungs- und Servicemanagement mit SAP, Berlin 2005.

12 Siehe Brumby, L.: Optimierte Instandhaltungsbeauftragung durch den Einsatz mobiler IT, in: 11. SAP-Kongress Instandhaltung, Berlin 2006.

13 Siehe Scheller, U.: Mobile Lösung für die Instandhaltung, in: 2. ETP-Fachkonferenz: Optimierung der Instandhaltung mit SAP PM für Energieversorger, Düsseldorf 2005.

14 Siehe Litzinger, J.; Naumann, K.: Höhere Flexibilität und Produktivität in der Instandhaltung mit Mobile Asset Management 2.0, in: 9. Kongress Instandhaltungs- und Servicemanagement mit SAP, Berlin 2004.

▶ die GWG (Gemeinnützige Wohnungsbaugesellschaft Wuppertal), die eine mobile Objektbetreuung und eine mobile Wohnungsabnahme implementiert hat[15]

▶ die Firma Voest Alpine, die ihre Anlagenkontrolle und Störungserfassung mit der mobilen Technologie durchführt[16]

▶ die Polizei Rheinland-Pfalz, die mit einem mobilen Online-Szenario ihre Fahrtenbücher elektronisch erstellt[17]

Die Liste bestehender und möglicher Anwendungsfälle ließe sich noch beliebig fortsetzen, aber ich hoffe, ich konnte Ihnen einen ersten Eindruck der Einsatzmöglichkeiten geben.

Welche Geräte kommen infrage?

Gerätetypen Eine weitere Frage, die Sie im Laufe eines Projekts zur mobilen Instandhaltung klären müssen, ist der Einsatz der mobilen Geräte. Der Markt von infrage kommenden Geräten ist sehr groß, sehr heterogen und vor allem sehr intransparent. Vom Gerätetyp her können neben anderen unterschieden werden:

▶ klassisches ASCII-Handgerät

▶ grafisches Handgerät

▶ Notebook

▶ Tablet-PC

▶ PDA

▶ tastaturloses grafisches Gerät

▶ Mobiltelefon

▶ Voice-Picking-System

Auswahlkriterien Welches Gerät oder welcher Gerätetyp bei Ihnen zum Einsatz kommt, hängt von einer Reihe unterschiedlicher Einflussfaktoren ab. Bei der Auswahl eines bestimmten Gerätetyps sollten Sie sich vor allem folgende Fragen beantworten:

---

15 Siehe Rölleke: IH-Optimierung mit Mobile Service und Add-ons, in: 11. SAP-Kongress Instandhaltung, Berlin 2006.

16 Siehe Rabeder, H.: Mobile Asset Management bei Voest Alpine, in: 10. Instandhaltungs- und Servicemanagement-Kongress mit SAP, Berlin 2005.

17 Siehe Vieweg, N.: Mobile Szenarien in der Instandhaltung, in: DSAG-Arbeitskreis, Berlin 2003.

▶ Welche Prozesse möchten Sie unterstützen, und welche Funktionen benötigen Sie dazu?

▶ Welche Informationsmengen möchten Sie lokal verarbeiten (Hauptspeicher)?

▶ Benötigen Sie einen Onlinezugriff? Ist das Gerät mit Mobilfunk oder WLAN auszustatten?

▶ Welche Bildschirmgröße benötigen Sie (von Handy- bis Notebook-Format)?

▶ Muss das Gerät grafikfähig sein (weil Sie z. B. Dokumente ansehen möchten oder ein GIS-System angebunden werden soll)?

▶ Über welche Ausstattung muss das Gerät verfügen (Tastatur, Touchscreen, Barcodeleser, RFID-Scan, Schreibstift usw.)

▶ Wie sind die Umgebungsanforderungen ans Endgerät (Staub, Stoß, Ex-geschützt, Feuchtigkeit)?

▶ Welches Gerätegewicht können oder wollen Sie Ihren Technikern zumuten?

▶ Was steht Ihnen als Budget zur Verfügung?

▶ Welche Systeme sind bereits vorhanden (z. B. SAP CRM vorhanden oder mobile Geräte eines bestimmten Formats)?

> Es gibt eine Reihe von Gerätetypen (insbesondere PDA, Notebook und Tablet PC), bei deren Auswahl mehrere Kriterien eine Rolle spielen (z. B. Funktionen, Speicherplatz, Zusatzausstattung). **[+]**

In der Folge möchte ich Ihnen nun jeweils eine typische Lösung für ein Online- und ein Offline-Szenario vorstellen.

8.2.2 Paging

Ein typisches Online-Szenario ist das Paging. Darunter versteht man, dass Sie an einen oder mehrere Partner *Kurznachrichten* versenden können, indem Sie in der Meldung oder im Auftrag das Icon [icon] verwenden. Diese Kurznachrichten können entweder vordefinierte Standardtexte sein oder Texte, die Sie direkt in der Meldung erfassen. Sie können auch die vordefinierten Standardtexte ergänzen (siehe Abbildung 8.18).

Was ist Paging?

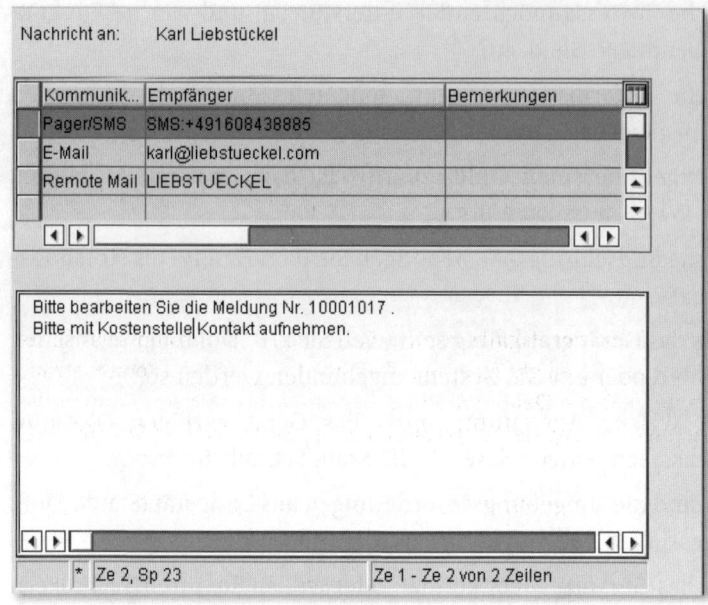

Nachricht an: Karl Liebstückel

Kommunik...	Empfänger	Bemerkungen
Pager/SMS	SMS:+491608438885	
E-Mail	karl@liebstueckel.com	
Remote Mail	LIEBSTUECKEL	

Bitte bearbeiten Sie die Meldung Nr. 10001017 .
Bitte mit Kostenstelle|Kontakt aufnehmen.

| * | Ze 2, Sp 23 | Ze 1 - Ze 2 von 2 Zeilen |

Abbildung 8.18 Paging

Unterstützte
Dienste

Folgende Dienste werden vom Paging unterstützt:

▶ Funkrufdienst

▶ Internetmail

▶ SAP-Office-Mail

▶ Telefax

Nach Versenden der Paging-Nachricht wird in der Meldung der Status PAGE gesetzt.

Voraussetzungen

Damit Sie diese Funktion nutzen können, sind folgende Voraussetzungen nötig:

▶ Die Komponenten SAPoffice und SAPconnect sind aktiv.

▶ Im Customizing haben Sie der Meldungsart eine Rolle PAGING PARTNER zugeordnet (Customizing-Funktion PARTNERSCHEMA UND PARTNERROLLE DEFINIEREN • PARTNERROLLEN ZUR MELDUNGSART ZUORDNEN).

▶ Diese Partnerrolle ist in der Meldung gefüllt (z. B. indem aus dem Bezugsobjekt der Ansprechpartner übernommen wird).

▶ Die Kommunikationsdaten der Person sind im Benutzerstammsatz gepflegt (Transaktion SU01, siehe Abbildung 8.19).

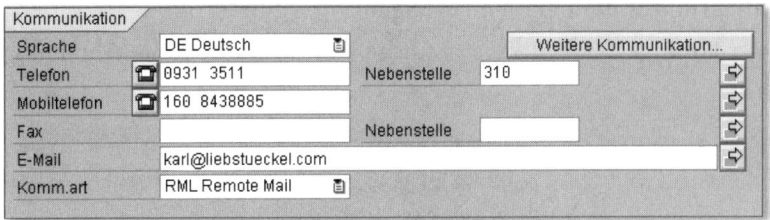

Abbildung 8.19 Kommunikationsdaten

Mit der Funktion des Pagings können Sie schnell und unkompliziert Kurz- **[+]** nachrichten an Beteiligte (z. B. den Techniker) versenden. Voraussetzungen hierfür sind die Definition eines Paging-Partners in der Partnerrolle sowie die Aktivierung der SAP-Komponenten SAPoffice und SAPconnect.

Das, was SAP eigentlich meint, wenn Sie von einer mobilen Instandhaltung spricht, und was einem typischen Offline-Szenario entspricht, ist die xApp *Mobile Asset Management* (xMAM).

8.2.3 Mobile Asset Management

Das *Mobile Asset Management* reiht sich ein in die Liste der mobilen Anwendungslösungen von SAP. Neben xMAM finden Sie dort weitere Lösungen wie z. B. eine *mobile Lagerhaltung* oder ein *mobiles Reisemanagement* u. a. (siehe Abbildung 8.20).

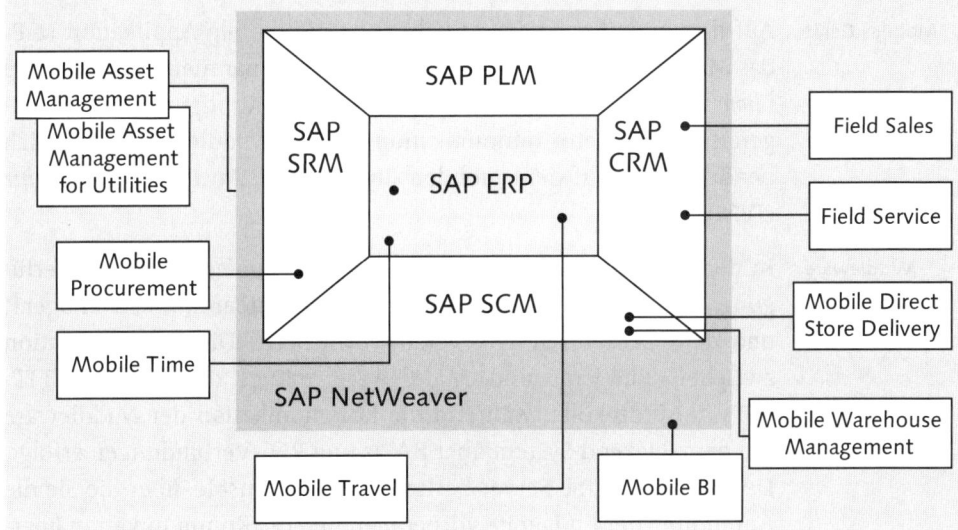

Abbildung 8.20 Mobile Lösungen von SAP

Infrastruktur der mobilen Lösungen

Alle Lösungen haben eine ähnliche Infrastruktur (siehe Abbildung 8.21):

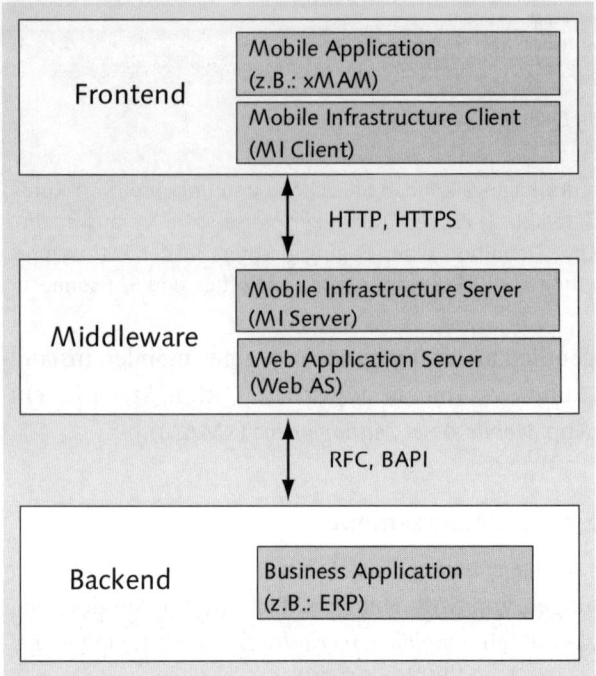

Abbildung 8.21 Struktur der mobilen Lösungen

Mobiles Gerät   Auf dem mobilen Endgerät haben Sie die mobile Applikation (z. B. das *Mobile Asset Management*) und den so genannten *Mobile Engine Client*. Letzteres ist eine Basissoftware für die Konfiguration des Endgeräts und dessen Kommunikation mit der Middleware. Zusätzlich benötigen Sie auf dem mobilen Endgerät die *Java Virtual Machine* (JVM).

Middleware   In der Middleware steht Ihnen der *Mobile Engine Server* zur Verfügung, der für die Kommunikation zwischen dem mobilen Endgerät und dem Backend-System verantwortlich ist. Die Kommunikation zwischen Endgerät und Middleware erfolgt dabei über HTTP-/HTTP(S)-Protokolle, während die Kommunikation der Middleware mit dem Backend-System über BAPIs und RFC-Verbindungen erfolgt. Der Mobile Engine Server besitzt eine Webkonsole, über die Sie die Anbindung der Endgeräte vornehmen und die Kommunikation überwachen (siehe Abbildung 8.22).

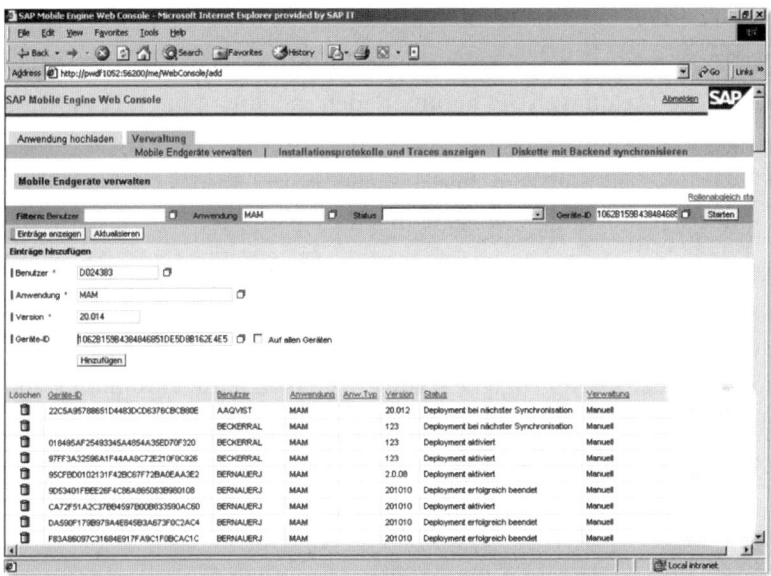

Abbildung 8.22 Webkonsole des MI-Servers

Customizing

Die Einrichtung der Infrastruktur ist die technische Voraussetzung für den Betrieb einer mobilen Lösung. Die organisatorische Voraussetzung bildet das Customizing. Die hier relevanten Customizing-Funktionen finden Sie unter INSTANDHALTUNG UND KUNDENSERVICE • INSTANDHALTUNGS- UND SERVICEABWICKLUNG • MOBILE ASSET MANAGEMENT.

In der Customizing-Funktion AUFTRAGSBEARBEITUNG FESTLEGEN definieren Sie

Auftragsbearbeitung festlegen

▸ welche Aufträge und Vorgänge Sie herunterladen möchten (durch Festlegung einer Selektionsvariante)

▸ welche Daten Sie auf dem mobilen Gerät erfassen wollen

▸ welche Auftragsarten, Steuerschlüssel und Arbeitsplätze bei der mobilen Erfassung von neuen Aufträgen zulässig sind

Meldungsbearbeitung festlegen

In der Customizing-Funktion MELDUNGSBEARBEITUNG FESTLEGEN definieren Sie

▶ welche Meldungen Sie herunterladen möchten (durch Festlegung einer Selektionsvariante)

▶ welche Meldungsarten, Berichtsschema und Bezugsobjekte bei der mobilen Erfassung von Meldungen zulässig sind

Aufträge einem Techniker zuordnen

Mit der Customizing-Funktion AUFTRÄGE UND BESTÄNDE EINEM TECHNIKER ZUORDNEN legen Sie fest, wie dem Techniker Aufträge, Meldungen und Bestände zugewiesen werden: ob in Abhängigkeit vom Arbeitsplatz, in Abhängigkeit vom Arbeitsplatz in Verbindung mit der Personalnummer oder, wie in Abbildung 8.23 gezeigt, in Abhängigkeit von Arbeitsplatz, Personalnummer und Planergruppe.

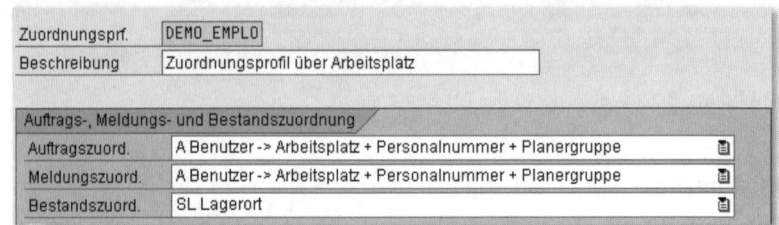

Abbildung 8.23 Aufträge einem Techniker zuordnen

Benutzerabhängige Daten

Der nächste Schritt ist dann die Ausprägung pro Benutzer; diese legen Sie in der Customizing-Funktion BENUTZERABHÄNGIGE DATEN EINSTELLEN fest. Abbildung 8.24 zeigt z. B., dass der Benutzer alle Meldungen und Aufträge erhalten soll, die an den ARBEITSPLATZ MECHANIK, die PERSONALNUMMER 258 und die PLANERGRUPPE 100 gerichtet sind. Diese wiederum sind Bestandteil der ZUSTÄNDIGKEITEN in Meldung und Auftrag (siehe Abbildung 8.25).

Szenario definieren

Mit der Customizing-Funktion SZENARIO DEFINIEREN legen Sie fest, welche Funktionen Sie auf dem mobilen Gerät nutzen möchten und welche Profile dabei jeweils zum Einsatz kommen sollen (siehe Abbildung 8.26). Welcher Benutzer welches MAM-Szenario nutzen soll, legen Sie in der Customizing-Funktion BENUTZERABHÄNGIGE DATEN EINSTELLEN fest (siehe Abbildung 8.24).

[+] Sie haben vielfältige Möglichkeiten im Customizing, um die Geschäftsprozesse beim xMAM-Einsatz individuell anzupassen.

MAM-Szenario   DEMO_EMPLO

Geschäftsprozesse

Auftragsprofil	MAM_ORDPRO	
Meldungsprofil	MAM_NOTPRO	
Zuordnungsprf.	DEMO_EMPLO	

☑ Auftragsbearbeitung aktiv
☑ Meldungsbearbeitung aktiv
☑ Techn. Objekte aktiv
☑ TechBestand aktiv
☑ PartnVerw. aktiv
☑ Messwerterf aktiv

RFID

☐ Szenario 1 aktiv
☐ Szenario 2 aktiv
☐ Szenario 3 aktiv

Push

☐ Push Aktivier

GIS Integration

☐ Geoinfosystem Aktiv

Freie Sortierung

☐ Freie Sortierung

Abbildung 8.24 xMAM-Szenario

Benutzer   LIEBSTUECKEL

Benutzer für Mobile Asset Management Szenario

MAM-Szenario   DEMO_EMPLO

Auftragszuordnung

Verantw.ArbPl.	MECHANIK	Werk ArbPlatz	1000
Personalnr	258		
Planergruppe	I00	Planungswerk	1000
Partnerrolle	VW	Partner	

Meldungszuordnung

Verantw.ArbPl.	MECHANIK	Werk ArbPlatz	1000
Personalnr	258		
Planergruppe	I00	Planungswerk	1000
Partnerrolle		Partner	

Abbildung 8.25 Benutzerabhängige Daten

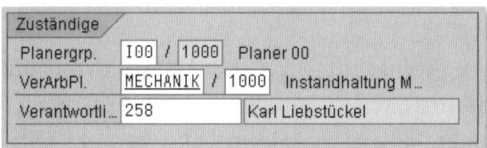

Abbildung 8.26 Zuständigkeiten in Meldung und Auftrag

Lokales Layout

[+] Je nachdem, ob Sie als lokales Gerät ein Notebook oder einen PDA nutzen, stehen Ihnen unterschiedliche Layouts zur Verfügung, die an die jeweiligen hardwaretechnischen Gegebenheiten angepasst sind.

Abbildung 8.27 zeigt Ihnen beispielhaft das MAM-Layout auf einem PDA; hier ist auf dem linken Bild eine Auftragsliste und auf dem rechten Bild eine Vorgangsliste nach Auswahl eines Auftrags zu sehen.

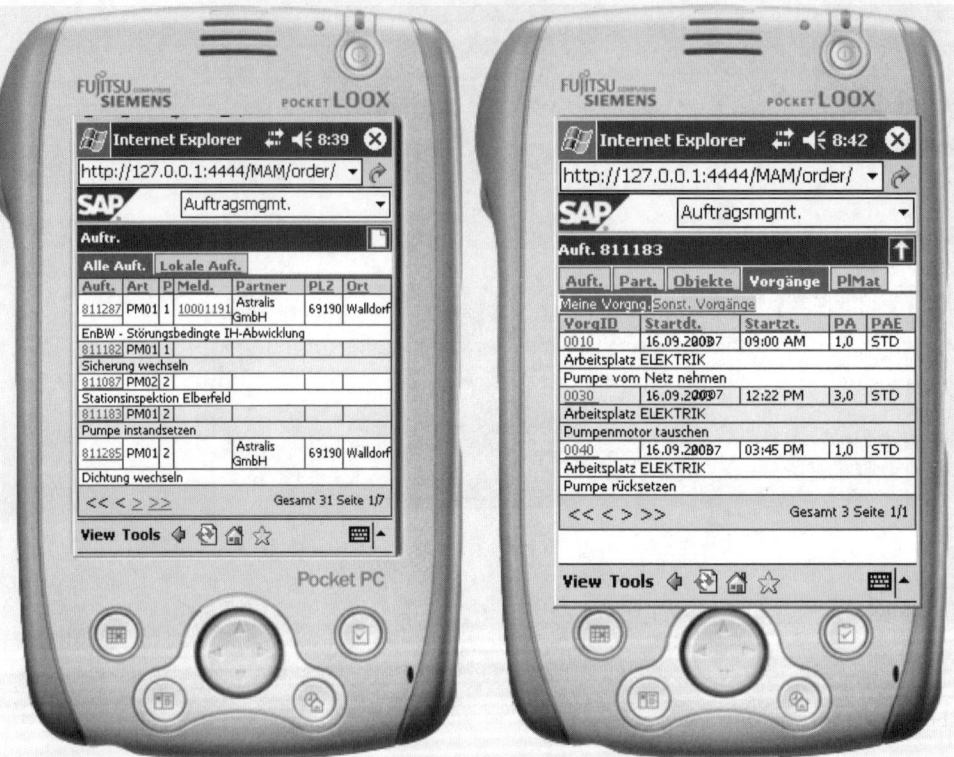

Abbildung 8.27 xMAM-Layout auf einem PDA

Demgegenüber zeigt Ihnen Abbildung 8.28 das MAM-Layout auf einem Notebook. Aufgrund der Größe können Sie sich hier natürlich mehr Informationen anzeigen lassen. In diesem Fall ist es ein kompletter Auftrag mit Details zum Auftragskopf und der Vorgangsliste.

[+] Beherzigen Sie bei mobilen Anwendungen noch mehr den Rat, die Bildschirmmasken an die Bedürfnisse der Nutzer anzupassen. SAP xMAM bietet dazu umfangreiche Erweiterungsmöglichkeiten.

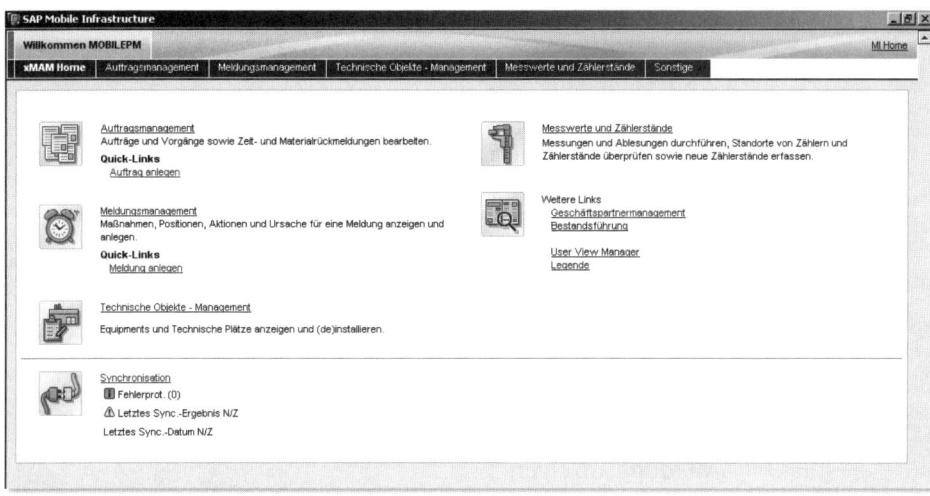

Abbildung 8.28 xMAM-Layout auf einem Notebook

Lokale Funktionen

Wenn Sie die technischen Voraussetzungen erfüllt haben, stehen Ihnen je nach aktivierter Funktion in der Maximalausprägung folgende Funktionen zur Verfügung (siehe Abbildung 8.29):

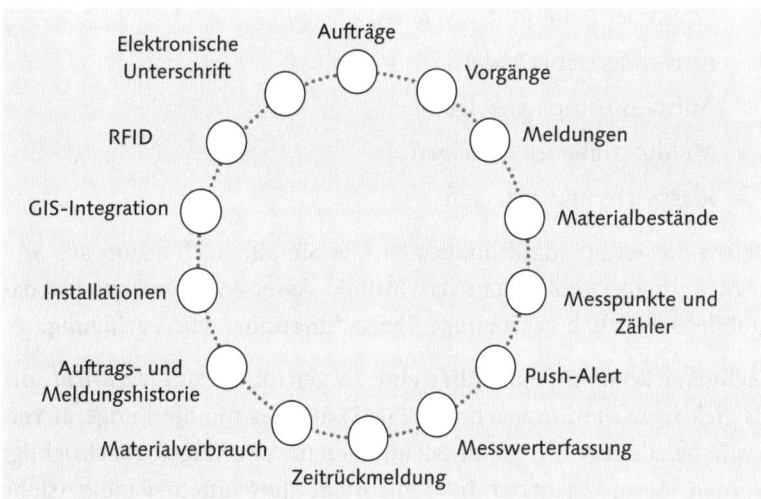

Abbildung 8.29 Funktionsumfang MAM

▸ **Auftragsabwicklung**

  ▹ Auftragsliste anzeigen

  ▹ Vorgänge zum Auftrag anzeigen

- ▷ Objektliste zum Auftrag anzeigen
- ▷ Meldung zum Auftrag anzeigen
- ▷ Partner zum Auftrag anzeigen
- ▷ Zeitrückmeldung erfassen
- ▷ Materialentnahme erfassen
- ▷ Anwenderstatus ändern
- ▷ Aufträge anlegen
- ▷ Aufträge ändern

- ▶ **Meldungsabwicklung**
  - ▷ Meldungsliste anzeigen
  - ▷ Meldung anzeigen
  - ▷ Meldung anlegen
  - ▷ Meldung ändern

- ▶ **Messwerterfassung**
  - ▷ Messpunkte anzeigen
  - ▷ Messwerte erfassen

- ▶ **Technische Objekte**
  - ▷ Equipment ein- und ausbauen
  - ▷ Anwenderstatus ändern
  - ▷ Auftragshistorie anzeigen
  - ▷ Meldungshistorie anzeigen
  - ▷ Klassifizierung anzeigen

Neben diesen Standardfunktionen, die Sie alle auch schon aus SAP EAM kennen, stellt Ihnen das Mobile Asset Management für das mobile Gerät auch noch einige Spezialfunktionen zur Verfügung.

Mobile Push Alert — Techniker können sofort über eine so genannte *Push-Nachricht*, die als elektronische Kurznachricht (SMS) auf das mobile Endgerät versendet wird, über dringende Meldungen und Aufträge benachrichtigt werden. Vom Charakter her entspricht dies einem Paging (siehe Abschnitt 8.2.2, »Paging«), jedoch kann hier die Nachricht an mehrere Techniker gleichzeitig versendet werden. Die Techniker können die SMS akzeptieren oder ablehnen. In SAP EAM können Sie die Alarme der Zeit und dem Status nachverfolgen.

Die Voraussetzung ist: Sie haben mit der Customizing-Funktion SZE-
NARIO DEFINIEREN durch den Schalter PUSH AKTIVIER. (siehe Abbildung 8.26) den Mobile Push Alert aktiviert.

Nach Abschluss der Maßnahme kann der Techniker den Auftraggeber
auf dem mobilen Endgerät elektronisch unterschreiben lassen, oder
der Techniker unterschreibt selbst. Die Unterschriften werden entweder mithilfe so genannter Unterschriftenpads oder direkt auf dem
mobilen Endgerät (siehe Abbildung 8.30) erfasst. Mit Bezug zu einem
Auftrag können eine oder mehrere Unterschriften erfasst werden.
Die Unterschriften werden an das Backend gesendet und als Objekt
zum Auftrag referenziert.

Elektronische
Unterschrift

Mithilfe der elektronischen Unterschrift können Sie die Leistung vom Auftraggeber abnehmen lassen, oder aber der Techniker bestätigt durch seine
Unterschrift die ordnungsgemäße Durchführung bei überwachungs- und
dokumentationspflichtigen Anlagen.

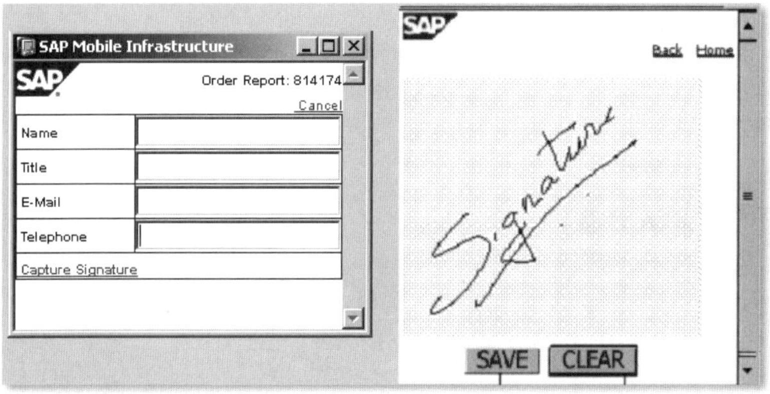

[+]

Abbildung 8.30 Elektronische Signatur

Mit einer GIS-Integration bieten Sie den Technikern die Möglichkeit,
den geografischen Standort eines technischen Objekts, das einer Meldung oder einem Auftrag zugeordnet ist, im GIS-System zu visualisieren. Die Geokoordinaten eines technischen Objekts werden vom
Backend an das mobile Endgerät übertragen. Die MAM-Anwendung
übergibt dem auf dem mobilen Endgerät installierten GIS-System
(Mobile GIS) die Geokoordinaten eines technischen Objekts. Auf das
mobile GIS kann aus der MAM-Anwendung heraus zugegriffen werden (siehe Abbildung 8.31).

GIS-Integration

Voraussetzung: Sie haben mit der Customizing-Funktion SZENARIO DEFINIEREN durch den Schalter GEOINFOSYSTEM AKTIV die GIS-Integration aktiviert (siehe Abbildung 8.26).

[+]   Eine GIS-Integration liefert dem Techniker Informationen zur Routenoptimierung und verbessert die Einsatzflexibilität im Hinblick auf den Einsatz nicht ortskundiger Techniker.

Bestands-
abwicklung auf
dem mobilen Gerät

Sie können einen in SAP ERP definierten Lagerort (z. B. Lkw) auf das mobile Endgerät laden. Der Techniker kann dann verbrauchtes Material auf diesen Lagerort rückmelden. Falls die Materialnummer auf dem Lagerort keinen Bestand hat, weist das System mit einer Meldung darauf hin. Die Bestände der Materialien werden auf dem mobilen Endgerät lokal aktualisiert.

Voraussetzung: Sie haben mit der Customizing-Funktion BENUTZERABHÄNGIGE DATEN EINSTELLEN dem Techniker einen LAGERORT zugewiesen.

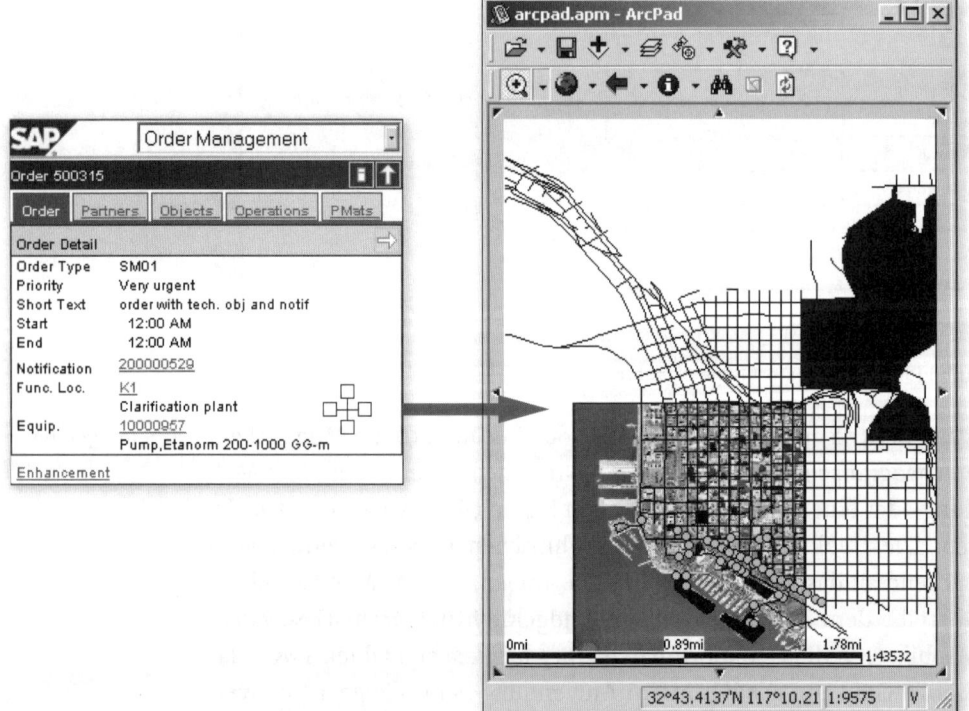

Abbildung 8.31 GIS-Integration

Eine weitere Spezialfunktion des MAM ist ebenfalls von zukunftsweisender und herausragender Bedeutung: die RFID-Technologie. Da diese Technologie aber auch ohne MAM auskommt und durch andere Technologien angebunden werden kann, soll ihr ein eigenes Unterkapitel gewidmet werden.

8.2.4 RFID

Der englische Begriff *Radio Frequency Identification* (RFID) bedeutet im Deutschen *Identifizierung über Radiowellen*. RFID ist ein Verfahren zur automatischen Identifizierung von Gegenständen und Lebewesen. Neben der berührungslosen Identifizierung von Gegenständen steht RFID auch für die automatische Erfassung und Speicherung von Daten.

Was ist RFID?

▶ **Komponenten von RFID**
Ein RFID-System besteht aus einem *Transponder*, der sich am oder im Gegenstand befindet (dem so genannten *RFID-Tag*, siehe Abbildung 8.32), und einem *Lesegerät* zum Auslesen der Transponder-Kennung. Letzteres wäre in unserem Fall die RFID-Funktion des MAM.

▶ **Speicherkapazität**
Die Speicherkapazität eines RFID-Chips reicht von 1 Bit bis zu mehreren KByte. Je nachdem, wie viele Daten auf dem Tag benötigt werden (Equipmentnummer, Wartungstermin, Uhrzeit u. a.), werden Sie sich für eine entsprechende Variante entscheiden.

▶ **Reichweite**
Je nach technischer Ausstattung haben Transponder eine Reichweite von wenigen Zentimetern bis zu 10 Metern.

Wenn Sie RFID-Tags (siehe Abbildung 8.32) von geringer Reichweite einsetzen, dann können die Daten nur aus kurzer Entfernung ausgelesen werden. Sie können dann einigermaßen sicher sein, dass der Techniker seine Arbeit auch durchgeführt hat.

[+]

▶ **Beschreibbarkeit**
Es gibt nicht beschreibbare und beschreibbare Transponder. Bei den beschreibbaren Transpondern ist zu unterscheiden zwischen nicht-flüchtigen Speichern (d. h., die Daten bleiben auch ohne Stromversorgung erhalten) und flüchtigen Speichern, die zur Datenerhaltung einer permanenten Stromversorgung bedürfen.

Abbildung 8.32 RFID-Tag[18]

Weiter möchte ich an dieser Stelle nicht auf die RFID-Technik eingehen. Wenn Sie mehr zu Technik und allgemeinem Einsatz der RFID-
Technologie wissen möchten, sei an dieser Stelle auf die mittlerweile
recht umfangreiche Literatur zur diesem Thema verwiesen.[19] Stattdessen möchte ich lieber konkret auf die Anwendung in der Instandhaltung mit SAP eingehen.

RFID-Szenarien Die RFID-Standardszenarien können im MAM-Customizing mit der
Funktion SZENARIO DEFINIEREN aktiviert oder deaktiviert werden. Folgende Szenarien sind einzeln oder kombiniert anwendbar:

▶ **Szenario 1 (Auftragsbearbeitung)**
Bei Aktivierung dieses Szenarios können Sie zunächst keine Aufträge auf dem mobilen Gerät ändern. Erst nach dem Lesen des
RFID-Tags des Referenzobjekts können Sie die Aufträge bearbeiten
und Rückmeldungen erfassen. Sind mehrere Aufträge demselben
Referenzobjekt zugeordnet, können Sie aus der Liste einen Auftrag
auswählen.

▶ **Szenario 2 (Wartungshistorie)**
Ist dieses Szenario aktiviert, können Sie die Daten aus einer Rückmeldung auf den RFID-Tag eines technischen Objekts schreiben.
Die Rückmeldedaten sind damit bei der nächsten Bearbeitung des
technischen Objekts verfügbar.

▶ **Szenario 3 (Referenzdatenübernahme)**
Ist dieses Kennzeichen gesetzt, können Sie die Daten, die vom
RFID-Tag eines technischen Objekts gelesen wurden, beim Anle-
gen einer Meldung oder eines Auftrags verwenden.

---

18 Aus Buck, M.: RFID at Fraport AG, in: Effiziente Instandhaltung mit SAP,
Frankfurt 2005.
19 Zum Beispiel Franke, W.; Dangelmaier. W.: RFID – Leitfaden für die Logistik,
Wiesbaden 2006. Oder Gillert, F.; Hansen, W.: RFID für die Optimierung von
Geschäftsprozessen, München 2006.

Ein typischer Geschäftsprozess mit Einsatz des Mobile Asset Managements und der RFID-Technologie könnte dann wie in Abbildung 8.33 aussehen.

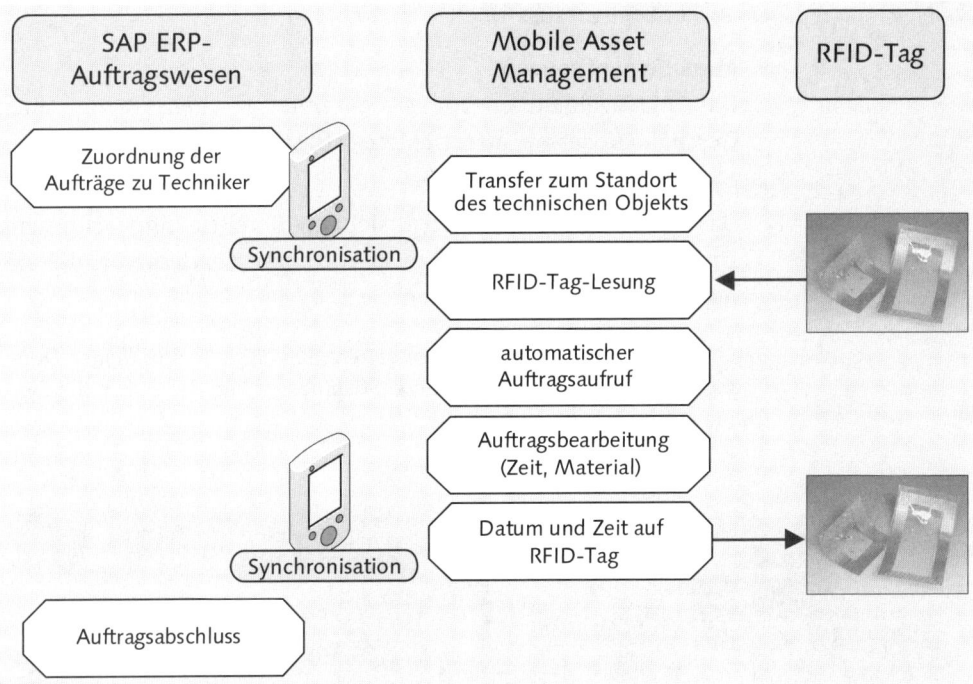

Abbildung 8.33 Prozess mit MAM und RFID

Was bringt die RFID-Funktionalität in der mobilen Instandhaltung? **[+]**

► Sie dient der eindeutigen Identifizierung des Objekts.

► Beim Lesen des RFID-Tags zum technischen Objekt werden die abgelegten Daten angezeigt.

► Darüber hinaus werden dazugehörige Aufträge freigeschaltet und angezeigt, d. h., der Techniker kann erst mit der Arbeit beginnen, wenn er sich am technischen Objekt »angemeldet« hat.

► Beim Anlegen einer Meldung oder eines Auftrags lesen Sie die Daten vom RFID-Tag des technischen Objekts, und der neue Beleg erhält eine fehlerfreie Zuordnung zum betroffenen technischen Objekt.

► Beim Rückmelden werden die Daten auf den RFID-Tag geschrieben und gelten somit als Nachweis für die Durchführung der Arbeit.

Ein weiteres Konzept, das in Zukunft zum Tragen kommen könnte, ist die serviceorientierte Architektur (SOA = *Service-oriented Architecture*).

8.3   Serviceorientierte Architektur

Der Begriff *serviceorientierte Architektur* (SOA) ist erster Linie ein Managementkonzept und setzt erst in zweiter Linie ein Systemarchitekturkonzept voraus:[20]

▸ **Managementkonzept**
   Das Managementkonzept strebt eine an den gewünschten Geschäftsprozessen ausgerichtete Infrastruktur an.

▸ **Systemarchitekturkonzept**
   Das Systemarchitekturkonzept sieht die Bereitstellung technischer Dienste und Funktionalitäten in Form von Services vor, die atomare Prozessschritte abbilden.

[!]   Es ist also zunächst wichtig, festzuhalten: Eine SOA baut auf einer Trennung zwischen der Ebene der Geschäftsprozesse und der Ebene der Systeme auf (siehe Abbildung 8.34).

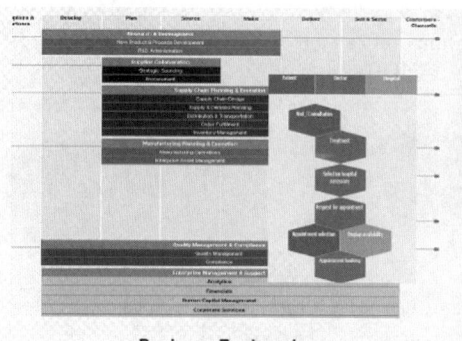 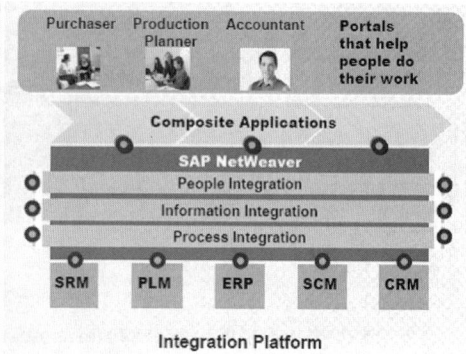

Abbildung 8.34 Konzept der serviceorientierten Architektur[21]

Die serviceorientierte Architektur ist das SOA-Konzept von SAP. Es heißt *serviceorientierte Architektur*, weil SAP im Gegensatz zu anderen Anbietern von SOA-Plattformen mit SAP NetWeaver nicht nur die Systemarchitektur zur Verfügung stellt, sondern auch die Services mit ausliefert, mit denen Sie Ihre Geschäftsprozesse modellieren können:

SOA + Enterprise Services = serviceorientierte Architektur

---

20 Siehe hierzu die Ausführung auf *http://de.wikipedia.org/*.
21 Aus SAP AG (Hrsg.): Enterprise Services Repository – An Overview, Walldorf 2007.

Ein Ergebnis könnte dann z. B. sein, dass Sie bei der Abwicklung eines Geschäftsprozesses von einer webbasierten Oberfläche aus auf mehrere Backend-Systeme zugreifen und bei diesen Backend-Systemen Daten lesen und/oder schreiben können (siehe Abbildung 8.35).

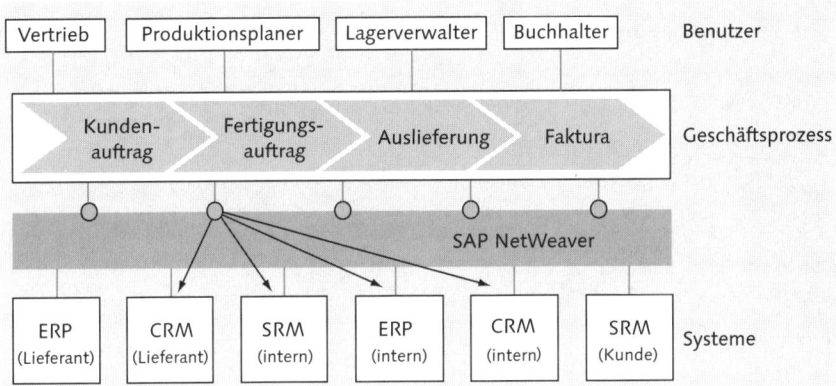

Abbildung 8.35 Systemübergreifende Geschäftsprozesse

Im Rahmen eines Geschäftsprozesses wird ein Benutzer bestimmte Funktionen ausführen (z. B. der Produktionsplaner wird einen Fertigungsauftrag eröffnen, er wird den Fertigungsauftrag abschließen, bei Maschinenproblemen wird er vielleicht eine Instandhaltungsanforderung absetzen wollen usw.). Dies könnte nach der SAP-Terminologie jeweils ein *Enterprise Service* sein.

Was sind Enterprise Services?

Ein Enterprise Service setzt sich aus mehreren Detailfunktionen zusammen. So könnten z. B. im Rahmen der Eröffnung eines Fertigungsauftrags folgende Detailfunktionen anfallen: Prüfen des Materialstamms, Prüfen der Materialverfügbarkeit, Eintragen im Produktionsprogramm, Benachrichtigung des Vertriebs, Auflösen der Stückliste und viele andere mehr. Dies könnten dann *Webservices* im Rahmen eines Enterprise Services sein. Der Zugriff eines Webservices auf die Backend-Systeme erfolgt dann über Technologiekomponenten wie APIs, RFCs usw. (siehe Abbildung 8.36).

Was sind Webservices?

Weiter möchte ich dieses Konzept nicht vertiefen, sondern Sie auf geeignete Literatur verweisen.[22]

---

22 Zum Managementkonzept z. B. Hack, S.; Lindemann, M.: Enterprise SOA einführen, Bonn: SAP PRESS 2007. Zum Architekturkonzept z. B. Woods, D; Mattern, T.: Enterprise SOA – Design IT for Business Innovation, O'Reilly Media 2006.

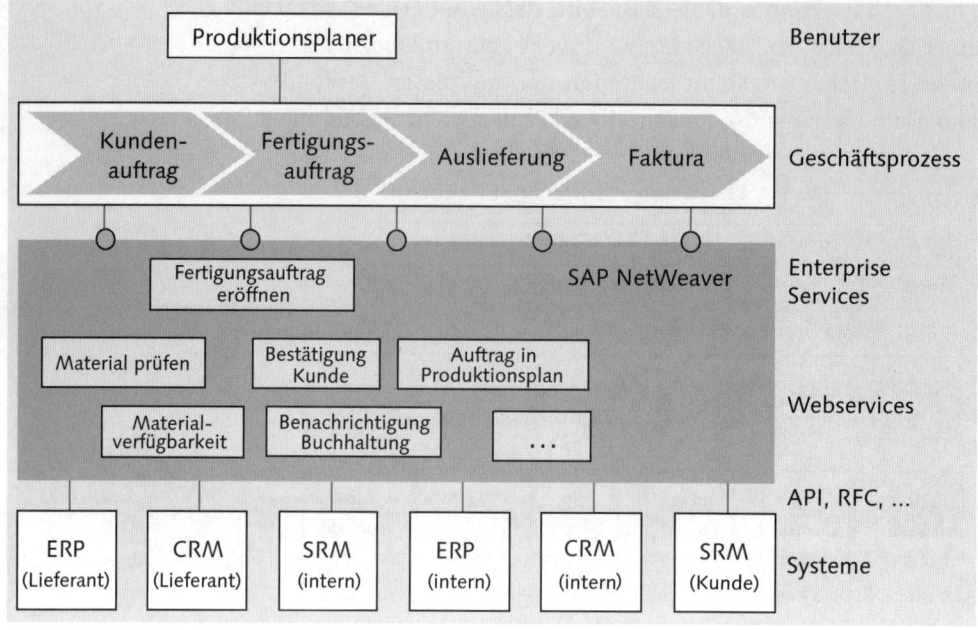

Abbildung 8.36 Services

Was hat das alles mit der Instandhaltung zu tun?

Enterprise Bundle Für den Bereich der Instandhaltung liefert SAP ein Enterprise Bundle *Maintenance Processing* aus: Ein *Enterprise Bundle* ist zunächst einmal nur eine Zusammenfassung von logisch zusammengehörenden Geschäftsprozessen. Hinter dem genannten Bundle verbergen sich in diesem Fall fünf Muster-Geschäftsprozesse für die Instandhaltungs-abwicklung, und zwar:

▶ *Service Bulletin Processing* (Bearbeitung von Service Bulletins)

▶ *Warranty Monitoring* (Garantieüberwachung)

▶ *Repair or Replace Decision Support* (Entscheidungsfindung Instand-setzen oder Ersetzen)

▶ *Maintenance Order Processing* (Instandhaltungsabwicklung)

▶ *Reliability Centered Maintenance* (zuverlässigkeitsorientierte Instandhaltung auf Basis des Partnerprodukts RCMO der Meri-dium Inc.)

Enterprise Services in der Instandhaltung Jeder dieser Muster-Geschäftsprozesse besteht aus einer Reihe von Enterprise Services. Zum Beispiel beinhaltet der Muster-Geschäfts-prozess *Maintenance Order Processing* Enterprise Services wie

- *Create Maintenance Request* (Meldung anlegen)

- *Read Maintenance Request* (Meldung anzeigen)

- *Change Maintenance Request* (Meldung ändern)

- *Create Maintenance Order* (Auftrag anlegen)

- *Find Employee by Work Centre* (Mitarbeiter zuordnen)

- *Change Maintenance Order* (Auftrag ändern)

- *Read Maintenance Order* (Auftrag anzeigen)

- *Create Maintenance Confirmation* (Rückmeldung erzeugen)

- *Dismantle Individual Material* (Equipment ausbauen)

- *Install Individual Material* (Equipment einbauen)

Den Katalog aller Enterprise Services für die Instandhaltung finden Sie in Anhang C.

Jeder Enterprise Service beinhaltet ein BAPI bzw. API. Diese internen Programmbausteine verfügen in der Instandhaltung über umfangreiche Funktionalität; z. B. kann das BAPI `OrderMaintain` Objektlisteneinträge hinzufügen, Komponenten eintragen, Vorgänge bilden, Partner eintragen usw. Deshalb sind die Enterprise Services in der Instandhaltung nicht noch einmal in mehrere Webservices zerlegt.

Webservices in der Instandhaltung

Was können Sie damit in der Instandhaltung nun anfangen?

Ob für Sie im Rahmen Ihrer Instandhaltungsprozesse eine SOA infrage kommt, hängt von Ihrer Ausgangssituation und von Ihrer Zielsetzung ab:

> **[+]**
>
> Nur dann, wenn eine der folgenden Aussagen auf Sie zutrifft, wäre die SOA gegenüber anderen Technologien eine weitere Prüfung wert (womit ich nicht sage, Sie sollen sie einsetzen):
>
> 1. Sie haben weitere Systeme in Ihre Instandhaltungsprozesse einzubinden.
> 2. Sie möchten einzelne Prozesse oder Funktionen aus SAP ERP auslagern und auf einer Weboberfläche zur Verfügung stellen.
> 3. Sie möchten andere Technologien in Ihre bestehenden Prozesse einbinden.

Der Fall 1 tritt z. B. dann ein, wenn Sie Ihre Instandhaltungsprozesse in SAP EAM abwickeln

- aber die Ersatzteile in einem System X bestellt werden
- aber die Anlagendokumente in einem System Y verwaltet werden
- aber sich das Controlling in einem System Z befindet

Den Fall 2 trifft z. B. dann auf Sie zu, wenn

- die Handwerker ihre Rückmeldungen erfassen, aber ansonsten keinen Zugang zu SAP ERP bekommen sollen
- Sie eine Vorschalttransaktion erstellen möchten (siehe Abschnitt 10.4.8, »Funktionstasten und Tastenkombinationen«), bei der Sie Informationen aus verschiedenen Applikationen zur Anzeige bringen bzw. Daten in diese Applikationen hineinschreiben möchten
- Ihr Dienstleister die Leistungserfassung vornehmen, aber keinen Zugang zu Ihrem SAP ERP-System erhalten soll

Der Fall 3 trifft auf Sie z. B. dann zu, wenn

- Sie aus einem CAD-System heraus eine Meldung oder einen Auftrag anlegen möchten
- Sie eine mobile Lösung anbinden möchten, die nicht SAP MAM heißt
- Sie die Störungsdaten aus einem Manufacturing Execution System (MES) übernehmen möchten

Im Einzelfall sollte dann jeweils geprüft werden, ob nicht auch eine alternative Technologie infrage käme und ob die alternative Technologie eine bessere oder schlechtere Möglichkeit wäre. Wenn Sie z. B. eine Vorschalttransaktion benötigen, könnte diese genauso gut innerhalb SAP ERP entwickelt werden. Oder wenn Sie ein MES-System anbinden möchten, könnten Sie eventuell auf die PM-PCS-Schnittstelle zurückgreifen (siehe Abschnitt 6.4.1, »Betriebsüberwachungssysteme«).

[+] Wenn keine dieser Konstellationen auf Sie zutrifft, wenn Sie Ihre Instandhaltung ausschließlich im SAP ERP-Umfeld abwickeln und auch die anderen zur Verfügung gestellten Technologien für Ihre Instandhaltungsprozesse ausreichen, bringt Ihnen die SOA im Moment nichts.

Da aber die SOA eine der strategischen Ausrichtungen von SAP für zukünftige Entwicklungen ist und deshalb auf diesem Gebiet relativ schnell viele Weiterentwicklungen zu erwarten sind, würde ich Ihnen empfehlen:

Halten Sie sich zum Thema SOA auf dem Laufenden. Die aktuellen Hinweise gibt es im SAP Developer Network (*http://www.sdn.sap.com*, siehe Abbildung 8.37) und dort im Speziellen auf dem Enterprise Services Workplace (ENTERPRISE SOA • EXPLORE ENTERPRISE SERVICES • ENTERPRISE SERVICES WORKPLACE). **[+]**

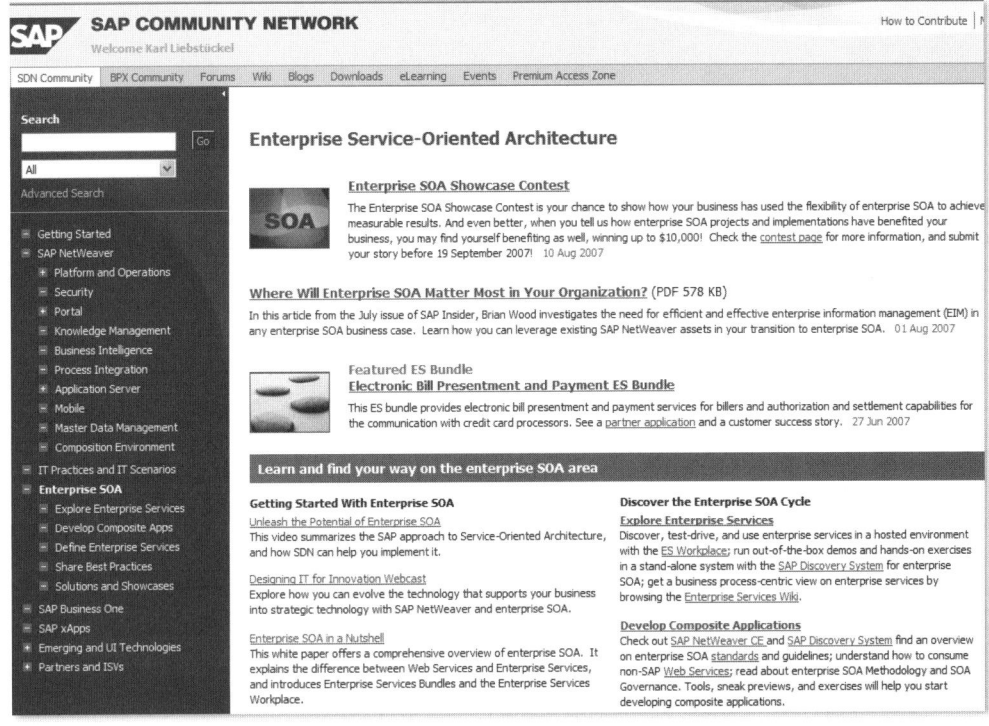

Abbildung 8.37 SAP Developer Network

Wie zu jedem Kapitel habe ich Ihnen zusammenfassend noch einmal die wichtigsten Aussagen und alle Tipps und Tricks zusammengestellt, die ich Ihnen im Hinblick auf neue Technologien für Ihre Instandhaltung mit auf den Weg geben möchte. Diese finden Sie als gesondertes Dokument auf der DVD. **[○]**

Dieses Kapitel gibt Ihnen einen Leitfaden für Ihr Instandhaltungsprojekt an die Hand. Ich stelle Ihnen u. a. eine empirische Studie zu Risiko- und Erfolgsfaktoren von SAP-Projekten und eine Roadmap für Ihr Instandhaltungsprojekt vor und gebe Ihnen viele nützliche Hinweise bezüglich dessen, worauf Sie in Ihrem Projekt achten sollten.

9 Das SAP-Projekt in der Instandhaltung

In jedem SAP-Einführungsprojekt werden die Grundlagen dafür gelegt, ob Ihre Anwender später erfolgreich mit dem SAP-System arbeiten können und die erhofften Ziele erreicht werden oder ob das SAP-System für Sie, Ihre Geschäftsleitung und Ihre Anwender zu einer Enttäuschung wird. In einem SAP-Einführungsprojekt gibt es viele Punkte, auf die Sie achten sollten (Dos); diese werden Ihre *Erfolgsfaktoren*. Allerdings gibt es mindestens ebenso viele potenzielle Fehlerquellen, die Sie vermeiden sollten (Don'ts); diese werden zu Ihren *Risikofaktoren*. In den nachfolgenden Abschnitten werde ich Ihnen nützliche Hinweise dazu geben können, wie Sie Ihr SAP-Projekt in der Instandhaltung zu einem Erfolg werden lassen.

9.1 Wie Ihr SAP-Projekt in der Instandhaltung ablaufen könnte

Bei der grundsätzlichen Diskussion, wie Ihr SAP-Projekt in der Instandhaltung ablaufen könnte, ist zwischen der Einführungsstrategie und der dabei gewählten methodischen Vorgehensweise zu unterscheiden.

9.1.1   Die Einführungsstrategie

Normalerweise führen die Firmen die SAP-Instandhaltung nicht in voller Funktionalität und in allen Werken ein, sondern wählen eine gestufte Vorgehensweise. Sie treffen also bei der Projektplanung eine Grundsatzentscheidung, in welchen Stufen Sie die SAP-Instandhaltung einführen. Dabei geht es um zwei Aspekte:

► In welchen funktionalen Stufen erfolgt die Einführung?
► In welchen räumlichen Stufen erfolgt die Einführung?

Funktionale Stufen Eine funktionale Abstufung in Ihrem SAP-Instandhaltungsprojekt könnte folgendermaßen unterteilt sein:

► Stufe 1: Einführung der Anlagenstrukturierung
► Stufe 2: Einführung der Meldungs- und Auftragsabwicklung
► Stufe 3: Einführung der vorbeugenden Instandhaltung
► Stufe 4: Ausbau durch potenzielle Erweiterungen (z. B. Mobile Asset Management, CAD-Anbindung, SAP NetWeaver Portal mit Rollen, Prüfmittelabwicklung, Instandhaltungsprojekte)

Die erste Stufe kann entfallen, wenn die Anlagenstrukturen aus einem Altsystem übernommen werden können.

Räumliche Stufen Eine Entscheidung hinsichtlich der räumlichen Stufung könnte folgendermaßen aussehen:

► Stufe 1: Einführung in einem Pilotbetrieb
► Stufe 2: Einführung in einem ersten Werk
► Stufe 3: Roll-out auf andere Werke

Auf dieser Basis erstellen Sie einen Plan, zu welchem Zeitpunkt welcher Betrieb bzw. welches Werk mit welchen Funktionen eingeführt wird. Sie treffen eine grundsätzliche Entscheidung bezüglich dessen, welche der folgenden Strategien Sie für sinnvoll halten:

► *horizontale Strategie* (z. B. Auftragsabwicklung in allen Werken)
► *vertikale Strategie* (z. B. volle Einführung in einem Werk und dann Roll-out auf andere Werke)
► *gemischte Strategie* (z. B. voller Funktionsumfang in einem Werk und Roll-out der Auftragsabwicklung auf alle Werke)

Abbildung 9.1 fasst die funktionale und räumliche Abstufung noch einmal zusammen.

		Räumliche Abstufung		
		Pilotbetrieb	Werk1	Weitere
Funktionale Abstufung	Anlagenstrukturierung			
	Auftragsabwicklung			
	Vorbeugende IH			
	Ausbaustufen			

Abbildung 9.1 Einführungsstrategie

9.1.2 Die Methodik

Wie bei allen SAP-Projekten ist es grundsätzlich auch beim SAP-Einführungsprojekt in der Instandhaltung empfehlenswert, sich an der Methodik der ASAP-Roadmap[1] zu orientieren (siehe Abbildung 9.2). Diese unterscheidet fünf Phasen und empfiehlt für jede Phase ein ganzes Paket von Aktivitäten.c

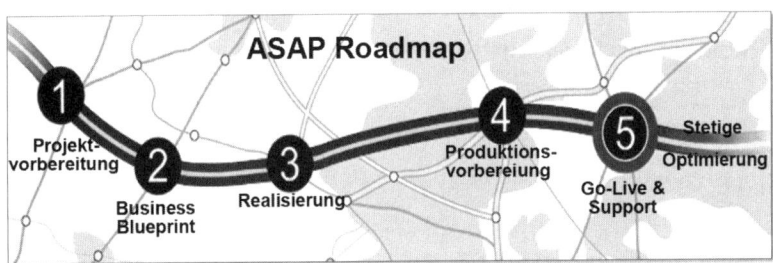

Abbildung 9.2 ASAP-Roadmap

In der Phase ❶ *der Projektvorbereitung* bestimmen Sie die Organisation des Projekts und erarbeiten ein Einführungskonzept. Die Projektvorbereitung führen Sie als erste Aktivität innerhalb des Einführungsprojekts oder als vorgelagerte Einsatzuntersuchung durch. Vor allem folgende Aktivitäten stehen in dieser Phase an:

- Ziele einer SAP-Einführung definieren
- Einführungsstrategie festlegen
- Projektaufbauorganisation festlegen

Projekt-
vorbereitung

---

1 ASAP (= Accelerated SAP) ist eine von SAP entwickelte Methodik zur Einführung der SAP-Systeme.

- ▶ Projektstandards und -arbeitsweise festlegen
- ▶ Aufwands-, Termin- und Kostenplan erstellen
- ▶ hausinternes Marketing planen
- ▶ Projektantrag erstellen und genehmigen lassen
- ▶ Dokumentationswerkzeug festlegen und ausprägen
- ▶ Systemumgebung einrichten
- ▶ Projektteam schulen
- ▶ Ist-Analyse der geplanten Prozesse durchführen
- ▶ vorhandenes Stammdatenmaterial sichten

Business Blueprint

Die Phase des *Business Blueprints* (❷) umfasst alle Aktivitäten, um ein detailliertes Soll-Konzept zur Nutzung des SAP-Systems in der Instandhaltung zu erstellen. Vor allem folgende Aktivitäten führen Sie in dieser Phase durch:

- ▶ Organisationseinheiten festlegen
- ▶ Anlagenstrukturierung definieren
- ▶ Konzept für die Altdatenübernahme bzw. für die Neuaufnahme der Stammdaten entwerfen
- ▶ Konzept für die Geschäftsprozesse und Funktionen in der Instandhaltung erstellen
- ▶ Berichtswesen und Auswertungen konzipieren
- ▶ Lastenheft und Pflichtenheft für Schnittstellen und Erweiterungen erstellen
- ▶ Konzept für die Archivierung erstellen
- ▶ Berechtigungskonzept entwerfen
- ▶ Konzept für Endanwenderschulung erstellen
- ▶ Prototyping durchführen

Realisierung

In der Phase ❸ der *Realisierung* geht es um die Umsetzung und Abbildung des Soll-Konzepts. Vor allem folgende Aktivitäten stehen hier im Mittelpunkt:

- ▶ Customizing durchführen
- ▶ Bildschirm- und Listenlayouts anpassen
- ▶ Übernahme der Altdaten vorbereiten, d. h. entweder Übernahmeprogramme entwickeln oder SAP-Tools ausprägen
- ▶ Stammdaten erfassen (falls es keine eigene Stufe der Einführung ist)

- Erweiterungen entwickeln (z. B. Druckprogramme, Auswertungen)
- Berechtigungen einrichten
- Zwischen- und Abschlusstests durchführen
- Archivierung und sonstige Jobs einstellen
- Endanwenderschulungen entwickeln (z. B. Unterlagen, Schulungsbeispiele)

Die Phase der *Produktionsvorbereitung* (❹) umfasst sämtliche Aktivitäten, die in zeitlicher Nähe und als Vorbereitung des Go Live notwendig sind. Dazu zählen:

Produktions-vorbereitung

- Endanwender schulen
- Altdaten ins Produktivsystem übernehmen
- Cut-Over-Plan entwickeln

Zum geplanten Stichtag gehen Sie dann live (Phase ❺) und beginnen, Ihre ersten Meldungen und Aufträge im neuen System abzuwickeln. Aktivitäten zu und nach diesem Zeitpunkt sind

Go-Live und Support

- Support für den Produktivbetrieb leisten
- die Nutzung des Systems optimieren

Wie in jedem Projekt gibt es auch im Rahmen Ihres SAP-Einführungsprojekts Risiko- und Erfolgsfaktoren. Es kann für Sie nur von Vorteil sein, wenn Sie von der Erfahrung anderer Unternehmen profitieren und nicht jeden Fehler selbst machen müssen. Deshalb stelle ich Ihnen zunächst die Ergebnisse einer empirischen Studie vor. Darauf aufbauend und basierend auf meinen eigenen Erfahrungen, werde ich Ihnen dann zahlreiche Tipps für Ihr Instandhaltungsprojekt geben.

9.2 Allgemeine Risiko- und Erfolgsfaktoren in SAP-Projekten: Eine empirische Studie

Von den Erfahrungen anderer lernen: Nach diesem Motto haben wir an unserer Hochschule eine empirische Studie angefertigt, deren Inhalt und Ergebnisse ich Ihnen im Folgenden präsentieren möchte.[2]

---

2 Mein Dank gilt Herrn Andreas Weber, der im Rahmen seiner Diplomarbeit »Risikomanagement in Standardsoftware-Einführungsprojekten – Konzept und empirische Studie« diese Befragung durchgeführt hat.

Es wurde ein Katalog von 33 potenziellen Risikoquellen und 27 möglichen Erfolgsfaktoren entwickelt, der an SAP-Anwenderfirmen verschickt wurde. Die Firmen sollten die Risikoquellen jeweils nach ihren eigenen Erfahrungen einschätzen als *Trifft vollständig zu*, *Trifft zu*, *Trifft eher nicht zu* und *Trifft nicht zu*. Für die Einschätzung der Erfolgsfaktoren haben wir eine Skala mit den Werten *Sehr wichtig*, *Wichtig*, *Neutral* und *Unwichtig* eingesetzt. Insgesamt haben 148 Firmen geantwortet und die Ergebnisse im Rahmen der Studie ausgewertet.

Risikoquellen   Folgende möglichen Risikoquellen wurden vorgegeben:

- ▸ R01: mangelnde Dokumentation zu Geschäftsprozessen
- ▸ R02: keine Erfahrung mit Softwareeinführungsprojekt dieser Art und Größe
- ▸ R03: zu geringer Stellenwert des SAP-Einführungsprojekts
- ▸ R04: mangelnde Einbeziehung der Wünsche der Endbenutzer
- ▸ R05: Widerstand durch Betroffene
- ▸ R06: keine Prioritäten bei den Anforderungen an das SAP-System
- ▸ R07: permanente Änderungswünsche im Projektverlauf
- ▸ R08: mangelnde Kommunikation der Ziele, die mit der Einführung des SAP-Systems verfolgt werden
- ▸ R09: versteckte Ziele, die mit der Einführung verfolgt wurden
- ▸ R10: unrealistische Zielvorgaben
- ▸ R11: unklare Anforderungen
- ▸ R12: unstrukturiertes Vorgehen im Projekt, Meilensteine unbekannt
- ▸ R13: mangelnde Termin- und Kostenüberwachung
- ▸ R14: mangelnde Anpassung der Termin- und Budgetplanung bei Änderungswünschen
- ▸ R15: schlechte Planung mit nachträglich auftretenden Änderungswünschen
- ▸ R16: mangelnde Kontrolle des Projektmanagements über das Projekt
- ▸ R17: mangelnde Einbeziehung der Projektmitarbeiter in die Planung
- ▸ R18: mangelnder Informationsfluss im Projekt

- R19: unklare Kompetenzen, Ansprechpartner und Verantwortlichkeiten
- R20: Mehrbelastung, Projektmitarbeiter für die Projektarbeit nicht freigestellt
- R21: mangelnde Ausstattung (z. B. PC, Software)
- R22: mangelndes Management und IT-Fachwissen der Projektmitarbeiter
- R23: fehlendes Know-how der Berater
- R24: mangelnde Sorgfalt bei der Beraterauswahl
- R25: Personalmangel, zu wenig Projektmitarbeiter
- R26: mangelnde Motivation der Projektmitarbeiter
- R27: mangelndes Projektbudget
- R28: zu wenig Zeit für Projektplanung
- R29: unrealistischer Fertigstellungstermin, zu wenig Pufferzeiten
- R30: unerwartete Verzögerungen, Terminverschiebungen
- R31: mangelnde Zeit insgesamt
- R32: Probleme mit der Konfiguration der Hardware und der Beherrschung der SAP-Technologie
- R33: mangelnde Qualitätskontrolle

Fasst man die beiden ersten Kategorien *Trifft vollständig zu* und *Trifft zu* zusammen, ergibt sich ein Risk Radar, wie er in Abbildung 9.3 zu sehen ist. Je weiter die Spitzen vom Mittelpunkt des Netzes entfernt sind, desto größer war die Wahrscheinlichkeit, dass ein Implementierungsprojekt während der Projektlaufzeit mit dem Risiko konfrontiert wurde.

Risk Radar

Auffallend hohe Eintrittswahrscheinlichkeiten sind im Projektumfeld bei der *mangelnden Dokumentation* und den *Änderungswünschen* aufgetreten. Im Rahmen des Projektmanagements war es die Tatsache, dass bei Änderungen *keine Plananpassungen* stattfanden. Bei der Projektorganisation traten besonders die *Mehrbelastung der Projektmitarbeiter* sowie deren *mangelndes Fachwissen* auf. Im Projektablauf wiederum lagen hohe Eintrittswahrscheinlichkeiten bei der *mangelnden Zeit für die Planung*, bei *unerwarteten Verzögerungen* und bei *Zeitmangel* vor.

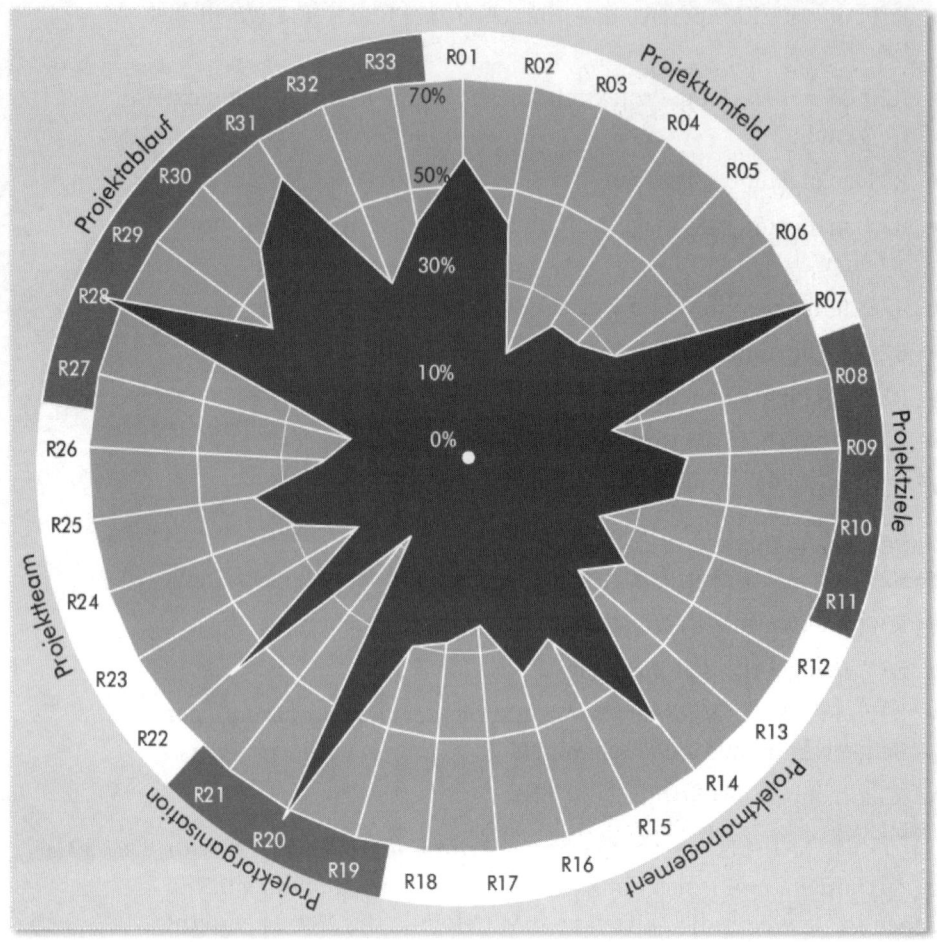

Abbildung 9.3 Risk Radar

Erfolgsfaktoren

Bei den Erfolgsfaktoren zeigt sich das in Tabelle 9.1 dargestellte Bild.

Hinweis: Bei der Rangberechnung wurden die Gewichtungsfaktoren eingesetzt (Sehr wichtig = 4, Wichtig = 3, Neutral = 2, Unwichtig = 1). Deshalb entspricht der Rang nicht der prozentualen Angabe bei *Sehr wichtig*.

Erfolgsfaktor	Rang	Sehr wichtig
E12: Unterstützung durch die Geschäftsleitung	1	82,2 %
E02: kompetentes Projektmanagement	2	78,1 %
E15: gute Zusammenarbeit	3	67,1 %

Tabelle 9.1 Die Erfolgsfaktoren eines SAP-Projekts

Erfolgsfaktor	Rang	Sehr wichtig
E01: strukturierte Vorgehensweise	4	67,1 %
E10: Einbeziehung der Betroffenen	5	65,8 %
E05: fachliche Kompetenz der Mitarbeiter	6	64,4 %
E21: klare Zielvorgaben	7	61,6 %
E16: realistische Terminplanung	8	57,5 %
E25: Identifikation der Projektmitarbeiter mit dem Projekt	9	58,9 %
E19: frühzeitiges Erkennen von Problemen	10	54,8 %
E03: geeignete Projektorganisation	11	54,8 %
E14: offene Informationspolitik	12	52,1 %
E26: Entlastung der Projektmitarbeiter vom Tagesgeschäft	13	47,9 %
E07: angemessene Anzahl von Projektmitarbeitern	14	39,7 %
E11: angemessener Budgetrahmen	15	38,4 %
E13: Arbeitsmittelbereitstellung (Tools, …)	16	37,0 %
E24: eindeutige Kompetenzregelungen	17	45,2 %
E27: Qualitätssicherung während des Projekts	18	39,7 %
E04: Erfahrungen aus anderen Projekten	19	41,1 %
E22: hohe Priorität des Einführungsprojekts	20	34,2 %
E06: geeignete Meilensteinplanung	21	26,0 %
E17: frühzeitige Schulungen	22	26,0 %
E18: angemessene Größe der Arbeitspakete	23	19,4 %
E23: wenige Anforderungsänderungen	24	23,3 %
E20: detaillierte Projektdokumentation	25	26,0 %
E08: Einsatz externer Berater	26	27,4 %
E09: kleines Projektteam	27	8,2 %

Tabelle 9.1 Die Erfolgsfaktoren eines SAP-Projekts (Forts.)

Besonders signifikant für den Projekterfolg waren nach der Einschätzung der Befragten die *Unterstützung durch die Geschäftsleitung*, ein *kompetentes Projektmanagement*, die *Zusammenarbeit*, eine *strukturierte Vorgehensweise* sowie *fachlich versierte Mitarbeiter*.

9.3 Spezielle Hinweise für Ihr Instandhaltungsprojekt

Aufbauend auf den Ergebnissen dieser empirischen Studie und basierend auf der Erfahrung, die ich in meinen eigenen Instandhaltungsprojekten machen durfte, möchte ich Ihnen nun im Folgenden einige Tipps und Tricks für Ihr Instandhaltungsprojekt mit auf den Weg geben.

Bei der Reihenfolge werde ich mich an der zeitlichen Abfolge der ASAP-Roadmap orientieren, wie sie in Abschnitt 9.1.2, »Die Methodik«, vorgestellt wurde.

9.3.1 Projektvorbereitung

Durch die Definition der Zielsetzung, mit einer genauen Zeit- und Budgetplanung und anderen Aufgaben legen Sie in der Projektvorbereitung die Basis für die weitere inhaltliche Arbeit im Projekt.

Allgemeines zur Projektvorbereitung

Häufig wird dabei die Wichtigkeit einer guten Projektvorbereitung unterschätzt.

[+] Grundsätzlich gilt: Je früher im Projektablauf Sie einen Fehler machen, desto größere Auswirkungen wird er auf Ihr Projekt haben. Deshalb sollten Sie größtes Augenmerk auf die Projektvorbereitung legen. Lassen Sie sich ausreichend Zeit für die Projektplanung. Investieren Sie in diese Phase Ihre ganze Energie.

Wie die empirische Befragung gezeigt hat, wurde es im Nachhinein von den Anwenderfirmen als größte Risikoquelle empfunden, dass man sich zu wenig Zeit für die Vorplanung gelassen hat.

[+] Lassen Sie sich ausreichend Zeit für die Projektvorbereitung. Erst wenn Sie dort *alle* Aufgaben erledigt haben, beginnen Sie mit dem *Business Blueprint*.

Je schlechter die Planung, desto öfter muss später nachgebessert werden. Je besser die Projektplanung durchgeführt wird, desto besser lässt sich ein weiteres Top-3-Problem in den Griff bekommen: die *Änderungswünsche im Projektablauf.* Meine Erfahrung hat mir gezeigt, dass viele Nachbesserungen nur wegen einer schlechten Vorplanung notwendig wurden.

Ganz werden Sie jedoch Änderungen im Projektablauf nicht ausschließen können:

▸ Das kann zum einen *äußere Gründe* haben (z. B. SAP hat ein neues Release herausgebracht, die Geschäftsleitung hat eine Umstrukturierung beschlossen o. Ä.)

▸ Das kann aber auch *projektinterne Gründe* haben (z. B. Korrekturen aufgrund des Feedbacks der Referenzgruppe, erkannte Fehler, Verfeinerungen des Konzepts)

Änderungen werden notwendig sein. Deshalb:

Implementieren Sie ein Change Management. Definieren Sie   **[+]**
▸ welche Art von Änderungen Sie unterscheiden möchten
▸ welche Dokumente für welche Änderungsart benötigt werden
▸ welcher Genehmigungsablauf bei welcher Änderung greift

Der inhaltliche Ausgangspunkt: das Ziel der Einführung

Definieren Sie das Ziel des SAP-Instandhaltungsprojekts: **[+]**
▸ Schreiben Sie es nieder, und publizieren sie es (z. B. Plakat im Projektraum, E-Mail an Mitarbeiter, Intranet).
▸ Richten Sie die inhaltlichen Aktivitäten auf dieses Ziel aus.
▸ Definieren Sie auch die Nichtziele des Projekts. Somit vermeiden Sie unerfüllte Hoffnungen.

Gegen das, was sich eigentlich wie eine Binsenweisheit anhört, wird erfah-   **[+]**
rungsgemäß sehr häufig verstoßen:
▸ Entweder man formuliert ein Ziel, hält sich aber nicht daran.
▸ Oder man hat ein Ziel, verbalisiert und kommuniziert es aber nicht.

Folgende Ziele könnten mit einer SAP-Einführung in der Instandhaltung verbunden sein: Welche Ziele?

▸ Wir möchten die Störungen reduzieren auf x % bzw. die Anlagenverfügbarkeit auf y % erhöhen.

▸ Unsere Kunden verlangen von uns eine lückenlose Dokumentation unserer Instandhaltungsmaßnahmen.

▶ Wir möchten die Wegezeiten und Wartezeiten unserer Techniker um ... % reduzieren.

▶ Wir benötigen vollständige Anlagenstammdaten.

▶ Wir benötigen Transparenz bei den Kosten.

▶ Wir möchten keinen Überwachungsaufwand mehr für die Wartungstermine, und die Wartungstermine dürfen nur um ... Tage abweichen.

▶ Wir möchten unsere Mitarbeiter gezielter nach Qualifikation und Verfügbarkeit einsetzen.

▶ Wir müssen bis zum Stichtag X unser bisheriges System Y ablösen, weil es nicht mehr gewartet wird.

▶ Wir möchten die aktuelle Übersicht über die Ersatzteilbestände und möchten das gebundene Kapital um x % senken.

Beispiel aus der Praxis Den größten Erfolg erzielen Sie, wenn Sie ein konkretes Ziel benennen und auf die Erreichung dieses Ziels hinarbeiten, wie etwa einer meiner Kunden aus dem Automobilzuliefererbereich: Dieser war mit der damals aktuellen Situation von 6,2 % Ausfallzeit seiner Anlagen unzufrieden. Für ihn hatte die *Reduzierung der Ausfallzeit* in seinem SAP-Instandhaltungsprojekt oberste Priorität. Demzufolge ging es in der ersten Phase der Einführung ausschließlich um das Störungsmanagement. Hierzu sollten die Störungen aufgezeichnet, analysiert und Gegenmaßnahmen eingeleitet werden. Es zeigte sich schnell, dass das verspätete Melden von Störungen – vor allem bei Schichtende – zu einem Auftragsstau bei der nachfolgenden Schicht und in der Konsequenz zu unnötig hohen Ausfallzeiten führte. Als Gegenmaßnahme wurden gleitende Schichten in der Instandhaltung eingeführt, und binnen sechs Monaten war eine Ausfallzeit von 2,8 % erreicht.

Kompetenzen und Verantwortlichkeiten

Wie die empirische Untersuchung gezeigt hat und wie auch meine eigenen Projekterfahrungen gezeigt haben, ist die Unterstützung durch die Geschäftsleitung der wichtigste Erfolgsfaktor in einem SAP-Projekt.

[+] Ein absolutes Muss für Projektprofis: Holen Sie sich die aktive Unterstützung der Geschäftsleitung, und zeigen Sie sie.

Geben Sie sich nicht mit einem »Ist schon in Ordnung« oder »Macht mal« zufrieden, sondern fordern Sie eine aktive Rolle der Geschäftsleitung ein. Wie könnte das aussehen? Zum Beispiel könnte die Geschäftsleitung

▸ auf einer Betriebsversammlung öffentlich die volle Unterstützung zusagen

▸ in einer E-Mail die Mitarbeiter über das Vorhaben informieren

▸ sich regelmäßig über den Fortschritt berichten lassen

▸ als Mitglied des Lenkungsausschusses Entscheidungen treffen

[+] Noch ein absolutes Muss für Projektprofis: Sorgen Sie dafür, dass das Projekt organisatorisch richtig aufgehängt und der Projektleiter mit den notwendigen Kompetenzen ausgestattet ist.

Häufig überträgt man das Projekt einem Mitarbeiter, der in der Linienfunktion einer Unter-Unter-Abteilung tätig ist und der in dieser Funktion bestenfalls Konzepte schreiben, sie aber nicht entscheiden darf. Damit würden Sie einen Kardinalfehler begehen.

Das Projekt muss eine Stabsstelle sein, die möglichst weit aufgehängt ist:

▸ an der technischen Leitung

▸ an der Geschäftsleitung oder ähnlichen Instanzen

Sorgen Sie dafür, dass der Projektleiter (ggf. nach Vorlage beim Lenkungskreis) die fachlichen und projektbezogenen Entscheidungen fällen kann.

[+] Vermeiden Sie unnötige Entscheidungswege. Zu viele Entscheidungsinstanzen sind eine der Hauptursachen für zu lange Laufzeiten bei SAP-Projekten.

Nicht dass es Ihnen so geht wie einem Unternehmen aus dem Verkehrssektor: Dieses war nach drei Jahren Projektlaufzeit gerade mal so weit, dass die Anlagenstrukturierung über alle Entscheidungsinstanzen hinweg Zustimmung gefunden hat.

[+] Vermeiden Sie folgende Situation: Diejenigen, die die fachliche Kompetenz haben, dürfen nichts entscheiden, und diejenigen, die aus rein disziplinarischen Gründen entscheiden müssen, haben fachlich keine Ahnung.

Auch bei der Zusammensetzung des Projektteams sind einige Punkte zu beachten:

[+]   Sorgen Sie dafür, dass Ihr SAP-Instandhaltungsprojekt qualitativ und quantitativ richtig zusammengesetzt ist. Sie benötigen im Projekt die fachliche Kompetenz aus dem Fachbereich (Mechanik, Elektrik, Mess- und Regeltechnik, Haustechnik, Arbeitsvorbereitung o. Ä.) sowie aus der IT/Organisation. In der Regel sind Sie auch gut beraten, wenn Sie sich einen sachkundigen und erfahrenen Berater ins Projektteam holen.

Die Frage nach der Größe des Projektteams ist nicht ganz so einfach zu beantworten. Ich hatte kleine Instandhaltungsprojekte, die aus einem einzigen Mitarbeiter bestanden, bis hin zu ganz großen, bei denen ein Projektteam aus bis zu 25 Mitarbeitern rekrutiert wurde. Das ist sicher eine große Bandbreite, aber konkretere Empfehlungen kann ich Ihnen an dieser Stelle nicht geben.

Jedoch kann ich Ihnen folgenden wichtigen Hinweis geben:

[+]   Sorgen Sie dafür, dass die Projektmitarbeiter zu 100 % für das Projekt abgestellt sind – zumindest aber einer von ihnen.

In vielen Projekten wird der Fehler begangen bzw. ist man der Meinung, dass drei Mitarbeiter zu 50 % oder sechs Mitarbeiter zu 30 % das schon hinkriegen.

Weit gefehlt. Aus Sicht des Projektmanagements gilt nämlich folgende Gleichung:

$$1 - 100 > 3 - 50 > 6 - 30$$

Ich weiß, dass dies mathematisch nicht korrekt ist. Ich meine damit:

Ein Mitarbeiter, den Sie zu 100 % für das Projekt abstellen können, bringt Ihnen mehr, als drei, die Sie zu 50 % abstellen; und diese bringen Ihnen mehr als sechs, die Sie zu 30 % abstellen.

Warum ist das so? Zum einen: Je größer das Projektteam ist, desto mehr Zeit geht Ihnen verloren für die Abstimmung und die Kommunikation. Zum anderen werden aus 50 % sehr schnell 30 %, dann 20 %, dann 10 %, dann 5 %, bis letztendlich 0 % Verfügbarkeit für das Projekt zu Buche schlagen.

Eng verbunden mit diesen Aussagen gilt:

> Einen Mitarbeiter, der sowieso schon zu 120 % durch sein Tagesgeschäft ausgelastet ist, können Sie nicht auch noch nebenbei ein SAP-Projekt machen lassen.

Trotzdem habe ich bei vielen Unternehmen den Eindruck gewonnen, dass sich im Unternehmen die Meinung durchgesetzt hat, die Mitarbeiter könnten das SAP-Instandhaltungsprojekt »so nebenbei« erledigen.

[+]

Eine Frage, die Sie im Vorfeld klären sollten (etwa um Ihr Projektbudget bei der Geschäftsleitung zu beantragen), ist die nach dem Projektaufwand.

Aufwandsplanung

Eine allgemein gültige Aussage zum erwarteten Projektaufwand kann ich Ihnen an dieser Stelle nicht geben! Dies hängt von sehr vielen Faktoren ab, die bei der Aufwandsschätzung berücksichtigt werden müssen. Der Projektaufwand hängt z. B. ab:

Wovon hängt der Aufwand ab?

- von der räumlichen Ausdehnung der Einführung (siehe Abschnitt 9.1.1, »Die Einführungsstrategie«)
- von der genutzten Funktionstiefe (siehe die Kapitel 4, »Anlagenstrukturierung«, und 5, »Geschäftsprozesse«)
- von Ihren hausinternen Entscheidungs- und Genehmigungswegen bzw. von Ihrer Projektkompetenz
- von der Qualität der vorhandenen Stammdaten bzw. von der Anzahl neu zu erfassender Stammdaten
- von Anzahl und Schwierigkeit der zu realisierenden Schnittstellen (siehe die Abschnitte 6.3, »Die Integration mit anderen SAP-Systemen«, und 6.4, »Die Integration mit Non-SAP-Systemen«)
- von Anzahl und Umfang der Zusatzentwicklungen (z. B. Auswertungen, Druckprogramme, Customer Exits)
- von der Integration mit anderen SAP-Applikationen (siehe Abschnitt 6.2, »Integration innerhalb von SAP ERP«)
- vom Umfang der Endanwenderschulungen

Wie hoch ist der Aufwand? Meine bisherigen Aufwandsschätzungen bei meinen Instandhaltungsprojekten haben geschwankt

▶ von weniger als 50 Tagen bei kleinen Einführungen mit hoher Entscheidungskompetenz, vorliegenden Stammdaten, keinen Schnittstellen und wenig Zusatzprogrammierung

▶ bis hin zu deutlich mehr als 3.000 Tagen bei internationalen Großprojekten mit mehrstufigen Genehmigungsverfahren, manueller Neuaufnahme der Stammdaten, vielen Zusatzprogrammierungen und anzubindenden Non-SAP-Systemen

Einen Anhaltspunkt kann Ihnen vielleicht die Aufwandsverteilung auf die Projektphasen geben, die ich folgendermaßen einschätze:

▶ Projektvorbereitung: 5 – 10 %

▶ Business Blueprint: 25 – 30 %

▶ Realisierung: 45 – 50 %

▶ Produktionsvorbereitung: 20 – 30 %

[+] Machen Sie eine Top-down-Schätzung, d. h. eine grobe Aufwandsschätzung anhand der Ziele, die Sie herunterbrechen auf die einzelnen Projektphasen. Führen Sie anschließend mithilfe der Planung einzelner Arbeitspakete eine Bottom-up-Planung durch. Falls Ihre beiden Planungsansätze zu weit auseinanderliegen, prüfen Sie noch einmal intensiv Ihre Annahmen.

Ein weiterer Aspekt, den Sie in der Phase der Projektvorbereitung festlegen sollten, ist die Art der Dokumentation.

Dokumentation

Als einer der wichtigsten Risikofaktoren wurde von den in der Studie befragten Unternehmen die *mangelnde Dokumentation* genannt. Deshalb der dringende Rat:

[+] Erstellen Sie ein Konzept
▸ welche Dokumente für welchen Verwendungszweck erstellt werden sollen
▸ welches Werkzeug verwendet wird
▸ wie die Dokumente zu benennen sind
▸ wo sie abzulegen sind
▸ wer für die Dokumentation sich verantwortlich ist

Welche Dokumente könnten das sein? Sie benötigen im Projektablauf neben anderen folgende Unterlagen:

- *Projektplan* (genereller Plan, Schwerpunkt auf Meilensteinen und Arbeitspaketen, Projektbeteiligte, Aufgabenverteilung)
- *Ist-Analyse* (Bestandsaufnahme der bisherigen Stammdaten und Geschäftsprozesse)
- *BPML – Business Process Master List* (Übersicht der neuen Geschäftsprozesse)
- *BPP – Business Process Procedures* (Detailkonzept der neuen Geschäftsprozesse)
- *Testplan und Testdokumente* (Dokumente für Planung, Durchführung und Ergebnisse von Tests)
- *Programmentwicklung* (Einzelheiten von Programmierungsanforderungen)
- *Benutzerschulungsmaterial* (für die Durchführung der erforderlichen Schulungen vor dem Produktivstart)
- *Benutzerdokumentation* (als Nachschlagewerk)
- *Cut-Over-Plan* (Einzelheiten des Übergangs in die Produktivumgebung und des Produktivstarts)
- *Feedbackformulare* (für Problemmeldungen)

Ausbildung und Training

Sowohl die empirische Studie als auch meine eigenen Erfahrungen zeigen, dass eine gute Ausbildung der Projektmitarbeiter die notwendige Basis für eine gute inhaltliche Arbeit ist.

> Noch ein absolutes Muss für Projektprofis: Sie müssen Ihre Projektmitarbeiter komplett ausbilden – entweder durch die Standardkurse bei SAP oder als Inhouse-Workshop.

[+]

Es reicht nicht, den Projektmitarbeitern eine Kurzeinführung zu geben. Wenn die Mitarbeiter später eine erfolgreiche Konzeptarbeit leisten sollen, müssen sie über umfangreiches Wissen zu SAP EAM verfügen.

Momentan bietet SAP folgende Kurse an (siehe Abbildung 9.4):

[+] Ihre Projektmitarbeiter sollten mindestens an den Kursen PLM300 und PLM315 teilnehmen; andere sollten sie nach Bedarf besuchen.

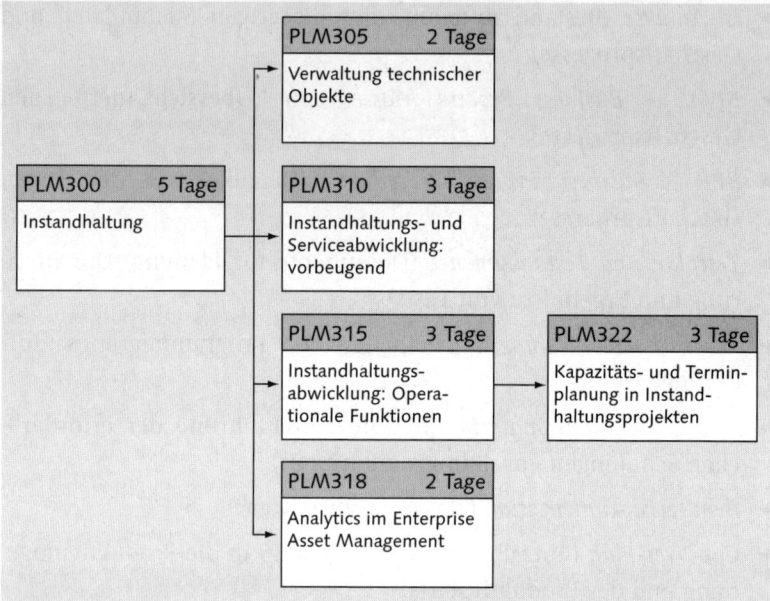

Abbildung 9.4 SAP-Kurse zu SAP EAM

Einen weiteren Aspekt, der zur Phase der Projektvorbereitung zu rechnen ist, habe ich Ihnen schon in Abschnitt 9.1.1, »Die Einführungsstrategie«, erläutert, er sei hier der Vollständigkeit halber noch mal erwähnt:

[+] Legen Sie sich eine Einführungsstrategie zurecht: erstellen Sie einen Plan, zu welchem Zeitpunkt welcher Betrieb bzw. welches Werk mit welchen Funktionen eingeführt wird. Sie müssen festlegen, ob Sie eher

‣ eine *horizontale Strategie* (z. B. Auftragsabwicklung in allen Werken)

‣ eine *vertikale Strategie* (z. B. volle Einführung in einem Werk und dann Roll-out auf andere Werke)

‣ eine *gemischte Strategie* (z. B. voller Funktionsumfang in einem Werk und Roll-out der Auftragsabwicklung auf alle Werke) für sinnvoll halten

In diesem Zusammenhang sei auch noch mal ein Tipp wiederholt, den ich Ihnen in Abschnitt 5.1, »Was Sie tun sollten, bevor Sie Ihre Geschäftsprozesse im SAP-System abbilden«, schon gegeben habe:

Das SAP-System muss nicht und sollte auch nicht auf einmal mit voller Funktionalität eingeführt werden.   **[+]**

Marketing

Ihr Projekt wird mehr Erfolg haben, wenn es von Anfang an von den Mitarbeitern – insbesondere von den späteren Anwendern – mitgetragen wird und wenn Sie Ihrem Projekt eine gewisse »Hausmacht« verschaffen. Ein erster Schritt dazu – später folgen noch weitere – ist die Öffentlichkeitsarbeit.

Machen Sie Ihr Projekt bekannt (Inhouse-Marketing).   **[+]**

Ihnen stehen viele Wege offen, wie Sie dies tun können. Zum Beispiel:

- ▶ wie ein Verkehrsunternehmen, das einen Flyer entworfen und unter der Belegschaft verteilt hat
- ▶ wie jener Energieerzeuger, der im Foyer des Eingangsbereichs auf einem Bildschirm eine automatische Präsentation hat laufen lassen
- ▶ wie ein Automobilzulieferer, der eine Homepage eingerichtet hat, auf der er über den jeweiligen Stand des Projekts berichtet hat
- ▶ wie ein Chemieunternehmen, das einen monatlichen Projektnewsletter an die Belegschaft und Geschäftsführung verschickt hat
- ▶ wie jenes Verkehrsunternehmen, das eine CD mit Präsentation, Beschreibung und Projektplan produziert hat
- ▶ wie viele Unternehmen, die schon offizielle Kick-off-Meetings für Belegschaft und Projektteam einberufen haben

Es gibt viele Möglichkeiten. Seien Sie kreativ. Es muss auch nicht viel kosten.

Ist-Analyse

Dieser Aspekt sollte eigentlich eine Selbstverständlichkeit sein, denn ohne ihn kann man eigentlich im Projekt gar nicht weiterarbeiten. Trotzdem wird er im Einführungsprojekt oft vernachlässigt oder ganz übergangen: eine Erhebung der aktuellen Situation.

[+]
Bevor Sie sich an das System setzen, sollten Sie eine saubere Ist-Analyse der heutigen Geschäftsprozesse durchführen.

Darauf aufbauend, entwerfen Sie ein Soll-Konzept der zukünftigen Geschäftsprozesse, wie sie mit Unterstützung des SAP-Systems abgewickelt werden sollen (siehe Abbildung 9.5).

Der Aufwand für eine vollständige und richtige Geschäftsprozessmodellierung zahlt sich auf jeden Fall aus.

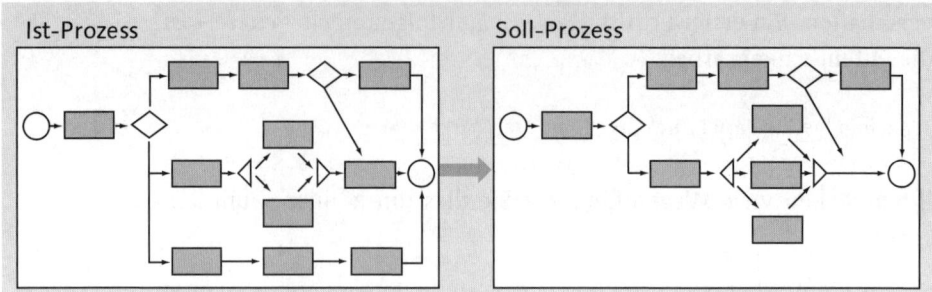

Abbildung 9.5 Ist- und Soll-Prozesse

Quellen der Informationsgewinnung

Eine Frage, die sich in diesem Zusammenhang stellt: An wen wenden Sie sich, um ein möglichst vollständiges und richtiges Bild von bestehenden Abläufen zu gewinnen? In der Praxis haben sich bei der Durchführung von Ist-Analysen folgende Informationsquellen bewährt:

▸ an Geschäftsprozessen beteiligte Personen, die ausführen, steuern und überwachen

▸ Anwender gleichartiger oder ähnlicher IT-Systeme

▸ Kunden, die kritische und oft ideenreiche Wissensträger sind

▸ Geschäftspartner, wie etwa Lieferanten, die mit dem Prozess zu tun haben

▸ Fachexperten, die ein kritisches Feedback geben sollen

▸ Management, das letztendlich die Prozesse zu genehmigen hat

Techniken der Informationsgewinnung

Eine weitere Frage ist dann, welche Techniken eingesetzt werden können, um an die für eine vollständige und richtige Ist-Analyse notwendigen Informationen zu kommen. Folgende Techniken haben sich in der Praxis als geeignet erwiesen:

▸ Beobachtung der beteiligten Mitarbeiter bei der Arbeit

▸ Mitarbeit bei den zu untersuchenden Geschäftsprozessen

- Übernahme der Rolle eines Außenstehenden (z. B. der Produktionsleiter als Kunde)
- Verwendung von Fragebögen
- Durchführung von Interviews
- Brainstorming mit den Beteiligten
- Diskussion mit Fachexperten
- Durchsicht bestehender Formulare, Dokumentationen, Beschreibungen und Handbücher, Arbeitshilfen
- verbale Beschreibung der Aufbau- und Ablauforganisation (Organigramme usw.)

Aber vielleicht gibt es in Ihrem Hause ja noch andere Möglichkeiten für eine Informationsrecherche.

Eine weitere Frage ist dann, in welcher äußeren Form die Geschäftsprozesse dokumentiert und präsentiert werden, also welche *Methode der Geschäftsprozessmodellierung* zum Einsatz kommen soll.

Methoden der GPM

Einer rein textlichen Beschreibung ist grundsätzlich aufgrund der besseren Visualisierungsmöglichkeiten eine grafische oder tabellarische Darstellung vorzuziehen.

Für die grobe Ablaufbeschreibung eines komplexen Prozesses wie z. B. Instandhaltungsprojekte eignen sich so genannte *Wertschöpfungskettendiagramme* (WKD, Abbildung 9.6).

Wertschöpfungskettendiagramm

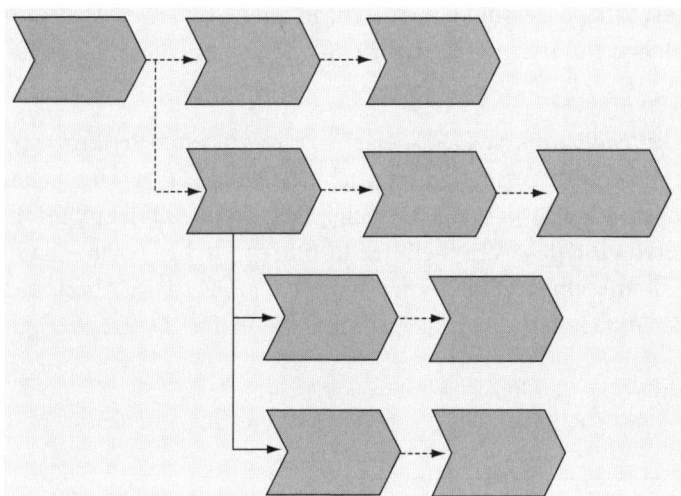

Abbildung 9.6 Wertschöpfungskettendiagramm

Ereignisgesteuerte
Prozessketten

Diese stellen Vorgänger-Nachfolger-Beziehungen dar und dies auch mehrstufig – z. B. für den Fall einer Revisionsplanung.

Für Prozesse von einfacher und mittlerer Komplexität eignen sich *ereignisgesteuerte Prozessketten* (EPK). Diese gibt es in einfacher und erweiterter Ausprägung.

Die einfache Ausprägung einer EPK stellt einen Prozessablauf auf einer feineren Ebene als WKDs dar und besteht aus zwei Objekttypen:

▶ Funktionen (z. B. Auftrag drucken, Materialverfügbarkeit prüfen)

▶ Ereignisse (z. B. Störmeldung eingegangen, Auftrag rückgemeldet)

Von *erweiterten ereignisgesteuerten Prozessketten (eEPK)* spricht man dann, wenn zusätzliche Objekttypen modelliert werden:

▶ Belege (z. B. Laufkarte, Rückmeldeschein, Objektliste)

▶ Organisationseinheiten (z. B. Arbeitsvorbereitung, Mechanische Werkstatt)

▶ Prozessschnittstellen (z. B. Bestellabwicklung, Nachkalkulation)

▶ Informationssysteme (z. B. SAP ERP-Transaktion IW31 (Anlegen Auftrag))

▶ Dateien oder Datenbanken (z. B. AFRU (Auftragsrückmeldungen), BANF (Bestellanforderungen))

Es bleibt Ihnen überlassen, ob und wenn ja, welche Objekttypen Sie in Ihr Geschäftsprozessmodell mit aufnehmen. Ein Ausschnitt aus einem solchen Modell könnte dann z. B. wie in Abbildung 9.7 aussehen.

Vorgangsketten-
diagramme

Vorgangskettendiagramme (VKD) eigenen sich für einfache Prozesse. Für komplexere Prozesse sind sie nicht geeignet. Ein wesentliches Kennzeichen der VKDs ist die Tatsache, dass sie die Objekttypen in feste Spalten einteilen. VKDs gibt es in rein grafischer Form – dann besitzen sie dieselben Objekttypen wie eine eEPK (siehe Abbildung 9.8) – oder in tabellarisch-verbaler Form, wie in Tabelle 9.2 gezeigt.[3]

---

3 Entnommen aus Kempchen, M.: Praxisbericht Abwicklung von Instandhaltungsmaßnahmen, in: SAP R/3 PM in der Instandhaltung, München 2007.

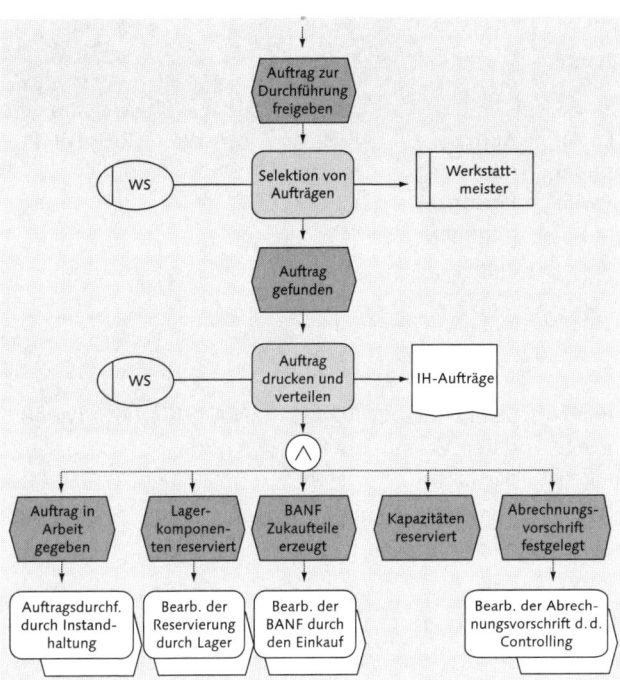

Abbildung 9.7 Erweiterte ereignisgesteuerte Prozesskette

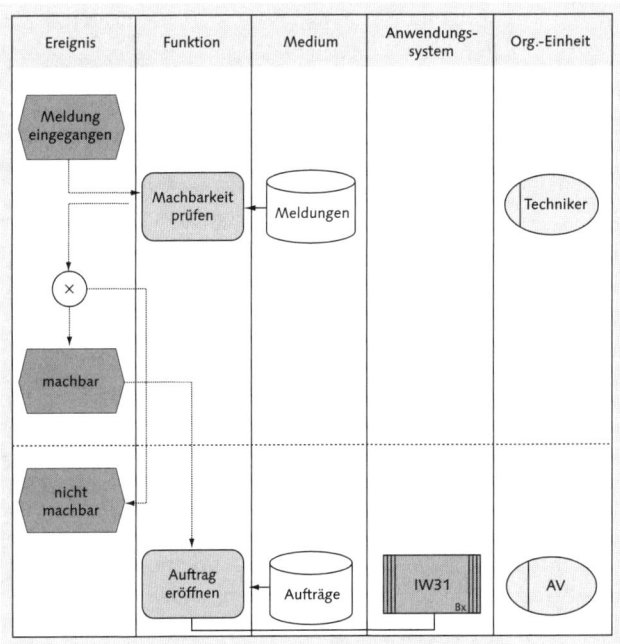

Abbildung 9.8 Grafisches Vorgangskettendiagramm

Nr.	Ereignis/ Ergebnis	Funktion/ Aktivität	Input (Daten)	Output (Daten)	Betei-ligte/ Org.	System-funktion
1	IH-Maß-nahme ist durchge-führt	Rückmeldung Einze-lerfassung oder über Vorgangsliste > wei-ter mit Pos. 3	Auftrags-nummer Personal-nummer Zeit	Rück-melde-daten-satz	MA WI	R/3: IW 41
2	Rückmel-dung ist erfolgt	Weiter mit Pos. 4				
3	Vorgangs-liste ist erzeugt	Auswahl rückzumel-dender IH-Vorgänge und Verzweigungen in Einzelerfassung	Selektions-daten Vor-gangsliste Personal-nummer Zeit	Rück-melde-daten-satz	MA WI	R/3: IW 48
4	Rückmel-dungen sind erfolgt	Überprüfung der Rückmeldedaten	Selektions-daten Rück-meldeliste	Rück-melde-liste	MA WI	R/3: IW 47
5	Abwei-chung wurde fest-gestellt	Korrektur vorneh-men (Storno und/oder Nach-erfassung)	IH-Auftrags-nummer Korrektur-daten	Geän-derte Daten-sätze	MA WI	R/3: IW 48 oder IW 41

Tabelle 9.2 Tabellarisches Vorgangskettendiagramm

[+] Erstellen Sie Geschäftsprozessmodelle von den Ist- und von den Soll-Abläufen. Setzen Sie dabei unterschiedliche Modelltypen ein:
> Wertschöpfungskettendiagramme (WKD) als Überblick über komplexe Geschäftsprozesse
> ereignisgesteuerte Prozessketten (EPK) für die Detaillierung der kom-plexen Prozesse oder zur Darstellung weniger komplexer Prozessen
> Vorgangskettendiagramme (VKD) für einfache Prozesse

Systemlandschaft Ein weiterer Fehler, der vielen Firmen in dieser Phase unterläuft: Die SAP-Systemlandschaft wird zu spät zur Verfügung gestellt.

[+] Spätestens, wenn Ihre Mitarbeiter ihre SAP-Ausbildung beendet haben, muss ihnen ein SAP-Testsystem zur Verfügung stehen. Haben sie das nicht, können sie das Gelernte nicht nachstellen, und es ist ganz schnell ein Großteil wieder vergessen. Also: rechtzeitig einplanen!

9.3.2 Business Blueprint

In den Kapiteln 3 – 7 habe ich Ihnen nun schon eine ganze Menge inhaltlicher Tipps gegeben, die sich dann vor allem in der Phase des *Business Blueprints* niederschlagen:

▸ in Kapitel 3 zu den Organisationseinheiten (Was ist zu tun bei kostenrechnungsübergreifender Instandhaltungsabwicklung?)

▸ in Kapitel 4 zur Anlagenstrukturierung (Wie tief sollen die Anlagenstrukturierung gehen? Oder welche Hilfsmittel sollen eingesetzt werden?)

▸ in Kapitel 5 zu den Geschäftsprozessen (Wie werden Fremdfirmen abgebildet? Oder wie kann das Layout der Aufträge festgelegt werden?)

▸ in Kapitel 6 zur Integration (Wie kann ein Abgleich zwischen Equipments und Anlagen realisiert werden? Oder welches Dispositionsverfahren ist bei Ersatzteilen empfehlenswert?)

▸ in Kapitel 7 zum Instandhaltungscontrolling (Wie kann eine aktive Verfügbarkeitskontrolle aktiviert werden? Wie werden dynamische Datumsberechnungen durchgeführt?)

All diese Beschreibungen und Hinweise schlagen sich in der Phase des *Business Blueprints* in Ihrem Detailkonzept nieder. Im Folgenden werde ich Ihnen nun weitere Hinweise – vor allem aus dem organisatorischen Umfeld – geben, die in der Phase des Business Blueprints zu beachten sind.

Beziehen Sie Ihre späteren Anwender in die Konzeption mit ein.	[+]

Nur ein System, das die Anwender akzeptieren, wird Sie wirklich weiterbringen. Deshalb ist es wichtig, dass Sie von Anfang an die späteren Anwender in Ihre konzeptionellen Überlegungen mit einbeziehen. Wie können Sie dies tun? Hier sind einige Vorschläge:

▸ Sie könnten z. B. eine Referenzgruppe gründen, d. h. eine Gruppe von ausgewählten Anwendern, die Sie sich zum fachlichen Input und als Feedback in die Projektgruppe holen.

▸ Sie könnten in regelmäßigen Abständen Ihre Zwischenergebnisse präsentieren (Präsenzpräsentation, Newsletter, Homepage).

▸ Sie könnten Einzelbefragungen durchführen und sich Feedback einholen.

Benutzerfreundlichkeit und Benutzerakzeptanz

Ich habe in den vorangegangenen Kapiteln schon einige Male darauf hingewiesen, aber weil es so wichtig ist und für alle Aktivitäten in der Phase des Business Blueprints gilt, sei es an dieser Stelle noch mal wiederholt:

[+]   Das System sollte so einfach wie möglich gestaltet sein. Sei es die Anlagenstrukturierung oder die Abwicklung von Geschäftsprozessen: Die Benutzerakzeptanz steigt mit der Einfachheit des Systems. Es ist besser, ein 80 %iges System zu haben, das von 100 % der Anwender akzeptiert wird, als ein 100 %iges System, das von 20 % akzeptiert wird.

Das SAP-System steht nicht gerade im Ruf, besonders benutzerfreundlich zu sein. Der Frage, ob das tatsächlich so ist und was Sie selbst in Ihrem Projekt dafür tun können, werden wir im abschließenden Kapitel 10, »Die Benutzerfreundlichkeit«, nachgehen. Folgenden Tipp kann ich Ihnen an dieser Stelle schon mal geben:

[+]   Setzen Sie sich in der Einführungsphase offensiv mit den Befürchtungen Ihrer Mitarbeiter im Bezug auf die Benutzerfreundlichkeit des SAP-Systems auseinander. Schweigen Sie das Thema nicht tot, sondern greifen Sie die Befürchtungen Ihrer Mitarbeiter auf, und versuchen Sie, Abhilfe zu schaffen.

Tun Sie alles, um das System für Ihre Anwender so benutzerfreundlich wie nur möglich zu machen.

Welche Möglichkeiten das sein können, werde ich Ihnen in Abschnitt 10.4, »Möglichkeiten des SAP-System zur Verbesserung der Benutzerfreundlichkeit«, vorstellen. Ob solche Maßnahmen tatsächlich messbare Verbesserungen bringen, wird dann die Usability-Studie in Abschnitt 10.5, »Die Usability-Studie zu SAP ERP 6.0«, zeigen.

Und hier noch ein weiterer Tipp, wie Sie die Benutzerakzeptanz von Anfang an verbessern können.

[+]   Finden Sie in der Ist-Analyse Aspekte heraus, bei denen die Mitarbeiter heute Probleme haben oder die sie als suboptimal empfinden. Bieten Sie ihnen genau für diese Aspekte eine Lösung an, die eine Verbesserung gegenüber dem heutigen Zustand darstellt.

Da diese Aspekte sehr individuell sind, hier nur ein paar Ideen, was andere Firmen gemacht haben:

▶ eine Liste mit Informationen, die heute nur mühsam erreichbar sind

▶ die Erfassung von Meldungen in der Produktion, wo heute Belege hin- und hergetragen werden

▶ die automatische Berechnung von Wartungsterminen, wo heute mühsam Ablagetaschen gewälzt werden

▶ der Ausdruck der Materialbereitstellungsliste direkt im Lager für eine Vorabkommissionierung, wo der Handwerker heute im Lager lange auf die Warenausgabe warten muss

▶ der Hinweis auf eine neue Störung, die per Paging verschickt wurde, wo der Handwerker heute in die Störleitstelle zurücklaufen muss, um sich die Anweisungen zu holen

▶ Wartungslisten für die Produktion, die automatisch per E-Mail zugestellt werden, wo heute stapelweise Papier durch die Produktion getragen wird

Wenn Sie ein wenig aufmerksam sind, werden Sie sicherlich auch in Ihrem Unternehmen solche Aspekte finden. Und wenn Sie ein wenig kreativ sind, werden Sie Ihren Anwendern eine Verbesserung anbieten können.

Als Nächstes werde ich auf einen Aspekt eingehen, der erfahrungsgemäß am Anfang etwas vernachlässigt wird:

Das Berechtigungskonzept

Über das Berechtigungskonzept steuern Sie, welcher Benutzer in welcher Organisationseinheit welche Funktionen an welchen Objekten ausführen darf.

Es handelt sich hier nicht um ein instandhaltungsspezifisches Thema, sondern um ein generisches. Insofern dürfte die Verantwortung für das Berechtigungskonzept in der IT, Organisation oder ähnlichen Instanzen liegen. Sie sollten sich aber rechtzeitig darum kümmern, dass ein Berechtigungskonzept für die Nutzung von SAP EAM erstellt wird.

Vergessen Sie nicht, parallel zum fachlichen Feinkonzept ein *Berechtigungskonzept* zu entwerfen.

In Anhang A.6 ist zusammengefasst, über welche Berechtigungsobjekte SAP EAM verfügt und welche Organisationseinheiten, Funktionen und Felder dabei jeweils geprüft werden.

Ich möchte dieses Thema an dieser Stelle nicht weiter vertiefen, sondern auf die Spezialliteratur verweisen.[4] Dort ist im Detail erläutert

▸ wie Sie auf Basis dieser Berechtigungsobjekte die Berechtigungen definieren

▸ wie Sie mehrere Berechtigungen zu einem Berechtigungsprofil zusammenfassen

▸ wie Sie mit der Transaktion PFCG Einzelrollen erstellen (siehe Abbildung 9.9) und sie zu Sammelrollen zusammenfassen

▸ wie Sie Benutzer mit den notwendigen Berechtigungen definieren

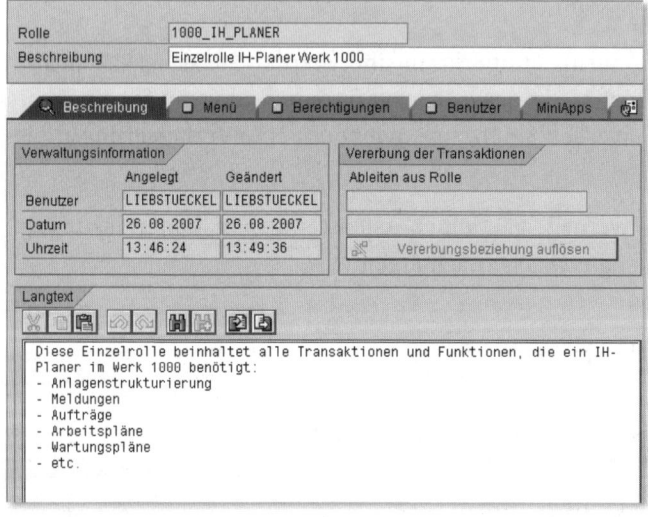

Abbildung 9.9 Pflege von Einzelrollen mit der Transaktion PFCG

Altdatenübernahme und Stammdatenpflege

Es gibt immer zwei Möglichkeiten, wie Sie Ihre Stammdaten in das SAP-System bringen können – entweder manuell oder automatisch.

---

4 Zum Beispiel Lehnert/Bonitz: SAP-Berechtigungswesen, Bonn: SAP PRESS 2010.

Wenn Sie von einem anderen Instandhaltungsplanungs- und -steuerungssystem (IPS) zum SAP-System wechseln oder wenn die Anlagendaten in sonstiger elektronischer Form vorliegen (z. B. in einem CAD-System), sollten Sie grundsätzlich versuchen, diese Daten automatisch in das SAP-System zu bringen.

Automatisierte Datenübernahme

> Für die Datenübernahme aus vorgelagerten oder Altsystemen bietet SAP zwei Standardtools an: entweder eine instandhaltungsspezifische Datenübernahme (Transaktion IBIP)6 oder die allgemeine Datenübernahme-Workbench (Transaktion LSMW)7. Beide bieten Ihnen die Möglichkeit, die Instandhaltungsobjekte mit ihren Daten ins SAP-System zu übernehmen.

[+]

Der Instandhaltung Batch Input (IBIP), siehe Abbildung 9.10, ist ein Datenübernahmeprogramm, das auf die speziellen Datenbankobjekte der Instandhaltung zugeschnitten ist. Demgegenüber ist die Legacy System Migration Workbench (LSMW), siehe Abbildung 9.11 eine allgemeine Datenübernahme-Workbench, die nicht nur Instandhaltungsobjekte, sondern Objekte aus vielen SAP-Applikationen übernehmen kann.

IBIP oder LSMW?

Der wesentliche Unterschied ist folgender:

- **IBIP**
  Der IBIP benötigt eine Quelldatei, deren Feldfolge einer vorgegebenen Struktur entsprechen muss. Wie diese Strukturen heißen (z. B. IBIPEQUI für den Equipmentstammsatz), können Sie der Dokumentation des IBIP entnehmen und die Feldstruktur selbst über das Data Dictionary (Transaktion SE11). Wenn die Struktur eingehalten ist, sind keine weiteren Voraussetzungen nötig.

- **LSMW**
  Die LSMW benötigt keine feste Struktur, sondern kennt ein *Fieldmapping*, in dem die Felder der Quellstruktur den Feldern des SAP-Objekts zugeordnet werden. Die Beschreibung der Quellstruktur erfolgt projektabhängig im SAP-System.

Damit wird die LSMW flexibler, aber auch aufwendiger als der IBIP.

Wenn Sie mit der IT-Unterstützung Ihrer Instandhaltung »auf der grünen Wiese« beginnen, d. h. noch keine Stammdaten in elektronischer Form vorhanden sind, müssen Sie die Daten manuell erfassen.

Manuelle Datenerfassung

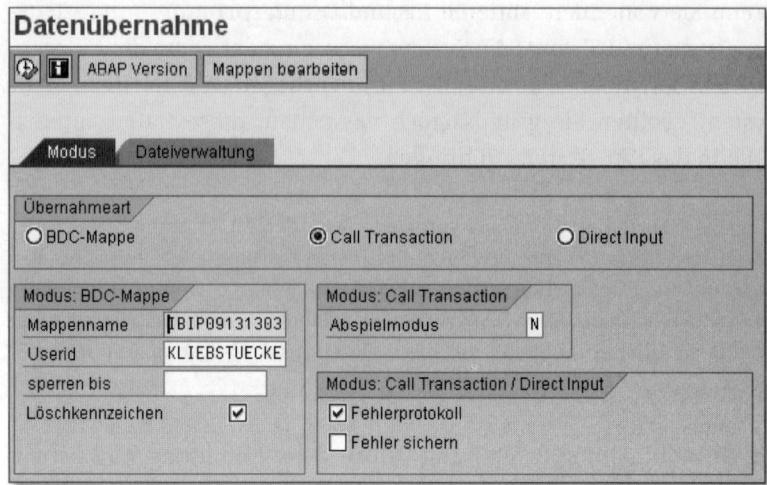

Abbildung 9.10 IBIP

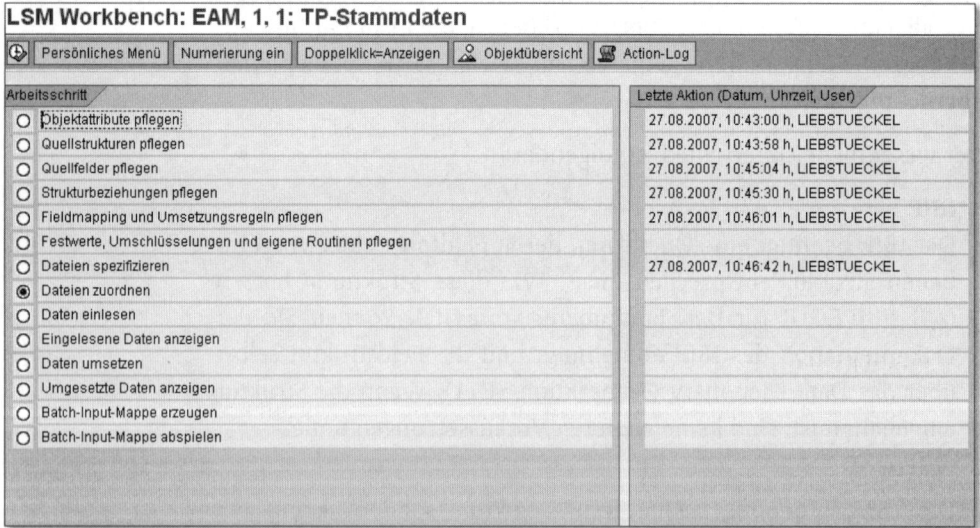

Abbildung 9.11 LSMW

[+]   Neben der Standardmöglichkeit, die Daten direkt im SAP-System anzulegen, könnten Sie auch die SAP-Tabellenstrukturen mithilfe des Programms RIACCESS als lokale Datenbank nach Microsoft Access exportieren, die Daten dezentral auf dem PC erfassen und dann mit IBIP oder der LSMW in das SAP-System überführen.

Egal, für welches Verfahren Sie sich entscheiden:

Erstellen Sie einen detaillierten Plan für die Datenerhebung. Darin sollten Sie insbesondere festlegen **[+]**

- ▸ welche Mitarbeiter an der Datenaufnahme beteiligt sind
- ▸ welche Vorlagen (Karteien, Ablagen, Zeichnungen usw.) benutzt werden
- ▸ wie die Auf- und Vorbereitung der Daten stattzufinden hat
- ▸ zu welchen Terminen die Erfassung der Daten im System durchgeführt wird
- ▸ wie die Qualität der Daten kontrolliert wird
- ▸ wer für die Qualitätskontrolle verantwortlich ist
- ▸ wie die Freigabe der Stammdaten zu erfolgen hat
- ▸ und nicht zu vergessen: wie lange die einzelnen Aktivitäten dauern

9.3.3 Realisierung

In der Phase der Realisierung geht es nun darum, die in der Phase des Business Blueprints entworfenen Pläne und Konzepte in die Tat umzusetzen. Demzufolge warten nun folgende Aufgaben auf Sie:

- ▸ Sie nehmen die Customizing-Einstellungen vor: für die Organisationsstrukturen, für die Anlagenstrukturierung, für die Geschäftsprozesse, für die Integration mit anderen Komponenten.
- ▸ Sie entwickeln notwendige Ergänzungen und Schnittstellenprogramme.
- ▸ Sie bereiten die Altdaten für die Übernahme vor bzw. erfassen die Stammdaten direkt im SAP-System.
- ▸ Sie entwickeln die Anwenderschulungen und Anwenderdokumentationen.
- ▸ Sie organisieren die Durchführung der Anwenderschulungen.
- ▸ Sie richten die Benutzer, Rollen und Berechtigungen ein.

Diese Aufgaben sind definiert und bedürfen an dieser Stelle keiner weiteren Erläuterungen. Stattdessen möchte ich auf einen bisher nicht dargestellten Aspekt eingehen:

Testen

Vor einem Übergang zum Produktivbetrieb sollten Sie Ihr umgesetztes Konzept ausgiebig testen.

[+] Umfangreiche Tests in der Einführungsphase sind eine notwendige Voraussetzung für einen erfolgreichen Produktivstart. Planen Sie sie rechtzeitig, und führen Sie sie konsequent durch.

Es gibt unterschiedliche Arten von Tests:

▶ **Funktionstests**
Dies ist die niedrigste Testebene, auf der Programme oder Transaktionen auf Fehler untersucht und beurteilt werden. Der Schwerpunkt des Tests liegt auf den inneren Funktionen des Programms. Hier geht es hauptsächlich darum, das System im Hinblick auf die eigenen Anforderungen kennenzulernen.

▶ **Szenariotests**
Während des Customizings müssen Transaktionsketten getestet werden, die in Abhängigkeit zueinander stehen und zentrale Geschäftsprozesse und Szenarien widerspiegeln. Testschwerpunkt sind hier komplette Geschäftsprozesse.

▶ **Integrationstest**
Ein abschließender Test überprüft die Integration mithilfe vordefinierter Geschäftsprozesse oder Szenarien, die die Abläufe in Ihrem System simulieren. Die besagten Geschäftsabläufe verwenden bereits die migrierten Daten und werden in der echten IT-Infrastruktur ausgeführt, die sich aus dem SAP-System, Software von Fremdherstellern, Systemschnittstellen und verschiedenen Hardware- und Softwarekomponenten zusammensetzt.

9.3.4 Produktionsvorbereitung

Diese Phase umfasst nun sämtliche Aktivitäten, die in zeitlicher Nähe und als Vorbereitung des Go Live notwendig sind.

Übernahme der Altdaten

Hierzu gehört die Übernahme von Altdaten ins Produktivsystem. Da jedoch die Datenübernahme nur in Ausnahmefällen vollständig und fehlerfrei gelingt, benötigen Sie eine Zeit für die Korrektur und Ergänzung der Daten. Je nachdem, wie umfangreich dieses Änderungsvolumen sich darstellt, benötigen Sie eine gewisse Zeitdauer für die Nachpflege.

Planen Sie ausreichend Zeit (einen oder mehrere Tage) für Fehlerkorrekturen und Ergänzungen an den Stammdaten ein. **[+]**

Endanwender schulen

Eine weitere Aktivität, die in dieser Phase auf Sie wartet, ist die Anwenderschulung. Hatte ich es bei der Ausbildung des Projektteams noch empfohlen, gilt dies für Endanwenderschulungen nicht: SAP-Schulungen sind für Endanwender normalerweise nicht geeignet.

Die Endanwenderschulungen sollten von Mitarbeitern Ihres Hauses **[+]** durchgeführt werden, am besten durch die Vertreter des Fachbereichs im Projektteam. Verwenden Sie hierzu die Systemumgebung und die Beispiele von technischen Objekten, auf die die Endanwender später auch treffen.
Führen Sie die Endanwenderschulungen in zeitlicher Nähe zum Produktivstart durch, sonst haben die Anwender bis zum Produktivstart vieles wieder vergessen.

Cut-Over-Plan

Spätestens jetzt sollten Sie einen kompletten Cut-Over-Plan entwickelt haben.

Ein Cut-Over-Plan enthält sämtliche Aktivitäten, die entweder unmittelbar **[+]** vor, während oder kurz nach Produktivstart durchzuführen sind. Somit erfüllt der Cut-Over-Plan die Funktion eines »Knotens im Taschentuch«, einer Erinnerungsliste, damit nichts vergessen wird.

Auf einer solchen Liste stehen oft nur Kleinigkeiten. Aber weil gerade Kleinigkeiten bei so etwas Großem wie einem Produktivstart gerne vergessen werden, könnte auf einer solchen Liste z. B. stehen

▸ welche Stammdaten noch manuell anzulegen sind, weil eine automatische Übernahme sich nicht lohnt

▸ welche Einstellungen am System vorzunehmen sind, weil sie nicht transportiert werden können

▸ welche Selektions- und Anzeigevarianten einzustellen sind

▸ welcher Batch-Job angestoßen werden muss

▸ welche Nummernkreise entweder manuell anzulegen oder deren Transport manuell angestoßen werden muss

9.3.5 Go-Live und Support

Zum geplanten Stichtag gehen Sie dann live und beginnen, Ihre ersten Meldungen und Aufträge im neuen System abzuwickeln. Das Wichtigste in dieser Phase ist:

[+] Organisieren Sie in den ersten Tagen nach Go-Live einen Support für die Endanwender: am besten eine Vor-Ort-Betreuung der Anwender durch Mitarbeiter aus dem Projektteam. Geben Sie auch eine zentrale Hotline-Nummer und E-Mail-Adresse bekannt, so dass Probleme zeitnah bearbeitet werden können.

In dieser Phase sollten – wenn die Tests zielgerichtet und intensiv betrieben wurden – keine konzeptionellen Schwierigkeiten oder Systemprobleme mehr auftreten. Erfahrungsgemäß treten in dieser Phase Handlingprobleme auf oder stellen sich Detailfragen. Aber auch diese nehmen nach einer gewissen Eingewöhnungsphase schnell ab.

[o] Wie zu jedem Kapitel habe ich Ihnen zusammenfassend noch einmal die wichtigsten Aussagen und alle Tipps und Tricks zusammengestellt, die ich Ihnen im Hinblick auf Ihr SAP-Instandhaltungsprojekt mit auf den Weg geben möchte. Diese finden Sie als gesondertes Dokument auf der DVD.

Es ist ein weit verbreitetes Vorurteil, dass das SAP-System benutzerunfreundlich sei. In diesem Kapitel soll daher aufgezeigt werden, welche Möglichkeiten das SAP-System bietet, um die Benutzerfreundlichkeit zu verbessern. In einem empirischen Labortest soll unter praxisnahen Bedingungen überprüft werden, ob – und wenn ja wie – sich damit die Bearbeitungszeit von Geschäftsprozessen verkürzen lässt.

10 Die Benutzerfreundlichkeit

Nicht ohne Grund habe ich mir für dieses Kapitel eine exponierte Stelle ausgesucht und es an das Ende meines Buches gestellt. Ich möchte dadurch die Wichtigkeit dieses Themas unterstreichen und ihm die Bedeutung zuteil werden lassen, die es in vielen Firmen nicht genießt.

Es ist ein weit verbreitetes Urteil von selbst ernannten Experten und ein noch weiter verbreitetes Vorurteil von denjenigen, die das SAP-System nur vom Hörensagen kennen, dass

▸ es mit der Benutzerfreundlichkeit nicht weit her sei

▸ die Bearbeitung der Geschäftsvorfälle viel zu lange dauere

▸ die Masken viel zu überfrachtet seien

Ich kann nur sagen: *Das stimmt.* Das stimmt insofern, als dass viele Firmen bei der SAP-Einführung die Standardmasken und -abläufe einsetzen und dies ihren Endanwendern zumuten. Das stimmt insofern, als dass viele Firmen meiner Erfahrung nach diesem Aspekt bei der SAP-Einführung zu wenig Aufmerksamkeit schenken. Das stimmt insofern, als dass viele Firmen zu wenig von den Tuningmöglichkeiten Gebrauch machen, die das SAP-System standardmäßig bereitstellt – falls sie sie überhaupt kennen. Es ist mir deshalb ein ganz besonderes Anliegen, Sie in diesem Abschlusskapitel über die Möglichkeiten zur Steigerung der Benutzerfreundlichkeit aufzuklären und Sie mit den Ergebnissen vertraut zu machen, die wir in einem Labortest erzielt haben, den wir an unserer Hochschule unter praxisnahen Bedingungen durchgeführt haben.

Vielleicht gelingt es mir ja mit diesem Beitrag, ein wenig mit dem gepflegten (Vor-)Urteil, ein SAP-System sei benutzerunfreundlich, aufzuräumen.

Hierzu müssen wir zunächst zwei Fragen nachgehen: Was ist eigentlich Benutzerfreundlichkeit? Und warum ist diese gerade in der Instandhaltung ein so wichtiges Thema? Anschließend werde ich Ihnen die Tuningmaßnahmen im Einzelnen vorstellen und klären, an welcher Stelle und warum sie eine Verbesserung bringen. Schließlich werde ich Ihnen den Labortest und seine Ergebnisse vorstellen, in deren Mittelpunkt die Frage steht: Wie stark reduziert sich die Bearbeitungszeit eines Geschäftsprozesses, wenn Tuningmaßnahmen eingesetzt werden?

10.1 Was ist eigentlich Benutzerfreundlichkeit?

Begriffe und Normen

Benutzerfreundlichkeit bezeichnet die vom Anwender erlebte Nutzungsqualität bei der Interaktion mit einem System. Eine besonders einfache, zum Anwender und seinen Aufgaben passende Bedienung wird dabei als benutzerfreundlich angesehen.

In Normungszusammenhängen wird normalerweise von der Usability oder Ergonomie eines Softwareprodukts gesprochen. Diese wiederum ist in der Normenreihe DIN EN ISO 9241 in Teil 110 (Grundsätze der Dialoggestaltung) als das Produkt aus Effektivität, Effizienz und Zufriedenheit definiert. Während unter Hardwareergonomie die Anpassung der Werkzeuge an den Bewegungs- und Wahrnehmungsapparat des Menschen verstanden wird (z. B. Körperkräfte und Bewegungsräume), befasst sich die Softwareergonomie mit der Anpassung an die kognitiven und physischen Fähigkeiten bzw. Eigenschaften des Menschen, also seine Möglichkeiten zur Verarbeitung von Informationen (z. B. Komplexität), aber auch mit softwaregesteuerten Merkmalen der Darstellung (z. B. Farben und Schriftgrößen).

Konkret wurden in der DIN EN ISO 9241-110 sieben Grundsätze definiert. Da die reinen Normentexte erst mal wenig aussagefähig sind, habe ich jeweils Beispiele aufgeführt, wie sich der jeweilige Grundsatz in einem SAP-System niederschlagen könnte.

Grundsatz 1: Aufgabenangemessenheit

»Ein Dialog ist aufgabenangemessen, wenn er den Benutzer dabei unterstützt, seine Arbeitsaufgabe effektiv und effizient zu erledigen.«

Beispiele für die Aufgabenangemessenheit im SAP-System sind:

▸ Es sollten in einer Transaktion keine Pflichtangaben verlangt werden, die mit dem Abwickeln des relevanten Geschäftsprozesses nichts zu tun haben.

▸ Auf einer Erfassungsmaske soll der Cursor gleich auf das zuerst auszufüllende oder das zu korrigierende Feld gesetzt werden.

Grundsatz 2: Selbstbeschreibungsfähigkeit

»Ein Dialog ist selbstbeschreibungsfähig, wenn jeder einzelne Dialogschritt durch Rückmeldung des Dialogsystems unmittelbar verständlich ist oder dem Benutzer auf Anfrage erklärt wird.«

Beispiele für die Selbstbeschreibungsfähigkeit des SAP-Systems sind:

▸ Links sind so formuliert, dass man sicher vorhersagen kann, wohin sie führen.

▸ Eine Applikation hat eine Online-Hilfe, die kontextspezifische Bedienhinweise gibt.

Grundsatz 3: Steuerbarkeit

»Ein Dialog ist steuerbar, wenn der Benutzer in der Lage ist, den Dialogablauf zu starten sowie seine Richtung und Geschwindigkeit zu beeinflussen, bis das Ziel erreicht ist.«

Beispiele für die Steuerbarkeit des SAP-Systems sind:

▸ Eine Liste hat Buttons, mit deren Hilfe die Informationen nach einer beliebigen Spalte sortiert werden können.

▸ Wenn eine Anfrage an die Datenbank zu lange dauert, kann sie unterbrochen werden.

Grundsatz 4: Erwartungskonformität

»Ein Dialog ist erwartungskonform, wenn er konsistent ist und den Merkmalen des Benutzers entspricht, z. B. seinen Kenntnissen aus dem Arbeitsgebiet, seiner Ausbildung und seiner Erfahrung sowie den allgemein anerkannten Konventionen.«

Beispiele für die Erwartungskonformität des SAP-Systems sind:

▶ Für dieselben Informationen und Funktionen werden immer dieselben Begriffe verwendet (z. B. Sachkonto heißt immer Sachkonto oder zum Löschen eines Eintrags wird immer dasselbe Icon verwendet.

▶ Beim Drücken der Tabulator-Taste springt der Cursor auf das nächste Eingabefeld.

Grundsatz 5: Fehlertoleranz

»Ein Dialog ist fehlertolerant, wenn das beabsichtigte Arbeitsergebnis trotz erkennbar fehlerhafter Eingaben entweder mit keinem oder mit minimalem Korrekturaufwand seitens des Benutzers erreicht werden kann.«

Beispiele für die Fehlertoleranz des SAP-Systems sind:

▶ Die Daten werden vor dem Sichern automatisch auf Plausibilität, fehlende oder unvollständige Eingaben geprüft.

▶ Fehlermeldungen werden nicht technisch verklausuliert oder als Nummer angezeigt, sondern in der Sprache der Benutzer formuliert.

Grundsatz 6: Individualisierbarkeit

»Ein Dialog ist individualisierbar, wenn das Dialogsystem Anpassungen an die Erfordernisse der Arbeitsaufgabe sowie an die individuellen Fähigkeiten und Vorlieben des Benutzers zulässt.«

Beispiele für die Individualisierbarkeit des SAP-Systems sind:

▶ In einer personalisierten Liste kann der Benutzer festlegen, welche Informationen er sehen möchte, wie diese sortiert sind usw.

▶ Der Benutzer kann sich persönliche Vorschlagswerte hinterlegen, damit er Standardinformationen wie Werk, Buchungskreis o. Ä. nicht immer manuell ausfüllen muss.

Grundsatz 7: Lernförderlichkeit

»Ein Dialog ist lernförderlich, wenn er den Benutzer beim Erlernen des Dialogsystems unterstützt und anleitet.«

Beispiele für die Lernförderlichkeit des SAP-Systems sind:

► In einer »Guided Tour« werden die Benutzer durch den Geschäftsprozess geführt.

► Es werden vor dem Sichern Simulationsmöglichkeiten oder Probebuchungen angeboten.

Bei alldem gilt der folgende Grundsatz: Benutzerfreundlichkeit zeichnet sich durch Unauffälligkeit aus, weil sie der zu erfüllenden Funktion dient und keinem anderen Nebenzweck. Man bemerkt sie nur, wenn sie fehlt.

Oberflächlich betrachtet, könnte man sagen, dass das SAP-System doch sämtliche Kriterien der Softwareergonomie erfüllt. Neben den von mir aufgeführten Beispielen gibt es für jeden der sieben Grundsätze eine Vielzahl weiterer Beispiele, die die Softwareergonomie des SAP-Systems bestätigen würden.

Warum also steht das SAP-System im Ruf, benutzer*un*freundlich zu sein? Warum haben die SAP-Anwender oft das subjektive Gefühl, alles ist zu umständlich und zu kompliziert? Ganz einfach: weil es in der Standardauslieferung auch eine ganze Menge Gegenbeispiele gibt:

► Die Abfolge der Bildschirmbilder (Masken, Registerkarten) entspricht nicht dem Arbeitsablauf des Anwenders.

► Die für einen Geschäftsprozess notwendigen Daten befinden sich verteilt auf verschiedenen Bildschirmbildern.

► Die Bildschirmbilder sind mit unnötigen Informationen überfrachtet.

► Listen bieten seitenweise Selektionsmöglichkeiten an, der Anwender will aber z.B. immer nur die Aufträge seiner Kostenstelle sehen.

► Er muss für ihn unnötige Informationen eingeben (wie z.B. Werk, Einkaufsorganisation, Geschäftsbereich, Kostenart usw.).

► Er muss sich seine Informationen selbst aus dem System holen, statt vom System informiert zu werden.

► Er muss für einen Geschäftsprozess teilweise mehr als fünf verschiedene Transaktionen hintereinander aufrufen.

▸ Er muss immer lästige Popup-Fenster wegklicken.

▸ Das vielstufige SAP-Menü ist ihm sowieso ein Gräuel.

Solche und ähnliche Klagen sind bekannt und lassen sich auch erst mal nicht einfach wegdiskutieren, sondern sollten ernst genommen werden.

[+] Setzen Sie sich in der Einführungsphase offensiv mit den Befürchtungen Ihrer Mitarbeiter im Bezug auf die Benutzerfreundlichkeit des SAP-Systems auseinander. Schweigen Sie das Thema nicht tot, sondern nehmen Sie die Befürchtungen Ihrer Mitarbeiter auf, und versuchen Sie, durch nachvollziehbare Maßnahmen Abhilfe zu schaffen.

10.2 Wie Benutzerfreundlichkeit beurteilt werden kann

Wenn man die Benutzerfreundlichkeit eines Systems beurteilen möchte, kann man das System einer qualitativen Einschätzung der Anwender unterziehen und/oder anhand quantitativer Kriterien messen.

Qualitative Beurteilung

Wenn man die Benutzerfreundlichkeit einer *qualitativen Beurteilung* unterziehen möchte, würde man sich die subjektive Einschätzung der Anwender durch bestimmte Techniken wie Befragung, Beobachtung, Fragebogen o.Ä. einholen. Wie die obigen Ausführungen gezeigt haben, hat Benutzerfreundlichkeit (Usability, Ergonomie) sehr viele subjektive Seiten. In der Folge werden auch die Einschätzungen der Anwender subjektiv sein und je nach Benutzer und Situation stark variieren.

Quantitative Messung

Zuverlässiger, objektiver und stabiler sind auf jeden Fall Aussagen, die auf *quantitativen Methoden* basieren und zu denen Messreihen erhoben werden.

Kennzahl Bearbeitungsdauer

Es gibt zwar viele Werte, die zu diesem Zweck erhoben werden könnten (z.B. Anzahl der Bildschirmbilder oder Mausklicks, Augenverweildauer, Länge der Mausspur), aber letztendlich mündet alles in eine einzige Kennzahl: Die *Bearbeitungsdauer*, d.h. die Zeit, die ein Anwender benötigt, um einen Geschäftsvorfall am System zu bearbeiten.

Deshalb werde ich die Möglichkeiten zur Verbesserung der Benutzerfreundlichkeit (siehe Abschnitt 10.4) hauptsächlich im Hinblick auf die Bearbeitungsdauer betrachten, und deshalb werden wir diese Kennzahl im Labortest (siehe Abschnitt 10.5, »Die Usability-Studie zu SAP ERP 6.0«) verwenden.

Neben der Bearbeitungszeit gibt es noch eine weitere Kennzahl, die als Maßstab der Benutzerfreundlichkeit bezeichnet werden kann: Die Anzahl der Steuerungseingaben. Als *Steuerungseingaben* sollen Interaktionen verstanden werden, die zur Steuerung des IT-Systems notwendig sind, die aber nicht zu Dateneingaben führen. Hierzu zählen Mausklicks und das Drücken von Funktions-, Tabulator- und Enter-Tasten.

Kennzahl Steuerungseingaben

10.3 Warum die Benutzerfreundlichkeit gerade in der Instandhaltung so wichtig ist

Das Thema Benutzerfreundlichkeit spielt in allen Unternehmensbereichen eine wichtige Rolle. Jedoch hat es in den technischen Bereichen eines Unternehmens, zu der die Instandhaltung gehört, einen besonders entscheidenden Stellenwert.

Warum ist die Benutzerfreundlichkeit in der Instandhaltung in der Regel wichtiger als bei der SAP-Einführung in Buchhaltung, Controlling oder Einkauf?

Dafür sind verschiedene Gründe ausschlaggebend:

Der erste Grund betrifft die *Anzahl der Anwender*, auf die Sie bei der Einführung treffen: Bei der Einführung der kaufmännischen Applikationen ist die Anzahl der beteiligten Anwender relativ klein, während Sie bei der EAM-Einführung insbesondere dann, wenn die Handwerker ihre Aufträge selbst erzeugen oder rückmelden sollen, viel tiefer in den Betrieb hineingehen und auf eine viel größere Anwendergruppe treffen.

Anzahl der Anwender

Der zweite Grund betrifft die *Ausbildung und Erfahrung im Umgang mit IT-Systemen*: Während die Anwender im kaufmännischen Bereich im Umgang mit der IT bereits Erfahrungen gesammelt haben, gut ausgebildet sind und in der Vergangenheit schon mit anderen Systemen gearbeitet haben, trifft man bei der EAM-Einführung auf Anwender,

Ausbildung und Erfahrung

die im Extremfall das erste Mal vor einem Computer sitzen und deshalb schon Schwierigkeiten im Umgang mit Maus und Tastatur haben. Wenn Anwender in der Instandhaltung etwas erfahrener sind, kennen sie vielleicht Office-Applikationen oder PC-gestützte Instandhaltungssysteme, aber in der Regel haben sie keine Erfahrung im Umgang mit integrierter Business-Software wie dem SAP ERP-System.

Philosophie der Aufträge

Auch trifft man in der Instandhaltung auf eine andere *Philosophie im Umgang mit Aufträgen* als z. B. im Controlling. Während im Controlling der Innenauftrag eher als Kostensammler, Dauerauftrag, Jahresauftrag, Lebenszyklusauftrag o. Ä. betrachtet wird, ist man in der Instandhaltung aus Gründen der Zuordnung und Schwachstellenanalyse bestrebt, möglichst viele Aktivitäten als maßnahmenbezogene Einzelaufträge abzuwickeln. Die Konsequenz ist, dass die Anzahl der in der Instandhaltung im Laufe eines Jahres abgewickelten Instandhaltungsaufträge *deutlich* über der Anzahl der Innenaufträge liegt.

Ausstattung des Arbeitsplatzes

Im Gegensatz zu vielen anderen Fachbereichen (beispielsweise Controlling oder Einkauf) haben die Mitarbeiter in der Instandhaltung oft keinen eigenen Arbeitsplatz, der ihnen für Arbeiten am System zur Verfügung steht, um sich beispielsweise Auftragspapiere auszudrucken oder offene Meldungslisten anzeigen zu lassen. Sie teilen sich vielmehr den Arbeitsplatz mit Kollegen. Und gerade gegen Schichtende, wenn es gilt, dass jeder Mitarbeiter seine Rückmeldungen erfassen möchte, muss eine hohe Anwenderfreundlichkeit dafür sorgen, dass Anwenderwechsel schnell durchgeführt werden können.

Eigentliche Aufgabe

Und schließlich geht es auch um die *eigentliche Aufgabenstellung des Mitarbeiters* im Unternehmen. Ein Controller bucht auf seine Innenaufträge oder Kostenstellen und wertet diese aus. Ein Buchhalter erfasst Eingangsrechnungen und prüft seine Saldenlisten. Ein Einkäufer wickelt seine Bestellungen ab und überprüft seine Rahmenverträge. Alle benötigen zur Erfüllung ihrer Aufgaben ein IT-System: Sie geben Daten ein und holen Informationen heraus. Aber ein Instandhalter soll eigentlich instand setzen, warten und inspizieren und nicht ein IT-System bedienen. Zur Durchführung seiner eigentlichen Aufgabe benötigt er kein IT-System.

All das sind Gründe, warum es eine dringende Notwendigkeit ist, bei der EAM-Einführung wirklich alle Register zu ziehen, um das System so benutzerfreundlich wie möglich auszuprägen. SAP ERP bietet standardmäßig eine ganze Menge Tools, um die Benutzerfreundlichkeit zu verbessern. Im Folgenden möchte ich sie Ihnen aus dem Blickwinkel der Instandhaltung vorstellen.

> **Zusammenfassung**
>
> Das Thema Benutzerfreundlichkeit spielt deswegen in der Instandhaltung eine so überaus wichtige Rolle
>
> ▸ weil Sie auf eine breite Anwenderschaft treffen
> ▸ weil viele Anwender in der IT unerfahren und darin nicht ausgebildet sind
> ▸ weil die Instandhaltung eine andere Auftragsphilosophie als das Controlling hat
> ▸ weil die eigentliche Aufgabe des Instandhalters die Instandhaltung ist und er dazu keine IT braucht

Es gibt keine Garantie, dass das System von den Anwendern akzeptiert bzw. als benutzerfreundlich angesehen wird. Sie können jedoch die Wahrscheinlichkeit steigern, wenn Sie folgenden Grundsatz immer im Hinterkopf behalten und bei allen Ihren Entscheidungen im Bezug auf die Ausprägung des Systems in den Mittelpunkt stellen:

Alles so einfach wie möglich.   **[+]**

Dies liest sich jetzt wie eine alte Binsenweisheit, jedoch nutzen erfahrungsgemäß die Anwenderfirmen nicht alle Möglichkeiten, das SAP-System möglichst benutzerfreundlich zu gestalten – entweder sie kennen sie nicht, oder sie setzen sie aus anderen Gründen nicht ein.

Ziehen Sie alle Register zur Verbesserung der Benutzerfreundlichkeit.   **[+]**

Um dies zu erreichen, ist jedoch von Ihnen ein Stück Aufwand zu leisten. Gestatten Sie mir einen Vergleich: Ist es Ihnen in der Schule auch leichter gefallen, ein buntes, abwechslungsreiches, farbenfrohes Gemälde von van Gogh zu beschreiben als ein leeres Tintenfass? Genauso verhält es sich mit dem SAP-System:

Es ist schwierig und aufwendig, ein einfaches System bereitzustellen. Es ist **[+]**
leicht und wenig aufwendig, ein schwieriges System bereitzustellen.

Ein scheinbar perfektes System, das alle Probleme auf einmal zu lösen versucht, ein System, das alle Eventualitäten abzufangen versucht, ist wahrscheinlich so umfangreich und kompliziert, dass die Bereitschaft zur Akzeptanz rapide nachlässt. Es ist besser, auf den einen oder anderen Schnörkel zu verzichten, die Funktionen einfach zu customizen, vielleicht sogar ganz wegzulassen, um es den Anwendern im Tagesgeschäft möglichst leicht zu machen. Den folgenden Satz hat ein Referent an das Ende seines Vortrags gesetzt (und ich kann dem nur vorbehaltlos zustimmen):

[+] Es besser, ein 80 %iges System zu haben, das von 100 % der Anwender akzeptiert wird, als ein 100 %iges System, das von 20 % akzeptiert wird.

10.4 Möglichkeiten des SAP-Systems zur Verbesserung der Benutzerfreundlichkeit

Dieser Abschnitt zeigt nun die Möglichkeiten auf, mit deren Hilfe die Bearbeitung der Geschäftsvorfälle in der Instandhaltung vereinfacht und beschleunigt werden kann.

10.4.1 Transaktionsvarianten

Wird eine Transaktion (Typischer Fall: Transaktion IW31, Anlegen Auftrag) zur Abwicklung von unterschiedlichen betriebswirtschaftlichen Geschäftsvorfällen und von verschiedenen Benutzergruppen verwendet, ist es häufig sinnvoll, den Ablauf der Transaktion dem jeweiligen Geschäftsvorfall bzw. der jeweiligen Benutzergruppe anzupassen. Zum Beispiel müsste das Anlegen eines Auftrags anders aussehen, je nachdem, welche der folgenden Anwendergruppen einen Auftrag anlegt:

▸ ob ein Auftraggeber oder ein Auftragnehmer
▸ ob ein Elektriker oder ein Mechaniker
▸ ob ein Planer oder ein Techniker

Hierfür eignen sich die *Transaktionsvarianten*. Transaktionsvarianten legen Sie mit der Transaktion SHD0 an. Innerhalb der Transaktion SHD0 können Sie über SPRINGEN • ANLEGEN VARIANTENTRANSAKTION einen eigenen Transaktionsnamen vergeben.

Zu einer originalen Transaktion können Sie beliebig viele Transaktions-   **[+]**
varianten anlegen. In einer Transaktionsvariante können Sie

▸ ganze Masken ausblenden

▸ einzelne Registerkarten ausblenden

▸ Menüfunktionen deaktivieren

▸ Drucktasten deaktivieren

▸ die Feldauswahlsteuerung einzelner Felder setzen (Anzeige, Muss, Ausblenden)

▸ den Feldinhalt vorbelegen

▸ bei Table Controls die Spaltenreihenfolge verändern, die Spaltenbreite ändern und die Spalten ausblenden

▸ der Transaktion einen eigenen Namen geben

Abbildung 10.1 zeigt Ihnen ein Beispiel für die Transaktion IW31, zu der eine Transaktionsvariante angelegt wurde.

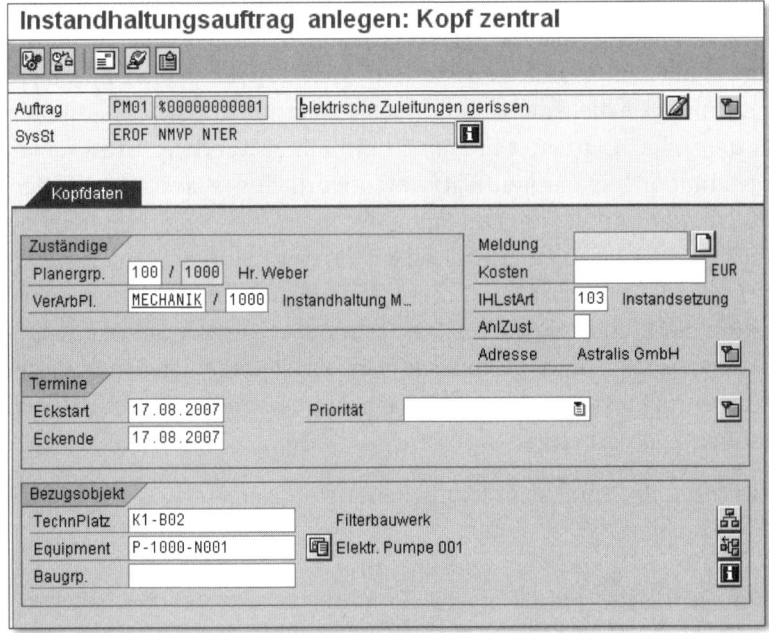

Abbildung 10.1 Transaktionsvariante zu IW31

Folgende Maßnahmen wurden hier zur Vereinfachung ergriffen:

▸ Das Einstiegsbild der IW31 wurde übersprungen.

▸ Es wurden bestimmte Feldinhalte vorbelegt (z. B. Auftragsart und Priorität).

- Es wurden bis auf eine alle anderen Registerkarten ausgeblendet (z. B. Vorgänge, Material).

- Es wurden Menüfunktionen und Drucktasten deaktiviert (z. B. Abrechnungsvorschrift, Terminieren, Paging).

- Es wurden Subscreens ausgeblendet (z. B. das Vorgangsdetail auf dem Auftragskopf).

- Es wurden Felder ausgeblendet (z. B. Verantwortlicher).

- Es wurde ein eigener Transaktionsname (hier: ZW31) vergeben, über den die Transaktionsvariante gestartet werden kann.

Das Ergebnis ist eine gegenüber dem Original deutlich reduzierte Transaktion, die nur diejenigen Masken, Felder und Funktionen enthält, die der Anwender benötigt.

10.4.2 Allgemeine Benutzerparameter

Viele Eingaben, die das System benötigt, bleiben aus Sicht des Anwenders über eine gewisse Zeit konstant: Er gehört zu einem bestimmten Arbeitsplatz und dieser wiederum zu einer bestimmten Kostenstelle, er arbeitet in einem bestimmten Werk, er ist für einen bestimmten Technischen Platz verantwortlich u. v. a. m. Eine Unterstützung des Anwenders im Sinne der *Individualisierbarkeit* stellt die Vorbelegung von Feldern mithilfe von so genannten *Benutzerparametern* dar. Zu erreichen ist diese Vorbelegung entweder mit Transaktion SU3 oder über das Menü SYSTEM • BENUTZERVORGABEN • EIGENE DATEN. Einmal festgelegt, werden diese Felder dann bei der Bearbeitung von Geschäftsprozessen mit den zugeordneten Werten automatisch vorbelegt.

Aus Instandhaltungssicht häufig benötigte Parameter-IDs zeigt Ihnen Abbildung 10.2.

[+]   Die Vorbelegung von Feldern über Parameter erspart Ihnen Bearbeitungszeit. Die jeweilige Parameter-ID finden Sie in der technischen Info der F1 -Hilfe.

Parameter		
Parameter-ID	Parameterwert	Kurzbeschreibung
AAI	PM01	Parameter Auftragsart Instandhaltungsaufträge
AGR	mechanik	Arbeitsplatz
BUK	1000	Buchungskreis
EKO	1000	Einkaufsorganisation
EKP	000	Einkaufsgruppe
EQN	P-1000-N001	Equipmentnummer
IFL	K1-B02	PM: Technischer Platz
IWK	1000	Instandhaltungsplanungswerk
KOS	4110	Kostenstelle
LAG	0001	Lagerort
MTA	ROH	Materialart
QMR	M1	Meldungsart
SWK	1000	Standortwerk
WGR	001	Warengruppe
WRK	1000	Werk

Abbildung 10.2 Parameter-IDs aus Sicht der Instandhaltung

10.4.3 Instandhaltungsspezifische Benutzerparameter

Neben den allgemeinen Benutzerparametern gibt es auch instandhaltungsspezifische Benutzerparameter. Diese rufen Sie innerhalb der Meldung über ZUSÄTZE • EINSTELLUNG • STRG/VORSCHLAGSWERTE und innerhalb des Auftrags über ZUSÄTZE • EINSTELLUNGEN • VORSCHLAGSWERTE auf.

Die instandhaltungsspezifischen Benutzerparameter enthalten folgende Inhalte:

▶ **Vorschlagswerte**
Auftrags-, Meldungsart, technischer Platz usw. (siehe Abbildung 10.3)

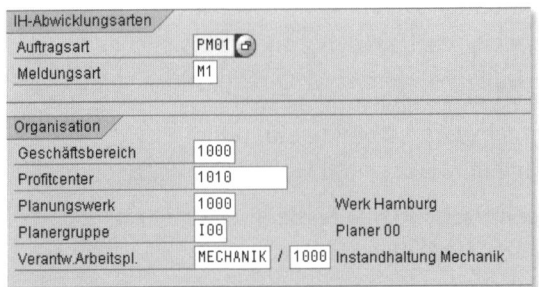

Abbildung 10.3 IH-spezifische Vorschlagswerte

▶ **Steuerungsmöglichkeiten**
Unterdrückung von Popup-Fenstern, Einbindung von Arbeitsplänen usw. (siehe Abbildung 10.4).

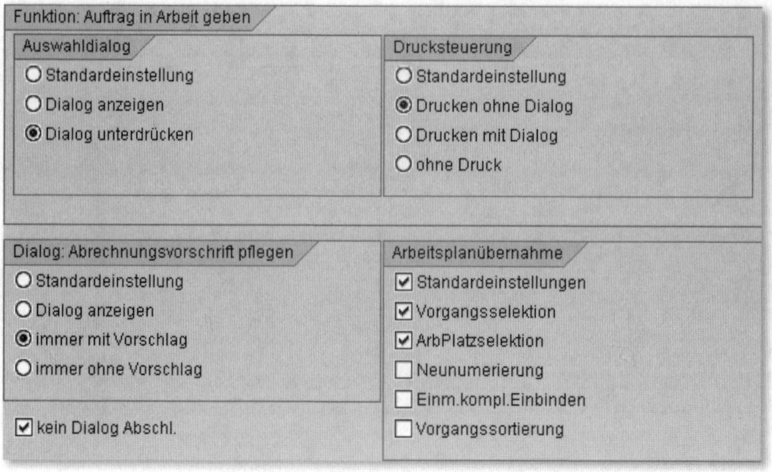

Abbildung 10.4 Persönliche Steuerungsmöglichkeiten

Das System leistet hiermit sowohl einen Beitrag im Sinne der *Individualisierbarkeit* als auch im Sinne der *Steuerbarkeit*.

[+] Die Vorbelegung von Feldern über die instandhaltungsspezifischen Parameter erspart Ihnen Bearbeitungszeit und gibt Ihnen die Möglichkeit, Bearbeitungsschritte zu steuern.

10.4.4 Customizing

Auch das Customizing bietet viele Möglichkeiten im Hinblick auf die Verbesserung der Benutzerfreundlichkeit. Anbei finden Sie die im Hinblick auf die Verbesserung der Benutzerfreundlichkeit wichtigsten Customizing-Funktionen (Hinweis: falls nicht selbsterklärend, habe ich die Wirkungsweise dazugeschrieben, die Liste ist in der gleichen Reihenfolge wie im SAP-Referenz-IMG sortiert):

▸ **Sichtenprofile für technische Objekte einstellen**
  Bildschirmlayout für Equipments und technische Plätze

▸ **Feldauswahl für technische Plätze festlegen**
  Muss-Felder festlegen und Felder ausblenden

▸ **Feldauswahl für den Equipmentstammsatz festlegen**
  Muss-Felder festlegen und Felder ausblenden

▸ **Vorschlagswerte für Objekttypen transaktionsbezogen festlegen**
  Vorbelegung Equipmenttyp bzw. Typ des Technischen Platzes

▶ **Abrechnungsprofile pflegen**
Vorschlagswerte Kontierung

▶ **Überblick zur Meldungsart · Bildbereiche im Meldungskopf**
Bezugsobjekt der Meldung

▶ **Bildschirmmasken zur Meldungsart einstellen**

▶ **Feldauswahl Meldungen einstellen**
Muss-Felder festlegen und Felder ausblenden

▶ **Transaktionsstartwerte festlegen**
Vorbelegung Meldungsart und Überspringen des Einstiegsbildes

▶ **Meldungsarten Auftragsarten zuordnen**
Vorbelegung Auftragsart zur Meldungsart

▶ **Auftragsarten einrichten**
Bezugsobjekt des Auftrags

▶ **Vorschlagswertprofile für Fremdbeschaffung anlegen**
Vorschlagswerte für Material- und Dienstleistungsbeschaffungen

▶ **Meldungs- und Auftragsintegration definieren**
Meldungs- und Auftragsdaten auf einem Bild erfassen, automatische Übernahme Langtext aus Meldung in Auftrag

▶ **Einfache Auftragssicht · Sichtenprofile definieren**
Bildschirmlayout der Aufträge festlegen

▶ **Vorschlagswerte der Komponentenpositionstypen festlegen**
Vorschlagswert für den Positionstyp pro Materialart

▶ **Nachrichtensteuerung**
Steuerung, ob Warn-, Fehler- oder keine Meldung ausgegeben werden soll

▶ **Feldauswahl für Auftragskopfdaten (PM) festlegen**
Muss-Felder festlegen und Felder ausblenden

▶ **Feldauswahl für Auftragsvorgang (PM und CS) festlegen**
Muss-Felder festlegen und Felder ausblenden

▶ **Feldauswahl für Komponenten (PM und CS) festlegen**
Muss-Felder festlegen und Felder ausblenden

▶ **Bildschirmmasken für die Rückmeldung einstellen**
Bildschirmlayout für Gesamtrückmeldung

▶ **Feldauswahl Rückmeldung einstellen**
Muss-Felder festlegen und Felder ausblenden

[+]   Das Customizing bietet viele Möglichkeiten, um die Benutzerfreundlichkeit von SAP EAM zu verbessern. Hervorzuheben sind hier zum einen die
Möglichkeiten zur Gestaltung der Bildschirmlayouts in Meldung, Auftrag
und Gesamtrückmeldung. Zum anderen sollten Sie gezielten Gebrauch
machen von der Feldauswahlsteuerung, insbesondere von der Möglichkeit
des Ausblendens.

10.4.5 Listvarianten

Sie können Ihren Anwendern viel Zeit ersparen, wenn Sie ihnen pas-
sende Selektions- und Anzeigevarianten zur Verfügung stellen. In
Abschnitt 7.2.1 habe ich Sie bereits mit den Möglichkeiten des SAP
List Viewers vertraut gemacht.

[+]   Erheben Sie den Informationsbedarf Ihrer Anwender. Legen Sie auf dieser
Basis Selektionsvarianten und die dazu passenden Anzeigevarianten fest.
Die Selektionsvarianten sollten maximal eine Seite Selektionskriterien
umfassen. Ihre Anwender sollten die am häufigsten genutzte Selektionsvariante für sich mit U_USERNAME abspeichern und die am häufigsten
genutzte Anzeigevariante als VOREINSTELLUNG markieren.

10.4.6 Rollen und Favoriten

Rollenmenü   In Abschnitt 9.3.2, »Business Blueprint«, habe ich Sie auf das SAP-
Berechtigungskonzept hingewiesen. Ein Ergebnis des Berechtigungs-
konzepts sind rollenbasierte Menüs. Diese haben eine viel einfachere
Struktur als das SAP-Standardmenü, das in der Instandhaltung bis zu
sieben Stufen aufweist. Insofern ist der Start einer Transaktion aus
einem Rollenmenü heraus schneller als aus einem SAP-Standardmenü.

Favoritenmenü   Eine weitere Vereinfachung stellen die Favoriten dar, bei denen der
Anwender nur die von ihm benötigten Transaktionen einfügt (siehe
Abbildung 10.5). Normalerweise sind Favoritenmenüs in der Instandhaltung einstufig, weshalb der Start einer Transaktion in der Regel deutlich schneller erfolgen kann als aus dem SAP-Standardmenü.

Einschränkung: Favoritenmenüs legt jeder Benutzer für sich individuell an, d. h., ein anderer Benutzer kann das Favoritenmenü seines
Kollegen erst mal nicht nutzen. Allerdings können Sie Favoritenmenüs über FAVORITEN • DOWNLOAD AUF PC bzw. UPLOAD VON PC auf
andere Benutzer kopieren.

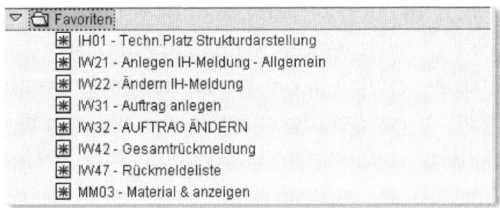

Abbildung 10.5 Favoritenmenü

> Rollenbasierte Menüs und Favoriten verkürzen die Startzeit einer Transaktion. Favoritenmenüs können mit Download bzw. Upload auf andere Benutzer kopiert werden. **[+]**

10.4.7 Eingabehilfen personalisieren

F4 -Hilfen zeigen normalerweise alle Einträge. Auf der einen Seite kann die Liste aller Einträge oft sehr lang sein (z. B. Warengruppen, Objektart, Schadensbild); auf der anderen Seite benötigt der einzelne Anwender aus dieser Liste normalerweise immer nur ganz bestimmte. *Lange F4-Hilfen*

Hier besteht nun die Möglichkeit, eine so genannte *persönliche Werteliste* festzulegen. Rufen Sie hierzu auf dem entsprechenden Feld (z. B. Warengruppe) die F4 -Hilfe auf, markieren Sie die gewünschten Einträge, und ordnen Sie sie mit dem Icon in die persönliche Werteliste. *Werteliste*

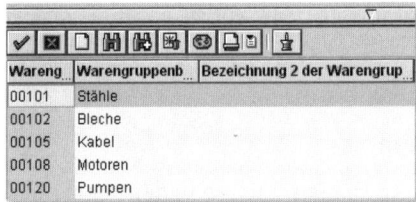

Abbildung 10.6 Persönliche Werteliste

Wenn Sie nun das nächste Mal die F4 -Hilfe zu diesem Feld aufrufen, erscheint automatisch die persönliche Werteliste anstelle der vollständigen Liste (siehe Abbildung 10.6). Über das Icon können Sie jederzeit wieder die komplette Werteliste aufrufen.

> Die persönliche Werteliste erspart bei F4 -Hilfen die Suchzeit nach dem richtigen Eintrag. **[+]**

Die bisher vorgestellten Möglichkeiten kamen alle ohne Programmierung aus. Neben diesen gibt es noch weitere Möglichkeiten, wie Sie die Bearbeitung von Geschäftsvorfällen in der Instandhaltung vereinfachen und beschleunigen könnten: Bei diesen ist aber dann immer – abhängig von der gewünschten Anpassung oder Erweiterung – weniger oder mehr Programmieraufwand notwendig.

10.4.8 Funktionstasten und Tastenkombinationen

Schon seitdem die Maus als Bedienelement am Rechner etabliert wurde, scheiden sich die Geister darüber, ob die Bedienung mit oder ohne Maus schneller ist. Diese Frage muss jeder Benutzer für sich selbst beantworten.

[+] Stellen Sie den Anwendern, die gern mit der Tastatur arbeiten, wichtige und allgemein gültige Tastenkombinationen zur Verfügung.

Als Beispiele – nicht nur für die Instandhaltung – seien genannt:

▶ Mit der Taste F11 können Sie das Sichern eines Beleges durchführen. Diese Funktion entspricht dem Diskettensymbol in der Systemfunktionsleiste.

▶ Ein weiterer und beliebter Trick ist die Tastenkombination F4 + ↵ in Datums- und Uhrzeitfeldern. Damit wird das aktuelle Datum bzw. die aktuelle Uhrzeit in die jeweiligen Felder übernommen.

▶ Die F4 -Taste kann ganz allgemein für das Aufrufen einer Werteliste verwendet werden.

10.4.9 Vorschalttransaktionen

Bei der Bearbeitung von Geschäftsvorfällen müssen in der Regel mehrere Transaktionen hintereinander aufgerufen werden, und innerhalb der einzelnen Transaktionen sind die einzugebenden Felder auf mehrere Bildschirmbilder verteilt. Der Grundgedanke von Vorschalttransaktionen ist nun, sich eine eigene Transaktion mit einem oder wenigen Bildschirmbildern zu entwickeln. Diese Transaktion ruft im Hintergrund die originalen SAP-Transaktionen und übergibt die Daten. Oder die eigene Transaktion wird genutzt, um den Ablauf der originalen SAP-Transaktionen zu vereinfachen.

Die *Kalibrierung von Prüf- und Messmitteln* ist ein sehr komplexer Prozess, bei dem mehrere SAP-Transaktionen hintereinander angesprochen werden (siehe Abschnitt 5.10). Im Fall eines Automobilzulieferers, der pro Werk über 20.000 Messmittel zu verwalten hatte, wären die Standardabläufe nicht handhabbar gewesen. Deshalb wurde eine Vorschalttransaktion ZMV01 (siehe Abbildung 10.7) geschaffen, aus der heraus

Beispiel

- ▶ die Messmittel aus dem Lager ausgegeben und auf einem technischen Platz eingebaut werden
- ▶ die Messmittel aus dem technischen Platz ausgebaut und ins Lager zurückgenommen werden
- ▶ der Prüfauftrag aus dem Wartungsplan erzeugt wird
- ▶ die Messergebnisse erfasst werden
- ▶ der Verwendungsentscheid getroffen wird
- ▶ der Prüfauftrag zurückgemeldet wird

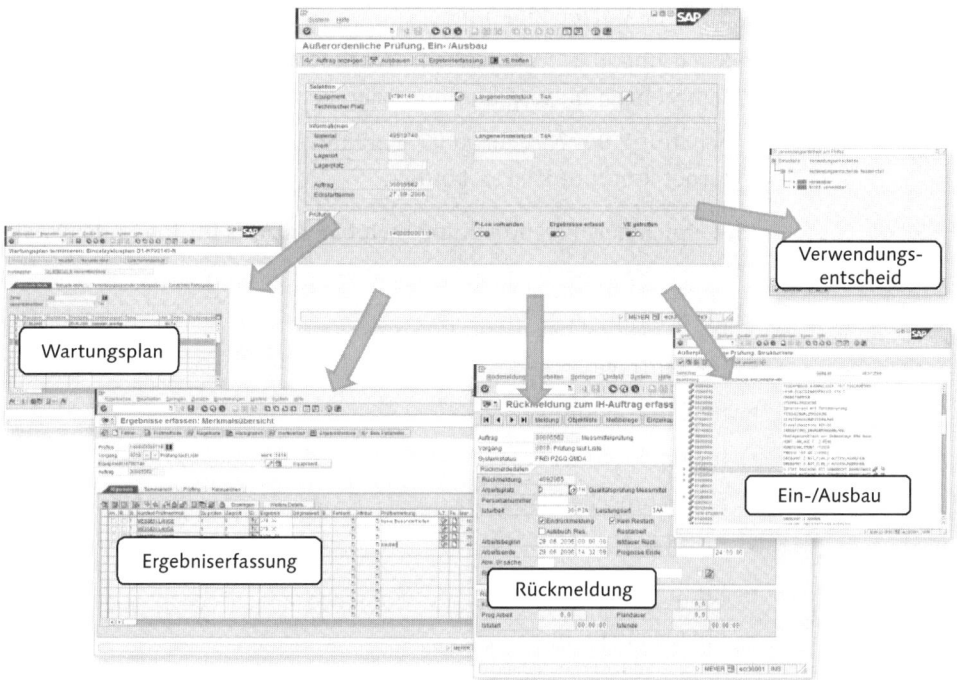

Abbildung 10.7 Vorschalttransaktion

> **[+]** Eine Vorschalttransaktion wird die Bearbeitung eines Geschäftsvorfalles mit Sicherheit erheblich beschleunigen, ansonsten hat sie ihren Sinn verfehlt.

BAPI Um Ihnen den Entwicklungsaufwand für Vorschalttransaktionen – egal ob sie sich nun innerhalb von SAP ERP befinden oder außerhalb (beispielsweise in einer Webumgebung) – zu vereinfachen, stellt Ihnen SAP eine Reihe von so genannten BAPIs (Business Application Programming Interfaces) zur Verfügung.

BAPIs können für folgende Zwecke eingesetzt werden:

- Anbindung von SAP-Systemen an das Internet
- Schaffung der Möglichkeit, SAP-Komponenten untereinander kommunizieren zu lassen
- Anbindung von Fremdsoftware und Legacy-Systemen an SAP-Systeme
- Schaffung der Möglichkeit, PC-Programme als »Frontend« für SAP-Systeme nutzen zu können
- Schaffung der Möglichkeit, Workflow-Anwendungen über Systemgrenzen hinweg kommunizieren können
- Schaffung der Möglichkeit, WebFlow-Anwendungen über das Internet kommunizieren können

Im Bereich der Instandhaltung bietet SAP BAPIs für folgende Objekte an:

- für Meldungen
- für Aufträge
- für Rückmeldungen
- für Equipments
- für technische Plätze
- für Material
- für Stücklisten
- für Arbeitspläne

Sie rufen den BAPI-Explorer über die Transaktion BAPI auf (siehe Abbildung 10.8). Sie können sich relativ leicht einen Überblick über die insgesamt verfügbaren BAPIs verschaffen, indem Sie in der Hierarchie navigieren.

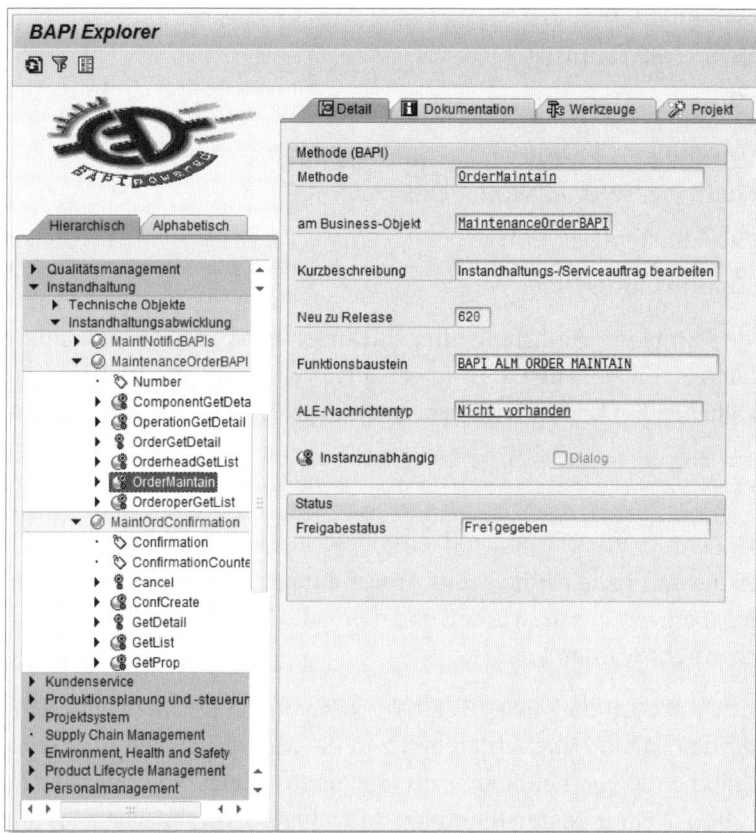

Abbildung 10.8 BAPI-Explorer

10.4.10 Customer Exits

Mithilfe von *Customer Exits* können Sie den SAP-Standardanwendungen Ihre eigene Funktionalität hinzufügen, ohne die SAP-Originale zu modifizieren. SAP legt innerhalb der Standardanwendungen Customer Exits für bestimmte Programme, Bildschirmbilder und Menüs an. Diese Exits haben zunächst keine Funktionalität, sie dienen vielmehr als vorgedachter Eingang, bei dem Sie eine eigene, zusätzliche Funktionalität in das SAP-System hineinbringen können.

Customer Exits rufen Sie über die Transaktion SMOD auf. Für die Instandhaltung gibt es mehr als 100 Customer Exits. Über folgende Eingabe können Sie sich diese ansehen:

▸ Stammdaten: ITOB*, IEQM*, ILOM*, IHCL*
▸ Messpunkte/Zähler: IMRC*

- Garantien: BG*
- Arbeitspläne: IAIH*
- Wartungspläne: IPRM*
- Meldungen: QQMA*
- Aufträge: IWO*, CNEX*, COZF*
- Rückmeldungen: CMFU*, CONFPM*
- Informationssystem: MCI*

Eine komplette Auflistung aller Customer Exits zur Instandhaltung finden Sie in Anhang C.7. Den genauen Verwendungszweck und die möglichen Funktionen entnehmen Sie bitte der jeweiligen Dokumentation.

Beispiele

Beispielhaft habe ich hier fünf Anwendungen aufgeführt, mit denen Eingaben vereinfacht wurden und damit die Benutzerakzeptanz deutlich erhöht werden konnte:

Merkmale übernehmen

Mit dem Customer Exit IHCL0001 können Sie die *Merkmalsbewertung* aus einem Materialstammsatz in die Merkmalsbewertung eines Equipments übernehmen. Falls Sie häufig neue Equipments mit Bezug zu einer Materialnummer hinzufügen, vereinfachen Sie die erforderliche Nachpflege der Klassifizierungsdaten, indem Sie Angaben wie z. B. Leistung, Typbezeichnung oder andere technische Angaben einmalig als Klassifizierung zum Materialstammsatz hinterlegen und diese Merkmale als Vorschlag in Ihr neues Equipment übernehmen. Im Idealfall müssen Sie die Klassifizierung gar nicht mehr nachpflegen.

Richtiges Werk, richtiger Lagerort

Der Customer Exit CNEX0027, der eigentlich zum SAP Projektsystem gehört, aber auch von der Instandhaltung genutzt werden kann, unterstützt Sie bei der Angabe des richtigen *Werkes* und des richtigen *Lagerortes* bei der Materialplanung. Dies kann z. B. hilfreich sein, wenn Sie ein Ersatzteil nur in einem Werk vorhalten, auf das alle anderen Werke zugreifen können. Mittels einer geschickten Suchstrategie, die Sie innerhalb des Customer Exits individuell für Ihr Unternehmen programmieren, müssen Sie sich dann in der Materialplanung des Auftrags keine Gedanken um das richtige Werk machen.

Eine enorme Verbesserung versprechen auch die Customer Exits IWO10021 und IWO20001. Die Kombination aus beiden Customer Exits sorgt z. B. dafür, dass aus dem Schadens- oder Ursachencode einer Störmeldung der richtige *Arbeitsplan* abgeleitet wird. Bei der Auftragseröffnung aus der Störmeldung heraus stehen schon gleich die richtigen Arbeitsvorgänge im Auftrag. Das Heraussuchen des richtigen Arbeitsplans und das Einbinden des Arbeitsplans in den Auftrag entfallen – die Auftragsbearbeitung wird gerade bei standardisierten Vorgängen beschleunigt.

Richtiger Arbeitsplan

Keine Beschleunigung der Datenerfassung, sondern vielmehr eine Vermeidung von *Datenkorrekturen* bewirken die Customer Exits, die beim Sichern von Aufträgen (IWO10009) bzw. Meldungen (QQMA0014) selbst definierte *Datenprüfungen* vornehmen können. In der Meldung können Sie z. B. von vornherein überprüfen, ob bestimmte Kombinationen von Störungs- und Ursachencodes überhaupt plausibel sind. Diese Prüfungen nehmen ungeübten Anwendern auch ein wenig die Angst vor der Bedienung des Systems.

Richtige Daten in Meldung und Auftrag

Mit den Customer Exits COZF0001 und COZF0002 können Sie bestimmte Felder zu *Bestellanforderungen*, die aus dem Auftrag heraus generiert werden, nach eigenen Vorgaben automatisch vorbelegen. So können Sie z. B. das Feld ANFORDERER mit dem Namen des angemeldeten Benutzers füllen oder in das Feld BEDARFSNUMMER automatisch Ihr Abteilungskurzzeichen hineinsetzen. Dies klingt im ersten Moment nicht gerade nach großen Fortschritten, nur wenn ein Anwender bei 35 Nichtlagerpositionen 35-mal dasselbe Abteilungskurzzeichen hineinschreiben muss, kommt schnell der Wunsch nach Optimierung auf.

Richtige Daten in der BANF

Sie sehen anhand dieser Beispiele, dass die Möglichkeiten von Customer Exits sehr vielfältig sind und Ihrer Phantasie wenig Grenzen setzen.

> Über Customer Exits können Sie die Bearbeitung der Geschäftsvorfälle in der Instandhaltung Ihren Bedürfnissen anpassen bzw. vereinfachen und beschleunigen. Aber: Wägen Sie genau ab, ob Ihre individuelle Programmierung wirklich einen großen Effekt bringt und die Benutzerakzeptanz steigt.

[+]

10.4.11 GUI XT

GUI XT ist eine SAP-GUI-Komponente, die es Ihnen ermöglicht, Ihre SAP-Transaktionen entsprechend Ihren täglichen Anforderungen individuell zu gestalten. Im Einzelnen stehen Ihnen folgende Möglichkeiten zur Verfügung:

▶ Vorbelegung von Feldern mit Werten

▶ Ausblenden von Feldern und Feldgruppen

▶ Verschieben von Feldern

▶ Hinzufügen und Ändern von Texten

▶ Hinzufügen von Feldhilfen

▶ Hinzufügen neuer Screen-Elemente (z. B. Ankreuzfelder, Drucktasten, Grafiken und Dokumentation)

▶ Tabellen anpassen

▶ Feldbezeichner systemweit ändern

[+] Auch der GUI XT könnte für Sie ein Hilfsmittel sein, die Bearbeitung der Geschäftsvorfälle in der Instandhaltung Ihren Bedürfnissen anzupassen bzw. zu vereinfachen und zu beschleunigen.

Kommen wir nun zur Überprüfung, ob Tuningmaßnahmen zur Steigerung der Benutzerfreundlichkeit etwas bringen und, wenn ja, in welchem Ausmaß: der Usability-Test.

10.5 Die Usability-Studie zu SAP ERP 6.0

Um einen quantifizierten Nachweis über die Auswirkungen von Tuningmaßnahmen zu bekommen, wurde an der Fachhochschule Würzburg ein Labortest mit über 40 Testpersonen unter praxisnahen Bedingungen durchgeführt, der die Frage beantworten sollte: Wie unterscheidet sich die Bearbeitungszeit in einem getunten System von der Bearbeitungszeit in einem nicht getunten System?

Dieser Test soll nun im Folgenden vorgestellt werden: Welche Vorbereitungsmaßnahmen wurden getroffen? Wie wurde der Test durchgeführt? Welche Ergebnisse brachte der Usability-Test? Welche Schlussfolgerungen können daraus gezogen werden?

10.5.1 Vorbereitung und Durchführung

Dieser Abschnitt soll Ihnen die Vorbereitung der Studie – die Auswahl der Geschäftsprozesse, die Tuningmaßnahmen und GUIXT – vorstellen.

Auswahl der Geschäftsprozesse

Zunächst mussten Geschäftsprozesse ausgewählt werden, die das Instandhaltungsgeschehen eines Unternehmens repräsentativ widerspiegeln. Hierbei wurde darauf geachtet, dass sowohl Geschäftsprozesse aus dem Bereich der Instandhaltungsabwicklung als auch aus dem Bereich der Stammdaten ausgewählt wurden. Die Geschäftsprozesse der *Instandhaltungsabwicklung* finden im Tagesgeschäft häufig Anwendung, weswegen ihnen eine höhere Aufmerksamkeit in Bezug auf mögliche Optimierungsmaßnahmen zuteil werden sollte. Sie sind deshalb mit drei Prozessen vertreten. Die Geschäftsprozesse zu den *Stammdaten* finden im Tagesgeschäft weniger Anwendung und sind daher nur durch einen Geschäftsprozess vertreten. Auf der Grundlage dieser Kriterien wurden folgende Geschäftsprozesse ausgewählt:

- Geschäftsprozess 01: Anlegen eines Equipments
- Geschäftsprozess 02: Störungsbedingte Instandsetzung
- Geschäftsprozess 03: Fremdbeauftragung
- Geschäftsprozess 04: Geplante Instandsetzung

Tuningmaßnahmen

Anschließend wurden für jeden Geschäftsprozess die entsprechenden Tuningmaßnahmen durchgeführt. Hierfür wurden zwei Benutzer im System angelegt, die als exemplarische Benutzer für die getunten und für die nicht getunten Geschäftsprozesse dienten.

Für den BENUTZER01 wurden die Standardeinstellungen des SAP-Systems, wie SAP-Standardmenü oder Parameter nicht hinterlegt. Ferner hat dieser Benutzer bei der Abwicklung seiner Geschäftsprozesse die SAP-Standardeinstellungen in einem nicht-getunten Zustand verwendet.

Für den BENUTZER02 hingegen wurde eine Reihe von Tuningmaßnahmen durchgeführt:

Tuningmaßnahmen am Benutzer

- Für jeden Geschäftsprozess wurden Favoriten angelegt.

- Allgemeine Parameter, wie Kostenstelle, Buchungskreis, Werk, Standortwerk, Planungswerk, Kostenrechnungskreis, Lagerort usw. wurden definiert.

- Instandhaltungsspezifische Parameter für Fremdbearbeitung, Fremdbeschaffung, sowie auch Auftragsart, Meldungsart, Organisation sowie Bezugsobjekt wurden gepflegt.

- Popup-Fenster wurden an den entsprechenden Stellen unterdrückt.

- Die Historie wurde zugelassen.

Tuningmaßnahmen an den Geschäftsprozessen

Ferner wurden für die Geschäftsprozesse dieses Benutzers Tuningmaßnahmen ergriffen:

- Bildschirmlayouts wurden im Customizing vereinfacht (Registerkarten, Feldauswahl bei Meldung, Auftrag und Equipment).

- Integration Auftrag und Meldung wurde im Customizing aktiviert.

- Transaktionsvariante für die Auftragserfassung wurde geschaffen.

- Fremdbearbeitungsprofile wurden im Customizing eingestellt.

- Eine benutzerspezifische Selektionsvariante für die Selektion von Meldungen wurde eingestellt.

- Vorschlagswerte für die Rückmeldung wurden aktiviert (Leistungen, retrograde Entnahme).

Eine detaillierte Aufstellung, welche Tuningmaßnahmen für die einzelnen Geschäftsprozesse Anwendung fanden, können Sie der DVD entnehmen; auf dieser ist die komplette Studie enthalten.

[+]

Es galt der Grundsatz: Es wird keine Programmierung durchgeführt. Die Tuningmaßnahmen beschränken sich auf Customizing und customizingähnliche Funktionen.

Es galt ferner der Grundsatz: Die Ergebnisse eines getunten Geschäftsprozesses und die Ergebnisse eines nicht getunten Geschäftsprozesses müssen absolut identisch sein.

Auswahl der Probanden

Damit die Ergebnisse später als repräsentativ gewertet werden können, mussten Teilnehmer in ausreichender Anzahl und mit der passenden Qualifikation gefunden werden.

Wir sind davon ausgegangen, dass fünf Probanden pro Geschäftsprozess ausreichen sollten. Um es statistisch haltbar zu machen, mussten die Probanden pro Geschäftsprozess und pro Benutzertyp unabhängig voneinander arbeiten können, so dass wir insgesamt 40 Probanden rekrutiert haben, und zwar aus dem Kreise von Studenten der Wirtschaftsinformatik.

Damit die Ergebnisse nicht verfälscht werden, mussten die Probanden homogene Vorkenntnisse aufweisen. Diese Voraussetzung ist am ehesten erfüllt, wenn keinerlei SAP-Vorkenntnisse vorliegen.

Um qualitative und quantitative Repräsentanz zu gewährleisten, sollten am Usability-Test 40 Probanden teilnehmen, die keinerlei SAP-Vorkenntnisse mitbringen. **[+]**

Beschreibung der Geschäftsprozesse

Da die Probanden keine SAP-Vorkenntnisse mitbringen sollten, mussten dann natürlich die von ihnen durchzuführenden Geschäftsprozesse exakt beschrieben werden:

Die Probanden sollten die Geschäftsprozesse selbständig und nur anhand der Beschreibung durchführen. **[+]**

Die Beschreibung eines Geschäftsprozesses sah etwa wie folgt aus (hier ein Ausschnitt aus dem Geschäftsprozess 02: Störungsbedingte Instandhaltung für den Benutzer01):

Wählen Sie im SAP-Menü den Menüpfad: Logistik • Instandhaltung • Instandhaltungsabwicklung • Meldung • Anlegen allgemein per Doppelklick aus. Beispiel

Im nun folgenden Bildschirm klicken Sie in das Eingabefeld Meldungsart. Drücken Sie anschließend auf das Icon (Wertehilfe), um einen gültigen Wert auszuwählen. In der erscheinenden Liste klicken Sie doppelt auf M1 IH-Anforderung. Drücken Sie nun die Enter-Taste, um die Auswahl zu bestätigen.

Sie gelangen auf den Bildschirm zum Anlegen einer IH-Meldung.

Geben Sie in das gelb hinterlegte Feld, neben der Meldungsnummer, den Text: »Pumpe defekt« ein.

Auf der Registerkarte Meldung in der Feldgruppe Bezugsobjekt tragen Sie im Feld Equipment den Wert P-1000-N003 ein. Danach drücken Sie die Enter-Taste zur Bestätigung. Das System füllt nun automatisch das Feld für den Technischen Platz.

In der Feldgruppe Zuständigkeiten geben Sie im Feld Planergruppe den Wert I01 und im Feld Verantw.ArbPL. den Wert A-01 ein. Drücken Sie die Enter-Taste.

So sollte der Proband Schritt für Schritt durch den Geschäftsprozess geführt werden. Die Beschreibung aller Geschäftsprozesse ist Bestandteil der Studie; Sie können sie der DVD entnehmen.

Aufzeichnungstool

Mit der Stoppuhr die Bearbeitungszeit zu messen erschien uns zu ungenau und zu fehleranfällig. Es musste also ein Tool gefunden werden, das die Aktivitäten der Probanden aufzeichnet und aus dem zweifelsfrei die für die Durchführung eines Geschäftsprozesses benötigte Bearbeitungszeit abgelesen werden kann.

Nach einem Auswahlverfahren und internen Tests haben wir uns für das Keylogger-Tool *PCAgent* von *blueseries* entschieden.

Bei der Software handelt sich um ein Programm, das im Hintergrund die Aktivitäten eines Benutzers mit einem Zeitstempel aufzeichnet. Die Aufzeichnungsdateien werden in einem proprietären Format in einem zuvor definierten Ordner benutzerabhängig gespeichert. Sie können in zahlreiche Formate, darunter auch ein für Tabellenkalkulationsprogramme lesbares Format, konvertiert werden.

[+] Durch den Einsatz eines Tools wird gewährleistet,
- dass die Daten auch nach Beendigung der Testdurchläufe dauerhaft zur Verfügung stehen
- dass die Auswertung im Nachhinein jederzeit mit den gewonnenen Rohdaten belegt werden kann.
- dass die Ergebnisse sicher und genau sind

Durchführung

Die Tests fanden an zwei aufeinanderfolgenden Tagen im SAP-Labor der Fachhochschule Würzburg statt. Am ersten Tag wurden die Geschäftsprozesse »Geplante Instandsetzung« und »Störungsbedingte

Instandsetzung« durchgeführt. Am zweiten Tag »Fremdbeauftragung« und »Anlage Equipment«.

Die im Vorfeld angelegten Benutzer wurden auf die Geschäftsprozesse verteilt, so dass klar festgelegt und nachvollziehbar war, welcher Benutzer welchen Geschäftsprozess ausführen wird. Dies diente der gezielten Auswertung und besseren Dokumentation des Tests.

Die entsprechenden User wurden vom Projektteam kurz vor den Tests sowohl am Terminalserver als auch am SAP-System angemeldet, damit die Teilnehmer direkt mit den vor ihnen liegenden Geschäftsprozessen beginnen konnten. Bei der Anmeldung wurde ebenfalls sichergestellt, dass die Überwachungssoftware im Hintergrund aktiv ist, und die Zeiten und Aktivitäten der Benutzer für die spätere Auswertung wurden mitprotokolliert.

Die Probanden erhielten eine Kurzeinführung in das SAP-System zur Navigation im System, zu Elementen wie Titelleiste, Menüleiste, benutzerdefinierte Favoriten, SAP-Menü, Systemfunktionsleiste, Statusleiste sowie zum direkten Transaktionsaufruf.

Mit diesem Wissen und den Beschreibungen der Geschäftsprozesse ausgerüstet, führte jeder Proband seinen Geschäftsprozess zehnmal durch und *PC-Agent* tat im Hintergrund seine Arbeit.

10.5.2 Ergebnisse

Aus den aufgezeichneten Rohdaten wurde nun die mittlere Bearbeitungszeit der fünf Probanden ermittelt, die einen Geschäftsprozess bearbeitet haben. Im Folgenden sehen Sie diese Ergebnisse, und zwar im direkten Vergleich BENUTZER01 (nicht getunt) und BENUTZER02 (getunt).

Geschäftsprozess01 (Anlegen Equipment) (siehe Abbildung 10.9): Was Sie bei diesem Geschäftsprozess – wie auch bei den anderen – erkennen können, ist eine aufgrund des eintretenden Lerneffektes stark abfallende Zeitkurve, die sich beim 5. – 6. Durchlauf stabilisiert.

Deswegen sollen die Durchschnittswerte der Durchläufe 6 – 10 ermittelt werden.

Der durchschnittliche Zeitbedarf der Durchläufe 6 – 10 liegt beim Benutzer01 bei 1:35 min und beim Benutzer02 bei 0:45 min. Daraus ergibt sich die Relation:

$$\frac{M(U)}{M(G)} = 2{,}11$$

Mit M(U) = Mittelwert der Durchläufe 6 – 10 im nicht getunten Zustand und M(G) = Mittelwert der Durchläufe 6 – 10 im getunten Zustand.

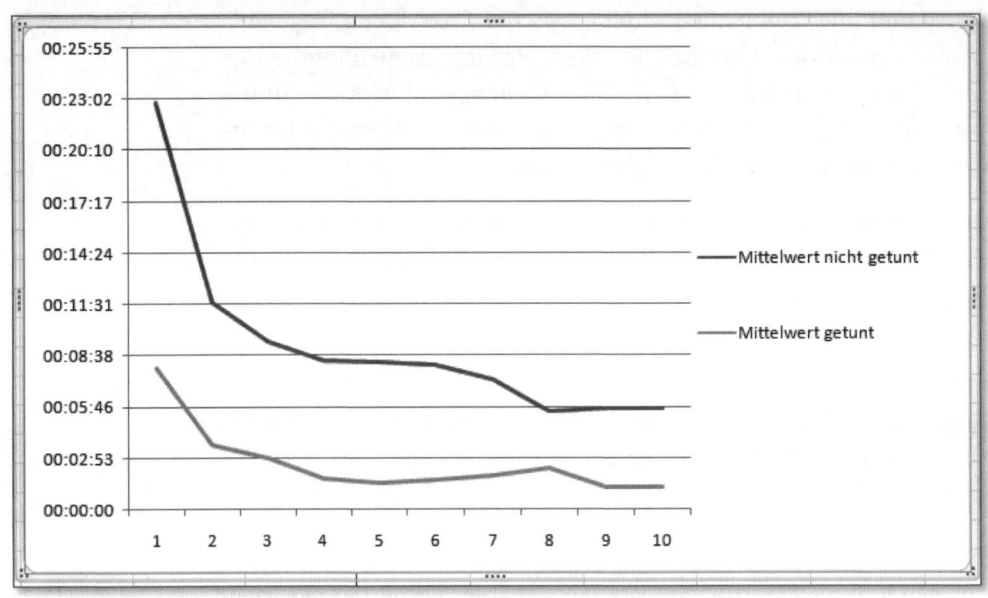

Abbildung 10.9 GP02 Störungsbedingte Instandsetzung

Ergebnis

Beim Geschäftsprozess01 (Anlegen Equipment) benötigt Benutzer01 etwa doppelt so lange wie Benutzer02.

Geschäftsprozess 02 (Störungsbedingte Instandsetzung) (siehe Abbildung 10.10): Der durchschnittliche Zeitbedarf der Durchläufe 6 – 10 liegt beim Benutzer01 bei 6:28 min und beim Benutzer02 bei 1:40. Daraus ergibt sich die Relation:

$$\frac{M(U)}{M(G)} = 3{,}88$$

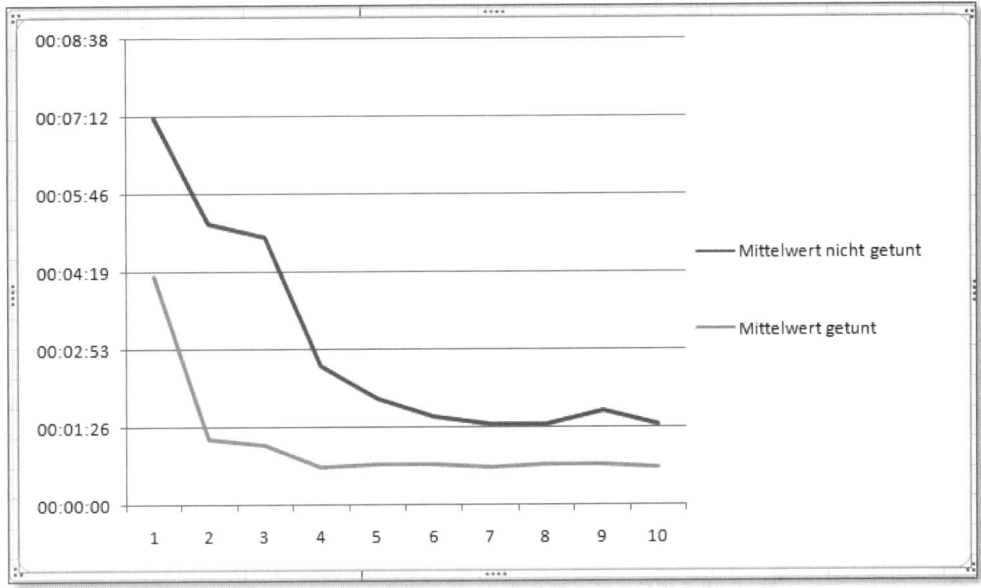

Abbildung 10.10 GP01 Anlegen Equipment

Mit M(U) = Mittelwert der Durchläufe 6 – 10 im nicht getunten Zustand und M(G) = Mittelwert der Durchläufe 6 – 10 im getunten Zustand.

Ergebnis

Beim Geschäftsprozess02 (Störungsbedingte Instandsetzung) benötigt Benutzer01 beinahe viermal so lange wie Benutzer02.

Geschäftsprozess 03 (Fremdbeauftragung) (siehe Abbildung 10.11): Der durchschnittliche Zeitbedarf der Durchläufe 6 – 10 liegt beim Benutzer01 bei 1:42 min und beim Benutzer02 bei 0:26 min. Daraus ergibt sich folgende Relation:

$$\frac{M(U)}{M(G)} = 3,92$$

Mit M(U) = Mittelwert der Durchläufe 6 – 10 im nicht getunten Zustand und M(G) = Mittelwert der Durchläufe 6 – 10 im getunten Zustand.

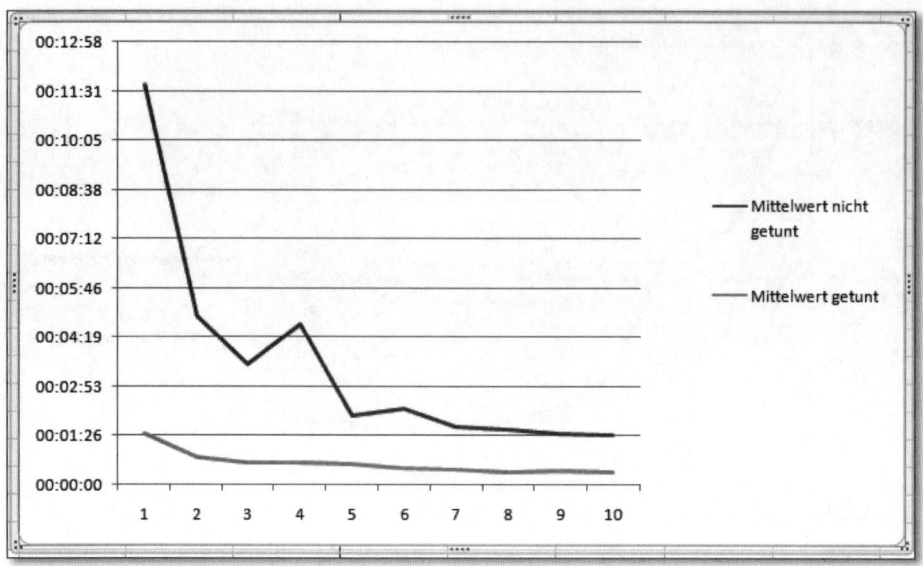

Abbildung 10.11 GP03 Fremdbeauftragung

Ergebnis

Beim Geschäftsprozess03 (Fremdbeauftragung) benötigt Benutzer01 beinahe viermal so lange wie Benutzer02.

Geschäftsprozess 04 (Geplante Instandsetzung) (siehe Abbildung 10.12): Der durchschnittliche Zeitbedarf der Durchläufe 6 – 10 liegt beim Benutzer01 bei 5:53 min und beim Benutzer02 bei 2:22 min. Daraus ergibt sich folgende Relation:

$$\frac{M(U)}{M(G)} = 2,49$$

Mit M(U) = Mittelwert der Durchläufe 6 – 10 im nicht getunten Zustand und M(G) = Mittelwert der Durchläufe 6 – 10 im getunten Zustand.

Ergebnis

Beim Geschäftsprozess04 (Geplante Instandsetzung) benötigt Benutzer01 beinahe 2,5-mal so lange wie Benutzer02.

Zusammenfassend zeigt Abbildung 10.13 die oben dargelegten Ergebnisse.

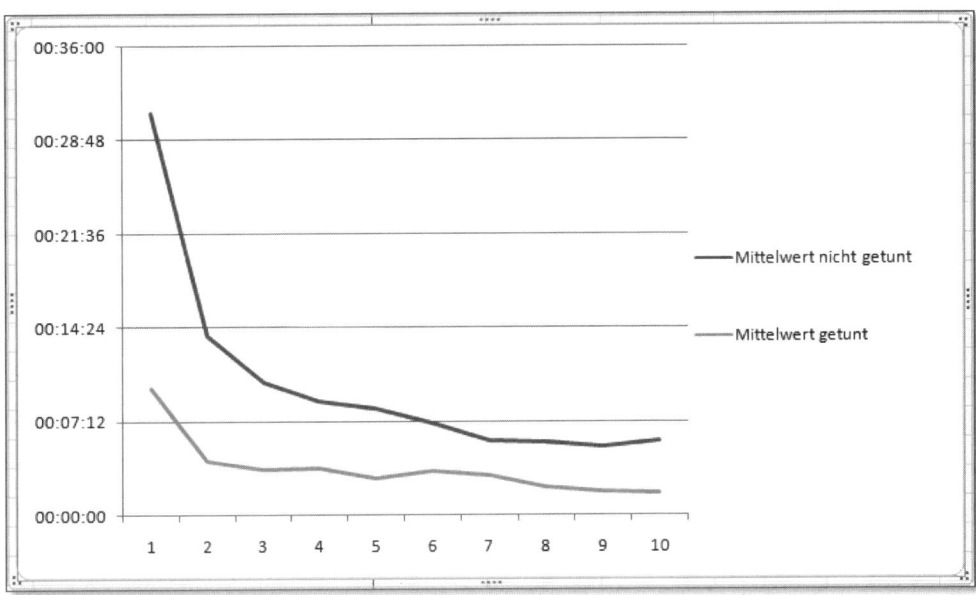

Abbildung 10.12 GP04 Geplante Instandsetzung

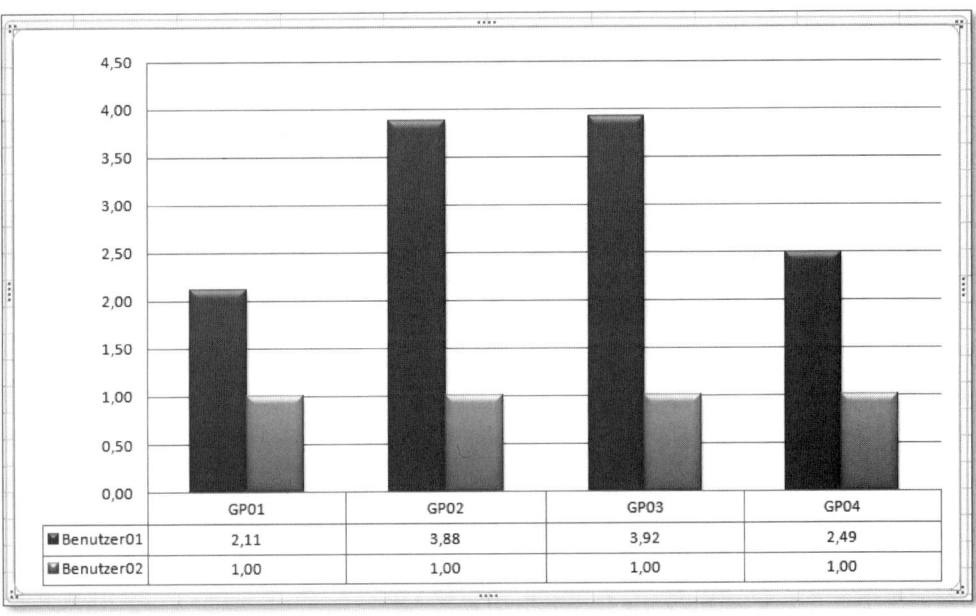

	GP01	GP02	GP03	GP04
Benutzer01	2,11	3,88	3,92	2,49
Benutzer02	1,00	1,00	1,00	1,00

Abbildung 10.13 Darstellung der durchschnittlichen Bearbeitungszeit

Neben der Bearbeitungszeit wurde als weitere Kennzahl *Steuerungs-eingaben* (Mausklicks, Funktions-, Tabulator- und Enter-Tasten) auf-gezeichnet und ausgewertet. Die Zusammenfassung dieser Ergeb-

nisse zeigt Abbildung 10.14. Auch hier sind es wieder die Durchschnittswerte der Durchläufe 6 – 10.

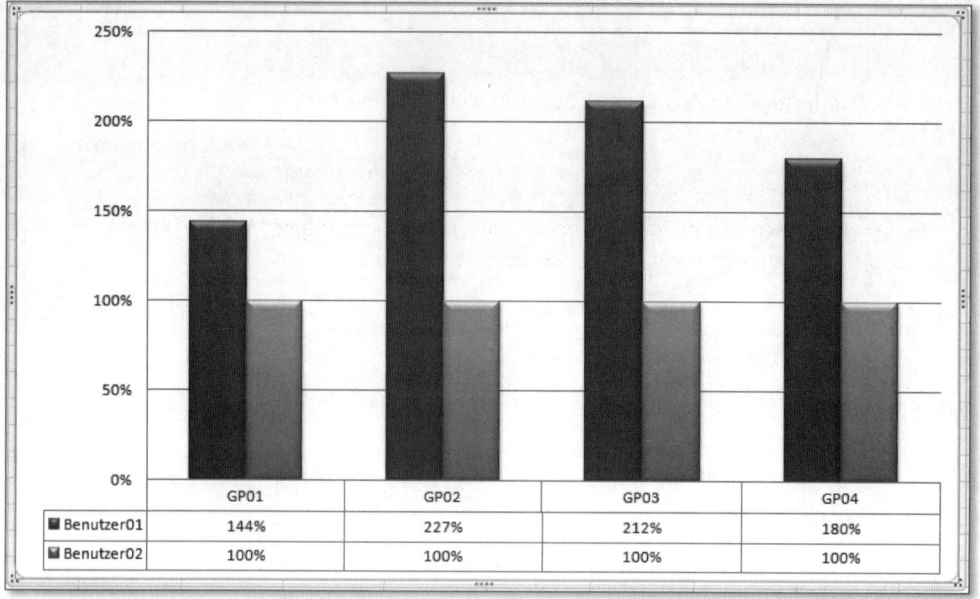

	GP01	GP02	GP03	GP04
▪ Benutzer01	144%	227%	212%	180%
▪ Benutzer02	100%	100%	100%	100%

Abbildung 10.14 Anzahl der Steuerungseingaben

Hier zeigt sich der Unterschied zwischen einem getunten und einem
nicht getunten System fast ebenso eklatant.

Ergebnis

Das nicht getunte System benötigt 1,5- bis 2,5-mal so viel Steuerungseingaben wie das getunte System.

10.5.3 Schlussfolgerungen

Nach Durchführung des Usability-Tests und Auswertung der Ergebnisse können meines Erachtens folgende Behauptungen als bewiesen
angesehen und einige Schlussfolgerungen gezogen werden:

Behauptung 1

Es tritt ein schneller Lerneffekt bei der Bearbeitung der SAP-Geschäftsprozesse ein.

Dies zeigen alle Lernkurven. Bereits beim 6. Durchlauf wird eine Bearbeitungszeit erreicht, die bei weiteren Durchläufen kaum noch verbessert werden kann.

Schlussfolgerung 1.1

Durch ein Mindestmaß an Ausbildung lässt sich viel erreichen.

Schlussfolgerung 1.2

Ihre Anwender sollten sich nicht durch erste Fehlversuche entmutigen lassen und mit dem Schimpfen auf das SAP-System etwas warten.

Behauptung 2

Durch Tuningmaßnahmen können Sie die Steuerungseingaben bei den SAP-Geschäftsprozessen reduzieren.

Dies zeigen alle Statistiken. Egal, ob beim 1. oder beim 10. Durchlauf, egal, bei welchem Geschäftsprozess: Der Benutzer01 hatte gegenüber dem Benutzer02 immer um den Faktor 1,5 bis 2,5 häufiger mir der Maus zu klicken, Funktions-, Tab- und Enter-Tasten zu drücken.

Schlussfolgerung 2

Überprüfen Sie, ob Sie zumindest alle Tuningmaßnahmen ergriffen haben, die keine Programmierung erfordern. Dadurch lässt sich schon viel erreichen.

Behauptung 3

Durch Tuningmaßnahmen können Sie die Bearbeitungszeit der SAP-Geschäftsprozesse verkürzen.

Dies zeigen alle Statistiken. Egal, ob beim 1. oder beim 10. Durchlauf, egal, bei welchem Geschäftsprozess: Der Benutzer02 war gegenüber dem Benutzer01 immer um den Faktor 2 – 4 schneller.

Schlussfolgerung 3

Überprüfen Sie, ob Sie zumindest alle Tuningmaßnahmen ergriffen haben, die keine Programmierung erfordern. Dadurch lässt sich schon viel erreichen.

Behauptung 4

Das Ausmaß der Verbesserung hängt zum einen davon ab, in welchem Zustand sich Ihr System vor den Tuningmaßnahmen befindet, und zum anderen, welche Tuningmaßnahmen Sie einsetzen.

Im Falle unseres Labortests war der Ausgangszustand die Standard-auslieferung von SAP, und es wurden Tuningmaßnahmen eingesetzt, die keine Programmierung erforderlich machten. Damit haben wir ein Verbesserungspotenzial von 222 % bis 396 % ausgeschöpft. Wenn Sie also in Ihrem Unternehmen bereits gewisse Tuningmaßnahmen zum Einsatz gebracht haben, kann es sein, dass Ihr Verbesserungspotenzial niedriger ist. Auf der anderen Seite kann es aber auch sein, dass Sie durch den Einsatz von weiteren Maßnahmen und/oder Programmierungen mehr als wir in unserem Labortest erreichen.

Schlussfolgerung 4

Geben Sie sich nicht mit dem Erreichten zufrieden. Verbesserungspotenzial schlummert überall.

[○] Wie zu jedem Kapitel habe ich Ihnen zusammenfassend noch einmal die wichtigsten Aussagen und alle Tipps und Tricks zusammengestellt, die ich Ihnen im Hinblick auf das Thema Benutzerfreundlichkeit mit auf den Weg geben möchte. Diese finden Sie als gesondertes Dokument auf der DVD.

Anhang

A Quellenangaben

Anschütz, O.; Junior, J.: *Die Fremdleistungsbeschaffung beim Groß-kraftwerk Mannheim*, DSAG-Arbeitskreis, Frankfurt 2003.

Baumgartl, A.; Mebus, F.; Seemann, V.: *Das SOA-Praxisbuch für SAP*, Bonn: Galileo Press 2010.

Brück, U.: *Praxishandbuch SAP-Controlling*, 3. Auflage, Bonn: Galileo Press 2009.

Bradler, J.: SAP Supplier Relationship Management, Bonn: Galileo Press 2010.

Brumby, L.: *Optimierte Instandhaltungsbeauftragung durch den Einsatz mobiler IT*, in: 11. SAP-Kongress Instandhaltung, Berlin 2006.

Buck, M.: *Einsatz mobiler Szenarien mit SAP am Flughafen Frankfurt*, in: Effiziente Instandhaltung mit SAP, Frankfurt 2006.

Buck, M.: *RFID at Fraport AG*, in: Effiziente Instandhaltung mit SAP, Frankfurt 2005.

Deppe, B.: *Verknüpfung von PM-Aufträgen mit der Katalogbeschaffung*, in: 9. Kongress Instandhaltung und Servicemanagement mit SAP, Berlin 2004.

DIN Deutsches Institut für Normung (Hrsg.): DIN31051: 2003-06: *Grundlagen der Instandhaltung*, 2003.

Egger, N.; Fiechter, J.; Kramer, S.; Sawicki, R.; Straub, P.; Weber, S.: *SAP Business Intelligence*, Bonn: Galileo Press 2006.

Egger, N.; Fiechter, J.; Rohlf, J.; Rose, J.; Schrüffer, O.: *SAP BW – Reporting und Analyse*, Bonn: Galileo Press 2005.

Forum Vision Instandhaltung (FVI): Pressemitteilung vom 24.08.2007.

Franke, W.; Dangelmaier, W.: *RFID – Leitfaden für die Logistik*, Wiesbaden 2006.

Franz, M.: *Projektmanagement mit SAP Projektsystem*, 2. Auflage, Bonn: Galileo Press 2009.

Gertz, W.: *E-Commerce*, in: Maintenance 2010, Berlin 2000.

Gillert, F., Hansen, W.: *RFID – für die Optimierung von Geschäftsprozessen*, München 2006.

Götz, T.: *SAP-Logistikprozesse mit RFID und Barcodes*, Bonn 2010.

Hack, S.; Lindemann, M.: *Enterprise SOA einführen*, Bonn: Galileo Press 2007.

Hanhart, D.; Jinschek, R.; Kipper, U.; Österle, H.: *Mobile und Ubiquitous Computing in der Instandhaltung der Fraport AG*, in: Mobile Anwendungen, Heidelberg: dpunkt Verlag 2004.

Hartmann, G.; Schmidt, U.: *mySAP Product Lifecycle Management*, 2. Auflage, Bonn: Galileo Press 2004.

Heck, Rinaldo: *Geschäftsprozessorientiertes Dokumentenmanagement mit SAP*, Bonn: Galileo Press 2009.

Heilig, L.; Karch, S.; Böttcher, O.; Hofmann, C.; Pfennig, R.: *SAP NetWeaver Master Data Management*, Bonn: Galileo Press 2007.

Henneboel, G.: *Mobile Lösungen für das technische Anlagenmanagement*, in: 7. mySAP.com-Instandhaltungs- und Servicemanagement-Kongress, Potsdam 2002.

IKB-Report *Automobilindustrie – Neue Chancen, zunehmender Investitions- und Finanzierungsbedarf*, Düsseldorf 2003.

Institut für Wirtschaftsforschung (IFO): Pressemitteilung vom 21.11.2005.

ISO International Organization for Standardization: ISO 9241-110: *Ergonomics of human-system-interaction*, Genf 2007.

Kagermann, H., Keller, G.: *SAP-Branchenlösungen*, Bonn: Galileo Press 2001.

Karch, S.; Heilig, L.; Bernhardt, Ch.; Hardt, A.; Heidfeld, F.; Pfennig, R.: *SAP NetWeaver*, 2. Auflage, Bonn: Galileo Press 2007.

Kaudewitz, R.; Theis, S.: *Mobile Instandhaltung und Service Provider Portal*, in: 11. SAP-Kongress Instandhaltung, Potsdam 2006.

Kempchen, M.: *Praxisbericht Abwicklung von Instandhaltungsmaßnahmen*, in: SAP R/3 PM in der Instandhaltung, München 2007.

Kohlhoff, S.: *Product Development in the Automotive Industry with SAP*, Bonn: Galileo Press 2007.

Krämer, J.: *Vorbeugende Instandhaltung mit SAP R/3 PM*, in: Workshop Instandhaltung mit SAP, Berlin 2006.

Lehnert, V.; Bonitz, K.: *SAP-Berechtigungswesen*, Bonn: Galileo Press 2010.

Liebstückel, K.: *Anwendungssysteme in Produktentstehung und Logistik*, Modul: Beschaffung und Lagerhaltung, Stuttgart: AKAD-Verlag 2005.

Liebstückel, K.: *Anwendungssysteme in Produktentstehung und Logistik*, Modul: Produktion und Fertigung, Stuttgart: AKAD-Verlag 2005.

Liebstückel, K.: *Technisches Controlling liefert konkrete Entscheidungsunterlagen*, in: Die Industrie – Fachzeitschrift für Wirtschaft und Technik (48) 2002.

Litzinger, J.; Naumann, K.: *Höhere Flexibilität und Produktivität in der Instandhaltung mit Mobile Asset Management 2.0*, in: 9. Kongress Instandhaltungs- und Servicemanagement mit SAP, Berlin 2004.

Matyas, K.: *Taschenbuch Instandhaltungslogistik*, 2. Auflage, München/Wien: Hanser-Verlag 2005.

Müller, F.: *Mobile Instandhaltungsabwicklung bei Solvay*, in: 11. SAP-Kongress Instandhaltung, Potsdam 2006.

Nettlenbusch, M.: *Mobile Lösungen*, in: Effiziente Instandhaltung mit SAP R/3, Wiesbaden 2004.

Nicolescu, V.; Klappert, K.; Krcmar, H.: *SAP NetWeaver Portal*, Bonn: Galileo Press 2007.

Rabeder, H.: *Mobile Asset Management bei Voest Alpine*, in: 10. Instandhaltungs- und Servicemanagement-Kongress mit SAP, Berlin 2005.

Rölleke: *IH-Optimierung mit Mobile Service und Add-ons*, in: 11. SAP-Kongress Instandhaltung, Berlin 2006.

SAP AG (Hrsg.): *Enterprise Services Repository – An Overview*, Walldorf 2007.

SAP AG (Hrsg.): *SAP ERP 2005 SPS08 (ECC 6.0)*, DVD, Walldorf 2007; darin die Bände Instandhaltung, Kundenservice, Projektsystem, Einkauf, Dienstleistung, Investitionsmanagement, Flexibles Immobilienmanagement, Interne Serviceanfrage, Business Intelligence, Business Content.

Scheller, U.: *Mobile Lösung für die Instandhaltung*, in: 2. ETP-Fachkonferenz: Optimierung der Instandhaltung mit SAP PM für Energieversorger, Düsseldorf 2005.

Schneider, H.-J.: *Visuelles Lifecycle Management*, DSAG-Arbeitskreis, Berlin 2002.

Stengele, H.: *mySAP Product Lifecycle Management*, DSAG-Arbeitskreis, Frankfurt 2004.

Vieweg, N.: *Mobile Szenarien in der Instandhaltung*, in: DSAG-Arbeitskreis, Berlin 2003.

Weber, A.: *Risikomanagement in Standardsoftware-Einführungsprojekten – Konzept und empirische Studie*, Würzburg 2003.

Wessendorf, M.: *Die Einbindung von Technikern in den SAP-Prozess*, in: 10. Kongress Instandhaltungs- und Servicemanagement mit SAP, Berlin 2005.

Woods, D.; Mattern, T.: *Enterprise SOA – Design IT for Business Innovation*, Sebastopol: O'Reilly 2006.

B Die DVD zum Buch

Damit Sie sich einen Eindruck davon verschaffen können, wie die Geschäftsprozesse im SAP-System abgewickelt werden und wie Sie die dazu notwendigen Customizing-Einstellungen vornehmen, haben wir eine DVD zum Buch erstellt, auf der Sie sich die Geschäftsprozesse und deren Customizing quasi »live« ansehen können. Die DVD können Sie mit dem diesem Buch beigefügten Gutschein kostenlos beim Verlag bestellen.

B.1 Installation

Wenn Sie die DVD in das DVD-Laufwerk Ihres Notebooks oder PCs einlegen, öffnet sich automatisch die Startseite. Sollte die DVD nicht automatisch starten, so können Sie alternativ auch manuell die Datei *index.html* im Hauptverzeichnis der DVD mit Doppelklick öffnen.

Für eine problemlose Darstellung der Geschäftsprozesse auf der DVD beachten Sie bitte die Hinweise zu den Browsereinstellungen im Dokument, auf das auf der Einstiegsseite verwiesen wird. Sollten Sie dennoch Probleme beim Abspielen haben, so können Sie sich gerne an den Verlag wenden (*eva.tripp@galileo-press.de*).

B.2 Geschäftsprozesse

Über den Navigationspunkt GESCHÄFTSPROZESSE erreichen Sie die Geschäftsprozesse und die Customizing-Einstellungen. Es stehen Ihnen sodann bei jedem Geschäftsprozess vier Modi zur Verfügung:

▶ Im *Demomodus* können Sie sich die Geschäftsprozesse ansehen, ohne selbst interaktiv einzugreifen. Sie übernehmen die Rolle eines Zuschauers.

▶ Der *Praxismodus* ähnelt dem Demomodus, bei dem Sie die Geschwindigkeit des Ablaufs selbst bestimmen können.

▶ Im *Übungsmodus* können Sie die Lerneinheiten mithilfe eingeblendeter Anweisungen interaktiv durchführen.

▶ Im *Testmodus* können Sie die Geschäftsprozesse ohne Anweisungen realitätsnah nachstellen.

B.3 Zusatzmaterial und Praxistipps

Ferner finden Sie folgende Inhalte auf der DVD:

▶ Die *Präsentationsunterlagen* beinhalten Folien für einen kompletten Workshop.

▶ In den *Aufgabenstellungen* können Sie Ihr Wissen zu den Geschäftsprozessen und Customizing-Einstellungen überprüfen.

▶ Die *Dokumentation* dokumentiert die Geschäftsprozesse und Customizing-Einstellungen mit Screenshots und Erläuterungen. Hier finden Sie die Lösungen zu den Aufgabenstellungen.

▶ Die *Tipps & Tricks* fassen alle Tipps und Tricks aus dem Buch zusammen.

▶ Die *Übersichten* aus Anhang C

▶ Die Usability-Studie

Anhang C beinhaltet nützliche Zusatzinformationen: Hier finden Sie Übersichten über die Strukturierungshilfsmittel, die Funktionen von Meldungen und Aufträgen, Integrationsmöglichkeiten der SAP-Instandhaltung, Analysen, relevante Enterprise Services, Berechtigungsobjekte sowie die Customer Exits.

C Übersichten

C.1 Funktionsvergleich der Strukturierungshilfsmittel

	Technischer Platz	Equipment	Baugruppe
Messpunkte und Zähler	+	+	–
Klassen und Merkmale	+	+	+
Partner	+	+	–
Adressverwaltung	+	+	–
Genehmigungen	+	+	–
Garantien	+	+	–
Mehrsprachige Kurztexte	+	+	+
Mehrsprachige Langtexte	+	+	+
Objektinformation	+	+	–
Externe Nummernvergabe	+	+	+
Interne Nummernvergabe	–	+	+
Alternative Kennzeichnung	+	–	–
Dokumentenverknüpfungen	+	+	+
Herstellerdaten	+	+	–
Kontierung	+	+	–
Zuständigkeiten	+	+	–
Einsatzhistorie	–	+	–
Lagerfähigkeit	–	+	+
Änderungsbelege	+	+	+

C.2 Funktionen von Meldung und Auftrag

Objekt	Funktion	A	B	C
Meldung	Anwenderstatus			
	Bezugsobjekte			
	Prioritäten			
	Partner			
	Telefonintegration			
	Paging			
	Adressen			
	Objektteile			
	Schadensbilder			
	Schadensursachen			
	Maßnahmen			
	Aktionen			
	Meldungspositionen			
	Klassifizierung			
	Drucken			
	Faxen			
	Download			
	Störungen			
	Genehmigungen			
	Reaktionszeitüberwachung			
	Revisionen			
	Lösungsdatenbank			

Objekt	Funktion	A	B	C
Auftrag	Bezugsobjekte			
	Anwenderstatus			
	Prioritäten			
	Partner			
	Telefonintegration			
	Paging			
	Adressen			
	Drucken			
	Faxen			
	Download			
	Genehmigungen			
	Vorgänge			
	Terminierung			
	Anordnungsbeziehungen			
	Kapazitätsplanung			
	Verfügbarkeitsprüfung Kapazitäten			
	Reservierung von Lagermaterialien			
	Verfügbarkeitsprüfung von Lagermaterial			
	Bestellung von Nichtlagermaterial			
	Kataloganbindung (Internet-/Intranet-kataloge, Herstellerkataloge			
	Schätzkosten			
	Plan- und Ist-Kalkulation			
	Auftragsbudgets			
	Objektliste			
	Fertigungshilfsmittel			
	Verfügbarkeitsprüfung Fertigungshilfsmittel			
	Unteraufträge			
	Belastung der Produktionskapazitäten			

Objekt	Funktion	A	B	C
Rückmeldung	Zeitrückmeldungen			
	Technische Rückmeldungen			
	Wareneingänge			
	Warenentnahmen			
	Zuschlagskalkulation Gemeinkosten			
	Auftragsabrechnung			
Fremd-leistungen	Fremdleistung über Leistungsverzeichnisse			
	Fremdleistung als Bestellung			
	Fremdleistung über Arbeitsplätze			
	Revisionen			
Vorbeugende Instand-haltung	Anleitungen			
	Arbeitspläne für Equipments			
	Arbeitspläne für Technische Plätze			
	Wartungsstrategien			
	Zeitbasierte Wartungspläne			
	Leistungsbasierte Wartungspläne			
	Einzelzykluspläne			
	Strategiepläne			
	Einfache Mehrfachzählerpläne			
	Erweiterte Mehrfachzählerpläne			
	Abrufobjekt Auftrag			
	Abrufobjekt Meldung			
	Abrufobjekt Prüflos			
	Abrufobjekt Leistungserfassungsblatt			
	Simulation der Kapazitätsbelastung			
	Simulation der Plankosten			
	Automatische Terminüberwachung			
Zustands-abhängige Instand-haltung	PM-PCS-Schnittstelle			

Objekt	Funktion	A	B	C
Aufarbeitung	Aufarbeitung von Serialnummern			
	Aufarbeitung von Material			
	Abrechnung nach Standardpreis			
	Abrechnung nach gleitendem Durchschnitts-preis			
Kalibrierung von Prüf- und Messmitteln	Prüf- und Messmittel als Equipment			
	Prüfpläne			
	Wartungspläne für Prüfungen			
	Ergebniserfassung			
	Rückmeldung			
	Verwendungsentscheid			
Projektorientierte Instandhaltung	PSP-Elemente			
	Netzpläne			
	Manuelle Zuordnung			
	Automatische Zuordnung			
	Maintenance Event Builder			

C.3   Integrationsaspekte

Die Tabelle ist folgendermaßen aufgebaut:

▶ Spalte 1: Welcher Fachbereich ist betroffen?

▶ Spalte 2: Welcher Informationsaustausch wird gewünscht?

▶ Spalte 3: Fließt diese Information von der Instandhaltung in den Fachbereich (→), fließt diese Information aus dem Fachbereich in die Instandhaltung (←), oder ist es eine bidirektionale Interaktion (←→)?

▶ Spalten 4 6: Ist das eine Integration innerhalb von SAP ERP (E), ist ein anderes SAP-System betroffen (S), oder wird ein Non-SAP-System benötigt (N)?

▶ Spalte 7: Um welche Applikation bzw. welches System handelt es sich?

1	2	3	4	5	6	7
Fach-bereich	Information	Fluss	E	S	N	System
Bestands-führung, Lager	Verwaltung der Ersatzteile	←→	X			SAP ERP MM
	Vereinheitlichung der Ersatzteilstammdaten (z.B. Vermeidung von Dopplungen, Verteilung der Stammdaten)	←→		X		SAP NetWeaver MDM
	Bestandsführung von Equipments	←→	X			SAP ERP MM
	Auslösen von Reservie-rungen für Lagermaterial	→	X			SAP ERP MM
	Verfügbarkeitsprüfung für Lagermaterial	←	X			SAP ERP MM
	Warenausgabe geplant oder ungeplant	←	X			SAP ERP MM
	Disposition der Ersatz-teile mit Auslösen von Beschaffungen	←	X			SAP ERP MM
	Serialnummer im Ware-house Management	→	X			SAP ERP MM-WM
	Serialnummer in den Handling Units	→	X			SAP ERP MM
	Aufarbeitung von Reserveteilen	←→	X			SAP ERP MM
	Verwaltung von Material als Fertigungshilfsmittel (Werkzeuge)	←→	X			SAP ERP MM
Einkauf	Auslösen von Bestellan-forderungen für Material	→	X	X		SAP ERP MM, SAP SRM
	Wareneingang von Fremdmaterial	←	X	X		SAP ERP MM, SAP SRM
	Auslösen von Bestell-anforderungen für Leistungen	→	X	X		SAP ERP MM
	Periodische Generierung von Leistungserfassungs-blättern	→	X			SAP ERP MM

1	2	3	4	5	6	7
Fach-bereich	Information	Fluss	E	S	N	System
	Leistungserfassung und -abnahme	←	X	X	X	SAP ERP MM, SAP SRM
	Anbindung von Ersatzteil-katalogen	←		X		OCI-Schnittstelle
	Wareneingangsbezogene Rechnungsprüfung	←	X			SAP-ERP MM
Produk-tion	Zuordnung Produktions-ressource zu Instandhal-tungsobjekt	←	X			SAP ERP PP
	Verständigung der Pro-duktion bei anstehenden Instandhaltungsmaßnah-men	→	X			SAP ERP PP
	Datenübernahme aus Produktionssystemen zur Auslösung von Stör-meldungen oder zur Fortschreibung von Mess-werten und Zählerständen etc.	←			X	Prozessleitsysteme, Diagnostik, Netz-überwachungssysteme u.a., PM-PCS-Schnittstelle
	Eigenfertigung von Ersatz-teilen	←	X			SAP ERP PP
	Servicemaßnahmen (wie z.B. Umbauten) im Rahmen von Fertigungs-aufträgen	→	X			SAP ERP PP
	Nutzung der Betriebs-datenerfassung zur Rück-meldung auf Instandhal-tungsaufträge	←	X			BDE-Systeme
Qualitäts-manage-ment	Verwaltung von Prüf- und Messmitteln	←→	X			SAP ERP QM
	Periodische Generierung von Prüfaufträgen bzw. Prüflosen	→	X			SAP ERP QM
	Ergebniserfassung und Verwendungsentscheid für Prüf- und Messmittel	←	X			SAP ERP QM

1	2	3	4	5	6	7
Fach-bereich	Information	Fluss	E	S	N	System
Con-trolling	Zuordnung der Instand-haltung als Leistungs-erbringer in die Kosten-stellenstruktur	←	X			SAP ERP CO
	Zuordnung der Instand-haltungsobjekte als Leis-tungsempfänger in die Kostenstellenstruktur	←	X			SAP ERP CO
	Innenaufträge als Kontie-rungsobjekte	←	X			SAP ERP CO
	Definition der benötigten Kostenarten	←	X			SAP ERP CO
	Definition der Leistungs-arten	←	X			SAP ERP CO
	Planung der Tarife	←	X			SAP ERP CO
	Festlegung der Kalkula-tionsverfahren	←	X			SAP ERP CO
	Abrechnung der Instand-haltungsaufträge	→	X			SAP ERP CO
	Verrechnung der Gemein-kostenzuschläge	→	X			SAP ERP CO
Buch-haltung	Zuordnung der Instand-haltungsobjekte zu den Anlagenstammsätzen	←	X			SAP ERP AM
	Generierung bzw. Ände-rung von Anlagenstamm-sätzen beim Anlegen bzw. Ändern von Equipment-stammsätzen	→	X			SAP ERP AM
	Zuordnung von Aufträgen zu Investitionsprogrammen	→	X			SAP ERP IM
	Generierung von Anlagen im Bau	→	X			SAP ERP AM
	Generierung bzw. Ände-rung von Equipment-stammsätzen beim Anle-gen bzw. Ändern von Anlagenstammsätzen	←	X			SAP ERP AM

1	2	3	4	5	6	7
Fach-bereich	Information	Fluss	E	S	N	System
.	Aktivierung von Instand-haltungsleistungen im Anlagevermögen	→	X			SAP ERP AM
	Definition der benötigten Sachkonten	←	X			SAP ERP FI
	Rechnungseingang (ohne Wareneingang)	←	X			SAP ERP FI
Personal	Zuordnung von Personal-nummern oder Stellen zum Arbeitsplatz der Instandhaltung	←	X			SAP ERP HCM
	Zuordnung von Personal-nummer oder Stellen zu technischen Objekten	←	X			SAP ERP HCM
	Planung von Personal-nummern in der Meldung, im Auftrag und auf Auf-tragsvorgängen	←	X			SAP ERP HCM
	Rückmeldung mit Personalnummer	←	X			SAP ERP HCM
	Planung von Qualifikatio-nen in Auftrags- und Arbeitsplanvorgängen	←	X			SAP ERP HCM
	Fortschreibung des Mitarbeiterzeitkontos	→	X			SAP ERP HCM
Immo-bilien-manage-ment	Zuordnung von Techni-schen Plätzen zu Immobi-lienobjekten	→	X			SAP ERP RE-FX
	Datenübernahme aus der Gebäudeleittechnik zur Auslösung von Stör-meldungen oder zur Fort-schreibung von Mess-werten und Zählerständen etc.	←			X	Systeme zur Gebäude-leittechnik, PM-PCS-Schnittstelle
	Abrechnung der Instand-haltungsaufträge (etwa zur Weiterverrechnung in der Nebenkostenabrech-nung)	→	X			SAP ERP RE-FX

1	2	3	4	5	6	7
Fach-bereich	Information	Fluss	E	S	N	System
Konstruk-tion, Netzbau o.Ä.	Generierung von Techni-schen Plätzen, Equip-ments und Stücklisten aus vorgelagerten Systemen	←			X	CAD-, GIS-, Netzüber-wachungssysteme o.Ä.
	Auslösen von Meldungen oder Aufträgen aus vorge-lagerten Systemen heraus	←			X	CAD-, GIS-, NIS-Systeme o.Ä., PM-PCS-Schnittstelle
	Zuordnung von Projekt-strukturplan und/oder Netzplan	←→	X			SAP ERP PS
	Terminierung von Instandhaltungsaufträgen zu Projekten	←	X			SAP ERP PS
Service & Vertrieb	Angebote, Verkaufsauf-träge und Fakturen zu Instandhaltungsdienstleis-tungen für Dritte	←→	X			SAP ERP CS bzw. SD
	Pflege von Kundendaten in Technischen Plätzen, Equipments	←	X			SAP ERP CS

C.4 Standardanalysen von SAP PM-IS

Standard-analyse	Info-struktur	Merkmale	Kennzahlen
Objekt-klasse	S062	Objektklasse	Abgeschlossener Meldungen
		Material	
Hersteller		Hersteller	Abgeschlossene Aufträge
		Baujahr	Anzahl der Aktionen
		Baugruppe	Bearbeitungstage
			Dienstleitungskosten

Standard-analyse	Info-struktur	Merkmale	Kennzahlen
Standort	S061	Standortwerk Betriebsbereich Standort IH-Planungs-werk IH-Planer-gruppe Technischer Platz Equipment Baugruppe	Dienstleistungsrate Dringlichkeitsrate Eigenlohnkosten Eigenmaterialkosten Eigenmaterialrate Eigenpersonalrate Erfasste Ausfalldauer Erfasste Aufträge Erfasste Ausfälle Erfasste Meldungen Fremdlohnkosten
Planer-gruppe	S061	Planungswerk Planergruppe Standortwerk Betriebsbereich Standort Technischer Platz Equipment Baugruppe	Fremdmaterialkosten Fremdmaterialrate Fremdpersonalrate Geplante Aufträge Gesamterlöse Ist Gesamtkosten Ist Gesamtkosten Plan Planungsgrad Anzahl der Schadensbilder Anzahl der Schadens-ursachen und Aktionen Sofortaufträge Sonstige Kosten Ungeplante Aufträge
Schadens-analyse	S063	Meldungsart Technischer Platz Equipment	Anzahl der Aktionen Anzahl der Schadensbilder Anzahl der Schadens-ursachen
Objekt-statistik	S065	Objektklasse Material Hersteller Baujahr	Anschaffungswert Anzahl Equipments Anzahl der Technischen Plätze mit Einzeleinbau Anzahl der Technischen Plätze ohne Equipment-Einbau Anzahl der Technischen Plätze mit Sammeleinbau Anzahl Technische Plätze

Standard-analyse	Info-struktur	Merkmale	Kennzahlen
Ausfall-statistik	S070	Objektklasse Technischer Platz Equipment	Effektive Ausfälle Mean Time Between Repair Mean Time To Repair Time Between Repair Time Bo Repair
Kosten-auswertung	S115	Auftragsart Instand-haltungs-leistungsart Technischer Platz Equipment	Dienstleistungskosten Eigenlohnkosten Eigenmaterialkosten Fremdlohnkosten Fremdmaterialkosten Geplante Aufträge Gesamterlöse Ist Gesamtkosten Ist Gesamtkosten Plan Gesamtkosten geschätzt Sonstige Kosten
Fahrzeug-verbrauchs-analyse	S114	Standortwerk Equipmenttyp Hersteller Baujahr Equipment	zurückgelegte Wegstrecke Betriebsstunden Treibstoffmasse Treibstoffvolumen

C.5   Enterprise Services für die Instandhaltung

(Stand: Mai 2010)

Maintenance Processing	Manage Maintenance Request In	Asset Maintenance Log Entry
		Maintenance Confirmation
		Maintenance Order
		Maintenance Request
		Unit of Measure
		Change Maintenance Request
		Change Maintenance Request Attachment Folder
		Check Maintenance Request Change
		Change Maintenance Request Creation
		Create Maintenance Request
		Read Maintenance Request
		Change Maintenance Request Attachment Folder
	Manage Maintenance Order In	Change Maintenance Order
		Change Maintenance Order_V1
		Check Maintenance Order Change
		Check Maintenance Order Change_V1
		Check Maintenance Order Creation
		Check Maintenance Order Creation_V1
		Create Maintenance Order

		Create Maintenance Order_V1
		Read Maintenance Order
		Read Maintenance Order_V1
	Manage Maintenance Confirmation In	Cancel Maintenance Confirmation
		Check Maintenance Confirmation
		Create Maintenance Confirmation
		Read Maintenance Confirmation
	Manage Asset Maintenance Log Entry In	Change Asset Maintenance Log Entry Basic Data
		Change Asset Maintenance Log Entry Maintenance Notification
		Change Asset Maintenance Log Entry Maintenance Notification Deferral
		Change Asset Maintenance Log Entry Measurement
		Create Asset Maintenance Log Entry Basic Data
		Read Asset Maintenance Log Entry Maintenance Notification Deferral
	Maintenance Request Action In	Close Maintenance Request
		Close Maintenance Request Task
		Postpone Maintenance Request
		Release Maintenance Request

		Release Maintenance Request Task
		Reset Maintenance Request Delete Indicator
		Set Maintenance Request Delete Indicator
		Set Maintenance Request Task Successful
	Maintenance Order Action In	Business Close Maintenance Order
		Cancel Maintenance Order Business Closure
		Cancel Maintenance Order Technical Closure
		Check Maintenance Order Release
		Check Maintenance Order Technical Closure
		Release Maintenance Order
		Reset Maintenance Order Delete Indicator
		Set Maintenance Order Delete Indicator
		Simulate Maintenance Order Scheduling
		Technically Close Maintenance Order
	Asset Maintenance Log Entry Action In	Close Asset Maintenance Log Entry
	Entries for Maintenance Order In	Find Allowed Maintenance Planner Group by Plant ID
		Find Allowed User Status by Type

	Entries for Maintenance Request In	Find Allowed Type
		Find Allowed User Status by ID and Type
		Find Importance Code by Type Code
	Query Asset Maintenance Log Entry In	Find Asset Maintenance Log Entry by Installation Point and Individual
	Query Maintenance Confirmation In	Find Maintenance Confirmation Simple by Elements
	Query Maintenance Order In	Find Maintenance Order by Basic Data
		Find Maintenance Order by Elements
		Find Maintenance Order Responsible Employee by Work Centre Plant
	Query Maintenance Request In	Find Maintenance Request Basic Data by Elements
		Find Maintenance Request by Elements
		Find Maintenance Request Simple by Individual Material and Installation Point
	Query Unit of Measure In	Find Unit of Measure by Dimension
Maintenance Planning	Maintenance Plan Action In	Activate Maintenance Plan
		Deactivate Maintenance Plan
		Reset Maintenance Plan Delete Indicator
		Set Maintenance Plan Delete Indicator
	Manage Maintenance Plan In	Check Maintenance Plan Creation

		Check Maintenance Plan Update
		Create Maintenance Plan
		Read Maintenance Plan
		Read Maintenance Plan Schedule Line
		Update Maintenance Plan
	Manage Maintenance Task List In	Read Maintenance Task List
		Read Maintenance Task List_V1
	Query Maintenance Plan In	Find Maintenance Plan by Elements
		Find Maintenance Plan Item by Elements
	Query Maintenance Task List	Find Maintenance Task List Simple by Elements
		Find Maintenance Task List Simple by Elements_V1
		Find Parent Maintenance Task List by Maintenance Task List
		Find Subordinate Maintenance Task List by Maintenance Task List
		Find Top Level Maintenance Task List by Maintenance Task List
Maintenance Master Data	Manage Maintenance Issue Category Catalogue In	Read Maintenance Issue Category Catalogue Category
	Query Maintenance Issue Category Catalogue In	Find Catalogue by Maintenance Request Type

C.6   Berechtigungsobjekte in SAP EAM

I_AER	Auftragsnacherfassung	Instandhaltungsplanungs-werk Auftragsart
I_ALM_ME	Mobile Asset Management	Aktivität
I_AUART	PM: Auftragsart	Instandhaltungsplanungs-werk Auftragsart
I_BEGRP	PM: Berechtigungs-gruppe	Transaktionscode Berechtigungsgruppe zum technischen Objekt
I_BETRVORG	PM: Betriebswirtschaft-licher Vorgang	Betriebswirtschaftlicher Vorgang
I_CONFSTOR	PM: Massenrückmelde-storno	Rückmeldestorno
I_ILOA	Änderung Standort- u. Kontierungsdaten im Auftrag	Instandhaltungsplanungs-werk Auftragsart
I_INGRP	PM: Instandhaltungs-planergruppe	Transaktionscode Instandhaltungsplanungs-werk Planergruppe für Kunden-service und Instandhaltung
I_IWERK	PM: Instandhaltungs-planungswerk	Transaktionscode Instandhaltungsplanungs-werk
I_KOSTL	PM: Kostenstellen	Transaktionscode Kostenrechnungskreis Kostenstelle
I_MASS	PM: Massendatenände-rung	Massendatenänderung Objektart
I_QMEL	PM/QM: Meldungsar-ten	Transaktionscode Meldungsart
I_ROUT	PM: Arbeitsplan	Aktivität

I_ROUT1	PM: Arbeitspläne nach IH-Planungswerk, Arbeitsplaner, Status	Transaktionscode Instandhaltungsplanungs-werk Verantwortliche Planer-gruppe/Abteilung Status des Plans
I_SOGEN	PM: Genehmigung	Standortwerk Schlüssel für die Genehmi-gung
I_SWERK	PM: Standortwerk	Transaktionscode Standortwerk
I_TCODE	PM: Transaktionscode	Transaktionscode
I_VORG_MEL	PM/QM: Betriebswirt-schaftlicher Vorgang Meldungen	Meldungsart Betriebswirtschaftlicher Vorgang
I_VORG_MP	PM: Betriebswirtschaft-licher Vorgang War-tungsplanung	Wartungsplantyp Betriebswirtschaftlicher Vorgang
I_VORG_ORD	PM: Betriebswirtschaft-licher Vorgang Aufträge	Auftragsart Betriebswirtschaftlicher Vorgang
I_WPS_MEB	Revisionsplanung: Maintenance Event Builder	MEB-Bildbereiche
I_WPS_REV	Revisionsplanung: Revi-sion Berechtigungsob-jekt	Revisionsart Arbeitsplatz Werk Revisionsvorgänge für WPS-Prozess

C.7   Customer Exits zur Instandhaltung

Stammdaten

IEQM0001 Zusätzliche Prüfungen beim Einbau von Equipments auf Techn. Platz

IEQM0002 Zusätzliche Prüfungen bei der Definition von Equipment-hierarchien

IEQM0003 Zusätzliche Prüfungen vor der Verbuchung eines Equipments

IEQM0004 Objekt ist zum Vertragspartner zulässig

IEQM0005 Objekt zum SD-Vertrag zulässig

IEQM0006 Objekt zum SD-Vertrag zulässig (Pflegen Wartungsvertrag)

IEQM0007 Prüfung/Änderung Herstellerfeld Equipmentstamm

IHCL0001 Equipment anlegen mit Vorlage Material: Klassen/Merkmale

ILOM0001 Zusätzliche Prüfungen vor der Verbuchung eines Technischen Platzes

ILOM0002 Strukturprüfung von Platznummern

ITOB0001 Customer-Include-Subscreen für Stammdaten Techn. Objekte

ITOB0002 Feldänderungen an Kopiervorlage

ITOB0003 Customer-Include-Subscreen für Flottenobjektdaten

ITOB0004 Fleet-Identifikationsdaten: Checks

Messpunkte

IMRC0001 vor Verbuchung

IMRC0002 Messpunkt: Menü-Exit für kundenspezifische Funktion

IMRC0003 Messbeleg: Menü-Exit für kundenspezifische Funktion

IMRC0004 Prüfungen für neuen Messbeleg

IMRC0005 Messpunkt: Exit in AUTHORITY_CHECK_IMPT

Garantien

BG000001 Garantieprüfung

BG000002 Garantieprüfung Popup

BG000003 Änderung des Garantieprüfungsergebnisses

Arbeitspläne

IAIH0001 Arbeitsplankopf mit kundeneigenen Feldern erweitern

Wartungspläne

IPRM0002 Ermitteln Plandatumsangaben Wartungsplan

IPRM0003 Userfelder: Wartungsplan

IPRM0004 Wartungsplan/-position: Kundenprüfung zum Zeitpunkt »SICHERN«

IPRM0005 Ermitteln Offset für leistungsabhängige Strategiepläne

Meldungen

QQMA0001 User Subscreen zum Meldungskopf

QQMA0008 User Subscreen für Meldungsposition

QQMA0010 User Subscreen für zusätzliche Daten zur Ursache

QQMA0011 User Subscreen für zusätzliche Daten zur Maßnahme

QQMA0012 User Subscreen für zusätzliche Daten zur Aktion

QQMA0014 Prüfungen vor dem Sichern einer Meldung

QQMA0015 Exit vor Aufruf der F4-Hilfe zum Katalog

QQMA0016 Funktion USER DATEN im Menü SPRINGEN • MASSNAHME

QQMA0017 Funktion USER DATEN im Menü SPRINGEN • AKTIONEN

QQMA0018 Terminbelegung nach Eingabe der Priorität

QQMA0019 Default-Partner beim Hinzufügen einer Meldung

QQMA0021 Funktion USER DATEN im Menü SPRINGEN

QQMA0022 Funktion USER DATEN im Menü SPRINGEN • URSACHE

QQMA0023 QM/PM/SM: Funktion USER DATEN im Menü SPRINGEN • POS.'

QQMA0024 Deaktivieren von Funktionscodes im Menü

QQMA0025 Default-Werte beim Hinzufügen einer Meldung

QQMA0026 Berechtigungsprüfung bei Einstieg in Meldungstransaktion

QQMA0027 Vorschlagswerte beim Hinzufügen einer Maßnahme

QQMA0029 Wechsel der Meldungsart

QQMA0030 Prüfung eines Statuswechsels auf Zulässigkeit

Aufträge

COZF0001 Bestellanforderung zum Fremdvorgang ändern

COZF0002 Bestellanforderung zur Fremdkomponente ändern

IWO10001 Anlegen eines IH-Unterauftrags

IWO10002 Kundenprüfung zur Auftragsfreigabe

IWO10004 Kundenprüfung zum Auftragsabschluss

IWO10005 Kundenspezifische Ermittlung des Profit Centers

IWO10006 Ausschließen von Funktionscodes

IWO10007 Kundenerweiterung Genehmigungen im Auftrag

IWO10008 Kundenerweiterung: Ermittlung des Tax Jurisdiction Code

IWO10009 Kundenprüfung zum Zeitpunkt 'Sichern'

IWO10010 Kundenerweiterung zur Ermittlung des PSP-Elements

IWO10011 Kundenerweiterung für Komponenten-Selektion

IWO10012 Prioritätsbehandlung auf Kopf Zentral

IWO10015 F4-Hilfe für Userfelder am Vorgang

IWO10016 Kundenerweiterung zur Prüfung der AVO-Userfelder

IWO10017 Ermitteln externe Auftragsnummer nach Kundenlogik

IWO10018 Userfelder am Auftragskopf

IWO10020 Automatisches Einbinden Arbeitsplan

IWO10021 Automatische Arbeitsplan-Übernahme bei Auftragserzeugung aus Meldung

IWO10022 Kalender ermitteln

IWO10025 Findung verantwortliche Kostenstelle

IWO10026 Setzen des Status NICHT DURCHFÜHREN

IWO10027 Kundeneigene Abrechnungsvorschrift erzeugen

IWO10029 Einbinden einer Stückliste in den Auftrag

IWO10030 Vorbelegen Felder für Ergebnisobjekt

IWO10031 Ausblenden der Personalnummer im Auftrag

IWO10033 Kundeneigene Berechtigungsprüfung

IWO10034 Vorgang Status basiert auf dem Status der Kapazitäts-bedarfe

IWO20001 Arbeitsplan-Übernahme in Auftrag

IWOC0001 Anlegen Meldung: Bestimmung des Bezugsobjekts

IWOC0002 Prüfung Zulässigkeit Statuswechsel

IWOC0003 Berechtigungsprüfung Bezugsobjekt und Planergruppe

IWOC0004 Einstufige Listbearbeitung ALV-Einstellungen ändern

CNEX0026 Kundenerweiterung zur allgemeinen Prüfung des Materials

CNEX0027 Kundenerweiterung: Werk-, Lagerort-Findung zu einer Komponente

Rückmeldungen

CMFU0001 Kundenspezifischen Bildschirmaufbau festlegen

CMFU0002 Parameter für Zeitrückmeldung und Warenbewegungen setzen

CONFPM01 Auftragsrückmeldung.: Kundenspezifische Vorschlags-werte ermitteln

CONFPM02 PM/SM-Auftragsrückmeldung: Kundenspezifische Ein-gabeprüfungen 1

CONFPM03 Auftragsrückmeldung: Kundenspezifische Prüfung nach Vorgangsselektion

CONFPM04 Auftragsrückmeldung: Kundenspezifische Eingabeprüfungen 2

CONFPM05 Auftragsrückmeldung: Kundenspezifische Ergänzungen bei Sichern

Informationssystem

MCI10001 MCI1: PMIS/QMIS-Fortschreibung

Der Autor

Dr. Karl Liebstückel ist Professor für Wirtschaftsinformatik und industrielle Standardsoftware an der Fachhochschule Würzburg-Schweinfurt. Daneben ist er Vorstandsvorsitzender der Deutschsprachigen SAP Anwendergruppe (DSAG) und hat dort von 2001–2008 den Arbeitskreis »Instandhaltung und Servicemanagement« geleitet. Er besitzt ein eigenes Beratungsunternehmen und ist Autor mehrerer Bücher im Logistikbereich. Davor war er 13 Jahre Mitarbeiter der SAP AG in den Bereichen Entwicklung, Beratung und Training für Instandhaltung und Servicemanagement. Während dieser Zeit sammelte Karl Liebstückel umfangreiche Praxiserfahrung in über 70 Instandhaltungsprojekten und war zuletzt als Global Product Manager für die Applikationen R/3 PM und R/3 CS verantwortlich. Sie können gerne mit dem Autor per E-Mail Kontakt aufnehmen (*karl@liebstueckel.com*) oder von seiner Website weitere Materialien zum Thema Instandhaltung herunterladen (*http://www.liebstueckel.com*).

Danksagung

Zu guter Letzt möchte ich mich bei all den Personen bedanken, die ihren Beitrag zum Gelingen dieses Buches geleistet haben:

▶ meiner Lektorin bei SAP PRESS, Frau Eva Tripp, dafür, dass sie so viel Geduld mit mir hatte und mir jederzeit mit Rat und Tat zur Seite stand;

▶ meinen ehemaligen SAP-Kollegen, Herrn Christian Baust und Herrn Gert Hartmann, dafür, dass sie mich mit Informationen und Bildmaterial – auch bisher unveröffentlichtem – versorgt haben;

▶ meinem Kollegen im DSAG-Arbeitskreis, Herrn Ingo Teschke, dafür, dass er mit viel Zeitaufwand und mit viel Akribie das Buch nicht nur inhaltlich redigiert, sondern auch viele kreative Verbesserungsvorschläge eingebracht hat;

▶ meinem ehemaligen Chef, Herrn Rolf-Peter Westhues, zum einen dafür, dass er bereitwillig meinem Wunsch nachgekommen ist, dieses Buch mit seinem Vorwort zu eröffnen; und zum anderen dafür, dass er mir in meiner aktiven SAP-Zeit alle Möglichkeiten zur Ausgestaltung meiner Aufgabe gegeben hat – ohne diese Freiheiten wären die Erfahrungen, die jetzt in dieses Buch eingeflossen sind, nicht möglich gewesen;

▶ und schließlich meiner Familie, meiner Frau Brigitta und meinen Söhnen Justin und Jonas, dafür, dass sie bereit waren, während der Zeit der Manuskripterstellung ein Stück auf mich zu verzichten und dass sie mich während der ganzen Zeit moralisch unterstützt haben.

Index